现代物理基础丛书·典藏版

经典电动力学

(理论物理三卷集之一)

曹昌祺　著

科学出版社
北京

内 容 简 介

本书第一章阐述电磁现象的基本规律和电场的基本性质，它是整本书的理论基础. 第二章和第三章从基本规律出发，分别讨论静电场和静磁场的状况，它们是场与介质相互作用所达到的静态. 第四章讨论电磁波的激发、传播和辐射. 第五章讨论带电粒子与电磁场的作用. 第六章阐述特殊相对论的实验基础和基本原理.

本书可作为电动力学的参考教材或作为教学参考书供教员使用.

图书在版编目(CIP)数据

经典电动力学/曹昌祺著. —北京：科学出版社，2009
(现代物理基础丛书・典藏版)
ISBN 978-7-03-025233-3
Ⅰ.经… Ⅱ.曹… Ⅲ.电动力学 Ⅳ.O442
中国版本图书馆 CIP 数据核字(2009) 第 142798 号

责任编辑：胡 凯／责任校对：陈玉凤
责任印制：张 伟／封面设计：陈 敬

科学出版社出版
北京东黄城根北街 16 号
邮政编码：100717
http://www.sciencep.com
北京凌奇印刷有限责任公司印刷
科学出版社发行 各地新华书店经销
*
2009 年 8 月第一版 开本：720×1000 1/16
2025 年 2 月印 刷 印张：28 1/4
字数：554 000
定价：158.00 元
（如有印装质量问题，我社负责调换）

序　言

电动力学是作者讲授时间最长的课程, 从 1956 年春季开始讲 (那已是半个世纪前的事了), 总共讲了二十多年. 最初是在兰州大学讲, 因为 1955 年夏作者从北京大学研究生院毕业后, 即由教育部分配去兰州大学任教 (当时尚无学位制, 大学中只有本科毕业和研究生毕业两个级别). 1957 年春, 作者奉教育部调令, 回到母校北京大学, 接手讲授电动力学课. 二十多年间, 虽也讲授过其他理论物理课程如热力学、统计物理、量子力学以及数学物理方法等, 但主要还是担任电动力学课程的教学. 到很后来才改成讲授量子非阿贝尔规范场论和辐射与光场的量子统计理论等研究生课程. 现出版的理论物理三卷集就是在这三门课程讲义的基础上加工写成的. 本书最初的文稿是当年作者在北京大学为物理系 (以及无线电电子学系) 本科生授课的讲义, 当时大学本科学制为五年 (并曾改为六年), 电动力学课程以及其他三门理论物理课程 (理论力学、热力学与统计物理、量子力学) 的授课时间均为一年. 在 1961 年初教育部召开的高校教材会议上, 该讲义被推荐为供全国高校物理系使用的交流教材 (一般称为“统用教材”), 并由人民教育出版社于 1961 年 7 月出版, 书名为《电动力学》. 这次本书作为《理论物理》三卷集的第一卷由科学出版社重新出版, 内容有较大的更动, 基本上是以 1983 年作者在安徽大学举办的青年教师学习班上用的讲义为底稿, 作了某些修改而成, 该书仍保持原来的六章章名.

记得我刚上大学时, 曾听高年级的一位同学说, 麦克斯韦方程组是综合库仑定律、安培–毕奥–萨伐尔定律和法拉第定律并补充了位移电流的效应后的结果. 可是后来我学电动力学时, 很快就看见在从麦克斯韦方程组求出的等速运动带电粒子的电磁场中, 电场分布与库仑定律所给出的结果明显不一致 (更不必说加速运动的情况了). 这才认识到, 原来听到的那种说法并不确切. 库仑定律作为特殊情况 (静电状态) 的规律, 其中既包含了电磁现象普遍性的内容, 又有其特殊性的反映. 这也就是哲学中所说的“普遍性寓于特殊性之中, 但又与特殊性不全同”的体现. 根据这一精神, 作者在教学中强调了对库仑定律、安培–毕奥–萨伐尔定律和法拉第定律进行分解, 以便提取其中所含的普遍性因素. 在此基础上再根据电荷守恒定律, 补充上位移电流项, 这才给出一般情况下适用的麦克斯韦方程组.

上述讲法虽没有什么新颖的东西, 但可以避免一些误会 (如上述那位高年级同学那样), 也体现了上述哲学理论中阐述的重要思想, 教学的效果较好.

在作者 1961 年出版的《电动力学》一书中, 为了适应当时“大批判”的环境, 在联系实际方面有一些勉强的地方. 这本书则是在 1974 年作者重写的讲义基础上修改而成的. 作者曾应故乡的安徽大学邀请, 在 1983 年该校举办的青年教师讲习班上, 将讲义作为教材印发给参加讲习班的学员. 为了表示与 1961 年所写书的区别, 本书书名改为《经典电动力学》①. 至于课程的习题, 由于教育部没有规定统一的标准, 各个学校采用的习题, 难度也相差较大, 所以本书在最初出版时就没有将习题收录在内. 中山大学所编写的书中列入的习题, 有不少就是我们在北大使用的. 由于现在已有一些专门的电动力学习题集, 故在本书中仍不录入习题.

作　者

2007 年 1 月

① 顺带说一下, 作者对量子力学亦有一个简单的概括, 载于〈辐射和光场的量子统计理论〉一书的 §1.1 节, 可供读者学习量子力学时参考.

前　言

“每一种科学都是分析单个的运动形态或一系列互相关联和互相转变的运动形态.”—— 恩格斯《自然辩证法》

电动力学研究的领域是电磁现象, 或者说是电磁运动形态. 它具体研究的对象, 概括地说, 就是电磁场的性质以及它与带电物体间的作用.

现在已经明确地认识到, 电磁场是物质存在的一种形式, 并非是描述带电体之间相互作用的一种手段. 电荷也不是某种客体, 从根本上来说 (例如就电子和质子而言) 所谓“带电”, 是指它们具有与电磁场相互作用的性能. 其电荷值就是它们与电磁场间耦合常数. 只是对宏观物体来说, 带负电才是指它带有多余的 (超过抵消质子正电荷所需的) 电子. 带正电是指只有不足的电子 (或者说带有过多的质子).

电磁场与带电物质相互作用, 从而表现出各种各样的电磁现象. 然而对电磁现象的这一本质, 人们并不是一下子就认识到的. 像所有的认识过程一样, 人类对电磁现象的认识, 也是在实践中由特殊到一般、由现象到本质逐步深入的. 在早先的时候, 人们把带电体之间以及载流导线之间存在的作用力解释成为带电体之间或载流导线之间的超距作用, 而电磁场 (静止的) 只是作为描叙手段引入的, 并没有被当成为一种客观的物质存在. 人们对电磁现象的认识面, 也是从静电、静磁和似稳流动等特殊范围逐步扩大, 直到一般的情况. 因此, 电动力学的任务, 就是在各种特殊范围的实验定律的基础上, 阐明电磁现象的本质和它的一般规律, 并在得出一般规律以后, 再回到实际中去, 运用这些规律来研究各种物理过程. 在电磁场和带电物质这一对矛盾中, 电动力学又着重地研究电磁场这一方, 即研究电磁场的基本属性、它的运动规律以及它和带电物质的相互作用.

目　录

第一章 电磁现象的基本规律

本章内容共有三个方面:

(1) 对静电、静磁和似稳电流等特殊范围的实验定律进行分析、综合和推广, 以上升到电磁现象的基本规律 —— 麦克斯韦方程组和洛伦兹力公式.

(2) 根据基本规律对电磁场的主要属性进行分析研究, 以阐明: 在一定条件下(迅变情况), 电磁场可以脱离电荷电流而独立存在, 并具有能量和动量, 因此是一种客观的物质存在; 阐明电磁场与经典的质点相比, 又具有自己的特点, 即以波动的形式进行运动.

(3) 讨论介质的电磁性质和介质中电荷电流的各种形式. 在宏观电磁现象中, 带电物质主要是介质. 本章的这一部分就是阐明电磁场与介质作用的有关规律.

1.1 静电、静磁和似稳电流状态的实验规律

关于静电、静磁和似稳电流状态的实验定律在基础物理中都已经学过. 在这里我们只对它作一小结并进行一些补充的讨论.

1.1.1 库仑定律

库仑定律是静电情况的实验定律, 它给出静止电荷之间作用力对距离和电量的依赖关系. 此定律是直接从实验材料中总结出来的. 它的内容可表叙如下:

如果空中有两个静止的点电荷 q_1 和 q_2(我们并且用 q_1 和 q_2 来表示两者的电量即电荷的值), 由 q_2 到 q_1 的距离为 $\boldsymbol{R}_{12}$, 则 q_1 和 q_2 所受的力分别为

$$\begin{aligned} \boldsymbol{F}_1 &= k\frac{q_1q_2\boldsymbol{R}_{12}}{R_{12}^3}, \\ \boldsymbol{F}_2 &= -\boldsymbol{F}_1 = \frac{kq_1q_2\boldsymbol{R}_{12}}{R_{12}^3}, \end{aligned} \tag{1.1.1}$$

其中 $\boldsymbol{R}_{21}(=-\boldsymbol{R}_{12})$ 为 q_2 到 q_1 的距离, k 为比例常数. 若距离和力选用 CGS 制单位, 并令 $k=1$, 则由此定出的电荷单位叫做电荷的静电单位 (或写作 CGS 制单位). 本书采用的电磁单位制为高斯单位制. 在高斯单位制中, 对于电方面的物理量都采用静电单位.

需要注意的是, 电荷必须是静止的点电荷, 而且处在真空中. 点电荷是一个极限的概念, 当带电体之间的距离比起带电体本身的线度大得多时, 在静电问题中即

可近似作为点电荷来看待.

如果一个点电荷 q_0 同时受许多点电荷 $q_1, q_2, \cdots$ 的作用, 则实验进一步告诉我们, q_0 所受的总力就是各个点电荷单独与它作用时的量和[1], 即

$$\boldsymbol{F} = \frac{q_0 q_1 \boldsymbol{R}_{01}}{R_{01}^3} + \frac{q_0 q_2 \boldsymbol{R}_{02}}{R_{02}^3} + \cdots, \tag{1.1.2}$$

这就是静电作用的叠加性.

在宏观电动力学中, 电荷常常是连续的体分布. 要计算一个体分布电荷对一个点电荷的作用力, 可以将该分布电荷分成为许多小电荷元, 再应用以上公式. 这样就得出

$$F = q\int_V \frac{\rho(x')\boldsymbol{R}}{R^3}\mathrm{d}\tau', \tag{1.1.3}$$

其中 $\rho(x')$ 为 $\rho(x_1', x_2', x_3')$ 的简写; $\boldsymbol{R}$ 代表 x' 到点电荷 q 的距离 (方向是自 x' 到 q).

1.1.2　静电场

根据库仑定律, 我们也可以说, 电荷附近的空间具有特殊的物理性质, 即出现在此空间中的其他电荷将受到力的作用. 我们把这种“电荷处于其中会受到力”的空间称为电场. 场在这里仅仅是作为描述静电作用的手段而引入的. 因为即使不借助于它, 就直接用库仑定律, 同样可以描述静电作用. 我们暂时仍采取这种原始的观点, 在以后的几节中再来揭示场是客观物质存在的一种形式.

当电荷处在电场中不同的地点时, 所受的力一般不相同, 因此需要引进一个空间函数来描写电荷在电场中各点的受力情况.

由式 (1.1.1)~(1.1.3), 可以看出, 在一定电荷分布所生成的电场中, 作用于静止的试探点电荷的力与该试探点电荷的电量 q 成正比, 即

$$\boldsymbol{F} = q\boldsymbol{E}, \tag{1.1.4}$$

其中的比例常量 $\boldsymbol{E}$ 等于单位电荷所受的力, 称为电场强度 (也简称电场). 由于试探点电荷在空间每一点所受的力一般不相同, 故 $\boldsymbol{E}$ 是一个空间坐标 x 的函数 [x 为 (x_1, x_2, x_3) 的简写].

上述关于电场强度的定义, 即单位点电荷所受的力, 不仅对静电场适用, 对变化的电场也同样适用. 但要注意, 试探点电荷本身必须是静止的. 另外, 试探点电荷的电量应取得很小, 以免它的引入改变了原来的电荷分布.

---

[1] 这一结果并不是当然的. 物理学并不一般地否定两者之间的作用力可能受旁边第三者的影响. 这种情况下的作用力将称为三体力. 当然, 还容许有多体力.

在电荷分布是已知的情况下, 可以从库仑定律计算出电场的分布, 对于一组点电荷 q_i

$$\boldsymbol{E}(x)=\sum_i \frac{q_i\boldsymbol{R}_i}{R_i^3}, \tag{1.1.5}$$

其中 $\boldsymbol{R}_i$ 为从 q_i 的位置到 x 的距离. 在电荷是体分布时

$$\boldsymbol{E}(x)=\int_V \frac{\rho(x')\boldsymbol{R}}{R^3}\mathrm{d}\tau', \tag{1.1.6}$$

其中 $\boldsymbol{R}$ 为从 x' 到 x 的距离①. x 通常称为场变量, 因为它是电场 $\boldsymbol{E}$ 的宗量; x' 称为源变量, 因为它是电荷密度 ρ 的宗量, 而电荷是生成电场的源. 注意, $\boldsymbol{R}$ 既是场变量的函数又是源变量的函数, 在式 (1.1.6) 中积分只对源变量进行, 故积分后的结果是场变量的函数.

一个体分布电荷在电场中所受的力, 可以通过将该电荷分成许多小电荷元来计算. 对于电荷元 $\rho\mathrm{d}\tau$, 按式 (1.1.4) 所受的力为

$$\mathrm{d}\boldsymbol{F}=\rho\boldsymbol{E}\mathrm{d}\tau. \tag{1.1.7}$$

上式中的 $\boldsymbol{E}$ 为引入该体分布电荷以后的电场强度值 (因引入该电荷分布后, 原电场的值可能会改变).

1.1.3 电偶极矩和电偶极子

为了本章最后两节的需要, 这里简单地说明一下电偶极矩的概念. 在普通物理中已经学过, 对于两个“大小相等符号相反而且彼此间有一距离”的点电荷, 其电偶极矩的定义是

$$\boldsymbol{p}=q\boldsymbol{r}_+-q\boldsymbol{r}_-=q\boldsymbol{l}, \tag{1.1.8}$$

其中 $\boldsymbol{r}_+$ 和 $\boldsymbol{r}_-$ 分别代表从某参考点 (如坐标原点) 到 $+q$ 和 $-q$ 的距离, $\boldsymbol{l}$ 则是从 $-q$ 到 $+q$ 的距离. 如果正负电荷的数值虽然相等, 但不是点电荷, 则电偶极矩的定义是

$$\boldsymbol{p}=\int\rho(x')\boldsymbol{r}'\mathrm{d}\tau', \tag{1.1.9}$$

其中 $\boldsymbol{r}'$ 为参考点到 x' 的距离. 利用总电荷的零的条件, 不难证明, $\boldsymbol{p}$ 实际上与参考点的取法无关.

如果一个电偶极矩所分布范围的线度很小, 则在极限的情况下, 可称为“点电偶极矩”, 通常叫做电偶极子.

① 在本书中, 除了声明的以外, $\boldsymbol{R}$ 都表示从 (x_1',x_2',x_3') 到 (x_1,x_2,x_3) 的距离, 另外, 我们以后都用 x 表示 (x_1,x_2,x_3), 用 $f(x)$ 来表示 $f(x_1,x_2,x_3)$, 用 $\boldsymbol{g}(x)$ 表示 $\boldsymbol{g}(x_1,x_2,x_3)$, 就不再一一声明.

电偶极子中的正负电荷在电场中所受的力方向相反, 因而形成力矩. 从式 (1.1.8) 或 (1.1.9), 并注意到电偶极子的线度趋于零, 即可算出其力矩为

$$\boldsymbol{L}=\boldsymbol{p}\times\boldsymbol{E}. \tag{1.1.10}$$

由此可见, 一个在电场中能自由转动的电偶极子, 平衡时 $\boldsymbol{p}$ 的指向就是该点电场 $\boldsymbol{E}$ 的方向. 而单位电偶极子在一点所受力矩的最大值 (也就是当 $\boldsymbol{p}$ 的方向与 $\boldsymbol{E}$ 垂直时的力矩值) 就等于该点 $\boldsymbol{E}$ 的数值. 我们亦可以用这种方式来定义电场 $\boldsymbol{E}$ 的大小和方向.

1.1.4 电流, 电荷守恒定律

电荷的流动即形成电流. 在一般情况下, 要描写导体中电流的状态, 仅用总电流 I 是不够的. 而需要引入电流密度 $\boldsymbol{j}$, 它是 (x,t) 的函数, 表示导体内每一点、每个时刻的电荷流动情况. $\boldsymbol{j}$ 的方向表示该点该时刻电荷流动的方向, 它的数值表示单位时间内通过单位横截面积的电荷. 具体地说, 取一块小面积 $\Delta\sigma$ 通过 x 点并与电流方向相垂直 (即为横截面). 设在 t 到 $t+\Delta t$ 时间内通过 $\Delta\sigma$ 的电荷为 ΔQ, 则 $\boldsymbol{j}$ 的数值即为

$$j(x,t)=\lim_{\substack{\Delta\sigma\to 0\\ \Delta t\to 0}}\frac{\Delta Q}{\Delta\sigma\Delta t}. \tag{1.1.11}$$

不难看出, t 时刻通过任意曲面的电流应为

$$I(t)=\int\boldsymbol{j}(x,t)\cdot\mathrm{d}\boldsymbol{\sigma}. \tag{1.1.12}$$

如果某点的电荷密度为 ρ, 而且该点的电荷以共同的速度 $\boldsymbol{v}$ 运动, 则该点的电流密度就等于 ρ 乘上 $\boldsymbol{v}$, 即

$$\boldsymbol{j}=\rho\boldsymbol{v}. \tag{1.1.13}$$

注意, 这个关系式只在上述条件下成立, 并不能普遍应用, 如在均匀导体内部, 通常出现 ρ 为零而 $\boldsymbol{j}$ 不为零的情况. 这是因为导体内正负电荷的速度不同, 不存在一个共同速度 $\boldsymbol{v}$ 的缘故. 以金属导体为例, 正电荷是不动的, 故虽然其中的总电荷密度

$$\rho=\rho_+ +\rho_- =0,$$

但

$$\boldsymbol{j}=\rho_+\boldsymbol{v}_+ +\rho_-\boldsymbol{v}_- =\rho_-\boldsymbol{v}_-$$

可以不为零.

实验告诉我们, 电荷是守恒的, 任意区域内电荷的增加, 都是通过区域表面流进去的, 因而有

$$\frac{\mathrm{d}}{\mathrm{d}t}\int_V\rho\mathrm{d}\tau=-\oint_S\boldsymbol{j}\cdot\mathrm{d}\boldsymbol{\sigma}, \tag{1.1.14}$$

其中 S 为 V 的表面; $\mathrm{d}\boldsymbol{\sigma}$ 的方向取得自内向外 (对封面闭曲面, $\mathrm{d}\boldsymbol{\sigma}$ 的方向都是这样取, 这是一个通例. 以后不再一一说明). 式 (1.1.14) 即为电荷守恒定律的积分表达式. 通过矢量分析中的高斯定理,

$$\oint_S \boldsymbol{j}\cdot\mathrm{d}\boldsymbol{\sigma}=\int_V \nabla\cdot\boldsymbol{j}\mathrm{d}\tau,$$

从式 (1.1.14) 即得出

$$\int_V \frac{\partial\rho}{\partial t}\mathrm{d}\tau=-\int_V \nabla\cdot\boldsymbol{j}\mathrm{d}\tau.$$

由于上式对任意体积都成立, 故必须被积函数处处相等, 即

$$\frac{\partial\rho}{\partial t}+\nabla\cdot\boldsymbol{j}=0. \tag{1.1.15}$$

这就是电荷守恒定律的微分表达式.

如果虽有电荷在流动, 但各点的 ρ 和 $\boldsymbol{j}$ 都能保持不随时间变化的, 那么就称为稳定流动. 从

$$\frac{\partial\rho}{\partial t}=0,$$

得出稳定的条件是

$$\nabla\cdot\boldsymbol{j}(x)=0. \tag{1.1.16}$$

式 (1.1.16) 也叫做电流的连续性方程, 它的积分形式为

$$\oint\boldsymbol{j}\cdot\mathrm{d}\boldsymbol{\sigma}=0, \tag{1.1.17}$$

即流进任何封闭面的总电流为零. 式 (1.1.17) 也可从式 (1.1.14) 直接得出.

以上讨论的是电流在一个体积内流动的情况. 如果电流可看作集中在一根线上流动时, 那么只需要用总电流 $I(s,t)$ 来描述就够了, 其中 s 表示沿导线的长度变量. 如果电流是在一个面上流动, 则可定义面电流密度 $\boldsymbol{\Pi}$, 其大小等于单位时间内流过单位横截线上的电荷 (注意, 这时已不存在横截面, 代替它的是横截线). 以后我们将看到, 面电流常在磁介质以及理想导体的表面上出现.

1.1.5 安培-毕奥-萨伐尔定律 静磁场

人们发现, 当电流处在其他电流附近时, 它会受到作用力. 我们称这种 “电流处在其中会受到力的” 空间为磁场. 同电场一样, 在这里磁场也还只是作为处理问题的手段而引入的, 更本质的意义, 亦留待以后讨论.

如果磁场不随时间变化, 就称为静磁场.

考察一个稳定的电流分布. 实验表明, 此分布中任何电流元 $\boldsymbol{j}\mathrm{d}\tau$ 所受的作用力为

$$\mathrm{d}\boldsymbol{F} = k\boldsymbol{j}\mathrm{d}\tau \times \int \frac{\boldsymbol{j}(x') \times \boldsymbol{R}}{R^3}\mathrm{d}\tau', \tag{1.1.18}$$

其中 k 为比例常数; $\boldsymbol{R}$ 为自 x' 到电流元 $\boldsymbol{j}\mathrm{d}\tau$ 的距离; 积分区域为全部有电流存在的空间. 这个定律我们称为安培–毕奥–萨伐尔定律. 注意到 $\boldsymbol{j}$ 的量纲是 [电荷密度]×[速度], 在电荷密度的量纲已按静电单位制确定了的情况下, $\boldsymbol{j}$ 的量纲就已经确定. 将式 (1.1.18) 与库仑定律相比较, 立即看出, k 应具有 [速度]$^{-2}$ 的量纲, 它的数值可以通过实验来测定. 由实验定出的结果是, k 正好等于 $\dfrac{1}{c^2}$, c 为光在真空中的速度. 作为电流受力公式中的比例常数 k, 竟然与光速 c 相联系, 是一个值得十分注意的情况. 实际上, 它已是光与电磁现象有本质联系的初步显示.

将 k 的数值代入式 (1.1.18), 得

$$\mathrm{d}\boldsymbol{F} = \frac{1}{c^2}\boldsymbol{j}\mathrm{d}\tau \times \int \frac{\boldsymbol{j}(x') \times \boldsymbol{R}}{R^3}\mathrm{d}\tau'. \tag{1.1.19}$$

此式又可表示为

$$\mathrm{d}\boldsymbol{F} = \frac{1}{c}\boldsymbol{j}\mathrm{d}\tau \times \boldsymbol{B}, \tag{1.1.20}$$

其中

$$\boldsymbol{B}(x) = \frac{1}{c}\int \frac{\boldsymbol{j}(x') \times \boldsymbol{R}}{R^3}\mathrm{d}\tau' \tag{1.1.21}$$

称为 x 点的磁感强度, 它与电场强度 $\boldsymbol{E}$ 的地相位当, 只是由于历史上的原因而没有称作磁场强度[①]. 我们在式 (1.1.20) 右方放置了一个因子 $\dfrac{1}{c}$, 以使得 $\boldsymbol{B}$ 的量纲与 $\boldsymbol{E}$ 的相同.

从式 (1.1.20) 我们看出, $\boldsymbol{j}\mathrm{d}\tau$ 在给定的磁场中某点所受的力, 不仅与 $\boldsymbol{j}\mathrm{d}\tau$ 的大小有关, 而且与它的方向有关. 当 $\boldsymbol{j}$ 与该点的 $\boldsymbol{B}$ 正好同向或正好反向时, 所受的力即等于零.

1.1.6 磁偶极矩和磁偶极子

一个稳定电流分布的磁偶极矩的定义是

$$\boldsymbol{m} = \frac{1}{2c}\int \boldsymbol{r}' \times \boldsymbol{j}(x')\mathrm{d}\tau', \tag{1.1.22}$$

其中 $\boldsymbol{r}'$ 代表从某参考点 (如原点) 到 x' 的距离[②]. 如果与力学中的力矩相比较, 可以看出, $\boldsymbol{m}$ 实际上就是电流矩, 只是多引入了一个常数因子 $\dfrac{1}{2c}$ 而已. 引入 $\dfrac{1}{c}$ 的原因, 是为了使磁偶极矩与电偶极矩具有相同的量纲.

① 参见 3.2 节 3.2.2 小节.

② 不难证明 $\boldsymbol{m}$ 实际上与参考点的位置无关, 参见下文.

在电流是沿导线圈流动的情况中, 磁偶极矩化为

$$\boldsymbol{m}=\frac{1}{2c}\oint \boldsymbol{r}'\times I\mathrm{d}\boldsymbol{l}', \tag{1.1.23}$$

上式可看作是将式 (1.1.22) 对导线横截面积分后的结果: $\boldsymbol{j}\mathrm{d}\tau'$ 在对横截面积分后就给出 $I\mathrm{d}\boldsymbol{l}'$. 由于稳定时 I 是常数, 而 $\frac{1}{2}\boldsymbol{r}'\times\mathrm{d}\boldsymbol{l}'$ 等于面积元 $\mathrm{d}\boldsymbol{\sigma}'$, 故式 (1.1.23) 可化为

$$\boldsymbol{m}=\frac{I}{c}\boldsymbol{S}, \tag{1.1.24}$$

其中

$$\boldsymbol{S}=\int \mathrm{d}\boldsymbol{\sigma}'. \tag{1.1.25}$$

上式右方的面积分是在以该线圈为边缘的任一曲面上进行的. 由于式 (1.1.25) 右方为面积元的矢量和, 故其结果并不依赖所取曲面的具体形状, 而只由其边缘决定.

一个稳定的电流分布, 总可按照流线分成为许多细电流圈, 因此式 (1.1.22) 所定义的 $\boldsymbol{m}$, 实际上也与参考点的选取无关.

像电偶极子一样, 我们称一个“点磁偶极矩”为磁偶极子. 磁偶极极子在磁场中亦会受到一个力矩, 其值为

$$\boldsymbol{L}=\int \boldsymbol{r}'\times\mathrm{d}\boldsymbol{F}=\frac{1}{c}\int \boldsymbol{r}'\times[\boldsymbol{j}(x')\times\boldsymbol{B}(x')]\mathrm{d}\tau'.$$

通过矢量运算, 并注意到对于“点磁偶极矩”积分域的线度是趋于零的, 可将上式化为 (具体推导可参见 3.2 节)

$$\boldsymbol{L}=\boldsymbol{m}\times\boldsymbol{B}. \tag{1.1.26}$$

此结果与电偶极子在电场中所受的力矩相似. 于是一个在磁场中能够自由转动的磁偶极子, 平衡时 $\boldsymbol{m}$ 所指的方向同样[①]就是该点 $\boldsymbol{B}$ 的方向, 而单位磁偶极子在该点所受力矩的最大值同样也就是 $\boldsymbol{B}$ 的数值. 我们也可以用这种方式来定义 $\boldsymbol{B}$. 对于随时间变化的磁场, 这种定义也适用, 只是试探磁偶极子本身要是稳定的.

1.1.7 法拉第定律

随着实验进一步发展, 人们又观察到, 当磁场随时间变化时, 必然伴随着有电场出现. 当时认为, 这种电场是由变化的磁场感应出来的, 所以称它为感应电场. 这种说法现在看来虽然并不确切 (从根本上说, 电场和磁场都是由运动的电荷产生的只是两者的变化有一定的联系), 但因在似稳时, 这种说法能表示出现象的某些特点, 并具有一定的方法上的意义, 所以在似稳范围内仍一直在沿用.

关于上述“电磁感应”现象, 法拉第从实验中总结出下列定律:

---

① “同样”是说与电偶极子在电场中的情况相同.

沿任何封闭曲线的电场环量 (即电场沿该曲线的积分), 与通过“该封闭曲线所张”曲面的磁感通量的减少率成正比.

所谓一个封闭曲线所张的曲面, 就是指任一个以该封闭曲线为边缘的曲面, 曲面的正向是取得与封闭曲线的回向合乎右手螺旋关系. 法拉第定律用数学表示出来即为

$$\oint_L \boldsymbol{E}\cdot\mathrm{d}\boldsymbol{A} = -\frac{1}{c}\int_S \frac{\partial \boldsymbol{B}}{\partial t}\cdot\mathrm{d}\boldsymbol{\sigma}, \tag{1.1.27}$$

其中 S 为封闭曲线 L 所张的曲面. 上式中的比例常量为 $\frac{1}{c}$ 是由实验测定的①.

法拉第定律是在似稳范围内总结出来的实验定律. 所谓似稳, 粗略地说, 就是电流随时间的变化较慢, 因而许多情况的特点与稳定电流有相似的地方.

在本节中, 我们看到, 不仅电荷流动时会产生磁场, 而且磁场变化时又会“感应”出电场. 这表明电场和磁场是非常紧密相关的. 在 1.2 节中, 我们还将看到, 变化的电场也会“感应”出磁场, 进一步显示出电磁现象间的本质联系.

1.2 麦克斯韦方程组和洛伦兹力公式

在 1.1 节里, 我们概括地叙述了电磁现象的一些实验定律, 这些定律适用的范围各不相同. 在本节里, 我们的任务是寻求电磁现象的普遍规律, 它应适用于任意变化的情况, 而静电、静磁和似稳状态作为它的特例当然也包含于其内.

在电磁场随时间迅速变化的情况下, 要精确测定每一点每个时刻场的值, 在技术上是很困难的. 因此, 普遍的规律不像在静电和静磁情况那样容易直接从实验得出. 法拉第定律之所以在实验测定上不太困难, 一方面是因为似稳情况变化较慢, 另一方面该定律并不确定每点的电场, 而只确定沿封闭曲线的电场环量即所谓的“感应电动势”, 这就在技术上要容易得多. 至于其中的磁场, 则是利用变化较慢的条件, 根据每个时刻的电流分布按安培–毕奥–萨伐尔定律来确定的.

根据上面所述的情况, 为了得到普遍的规律, 就必须发挥思维的能动作用, 尽量利用已知的特殊情况下的实验结果, “由此及彼”地从其中得到普遍性的规律.

怎样才能从个别的、特殊的规律得到一般的、普遍的规律呢? 这就需要对它们进行一分为二的分析. 因为一般性的东西是包含在各个特殊性的东西之中. 特殊的规律虽有它的特殊性, 但必然含有一定的普遍性因素. 通过分析和比较, 就可能分辨出, 哪些内容是反映特殊情况的特点, 哪些内容则可能具有普遍的意义.

① 由于 $\boldsymbol{B}$ 与 $\boldsymbol{E}$ 量纲相同 (见式 (1.1.21) 下). 故式 (1.1.27) 右方的比例常量量纲为 $[速度]^{-1}$, 其值测出为 $\frac{1}{c}$(c 为真空中光速, 见式 (1.1.18) 下), 同样也是光与电磁现象有本质联系的某种显示.

1.2.1 对库仑定律的分析

库仑定律给出的电场公式是

$$\boldsymbol{E}(x)=\int\frac{\rho(x')\boldsymbol{R}}{R^3}\mathrm{d}\boldsymbol{x}'. \tag{1.2.1}$$

这个公式的内容可以分解成下述三个因素 (说明见下文):

(1) 在空间每点, $\boldsymbol{E}$ 的旋度都等于零, 即

$$\nabla\times\boldsymbol{E}=0, \tag{1.2.2}$$

(2) 在空间每点, $\boldsymbol{E}$ 的散度等于该点 ρ 的 4π 倍, 即

$$\nabla\cdot\boldsymbol{E}=4\pi\rho, \tag{1.2.3}$$

(3) 当电荷分布于有限空间范围内时, 电场强度 $\boldsymbol{E}$ 的数值在 ∞ 处以 $\dfrac{1}{r^2}$ 或更快的速度趋于零, 即

$$E\sim O\left(\frac{1}{r^2}\right),\ \text{当}\ r\to\infty\ \text{时}. \tag{1.2.4}$$

从式 (1.2.1) 可以导出这三点, 反过来, 从这三点也可推出: 分布于有限空间范围内的电荷的电场表达式就是式 (1.2.1). 这就说明, 这三点已全部概括了式 (1.2.1) 的全部内容. 下面再分别予以说明.

第一点, 即式 (1.2.2). 它等效于说, 静电场是一个保守场, 亦即对任何回路

$$\oint\boldsymbol{E}\cdot\mathrm{d}\boldsymbol{l}=0. \tag{1.2.5}$$

关于式 (1.2.2) 同 (1.2.5) 的等效性, 可以从矢量分析中的斯托克斯定理来证明, 因此, 我们只要从式 (1.2.1) 推出式 (1.2.5) 就行了. 对于一个点电荷所产生的电场, 不难通过直接的计算来证明式 (1.2.5). 这在普通物理中已经学过, 就不再重复. 至于一个体分布的电荷, 则可以分成为许多小电荷元, 对每个小电荷元应用点电荷的结果, 就可得出式 (1.2.5).

另外, 直接对式 (1.2.1) 取旋度, 利用对 x 的微分与对 x' 的积分的次序的可交换性, 以及公式

$$\nabla\times\frac{\boldsymbol{R}}{R^3}=0, \tag{1.2.6}$$

亦可得出式 (1.2.2). 式 (1.2.6) 可用直接的计算来证明. 这两种方法实质上是一样的.

第二点即式 (1.2.3), 它等效于奥–高定理[①], 它的内容是:

通过静电场中任一封闭曲面 S 的电场能量. 等于该曲面内所包含的总电荷的 4π 倍, 即

$$\oint_S \boldsymbol{E}\cdot\mathrm{d}\boldsymbol{\sigma}=4\pi\int_V \rho\mathrm{d}\tau=4\pi Q. \tag{1.2.7}$$

式 (1.2.3) 与 (1.2.7) 的等效性, 可以通过矢量分析中的高斯定理来证明. 因此, 只要能从库仑定律推出式 (1.2.7) 就够了. 我们可以像普通物理中所作的那样, 先就一个点电荷 q 的情况来证明

$$\oint_S \boldsymbol{E}\cdot\mathrm{d}\boldsymbol{\sigma}=\begin{cases}0, & \text{当曲面 } S \text{ 不包含 } q \text{ 在内时},\\ 4\pi q, & \text{当曲面 } S \text{ 包含 } q \text{ 在内时},\end{cases}$$

然后把体分布的电荷分成为许多小电荷元, 并将每个电荷元作为点电荷来处理, 这样即可证明式 (1.2.7). 另外的办法, 直接对式 (1.2.1) 取散度, 并交换微分和积分的次序, 再利用公式 (参见 2.4 节)

$$\nabla\cdot\frac{\boldsymbol{R}}{R^3}=4\pi\delta(x-x'), \tag{1.2.8}$$

亦可径直地得出式 (1.2.3).

第三点是显然的.

这样, 从库仑定律的电场公式 (1.2.1) 能够导出式 (1.2.2)~(1.2.4), 就得到了证明. 反过来, 从微分方程式 (1.2.2) 和 (1.2.3) 出发, 用它们来求解 $\boldsymbol{E}$, 再以式 (1.2.4) 作为边界条件, 也可以推出式 (1.2.1)(推导从略). 这说明, 由式 (1.2.2)~(1.2.4) 所述三个因素与式 (1.2.1) 是完全等价的.

以上的分析, 不仅对于我们下面寻求普遍规律有着十分重要的意义, 而且对于解决具体静电问题本身也是极有用的: 从 $\boldsymbol{E}$ 的旋度恒等于零, 可以引入一个静电势 φ, 这就使得求解静电场的问题大为简化 (参见第二章). 至于奥–高定理的应用, 在电荷分布很对称的情况, 往往可从库仑定律先得出电场分布所具有的对称性. 这时利用它常常能够极其方便地确定电场分布. 这在普通物理中也已经学过, 我们就不再重复讲述.

1.2.2　对安培–毕奥–萨伐尔定律的分析

安培–毕奥–萨伐尔定律给出的磁场公式是 (见式 (1.1.21))

$$\boldsymbol{B}(x)=-\frac{1}{c}\int\frac{\boldsymbol{j}(x')\times\boldsymbol{R}}{R^3}\mathrm{d}\tau'. \tag{1.2.9}$$

它同样可以分解为下面三个因素:

① 此定理通常也称为高斯定理.

(1) 在空间每点, $\boldsymbol{B}$ 的散度都等于零, 即

$$\nabla\cdot\boldsymbol{B}=0, \tag{1.2.10}$$

(2) 在空间每点, $\boldsymbol{B}$ 的旋度等于该点 $\boldsymbol{j}$ 的 $\dfrac{4\pi}{c}$ 倍, 即

$$\nabla\times\boldsymbol{B}=\frac{4\pi}{c}\boldsymbol{j}, \tag{1.2.11}$$

(3) 当电流分布于有限空间内时, 磁感强度 $\boldsymbol{B}$ 的数值在 ∞ 远处以 $\dfrac{1}{R^2}$ 或更快的速度趋于零, 即

$$B\sim 0\left(\frac{1}{R^2}\right),\qquad \text{当 } R\to\infty \text{ 时}. \tag{1.2.12}$$

第一点的证明如下: 对式 (1.2.9) 取散度, 并交换微分和积分的次序, 得出

$$\nabla\cdot\boldsymbol{B}=\frac{1}{c}\int\nabla\cdot\left(\boldsymbol{j}(x')\times\frac{\boldsymbol{R}}{R^3}\right)\mathrm{d}\tau',$$

而根据矢量分析中的公式, 又有

$$\nabla\cdot\left(\boldsymbol{j}\times\frac{\boldsymbol{R}}{R^3}\right)=(\nabla\times\boldsymbol{j})\cdot\frac{\boldsymbol{R}}{R^3}-\boldsymbol{j}\cdot\left(\nabla\times\frac{\boldsymbol{R}}{R^3}\right).$$

由于 $\boldsymbol{j}$ 只是源变量 x' 的函数, 故它对场变量 x 的微分 (如上式中的 $\nabla\times\boldsymbol{j}$) 等于零. 上式中的第二项亦由式 (1.2.6) 而等于零. 于是即得出式 (1.2.10).

通过高斯定理, 式 (1.2.10) 与下式等效:

$$\oint_S\boldsymbol{B}\cdot\mathrm{d}\boldsymbol{\sigma}=0, \tag{1.2.13}$$

其中 S 为任意封闭曲面. 也就是就, "磁感线是处处连续的", 进入任意封闭曲面内的磁感通量, 都与出来的磁感通量相等.

第二点即式 (1.2.11) 等效于安培回路定理, 其内容是:

沿磁场中任意封闭曲线的磁感环量, 等于通过该曲线所张曲面的总电流 I 的 4π 倍. 即

$$\oint\boldsymbol{B}\cdot d\boldsymbol{l}=\frac{4\pi}{c}\int\boldsymbol{j}\cdot\mathrm{d}\boldsymbol{\sigma}=\frac{4\pi}{c}I. \tag{1.2.14}$$

式 (1.2.11) 可以通过矢量分析的运算并利用电流稳定的条件从式 (1.2.9) 推出, 具体推导此处从略 (可参见 3.1 节中的附注).

第三点同样是明显的.

反过来, 将式 (1.2.10) 和 (1.2.11) 作为微分方程来求解 $\boldsymbol{B}$, 并用式 (1.2.12) 作为边界条件, 亦可解出式 (1.2.9). 这表明, 由式 (1.2.10)~(1.2.11) 表述的三个因素与式 (1.2.9) 也是完全等价的.

同静电的情况一样, 以上的分析, 不仅对寻求普遍规律十分重要, 对于解决静磁问题本身也是很有用的. $\boldsymbol{B}$ 的散度等于零, 允许我们引入一个矢量势 $\boldsymbol{A}$ 来处理静磁问题 (参见第三章). 至于安培回路定理, 在电流分布对称的情况, 可以从安培–毕奥–萨伐尔定律预先判定磁场的对称性时, 往往可用它来简便地求出磁场分布.

1.2.3 对法拉第定律的分析

法拉第定律的数学表示为式 (1.1.27). 通过斯托克斯定理, 可得它与下述微分方程等效:

$$\nabla \times \boldsymbol{E} = -\frac{1}{c}\frac{\partial \boldsymbol{B}}{\partial t}, \tag{1.2.15}$$

即 $\boldsymbol{E}$ 的旋度正比于 $\boldsymbol{B}$ 随时间的减少率. 另外, 利用数学公式

$$\nabla \cdot \nabla \times \boldsymbol{E} \equiv 0, \tag{1.2.16}$$

从式 (1.2.15) 可得

$$\frac{\partial}{\partial t}(\nabla \cdot \boldsymbol{B}) = 0 \tag{1.2.17}$$

即 $\boldsymbol{B}$ 的散度与时间无关, 于是可表示为

$$\nabla \cdot \boldsymbol{B} = \psi(x).$$

其中 ψ 为某个空间坐标的函数. 显然 ψ 必须恒等于零, 否则将与静磁场的结果 $\nabla \cdot \boldsymbol{B} = 0$ 相矛盾. 因为我们总可以设想在 以后 某个时间, 通过安排, 使电流最后达到稳定; ψ 若不等于零, 则每一点的 $\nabla \cdot \boldsymbol{B}$ 就等于一个不随时间变化的常数, 在以后达到稳定时亦将不等于零, 这就与式 (1.2.10) 矛盾. 由此可见, 对变化的磁场仍有

$$\nabla \cdot \boldsymbol{B} = 0. \tag{1.2.18}$$

式 (1.2.15) 和 (1.2.18) 就是我们分析法拉第定律所得到的两个结论.

1.2.4 麦克斯韦方程

我们总结一下前面分析的结果, 对它们进行比较并将它们与另一实验事实 —— 电荷守恒定律相比较, 以考虑其中那些可能具有普遍意义, 即可能推广成为普遍性的规律.

由库仑定律分析出来的第一个方程式 (1.2.2), 根据法拉第定律, 在磁场变化的情况下已不成立. 实际上它只是法拉第定律式 (1.2.15) 在静电或静磁情况时的特例. 在一般情况, 我们将把它用式 (1.2.15) 代替. 这样做也包含了一些假定, 因为法拉第定律虽然是在非稳定的情况下得到的, 但只限于变化较慢的范围, 而现在却要推广到更一般的情况, 包括迅变的范围中去.

由库仑定律分析出的第二个方程式 (1.2.3), 用电力线的语言来说就是: 每单位正电荷都发散通量为 4π 的电力线, 而每单位负电荷都收聚通量为 4π 的电力线. 可以设想, 在一般情况即电荷做任意运动时, 电力线的具体分布虽然与静电不会一样, 但单位电荷发散或收聚的电力线总通量仍然不变, 即还等于 4π. 因此, 我们假设式 (1.2.3) 可以直接推广到一般情况, 即

$$\nabla\cdot\boldsymbol{E}=4\pi\rho \tag{1.2.19}$$

普遍都成立.

由安培–毕奥–萨伐尔定律分析的第一方程式 (1.2.10), 根据上面对法拉第定律的分析, 在似稳情况下亦成立 (见式 (1.2.18)), 而且它是式 (1.2.15) 成立的先决条件, 现在式 (1.2.15) 既已推广到一般情况, 它必须也随之推广出去.

至于由安培–毕奥–萨伐尔定律分析出来的第二个方程式 (1.2.11) 或与它等效的式 (1.2.14), 虽然没有不稳定情况的实验资料, 也可以看出它不可能适用于一般情况. 例如, 考察图 1.2.1 的例子, 对于图中的封闭曲线 L(如实线所示), 其所张的曲面可以有不同的取法, 例如图中所示的 S_1 和 S_2(两个虚线), 而式 (1.2.14) 右方的面积分对 S_1 和 S_2 是不同的, 这就使得该式失去了意义, 从而不可能直接推广到不稳定的情况.

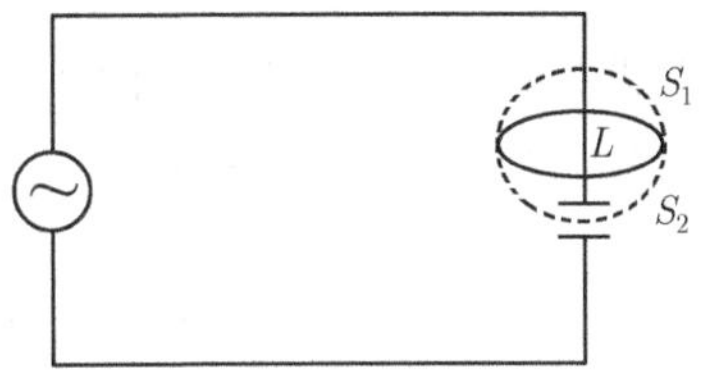

图 1.2.1 用来说明式 (1.2.14) 一般不成立的实例

式 (1.2.14) 不能推广的实质在于, 这种推广是与电荷守恒定律相矛盾的: 按照式 (1.2.14), 对 L 所张的任二个曲面 S_1 和 S_2, 应有

$$\int_{S_1}\boldsymbol{j}\cdot\mathrm{d}\boldsymbol{\sigma}=\int_{S_2}\boldsymbol{j}\cdot\mathrm{d}\boldsymbol{\sigma},$$

上式可化为

$$\oint_S\boldsymbol{j}\cdot\mathrm{d}\boldsymbol{\sigma}=0, \tag{1.2.20}$$

其中 S 为 S_1 和 S_2 所合成的封闭曲面. 而在不稳定情况, 电荷守恒定律给出

$$\oint_S\boldsymbol{j}\cdot\mathrm{d}\boldsymbol{\sigma}=-\int_V\frac{\partial\rho}{\partial t}\mathrm{d}\tau,$$

它 (指上式左方) 一般不为零, 这就与式 (1.2.20) 相矛盾.

直接考察式 (1.2.11), 这种矛盾更加明显. 对式 (1.2.11) 取散度, 由于

$$\nabla\cdot\nabla\times\boldsymbol{B}=0,$$

故得出

$$\nabla \cdot \boldsymbol{j} = 0.$$

而电荷守恒定律却告诉我们, 在不稳定情况下.

$$\nabla \cdot \boldsymbol{j} = -\frac{1}{c}\frac{\partial \rho}{\partial t},$$

即 $\nabla \cdot \boldsymbol{j}$ 一般不为零. 既然电荷守恒定律是实验所证实的规律, 那么"式 (1.2.11) 必须经过修改才能推广"就成为不可避免的事.

根据已经推广的式 (1.2.3), 有

$$\frac{\partial \rho}{\partial t} = \frac{1}{4\pi}\nabla \cdot \left(\frac{\partial \boldsymbol{E}}{\partial t}\right),$$

因此, 若将式 (1.2.11) 推广为

$$\nabla \times \boldsymbol{B} = \frac{1}{c}\frac{\partial \boldsymbol{E}}{\partial t} + \frac{4\pi}{c}\boldsymbol{j}, \tag{1.2.21a}$$

则对上式取散度时, 由于式 (1.2.3) 已推广到一般情况, 上述矛盾就被消除. 在静磁情况, 式 (1.2.21a) 化为式 (1.2.11), 因而式 (1.2.21a) 亦不与原来的静磁实验结果相冲突.

与式 (1.2.21a) 等效的积分形式是

$$\oint \boldsymbol{B} \cdot \mathrm{d}\boldsymbol{l} = \frac{1}{c}\int \frac{\partial \boldsymbol{E}}{\partial t} \cdot \mathrm{d}\boldsymbol{\sigma} + \frac{4\pi}{c}I. \tag{1.2.21b}$$

在一般情况, 须用上式来取代式 (1.2.14).

修改后的公式 (1.2.21a) 和 (1.2.21b) 告诉我们, 不仅电流能产生磁场, 变化的电场也能"感应"出磁场, 正像法拉第定律中变化的磁场能"感应"出电场一样, 所不同的只是有一个符号的相差. 即磁场的数值增加时"感应"的电场是左旋的, 而电场的数值增加时, "感应"的磁场却是右旋的, 如图 1.2.2 所示.

图 1.2.2(a) 表示当磁场 (实线) 增加时所"感应"的电场 (虚线).

图 1.2.2(b) 表示当电场 (虚线) 增加时所"感应"的磁场 (实线).

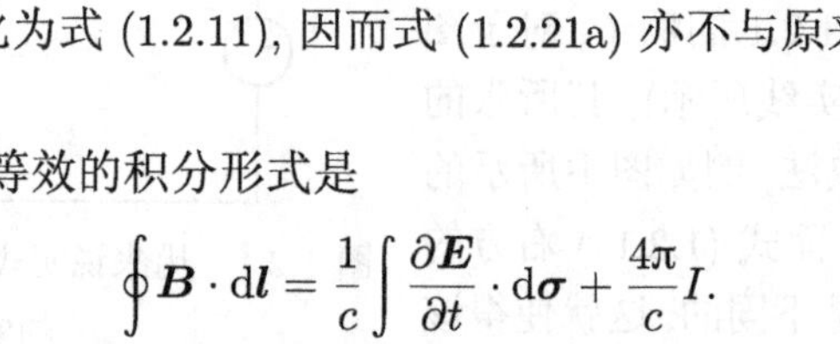

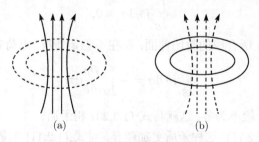

图 1.2.2　电场与磁场间的感应

上面所推广的四个方程式

$$
\begin{aligned}
\nabla\cdot\boldsymbol{E}&=4\pi\rho,\\
\nabla\times\boldsymbol{E}&=-\frac{1}{c}\frac{\partial\boldsymbol{B}}{\partial t},\\
\nabla\cdot\boldsymbol{B}&=0,\\
\nabla\times\boldsymbol{B}&=\frac{1}{c}\frac{\partial\boldsymbol{E}}{\partial t}+\frac{4\pi}{c}\boldsymbol{j},
\end{aligned}
\tag{1.2.22}
$$

合起来就称为麦克斯韦方程组, 其中前二式规定了电场的散度和旋度, 后二式规定了磁场的散度和旋度, 并且通过第二式和第四式把电场和磁场联系起来. 在 1.3 节中将看到, 这种联系正是电磁场以波的形式运动所不可少的因素.

式 (1.2.22) 是麦克斯韦方程组的微分形式, 它们的积分形式是

$$
\begin{aligned}
&\oint\boldsymbol{E}\cdot\mathrm{d}\boldsymbol{\sigma}=4\pi Q,\\
&\oint\boldsymbol{E}\cdot\mathrm{d}\boldsymbol{l}=-\frac{1}{c}\int\frac{\partial\boldsymbol{B}}{\partial t}\cdot\mathrm{d}\boldsymbol{\sigma},\\
&\oint\boldsymbol{B}\cdot\mathrm{d}\boldsymbol{\sigma}=0,\\
&\oint\boldsymbol{B}\cdot\mathrm{d}\boldsymbol{l}=\frac{1}{c}\int\frac{\partial\boldsymbol{E}}{\partial t}\cdot\mathrm{d}\boldsymbol{\sigma}+\frac{4\pi}{c}I.
\end{aligned}
\tag{1.2.23}
$$

积分形式与微分形式在物理内容上是一致的, 在电荷和电流都是体分布情况下, 两者也是完全等价的, 但积分形式有更好的适用性. 例如, 在有面电荷或面电流的情况, 在面的两侧, 电磁场有一个突变, $\boldsymbol{E}$ 和 $\boldsymbol{B}$ 的微商在普通意义下已不存在①, 而它们的积分却是存在的.

1.2.5 洛伦兹力公式

麦克斯韦方程组在确定电磁场分布及其变化方面来说, 是一组完整的方程. 就是说, 当电荷分布及其运动给定时, 用麦克斯韦方程组加上边值条件和初值条件就可以完全地决定电磁场的分布和变化.

但若电荷运动的情况不是给定的, 也需要根据电磁场对它的作用去求解, 那么还必须知道电磁场对它们的作用力. 然后将麦克斯韦方程组和电荷的运动方程联立起来求解.

关于电磁场对电荷和电流的作用力, 以前有二个公式, 一是由库仑定律给出的静止电荷所受的电场的力, 这种情况下的力密度为

$$\boldsymbol{f}=\rho\boldsymbol{E},$$

① 我们说“在普通意义下”, 是因为若引入二维的 δ 函数, 仍可将此情况下的微商用函数表示出来, 换句话说, 微商仍是“存在”的.

另一是安培–毕奥–萨伐尔定律所给出的稳定电流元所受的磁场作用力, 其力密度为

$$\boldsymbol{f}=\frac{1}{c}\boldsymbol{j}\times\boldsymbol{B}.$$

洛伦兹把上述公式推广到一般的情况, 即对于运动的带电体 (设电荷密度为 $\rho(x)$, 速度为 $\boldsymbol{v}(x)$, x 的意义见 (1.1.3) 式下), 由于同时有电荷和电流, 将同时受到电场和磁场的作用. 洛伦兹假定, 不论带电体做何种运动, 力密度都由下式决定:

$$\begin{aligned}\boldsymbol{f}&=\rho\boldsymbol{E}+\frac{1}{c}\boldsymbol{j}\times\boldsymbol{B}\\&=\rho\boldsymbol{E}+\frac{1}{c}\rho\boldsymbol{v}\times\boldsymbol{B}.\end{aligned}\tag{1.2.24}$$

式 (1.2.24) 称为洛伦兹力公式. 需要注意的是, 上式中的 $\boldsymbol{E}$ 和 $\boldsymbol{B}$ 为该点的总电场和总磁场, 包括带电体自己产生的场在内. 需要指出的是, 场是物质的一种形态 (见下文), 自己产生的场对自己的作用, 并不等于自己对自己的作用.

麦克斯韦方程组和洛伦兹力公式的建立, 都经过推广的步骤. 这种推广在当初只是一个假定或一种假说. "建立在一定实验基础上的假说" 在自然科学的发展中起着重要的作用. 恩格斯曾经指出, "只要自然科学在思维着, 它的发展形式就是假说." 一种假说是否正确, 要靠进一步的实践来检验. 麦克斯韦从方程组 (1.2.22) 得出电磁场的运动具有波的特性, 而且它在真空中传播的速度就是光速 c. 他由此提出了光的电磁学说, 把原来物理学中不同的领域 (电磁和光) 统一了起来. 后来赫兹果然用实验方法产生出电磁波. 光的电磁学说也为光的反射折射强度等性质所证实. 此后大量的实践都证明麦克斯韦方程组是正确的. 洛伦兹力公式在实践中也获得了证实. 它们 (指麦克斯韦方程组和洛伦兹力公式) 同电荷守恒定律

$$\nabla\cdot\boldsymbol{j}+\frac{\partial\rho}{\partial t}=0\tag{1.2.25}$$

或其积分形式

$$\oint\boldsymbol{j}\cdot\mathrm{d}\boldsymbol{\sigma}+\frac{\mathrm{d}Q}{\mathrm{d}t}=0\tag{1.2.26}$$

合在一起, 构成了电动力学的基础. 这些就是我们所要寻求的电磁现象的基本定律.

1.3 电磁场的波动性 平面电磁波

麦克斯韦方程组和洛伦兹力公式既然是电磁现象的基本规律, 那么它们应当能对电磁现象的本质有进一步的揭示. 事实也是这样. 首先, 根据麦克斯韦方程组, 可以得出, 在不稳定情况下, 电磁场的变化具有波动的性质, 这种以波动形式传播的电磁场就叫做电磁波, 它在真空中传播的速度即为方程组中出现的参数 c(其值为

真空中光速, 见 p.6). 这又令人想到, 光可能就是波长在特定范围的电磁波. 人类对电磁波的认识, 把物理学推进到一个新阶段. 一方面, 不仅在电磁波理论的基础上把光学和电磁学统一了起来, 而且随后还把这种统一扩展到热辐射、X 射线和 γ 射线. 并在揭示物质的微观结构中起了重大的作用. 另一方面, 由于电磁波在实践中获得了日益广泛和重要的应用, 使得物理学得到更强有力的推动迅速地向前发展.

在本节中, 我们阐明电磁场的波动性. 并具体讨论平面电磁波的特点.

1.3.1 电磁场波动性的定性分析

考察一个电容器, 当它被充电以后, 其周围就分布有静电场. 现在我们使它在时刻 t_0 通过火花隙进行放电, 并设在 δt 时间内放电过程完毕. 于是到 $t_0+\delta t$ 时刻, 电容器两极上的电荷完全消失, 电流也已停止. 我们问：当电荷分布完全消失的时候, 是否它所产生的电场也随之都立即消失呢?

也许有人会回答说, 既然电容器两极上已经没有电荷, 按照库仑定律, 周围空间当然也没有电场. 我们要指出, 这种从库仑定律得出的结论, 在此是不正确的, 至少是不完全正确的. 因为这里所处理的不是一个静止状态, 而是一个变化的过程. 对于变化的过程, 不能应用库仑定律, 而必须根据麦克斯韦方程组来进行分析.

我们来考察远离电容器的某一点 P 的场. P 点要从原来有电场转到没有电场, 需要经历一个变化的过程. 任一点的电场能够发生变化的条件是什么呢? 根据麦克斯韦方程组,

$$\frac{\partial \boldsymbol{E}}{\partial t}=c\nabla\times\boldsymbol{B}-4\pi\boldsymbol{j}. \tag{1.3.1}$$

由此可见, 只有上式右方的值不为零时. $\boldsymbol{E}$ 才能开始变化. 可是在离开电容器的 P 点, $\boldsymbol{j}$ 是等于零的, 而且原来只有电场, 在该点及其邻域并无磁场. 这样, 在 P 点, 式 (1.3.1) 右方等于零. 是不是放电时电容器及火花隙上的电流会立即在 P 点产生磁场呢? 也不会的, 因为安培–毕奥–萨伐尔定律在这里也不适用 (它只适用于稳定电流情况). 我们仍必须根据麦克斯韦方程组来分析 P 点出现磁场需要什么条件. 由麦克斯韦方程组

$$\frac{\partial \boldsymbol{B}}{\partial t}=-c\nabla\times\boldsymbol{E}, \tag{1.3.2}$$

只有 $\nabla\times\boldsymbol{E}$ 不等于零时, 磁场才能开始出现. 可是原来的静电场旋度为零, 因此在 P 点邻域电场发生改变之前, 磁场是不会在 P 点出现的. 这样, P 点电场的改变, 有赖于该点磁场旋度变得"不为零", 而磁场的出现, 又有赖于该点电场旋度变得不为零. 这种相互制约的关系使得 P 点的静电场不可能立即消失. 那么变化过程又是怎样实现的呢? 我们还要回到电容器所在的地方. 在那里, 放电时 $\boldsymbol{j}$ 变得不为零, 由式 (1.3.1), 这些点的 $\boldsymbol{E}$ 将发生变化. 从而使这些点及与它们无穷邻近处的 $\nabla\times\boldsymbol{E}$ 不再为零, 这将导致这些点及邻近处出现磁场. 同时, 磁场在这些点出现, 其

无穷邻近处的 $\nabla \times \boldsymbol{B}$ 将不为零, 因而又导致其邻近处电场发生变化 $\cdots\cdots$. 变化过程就是这样由近及远逐步进行的. 实际上这就是一个"电磁波的传播过程": 在放电期间产生了一个脉冲电磁波, 它以速度 c 向外传播. 设到 t 时此脉冲波位于图 1.3.1 中的区域Ⅱ内. 在脉冲波尚未到达的地方 (即下图中区域Ⅰ) 仍然保持着原来的静电场. 在脉冲波过后的地方 (区域Ⅲ), 场变成为零.

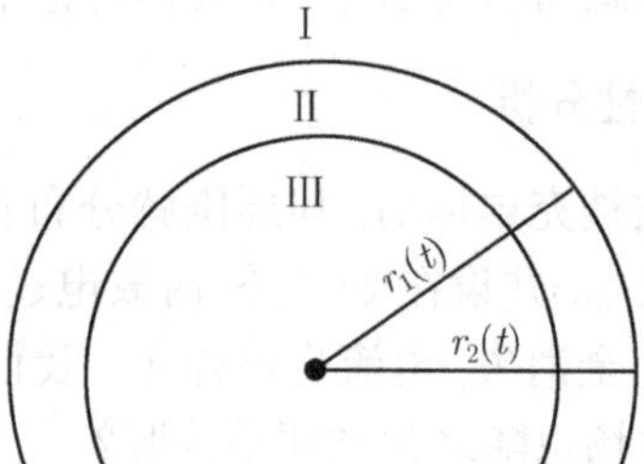

图 1.3.1　t 时刻场的分布区 $(t > t_0)$

$r_1(t) = c(t - t_0), r_2(t) = c(t - t_0 - \delta t)$　Ⅰ: 静电场区, Ⅱ: 脉冲波区, Ⅲ: 无场区

1.3.2　波动方程的推导

以上的定性分析虽然大体说明了事情的要点, 但还不是一个证明. 证明必须建立在定量处理的基础上. 下面我们就从麦克斯韦方程组

$$\begin{aligned}
&\nabla \cdot \boldsymbol{E} = 4\pi\rho,\\
&\nabla \times \boldsymbol{E} = -\frac{1}{c}\frac{\partial \boldsymbol{B}}{\partial t},\\
&\nabla \cdot \boldsymbol{B} = 0,\\
&\nabla \times \boldsymbol{B} = \frac{1}{c}\frac{\partial \boldsymbol{E}}{\partial t} + \frac{4\pi}{c}\boldsymbol{j}
\end{aligned} \tag{1.3.3}$$

出发, 证明在不稳定情况下, 电场和磁场都满足波动方程, 因而它们的变化是以波传播的形式进行的, 而变化的电荷电流就是激发电磁波的源.

为了找出电场随时间的变化同它自己随空间变化的关系, 我们将式 (1.3.3) 第四式对 t 作微商, 然后用式 (1.3.3) 第二式代入以消去磁场, 由此得到:

$$\begin{aligned}
\frac{1}{c}\frac{\partial^2 \boldsymbol{E}}{\partial t^2} &= -\nabla \times (\nabla \times \boldsymbol{E}) - \frac{4\pi}{c^2}\frac{\partial \boldsymbol{j}}{\partial t}\\
&= \nabla^2 \boldsymbol{E} - \nabla(\nabla \cdot \boldsymbol{E}) - \frac{4\pi}{c^2}\frac{\partial \boldsymbol{j}}{\partial t}.
\end{aligned}$$

再利用式 (1.3.3) 第一式即得出

$$\nabla^2 \boldsymbol{E} - \frac{1}{c^2}\frac{\partial^2 \boldsymbol{E}}{\partial t^2} = 4\pi\left(\nabla\rho + \frac{1}{c^2}\frac{\partial \boldsymbol{j}}{\partial t}\right). \tag{1.3.4}$$

同样, 若从式 (1.3.3) 第二和第四式消去 $\boldsymbol{E}$, 可得

$$\nabla^2 \boldsymbol{B} - \frac{1}{c^2}\frac{\partial^2 \boldsymbol{B}}{\partial t^2} = -\frac{4\pi}{c}\nabla\times\boldsymbol{j}. \tag{1.3.5}$$

式 (1.3.4) 和 (1.3.5) 都是非齐次的波动方程, 其中的非齐次项 (即方程右方的项) 代表波动的源. 这表明在不稳定情况下, $\boldsymbol{E}$ 和 $\boldsymbol{B}$ 都是以波的形式运动, 而变化的电荷电流即为激发波动的源, 它们可以放射或吸收电磁波. 对此问题的进一步讨论, 将在第四和第五章中进行.

根据波动的性质. 我们知道, 已经放射出来的电磁波, 即使在放射它的源消失后, 仍然继续存在并向前传播. 这可从非齐次波动方程的解来证明 (参见 4.1 节), 从我们前面所作的定性讨论, 以及日常生活中水波和声波的实例, 也都可以清楚地看出这一点.

在以上的讨论中, 我们得出了这样的结果: 电磁场可以脱离电荷电流而单独存在 (如在上述电容器放电完毕以后), 并以波的形式运动. 这一结论已经能够使我们认识到电磁场本身是一种客观的存在, 而不是描述电荷之间或电流之间作用力的一种手段. 关于电磁场的物质性, 我们还要在 1.4 节作进一步讨论.

1.3.3 平面电磁波

我们考虑空间中没有电荷电流而只有电磁波存在的情况 (如上例中放电完毕以后). 这种情况下的电磁波称为自由电磁波, 意思是说它不受电荷电流的作用.

在自由电磁波的情况下, $\boldsymbol{E}$ 和 $\boldsymbol{B}$ 满足的波动方程是齐次的, 即

$$\nabla^2 \boldsymbol{E} - \frac{1}{c^2}\frac{\partial^2 \boldsymbol{E}}{\partial^2 t} = 0,$$

$$\nabla^2 \boldsymbol{B} - \frac{1}{c^2}\frac{\partial^2 \boldsymbol{B}}{\partial t^2} = 0. \tag{1.3.6}$$

需要指出的是, 并不能从上式得出结论说: 电场和磁场之间是无关的、它们彼此独立地进行运动和变化. 实际上, 波动方程 (1.3.4) 和 (1.3.5) 作为麦克斯韦方程组的推论, 只反映了该方程组的一部分内容, 我们还必须补充上一个散度方程和一个旋度方程, 例如式 (1.3.3) 中的第一式和第二式, 才能概括它的全部内容. 在自由电磁波情况下, 它们化为

$$\nabla\cdot\boldsymbol{E} = 0,$$

$$\nabla \times \boldsymbol{E} = -\frac{1}{c}\frac{\partial \boldsymbol{B}}{\partial t}. \tag{1.3.7}$$

它们的含义将在下文中说明 [见式 (1.3.17) 下].

下面我们来考察式 (1.3.6) 的一种特解, 即平面电磁波. 它代表具有单一频率和波长并具有单一传播方向的波.

令 F_j 代表 $\boldsymbol{E}$ 或 $\boldsymbol{B}$ 的任一个角分量值, 则平面波的解为

$$F_j = F_{j0}\cos(\boldsymbol{k}\cdot\boldsymbol{x} - \omega t + \theta_j), \tag{1.3.8}$$

它满足波动方程 (1.3.6) 的条件是

$$k = \frac{\omega}{c}. \tag{1.3.9}$$

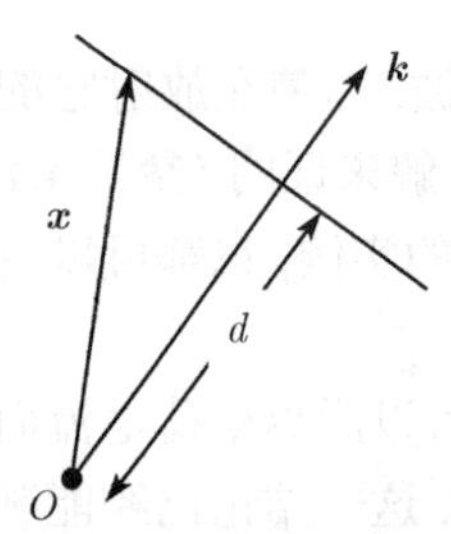

图 1.3.2　平面波的等相面

式 (1.3.8) 中 F_{j0} 代表振幅即振动的幅度, 而 $(\boldsymbol{k}\cdot\boldsymbol{x} - \omega t + \vartheta_j)$ 代表振动的相位. 不难看出, F_f 的等相面是垂直于 $\boldsymbol{k}$ 的平面, 因为对于一个垂直于 $\boldsymbol{k}$ 的平面上的所有点, $\boldsymbol{k}\cdot\boldsymbol{x} = kd$ 为一常数 (d 为原点到该平面的垂直距离, 见图 1.3.2). 对于 d 的值相差 $\dfrac{2\pi}{k}$ 的两个平面, 其相位正好相差 2π. 这就意味着波长等于

$$\lambda = \frac{2\pi}{k}. \tag{1.3.10}$$

矢量 $\boldsymbol{k}$ 称为波矢量, 知道了 $\boldsymbol{k}$, 就完全决定了等相面和波长.

式 (1.3.8) 中的 ω 称为角频率, 它代表单位时间内相位角的改变值, 而 $\nu = \dfrac{\omega}{2\pi}$ 即为单位时间内相位改变的周数, 称为周频率. 有时 ω 和 ν 都简称为频率.

对于具有确定相位 Θ 的等相面, d 与 t 之间满足下列关系：

$$\Theta = kd - \omega t + \theta_j,$$

或

$$d = \frac{\omega}{k}t + \frac{1}{k}(\Theta - \theta_j). \tag{1.3.11}$$

由此可见, 该等相面到原点的距离 d 随着 t 而直线增长, 即该等相面以一定的速度向前传播. 此速度称为波的相速. 由式 (1.3.11) 其值为 $\dfrac{\omega}{k}$(亦等于 $\nu\lambda$). 按照式 (1.3.9), $\dfrac{\omega}{k}$ 必须等于波动方程式 (1.3.6) 中的常数 c, 即光在真空中的相速度. 这个结果是光的电磁理论的重要根据之一.

为了运算的方便, 通常把平面波的直角分量表示成复数形式：

$$F_j = F_{j0}\mathrm{e}^{\mathrm{i}(\boldsymbol{k}\cdot\boldsymbol{x} - \omega t + \theta_j)},$$

并理解为实际上只取其中的实数部分. 我们还可以把因子 $e_j^{i\theta}$ 吸收到 F_{j0} 中去, 而简单地写成

$$F_j = F_{j0}e^{i(\boldsymbol{k}\cdot\boldsymbol{x}-\omega t)}, \tag{1.3.12}$$

在上式中 F_{j0} 已是复数. 这样 $\boldsymbol{E}$ 和 $\boldsymbol{B}$ 即可表示成

$$\begin{aligned}\boldsymbol{E} &= \boldsymbol{E}_0e^{i(\boldsymbol{k}\cdot\boldsymbol{x}-\omega t)},\\ \boldsymbol{B} &= \boldsymbol{B}_0e^{i(\boldsymbol{k}\cdot\boldsymbol{x}-\omega t)}.\end{aligned} \tag{1.3.13}$$

$\boldsymbol{E}_0$ 和 $\boldsymbol{B}_0$ 一般皆为复矢量, 因它们的分量可以为复数:

$$\begin{aligned}\boldsymbol{E}_0 &= \boldsymbol{E}_{01}\boldsymbol{n}_1 + E_{02}\boldsymbol{n}_2 + E_{03}\boldsymbol{n}_3 = \boldsymbol{E}_0' + i\boldsymbol{E}_0'',\\ \boldsymbol{B}_0 &= B_{01}\boldsymbol{n}_1 + B_{02}\boldsymbol{n}_2 + B_{03}\boldsymbol{n}_3 = \boldsymbol{B}_0' + i\boldsymbol{B}_0''.\end{aligned} \tag{1.3.14}$$

$\boldsymbol{E}_0'$ 和 $\boldsymbol{E}_0''$ 分别为 $\boldsymbol{E}_0$ 的实部和虚部, $\boldsymbol{B}_0'$ 和 $\boldsymbol{B}_0''$ 为 $\boldsymbol{B}_0$ 的实部和虚部.

$\boldsymbol{E}_0$ 和 $\boldsymbol{B}_0$ 分成实部和虚部的实际含义, 在将式 (1.3.14) 代入式 (1.3.13) 并取实数部分后即可看出. 例如对于电场, 得

$$\boldsymbol{E} = \boldsymbol{E}_0'\cos(\boldsymbol{k}\cdot\boldsymbol{x}-\omega t) + \boldsymbol{E}_0''\cos\left(\boldsymbol{k}\cdot\boldsymbol{x}-\omega t+\frac{\pi}{2}\right).$$

这表明 $\boldsymbol{E}$ 等于两个具有确定相位的线振动的叠加, 一个初相位为零, 一个初相位为 $\frac{\pi}{2}$, 两者的振幅即分别为 $\boldsymbol{E}_0'$ 和 $\boldsymbol{E}_0''$. 实际上, 虚数 i 可写成为 $e^{i\frac{\pi}{2}}$, 从而在复数表示形式中

$$\begin{aligned}\boldsymbol{E} &= (\boldsymbol{E}_0' + \boldsymbol{E}_0''e^{i\frac{\pi}{2}})e^{i(\boldsymbol{k}\cdot\boldsymbol{x}-\omega t)}\\ &= \boldsymbol{E}_0'e^{i(\boldsymbol{k}\cdot\boldsymbol{x}-\omega t)} + \boldsymbol{E}_0''e^{i(\boldsymbol{k}\cdot\boldsymbol{x}-\omega t+\frac{\pi}{2})}.\end{aligned}$$

这就更清楚地显示出, 在式 (1.3.14) 中虚数 i 的意义是代表一个相位差 $\frac{\pi}{2}$.

当 $\boldsymbol{E}_0'$ 和 $\boldsymbol{E}_0''$ 的方向一致 (或其中一个为零) 时, 合成的 $\boldsymbol{E}$ 仍为一个线振动, 这样的波称为线偏振波. 如果 $\boldsymbol{E}_0'$ 和 $\boldsymbol{E}_0''$ 的方向不一致, 则合成的 $\boldsymbol{E}$ 为一椭圆振动, 即 $\boldsymbol{E}$ 的端点的轨迹为一椭圆. 这样的波称为椭圆偏振波 (在特殊情况它化为圆偏振波). 从式 (1.3.8) 来看, 只有当 $\boldsymbol{E}$ 的三个分量的初相位 θ_j 都相同时, 才合成线偏振波, 若有一个 θ_j 不同, 得到的就是椭圆偏振波.

$\boldsymbol{E}$ 和 $\boldsymbol{B}$ 除了要满足波动方程以外, 如前面已经指出的, 还必须满足式 (1.3.7). 从式 (1.3.7) 第一式我们得出

$$\boldsymbol{k}\cdot\boldsymbol{E}_0 = \boldsymbol{k}\cdot\boldsymbol{E}_0' + i\boldsymbol{k}_0\cdot\boldsymbol{E}_0'' = 0 \tag{1.3.15}$$

即 $\boldsymbol{E}_0$ 的实部和虚部都必须与 k 垂直. 式 (1.3.7) 第二式给出

$$\boldsymbol{B} = \frac{c}{\omega}\boldsymbol{k} \times \boldsymbol{E}, \tag{1.3.16}$$

上式表明 $\boldsymbol{B}$ 和 $\boldsymbol{E}$ 并不是相互独立的. 当 $\boldsymbol{E}$ 确定后 $\boldsymbol{B}$ 就随之确定: $\boldsymbol{E}$ 和 $\boldsymbol{B}$ 中的 ω 和 $\boldsymbol{k}$ 必须相等, 而且振幅之间存在关系

$$\boldsymbol{B}_0 = \frac{c}{\omega}\boldsymbol{k} \times \boldsymbol{E}_0. \tag{1.3.17}$$

从式 (1.3.15) 和 (1.3.17) 可以看出, 平面电磁波的 $\boldsymbol{E}$ 和 $\boldsymbol{B}$ 的方向总是与 $\boldsymbol{k}$ 垂直. 用波动学来说, 就是波振动方向与传播方向 (传播方向就是等相面的法向即 $\boldsymbol{k}$ 的方向) 是互相垂直的, 因而称为横波. $\boldsymbol{B}$ 的横波性也可由

$$\nabla \cdot \boldsymbol{B} = 0$$

直接给出. 根据上述情况, 通常把散度处处为零的条件称为横波条件.

顺便指出, 如果一个矢量平面波

$$\boldsymbol{F} = \boldsymbol{F}_0 \mathrm{e}^{\mathrm{i}(\boldsymbol{k}\cdot\boldsymbol{x}-\omega t)}$$

满足

$$\nabla \times \boldsymbol{F} = 0, \tag{1.3.18}$$

则有

$$\boldsymbol{k} \times \boldsymbol{F}_0 = 0,$$

即波的振动方向与传播方向平行. 故式 (1.3.18) 通常称作纵波条件. 有时并把这种叫法推广到任意矢量场 (即不一定满足波动方程), 把散度处处为零的场称作横场, 把旋度处处为零的场称作纵场. 因而横场也就是无源场, 纵场也就是非旋场.

最后, 我们指出, $\boldsymbol{E}$ 和 $\boldsymbol{B}$ 不仅与 $\boldsymbol{k}$ 垂直, $\boldsymbol{E}$ 和 $\boldsymbol{B}$ 也互相垂直, 而且在任一时刻两者数值相等. 这个结果可从式 (1.3.17) 推出.

1.4　电磁能量和电磁动量　能量动量守恒和转化定律

能量和动量是物理学中用来描述物质运动的最基本物理量①. 对于电磁能量, 在电磁学发展的早期就已有一定的认识. 例如在静电方面曾给出两个点电荷之间

① 基本物理量还有角动量. 基本物理量的主要特征是它们的守恒特性在所有物理学领域中都成立. 从 “分析动力学” 的角度看, 能量和动量的守恒反映物理规律对时空坐标平移的对称性. 也就是说, 当我们把时空坐标轴平移一个距离后, 物理规律的表叙不会改变. 另外, 当我们把空间坐标架旋转一个角度时, 物理规律也不会改变, 与此不变性相对应的守恒量就是角动量. 由于在本节后续的内容中没有用到角动量, 对它就不作讨论了. 在量子电动力学的范畴内对这一问题的讨论, 可参见作者的理论物理三卷集之三《辐射和光场的量子统计理论》的 1.5 节.

的电势能为 $\frac{q_1q_2}{R}$, 又如充电的电容器具有的电能为 $\frac{1}{2}\frac{Q^2}{C}$, C 为电容器的电容. 在静磁方面, 也已经知道, 一个电流线圈的磁能为 $\frac{1}{2c^2}LI^2$, 其中 L 为线圈的自感. 可是, 在当时, 一般是在超距作用的观点下, 把这些能量看作是电荷之间或电流之间的相互作用势能, 尚不是从场以及场与电荷电流的相互作用的角度来认识电磁能量. 实际上, 如果局限在静电和静磁范围, 也无法判断上述的原来观点是否错误. 因为在静电和静磁情况, 场完全由电荷分布和电流分布所决定, 两者之间存在一一对应的关系, 电磁能量既可以用场的分布表示出来, 也可用电荷和电流的分布表示出来. 但在不稳定情况就不同了, 电磁场的状态不能完全由同时刻的电荷的分布来确定, 甚而如 1.3 节所指出的, 空间中可以没有电荷电流而仅仅有电磁场存在. 只有在这种情况下, 我们才有可能最终证明电磁场是有能量的. 通常所谓的电磁能量, 就是指"电磁场的能量以及电磁场和电荷电流之间的相互作用能"的和.

对于电磁动量, 过去的认识很少. 虽然开普勒在解释彗星尾的形成时, 曾提出过光压的概念, 但这时光的电磁本性还没有被认识, 因而还不能联系到电磁动量上面来. 而且光压的实验证实也是在较晚时期 (1900 年, 即在麦克斯韦方程组提出以后), 才由列别捷夫所完成.

在本节中, 我们将根据电磁现象的基本规律 —— 麦克斯韦方程组和洛伦兹力公式, 来揭示电磁能量和电磁动量的存在, 并给出它们的普遍表达式.

1.4.1 电磁能量和动量的表达式与守恒转化定律

我们对于一种新的能量形态或动量形态的认识, 总是通过它们与已经熟知的能量或动量形态的相互转化并守恒的关系来达到的. 例如, 对于宏观物体内分子热运动能, 就是通过它与机械能相互转化并守恒的关系来认知的. 因此, 我们要认识电磁能量和电磁动量, 也必须从考察电磁过程中其他形态的能量和动量的变化着手.

下面就来研究, 在电磁场中运动的带电体的总机械能 U_{m} 变化. 普通的力学的作用是使总机械能 U_{m} 守恒不变的, 因而 U_{m} 的改变只可能来源于电磁力所做的功. 利用洛伦兹力公式, 有

$$\begin{aligned}\frac{\mathrm{d}U_{\mathrm{m}}}{\mathrm{d}t} &= \int_\infty \boldsymbol{f}\cdot\boldsymbol{v}\mathrm{d}\tau = \int_\infty \left(\rho\boldsymbol{E}+\frac{1}{c}\rho\boldsymbol{v}\times\boldsymbol{B}\right)\cdot\boldsymbol{v}\mathrm{d}\tau \\ &= \int_\infty \rho\boldsymbol{v}\cdot\boldsymbol{E}\mathrm{d}\tau. \end{aligned} \tag{1.4.1}$$

通过麦克斯韦方程组第四式, $\rho\boldsymbol{v}$ 可用电磁场表示出来:

$$\rho\boldsymbol{v} = \frac{c}{4\pi}\nabla\times\boldsymbol{E} - \frac{1}{4\pi}\frac{\partial\boldsymbol{E}}{\partial t},$$

于是得

$$\rho \boldsymbol{v} \cdot \boldsymbol{E} = \frac{c}{4\pi} \boldsymbol{E} \cdot \nabla \times \boldsymbol{E} - \frac{1}{8\pi} \frac{\partial}{\partial t}(E^2). \tag{1.4.2}$$

再将上式右方表示成对 $\boldsymbol{E}$ 和 $\boldsymbol{B}$ 比较对称的形式. 为此, 可以利用麦克斯韦方程组第二式

$$0 = \nabla \times \boldsymbol{E} + \frac{1}{c} \frac{\partial \boldsymbol{B}}{\partial t}, \tag{1.4.3}$$

用 $(-\boldsymbol{B})$ 点乘它的两侧再与式 (1.4.2) 相加, 并利用矢量公式

$$\nabla \cdot (\boldsymbol{E} \times \boldsymbol{B}) = (\nabla \times \boldsymbol{E}) \cdot \boldsymbol{B} - \boldsymbol{E} \cdot (\nabla \times \boldsymbol{B}),$$

即可得出

$$\rho \boldsymbol{v} \cdot \boldsymbol{E} = -\nabla \cdot \boldsymbol{S} - \frac{1}{8\pi} \frac{\partial}{\partial t}(E^2 + B^2), \tag{1.4.4}$$

其中

$$\boldsymbol{S} = \frac{c}{4\pi} \boldsymbol{E} \times \boldsymbol{B}. \tag{1.4.5}$$

于是式 (1.4.1) 化为

$$\frac{\mathrm{d}U_{\mathrm{m}}}{\mathrm{d}t} = -\frac{\mathrm{d}}{\mathrm{d}t} \int_{\infty} \frac{1}{8\pi}(E^2 + B^2)\mathrm{d}\tau - \oint_{\infty} \boldsymbol{S} \cdot \mathrm{d}\boldsymbol{\sigma}.$$

上式右方第一项的体积包括了整个空间, 因而可以认为全部电荷和发射出的电磁波都已包含于其内, 这样右方第二项的积分面上, 至多只有静电场和静磁场 (它们分布在整个空间). 根据静电场和静磁场在无穷远处的渐近行为, 右方第二项即面积分项将随着曲面趋于 ∞ 而等于零. 我们就得到

$$\frac{\mathrm{d}U_{\mathrm{m}}}{\mathrm{d}t} = -\frac{\mathrm{d}}{\mathrm{d}t} \int_{\infty} \frac{1}{8\pi}(E^2 + B^2)\mathrm{d}\tau. \tag{1.4.6}$$

上式告诉我们, 当电磁场变化时, 带电体的总机械能 U_{m} 也要随之变化:

$$\Delta U_{\mathrm{m}} = -\Delta \int_{\infty} \frac{1}{8\pi}(E^2 + B^2)\mathrm{d}\tau, \tag{1.4.7}$$

按照上式, 如果电磁场还复原状, U_{m} 亦将恢复到原来的值, 这就表明, U_{m} 的减少或增加并不代表有能量被消灭或创生出来, 而是与另一种新形态的能量相互转化的结果. 由于上述机械能 U_{m} 的变化是电磁力所引起的效应, 这种新形态的能量应当就是我们所要探求的电磁能量. 式 (1.4.7) 给出 U_{m} 增加值等于由下式给出的 $U_{\mathrm{e.m}}$ 的减少值,

$$U_{\mathrm{e.m}} = \int_{\infty} \frac{1}{8\pi}(E^2 + B^2)\mathrm{d}\tau, \tag{1.4.8}$$

因此上式即应为电磁能量的表达式. 而式 (1.4.6) 或 (1.4.7) 就代表能量守恒和转化定律.

关于电磁动量, 亦可以按同样的方式来讨论. 根据洛伦兹力公式, 带电体的总机械动量 $\boldsymbol{G}_{\mathrm{m}}$ 的变化率为

$$\frac{\mathrm{d}\boldsymbol{G}_{\mathrm{m}}}{\mathrm{d}t}=\int_{\infty}\boldsymbol{f}\mathrm{d}\tau=\int_{\infty}\left(\rho\boldsymbol{E}+\frac{1}{c}\rho\boldsymbol{v}\times\boldsymbol{B}\right)\mathrm{d}\tau. \tag{1.4.9}$$

利用麦克斯韦方程组和张量运算公式, 又可以求出上述 $\boldsymbol{f}$ 的另一公式 (推导从略)

$$\boldsymbol{f}=-\nabla\cdot\boldsymbol{\Phi}-\frac{1}{c^2}\frac{\partial\boldsymbol{S}}{\partial t}, \tag{1.4.10}$$

其中 $\boldsymbol{S}$ 定义如式 (1.4.5) 所示, 而

$$\boldsymbol{\Phi}=\frac{1}{4\pi}\left[\frac{1}{2}(E^2+B^2)\mathbf{I}-\boldsymbol{EE}-\boldsymbol{BB}\right], \tag{1.4.11}$$

为一二阶张量①. 上式中的 $\mathbf{I}$ 代表单位张量, 即

$$\mathbf{I}=\boldsymbol{n}_1\boldsymbol{n}_1+\boldsymbol{n}_2\boldsymbol{n}_2+\boldsymbol{n}_3\boldsymbol{n}_3. \tag{1.4.12}$$

它与任何矢量点乘都等于该矢量本身. 将式 (1.4.10) 代入式 (1.4.9) 中. 并将其中的散度项化为面积分就得到

$$\frac{\mathrm{d}\boldsymbol{G}_{\mathrm{m}}}{\mathrm{d}t}=-\frac{\mathrm{d}}{\mathrm{d}t}\int_{\infty}\frac{1}{c^2}\boldsymbol{S}\mathrm{d}\tau-\oint_{\infty}\mathrm{d}\boldsymbol{\sigma}\cdot\boldsymbol{\Phi}.$$

仿前同样的讨论, 上式右方的无穷面积分项等于零, 于是我们得到

$$\frac{\mathrm{d}\boldsymbol{G}_{\mathrm{m}}}{\mathrm{d}t}=-\frac{\mathrm{d}}{\mathrm{d}t}\int_{\infty}\frac{1}{c^2}\boldsymbol{S}\mathrm{d}\tau. \tag{1.4.13}$$

式 (1.4.13) 表明, 电磁场变化时, 带电体的机械动量将随之变化, 当电磁场还复原状时, 带电体的机械动量亦恢复原值. 这就表明, 带电体的机械动量的改变并不表示动量的消失或创生, 而是转化为另一种形式的动量即我们称谓的电磁动量, 它的表达式即应为

$$\boldsymbol{G}_{\mathrm{e.m}}=\int_{\infty}\frac{1}{c^2}\boldsymbol{S}\mathrm{d}\tau=\int_{\infty}\frac{1}{4\pi c}\boldsymbol{E}\times\boldsymbol{B}\mathrm{d}\tau, \tag{1.4.14}$$

而式 (1.4.13) 就代表动量守恒和转化定律.

1.4.2 场具有能量和动量的论证

电磁能量和动量的表达式只是表达与电磁现象相关的能量和动量的数值, 表达式本身并不能说明电磁场是否具有能量和动量但如果将此表达式与场的波动性结合起来, 我们就能清楚地看出, 电磁场本身的确是具有能量和动量的.

① 这种二阶张量又称并矢.

考察图 1.4.1 所示的例子. 设 A_1 为一定向辐射电磁波的源 (例如, 微波发射天线), 当其中有一脉冲交变电流出现时, 按照上节的讨论, 将有一束电磁波被辐射出来. 在脉冲交变电流停止后, A_1 上的电荷和电流分布都已为零, 但辐射出来的电磁波仍将继续存在并向前传播, 直到抵达 A_2 并被 A_2 所吸收为止 (设 A_2 具有完全的吸收本领).

图 1.4.1　电磁波的发射、传播和吸收

根据式 (1.4.6) 或 (1.4.7), 在辐射电磁波的过程中, A_1 的能量减少总值为

$$\int_\infty \frac{1}{8\pi}(E^2+B^2)\mathrm{d}\tau \equiv U_0,$$

其中 E 和 B 为辐射停止后, 空间电磁场的值. 另外, 在辐射过程中, 按式 (1.4.13), A_1 还将受到反冲, 其动量改变的总值是

$$-\int_\infty \frac{1}{4\pi c}\boldsymbol{E}\times\boldsymbol{B}\mathrm{d}\tau \equiv -\boldsymbol{G}_0,$$

在 A_2 将电磁波吸收后, 空间的电磁场恢复到零, 因而根据式 (1.4.6) 和 (1.4.13), A_2 的能量将增加 U_0, 动量将增加 $\boldsymbol{G}_0$. 这不仅表明, A_1 所减少的能量和动量并未消灭, 而是先转化为电磁能量和动量, 然后再由电磁能量和动量转化为 A_2 的能量和动量, 并且也揭示出, 电磁场是有能量和动量的. 因为在 A_1 上的脉冲交变电流停止后而电磁波尚未到达 A_2 以前, 空间并无电荷电流存在, 只有一个电磁波束由 A_1 向 A_2 运动着. 显然, 这时的电磁能量和电磁动量只能为这一电磁波束所具有, 而能量和动量由 A_1 到 A_2 的传递正是通过这束电磁波由 A_1 到 A_2 的传播来实现的.

1.4.3　能流密度和动量流密度

电磁能量在生产实际中获得了极其广泛的应用, 它最主要的特点是能够很方便地从电源传送到各个负载中去. 例如, 图 1.4.2 所示的例子, 当电路开关合上后, 电阻中几乎立即有电流通过并开始发热. 电磁能量究竟是怎样传送到电阻中去的呢? 也许有人回答说: “能量是从导线中传送的, 是通过流动的自由电子输运过去的, 这些自由电子通过电阻时, 同其中的原子相碰撞而把自己的能量交给了原子, 从而使电阻发热.” 初看时, 这个回答似有道理, 因为只在导线中有电流流通时才有能量传送, 导线一断, 电流停止, 传送也就停止. 可是, 我们只要考察一下自由电子的平均迁移速度, 就可看出这种说法是错误的. 例如, 在电流密度 j 达 $10^3\mathrm{A/cm^2}$ 时, 铜导线中的自由电子的平均迁移速度 v(v 等于 j/ρ_-, ρ_- 为铜中自由电子的电荷密度)

也不过 $\sim 10^{-1}$cm/s. 这样, 仅仅通过 10m 长的导线所需要的时间就长达 3 小时左右. 显然这与实际情况完全不符合. 实际上只要经过 L/c 的时间, 电阻中即得到能量供应. 这样的速度正是电磁传播的速度, 说明能量是通过电磁场传送过去的. 至于在电阻中它转化为热能的过程. 那是先通过电磁波中的电场对电阻丝中自由电子做功, 将能量传给电子, 然后再通过电子同原子碰撞而发热. 这里经历了二次转化过程①.

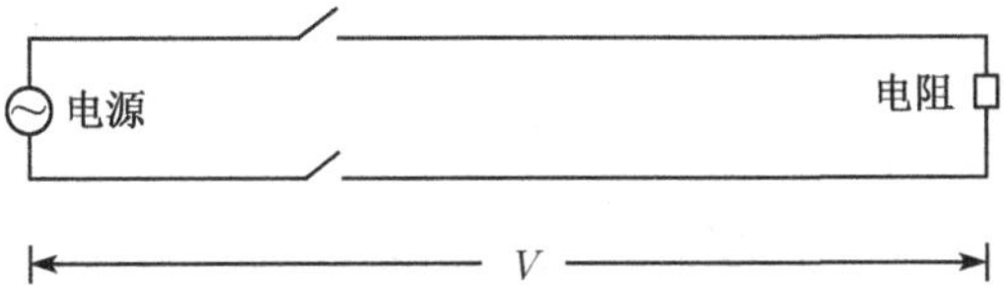

图 1.4.2 电磁能量通过导线从电源传送到电阻

下面我们就来对电磁能流问题作定量的讨论. 像电流一样, 能流的状态是由能流密度来描述. 能流密度为一矢量, 一般为 $(\boldsymbol{x},t)$② 的函数, 它的方向代表能量流动的方向, 它的大小代表单位时间内通过单位横截面的能量. 为了寻求电磁能流密度的表达式, 我们考虑空间任一区域 V 内的能量转换关系. 如式 (1.4.1) 所示, 电磁场对 t 时刻于 V 内的带电体所做的功率为

$$W(t)=\int_V \rho\boldsymbol{v}\cdot\boldsymbol{E}\mathrm{d}\tau.$$

如果能量守恒成立, 上式右方应等于两项之和, 一项是该区域内电磁能量的减少率, 一项是单位时间内通过 V 的表面 Σ 流进来的电磁能量 (皆指 t 时刻的值). 将式 (1.4.4) 对区域 V 做积分, 并利用高斯定理, 可得

$$\int_V \rho\boldsymbol{v}\cdot\boldsymbol{E}\mathrm{d}\tau=-\int_V\frac{\partial}{\partial t}\frac{1}{8\pi}(E^2+B^2)\mathrm{d}\tau-\oint_\Sigma \boldsymbol{S}\cdot\mathrm{d}\boldsymbol{\sigma}, \tag{1.4.15}$$

$\boldsymbol{S}$ 如式 (1.4.5) 所示, Σ 为体积 V 的表面. 上式右方正好具有上述两项的形式, 因此

$$u=\frac{1}{8\pi}(E^2+B^2) \tag{1.4.16}$$

应代表电磁能量密度, 而

$$\boldsymbol{S}=\frac{c}{4\pi}\boldsymbol{E}\times\boldsymbol{B}$$

应代表电磁能流密度, 一般并称 $\boldsymbol{S}$ 为坡印亭矢量. 这样式 (1.4.15) 就代表有限区域的能量守恒和转化定律, 而式 (1.4.4) 就是它的微分形式.

① 关于导线和流通的电流在能量传送中的作用, 可参见 3.4 节中的讨论.

② 同前一样, 这里 x 代表三维坐标 (x_1,x_2,x_3).

对于动量流密度, 也可类似地考虑. 所不同的是, 能量密度为标量, 而动量密度为矢量; 既然能量流密度为矢量, 动量流密度即为张量. 下面就来给出电磁动量密度和动量流密度的表达式.

将式 (1.4.10) 对区域 V 积分, 并利用张量分析公式, 即得

$$\int_V \boldsymbol{f}\mathrm{d}\tau = -\int_V \frac{\partial}{\partial t}\frac{1}{c^2}\boldsymbol{S}\mathrm{d}\tau - \oint_\Sigma \mathrm{d}\boldsymbol{\sigma}\cdot\boldsymbol{\Phi}. \tag{1.4.17}$$

按式 (1.1.14)

$$\boldsymbol{g} \equiv \frac{1}{c^2}\boldsymbol{S} = \frac{1}{4\pi c}\boldsymbol{E}\times\boldsymbol{B} \tag{1.4.18}$$

应代表动量密度, 于是 $\boldsymbol{\Phi}$ 应解释为动量流密度①, 而式 (1.4.17) 就是有限区域的动量守恒和转化的公式, 式 (1.4.10) 是它的微分形式. 以上讨论表明, 电荷、电流之间的力的作用是通过场的动量流来传送的.

1.4.4　两个例子

第一例子即上节讨论的平面电磁波. 注意, 由于 u、$\boldsymbol{S}$、$\boldsymbol{g}$ 和 $\boldsymbol{\Phi}$ 都是电磁场的二次式, 故 $\boldsymbol{E}$ 和 $\boldsymbol{B}$ 应该用实数值代入. 前已指出平面波的 $\boldsymbol{E}$、$\boldsymbol{B}$ 和 $\boldsymbol{k}$ 三者互相垂直, 而且 $E=B$, 因此即得

$$\boldsymbol{S} = \frac{c}{4\pi}\boldsymbol{E}\times\boldsymbol{B} = uc\boldsymbol{n}, \tag{1.4.19}$$

其中 $\boldsymbol{n}$ 代表单位矢量$\left(\dfrac{\boldsymbol{k}}{k}\right)$, 即波相位传播的方向, u 如式 (1.4.16) 所示. 上式表明, 平面电磁波的能流方向与波相位的传播方向相同, 而其大小正好等于能量密度乘上波速 c, 即平面波的电磁场的能量以速度 c 沿着波矢量方向流动.

同样, 由式 (1.4.11) 表示的平面电磁波的动量流密度

$$\boldsymbol{\Phi} = \frac{1}{4\pi}\left[\frac{1}{2}(E^2+B^2)\mathbf{I} - \boldsymbol{EE} - \boldsymbol{BB}\right]$$

可以化为

$$\boldsymbol{\Phi} = \boldsymbol{g}(c\boldsymbol{n}) = c\boldsymbol{n}\boldsymbol{g}, \tag{1.4.20}$$

其中 $\boldsymbol{g}$ 由式 (1.4.18) 所示. 这个结果表明, 平面电磁波的动量密度 $\boldsymbol{g}$ 也是以速度 c 沿着波相位传播的方向流动. 如果取一个小面积 $\mathrm{d}\boldsymbol{\sigma}$ 的方向与波矢量一致 (见图 1.4.3), 单位时间内流过 $\mathrm{d}\boldsymbol{\sigma}$ 的动量即为

$$\mathrm{d}\boldsymbol{\sigma}\cdot\boldsymbol{\Phi} = \mathrm{d}\sigma c\boldsymbol{g}. \tag{1.4.21}$$

① 由于 $\boldsymbol{\Phi}$ 为对称张量, 故 $\mathrm{d}\boldsymbol{\sigma}\cdot\boldsymbol{\Phi} = \boldsymbol{\Phi}\cdot\mathrm{d}\boldsymbol{\sigma}$. 它代表单位时间内由 $\mathrm{d}\boldsymbol{\sigma}$ 后方流向 $\mathrm{d}\boldsymbol{\sigma}$ 前方的动量, 因而称为动量流密度.

这样, 对于表明垂直于波前进方向并能完全吸收电磁波的物体 (如黑体吸收光波), 单位面积上所受的压力的值就等于电磁波的动量密度 $\boldsymbol{g}$ 乘上光速 c. 这个压力通常称作辐射压力.

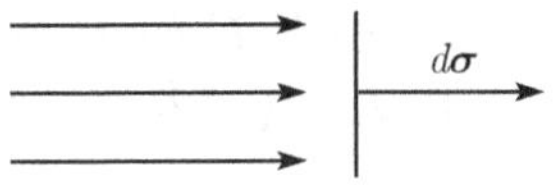

图 1.4.3 方向与波矢量一致的小面积 $\mathrm{d}\boldsymbol{\sigma}$

作为第二个例子, 我们再来考察图 1.4.2 线路中的能流状态. 先看导线内的能流密度. 导线中的电场方向与电流方向相同, 因而基本上与导线平行, 磁力线则是环状的, 因此 $\boldsymbol{S}$ 的方向是从导线表面指向内心, 它的作用就是供导线内的焦耳热损耗. 在导线是由理想导体作成的情况下, 导线内 $\boldsymbol{E}=0$, 故 $\boldsymbol{S}=0$, 这与理想导体内无焦耳热损耗是一致的.

至于导线外面的能流, 其情况就不同了. 在导线是平行双线的简单情况时, 其电磁场分布大致如图 1.4.4 所示：电力线是由接正极的导线到接负极的导线, 磁力线则是环绕导线电流的 (设从电源到电阻的方向是指向纸面). 由此可见, 导线外面空间中的能流方向处处都基本上与导线平行, 并且总是从电源指向电阻. 尽管电流的方向随着时间在交替地变化, 能流方向却是不变的.

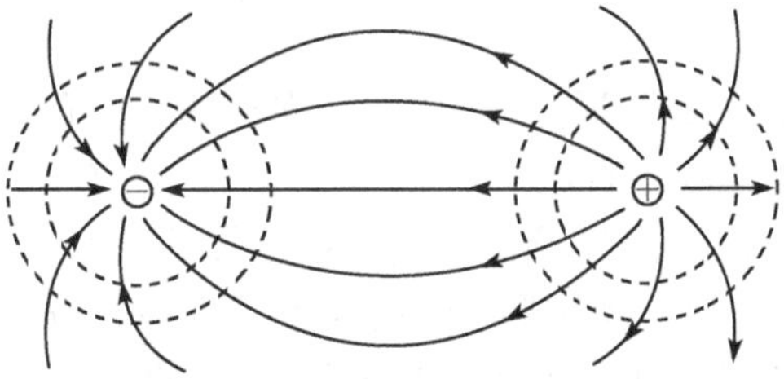

图 1.4.4 平行双线附近的电磁场

实线代表电力线; 虚线代表磁力线

1.4.5 场的物质性

从上节和本节的讨论, 我们看到, 电磁场可以脱离电荷电流而独立存在, 它具有能量和动量, 并可以通过“对带电体的作用”, 将自己的能量和动量转移给带电体, 从而改变带电体的运动状态. 这一切表明, 电磁场是客观的存在, 是物质的一种形态, 而不是描写电磁现象的手段. 我们还看到, 电磁场这种物质形态具有下述的特点：即它弥漫于空间中, 并以波的形式运动. 由于这种特点, 对电磁场的运动状态的描写就与对宏观质点的描写不同. 我们知道, 一个质点在某一时刻的运动状态可以用它的三个坐标分量和三个速度分量来表示. 对于电磁场, 某一时刻的运动状态却需用空间的函数 $\boldsymbol{E}$ 和 $\boldsymbol{B}$ 来表示, 通过它们给出电磁场的能量、动量的分布以及电磁场对带电体的作用力等物理属性. 电磁场状态的变化就体现在 $\boldsymbol{E}$ 和 $\boldsymbol{B}$ 随着时间变化上面. 由于 $\boldsymbol{E}$ 和 $\boldsymbol{B}$ 既是空间坐标的函数又是时间的函数, 因而电磁场的运动方程将采取偏微分方程的形式. 我们以上所得到的麦克斯韦方程组, 正是电磁场的运动方程.

电磁场与带电物质的相互作用, 也与力学中两个质点间的相互作用形式不同. 它采取的形式是：带电物质产生或吸收电磁场, 以及电磁场加给带电物质作用力 (洛伦兹力). 麦克斯韦方程中的 ρ 和 $\boldsymbol{j}$ 就是反映带电物质对电磁场的作用.

如果电荷和电流的分布和变化都是给定的, 则当电磁场在初始时刻的状态已知时, 它在以后任何时刻的分布就由麦克斯韦方程组唯一地确定. 如果电荷和电流的分布和变化不是给定的, 那就需要把麦克斯韦方程组和"决定电荷电流的方程"联立起来求解. 对于真空中一组带电的质点, 决定电荷电流变化的方程就是质点组的牛顿方程, 其中质点所受的力, 除了它们间的引力外还有洛伦兹力. 如果带电物质是宏观的介质, 应该如何处理还需作进一步的讨论. 这正是下面两节所要处理的问题.

1.5 介质中的电荷电流 介质内部和边界上麦克斯韦方程组的形式

在宏观电磁问题中, 经常遇到有介质存在的情况. 当介质存在时, 麦克斯韦方程组式 (1.2.22) 或 (1.2.23) 是否还成立呢? 为了回答这个问题, 我们来看一下, 介质究竟是什么? 它会起什么影响? 介质, 从微观来看, 也就是一个由大量在真空中运动着的带电粒子 (电子和原子核) 形成的集合体. "存在介质"也就是存在着大量的带电粒子, 因此并没有什么本质上特异的地方. 唯一的特点是, 在宏观电动力学中, 我们不去考虑介质中电磁场的微观上的起伏, 而采用的是它们在宏观小范围内的平均值. 相应地, 麦克斯韦方程组中的电荷电流密度也是指的它们的上述宏观值. 例如, 对中性的介质, 从微观上看, 电荷密度并不处处为零, 在电子所在的地方, 电荷密度是负的, 在原子核所在的地方, 电荷密度是正的, 只是在宏观平均以后才呈现为中性, 即宏观的 ρ 才为零. 那么, 出现介质会起什么影响呢? 它的影响在于：本来在宏观上是中性的介质, 在电磁场的作用下, 由于其中带电粒子的分布和运动发生变化, 而可能出现宏观的电荷电流. 介质就是通过这种电荷电流来影响宏观电磁场的分布. 因此, 需要进一步研究的问题只是, 在电磁场的作用下介质中可能出现什么样的宏观电荷电流, 它们遵从什么样的规律. 至于麦克斯韦方程组式 (1.2.22) 或 (1.2.23) 本身, 则并不需要作任何修改.

我们将说明, 在电磁场的作用下, 宏观静止的介质中一般可能发生下述三种过程, 即极化、磁化和传导①. 本节的内容主要是研究这些过程将在介质中产生怎样

① 在本书中, 除特殊声明外, 我们只限于讨论静止介质的情况.

的电荷电流分布. 关于这些过程本身所遵从的物理规律即介质的极化、磁化和传导的值与电磁场之间的定量关系, 则留到 1.6 节中去讨论.

1.5.1 极化、磁化和传导

所有的介质都是由分子和原子组成的, 分子和原子中又有带正电的原子核和带负电的电子. 前面已经指出, 中性的介质实际上每处都有正电荷和负电荷, 只是由于它们数量相等, 宏观上又是重合的, 因而互相抵消, 使得介质呈现中性. 对于绝缘介质, 上述正负电荷是互相结合在一起的, 如同原子中的电子和原子核的结合. 对于导电介质, 只有一部分正负电荷互相结合, 另外一部分则是彼此游离的, 例如金属中自由电子所带的负电荷和静止离子所带的正电荷. 互相结合在一起的正负电荷称为束缚电荷, 而彼此间游离的正负电荷则称为自由电荷.

当介质中存在电场时, 束缚的正负电荷所受的力方向相反, 因而它们之间将产生一个微小的相对位移. 电场愈强, 位移的数值愈大. 从微观看来, 这种位移分为两种情况, 一种是正负电荷间的距离拉开了, 另一种情况是, "单元的正负电荷间"本来就有一个距离 (如极性分子), 无外电场时, 这些极性分子的方向是混乱分布的, 在电场作用下, 它们发生了一定程度的取向. 就宏观效果而言, 上述两种情况都相当于正负电荷间有一位移.

正负束缚电荷间的这种位移, 相应于产生一个电偶极矩, 因此这种现象叫做介质的极化. 我们用 $\boldsymbol{P}$ 表示单位体积内的电偶极矩, 并称它为极化强度或极化矢量. 与上面所述的两种情况相对应, 微观上, 极化过程包括两种效应, 一是产生诱导的微观电偶极矩, 另一是固有的微观电偶极矩在取向上发生改变.

当介质中有磁场时, 还会发生磁化的现象. 我们知道, 分子或原子中的电子是不断地绕着原子核转动的, 介质中的束缚电子也是这样. 此外, 电子还有自旋运动. 这些运动都形成磁偶极矩. 在介质未受磁场作用时, 宏观上这些磁偶极矩 (或分子电流) 都互相抵消掉了, 因而介质中并不显示有宏观电流和宏观磁偶极矩存在. 当介质中有磁场时, 这些微观的磁偶极矩将发生变化, 包括固有磁偶极矩的转向以及产生诱导的磁偶极矩 (磁场建立时所伴随出现的"感应"电场, 将改变束缚电子的运动而产生诱导磁偶极矩), 从而介质中将出现宏观磁偶极矩. 这种现象就叫做介质的磁化. 介质中单位体积内的磁偶极矩 $\boldsymbol{M}$ 就称为磁化强度或磁化矢量.

当介质是导电的情况, 除了极化和磁化以外. 还有传导过程. 它代表自由电子 (在离子也能运动时, 还包括离子) 在电磁力的作用下所做的长距离的运动. 我们用 $\boldsymbol{j}_{\mathrm{f}}$ 表示这种传导电流密度. 一般说来, $\boldsymbol{P}, \boldsymbol{M}$ 和 $\boldsymbol{j}_{\mathrm{f}}$ 的值在介质中各点和各个时刻是不同的, 即都是 $(\boldsymbol{x}, t)$ 的函数.

1.5.2 自由电荷、极化电荷、极化电流和磁化电流

传导和极化过程的结果是, 介质中各处的电中性可能被破坏, 不同的部位可能

带有宏观的正电或负电, 也就是说, 将出现宏观的电荷分布. 由于传导过程而在介质上积累的自由电荷, 我们用 Q_{f} 表示. 导体上任一区域内自由电荷的增加率就等于通过该区域表面进去的总传导电流:

$$\frac{\mathrm{d}Q_{\mathrm{f}}}{\mathrm{d}t} = -\oint \boldsymbol{j}_{\mathrm{f}} \cdot \mathrm{d}\boldsymbol{\sigma}. \tag{1.5.1}$$

在导体内部, 自由电荷是体分布的, 其密度用 ρ_{f} 表示. 由上式可得

$$\frac{\partial \rho_{\mathrm{f}}}{\partial t} + \nabla \cdot \boldsymbol{j}_{\mathrm{f}} = 0. \tag{1.5.2}$$

如果流动是稳定的, 则一切物理量都不随时间变化, 于是 $\boldsymbol{j}_{\mathrm{f}}$ 满足连续性方程:

$$\nabla \cdot \boldsymbol{j}_{\mathrm{f}} = 0. \tag{1.5.3}$$

介质极化时, 由于正负束缚电荷发生了位移, 各处的正负束缚电电荷可能不完全抵消, 这样出现的宏观电荷称为极化电荷, 也叫做束缚电荷, 因为它就是每处正负束缚电荷的代数和. 介质上任一区域出现的极化电荷 Q_{p} 等于

$$Q_{\mathrm{p}} = -\oint_{\Sigma} \boldsymbol{P} \cdot \mathrm{d}\boldsymbol{\sigma}, \tag{1.5.4}$$

Σ 为该区域的表面. 这是因为极化时, 通过面积 $\mathrm{d}\boldsymbol{\sigma}$ 的束缚电荷等于 $\boldsymbol{P} \cdot \mathrm{d}\boldsymbol{\sigma}$①. 积分起来即得式 (1.5.4).

在介质内部, 极化电荷是体分布的, 其密度 ρ_{p} 可由上式求出, 结果为

$$\rho_{\mathrm{p}} = -\nabla \cdot \boldsymbol{P}. \tag{1.5.5}$$

另外, 极化矢量 $\boldsymbol{P}$ 随着时间变化, 也就是正负束缚电荷间的相对位移随时间变化, 因此相应于有电流存在. 这种电流称为极化电流. 不难看出, 极化电流密度等于

$$\boldsymbol{j}_{\mathrm{p}} = \frac{\partial \boldsymbol{P}}{\partial t}, \tag{1.5.6}$$

而通过任意曲面 Σ 的总极化电流等于

$$I_{\mathrm{p}} = \int_{\Sigma} \frac{\partial \boldsymbol{P}}{\partial t} \cdot \mathrm{d}\boldsymbol{\sigma}. \tag{1.5.7}$$

---

① 设原来的正负束缚电荷的密度为 $\pm\rho_{\mathrm{b}}$, 极化时它们的相对位移为 $\boldsymbol{R}$. 则通过 $\mathrm{d}\boldsymbol{\sigma}$ 的束缚电荷, 其数值为体积 $|\boldsymbol{R}\cdot \mathrm{d}\boldsymbol{\sigma}|$ 乘 ρ_{b}, 而正负号亦只正好与 $\boldsymbol{R}\cdot \mathrm{d}\boldsymbol{\sigma}$ 的正负相同, 故它就等于

$$\rho_{\mathrm{b}}\boldsymbol{R}\cdot \mathrm{d}\boldsymbol{\sigma} = \boldsymbol{P}\cdot \mathrm{d}\boldsymbol{\sigma}.$$

磁化过程也会使介质中出现宏观电流, 它称为磁化电流. 令 L 表示曲面 Σ 的边线, 可以证明通过 Σ 的总磁化电流 I_{m} 为 (示意性的推导见本页底部的注①)

$$I_{\mathrm{m}} = c\oint_L \boldsymbol{M}\cdot \mathrm{d}\boldsymbol{l}. \tag{1.5.8}$$

L 为曲面 Σ 的边线. 在介质内部, 磁化电流是体分布的, 利用矢量分析中的公式由上式可得其密度为 [推导如同式 (1.2.15)]

$$\boldsymbol{j}_{\mathrm{m}} = c\nabla\times\boldsymbol{M}. \tag{1.5.9}$$

从上式可见, 磁化电流不会引起介质中宏观电荷的积累, 因由矢量分析的公式, $\nabla\times\boldsymbol{M}$ 的散度总等于零.

极化电流所引起的电荷积累就是极化电荷, 我们不难从式 (1.5.7) 推出式 (1.5.4), 或者从式 (1.5.6) 来推出式 (1.5.5).

这样, 介质内部总的电荷密度为

$$\rho = \rho_{\mathrm{f}} - \nabla\cdot\boldsymbol{P}, \tag{1.5.10}$$

介质内总的电流密度为

$$\boldsymbol{j} = \boldsymbol{j}_{\mathrm{f}} + \frac{\partial \boldsymbol{P}}{\partial t} + c\nabla\times\boldsymbol{M}. \tag{1.5.11}$$

在介质的表面上, 由于 P 和 M 有一个不连续的突变, 故将出现面极化电荷 ω_{p} 和面磁化电流 $\boldsymbol{\Pi}_{\mathrm{m}}$, 从式 (1.5.4) 和 (1.5.8) 可以求出

$$\omega_{\mathrm{p}} = \boldsymbol{n}\cdot\boldsymbol{P}, \tag{1.5.12}$$

$$\boldsymbol{\Pi}_{\mathrm{m}} = -c\boldsymbol{n}\times\boldsymbol{M}. \tag{1.5.13}$$

$\boldsymbol{n}$ 为介质表面上单位法线矢量. 式 (1.5.12) 的证明比较容易, 在普通物理中也已学过. 式 (1.5.13) 的证明稍难些. 该证明将作为习题由读者自己完成. 以上四式 [从式 (1.5.10)~(1.5.13)] 就是本节最重要的公式.

---

① 我们将每个原子的磁偶极矩示意性的用一个小电流圈来表示. 显然, 只当电流圈与曲面 Σ 的边线相套的情况下, 它才对 I_{m} 有贡献. 否则, 该电流圈或者不与曲面 Σ 相交, 或相交两次 (两次穿过曲面的方向相反), 这两种情况都对磁化电流 I_{m} 无贡献.

设小电流圈的面积为 A, 它们有各种取向, 分别用 $\boldsymbol{A}_j$ 表示. 而与 Σ 的边线 $\mathrm{d}\boldsymbol{l}$ 相套的小电流圈所贡献的 $\mathrm{d}I_{\mathrm{m}}$ 由下式表示:

$$\mathrm{d}I_{\mathrm{m}} = \sum_j \rho_j I_j \boldsymbol{A}_j\cdot\mathrm{d}\boldsymbol{l} = c\sum_j \rho_j \boldsymbol{m}_j\cdot\mathrm{d}\boldsymbol{l} = c\boldsymbol{M}\cdot\mathrm{d}\boldsymbol{l},$$

其中的 ρ_j 为 j 类小电流圈的体密度. I_j 为该类小电流圈上的电流. 于是即得出式 (1.5.8). 比较详细的说明可在一些普通物理电磁学书中找到.

下面以沿轴向均匀磁化的圆柱为例, 来说明磁化电流的具体情况: 在圆柱内部, 由于 $\boldsymbol{M}$ 为常数, 故

$$\boldsymbol{j}_{\mathrm{m}} = c\nabla \times \boldsymbol{M} = 0,$$

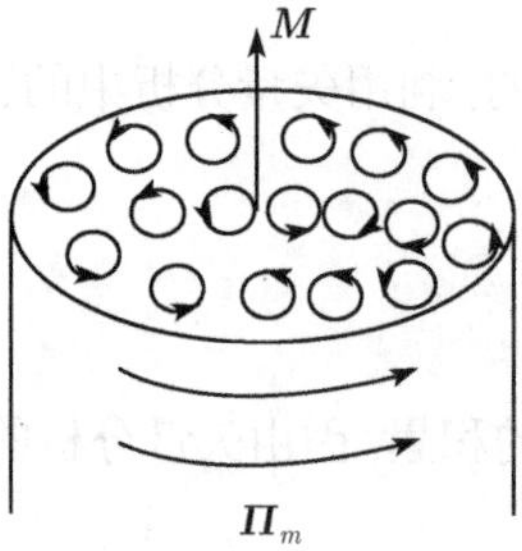

图 1.5.1　均匀磁化圆柱中分子电流的示意图

在圆柱两端, 由于法线 $\boldsymbol{n}$ 与 $\boldsymbol{M}$ 平行, 故端面上 $\boldsymbol{\Pi}_{\mathrm{m}}$ 亦等于零, 只在圆柱的侧面才有面电流存在, 方向如图 1.5.1 所示, 其数值 $\boldsymbol{\Pi}_{\mathrm{m}} = cM$. 图中并示意地表示出圆柱中束缚电子的运动. 从该图可以看出, 在圆柱内部. 这些微观电流互相抵消, 而在圆柱侧面上则拼凑成一个大环流, 它就是磁化面电流 $\boldsymbol{\Pi}_{\mathrm{m}}$. 由此可见, 磁化电流与传导电流不同, 它像接力跑一样是拼合起来的, 每个束缚电子仍只绕着自己的原子核转动, 并不沿圆柱侧面环行, 因而磁化电流也不会传导到其他导体上去.

1.5.3　电位移矢量和磁场强度, 介质内部麦克斯韦方程组的另一形式

在介质内部, 将体电荷密度和体电流密度的公式 (1.5.10) 和 (1.5.11) 代入麦克斯韦方程组中, 得出的结果为

$$\begin{aligned}
&\nabla \cdot \boldsymbol{E} = 4\pi\rho_{\mathrm{f}} - 4\pi\nabla \cdot \boldsymbol{P},\\
&\nabla \times \boldsymbol{E} = -\frac{1}{c}\frac{\partial \boldsymbol{B}}{\partial t},\\
&\nabla \cdot \boldsymbol{B} = 0,\\
&\nabla \times \boldsymbol{B} = \frac{1}{c}\frac{\partial \boldsymbol{E}}{\partial t} + \frac{4\pi}{c}\boldsymbol{j}_{\mathrm{f}} + 4\pi\nabla \times \boldsymbol{M} + \frac{4\pi}{c}\frac{\partial \boldsymbol{P}}{\partial t}.
\end{aligned}$$

如令

$$\begin{aligned}
\boldsymbol{D} &= \boldsymbol{E} + 4\pi\boldsymbol{P},\\
\boldsymbol{H} &= \boldsymbol{B} - 4\pi\boldsymbol{M},
\end{aligned} \tag{1.5.14}$$

则在介质内部, 麦克斯韦方程组可化为下述形式

$$\begin{aligned}
&\nabla \cdot \boldsymbol{D} = 4\pi\rho_{\mathrm{f}},\\
&\nabla \times \boldsymbol{E} = -\frac{1}{c}\frac{\partial \boldsymbol{B}}{\partial t},\\
&\nabla \cdot \boldsymbol{B} = 0,\\
&\nabla \times \boldsymbol{H} = \frac{1}{c}\frac{\partial \boldsymbol{D}}{\partial t} + \frac{4\pi}{c}\boldsymbol{j}_{\mathrm{f}},
\end{aligned} \tag{1.5.15}$$

其中 $\boldsymbol{D}$ 称为电位移矢量, $\boldsymbol{H}$ 称为磁场强度 (这一名称是由历史的原因造成的). 我们看见, $\boldsymbol{D}$ 和 $\boldsymbol{H}$ 都不是原始场量, 引入它们的目的, 是为了将极化和磁化的效果

包含于其内, 使场方程中只剩下自由电荷和传导电流. 这样做的好处是, 将麦克斯韦方程中特点相似的项并到一起, 例如式 (1.5.14) 中 $\frac{\partial \boldsymbol{E}}{\partial t}$ 和 $\frac{\partial \boldsymbol{P}}{\partial t}$ 两项都只在不稳定时才出现, 而且只在迅变的情况才变得重要. $\nabla\times\boldsymbol{B}$ 和 $\nabla\times\boldsymbol{M}$ 两项的散度都处处为零, 在介质表面上都趋于无穷、从而需要另外处理, 等等. 特别是, 在一般介质中, $\boldsymbol{P}$ 与 $\boldsymbol{E}$ 成正比, $\boldsymbol{M}$ 与 $\boldsymbol{B}$ 成正比 (见 1.6 节), 使这些合并在一起的项性质上相似. 另外, 极化和磁化电流还有一点与传导电流不同的地方, 那就是它们不能传导到别的物体上去, 所以将它们与传导电流分开也是比较合适的.

(1.5.15) 第四式的右方可以写成

$$\frac{4\pi}{c}\left(\boldsymbol{j}_{\mathrm{f}}+\frac{1}{4\pi}\frac{\partial \boldsymbol{D}}{\partial t}\right),$$

通常把 $\frac{1}{4\pi}\frac{\partial \boldsymbol{D}}{\partial t}$ 称为位移电流. 这个名称也是历史上留下来的, 实际上它并不全是真正的电流. 它由 $\frac{\partial \boldsymbol{P}}{\partial t}$ 和 $\frac{1}{4\pi}\frac{\partial \boldsymbol{E}}{\partial t}$ 所组成, 前者是真正的电流而后者不是, 只是因为两项特性相似, 才并在一起.

需要指出的是, $\boldsymbol{D}$ 和 $\boldsymbol{H}$ 并不就是去掉介质但保持自由电荷和传导电流不变时的 $\boldsymbol{E}$ 和 $\boldsymbol{B}$. 这个误解常常是这样引起的: 例如在静电学中的一些简单情况, 常可利用[①]

$$\oint \boldsymbol{D}\cdot \mathrm{d}\boldsymbol{\sigma}=4\pi Q_{\mathrm{f}} \tag{1.5.16}$$

来求解 $\boldsymbol{D}$, 所得结果与去掉介质但保持自由电荷分布不变时的电场 (下面用 $\boldsymbol{E}^{(0)}$ 表示) 一样, 但这只是特别情况下的结果. 只有在介质形状和性质以及自由电荷分布都具有某种对称性, 因而预先可以确定 $\boldsymbol{D}$ 也具有某种对称性时, 才可能从式 (1.5.16) 即高斯定理求出 $\boldsymbol{D}$, 否则仅用高斯定理是求不出来的. 这是因为 $\boldsymbol{D}$ 是一个矢量场, 需要知道它的散度、旋度以及边界条件才能决定它, 而高斯定理只相应于一个散度方程. 实际上, 虽然 $\nabla\cdot\boldsymbol{D}$ 与 $\nabla\cdot\boldsymbol{E}^{(0)}$ 相同, 都等于 $4\pi\rho_{\mathrm{f}}$, 但 $\nabla\times\boldsymbol{E}^{(0)}$ 恒为零而 $\nabla\times\boldsymbol{D}$ 一般不是 (都对静电情况而言). 只在某些特定的情况下, $\boldsymbol{D}$ 才与 $E^{(0)}$ 相等. 不能在概念上将两者混同起来.

1.5.4 边值关系

在实际问题中, 常遇到有介质分界面的情况 (包括介质的表面, 因介质的表面可看作是该介质与真空的分界面). 在这种面上, 由于介质的性质有一突变, 故电磁场的值也会有突变, 使麦克斯韦方程组的微分形式失去意义, 须采用新的表现形式, 它就是我们将要给出的边值关系. 值得强调的是, 边值关系与边值条件的意义完全

① 式 (1.5.16) 通常也称作高斯定理.

不同. 后者是指在求解区域的外边界上所须满足的值或微商值 (在某些书上把它也称作边界条件是会引起混淆的).

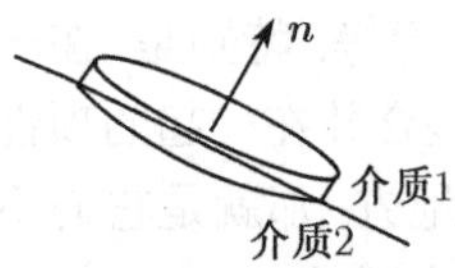

图 1.5.2　界面上的扁平小匣

需要指出的是, 麦克斯韦方程的积分形式在边界上仍是有意义的, 实际上, 边值关系就是从积分形式推导出来的.

为推导边值关系, 我们平行于界面做一扁平小匣, 如图 1.5.2 所示, 并对匣的表面应用方程

$$\oint \boldsymbol{D}\cdot \mathrm{d}\boldsymbol{\sigma} = 4\pi Q_{\mathrm{f}}$$

和

$$\oint \boldsymbol{B}\cdot \mathrm{d}\boldsymbol{\sigma} = 0.$$

由于匣的侧面面积取为二级小量, 它对积分的贡献可以略去, 于是上面两式左方的积分化为 $\Delta\sigma\boldsymbol{n}\cdot(\boldsymbol{D}_1-\boldsymbol{D}_2)$ 和 $\Delta\sigma\boldsymbol{n}\cdot(\boldsymbol{B}_1-\boldsymbol{B}_2)$, 其中 $\boldsymbol{n}$ 为垂直界面的单位矢量, 方向由介质 2 到介质 1, $\Delta\sigma$ 为匣的上下表面的面积. 对于匣内的 Q_{f} 可只计算界面上面电荷的贡献, 因为体电荷的贡献为高级小量可以忽略不计. 这样, 得出的结果即为 $\omega_{\mathrm{f}}\Delta\sigma$. 消去 $\Delta\sigma$ 后就得出

$$\boldsymbol{n}\cdot(\boldsymbol{D}_1-\boldsymbol{D}_2) = 4\pi\omega_{\mathrm{f}}, \tag{1.5.17}$$

$$\boldsymbol{n}\cdot(\boldsymbol{B}_1-\boldsymbol{B}_2) = 0. \tag{1.5.18}$$

这就是说, $\boldsymbol{B}$ 的法向分量是连续的, $\boldsymbol{D}$ 的法向分量在界面上没有自由面电荷时 (有自由体电荷并无关系) 也是连续的, 否则将跃变 $4\pi\omega_{\mathrm{f}}$.

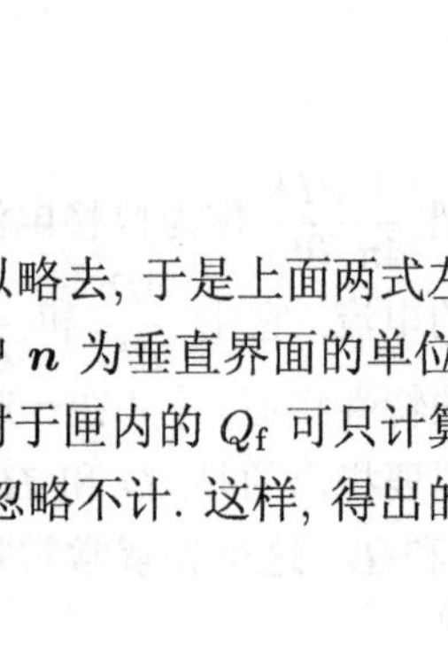

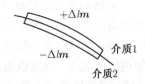

图 1.5.3　介质分界面上的小扁回路

为得到电磁场切向分量的边值关系, 考虑图 1.5.3 中的小扁回路. 此回路所张的面与界面垂直而且其长边线与界面平行, 如图 1.5.3 所示. 我们对此回路应用

$$\oint \boldsymbol{E}\cdot \mathrm{d}\boldsymbol{l} = -\frac{1}{c}\int \frac{\partial \boldsymbol{B}}{\partial t}\mathrm{d}\boldsymbol{\sigma} \tag{1.5.19}$$

和

$$\oint \boldsymbol{H}\cdot \mathrm{d}\boldsymbol{l} = \frac{1}{c}\int \frac{\partial \boldsymbol{D}}{\partial t}\mathrm{d}\boldsymbol{\sigma} + \frac{4\pi}{c}I_{\mathrm{f}}. \tag{1.5.20}$$

由于回路短边线取为二级小量, 故它对积分的贡献可以略去 [但若界面上有电偶极层而且是不均匀的, 则短边线对式 (1.5.19) 左方的贡献不为零, 需另考虑], 这样, 上

两式左方就化为 $\Delta l\boldsymbol{m}\cdot(\boldsymbol{E}_1-\boldsymbol{E}_2)$ 和 $\Delta l\boldsymbol{m}\cdot(\boldsymbol{H}_1-\boldsymbol{H}_2)$, 其中 $\boldsymbol{m}$ 为沿回路长边线方向的单位矢量. 式 (1.5.19) 的右方以及式 (1.5.20) 右方第一项都可略去, 因积分的面积为一高级小量而 $\dfrac{\partial \boldsymbol{B}}{\partial t}$ 和 $\dfrac{\partial \boldsymbol{D}}{\partial t}$ 都是有限值. 又对于实际导体, 传导电流也是体分布的, I_{f} 等于 $\int \boldsymbol{j}_{\mathrm{f}}\cdot \mathrm{d}\boldsymbol{\sigma}$, 积分区域为上述小扁回路所张的面积, 故除了考虑超导体或电导率趋于无穷的理想导体外 (在这些极限情况将出现"面传导电流"), I_{f} 可以略去. 于是有

$$\boldsymbol{m}\cdot(\boldsymbol{E}_1-\boldsymbol{E}_2)=0,$$

$$\boldsymbol{m}\cdot(\boldsymbol{H}_1-\boldsymbol{H}_2)=0.$$

上式表明, 在边界处, $\boldsymbol{E}$ 和 $\boldsymbol{H}$ 在 $\boldsymbol{m}$ 方向上的分量是连续的 (其中 $\boldsymbol{H}$ 的连续性要求不存在"面传导电流", 而面传导电流只在 $\sigma=\infty$ 的理想导体的表面上才可能出现). 注意到 $\boldsymbol{m}$ 可在整个切面内任意取向, 即得 $\boldsymbol{E}$ 和 $\boldsymbol{H}$ 的切面上的整个分量是连续的. 此结果可表示为

$$\boldsymbol{n}\times(\boldsymbol{E}_1-\boldsymbol{E}_2)=0, \tag{1.5.21}$$

$$\boldsymbol{n}\times(\boldsymbol{H}_1-\boldsymbol{H}_2)=0. \tag{1.5.22}$$

这是因为 $\boldsymbol{E}_1-\boldsymbol{E}_2$ 在切面上的分量可表示为 $-\boldsymbol{n}\times[\boldsymbol{n}\times(\boldsymbol{E}_1-\boldsymbol{E}_2)]$, 由于 $\boldsymbol{n}$ 与 $\boldsymbol{n}\times(\boldsymbol{E}_1-\boldsymbol{E}_2)$ 互相垂直, 故 $\boldsymbol{n}\times[\boldsymbol{n}\times(\boldsymbol{E}_1-\boldsymbol{E}_2)]$ 为零就相当于 $\boldsymbol{n}\times(\boldsymbol{E}_1-\boldsymbol{E}_2)$ 为零亦即式 (1.5.21). 同样可得出式 (1.5.22).

下面我们列出有"面传导电流"时式 (1.5.22) 的修正结果:

$$\boldsymbol{n}\times(\boldsymbol{H}_1-\boldsymbol{H}_2)=\frac{4\pi}{c}\boldsymbol{\Pi}_{\mathrm{f}}, \tag{1.5.23}$$

其中 $\boldsymbol{\Pi}_{\mathrm{f}}$ 为面传导电流密度; $\boldsymbol{n}$ 的方向自介质 2 到介质 1. 此结果在高频情况的近似处理中常常用到 (在高频情况下, 由于导体中电流的集肤效应, 其上的电流近似地成为面电流).

此外, 对于电荷守恒定律, 微分形式在界面上亦不适用. 在无"面传导电流"的情况 (实际导体) 下, 仿上可以得出

$$\boldsymbol{n}\cdot(\boldsymbol{j}_{\mathrm{f}_1}-\boldsymbol{j}_{\mathrm{f}_2})+\frac{\partial \omega_{\mathrm{f}}}{\partial t}=0, \tag{1.5.24}$$

或

$$\boldsymbol{n}\cdot(\boldsymbol{j}'_1-\boldsymbol{j}'_2)+\frac{\partial \omega_{\mathrm{T}}}{\partial t}=0. \tag{1.5.25}$$

式 (1.5.25) 中的 $\boldsymbol{j}'$ 为传导电流与极化电流之和, ω_{T} 为面自由电荷 ω_f 与面束缚电荷 ω_P 之和. 磁化电流与上述两者不同, 它对电荷的积累无贡献, 故不会在式 (1.5.25) 中出现.

1.6　介质的电磁性质方程　介质中的电磁能量

在 1.5 节中, 我们给出了极化、磁化和传导三种过程所产生的宏观电荷和电流, 本节的内容, 主要是阐明极化强度 $\boldsymbol{P}$、磁化强度 $\boldsymbol{M}$ 和传导电流密度 $\boldsymbol{j}_\mathrm{f}$ 等是如何由电磁场强度决定的. 所得出的关系式就称为介质的电磁性质方程. 本节还将附带讨论一下介质中的电磁能量问题.

1.6.1　介质的电磁性质方程

介质中的电子和原子核所受的电磁力虽然就是洛伦兹力, 但由于这些微观粒子的运动还受介质结构的制约和量子规律的支配以及热运动的影响, 使得从微观出发推导介质在宏观电磁场作用下的行为表现, 是一个很复杂的课题, 它已构成固体物理学科的重要内容. 在电动力学中, 往往用一些近似的经验规律来表示 $\boldsymbol{P}, \boldsymbol{M}$ 和 $\boldsymbol{j}_\mathrm{f}$ 与电磁场的关系, 这些经验规律我们统称为介质的电磁性质方程, 它们与热力学中的物态方程有某些相似. 在本节中, 我们只就较简单也较常见的情况进行讨论.

在最简单的情况下, 当电磁场强度不太大时, 实验给出 $\boldsymbol{P}$ 基本上与 $\boldsymbol{E}$ 成正比, $\boldsymbol{M}$ 基本上和 $\boldsymbol{B}$ 成正比, 即

$$\boldsymbol{P} = \chi \boldsymbol{E}, \tag{1.6.1}$$

$$\boldsymbol{M} = \lambda \boldsymbol{B}. \tag{1.6.2}$$

于是 $\boldsymbol{D}$ 亦将与 $\boldsymbol{E}$ 成正比, $\boldsymbol{H}$ 将与 $\boldsymbol{B}$ 成正比:

$$\boldsymbol{D} = \varepsilon \boldsymbol{E}, \tag{1.6.3}$$

$$\boldsymbol{H} = \tau \boldsymbol{B}. \tag{1.6.4}$$

但通常由于历史的原因而将式 (1.6.2) 和 (1.6.4) 改写为

$$\boldsymbol{M} = \kappa \boldsymbol{H}, \tag{1.6.5}$$

$$\boldsymbol{B} = \mu \boldsymbol{H}. \tag{1.6.6}$$

上面诸式中的系数 χ 称为极化率、κ 称为磁化率、ε 称为介电系数、μ 称为磁导率. 它们的数值由介质的成分和结构决定.

以上结果的适用范围要作一些说明. 首先, 式 (1.6.1) 只适用于静电场以及变化不太快的电场. 当电场变化的频率较高时, 极化率将随 ω 而变①, 不再是一个常数. 这种效应通常称为色散效应, 因为它决定了电磁波在介质中传播的色散现象 (参见

① 在频率小于 10^8Hz 的范围内, 大多数介质的极化率基本上与 ω 无关, 但频率达到"无线电超高频"波段后, 它们随 ω 的变化开始显著. 另外, 对某些介质, 磁化率亦显示出对 ω 的依赖关系.

第四章). 对于电场不是以一定的频率变化的情况, 可采用傅里叶级数或傅里叶积分展开来处理, 例如当

$$\boldsymbol{E}=\sum_n \boldsymbol{E}(\omega_n) \tag{1.6.7}$$

时, 极化矢量将由下式表示:

$$\boldsymbol{P}=\varSigma\chi(\omega_n)\boldsymbol{E}(\omega_n), \tag{1.6.8}$$

因而 $\boldsymbol{P}$ 并不与同一瞬时的 $\boldsymbol{E}$ 成正比. 另外, 当频率很高时, $\boldsymbol{P}$ 还会与同时的 $\boldsymbol{E}$ 差一个相位. 这种现象在某些频率 (吸收线) 附近特别显著 (参见第五章中的讨论). 这时, 若电场为

$$\boldsymbol{E}=\boldsymbol{E}_0(x)\cos\omega t, \tag{1.6.9}$$

则有

$$\boldsymbol{P}=x_0\boldsymbol{E}_0(x)\cos(\omega t+\theta). \tag{1.6.10}$$

为了简化形式, 我们通常把电场随时间的变化表示成

$$\boldsymbol{E}=\boldsymbol{E}_0(x)\mathrm{e}^{-\mathrm{i}\omega t}, \tag{1.6.11}$$

并理解为只取其实数部分, 这时, 对于式 (1.6.10) 所描写的情况, $\boldsymbol{P}$ 仍可用式 (1.6.1) 来表示, 只是

$$\chi=\chi_0\mathrm{e}^{-\mathrm{i}\theta} \tag{1.6.12}$$

为复数. 注意, 这里说 χ 为复数. 只是表示 $\boldsymbol{P}$ 与 $\boldsymbol{E}$ 之间有一相位差, 实际的 $\boldsymbol{P}$ 是取 $\chi\boldsymbol{E}$ 的实数部分.

当 $\boldsymbol{E}$ 含有不同频率的成分时, $\boldsymbol{P}$ 和 $\boldsymbol{E}$ 的关系仍由式 (1.6.8) 表示, 只是 $\chi(\omega)$ 和 $\boldsymbol{E}(\omega)$ 亦都换成复数, 其中

$$\boldsymbol{E}(\omega_n)=\boldsymbol{E}_{0n}\mathrm{e}^{-\mathrm{i}\omega}{}_n{}^t.$$

如果把 χ 的函数式中的宗量 ω 换成微分算符 $\mathrm{i}\dfrac{\partial}{\partial t}$, 即 $\chi(\omega)\to\chi\left(\mathrm{i}\dfrac{\partial}{\partial t}\right)$, 那么 $\boldsymbol{P}$ 与 $\boldsymbol{E}$ 的关系形式上仍可以写成简单的形式, 即原来的式 (1.6.1). 只是极化率 χ 现在应理解为一个算符 $\chi\left(\mathrm{i}\dfrac{\partial}{\partial t}\right)$. 相应地, $\boldsymbol{D}$ 可表示作

$$\boldsymbol{D}=\varepsilon\left(\mathrm{i}\frac{\partial}{\partial t}\right)\boldsymbol{E}. \tag{1.6.13a}$$

当磁化率也有类似的效应时, 可以同样处理, 得出的结果即为

$$\boldsymbol{H}=\tau\left(\mathrm{i}\frac{\partial}{\partial t}\right)\boldsymbol{B}. \tag{1.6.13b}$$

对一般的实际情况, 像式 (1.6.13a, b), 这样的形式就够用了. 但它仍然有其局限性, 主要是在铁磁、铁电、各向异性介质 (如晶体) 以及强场的情况下. 在铁磁、铁电和强场情况, $\boldsymbol{P}$ 与 $\boldsymbol{E}$ 之间以及 $\boldsymbol{M}$ 与 $\boldsymbol{B}$ 之间将不是齐次线性关系. 对于各向异性性质, 在场强不太大的情况下, 齐次线性关系虽成立, 但 $\boldsymbol{P}$ 与 $\boldsymbol{E}$ 不同向, $\boldsymbol{M}$ 与 $\boldsymbol{B}$ 也不同向, 它们的直角分量间有下述关系：

$$\begin{aligned} P_i &= \sum_j \chi_{ij} E_j, \\ M_i &= \sum_j \lambda_{ij} B_j. \end{aligned} \tag{1.6.14}$$

这时, 我们如果把 χ_{ij} 和 λ_{ij} 表示成张量形式, 则式 (1.6.14) 可表示成

$$\begin{aligned} \boldsymbol{P} &= \chi \cdot \boldsymbol{E}, \\ \boldsymbol{M} &= \lambda \cdot \boldsymbol{B}, \end{aligned} \tag{1.6.15}$$

其中 χ 和 λ 代表三维张量.

电磁波在各向异性介质中的传播在现实中常可遇到, 它会产生一些复杂的现象, 如双折射.

对于导电介质中的传导电流 $\boldsymbol{j}_{\mathrm{f}}$, 在最简单的情况下, 实验结果是 $\boldsymbol{j}_{\mathrm{f}}$ 与 $\boldsymbol{E}$ 成正比, 即

$$\boldsymbol{j}_{\mathrm{f}} = \sigma \boldsymbol{E}, \tag{1.6.16}$$

这个结果称为欧姆定律, σ 称为电导率.

式 (1.6.16) 的局限性表现在：首先, 在某些情况例如稀薄离子体中, σ 不仅与频率有关而且基本上是虚数, 即 j_f 与 E 有 $\pi/2$ 的相位差; 一般的导体在很高频率时, σ 亦将为复数并与频率有关①, 复数的意义与前相同, 表示 $\boldsymbol{j}_{\mathrm{f}}$ 与 $\boldsymbol{E}$ 之间存在相位差. 其次, 导电介质中的自由电子或自由离子有热运动, 故还服从热力学及统计物理的规律. 例如, 它们有从化学势高的地方扩散到化学势低的地方的趋势, 以及从温度高的地方扩散到温度低的地方的趋势. 这样, 化学势差或温度差都可以在导体中引起传导电流. 例如, 在电池内部, 电流之所以能从负极流向正极, 就是化学势的作用. 两种导体接触时会产生接触电势差也是因为两导体中电子的化学势不同, 接触后电子即从化学势高的导体流向化学势低的导体, 直到由此引起的电势差足以平衡化学势差为止. 温差能引起电流也是常遇到的, 例如温差电偶的情况. 考虑到这些效果, 我们可以把式 (1.6.16) 改写为

$$\boldsymbol{j}_{\mathrm{f}} = \sigma(\boldsymbol{E} + \boldsymbol{K}), \tag{1.6.17}$$

① 如对于金属, 当频率从零一直到远红外范围时, σ 一般都无明显变化. 而当波长达到或小于 10μm 即 10^{-3}cm 的量级时, σ 开始随 ω 显著地变化.

其中的 $\boldsymbol{K}$ 称为外来电动力, 它即表示上述化学势差和温差的作用. 另外, 在式 (1.6.16) 中, 我们还忽略了磁场的作用. 一般这个作用很小, 但有时也能起相当的影响, 这种效应通常称之为霍尔效应.

在低温情况下, 式 (1.6.16) 还需要考虑另外的修正. 我们知道, 根据微观理论, 式 (1.6.16) 只当在电子平均自由程范围内电场变化不大时才成立. 因而在温度极低 (自由程变得甚大) 而电场又随着空间剧烈变化时, 式 (1.6.16) 就不适用, 另外, 低温范围观察到的超导现象是欧姆定律不能适用的另一个例子. 在超导体中, 总的传导电流为两部分之和, 一部分称为正常电流, 它仍遵从式 (1.6.16), 另一部分为超导电流, 它服从另外的经验规律. 因而就传导电流总体来说, 是不能应用式 (1.6.16) 的①.

以上给出的经验公式统称为介质的电磁性质方程. 对于介质中的电磁过程, 应该将它们与麦克斯韦方程组和电荷守恒定律联立起来求解. 但在应用时须注意它们的适用范围.

1.6.2 介质中的电磁能量

当介质在场中极化和磁化时, 场对极化电流和磁化电流所做的功, 一部分转化为热运动能 (即介电损耗和介磁损耗), 另一部分转化为介质的极化能和磁化能. 通常把极化能和磁化能也算作电磁能量, 因为当电磁场改变时, 它们也相应地改变. 这样, 在介质中电磁能量将有与真空不同的表达式. 下面我们只就最简单的情况 (即假定介质中没有损耗, 而且 ε 和 μ 都与 ω 无关) 来进行讨论.

我们可以从式 (1.4.4) 出发, 把其中 $\rho\boldsymbol{v}$ 换成 $\boldsymbol{j}$ 即可 ($\boldsymbol{j}$ 包括 $\boldsymbol{j}_{\mathrm{f}}$, $\boldsymbol{j}_{\mathrm{p}}$ 和 $\boldsymbol{j}_{\mathrm{m}}$ 三部分), 这是因为推导式 (1.4.4) 时, 仅用了式 (1.4.2) 和 (1.4.3); 在 $\rho\boldsymbol{v}$ 换成 $\boldsymbol{j}$ 后, 这两个式子对于介质是同样适用的.

代换后的式 (1.4.4) 形如

$$\boldsymbol{j}_{\mathrm{f}}\cdot\boldsymbol{E}+\left(c\nabla\times\boldsymbol{M}+\frac{\partial\boldsymbol{P}}{\partial t}\right)\cdot\boldsymbol{E}+\frac{1}{8\pi}\frac{\partial}{\partial t}[E^2+B^2]=-\nabla\cdot\frac{c}{4\pi}(\boldsymbol{E}\times\boldsymbol{B}). \tag{1.6.18}$$

利用矢量分析公式和麦克斯韦方程第二式, 有

$$\begin{aligned}c\nabla\times\boldsymbol{M}\cdot\boldsymbol{E}&=c\nabla\cdot(\boldsymbol{M}\times\boldsymbol{E})+c\boldsymbol{M}\cdot\nabla\times\boldsymbol{E}\\&=c\nabla\cdot(\boldsymbol{M}\times\boldsymbol{E})-\boldsymbol{M}\cdot\frac{\partial\boldsymbol{B}}{\partial t},\end{aligned}$$

于是当 ε 和 μ 都是与 ω 无关的实常数 (即为与场的状态完全无关的常数) 时, 电场

① 我们作这些说明的目的, 并不是要大家详细了解各种复杂情况, 而是为了强调指出简单的经验规律适用范围的局限性.

对极化电流和磁化电流的功率可化为下式右方两项：

$$\left(c\nabla\times\boldsymbol{M}+\frac{\partial\boldsymbol{P}}{\partial t}\right)\cdot\boldsymbol{E}=c\nabla\cdot(\boldsymbol{M}\times\boldsymbol{E})+\frac{1}{2}\frac{\partial}{\partial t}(\boldsymbol{E}\cdot\boldsymbol{P}-\boldsymbol{B}\cdot\boldsymbol{M}).$$

将它代入式 (1.6.18), 得出的结果是

$$\boldsymbol{j}_{\mathrm{f}}\cdot\boldsymbol{E}+\frac{1}{8\pi}\frac{\partial}{\partial t}(\boldsymbol{E}\cdot\boldsymbol{D}+\boldsymbol{B}\cdot\boldsymbol{H})=-\nabla\cdot\left(\frac{c}{4\pi}\boldsymbol{E}\times\boldsymbol{H}\right), \tag{1.6.19}$$

它代表介质中的能量守恒和转化定律, 其中

$$\frac{1}{8\pi}(\boldsymbol{E}\cdot\boldsymbol{D}+\boldsymbol{B}\cdot\boldsymbol{H})\equiv u \tag{1.6.20}$$

代表介质中的能量密度①, 而介质中的能流密度将为

$$\boldsymbol{S}=\frac{c}{4\pi}\boldsymbol{E}\times\boldsymbol{H}. \tag{1.6.21}$$

在式 (1.6.17) 成立的情况下, 将式 (1.6.19) 左方第一项中的 $\boldsymbol{E}$ 换成 $\dfrac{1}{\sigma}\boldsymbol{j}_{\mathrm{f}}-\boldsymbol{K}$ 后, 并利用式 (1.6.20) 和 (1.6.21) 即化出

$$\boldsymbol{j}_{\mathrm{f}}\cdot\boldsymbol{K}=\frac{1}{\sigma}j_{\mathrm{f}}^{2}+\frac{\partial u}{\partial t}+\nabla\cdot\boldsymbol{S}. \tag{1.6.22}$$

上式左方代表外来电动力对传导电流所作的功率, 右方第一项代表单位时间内放出的焦耳热, 第二项代表介质中电磁能的增加, 第三项代表电磁能量的流出, 它们都是指单位体积内的值. 式 (1.6.22) 就是较常用到的介质中能量守恒和转化定律的表达式.

---

① 式 (1.6.20) 可写成 $u=\dfrac{1}{8\pi}(E^2+B^2)+\dfrac{1}{2}(\boldsymbol{E}\cdot\boldsymbol{P}-\boldsymbol{B}\cdot\boldsymbol{M})$, 其中右方第一项代表介质中电磁场的能量, 第二项中的 $\dfrac{1}{2}\boldsymbol{E}\cdot\boldsymbol{P}$ 代表极化时介质能量的增加 (等于把介质中正负电荷拉开所做的功), $-\dfrac{1}{2}\boldsymbol{B}\cdot\boldsymbol{M}$ 代表磁化时原子中旋转电子的动能的减少 (由于磁场建立时所伴随出现电场的作用). 另外, 旋转的电子相当于一个电流圈, 有关的讨论可参见 3.5 节.

第二章　静电场和静电作用

本章内容分三个方面:

(1) 阐明: 在有介质时, 无论静电状态还是稳定流动状态的达到, 都要经历一个场和介质相互作用的过程. 这些状态是上述相互作用的结果, 是在一定条件下所达到的一种平衡或恒稳的情况. 通过作用的相互性的分析, 说明在有介质时为何不能简单地运用库仑定律来求出静电场的分布, 而必须化成偏微分方程的边值问题来求解.

(2) 介绍两种解边值问题的方法 —— 分离变量法和镜像法, 并用它们来解一些具体的例子.

(3) 阐述在原子和原子核物理中常用到的电多极子概念和多极展开的处理方法.

本章的意义, 不仅是讨论具体的静电场问题, 还在于通过对这种较为简单的问题的分析, 具体地阐明场和介质的相互作用以及电动力学处理方法的一般精神.

2.1　静电问题中场和介质的相互作用

在静止或稳定的电荷分布周围 (形式上可扩展到整个空间) 所形成的恒定电场, 称为静电场. 这时, 或者没有电荷流动 (即 $\boldsymbol{j}$ 处处为零), 或虽有电流, 但它是稳定的, 而且 $\nabla\cdot\boldsymbol{j}(x)$ 处处为零. 在本节中, 我们将首先说明对静电场的一种简便的描写方式, 然后分绝缘介质和导电介质两种情况, 来分析静电问题中场和介质的相互作用, 并给出两种情况下定解的方程和条件.

2.1.1　静电势

对于静电场, 一种简便的方式是用静电势来描写. 静电势是这样引入的: 根据静电场的性质 $\nabla\times\boldsymbol{E}=0$, 可以得知, $\boldsymbol{E}$ 的线积分 $\int_{p_1}^{p_2}\boldsymbol{E}\cdot\mathrm{d}\boldsymbol{l}$ 只与端点 p_1 和 p_2 有关, 而与路径的取法没有关系, 因此我们可以定义一个坐标函数

$$\varphi(x)=-\int_{\infty}^{x}\boldsymbol{E}(x')\cdot\mathrm{d}\boldsymbol{l}',\tag{2.1.1}$$

它就称为静电势[①]. 显然, 如果 $\boldsymbol{E}$ 的分布是已知的, φ 就完全确定 (本来, 在式

① 在本书中, 除了讨论某些理想化的特殊例子以外, 在作一般性的理论讨论时, 总是假定电荷和电流都是局限在有限的空间以内. 这样, 在静电情况, $\boldsymbol{E}$ 在 ∞ 的行为是 $0\left(\dfrac{1}{r^2}\right)$, 故式 (2.1.1) 右方的积分是存在的.

(2.1.1) 中, 积分开始的点即积分的下限可以任意选取. 现将下限选定为 ∞ 远点, 是使得 ∞ 处的 φ 等于零). 反过来, 当 φ 给定后, $\boldsymbol{E}$ 也通过下式给出

$$\boldsymbol{E} = -\nabla\varphi. \tag{2.1.2}$$

对于一定的电荷分布 ρ, 电势即为

$$\varphi(x) = \int \frac{\rho(x')\mathrm{d}\tau'}{R}, \tag{2.1.3}$$

其中

$$R = \sqrt{(x_1 - x_1')^2 + (x_2 - x_2')^2 + (x_3 - x_3')^2}.$$

这是因为, x' 的电场强度可表为

$$\boldsymbol{E}(x') = \int \mathrm{d}\tau''\rho(x'')\frac{\boldsymbol{R}'}{R'^3},$$

其中

$$R' = \sqrt{(x_1' - x_1'')^2 + (x_2' - x_2'')^2 + (x_3' - x_3'')^2},$$

于是

$$\varphi(x) = -\int_\infty^x \boldsymbol{E}(x')\cdot\mathrm{d}\boldsymbol{l}' = -\int \mathrm{d}\tau''\rho(x'')\int_\infty^x \frac{\boldsymbol{R}'\cdot\mathrm{d}\boldsymbol{l}'}{R'^3}. \tag{2.1.4}$$

不难求出

$$\int_\infty^x \frac{\boldsymbol{R}'}{R'^3}\cdot\mathrm{d}\boldsymbol{l}' = \frac{1}{\sqrt{(x_1 - x_1'')^2 + (x_2 - x_2'')^2 + (x_3 - x_3'')^2}}$$

即从点 x'' 到点 x 的距离. 代入式 (2.1.4) 后, 并把积分变量 x'' 改成 x', 即得出式 (2.1.3).

利用 φ 来表达静电能量时, 真空中的结果可表为

$$U = \frac{1}{2}\int \rho\varphi\mathrm{d}\tau, \tag{2.1.5}$$

上式是将

$$\begin{aligned} E^2 &= -\boldsymbol{E}\cdot\nabla\varphi = -\nabla\cdot(\varphi\boldsymbol{E}) + \varphi\nabla\cdot\boldsymbol{E} \\ &= -\nabla\cdot(\varphi\boldsymbol{E}) + 4\pi\varphi\rho \end{aligned}$$

代入表达式

$$U = \frac{1}{8\pi}\int_\infty E^2\mathrm{d}\tau$$

(参见式 (1.4.8)), 并把其中散度项化为无穷远面上的积分 (从而为零) 后得出来的.

在有介质时, 仿上, 从式 (1.6.20) 可以推出包括了介质极化能[①]的静电能量为

$$U = \frac{1}{2}\int \rho_{\mathrm{f}}\varphi \mathrm{d}\tau, \tag{2.1.6}$$

上式中的 φ 是 ρ_{f} 和 ρ_{P}(介质中极化电荷) 共同产生的总静势.

用 φ 来描述静电场的主要优点是场的方程的简化. 将式 (2.1.2) 代入 $\boldsymbol{E}$ 的方程得

$$\nabla^2\varphi = -4\pi\rho, \tag{2.1.7}$$

而另一个关于 $\boldsymbol{E}$ 的旋度方程即 $\nabla\times\boldsymbol{E}=0$ 已能满足, 因为

$$\nabla\times\nabla\varphi \equiv 0.$$

式 (2.1.7) 形式的方程通常称为泊松方程.

2.1.2 绝缘介质与场的相互作用

让我们先来分析一个简单例子, 看看绝缘介质是怎样同场互相作用、互相影响的. 设将一个均匀的介质球[②]置入一个均匀电场 $\boldsymbol{E}_0$ 中, 试求球内外的电场分布.

我们知道, 除了原来的均匀场 $\boldsymbol{E}_0$ 以外, 附加的场就是介质球上的极化电荷产生的. 介质球本来不带电荷, 置入电场中后所出现的电荷就只是极化电荷. 怎样来求球上的极化电荷呢? 也许有人会回答说, 这个问题很简单, 既然介质球是放在均匀电场 $\boldsymbol{E}_0$ 中, 那么它的极化矢量 $\boldsymbol{P}$ 就等于一个常量 $\kappa\boldsymbol{E}_0$, 因而 $\rho_{\mathrm{P}}=0, \omega_{\mathrm{P}}=\boldsymbol{n}\cdot\boldsymbol{P}=\kappa\boldsymbol{n}\cdot\boldsymbol{E}_0$. 如果把原点取在球心, 极轴 ($z$ 轴) 取在 $\boldsymbol{E}_0$ 方向 (见图 2.1.1). 就有 $\omega_{\mathrm{P}}=\kappa E_0\cos\theta$. 电荷既然求出, 应用库仑定律, 附加的场也就可以确定了. 我们指出, 问题并不这样简单. 按照上面所给出的面电荷 (它的分布如图 2.1.2 所示), 可以求出 (先不管具体计算的方法): 它在球内产生的电场 $\boldsymbol{E}'$ 为一均匀场等于 $-\frac{4\pi}{3}\kappa\boldsymbol{E}_0$, 如图 2.1.2 所示. 于是球内总的场强就等于 $\boldsymbol{E}_0-\frac{4\pi}{3}\kappa\boldsymbol{E}_0$. 因为 $\kappa>0$, 故它比原来的小 (当 $\kappa>\frac{4\pi}{3}$ 时, 甚至反向), 这样问题就来了: 既然球内的场已经变弱 (且不论还可能反向), 那么球的极化也就不能按原来的 $\boldsymbol{E}_0$ 来计算了, 于是极化本身将要减弱 (这种效应通常称为退极化, 即极化本身产生的场, 趋向于使极化

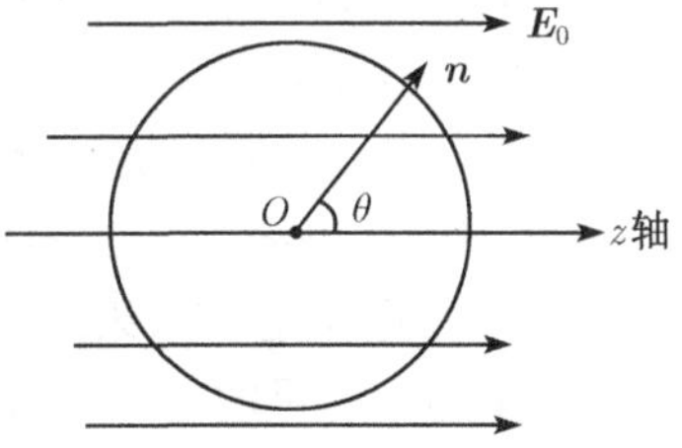

图 2.1.1 置入均匀电场中的介质球 (在相互作用前)

① 极化能是指 $\frac{1}{2}\int\boldsymbol{E}\cdot\boldsymbol{P}\mathrm{d}\tau$, 参见式 (1.6.20) 的推导.

② 在本书中, 除了特殊声明的以外, 我们都假定介质是各向同性的.

减弱). 是不是按上面新求出的场 $\left(1-\dfrac{4\pi}{3}\kappa\right)\boldsymbol{E}_0$ 重新计算 $\boldsymbol{P}$ 就行了呢? 仍然不行. 因为 $\boldsymbol{P}$ 修改了以后, ω_{P} 又随着要修改, 从而球内的场还要再变. 照这样算下去, 就要循环往复无穷次, 而且只有在 $\kappa<\dfrac{3}{4\pi}$ 的情况下, 所得的结果才一次比一次更接近正确值.

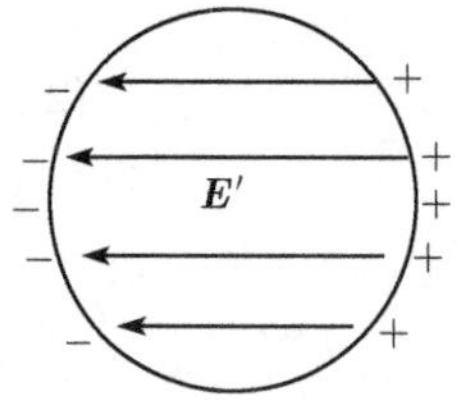

图 2.1.2　均匀极化球上的面电荷所产生的电场

通过上面简单例子的分析, 我们清楚地看到, 场和介质是互相作用、互相影响的. 只当达到了这样的情况: 即由极化本身所产生的场强加上原来的 $\boldsymbol{E}_0$(因而等于球内的总场强), 所算出的极化正好与原来所设的极化自洽时, 静电平衡状态才能达到. 可见, 静电状态是介质和场相互作用的结果, 是这种相互作用达到均衡时所形成的状态.

那么作为理论物理的电动力学是怎样去解这样的问题呢? 它的方法精神是, 不去一步步地、手工业式地反复作修正 (至少不局限于这样做), 而径直去找最后达到平衡时场和电荷分布所必须满足的关系式, 然后去寻求满足这些关系式的解. 当然这些关系式要在数学上是充足的, 即足以完全确定场或电荷的分布. 这样的关系式就称为定解方程和定解条件.

现在我们离开上述例子而回到一般的讨论. 在介质是绝缘的情况下, 介质上的自由电荷是外加的, 它们在加到介质上以后, 就不再改动, 因它们在绝缘介质上不能自由变动. 因此, 绝缘介质上的自由电荷分布必须是事先给定的, 只有极化电荷才是介质和场相互作用的结果, 是需要我们去推求的. 首先要问最后达到平衡时, 哪些关系式是必须满足的? φ 要满足的是场方程式 (2.1.7), 其中 ρ_{P} 可用式 (1.5.10) 代入, 即

$$\nabla^2\varphi=-4\pi\rho_{\mathrm{f}}+4\pi\nabla\cdot\boldsymbol{P}. \tag{2.1.8}$$

这里 φ 和 $\boldsymbol{P}$ 都是指达到平衡后的值 (下同), 在绝缘介质中, ρ_{f} 是给定的, $\boldsymbol{P}$ 和场强 $-\nabla\varphi$ 之间满足介质电磁性质方程:

$$\boldsymbol{P}=-\kappa\nabla\varphi. \tag{2.1.9}$$

场方程式 (2.1.8) 反映介质上电荷对场的决定作用, 而介质方程式 (2.1.9) 则反映场对介质极化的决定作用. 如前面例子所分析地那样, 它们是互相决定的, 不是简单地由一方决定另一方. 因此, 我们必须将两个方程联立起来求解. 通过联立消去 $\boldsymbol{P}$, 即得出

$$\nabla\cdot(\varepsilon\nabla\varphi)=-4\pi\rho_{\mathrm{f}}. \tag{2.1.10}$$

它就是 φ 的定解方程.

实际常见的情况是, 介质多是分区均匀的 (真空亦将当作 $\varepsilon=1$ 的介质). 这时, 在均匀介质内部, 可以在解出电场之前就求出极化电荷的分布:

$$\begin{aligned}\rho_{\mathrm{P}} &= -\nabla\cdot\boldsymbol{P} = -\frac{1}{4\pi}\nabla\cdot\left(\frac{\varepsilon-1}{\varepsilon}\boldsymbol{D}\right)\\ &= \frac{1}{4\pi}\left(\frac{1}{\varepsilon}-1\right)\nabla\cdot\boldsymbol{D}.\end{aligned}$$

这里利用了均匀介质内 ε 为常数, 故因子 $\left(\frac{1}{\varepsilon}-1\right)$ 可以提到微商外面来. 尽管 $\boldsymbol{D}$ 的分布尚是未知的, 但它的散度必须等于 $4\pi\rho_{\mathrm{f}}$, 于是即得

$$\rho_{\mathrm{P}} = \left(\frac{1}{\varepsilon}-1\right)\rho_{\mathrm{f}}. \tag{2.1.11}$$

可见, 在均匀介质内部, ρ_{P} 与 ρ_{f} 成正比, 在 ρ_{f} 等于零的地方, ρ_{P} 也必然等于零. 需要指出的是, 在两种均匀介质分界面上的面极化电荷 ω_{P} 是不能预先求出来的.

将式 (2.1.11) 代入式 (2.1.8), 或者直接从式 (2.1.10) 都可得出均匀介质内部, φ 的定解方程是

$$\nabla^2\varphi = -\frac{4\pi}{\varepsilon}\rho_{\mathrm{f}}. \tag{2.1.12}$$

在两种介质 (介质 i 和 j) 的分界面上, 微分方程式 (2.1.10) 应该用下述边值关系代替

$$\begin{aligned}&\varepsilon_i\left(\frac{\partial\varphi}{\partial n}\right)_i - \varepsilon_j\left(\frac{\partial\varphi}{\partial n}\right)_j = -4\pi\omega_{\mathrm{f}},\\ &\varphi_i-\varphi_j=0,\end{aligned} \tag{2.1.13}$$

其中 $\frac{\partial\varphi}{\partial n}$ 代表沿界面法线方向的微商亦即 $(\boldsymbol{n}\cdot\nabla\varphi)$, $\boldsymbol{n}$ 的方向为自介质 j 指向介质 i. 式 (2.1.13) 第一式即为 $\boldsymbol{n}\cdot(\boldsymbol{D}_i-\boldsymbol{D}_j)=4\pi\omega_{\mathrm{f}}$ 与 $\boldsymbol{D}=-\varepsilon\nabla\varphi$ 联立的结果, 第二式相当于 $\boldsymbol{E}$ 的切向分量连续的边值关系.

当区域 V 内的自由电荷分布 ρ_{f} 和 ω_{f} 给定了, 而且其中各均匀介质的 ε 值也是已知的时候, 从定解方程式 (2.1.10) 和边值关系 (2.1.13) 是否就能完全确定区域 V 内的解呢? 还不够. 这个道理很容易理解, 因为区域 V 内的场不仅由该区域内的电荷所产生, 还与 V 外面是否有电荷相关. 如果我们只知道区域 V 内的 $\rho_{\mathrm{f}},\omega_{\mathrm{f}}$ 和 ε, 那就还必须补充一些其他知识 (这些知识与 V 外面的电荷有关) 才有可能完全确定 V 内的场. 要补充什么知识才够呢? 数学告诉我们, 只要再知道区域 V 表面上场强的法向分量 E_n 或者切向分量 E_t(注意, 只需两者中的一个), 就可以将 V 内的场唯一地确定下来 (参见附录 A). 这也相当于说, 只要再知道表面上的 φ 值或者 $\frac{\partial\varphi}{\partial n}$ 值就够了 (在一部分表面上知道 φ 值, 其余部分知道 $\frac{\partial\varphi}{\partial n}$ 值, 也是可以的). 以

上就是定解的边值条件. 有关的数学定理叫做唯一性定理, 它可表述如下:

只存在唯一的函数 φ(至多包括一个可加常数①), 能在 V 内满足方程式 (2.1.10) 和边值关系式 (2.1.13), 并在 V 的表面上符合上述边值条件.

2.1.3 导体与场的相互作用, 解的唯一性定理

导体的特点是, 当它内部存在电场时, 就会引起传导电流, 使得自由电荷从电势高的地方向着电势低的地方流动. 自由电荷的分布改变了, 又会反过来改变电场分布. 这样相互作用下去, 直到自由电荷分布得如此之好, 使得在每个导体内部 $\boldsymbol{E}$ 都处处为零, 整个状态才达到平衡. 可见, 在这里, 静电状态的达到, 也是场和导体相互作用的结果. 与绝缘介质情况的差别只是这里的自由电荷代替了绝缘介质中的束缚电荷. 平衡时, 每个导体的电势都要等于一个常数 (这里没有考虑温差和化学势差, 否则导体在静电平衡时也不一定是等势体).

导体的静电问题, 又分两种类型. 第一种是, 导体上加置的总自由电荷是给定的, 当然它在导体上的分布是未知的, 要从平衡条件 (每个导体都成为等势体) 来确定. 第二种是, 导体的电势是给定的, 例如将它接到一个具有固定电势的电源电极上. 当导体与该电源电极刚接通时, 如果导体原来的电势较高, 就会有自由电荷从导体流向电源, 反之自由电荷则从电源流向导体. 直到最后, 导体的电势正好等于该电源电极的电势时, 电荷才停止流动. 因此导体上最后的总自由电荷是由导体与电极间达到平衡的条件 (导体电势等于给定的电极电势) 来决定的. 我们将证明:

如果求解的区域 V 中包括若干导体, 导体外面是真空或者绝缘介质, 则当导体外的自由电荷分布和绝缘介质的 ε 已知、每个导体上的总自由电荷 Q 或者电势 Φ(常数) 也已知、而且求解区域 V 的表面上 φ(或 $\dfrac{\partial\varphi}{\partial n}$) 的值给定时, 区域 V 内的场以及导体上的自由电荷分布就完全确定. 下面给出相应的唯一性定理的表述:

设区域 V 中共有 N 个导体, 其中有 m 个导体的电势 Φ_i(常数) 是给定的 $(i=1,\cdots,m)$, 另外 $N-m$ 个导体上的自由电荷 Q_i 是给定的 $(i=m+1,\cdots,N)$, 导体外面的 ρ_{f} 和 ε 也是已知的②, 则可证明:

只存在唯一的函数 φ(至多包含一个可加常数), 能在导体以外满足方程

$$\nabla\cdot(\varepsilon\nabla\varphi)=-4\pi\rho_{\mathrm{f}}、\tag{2.1.14}$$

① 只当边值条件给的是 E_n(即 $-\dfrac{\partial\varphi}{\partial n}$) 或者 E_t 时, φ 才包含一个可加常数, 如果给出的是 φ 值或在一部分表面上给的是 φ 值, 可加常数就没有了. 但即使是有可加常数时, $\boldsymbol{E}$ 仍然是唯一确定的.

② 为简便计, 设导体外面 ε 是连续变化的, 即不存在绝缘介质的分界面, 否则下面的表叙要作相应的修改 (但不存在什么困难).

在 V 的表面上符合给定的 φ 值或 $\dfrac{\partial\varphi}{\partial n}$ 值、在前 m 个导体上满足

$$\varphi=\Phi_i、\quad i=1,\cdots,m \tag{2.1.15}$$

在后 $N-m$ 个导体上也各等于一个常数、并满足总电荷条件

$$-\oint_{S_i}\varepsilon\frac{\partial\varphi}{\partial n}\mathrm{d}\sigma=4\pi Q_i,$$

$$i=m+1,\cdots,N. \tag{2.1.16}$$

上式中 S_i 代表第 i 个导体的表面; $\varepsilon\dfrac{\partial\varphi}{\partial n}$ 取表面外侧的值 (下同). 具体证明并不困难. 读者若有兴趣, 可试着自己证明. 这里就不再详述.

电势 φ 确定以后, 再由公式

$$\omega_{\mathrm{f}}=-\frac{1}{4\pi}\varepsilon\frac{\partial\varphi}{\partial n}, \tag{2.1.17}$$

就可确定导体面的面自由电荷密度. 显然导体内 ρ_{f} 等于零, 也没有极化电荷.

唯一性定理对于我们求解具体问题也常常是有帮助的. 例如, 在解某些问题时, 根据一定的分析或过去解题的经验, 可能提出一些尝试的解. 这时就需要判断, 这些尝试解中是否有真正的解. 唯一性定理告诉我们, 如果某个解满足唯一性定理中所有的要求, 它必然就是真正的解. 于是问题也就解决了.

2.2 稳定流动问题中场和介质的相互作用

在稳定电流的情况下, 电场满足的方程同静电时一样, 故仍为静电场. 这时电场与电荷的作用仍为静电作用, 因此我们把它与静电问题放在同一章讨论, 至于磁场和电流的作用, 则是第三章中要讨论的课题.

在本节中, 我们首先要指出, 导电介质中稳定电流的存在是以外来电动力的存在为前提的, 没有外来电动力, 就不可能使全部区域都保持在稳定状态. 其次我们要阐明静电场在建立稳定电流中的作用, 指出稳定状态的达到也必须经过一个电场与介质相互作用的过程. 最后将给出稳定流动情况下, 场的定解方程和定解条件.

2.2.1 外来电动力的必要性

如上所述, 导电介质中的传导电流要达到稳定的状态, 必须要有外来电动力的存在. 从物理上, 这个道理很简单, 因为导电介质中将有焦耳热损耗, 如果没有外来电动力供应能量, 根据能量守恒定律, 电磁能量就必然减少, 因而场将不能维持稳定.

我们还可以应用式 (1.6.22) 来作更具体的论证. 在稳定条件下, $\dfrac{\partial}{\partial t}\dfrac{1}{8\pi}(\boldsymbol{E}\cdot\boldsymbol{D}+\boldsymbol{B}\cdot\boldsymbol{H})$ 恒为零, 因而式 (1.6.22) 化为

$$\frac{1}{\sigma}j_{\mathrm{f}}^2=\boldsymbol{j}_{\mathrm{f}}\cdot\boldsymbol{K}-\nabla\cdot\boldsymbol{S},\tag{2.2.1}$$

它的积分可表为

$$\int_V\frac{1}{\sigma}j_{\mathrm{f}}^2\mathrm{d}\tau=\int_V\boldsymbol{j}_{\mathrm{f}}\cdot\boldsymbol{K}\mathrm{d}\tau-\oint_{\Sigma}\boldsymbol{S}\cdot\mathrm{d}\sigma,\tag{2.2.2}$$

其中的 Σ 为体积 V 的表面. 上式左方代表区域 V 内产生的焦耳热, 右方第一项代表外来电动力在 V 内所作的功, 右方第二项代表流入 V 内的电磁能量. 将上式用到整个空间, 这时右方的面积分化为零 (参见式 (1.4.6) 上面的说明). 如果没有外来电动力存在, 右方第一项也等于零, 于是得

$$\int_{\infty}\frac{1}{\sigma}j_{\mathrm{f}}^2\mathrm{d}\tau=0.$$

此式中的被积函数总是大于或等于零的, 因此, 积分为零就要求被积函数处处为零, 即空间每一点 j_{f} 都必须为零. 说明在没有外来电动力时不可能有稳定电流存在.

外来电动力存在的区域, 可以称作为电源区. 若将式 (2.2.2) 用到电源区以外的导体上, 这时右方第一项为零, 故得导体上的焦耳热损耗就等于流入的电磁能量. 而在用到电源区时, 式 (2.2.2) 可写成

$$\int\boldsymbol{j}_{\mathrm{f}}\cdot\boldsymbol{K}\mathrm{d}\tau=\int\frac{1}{\sigma}j_{\mathrm{f}}^2\mathrm{d}\tau+\oint\boldsymbol{S}\cdot\mathrm{d}\boldsymbol{\sigma},\tag{2.2.3}$$

它表明, 外来电动力所作的功等于电源内消耗的焦耳热加上流出去的能量.

对于电源 (例如电池) 和导线 (假定由均匀的导体作成) 所构成的电路, 通常还定义一个电路的电动势 $\mathcal{E}$:

$$\mathcal{E}=\oint(\boldsymbol{E}+\boldsymbol{K})\cdot\mathrm{d}\boldsymbol{l},\tag{2.2.4}$$

它代表单位电荷沿电路移动一周时, 电场和外来电动力对它所作的功. 根据

$$\boldsymbol{j}_{\mathrm{f}}=\sigma(\boldsymbol{E}+\boldsymbol{K}),\tag{2.2.5}$$

它可化为

$$\mathcal{E}=\oint\frac{1}{\sigma}\boldsymbol{j}_{\mathrm{f}}\cdot\mathrm{d}\boldsymbol{l}=\oint\frac{1}{\sigma}j_{\mathrm{f}}\mathrm{d}\boldsymbol{l},\tag{2.2.6}$$

因为稳定时, 导线上 $\boldsymbol{j}_{\mathrm{f}}$ 的方向处处与导线平行. 在导线较细而且 σ 在横截面上又是均匀的情况下, 电流在横截面上的分布亦将是均匀的. 于是 $j_{\mathrm{f}}=\dfrac{I}{A}$, A 为导线的横截面积, I 为导电流. 这时上式化为

$$\mathcal{E}=RI,\tag{2.2.7}$$

其中

$$R=\oint\frac{\mathrm{d}\boldsymbol{l}}{\sigma A} \tag{2.2.8}$$

称为电路的总电阻. 式 (2.2.7) 就是原始的欧姆定律, 它给出总电流 I 与电动势 $\mathcal{E}$ 成正比.

根据静电场的性质,

$$\oint\boldsymbol{E}\cdot\mathrm{d}\boldsymbol{l}=0.$$

这表明, 静电场对电路的电动势没有贡献, 电动势完全是由外来电动力贡献的 (参见式 (2.2.4)), 因此 $\mathcal{E}$ 又称为电池 (它提供外来电动力) 的电动势, 并可表为

$$\mathcal{E}=\int_{\text{电池内}}\boldsymbol{K}\cdot\mathrm{d}\boldsymbol{l}. \tag{2.2.9}$$

那么, 静电场对稳定电流的建立起什么作用呢? 这个问题我们将在 2.2.2 小节中讨论.

2.2.2 静电场在稳定电流建立中的作用

我们对上述由电池和导线构成的电路例子作进一步的分析, 考察电荷的流动是怎样达到稳定状态的.

当将两个电极 (化学成分不同) 插入电解液中作成电池时, 由于化学势的作用, 在电池内部正离子将自一个极流向另一个极, 负离子的流动方向则相反. 于是在两个极上将分别积累正负电荷. 这些电荷在电池内产生的电场对电池内离子的作用正好与 "外来电动力"(它正比于化学势梯度的负值) 相反, 因而电流迅速地减弱, 到 (电池内) 静电场与外来电动力完全抵消时, 电流最终停止, 电极上的电荷也就不再增加. 这时电池达到了平衡状态, 带正电的一极就成为正极, 带负电的成为负极. 由于电荷分布的存在, 在电池外面的空间中将出现电场, 如图 2.2.1 所示. 当在两极间接上导线时, 导线中的自由电荷将受到电场的作用而流动 (设导线是由均匀介质作成的, 其中无外来电动力. 但在导线与两极接触处还须考虑电子化学势的作用). 随着正电荷通过导线由正极流向负极, 电池内部的电场迅速减弱, 因而已不能平衡化学势的作用, 于是在电池内部正电荷将继续由负极向正极流动, 这就形成了连续的电流. 我们看到, 在电池内部, 电场对电流是起抑制的作用, 而在导线中, 电流则是由电场推动的.

以上讨论表明, 虽然静电场对整个电动势无贡献, 但却对稳定电流的建立起着重要的作用. 因外来电动力只存在于电池内部 (以及导线与两极接头处), 若没有静电场的调节作用 (在电池内抑制电流、在导线中推动电流), 是不可能形成稳定的 "回路流动" 的.

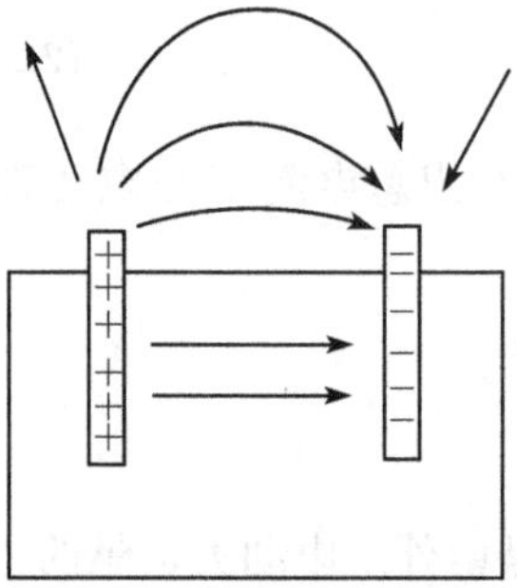

图 2.2.1　电池内外的电场示意图

我们还可以就这个例子作进一步的分析. 在两极间接上导线并形成稳定电流后, 导线中每一点电流的方向应与导线相切, 如果导线截面又是均匀的 (即截面为一常数), 则在整个导线上, j_f 的值也是一个常数. 根据欧姆定律, 导线中每一点的电场方向也必须与导线相切, 而且在整个导线上 E 为一常数. 不论导线置放成什么形状, 稳定条件都要求有这样的结果.

我们已经说过, 在未接上导线前, 空间有一电场分布, 该分布是由电池上的电荷决定的. 它怎么能同上述要求相协调呢? 原来这又是经过场和介质 (这时是指导线) 相互作用的过程才达到的. 一般说来, 在起初, 导线中每一点的场强并不就与导线相切, 其数值在整个导线上也不会是常数. 然而, 当电场方向与导线不相切时, 它引起的电流就会在导线的一侧积累正电, 另一侧积累负电如图 2.2.2 所示. 这种积累的电荷反过来使电场方向向着导线的切线方向变化, 一直到电场与导线相切时, 电荷积累才停止进行. 又若电场数值不为常数, 例如图 2.2.3 中 A 处大 B 处小, 则对 AB 段导线来说, 流入的电荷将大于流出的电荷, 从而此段导线上将积累正电 (积累在表面上, 见后面的讨论). 此电荷的作用将使得 A 处电场减小, 使 B 处增大, 因而也是使得电流趋向稳定方向变化. 直到 AB 两处电场相等后, 这一段上带的电荷才不再改变. 由此可见, 导线接上后, 要经过一个弛豫过程才达到稳定状态. 在这个过程中, 通过场和介质 (在此即导线) 的相互作用, 导线的表面分布了适当的电荷 (电池电极上的电荷当然也有改变), 它反过来令场的分布发生相应的变化, 使电流向稳定状态趋近, 直到稳定条件满足时, 这种电荷积累的过程才终止.

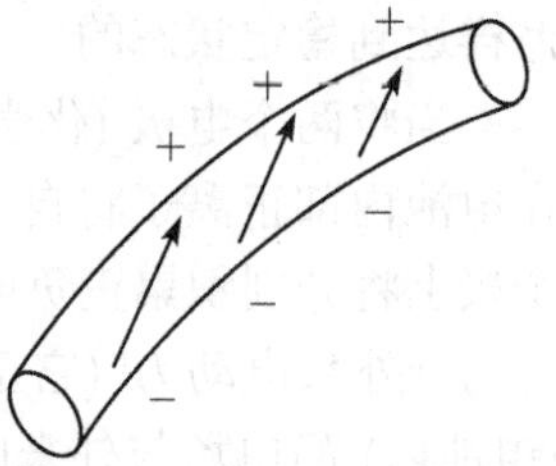

图 2.2.2　当电场不是顺着导线方向时, 引起的电荷积累

2.2.3　定解方程

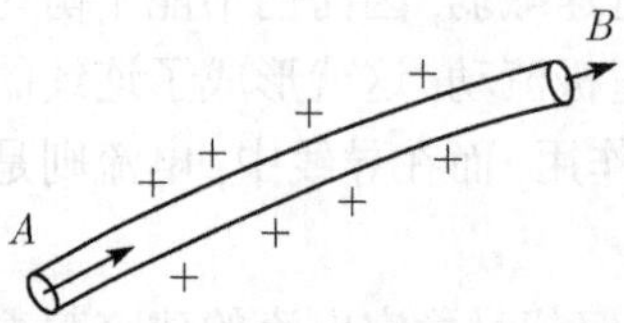

图 2.2.3　当均匀导线上的电场强度不一致时 (如 A 点大, B 点小), 引起的电荷积累

我们回到一般的情况, 即导体不限于为线状. 我们只讨论电源区以外导体中的解 (在电源区内, 需要将电动力学方程与化学动力学方程联立起来求解). 我们已经指出, 最终电荷的分布是要使得稳定条件满足, 我们也正是根据这一要求来确定电荷和场的分布.

稳定条件是: 在体积中

$$\nabla \cdot \boldsymbol{j}_f = 0, \tag{2.2.10}$$

在 (可能出现的) 介质分界面上,

$$\boldsymbol{n}\cdot(\boldsymbol{j}_{\text{f}1}-\boldsymbol{j}_{\text{f}2})=0. \tag{2.2.11}$$

$\boldsymbol{n}$ 为分界面上法向单位矢量. 而由欧姆定律,

$$\boldsymbol{j}_{\text{f}}=-\sigma\nabla\varphi. \tag{2.2.12}$$

以上各式中的 j_{f} 和 φ 都是指达到稳定后的值. 将式 (2.2.10) 和 (2.2.11) 与式 (2.2.12) 联立起来, 就得出

$$\nabla\cdot(\sigma\nabla\varphi)=0, \tag{2.2.13a}$$

以及

$$\sigma_1\left(\frac{\partial\varphi}{\partial n}\right)_1-\sigma_2\left(\frac{\partial\varphi}{\partial n}\right)_2=0. \tag{2.2.13b}$$

再加上

$$\varphi_1=\varphi_2 \tag{2.2.14}$$

就构成定解的方程和边值关系. 注意, 稳定电流时, 电场虽然仍是静电场, 但它的定解方程与边值关系与静电问题中的并不同 (可比较上三式与式 (2.1.10) 及 (2.1.13)). 这是因为达到 "静电平衡" 和达到 "稳定流动" 对电荷分布的要求不同.

如果导体是均匀的, 式 (2.2.13a) 化为

$$\nabla^2\varphi=0, \tag{2.2.15}$$

表明电源区外的均匀导体内部 $\rho=0$, 再根据此情况下

$$\rho_{\text{f}}=\frac{1}{4\pi}\nabla\cdot\boldsymbol{D}=\frac{\varepsilon}{4\pi}\nabla\cdot\boldsymbol{E}=\varepsilon\rho,$$

故 ρ_{f} 也为零. 这就证实了我们前面所说的, 对于由均匀介质作成的导线, 稳定时电荷只积累在导线表面上.

对于一般情况, 根据定解方程和边值关系 (式 (2.2.13) 和 (2.2.14)), 再加上区域 "外边界" 上的边值条件 (φ 值或 $\dfrac{\partial\varphi}{\partial n}$ 值), 就可以唯一地确定该区域内的电势分布. 电势求出以后, 再利用关系式

$$\begin{aligned}&\nabla\cdot(\varepsilon\nabla\varphi)=-4\pi\rho_{\text{f}},\\&\varepsilon_1\left(\frac{\partial\varphi}{\partial n}\right)_1-\varepsilon_2\left(\frac{\partial\varphi}{\partial n}\right)_2=-4\pi\omega_{\text{f}},\end{aligned} \tag{2.2.16}$$

即可求出导体内和界面上的自由电荷分布.

2.3　导体系的电势系数和电容系数

这一节的内容比较简单, 在普通物理课程中可能也曾学过, 我们在本课中列入它, 主要是为了与 3.4 节相呼应.

通常的电容器只由两个导体组成, 本节将考虑较一般的情况, 即任意导体系 (不止两个) 的电容问题. 为此, 须引入该导体系的电容系数以及相关的电势系数的概念.

为简单计, 设导体外面的空间中没有电荷存在, 电荷只荷载在导体上, 另外导体外面也没有介质.

我们先来讨论导体外面空间任一点 (x_1, x_2, x_3) 处的电势 φ 与各个导体上电荷 $(q_1, q_2, \cdots)$ 间的关系. 不难想到, 这是一种线性关系, 即

$$\varphi(x) = \sum_i q_i P_i(x). \tag{2.3.1}$$

证明也很简单, 设第 i 个导体上带有单位电荷, 其他导体上不加置电荷 (即它们上面的总电荷皆为零) 时, 空间的电势分布为 $P_i(x)$, 则当第 i 个导体带的电荷为 q_i, 其他导体仍未加置电荷时, 按照叠加定理, 空间电势分布即为 $q_i P_i(x)$. 如果各个导体上的总电荷皆不为零, 空间电势应即为各个 $q_i P_i(x)$ 的叠加, 这样就得出式 (2.3.1). 值得注意的是, $P_i(x)$ 的定义是说除导体 i 带单位电荷以外, 其他导体上的总电荷为零 (因未加置电荷), 但其上的面电荷密度并不处处为零, 所以 $P_i(x)$ 并不就是“只有第 i 个导体存在并带有单位电荷而其他导体不存在时”的电势分布.

将式 (2.3.1) 中的 x 取在各个导体上, 并设其中第 i 个导体的电势为 φ_i, 则即得出

$$\varphi_i = \sum_j P_{ij} q_j. \tag{2.3.2}$$

上式给出第 i 个导体的电势与所有导体上电荷之间的线性关系, 其中的系数 P_{ij} 就称为该导体系的电势系数, 它代表只在第 j 个导体上加单位电荷时, 第 i 个导体上的电势值.

从式 (2.3.2) 可以解出 q_i 用各个导体上电势的关系式:

$$q_i = \sum_j C_{ij} \varphi_j, \tag{2.3.3}$$

其中的系数 C_{ij} 称为该导体系的电容系数. 上式也表明这样一种叠加性, 若各导体的电势分别为 φ_i 时, 其上的电荷分别为 q_i', 而当它们的电势分别为 φ_i'' 时, 电荷分别为 q_i'', 则当各导体电势为 $\varphi_i' + \varphi_i''$ 时, 它们上面的电荷即为 $q_i' + q_i''$.

将式 (2.3.3) 代入式 (2.3.1), 还可得出空间任一点的电势与各导体上电势的关系：

$$\varphi(x) = \sum_i \varphi_i C_i(x), \tag{2.3.4}$$

其中

$$C_i(x) = \sum_j C_{ji} P_j(x). \tag{2.3.5}$$

从式 (2.3.4) 立即看出, $C_i(x)$ 代表第 i 个导体具有单位电势而其余导体接地 (意思是令其电势为零) 时[①], 空间的电势分布.

式 (2.3.1) 和 (2.3.4) 分别给出：当各导体上的电荷或其电势已知时, 空间各点的电势.

下面将证明, 电势系数 P_{ij} 和电容系数 C_{ij} 对于指标 i 和 j 是对称的, 即

$$\begin{aligned} P_{ij} &= P_{ji}, \\ C_{ij} &= C_{ji}. \end{aligned} \tag{2.3.6}$$

在证明之前, 我们先对上式的物理意义作一点说明. 式 (2.3.6) 第一式表示：在导体 i 上置放单位电荷时, 导体 j 的电势正好等于在导体 j 上置放单位电荷时导体 i 的电势. 同样, 式 (2.3.6) 第二式表示：当导体 i 具有单位电势而其它导体接地时, 导体 j 上的感应电荷, 正好等于导体 j 具有单位电势而其它导体接地时, 导体 i 上的感应电荷. 这种关系通常称为倒易关系.

为证明的需要, 我们先给出导体系带电时的能量 U. 从式 (2.1.6) 和 (2.3.2) 可以化得

$$U = \frac{1}{2}\sum_j q_i\varphi_i = \frac{1}{2}\sum_{ij} P_{ij} q_i g_j, \tag{2.3.7}$$

另外, 从式 (2.1.6) 和 (2.3.3) 又可化得

$$U = \frac{1}{2}\sum_i q_i\varphi_i = \frac{1}{2}\sum_{i,j} C_{ij}\varphi_i\varphi_j. \tag{2.3.8}$$

即体系的能量可表为各导体上电荷或者各导体上电势的二次式.

从式 (2.3.7) 即可得出倒易关系式 (2.3.6) 的第一式. 下面将给出形式上的证明：

① 由于“地”即大地, 在通常问题中可看作一直通到无穷远, 因此在静电问题中可认为其电势等于零. 但在非静电情况下, 如图 2.5.3 中, 由于地的电导率有限, 其中电势并不能认为恒等于零. 这也告诉我们, 同一事物, 在不同问题中, 可能要不同地看待.

$$U=\frac{1}{2}\sum_i q_i\varphi_i=\frac{1}{2}\sum_{ij}\int\frac{\omega_i\omega_j}{R_{ij}}\mathrm{d}\sigma_i\mathrm{d}\sigma_j,$$

于是当各导体电荷 q 增加 $\mathrm{d}q$ 时, 能量的增加即为

$$\mathrm{d}U=\frac{1}{2}\sum_{i,j}\frac{\omega_i\mathrm{d}\omega_j+\omega_j\mathrm{d}\omega_i}{R_{ij}}\mathrm{d}\sigma_i\mathrm{d}\sigma_j.$$

由于 i 和 j 都是对同一导体系的求和指标, 故可将上式右方前项中的 i 和 j 互换, 这样上式可改写成

$$\begin{aligned}\mathrm{d}U&=\sum_{ij}\int\frac{\omega_j\mathrm{d}\omega_i}{R_{ij}}\mathrm{d}\sigma_i\mathrm{d}\sigma_j\\&=\sum_i\left\{\left[\int\mathrm{d}\omega_i\mathrm{d}\sigma_i\right]\left[\sum_j\int\frac{\omega_j}{R_{ij}}\mathrm{d}\sigma_j\right]\right\}\\&=\sum_i\mathrm{d}q_i\varphi_i.\end{aligned}\tag{2.3.9}$$

因此, 当 U 表成各导体上电荷的函数时, 就有

$$\frac{\partial U}{\partial q_i}=\varphi_i.\tag{2.3.10}$$

利用这一结果即得出一个交互关系式

$$\frac{\partial\varphi_i}{\partial q_j}=\frac{\partial^2 U}{\partial q_i\partial q_j}=\frac{\partial\varphi_j}{\partial q_i}.\tag{2.3.11}$$

按照式 (2.3.2), 上式即为 P_{ij}, 而上式右方在将

$$\varphi_j=\sum_i P_{ji}q_i$$

代入后, 又得出 P_{ji}, 这样就完成了式 (2.3.6) 第一式的证明.

式 (2.3.6) 第二式的证明可类似地进行 (参见下面所述).

由 $U=\frac{1}{2}\sum_i q_i\varphi_i$, 即得出

$$\mathrm{d}U=\frac{1}{2}\sum_i(q_i\mathrm{d}\varphi_i+\varphi_i\mathrm{d}q_i).\tag{2.3.12}$$

将此式乘 2 再减去式 (2.3.9), 结果为

$$\mathrm{d}U=\sum_i q_i\mathrm{d}\varphi_i,$$

于是当将 U 表示为各导体电势 φ_i 的函数时, 就有

$$\frac{\partial U}{\partial \varphi_i}=q_i. \tag{2.3.13}$$

再利用

$$\frac{\partial^2 U}{\partial \varphi_j \partial \varphi_i}=\frac{\partial^2 U}{\partial \varphi_i \partial \varphi_j}$$

即得出

$$\frac{\partial q_i}{\partial \varphi_j}=\frac{\partial q_j}{\partial \varphi_i}. \tag{2.3.14}$$

将式 (2.3.3) 代入此式后, 就得出式 (2.3.6) 第二式:

$$C_{ij}=C_{ji}.$$

下面, 我们应用上面得出的结果来考察一个特殊情况, 即最简单的平行板电容器, 来说明通常所说的电容器电容 C 与上述电容系数间的关系. 当该电容器的正负极 (以下分别用标号 1 和 2 来标示) 上各带 $\pm q$ 时, 按式 (2.3.3)

$$\begin{aligned} q&=C_{11}\varphi_1+C_{12}\varphi_2,\\ -q&=C_{21}\varphi_1+C_{22}\varphi_2. \end{aligned} \tag{2.3.15}$$

两式相减得

$$2q=(C_{11}-C_{21})\varphi_1+(C_{12}-C_{22})\varphi_2. \tag{2.3.16}$$

再按照式 (2.3.6) 第二式, $C_{12}=C_{21}$. 另外, 从对称性来看, 在此例中

$$C_{11}=C_{22},$$

于是得出

$$q=\frac{C_{11}-C_{12}}{2}\Delta\varphi, \tag{2.3.17}$$

其中

$$\Delta\varphi=\varphi_1-\varphi_2,$$

即两极间的电势差 V. 式 (2.3.17) 就是通常的电容公式

$$\begin{aligned} q&=CV,\\ C&\equiv\frac{C_{11}-C_{12}}{2}. \end{aligned} \tag{2.3.18}$$

当平行板电容器的两极距离很小时, 将有

$$C_{12}\approx C_{11}. \tag{2.3.19}$$

上式证明如下：令电容器一个极上带电荷 q_1 而将另一极 “接地”, 即令

$$\varphi_2 = 0.$$

这时, 由于两极平板相距很小, 接地平行极上的感应电荷 q_2 将与 q_1 大小基本相等, 但符号相反, 即

$$q_2 \approx -q_1.$$

从而式 (2.3.15) 基本成立. 于是对该电容器可应用式 (2.3.17). 再将式 (2.3.19) 代入, 就化出 C 等于 $C_{11}(\equiv C_{22})$.

利用本节的讨论结果, 我们还可以理解实际应用中常提到的 “电路分布电容” 的概念.

为说明这一概念, 先看电路中电流是稳定的情况. 这时, 导线各点上的电势是随着点的位置连续改变的 (因为导线具有电阻), 如果我们将导线分成许多小段, 每个小段上的电势可作为一个常数, 则根据本节所述导体系电容系数的公式, 第 i 个小段上的电荷可表为

$$q_i = \sum_j C_{ij}\varphi_j.$$

当电路中的电动势有所改变, 从而导线各部分的电势随之改变时, 各小段上的电荷 (按上节所述, 对于匀质导线, 这些电荷是分布在导线的表面上) 也将发生变化. 由上式得出

$$\Delta q_i = \sum_j C_{ij}\Delta\varphi_j.$$

这一效应相当于有电容分布于电路的各部分之间, 因而称为电路中的分布电容. 在实际中, 特别是在设计频率较高的交流电路时 (严格说来, 交流电路已不属于静电情况, 但在交变频率不太高时, 仍可将本节结果加以推广而应用于它), 应注意分布电容所产生的效应, 以免引起不期望有的结果. 这一情况使得每个电路的具体位置安排成为一种有考究的学问.

最后附带指出, 为了消除外界对所研究系统的电干扰 (这种干扰就是通过外界带电体与 “所研究系统” 间的电容实现的), 通常采用电屏蔽的方法, 即用一个接地的导体壳把该系统包起来. 这时导体壳内的电势分布即与壳外的情况无关, 完全由壳内导体上所带的电荷和壳面的边条件 (电势为零) 确定.

上述结论从 “静电定解条件” 和唯一性定理即可证明. 从物理图像上, 可以这样理解：在静电情况 (或准静电情况) 中, 导体壳层中不存在电场, 故壳内和壳外的电力线为壳层所断开, 彼此不相连接. 壳外电荷分布的变化, 只影响壳层外表面上的电荷分布, 而影响不到壳的内部空间. 换句话说, 当外界电荷分布改变时, 壳层外表面上的电荷分布将随之变化, 它所产生的抵消作用, 保持了壳内空间不受影响.

2.4 分离变数法在静电问题中的应用

从本节开始我们来讨论解静电场的方法问题. 求解静电场并没有普适的方法, 需要根据具体情况来具体地考虑. 而且在许多情况下, 仅能用数值计算方法来求解. 只有比较简单的情况才能完全解析地求出结果.

如前所述, 在实际问题中, 常常遇见的是介质分区均匀而且其内部不带自由电荷的情况. 这时, 在介质内部, ρ_P 也等于零, 即静电势满足拉普拉斯方程

$$\nabla^2\varphi = 0.$$

当介质的分界面能与某曲线正交坐标系的坐标面重合时, 分离变数法往往是一种有效而且比较简单的方法.

用分离变数法求解静电问题的步骤是: ① 根据分界面的形状选定适当的坐标系. ② 用分离变数法求出符合该问题某些特定要求的拉普拉斯方程的一系列特解 (通常都已被求好, 可从有关的书中查出来). ③ 把各均匀区的解表成上述特解的线性叠加, 然后根据边值关系和边值条件确定其中的系数. 如果系数能选取得使边值关系和边值条件都得到满足, 我们就得出该问题的解.

最常用到的是球坐标系和柱坐标系的分离变数, 在本节中我们只就前者作具体的讨论.

取球坐标的三个分量为 (r,θ,χ), 拉普拉斯方程在球坐标系中的形式是

$$\frac{1}{r^2}\frac{\partial}{\partial r}\left(r^2\frac{\partial\varphi}{\partial r}\right)+\frac{1}{r^2\sin\theta}\frac{\partial}{\partial\theta}\left(\sin\theta\frac{\partial\varphi}{\partial\theta}\right)+\frac{1}{r^2\sin\theta}\frac{\partial^2\varphi}{\partial\chi^2}=0, \tag{2.4.1}$$

我们先求形如

$$\varphi = f(r)g(\theta)h(\chi)$$

的特解. 将此形式的 φ 代入式 (2.4.1), 并在方程两边乘以 $\dfrac{r^2}{\varphi}$, 即得

$$\frac{1}{f}\frac{\mathrm{d}}{\mathrm{d}r}\left(r^2\frac{\mathrm{d}f}{\mathrm{d}r}\right)+\left[\frac{1}{g\sin\theta}\frac{\mathrm{d}}{\mathrm{d}\theta}\left(\sin\theta\frac{\mathrm{d}g}{\mathrm{d}\theta}\right)+\frac{1}{h\sin^2\theta}\frac{\mathrm{d}^2h}{\mathrm{d}\chi^2}\right]=0,$$

上式第一项只是 r 的函数, 第二项只是 θ 和 χ 的函数, 要求上式对于任意 (r,θ,χ) 都成立, 就必须两项都等于与 r、θ、χ 无关的某个常数, 即有

$$\frac{1}{f}\frac{\mathrm{d}}{\mathrm{d}r}\left(r^2\frac{\mathrm{d}f}{\mathrm{d}r}\right)=\lambda, \tag{2.4.2}$$

$$\frac{1}{g\sin\theta}\frac{\mathrm{d}}{\mathrm{d}\theta}\left(\sin\theta\frac{\mathrm{d}g}{\mathrm{d}\theta}\right)+\frac{1}{h\sin^2\theta}\frac{\mathrm{d}^2h}{\mathrm{d}\chi^2}=-\lambda, \tag{2.4.3}$$

λ 即为上述常数. 式 (2.4.3) 又可化为

$$\left[\frac{\sin\theta}{g}\frac{\mathrm{d}}{\mathrm{d}\theta}\left(\sin\theta\frac{\mathrm{d}g}{\mathrm{d}\theta}\right)+\lambda\sin^2\theta\right]+\frac{1}{h}\frac{\mathrm{d}^2h}{\mathrm{d}\chi^2}=0,$$

因而可进一步分为

$$\frac{\sin\theta}{g}\frac{\mathrm{d}}{\mathrm{d}\theta}\left(\sin\theta\frac{\mathrm{d}g}{\mathrm{d}\theta}\right)+\lambda\sin^2\theta=\mu, \tag{2.4.4}$$

$$\frac{1}{h}\frac{\mathrm{d}^2h}{\mathrm{d}\chi^2}=-\mu \tag{2.4.5}$$

μ 亦为一个常数. 这样, 问题即化为求解常微分方程式 (2.4.2), (2.4.4) 和 (2.4.5). 在用球坐标系分离变数来处理的情况下, 介质各分区的界面可以是球面 ($r =$ 常数) 和圆锥面 ($\theta =$ 常数), 然而最常见的还是球面.

对于一个以两同心球面 (半径为 r_1 和 r_2) 为表面的均匀介质, 当坐标原点取在球心时, 拉普拉斯方程成立的范围是

$$0\leqslant\chi\leqslant 2\pi,\qquad 0\leqslant\theta\leqslant\pi,\qquad r_2<r<r_1. \tag{2.4.6}$$

由于电势在 $\chi=0$ 面上的单值性, 式 (2.4.4) 和 (2.4.5) 中的 μ 必须取为整数的平方即 n^2, 这时式 (2.4.5) 的两个独立解为:

$$h(\chi)=\sin n\chi,\cos n\chi, \tag{2.4.7}$$

其中 n 为大于或等于零的整数. 再看方程式 (2.4.4). 令 $z=\cos\theta$, 该方程即化为

$$\frac{\mathrm{d}}{\mathrm{d}z}\left[(1-z^2)\frac{\mathrm{d}g}{\mathrm{d}z}\right]+\left(\lambda-\frac{n^2}{1-z^2}\right)g=0, \tag{2.4.8}$$

此即为缔合勒让德方程. 由于在 $\theta=0$ 和 $\theta=\pi$ 处, 也就是 $z=\pm1$ 处, 解必须有限, λ 只能取为 $l(l+1)$, 其中 l 为零或正整数, 而且 l 必须大于或等于 n. 对应的解称为缔合勒让德函数, 即

$$g=\mathrm{P}_\ell^n(z)=\mathrm{P}_\ell^n(\cos\theta). \tag{2.4.9}$$

不难证明, 在 $\lambda=\ell(\ell+1)$ 时, 式 (2.4.2) 的两个独立解为:

$$f=r^\ell,\frac{1}{r^{\ell+1}}, \tag{2.4.10}$$

这样, 我们就得到特解

$$\begin{aligned}\varphi_{\ell n}=&\left(a_{\ell n}r^\ell+\frac{b_{\ell n}}{r^{\ell+1}}\right)\cos n\chi\mathrm{P}_\ell^n(\cos\theta)\\&+\left(c_{\ell n}r^\ell+\frac{d_{\ell n}}{r^{\ell+1}}\right)\sin n\chi\mathrm{P}_\ell^n(\cos\theta),\end{aligned} \tag{2.4.11}$$

$$\ell = 0, 1, 2, \cdots, 0 \leqslant n \leqslant \ell.$$

因为拉普拉斯方程是线性的, 故将不同的 $\varphi_{\ell n}$ 叠加起来仍为方程的解. 于是我们将式 (2.4.6) 所界定的区域中的解表为

$$\begin{aligned}\varphi = &\sum_{\ell n} \left[\left(a_{\ell n} r^{\ell} + \frac{b_{\ell n}}{r^{\ell+1}} \right) \mathrm{Y}_{\ell n}^{(1)}(\theta, \chi) \right. \\ &\left. + \left(c_{\ell n} r^{\ell} + \frac{d_{\ell n}}{r^{\ell+1}} \right) \mathrm{Y}_{\ell n}^{(2)}(\theta, \chi) \right], \end{aligned} \tag{2.4.12}$$

$$\ell = 0, 1, 2, \cdots, \qquad 0 \leqslant n \leqslant \ell$$

其中

$$\begin{aligned} \mathrm{Y}_{\ell n}^{(1)}(\theta, \chi) &= \cos n\chi \mathrm{P}_{\ell}^{n}(\cos\theta), \\ \mathrm{Y}_{\ell n}^{(2)}(\theta, \chi) &= \sin n\chi \mathrm{P}_{\ell}^{n}(\cos\theta). \end{aligned} \tag{2.4.13}$$

由于球面上的任意函数 $f(\theta, x)$ 都可表成 $\mathrm{Y}_{\ell n}^{(1)}(\theta, x)$ 和 $\mathrm{Y}_{\ell n}^{(2)}(\theta, x)$ 的叠加, 因此总可选择式 (2.4.12) 中的系数使 $r = r_1$ 和 $r = r_2$ 两球面上的边值条件满足. 这样式 (2.4.12) 就成为式 (2.4.6) 区域中电势的一般解. 在物理上, 式 (2.4.12) 中的

$$\sum_{\ell, n} \left(\frac{b_{\ell n}}{r^{\ell+1}} \mathrm{Y}_{\ell n}^{(1)} + \frac{d_{\ell n}}{r^{\ell+1}} \mathrm{Y}_{\ell n}^{(2)} \right)$$

部分, 代表小球面内 $(r \leqslant r_2)$ 的电荷在该区域所产生的电势, 而其中的

$$\sum_{\ell, n} (a_{\ell n} r^{\ell} \mathrm{Y}_{\ell n}^{(1)} + c_{\ell n} r^{\ell} \mathrm{Y}_{\ell n}^{(2)})$$

部分, 则代表大球面外 $(r \geqslant r_1)$ 的电荷在该区域所产生的电势.

下面结合具体例子来说明如何根据边值关系和边值条件来确定系数.

例 1 设将一导体球置于均匀外电场 $\boldsymbol{E}_0$ 中, 求球置入后的电场分布. 如果将导体球接地, 结果又如何?

我们先对这个问题作一些定性分析. 取球心为坐标原点. 在导体球未置入前, 空间电势等于

$$\varphi = \varphi_0 - E_0 r \cos\theta = \varphi_0 - E_0 r P_1(\cos\theta). \tag{2.4.14}$$

其中 φ_0 和 E_0 为给定的值. 当导体球置入时, 原来的电场将在球上引起电荷的流动, 正电从电势高的地方流向电势低的地方. 于是球的两端将分别积累正负电荷, 其结果将使低的一端的电势升高, 高的一端的电势降低, 直到整个球成为一个等势体, 电荷才停止流动. 设这时导体球的电势为 Φ. 如果又将导体球接地 (地的电势取为

零), 那么当 $\varPhi$ 大于零时, 正电荷将从导体球流向地, 球的电势随之降低; 反过来, 正电荷则从地流向导体球, 球的电势将升高. 直到导体球电势变成零时, 才停止流动. 由此可见, 达到平衡时, 两种情况分别满足下述条件:

第一种情况 导体球上 φ 等于某常数 $\varPhi$, $\varPhi$ 是未知的, 但导体球上总电荷 Q 已知为零. 设球的半径为 r_0, 即有

$$\varphi = \varPhi, \qquad 当\ r \leqslant r_0. \tag{2.4.15}$$

$$\oint_S \frac{\partial \varphi}{\partial n} \mathrm{d}\sigma = 0, \tag{2.4.16}$$

S 为包围导体球的曲面.

第二种情况 导体球上总电荷 Q 是未知的, 但球的电势等于零, 即有

$$\varphi = 0, \qquad 当\ r \leqslant r_0. \tag{2.4.17}$$

另外, 对上述两种情况, 无穷远处的电势都满足

$$\varphi = \varphi_0 - E_0 r \mathrm{P}_1(\cos\theta), \qquad r \to \infty. \tag{2.4.18}$$

因为球面上电荷所产生的电势在无穷远处应趋于零.

我们利用前面给出的分离变数法的公式来求解. 取极轴的方向为 $\boldsymbol{E}_0$ 的方向. 显然电势 φ 具有轴对称性, 即与 χ 无关, 因此表达式中可只取 $n = 0$ 的项. 于是我们可将球外区域的电势表成

$$\varphi = \sum_\ell \left(a_\ell r^\ell + \frac{b_\ell}{r^{\ell+1}} \right) \mathrm{P}_\ell(\cos\theta),$$

$$r \geqslant r_0. \tag{2.4.19}$$

其中 $l = 0, 1, 2, \cdots$. 由无穷远的边条件得

$$\sum_\ell a_\ell r^\ell \mathrm{P}_\ell(\cos\theta) = \varphi_0 - E_0 r \mathrm{P}_1(\cos\theta),$$

$$r \to \infty.$$

由于 $\mathrm{P}_\ell(\cos\theta)$ 彼此互相正交, 要上式对于所有 θ 都成立, 必须两边的 $\mathrm{P}_\ell(\cos\theta)$ 的系数一一相等. 注意到 φ_0 就是 $\varphi_0 \mathrm{P}_0(\cos\theta)$, 我们得到

$$a_0 = \varphi_0, \qquad a_1 = -E_0,$$

$$a_\ell = 0, \qquad 当\ \ell > 1\ 时.$$

再由 $r=r_0$ 处的边值条件 $\varphi=\Phi$, 即

$$\varphi_0-E_0r_0\mathrm{P}_1(\cos\theta)+\sum\frac{b_\ell}{r_0^{\ell+1}}\mathrm{P}_\ell(\cos\theta)=\Phi$$

以及 $\mathrm{P}_\ell(\cos\theta)$ 的正交性, 同样得出

$$b_0=r_0(\Phi-\varphi_0),\qquad b_1=E_0r_0^3,$$
$$b_\ell=0,\qquad \text{当 } \ell>1 \text{ 时}.$$

这样式 (2.4.19) 就化为

$$\varphi=\varphi_0-E_0r\cos\theta+\frac{r_0(\Phi-\varphi_0)}{r}+\frac{E_0r_0^3}{r^2}\cos\theta. \tag{2.4.20}$$

对于第二种情况, $\Phi=0$, 于是结果就是

$$\varphi=\varphi_0-E_0r\cos\theta-\frac{\varphi_0r_0}{r}+\frac{E_0r_0^3}{r^2}\cos\theta, \tag{2.4.21}$$

$$r\geqslant r_0.$$

通过

$$\oint_S\frac{\partial\varphi}{\partial n}\mathrm{d}\sigma=-4\pi Q \tag{2.4.22}$$

(S 为包围导体球的曲面) 即可定出导体球上的电荷等于

$$Q=-\varphi_0r_0. \tag{2.4.23}$$

对于第一种情况, 应用条件式 (2.4.15) 可以定出

$$\Phi=\varphi_0,$$

即球的电势就是原来的电势式 (2.4.14) 在球心处的值. 从物理上看, 这也是自然的, 因原来的电势在球的左端较高, 在右端较低, 通过电荷的重新分布使两者拉平成为等势体, 从对称性的考虑, 这拉平的值应等于原来球心的值.

于是第一种情况的结果就是

$$\varphi=\varphi_0-E_0r\cos\theta+\frac{E_0r_0^3}{r^2}\cos\theta. \tag{2.4.24}$$

在 2.5 节中, 我们将讨论电多极子的势, 根据那里的结果, $\frac{E_0r_0^3}{r^2}\cos\theta$ 项代表一个位于原点、偶数矩等于 $r_0^3\boldsymbol{E}_0$ 的电偶极子所产生的电势. 由此可见, 在第一种情况中, 球上的电荷在球外产生的电场等效于一个位于球心的电偶极子的场, 而在球内它产

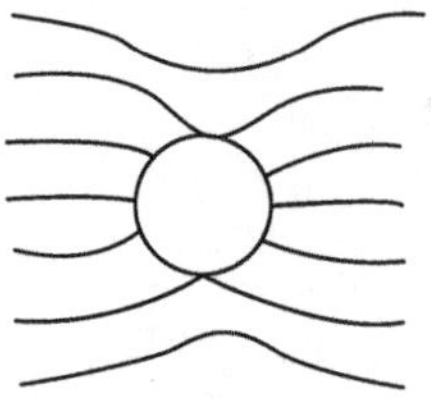

图 2.4.1

生的场强是一个均匀场, 并正好与原来的 $\boldsymbol{E}_0$ 相抵消. 总的场强如图 2.4.1 所示. 对于第二种情况, 球内场强与第一种相同, 球外的场, 除了上述电偶极子的场以外, 还要加上一个位于球心的点电荷的场.

导体球面上的电荷分布, 可以从式 (1.1.17) 求出, 对于第一和第二种情况, 面电荷分别为

$$\omega = \frac{3}{4\pi} E_0 \cos\theta \tag{2.4.25}$$

和

$$\omega = \frac{3}{4\pi} E_0 \cos\theta - \frac{\varphi_0}{4\pi r_0}. \tag{2.4.26}$$

例 2 设将一均匀介质球置于均匀外电场 $\boldsymbol{E}_0$ 中, 求电势和电荷的分布. 此即 2.1 节中所定性讨论过的例子.

这个例子在处理上与前例不同的地方是, 球内和球外的电势要合在一起来求解, 不能像前例那样可以分开来求. 在前例中, 我们求球外区域的电势时, 是把导体球面作为该区域的一部分表面, 对它用的是边值条件 $\varphi = \Phi$(Φ 为一个常数, 其值或者给定, 或以后通过 Q 定出). 而在本例中, 对于介质球面要应用边值关系, 它的作用是将内外两部分的解衔接起来.

同前一样地选取坐标原点和极轴. 由于轴对称性, 球外电势可设为

$$\varphi_1 = \sum_{\ell} \left(a_\ell r^\ell + \frac{b_\ell}{r^{\ell+1}} \right) \mathrm{P}_\ell(\cos\theta), \tag{2.4.27}$$

球内电势为

$$\varphi_2 = \sum_{\ell} \left(c_\ell r^\ell + \frac{d_\ell}{r^{\ell+1}} \right) \mathrm{P}_\ell(\cos\theta). \tag{2.4.28}$$

边值条件是

(1) 在 $r \to \infty$ 时

$$\varphi = \varphi_0 - E_0 r \cos\theta, \tag{2.4.29}$$

(2) 在 $r = 0$ 处, φ 有限.

边值关系是, 在 $r = r_0$ 处

$$\begin{aligned} &\varphi_1 = \varphi_2, \\ &\left(\frac{\partial\varphi}{\partial n}\right)_1 = \varepsilon \left(\frac{\partial\varphi}{\partial n}\right)_2. \end{aligned} \tag{2.4.30}$$

由边值条件 (1) 得

$$\begin{aligned} &a_0 = \varphi_0, \quad a_1 = -E_0, \\ &a_\ell = 0, \quad \text{当 } \ell > 1. \end{aligned} \tag{2.4.31}$$

由边值条件 (2) 得

$$d_\ell = 0. \tag{2.4.32}$$

再由边值关系以及 $\mathrm{P}_\ell(\cos\theta)$ 的正交性可得出

$$\begin{aligned}
&\varphi_0 = c_0,\\
&-E_0 r_0 + \frac{b_1}{r_0^2} = c_1 r_0,\\
&-\left(E_0 + \frac{2b_1}{r_0^3}\right) = \varepsilon c_1
\end{aligned}$$

以及 (对 $\ell > 1$ 的系数)

$$\begin{aligned}
&\frac{b_\ell}{r_0^{\ell+1}} = c_\ell r_0^\ell,\\
&-\frac{(\ell+1)b_\ell}{r_0^{\ell+2}} = \varepsilon c_\ell r_0^{\ell-1}
\end{aligned}$$

由此解出

$$\begin{aligned}
&b_1 = \frac{\varepsilon-1}{\varepsilon+2}E_0 r_0^3,\\
&c_0 = \varphi_0,\\
&c_1 = -\frac{3}{\varepsilon+2}E_0,
\end{aligned} \tag{2.4.33}$$

其余的 b_ℓ 和 c_ℓ 都为零.

由以上结果可见, 球面上的极化电荷在球外区域产生场相当于一个位于原点的电偶极子, 其偶极矩为 $\frac{\varepsilon-1}{\varepsilon+2}E_0 r_0^3$, 而该极化电荷在球内产生的是一个均匀场, 场强的代数值 (方向取为极轴方向) 为总的场强 $(-c_1)$ 减去原来的场强 E_0, 即为

$$-c_1 - E_0 = -\frac{\varepsilon-1}{\varepsilon+2}E_0.$$

此值为负就表示它实际与 $\boldsymbol{E}_0$ 方向相反, 它就是以前所说的退极化场. 总的场强如图 2.4.2 所示.

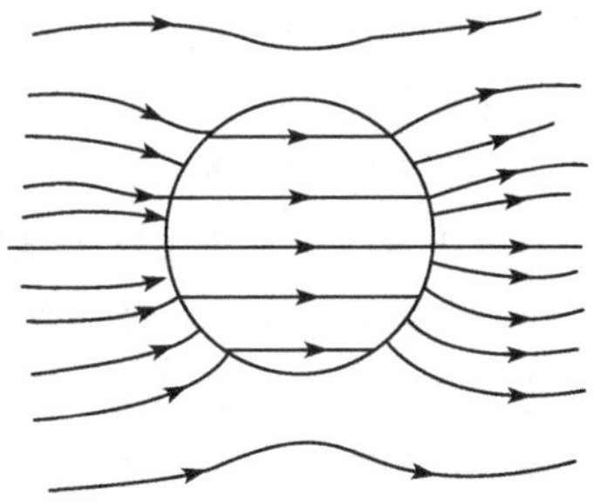

图 2.4.2

最后, 我们指出, 当 $\varepsilon \to \infty$ 时, 以上结果将与导体球的结果相同. 也就是说, $\varepsilon \to \infty$ 的介质的静电效果与导体完全相当. 这个结论是有普遍意义的, 因为静电平衡时介质内的 $\boldsymbol{P}$ 总是有限的, 而 ε 趋于 ∞ 也就是极化率 χ 趋于 ∞, 因此介质内 $\boldsymbol{E} = \frac{1}{\chi}\boldsymbol{P}$ 趋于零. 这就表明, $\varepsilon \to \infty$ 的介质将成为等势体, 从而静电效果与导体完全相当.

2.5 点电荷密度的数学表示 ——δ 函数 静电镜像法

δ 函数是理论物理和数学物理中一个很重要的工具. 在电动力学中, 将利用它表示点电荷的密度. 因此, 在讲镜像法以前, 我们先对 δ 函数的概念作简单的介绍.

2.5.1 δ 函数

点电荷在电动力学中具有很重要的地位. 首先, 对于带电粒子和线度极小的带电体可以作为点电荷来处理. 其次, 在求出点电荷的势以后, 连续分布电荷的电势往往可以通过叠加式表示出来. 例如, 在最简单的无界空间情况中, 单位点电荷的电势等于 $\frac{1}{R}$, 这时, 连续分布电荷的 φ 直接就是 $\frac{1}{R}$ 按电荷分布密度的叠加:

$$\varphi(x)=\int\frac{\rho(x')\mathrm{d}\tau'}{R},\tag{2.5.1}$$

其中 R 为点 x 和点 x' 之间的距离. 为了使点电荷的电势也能纳入这一表示式之中, 我们需要对点电荷的密度也定义一个数学表达式.

设在坐标原点有一个点电荷 q. 与它相应的密度分布 $\rho(x)$ 应该是怎样的呢? 显然它应满足

$$\rho(x)=\begin{cases}0, & \text{当 }(x)\neq(0,0,0)\text{ 时;}\\ \infty, & \text{当 }(x)=(0,0,0)\text{ 时;}\end{cases}$$

以及

$$\int_V\rho(x)\mathrm{d}\tau=q,\qquad \text{当 } V \text{ 包含原点 } (0,0,0) \text{ 时.}$$

这样的 ρ, 在经典的函数定义中是没有意义的, 无法对它进行运算. 只有在把函数概念推广以后, 才能对它定义出运算规则, 从而使它具有确定的数学意义. 这种推广了的函数常称为广义函数, δ 函数 (即 $\delta(x)$) 就是广义函数中的一个.

在数学上, 一种比较简单的定义方式是把广义函数定义成为一个普通函数的序列, 从而具有明确的运算规则. 以 $\delta(x)$ 为例①. 取一个带单位电荷的小球体, 设中心位于原点. 如果球的半径取得愈来愈小, 则电荷分布就愈来愈尖锐. 如图 2.5.1 所示. 当取极限时, 半径趋于零, 结果就成为 $q=1$ 的点电荷情况. 在用函数序列来定义广义函数的方式中, 就是把 $\delta(x)$定义成为上述"具有单位电荷并且半径愈来愈接近零"的小球上电荷分布函数的无穷序列 (这里我们略去电荷的量纲). 由于序列中的每一个函数都是普通的函数, 因此可以对广义函数的各种运算给出明确的定

① $\delta(x)$ 代表 $\delta(x_1,x_2,x_3)$, $\delta(x-x')$ 代表 $\delta(x_1-x_1',x_2-x_2',x_3-x_3')$.

义[①]. 例如若广义函数 $F(x)$ 为序列 $\{f_n'(x)$ 其中 $n=0,1,\cdots,\}$, 则它的微商 $F'(x)$ 也是一个广义函数. 并由序列 $\{f_n'(x)\}$ 来定义, 它的积分则等于下述数值:

$$\int_a^b F(x)\mathrm{d}x = \lim_{n\to\infty}\int_a^b f_n(x)\mathrm{d}x. \tag{2.5.2}$$

$\delta(x)$ 就是表示单位点电荷密度的广义函数, 于是有

$$\begin{aligned}&\int_{\mathrm{V}} \delta(x)\mathrm{d}\tau = 1, \quad \text{若 } V \text{ 包含原点},\\ &\int_{\mathrm{V}} \delta(x)\mathrm{d}\tau = 0, \quad \text{若 } V \text{ 不包含原点}.\end{aligned} \tag{2.5.3}$$

如果该单位点电荷的位置不在原点而在 x', 则通过坐标平移即可得知它的密度分布即为 $\delta(x-x')$. 点电荷场强 $\dfrac{\boldsymbol{R}}{R^3}$ 的散度也可以用 δ 函数表示出来, 结果即为,

$$\nabla\cdot\left(\frac{\boldsymbol{R}}{R^3}\right) = -\nabla^2\frac{1}{R} = 4\pi\delta(x-x'). \tag{2.5.4}$$

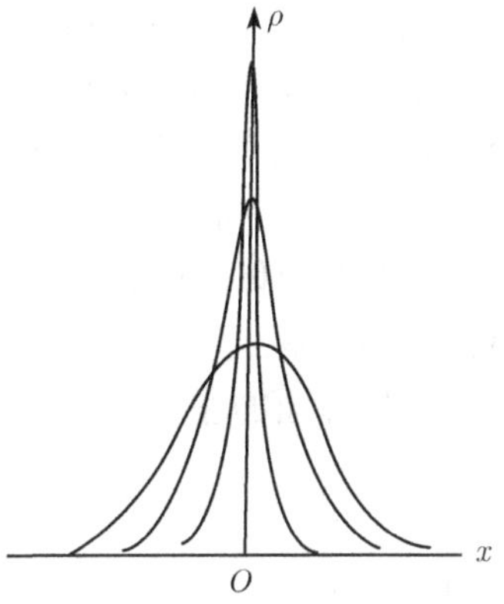

图 2.5.1 带单位电荷的小球体在其半径愈来愈小时的电荷密度

值得指出的是, 在库仑定律关于电场和电势的表达式

$$\boldsymbol{E}(x) = \int \frac{\rho(x')\boldsymbol{R}}{R^3}\mathrm{d}\tau'$$

和

$$\varphi(x) = \int \frac{\rho(x')}{R}\mathrm{d}\tau'$$

中的积分, 都是所谓的瑕积分. 这相当于说, 其中的 $\dfrac{\boldsymbol{R}}{R^3}$ 和 $\dfrac{1}{R}$ 都是上述广义函数.

δ 函数具有这样一个重要的性质, 即对于在 x' 附近连续的任意函数 $f(x)$, 有

$$\int_V f(x)\delta(x-x')\mathrm{d}\tau = f(x'), \tag{2.5.5}$$

其中的 V 为包含 x' 点在内的任一个区域. 这就是说, δ 函数具有某种挑选的作用, 即 $\delta(x-x')$ 与任意函数相乘并在 "包含 x' 点在内的区域" 积分时, 即可挑选出 $f(x)$ 在 x' 点的值.

① 参见 Temple. Proc. Roy. Soc. A, **228**, 175(1955); Lighthill, Introduction to Fourier Analysis and Generalised Functions (1958).

2.5.2 静电镜像法

在实际中, 常在电荷附近, 出现导体面或介质分界面的情况. 我们希望知道, 这些导体面或介质分界面的存在对电场分布的影响. 当这种界面具有特别简单的几何形状时 (例如平面或球面), 应用镜像法来处理往往是最简便的. 这种方法的实质, 就是用虚电荷来等效地代替上述实际导体面或介质分界面上的感应电荷. 下面通过两个具体例子来说明.

例 1 设在一点电荷 q 附近有一 "接地" 的无穷导体平面, 求空间的电势分布.

根据前面几节的分析, 我们知道, 在达到静电平衡时, 接地导体面上将出现一个电荷分布 (即所谓的感应电荷), 其作用就是使得导体平面成为一个 $\Phi = 0$ 的等势面. 取导体平面为 $x_1 = 0$ 的平面, 并取点电荷位于 x_1 轴上, 其坐标为 $(a, 0, 0)$, $a > 0$, 即在导体面的右方. 由于导体平面电势为已知值, 故整个空间可分为两个区域来分别求解.

在导体面的左方, 即 $x_1 < 0$ 区域, φ 满足方程

$$\nabla^2 \varphi = 0. \tag{2.5.6}$$

边值条件是

$$\varphi = 0, \qquad \text{当 } x_1 = 0, \tag{2.5.7}$$

以及

$$\varphi = 0, \qquad \text{在左方无穷远处.}$$

不难看出, 函数

$$\varphi(x) \equiv 0, \qquad (x_1 < 0) \tag{2.5.8}$$

在左方区域满足上述方程和边值条件, 因此从唯一性定理, 式 (2.5.8) 就是左方区域 (即 $x_1 < 0$ 范围) 的解.

在导体的右方, 电场分布大致如图 2.5.2 右方所示. 导体面由于是等势面, 故电力线应与它正交. 我们看见, 导体面对电场分布的影响, 形象地说, 就是使从点电荷发出的电力线弯曲过来并垂直地终止于它的上面. 导体面之所以能产生这样的影响, 当然是由于它上面的感应电荷的作用, 因为在静电情况下, 电场完全由电荷分布来决定, 一切对电场的影响, 都只能通过电荷来实现.

从图 2.5.2 可以看出, $x_1 > 0$ 区域的电场分布, 很像在 x_1 轴上 $\pm a$ 处各置点电荷 $\pm q$ 时该区域的电力线分布. 也就是说, 导体面上感应电荷对 $x_1 > 0$ 区域电场的影响, 很像 $(-a, 0, 0)$ 处的一个点电荷 $-q$ 对该区域的影响. 由此, 我们提出 $x_1 > 0$ 区域的一个尝试解为

$$\varphi = \frac{q}{\sqrt{(x_1 - a)^2 + x_2^2 + x_3^2}} - \frac{q}{\sqrt{(x_1 + a)^2 + x_2^2 + x_3^2}}. \tag{2.5.9}$$

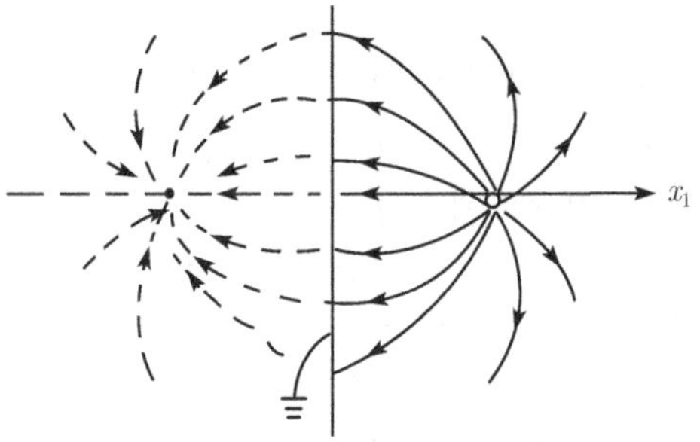

图 2.5.2 接地导体面右方的电力线分布 (实线), 左方实际无电力线

要判断这个尝试解是否正确, 可以利用唯一性定理. 对 $x_1 > 0$ 区域, 方程和边值条件分别是

$$\nabla^2\varphi = -4\pi q\delta(x_1 - a, x_2, x_3), \tag{2.5.10}$$

$$\varphi = 0, \text{ 在 } x_1 = 0 \text{ 平面上以及在该区域 } \infty \text{ 处}. \tag{2.5.11}$$

不难看出, 上述尝试解满足这些要求①, 因此它就是真正的解. 这样, 两个区域的解我们都求出来了 (分别为式 (2.5.8) 和式 (2.5.9)).

从以上结果我们看出, 导体平面对 $x_1 < 0$ 区域起了一种屏蔽作用. 在实际中, 为了消除外界的静电干扰, 如 2.3 节所述常常应用一个接地的导体壳把要屏蔽的部分包起来. 这时壳内区域的解就由壳内的电荷分布和壳面的边值条件 $\varphi = 0$ 来确定, 与壳外的情况无关. 在本例中, 由于接地导体面的存在, 当右方出现电荷时, 左方的电势仍保持为零不变, 就是表明了导体平面对左方区域的屏蔽作用.

以上结果还告诉我们, 对于 $x_1 > 0$ 区域, 导体面的作用相当于一个位于 $(-a, 0, 0)$ 的点电荷 $-q$ 的作用. 这与平面镜放在一个点光源前面时的作用相似. 设点光源位于平面镜右方, 则镜面对右方区域的作用就相当一个位于“左方对称点”上的像光源. 由于这种相似性, 我们把位于 $(-a, 0, 0)$ 处的等效电荷 $(-q)$ 叫做原电荷的像电荷, 把这种利用像电荷来求解的方法叫做镜像法.

从式 (2.5.9) 不难求出导体面上的面电荷分布为

$$\omega_{\mathrm{f}} = -\frac{aq}{2\pi(a^2 + x_2^2 + x_3^3)^{\frac{3}{2}}}, \tag{2.5.12}$$

而总的感应电荷就等于

$$q' = \int \omega_{\mathrm{f}} \mathrm{d}\sigma = \int_0^\infty 2\pi r \omega_{\mathrm{f}} \mathrm{d}r = -q, \tag{2.5.13}$$

① 只要虚电荷设在所考虑的区域以外, 方程就是一定能满足的. 这也是一个必要条件, 即虚电荷必须设在所考虑区域之外, 否则方程就不可能满足.

即恰好等于像电荷.

例 2 在大地上插入两个点电极 A 和 B, 并且通以直流电流 I①, 求稳定时大地内和地面上的电势分布. 在这里, 地面可作为无穷大的平面, 大地将作为均匀的导体介质, 点电极 A 和 B 的深度都是 h.

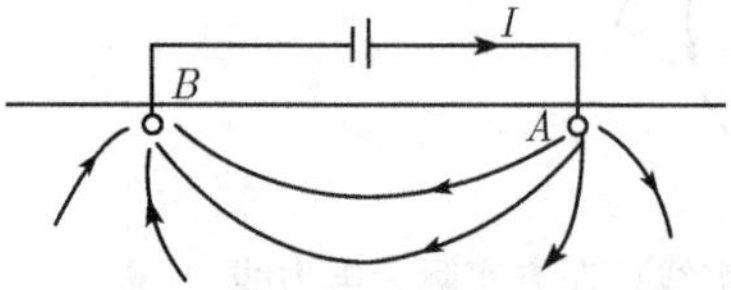

图 2.5.3 在大地中插入两电极后产生的电流

我们先求电极上带的电荷. 在大地中围绕正电极 A 作一封闭曲面 S, 利用欧姆定律及大地的均匀性假定, 有 (为避免混淆下面用 $\mathrm{d}\boldsymbol{S}$ 表示面积元, σ 表示大地的电导率)

$$\oint_S \boldsymbol{E}\cdot\mathrm{d}\boldsymbol{S}=\oint_S \frac{1}{\sigma}\boldsymbol{j}_\mathrm{f}\cdot\mathrm{d}\boldsymbol{S}=\frac{I}{\sigma}.$$

I 代表电池上流出的直流电流值. 同高斯定理相比较, 即求出在正电极处带有电荷

$$q_A=\frac{I}{4\pi\sigma}. \tag{2.5.14}$$

同样, 在负电极处带有电荷

$$q_B=-\frac{I}{4\pi\sigma}. \tag{2.5.15}$$

下文中将把它们都作为点电荷.

根据第二节的分析, 在整个大地中 (设大地为均匀导电介质), 除了电极所在处以及地表面以外, 都不带电荷, 因此, 如果设地表面为 $x_3=0$ 的平面, x_3 轴方向垂直向上, 两电极 A 和 B 的位置分别为 $(a,0,-h)$ 和 $(-a,0,-h)$, 则对于 $x_3<0$ 区域 (即大地内), 电势满足

$$\begin{aligned}\nabla^2\varphi=&-\frac{I}{\sigma}\delta(x_1-a,x_2,x_3+h)\\&+\frac{I}{\sigma}\delta(x_1+a,x_2,x_3+h).\end{aligned} \tag{2.5.16}$$

边值条件是

$$\frac{\partial\varphi}{\partial x_3}=0,\qquad \text{在 } x_3=0 \text{ 面上}, \tag{2.5.17}$$

此条件是从空气的电导率为零 (从而在地表面处, 电流密度与地表面平行) 推出来的. 另外, 还有

$$\varphi=0,\qquad \text{在地下 } \infty \text{ 处}. \tag{2.5.18}$$

① 在此问题中, 大地不再作为电势为零的等势体. 如 2.3 节附注中所述 (见 p.55), 实际上只在静电问题中, 才能把大地作为电势为零的等势体. 而此例题为稳定电流的情况.

我们提出的 $x_3<0$ 区域 (即地下) 的尝试解为

$$\varphi=\frac{I/4\pi\sigma}{\sqrt{(x_1-a)^2+x_2^2+(x_3+h)^2}}-\frac{I/4\pi\sigma}{\sqrt{(x_1+a)^2+x_2^2+(x_3+h)^2}}+\frac{I/4\pi\sigma}{\sqrt{(x_1-a)^2+x_2^2+(x_3-h)^2}}-\frac{I/4\pi\sigma}{\sqrt{(x_1+a)^2+x_2^2+(x_3-h)^2}}. \quad (2.5.19)$$

它代表图 2.5.4 所示的四个点电荷所产生的电势. 图中下方的两个点电荷就是电极上的电荷, 上方的两个电荷为虚设的等效电荷, 它们分别是正负两极上电荷的像. 由于虚设的电荷位于区域 $x_3<0$ 以外, 故式 (2.5.19) 显然在 $x_3<0$ 区域内能够满足方程式 (2.5.16). 在 $x_3=0$ 的面上, 正极上电荷的电场法线分量, 和它的像电荷的电场法线分量正好抵消. 同样, 负极上电荷同它的像电荷的电场也如此. 这就使得边值条件式 (2.5.17) 也得到满足. 至于式 (2.5.18), 满足是显然的. 于是根据唯一性定理, 式 (2.4.19) 就代表大地中 ($x_3<0$ 区域) 电势的真实解.

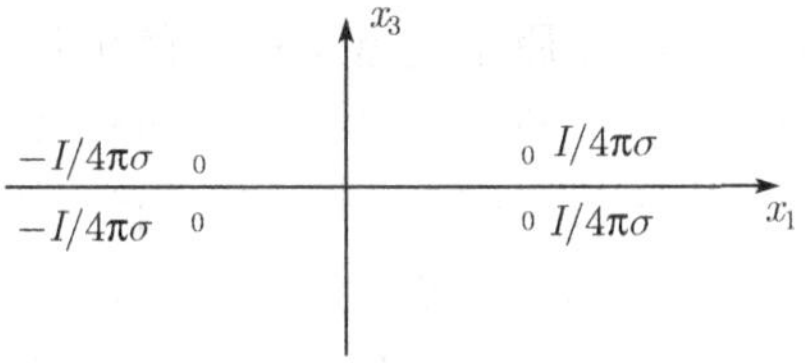

图 2.5.4 能给出式 (2.5.19) 右方电势值的四个点电荷

下面再求 $x_3>0$ 区域的解. 在此区域中, 电势满足方程为

$$\nabla^2\varphi=0, \qquad (x_3>0) \quad (2.5.20)$$

边值条件是

$$\varphi=0, \qquad \text{在 } \infty \text{ 远面上}, \quad (2.5.21)$$

和

$$\varphi=\frac{I/2\pi\sigma}{\sqrt{(x_1-a)^2+x_2^2+h^2}}-\frac{I/2\pi\sigma}{\sqrt{(x_1+a)^2+x_2^2+h^2}}, \quad \text{在 } x_3=0 \text{ 面上}. \quad (2.5.22)$$

上式 (即 $x_3=0$ 面上的边值条件) 是从式 (2.5.19) 和电势值的连续性得出的.

不难看出, 此区域 ($x_3>0$) 的解就是

$$\varphi=\frac{I/2\pi\sigma}{\sqrt{(x_1-a)^2+x_2^2+(x_3+h)^2}}-\frac{I/2\pi\sigma}{\sqrt{(x_1+a)^2+x_2^2+(x_3+h)^2}}, \quad (2.5.23)$$

因为它满足方程式 (2.5.20) 和边值条件式 (2.5.21) 及 (2.5.22). 这个结果其实也可从式 (2.5.19) 直接看出. 因式 (2.5.19) 表明：地表面上的面电荷对于 $x_3<0$ 区域,

等效于分别在 $(\pm a, 0, h)$ 的两个点电荷 $\pm q$; 于是从对称性考虑, 此面电荷对 $x_3 > 0$ 区域就应等效于在 $(\pm a, 0, -h)$ 的两个点电荷 $\pm q$, 这样就得出了式 (2.5.23).

求出了两个区域中的电势分布以后, 地面上所带的面电荷分布以及大地中的电流分布都不难求出, 这里就不再列出了.

如果电极附近的地中有矿藏, 或者在一定深度下出现了另外的地层, 那么它们将对电流分布和电势分布发生影响. 通过对地面上电势分布的测量, 并取不同的 a 值 (即移动电极) 作比较以及同其他方法配合起来, 就可给出有关矿藏或地层的信息. 这种方法在勘探矿体和储油地层构造, 以及在寻找地下水源中都有广泛的应用①.

2.6 电多极子的场及其与外电场的相互作用能

在实际问题中, 有时电荷是集中在一个小区域的范围内. 例如讨论一个带电体在远处产生的电场, 又如原子核在原子尺度上产生的电场, 或讨论原子和原子核在宏观外电场中的能量问题, 这时电荷存在的区域常可作为一个小区域来看待. 在处理这样的问题时, 作为最初级近似, 我们可以把原来的电荷分布集中起来看作是一个点电荷, 例如在讨论原子结构时, 一般就把原子核看作是一个点电荷. 但当该小体系的总电荷为零, 或其总电荷虽不为零但需研究它的某些精细效应时, 就必须考虑该体系的电偶极矩, 即把该小体系看作是一个点电荷与一个 (位于同一点的) 电偶极子的叠加. 同样, 在体系的总电荷和电偶极矩都为零, 或需要更高的精确度时, 就要引入更高级的电矩如电四极矩. 例如所有原子核的电偶极矩都等于零, 因而在考虑一些精细效应 (如光谱的超精细结构) 时, 就需要考虑它的电四极矩, 即把它作为一个点电荷和一个电四极子的叠加. 在研究原子核本身的结构时, 它的电四极矩也是一个重要的物理参数.

在本节中, 我们将研究电多极子 (它是点电荷、电偶极子、电四极子等的总称) 的场, 以及它与外电场的相互作用能问题. 并证明, 集中在一个小区域内的任意电荷体系, 都可以表为各级电多极子的叠加, 无论是在计算它产生的场, 还是它在外电场中的能量时皆如此.

2.6.1 电多极子的场

我们先介绍一下电多极子的概念. 关于电偶极子的概念, 在第一章中已经介绍过. 粗略说来, 电偶极子是由电量相等但符号相反并有一微小距离的两个点电荷构成的复合体, 其偶极矩 $\boldsymbol{P} = q\boldsymbol{\Delta}$, q 为正电荷的电量, $\boldsymbol{\Delta}$ 为负电荷到正电荷的距离. 更精确地说，电偶极子是上述复合体在线度 Δ 趋于零但仍保持电偶极矩 $q\Delta$ 有限

① 另外, 关于利用物理方法 (电阻率法) 寻找地下水, 可参见《物理》杂志, **3**, 201(1974) 上的介绍.

时的极限. 同样, 电四极子是两个偶极矩值相等、但方向相反并有一微小距离的电偶极子的复合体的极限 (取极限时, 距离 $\boldsymbol{\Delta}$ 趋于零而 $P\boldsymbol{\Delta}$ 保持有限). 由此可见, 一个电四极子, 不仅它的总电荷为零而且总电偶极矩亦为零, 因而它的电学性质需要引入一个新的物理量 —— 电四极矩来描写.

由于电偶极子的矩 P 为一矢量, 距离 $\boldsymbol{\Delta}$ 又是一个矢量, 因此两个电偶极子的复合体就有许多种可能的式样. 例如当 $\boldsymbol{P}$ 的方向沿 x_1 轴时, $\boldsymbol{\Delta}$ 可分为沿 x_1 轴、沿 x_2 轴和沿 x_3 轴三种基本情况, 如图 2.6.1 所示, 一般的 $\boldsymbol{\Delta}$ 则是这三种情况的叠加. 同样, 当 $\boldsymbol{P}$ 的方向沿 x_2 轴和 x_3 轴时也有类似的情况 (一般的 $\boldsymbol{P}$ 可分解为三个分量的叠加). 由此看来, 电四极矩应该用一个二阶张量①来描写. 下文中的讨论表明, 情况的确是如此.

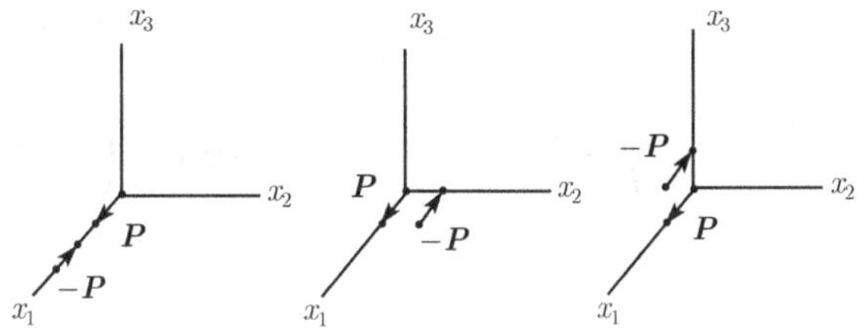

图 2.6.1 两个电偶极子的复合体

我们来研究小区域 V 内的一般电荷分布在远处的场. 电多极子是这种电荷体系的一些特殊情况.

设电荷分为 $\rho(x')$, 于是空间任一点 (x) 的电势是

$$\varphi(x) = \int_V \frac{\rho(x')\mathrm{d}\tau'}{R}, \tag{2.6.1}$$

R 代表从"源点" x' 到"场点" x 的距离. 我们在区域 V 内部取一个参考点 O 作为坐标原点, 并用 $\boldsymbol{r}$ 表示从原点 O 到场点的距离. 在初级近似中, 我们忽略 r 和 R 的差 (这相当于将所有电荷集中在原点), 这时电势即为

$$\varphi^{(0)}(x) = \frac{q}{r}, \tag{2.6.2}$$

其中

$$q = \int_V \rho(x')\mathrm{d}\tau' \tag{2.6.3}$$

代表体系的总电荷.

在次级近似中, 根据泰勒级数展开公式, 并取其前两项:

$$\frac{1}{R} = \frac{1}{r} + \boldsymbol{r}' \cdot \left(\nabla' \frac{1}{R}\right)_0 = \frac{1}{r} + \boldsymbol{r}' \cdot \frac{\boldsymbol{r}}{r^3}, \tag{2.6.4}$$

① 此二阶张量又称为并矢.

$\boldsymbol{r}'$ 代表从原点 O 到源点 $\boldsymbol{x}'$ 的距离 (参见图 2.6.2). 将上式代入式 (2.6.1), 即得次级近似中的电势值为

$$\varphi^{(0)}+\varphi^{(1)}=\frac{q}{r}+\frac{\boldsymbol{P}\cdot\boldsymbol{r}}{r^3}, \tag{2.6.5}$$

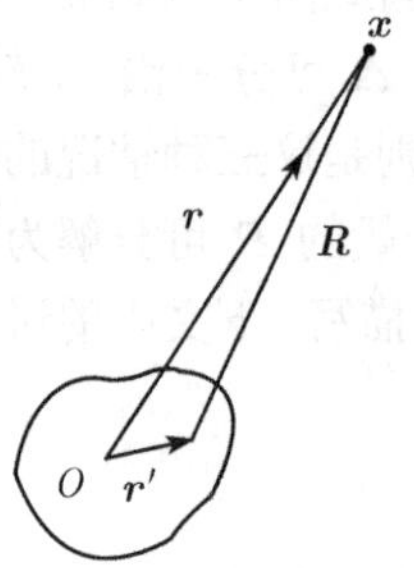

图 2.6.2 点 x 与小区域电荷分布

其中

$$\boldsymbol{P}=\int\rho(x')\boldsymbol{r}'\mathrm{d}\tau', \tag{2.6.6}$$

即该体系对原点的电偶极矩①. $\varphi^{(1)}$ 称为电偶极子势. 一般说来, $\varphi^{(1)}$ 与 $\varphi^{(0)}$ 比值的量级是 $\dfrac{\Delta}{r}$, Δ 代表小区域的线度. 当所研究体系的总电荷为零时, $\varphi^{(0)}$ 等于零, 电偶极子势就成为最主要的项.

在更下一级的近似中, 泰勒展开式可取为

$$\frac{1}{R}=\frac{1}{r}+\boldsymbol{r}'\cdot\left(\nabla'\frac{1}{R}\right)_0+\frac{1}{2}\boldsymbol{r}'\boldsymbol{r}':\left(\nabla'\nabla'\frac{1}{R}\right)_0, \tag{2.6.7}$$

于是在这一级近似中

$$\varphi=\varphi^{(0)}+\varphi^{(1)}+\varphi^{(2)},$$

其中 $\varphi^{(0)}$ 和 $\varphi^{(1)}$ 仍由式 (2.6.5) 表示, 而

$$\varphi^{(2)}=\frac{1}{6}\mathbf{Q}:\left(\nabla'\nabla'\frac{1}{R}\right)_0=\frac{1}{6}\mathbf{Q}:\frac{3\boldsymbol{r}\boldsymbol{r}-r^2\mathbf{I}}{r^5}, \tag{2.6.8}$$

上式中的 $\mathbf{I}$ 为单位张量, 即 $\boldsymbol{n}_1\boldsymbol{n}_1+\boldsymbol{n}_2\boldsymbol{n}_2+\boldsymbol{n}_3\boldsymbol{n}_3$, 而 $\mathbf{Q}$ 为

$$\mathbf{Q}=\int 3\rho(x')\boldsymbol{r}'\boldsymbol{r}'\mathrm{d}\tau',$$

式 (2.6.8) 中的二阶张量 $\dfrac{1}{r^5}(3\boldsymbol{r}\boldsymbol{r}-r^2\mathbf{I})$ 为对称张量. 一般对称的二阶张量具有六个不同分量, 但上述二阶张量的三个对角分量之和为零, 故实际上只有五个独立分量. 因此 $\varphi^{(2)}$ 可以只用五个参量来表示. 为了显示这一情况, 利用

$$\mathbf{I}:\frac{1}{r^5}(3\boldsymbol{r}\boldsymbol{r}-r^2\mathbf{I})=0,$$

(即张量 $\dfrac{1}{r^5}(3\boldsymbol{r}\boldsymbol{r}-r^2\mathbf{I})$ 的对角分量之和为零), 我们可以把 $\varphi^{(2)}$ 表示为

$$\varphi^{(2)}=\frac{1}{6}\boldsymbol{D}:\left(\nabla'\nabla'\frac{1}{R}\right)_0=\frac{1}{6}\boldsymbol{D}:\frac{3\boldsymbol{r}\boldsymbol{r}-r^2\mathbf{I}}{r^5}. \tag{2.6.9}$$

① 如体系的总电荷为零, 则 $\boldsymbol{P}$ 的值与所取原点的位置无关.

其中

$$\boldsymbol{D}=\int_V \rho(x')(3\boldsymbol{r}'\boldsymbol{r}'-r'^2\mathbf{I})\mathrm{d}\tau'. \tag{2.6.10}$$

张量 $\boldsymbol{D}$ 只有五个独立分量, 因它是对称的而且对角和为零. 通常把这样的 $\boldsymbol{D}$ 称为该电荷分布对于原点 O 的四极矩①. 我们看见, 四极矩要用一个张量 (而且是不可约张量) 来表示.

从泰勒展开的下一项可以定义八极矩, 并可依此类推下去. 但实际中用得较多的通常只到四极矩为止. 为了统一称呼起见, 总电荷也称为零极矩.

怎样才算是电多极子呢? 我们说 "点电荷"、"电偶极子" 和 "电四极子"(或一般地说 "电多极子"), 不仅是指带电体的线度趋于零 (即为一个质点的极限情况), 而且要求除所相应级的矩的以外, 其余各级的矩 (均指相对于其所在点的值) 都等于零. 例如对于点电荷, 除了 $q\neq 0$ 外, 对于它所在的点, 要求各级矩 $(\boldsymbol{P},\boldsymbol{D},\cdots)$ 都等于零; 对于电偶极子, 则不仅要求 q 为零. 而且对于其所在的点, $\boldsymbol{D}$ 以及更高的矩也都为零. 只有 $\boldsymbol{P}$ 不为零, 依此类推. 这样, 我们看到, 一个电偶极子的势严格地等于 $\varphi^{(1)}$(原点取在其所在的位置, 下同), 一个电四极子的势严格地等于 $\varphi^{(2)}$, 这也就是 $\varphi^{(1)}$ 和 $\varphi(2)$ 分别称为电偶极子势和电四极子势的原因, 而一个小区域电荷分布在远处的势, 可以展开为一组位于其区域内某点的各级多极子势的叠加.

为了强调一个电荷体系的偶极矩, 四极矩等不仅与其电荷分布有关, 而且一般与所取的位置 (即作展开的点) 有关, 因此它们更全面的称呼是: 该电荷体系对某位置点 O 的偶极矩、四极矩等等. 而且这些与该电荷体系等效的各级多极子都在该位置点上. 对于 2^ℓ 极矩, 只当前面 ℓ 个矩 (即从 0 到 $2^{\ell-1}$ 极矩②) 都为零时, 其值才与展开点的位置无关.

原子核的电荷分布都具有轴对称性, 如果取 x_3 轴的方向与对称轴平行, 并将原子核的位置点取在对称轴上, 则有

$$\mathscr{D}_{12}=\mathscr{D}_{23}=\mathscr{D}_{31}=0,$$

而且

$$\mathscr{D}_{11}=\mathscr{D}_{22}.$$

再由

$$\mathscr{D}_{11}+\mathscr{D}_{22}+\mathscr{D}_{33}=0,$$

即得四极矩可用一个独立分量 $\mathscr{D}$ 来表示:

$$\mathscr{D}=\mathscr{D}_{33}=-2\mathscr{D}_{11}=-2\mathscr{D}_{22}, \tag{2.6.11}$$

① 有时 $\mathbf{Q}$ 亦称作四极矩, 这时 $\boldsymbol{D}$ 可改称为约化四极矩.

② 这里把总电荷称为零极矩.

通常给出的原子核四极矩值就是指“位置点取在质心上时”上述 $\mathscr{D}$ 的数值.

最后, 我们来指出, 将带电体的电势按多极子的势展开, 实质上也就是将它按球函数和 $\dfrac{1}{r}$ 的幂次来展开 (球坐标原点取在带电体内部, 通常并尽可能取在带电体的中心点上). 为此, 我们将单位点电荷 (也可称为零极子) 的电势表示为

$$\frac{1}{r}=\frac{1}{r}P_0(\cos\theta), \tag{2.6.12}$$

而偶极子势 [即式 (2.6.5)] 第二项中 $\dfrac{\boldsymbol{r}}{r^3}$ 的三个分量等于:

$$\begin{aligned}\left(\frac{\boldsymbol{r}}{r^3}\right)_1&=\frac{1}{r^2}\sin\theta\cos\chi=\frac{1}{r^2}\mathrm{Y}_{11}^{(1)}(\theta,\chi),\\ \left(\frac{\boldsymbol{r}}{r^3}\right)_2&=\frac{1}{r^2}\sin\theta\sin\chi=\frac{1}{r^2}\mathrm{Y}_{11}^{(2)}(\theta,\chi),\\ \left(\frac{\boldsymbol{r}}{r^3}\right)_3&=\frac{1}{r^2}\cos\theta=\frac{1}{r^2}\mathrm{Y}_{10}^{(1)}(\theta,\chi).\end{aligned} \tag{2.6.13}$$

至于四极子势 $\varphi^{(2)}$ 中的 $\dfrac{1}{r^5}(3\boldsymbol{rr}-r^2\mathbf{I})\equiv\boldsymbol{\Psi}$ 的分量, 则亦可用球函数表示为

$$\begin{aligned}\Psi_{11}&=\frac{1}{r^3}(3\sin^2\theta\cos^2\chi-1)=\frac{1}{2r^3}[\mathrm{Y}_{22}^{(1)}(\theta,\chi)-2\mathrm{Y}_{20}^{(2)}(\theta,\chi)],\\ \Psi_{22}&=\frac{1}{r^3}(3\sin^2\theta\sin^2\chi-1)=-\frac{1}{2r^3}[\mathrm{Y}_{22}^{(1)}(\theta,\chi)+2\mathrm{Y}_{20}^{(1)}(\theta,\chi)],\\ \Psi_{33}&=\frac{1}{r^3}(3\cos^2\theta-1)=\frac{2}{r^3}\mathrm{Y}_{20}^{(1)}(\theta,\chi),\\ \Psi_{12}=\Psi_{21}&=\frac{1}{r^3}3\sin^2\theta\cos\chi\sin\chi=\frac{1}{2r^3}\mathrm{Y}_{22}^{(2)}(\theta,\chi),\\ \Psi_{23}=\Psi_{32}&=\frac{1}{r^3}3\cos\theta\sin\theta\sin\chi=\frac{1}{r^3}\mathrm{Y}_{21}^{(2)}(\theta,\chi),\\ \Psi_{31}=\Psi_{13}&=\frac{1}{r^3}3\cos\theta\sin\theta\cos\chi=\frac{1}{r_0^3}\mathrm{Y}_{21}^{(1)}(\theta,\chi),\end{aligned} \tag{2.6.14}$$

故点电荷、偶极子和四极子的势, 在原点取在其所在位置上时即分别为下式在 $\ell=0,1$ 和 2 时的值

$$\frac{1}{r^{\ell+1}}\sum_{n=-\ell}^{\ell}[b_{\ell n}\mathrm{Y}_{\ell n}^{(1)}(\theta,\chi)+d_{\ell n}\mathrm{Y}_{\ell n}^{(2)}(\theta,\chi)]. \tag{2.6.15}$$

而对一般的 ℓ, 上式就代表 2^ℓ 极子的势 $\varphi^{(\ell)}$, 它具有 $(2\ell+1)$ 个独立系数①.

① 以上讨论表明, 一个位置偏离原点的点电荷所产生的电势, 相当于位于原点的一系列多极子 (含零极子即点电荷) 所产生的电势的和.

2.6.2 电多极子与外电场的相互作用能

在微观物理学问题中，还常常需要电多极子与外电场相互作用能的知识. 我们先来一般地说明什么是两个体系的相互作用能. 我们用 A_1 和 A_2 表示两个体系，并设 A_1 单独存在时，能量为 U_1，而 A_2 单独存在时，能量为 U_2. 问：如果 A_1 和 A_2 同时存在 (A_1 和 A_2 本身的状态仍与前相同)，总能量 U 是否就等于原来两者能量之和 (即 U_1+U_2)? 读者应都知道，通常并不这样. 从物理上看，U 与 U_1+U_2 的相差是由于两体系间有相互作用的缘故，因此 $U-U_1-U_2$ 就称为两体系的相互作用能[①].

我们来看两个带电体，它们的电荷分布分别为 $\rho_1(x)$ 和 $\rho_2(x)$. 当两者单独存在时，能量各为

$$\begin{aligned} U_1 &= \frac{1}{2}\int \rho_1(x)\varphi_1(x)\mathrm{d}\tau, \\ U_2 &= \frac{1}{2}\int \rho_2(x)\varphi_2(x)\mathrm{d}\tau, \end{aligned} \tag{2.6.16}$$

其中 $\varphi_1(x)$ 和 $\varphi_2(x)$ 分别为两带电体各自产生的电势，上式积分区域形式上可取为整个空间，下同.

在两个带电体同时存在时 ($\rho_1(x)$ 与 $\rho_2(x)$ 仍与前同)，空间的电荷分布即为

$$\rho(x) = \rho_1(x) + \rho_2(x),$$

因而这时的电势也是两者的叠加：

$$\varphi(x) = \varphi_1(x) + \varphi_2(x).$$

于是能量为

$$U = \frac{1}{2}\int \rho(x)\varphi(x)\mathrm{d}\tau = \frac{1}{2}\int [\rho_1(x)+\rho_2(x)][\varphi_1(x)+\varphi_2(x)]\mathrm{d}\tau. \tag{2.6.17}$$

它并不等于 U_1+U_2，差值是

$$U_{\mathrm{i}} = U - U_1 - U_2 = \frac{1}{2}\int (\rho_1\varphi_2 - \rho_2\varphi_1)\mathrm{d}\tau, \tag{2.6.18}$$

U_{i} 就是上面所定义的相互作用能. 当这两个带电体相互的方位和距离改变 (但每个带电体上的电荷相对该带电体本身的分布设无变化) 时，那么总能量的改变就等于相互作用能的改变，即

$$\Delta U = \Delta U_{\mathrm{i}}. \tag{2.6.19}$$

① 这里并不涉及两体系相互作用的机制. 例如，当下面我们说两个带电体之间的相互作用能时，并不包含两个带电体之间有直接相互作用 (超距作用) 的意思.

下面我们来讨论一个小区域 V 内电荷体系 $\rho(x)$ 在外电场中的势能问题. 设外电场的势为 $\varphi_e(x)$, 产生它的电荷分布为 $\rho_e(x)$. 所谓的小区域 (V) 电荷体系 $\rho(x)$ 在外场中的势能就是指 $\rho(x)$ 与 $\rho_e(x)$ 间的相互作用能. 在这里之所以换一个名称, 是因为我们常常只知道在小区域 V 附近的外场分布, 并不知道 $\rho_e(x)$ 的详细知识 (一般 ρ_e 是分布在远离 V 的地方).

下面用 $\varphi(x)$ 表示该小区域 V 内电荷 $\rho(x)$ 在空间所产生的电势. 根据式 (2.6.18), 电荷 $\rho(x)$ 与 $\rho_e(x)$ 的相互作用能为

$$U_i = \frac{1}{2}\int(\rho\varphi_e + \rho_e\varphi)d\tau. \tag{2.6.20}$$

由于 ρ_e 常常是未知的, 故最好能从上式中消去它. 这一点并不难做到, 因为式 (2.6.20) 中的两项实际上是相等的. 证明如下：设 R 为 x' 到 x 的距离, 则

$$\int \rho_e(x)\varphi(x)d\tau = \int d\tau d\tau' \frac{\rho_e(x)\rho(x')}{R}.$$

交换上式右方的积分次序, 即化为

$$\int d\tau' \int d\tau \frac{\rho_e(x)\rho(x')}{R} = \int d\tau' \varphi_e(x')\rho(x'),$$

这就证明完毕. 于是式 (2.6.20) 即化为

$$U_i = \int \rho(x)\varphi_e(x)d\tau. \tag{2.6.21}$$

这样, 只要知道该小区域 V 内的 φ_e, 即可求出 U_i, 而不必去了解 $\rho_e(x)$ 的分布情况.

利用区域 V 很小的特点, 我们可以像前面一样, 将 φ_e 对位于 V 中的某参考点 (0 点) 作泰勒展开：

$$\varphi_e = \varphi_{e0} + \boldsymbol{r}\cdot(\nabla\varphi_e)_0 + \frac{1}{2}\boldsymbol{rr}:(\nabla\nabla\varphi_e)_0 + \cdots. \tag{2.6.22}$$

将上式代入式 (2.6.21) 后, 即得

$$U_i = U_i^{(0)} + U_i^{(1)} + U_i^{(2)} + \cdots, \tag{2.6.23}$$

其中

$$U_i^{(0)} = q\varphi_{e0}, \tag{2.6.24}$$

$$U_i^{(1)} = \boldsymbol{P}\cdot(\nabla\varphi_e)_0 = -\boldsymbol{P}\cdot\boldsymbol{E}_{e0}, \tag{2.6.25}$$

$$U_{\rm i}^{(2)}=\frac{1}{6}\mathbf{Q}:(\nabla\nabla\varphi_{\rm e})_0, \tag{2.6.26}$$

$$\cdots\cdots.$$

其中 $\mathbf{Q}$ 如式 (2.6.8) 下面所示.

由于 $(\nabla\nabla\varphi_{\rm e})_0$ 的三个对角分量之和 $(\nabla^2\varphi_{\rm e})_0$ 等于 $-4\pi\rho_{\rm e0}$, 而外电荷 $\rho_{\rm e}$ 一般是在远离 V 的地方, 从而它在 O 点上的值为零, 即 $\rho_{\rm e0}=0$, 因此得

$$\mathbf{I}:(\nabla\nabla\varphi_{\rm e})_0=(\nabla^2\varphi_{\rm e})_0=0,$$

这样 $U_{\rm i}^{(2)}$ 可以改写为 (下式中的 $\mathbf{Q}$ 由式 (2.6.10) 所示)

$$U_{\rm i}^{(2)}=\frac{1}{6}\boldsymbol{D}:(\nabla\nabla\varphi_{\rm e})_0=-\frac{1}{6}\boldsymbol{D}:(\nabla\boldsymbol{E}_{\rm e})_0. \tag{2.6.27}$$

$U_{\rm i}^{(0)}, U_{\rm i}^{(1)}$ 和 $U_{\rm i}^{(2)}$ 即分别代表点电荷、电偶极子和电四极子与外电场的相互作用能. 式 (2.6.23) 还表示出, 任何小区域电荷体系与外电场的相互作用能就等于与它等效的各级多极子与外电场相互作用能的和.

在实际问题中还常常要知道电偶极子在外电场中所受的力矩和力. 从式 (2.6.25) 可以看出, 对于矩值 P固定的电偶极子, 当 $\boldsymbol{P}$ 的方向与外电场平行时, $U_{\rm i}$ 最小. 这就说, 当该电偶极子能够自由转动时, 外场对它的力矩总是趋向于使电偶极矩 $\boldsymbol{P}$ 与 $\boldsymbol{E}_{\rm e}$ 平行. 至于力矩的具体表达式, 在 1.1 节中已经给出, 我们也可以从式 (2.6.25) 来推导它. 为此令外电场分布和电偶极子的矩值 P 保持不变而将电偶极子方位转动一个 $\delta\boldsymbol{\theta}$, 这时力矩所作的功 $\boldsymbol{L}\cdot\delta\boldsymbol{\theta}$ 根据能量守恒关系以及式 (2.6.19), 就应等于 $U_{\rm i}$ 的减少. 利用式 (2.6.25) 即得

$$\boldsymbol{L}\cdot\delta\boldsymbol{\theta}=-\delta U_{\rm i}=(\delta\boldsymbol{P})\cdot\boldsymbol{E}_{\rm e0}. \tag{2.6.28}$$

我们知道, 一个数值固定的矢量在转动 $\delta\boldsymbol{\theta}$ 后的改变值就等于 $\delta\boldsymbol{\theta}$ 叉乘该矢量, 因此有

$$\delta\boldsymbol{P}=\delta\boldsymbol{\theta}\times\boldsymbol{P},$$

将它代入式 (2.6.28) 后即将后者化为

$$\boldsymbol{L}\cdot\delta\boldsymbol{\theta}=\delta\boldsymbol{\theta}\times\boldsymbol{P}\cdot\boldsymbol{E}_{\rm e0}=\boldsymbol{P}\times\boldsymbol{E}_{\rm e0}\cdot\delta\boldsymbol{\theta}.$$

在得出最后一等式中, 我们运用了矢量运算公式. 由于 $\delta\boldsymbol{\theta}$ 是任意的, 这就得出

$$\boldsymbol{L}=\boldsymbol{P}\times\boldsymbol{E}_{\rm e0}, \tag{2.6.29}$$

与 1.1 节中直接从作用力求出的结果相同. 式 (2.6.28) 和 (2.6.29) 中的 $\boldsymbol{E}_{\rm e0}$ 也就是 $\boldsymbol{E}_{\rm e}$ 在电偶极子所在点的值, 如用 x 表示电偶极子的位置坐标, 式 (2.6.29) 也可写作

$$\boldsymbol{L}=\boldsymbol{P}\times\boldsymbol{E}_{\rm e}(x). \tag{2.6.30}$$

下面再来考察电偶极子在外电场中所受的力 $\boldsymbol{F}$. 显然, 只当外电场不均匀时它的值才不为零. 令 $\boldsymbol{P}$ 和外场保持不变 (这并不需要消耗能量) 而将偶极子位置平移 $\delta\boldsymbol{x}$, 则从能量守恒关系和式 (2.6.25) 得

$$\boldsymbol{F}\cdot\delta\boldsymbol{x}=-\delta U_{\mathrm{i}}=\nabla(\boldsymbol{P}\cdot\boldsymbol{E}_{\mathrm{e}}(x))\cdot\delta\boldsymbol{x}.$$

由此即得出力的表达式为

$$\boldsymbol{F}=\nabla(\boldsymbol{P}\cdot\boldsymbol{E}_{\mathrm{e}}(x))=(\boldsymbol{P}\cdot\nabla)\boldsymbol{E}_{\mathrm{e}}(x),\tag{2.6.31}$$

它与外电场 “在电偶极子矩方向” 的变化率成正比.

第三章　静磁场和似稳电磁场

本章内容分三个方面：

(1) 静磁场　包括静磁势的引入, 它的基本性质和满足的方程, 以及应用实例. 在联系实际方面将着重于同物理专业关系比较密切的一些基本内容, 如受控热核装置中的镜像电流效应, 粗截面电流圈的感应系数, 以及原子和原子核物理中较常用到的磁偶极子的场以及它在外磁场中的能量等.

(2) 似稳电磁场　主要阐明似稳场的特点和似稳电路方程的应用条件, 导出似稳场的扩散方程并讨论集肤效应. 这一部分内容也同受控热核装置和等离子体物理有较密切的关系.

(3) 磁场对运动导体的质动力和电动力　这一部分不仅与"等离子体物理"有密切关系, 而且有助于弄清电磁能量与机械能量转换中的一些概念性问题, 这些问题在讨论电动机的机理以及在磁场中运动的磁偶极子的能量变化时是常常会被提出来的.

3.1　静磁矢势　镜像电流效应

在稳定的电荷和电流分布的周围, 将形成恒定的电磁场. 从麦克斯韦方程组可知, 决定其电场的方程和决定其磁场的方程是彼此不关联的, 电场与电荷分布相关, 而磁场则与电流分布相关. 这种恒定的磁场就称为静磁场.

3.1.1　静磁矢势

对于静电场, 我们曾根据 $\nabla \times \boldsymbol{E}$ 处处为零的性质, 引入一个静电标势 φ 来描写它. 对于静磁场, 我们将说明, 可以用一种称作静磁矢势 $\boldsymbol{A}$ 来描写.

在矢量分析中, 有这样一个结果, 即一个散度处处为零的矢量场, 总可以表成为某个矢量场的旋度. 因此, 根据

$$\nabla \cdot \boldsymbol{B} \equiv 0,$$

可将 $\boldsymbol{B}$ 表成

$$\boldsymbol{B} = \nabla \times \boldsymbol{A}. \tag{3.1.1}$$

$\boldsymbol{A}$ 就称为磁矢势. 对于静磁场, 相应的 $\boldsymbol{A}$ 就称为静磁矢势. 我们可以通过给出 $\boldsymbol{A}$ 的表达式来具体地证明它的存在.

静磁场的磁感强度为

$$\boldsymbol{B}(x)=\frac{1}{c}\int_{\infty}\frac{\boldsymbol{j}(x')\times\boldsymbol{R}}{R^3}\mathrm{d}\tau', \tag{3.1.2}$$

与上章一样, $\boldsymbol{R}$ 代表从源点 x' 到场点 x 的矢量. 利用 (在下文中, ∇ 指 x 坐标系中的梯度)

$$\frac{\boldsymbol{R}}{R^3}=-\nabla\frac{1}{R}$$

以及

$$\nabla\times\frac{\boldsymbol{j}(x')}{R}=\left(\nabla\frac{1}{R}\right)\times\boldsymbol{j}(x'),$$

即得

$$\boldsymbol{B}(x)=\frac{1}{c}\int\nabla\times\frac{\boldsymbol{j}(x')}{R}\mathrm{d}\tau'=\nabla\times\frac{1}{c}\int\frac{\boldsymbol{j}(x')}{R}\mathrm{d}\tau'. \tag{3.1.3}$$

这样, 我们就具体地证明了 $\boldsymbol{B}$ 可以表成一个矢量场 $\boldsymbol{A}$ 的旋度, 这个矢量场 $\boldsymbol{A}$ 就是

$$\boldsymbol{A}(x)=\frac{1}{c}\int\frac{\boldsymbol{j}(x')}{R}\mathrm{d}\tau'. \tag{3.1.4}$$

需要指出的是, $\boldsymbol{A}$ 的选取并不是唯一的. 如果我们在式 (3.1.4) 右方附加任一个标量函数 ψ 的梯度, 它的旋度不变. 因此, 如果某个矢势 $\boldsymbol{A}_1(x)$ 能表示 $\boldsymbol{B}$, 即

$$\boldsymbol{B}=\nabla\times\boldsymbol{A}_1,$$

那么

$$\boldsymbol{A}_2=\boldsymbol{A}_1+\nabla\psi \tag{3.1.5}$$

同样能表示该磁感强度 $\boldsymbol{B}$:

$$\nabla\times\boldsymbol{A}_2=\nabla\times(\boldsymbol{A}_1+\nabla\psi)=\boldsymbol{B}.$$

$\nabla\psi$ 是一个纵场 (即旋度为零的矢量场), 因此, "$\boldsymbol{A}$ 可以附加上任意一个 $\nabla\psi$" 就意味着它的纵场部分①是完全任意的, 只是其横场部分有确定的意义. 通常我们就取 $\boldsymbol{A}$ 的纵场部分为零, 即取 $\boldsymbol{A}$ 满足横场条件

$$\nabla\cdot\boldsymbol{A}=0. \tag{3.1.6}$$

附加了这个条件. 再加上 $\boldsymbol{A}$ 在 ∞ 处为零的要求, $\boldsymbol{A}$ 就唯一地被确定. 下面来证明, 式 (3.1.4) 所给出的表达式正好满足这个条件.

① 如矢量分析附录中所指出的, 任何一个矢量场都可以表为纵场和横场两个部分的叠加.

由矢量分析公式, 得

$$\nabla\cdot\frac{1}{c}\int_{\infty}\frac{\boldsymbol{j}(x')}{R}\mathrm{d}\tau'=\frac{1}{c}\int_{\infty}\boldsymbol{j}(x')\cdot\nabla\frac{1}{R}\mathrm{d}\tau'.$$

任意一个 R 的函数 $f(R)$ 有这样的性质, 即它对场变量的微商正好等于对源变量微商的负值, 于是上式化为

$$-\frac{1}{c}\int_{\infty}\boldsymbol{j}(x')\cdot\nabla'\frac{1}{R}\mathrm{d}\tau'=-\frac{1}{c}\int_{\infty}\nabla'\cdot\frac{\boldsymbol{j}(x')}{R}\mathrm{d}\tau'+\frac{1}{c}\int_{\infty}\frac{\nabla'\cdot\boldsymbol{j}(x')}{R}\mathrm{d}\tau'.$$

上式右方第二项根据稳定条件将等于零, 第一项可化为无穷远面上的积分因而亦为零 (设电流只在有限空间内). 这样就证明了

$$\nabla\cdot\frac{1}{c}\int_{\infty}\frac{\boldsymbol{j}(x')}{R}\mathrm{d}\tau'=0. \tag{3.1.7}$$

利用这个结果, 即可证明第一章中所没有证明的一个结论, 即安培–毕奥–萨伐尔定律所给出的 $\boldsymbol{B}$ 的表达式 (1.2.9) 满足静磁场方程①

$$\nabla\times\boldsymbol{B}=\frac{4\pi}{c}\boldsymbol{j}. \tag{3.1.8}$$

静磁场方程亦可用磁矢势表示出来, 结果即为

$$\nabla\times(\nabla\times\boldsymbol{A})=\frac{4\pi}{c}\boldsymbol{j}. \tag{3.1.9a}$$

在 $\boldsymbol{A}$ 满足式 (3.1.6) 的附加条件下, 式 (3.1.9a) 化为

$$\nabla^2\boldsymbol{A}=-\frac{4\pi}{c}\boldsymbol{j}, \tag{3.1.9b}$$

此方程与静电势 φ 的方程十分相似, 只是标势 φ 换成了矢势 $\boldsymbol{A}$, 电荷密度 ρ 换成了电流密度 $\boldsymbol{j}$ 的 $1/c$, 即 $\frac{1}{c}\boldsymbol{j}$($\frac{1}{c}\boldsymbol{j}$ 的量纲与 ρ 相同, 从而 $\boldsymbol{A}$ 和 φ 将具有相同的量纲).

① 由式 (3.1.3) 和矢量分析公式,

$$\nabla\times\frac{1}{c}\int\frac{\boldsymbol{j}(x')\times\boldsymbol{R}}{R^3}\mathrm{d}\tau'=\nabla\times\left[\nabla\times\frac{1}{c}\int\frac{\boldsymbol{j}(x')}{R}\mathrm{d}\tau'\right]$$
$$=\nabla\left[\nabla\cdot\frac{1}{c}\int\frac{\boldsymbol{j}(x')}{R}\mathrm{d}\tau'\right]-\nabla^2\frac{1}{c}\int\frac{\boldsymbol{j}(x')}{R}\mathrm{d}\tau'.$$

根据式 (3.1.7), 上式右方第一项为零. 第二项在交换微分和积分的次序后, 再利用公式 $\nabla^2\frac{1}{R}=-4\pi\delta(x-x')$ 即化为 $\frac{4\pi}{c}\boldsymbol{j}(x)$, 于是得出式 (3.1.8).

下面来讨论静磁能量. 根据一般成立的电磁能量公式, 静磁能量密度即为 $\dfrac{1}{8\pi}B^2$. 而利用矢量分析公式, 可得出

$$B^2 = \boldsymbol{B}\cdot\nabla\times\boldsymbol{A} = \nabla\cdot(\boldsymbol{A}\times\boldsymbol{B}) + \boldsymbol{A}\cdot\nabla\times\boldsymbol{B},$$

在静磁情况, $\nabla\times\boldsymbol{B}$ 可用式 (3.1.8) 代入, 于是静磁能量 U 化成

$$U = \frac{1}{8\pi}\int_\infty \boldsymbol{B}\cdot\nabla\times\boldsymbol{A}\mathrm{d}\tau = \frac{1}{8\pi}\oint_\infty (\boldsymbol{A}\times\boldsymbol{B})\cdot\mathrm{d}\boldsymbol{\sigma} + \frac{1}{2c}\int_\infty \boldsymbol{j}\cdot\boldsymbol{A}\mathrm{d}\tau.$$

再由 ∞ 远处的边值条件, 在电流局限在有限范围内的情况下, 有: $B\sim 0\left(\dfrac{1}{r^2}\right)$ 和 $A\sim 0\left(\dfrac{1}{r}\right)$, 于是上式右方第一项为零, 因此就得到与静电能量表达式 (2.1.5) 相对应的结果:

$$U = \frac{1}{2c}\int_\infty \boldsymbol{j}\cdot\boldsymbol{A}\mathrm{d}\tau. \tag{3.1.10}$$

上式与式 (2.1.5) 相比较，差别就是: ρ 换成了 $\dfrac{1}{c}\boldsymbol{j}$, φ 换成 $\boldsymbol{A}$，标量相乘换成了矢量点乘.

当存在磁介质时, 磁场引起介质的磁化, 从而产生磁化电流, 而磁化电流反过来又改变磁场, 两者也是互相决定的关系. 这时需要将场方程和介质性质方程联立起来处理. 但若介质是均匀的, 则其中的磁化电流可以预先求出, 由式 (1.5.9)

$$\boldsymbol{j}_\mathrm{m} = c\nabla\times\boldsymbol{M} = c\frac{\mu-1}{4\pi}\nabla\times\boldsymbol{H} = (\mu-1)\boldsymbol{j}_\mathrm{f}, \tag{3.1.11}$$

于是在这种情况下, 再利用 $\boldsymbol{j} = \boldsymbol{j}_\mathrm{f} + \boldsymbol{j}_\mathrm{m}$. 方程 (3.1.9b) 就化为

$$\nabla^2\boldsymbol{A} = -\frac{4\pi\mu}{c}\boldsymbol{j}_\mathrm{f}. \tag{3.1.12}$$

即这时的 $\nabla^2\boldsymbol{A}$ 正比于 $\boldsymbol{j}_\mathrm{f}$, 与静电势 φ 相应的方程式 (2.1.12) 相对应.

有介质时的静磁能量 U 也可以通过磁矢势和电流来表示. 仿照推导式 (3.1.10) 的步骤. 可以从 $U = \dfrac{1}{8\pi}\displaystyle\int \boldsymbol{B}\cdot\boldsymbol{H}\mathrm{d}\tau$ 化出

$$U = \frac{1}{2c}\int_\infty \boldsymbol{j}_\mathrm{f}\cdot\boldsymbol{A}\mathrm{d}\tau. \tag{3.1.13}$$

此式亦与静电能量公式即式 (2.1.16) 相对应.

我们可以把静电场与静磁场的情况作一总的对比, 结果如表 3.1.1 所示.

表 3.1.1 静电场与静磁场的对比

静 电 场	静 磁 场
E 为非旋场 (纵场) 可引入标势 φ, 使 $\boldsymbol{E}=-\nabla\varphi$.	B 为无源场 (横场) 可引入矢势 $\boldsymbol{A}$, 使 $\boldsymbol{B}=\nabla\times\boldsymbol{A}$.
φ 满足方程:$\nabla^2\varphi=-4\pi\rho$,	$\boldsymbol{A}$(取为横场时) 满足方程: $\nabla^2\boldsymbol{A}=-\dfrac{4\pi}{c}\boldsymbol{j}$,
$\varphi=\displaystyle\int_\infty\frac{\rho(x')\mathrm{d}\tau'}{R}$,	$\boldsymbol{A}=\dfrac{1}{c}\displaystyle\int\frac{\boldsymbol{j}(x')\mathrm{d}\tau'}{R}$,
$E=\displaystyle\int_\infty\frac{\rho(x')\boldsymbol{R}}{R^3}\mathrm{d}\tau'$,	$B=\dfrac{1}{c}\displaystyle\int\frac{\boldsymbol{j}(x')\times\boldsymbol{R}}{R^3}\mathrm{d}\tau'$,
$U=\dfrac{1}{2}\displaystyle\int\rho_{\mathrm{f}}\varphi\mathrm{d}\tau$.	$U=\dfrac{1}{2c}\displaystyle\int\boldsymbol{j}_{\mathrm{f}}\cdot\boldsymbol{A}\mathrm{d}\tau$.

由此可见, 静磁矢势 $\boldsymbol{A}$ 与静电标势 φ 有许多相应的地方.

下面来看一个简单例子.

设有一个无穷长的电流螺管, 它的电流可用圆柱表面上的面电流 $\boldsymbol{\Pi}$ 来描述, $\boldsymbol{\Pi}$ 的数值为一常数, $\boldsymbol{\Pi}$ 的方向为环绕中心轴的 θ 方向; 求 $\boldsymbol{A}$ 的分布.

这个例子中的 $\boldsymbol{B}$ 是普通物理中已给出的, 即: 在螺管内, $\boldsymbol{B}$ 为一个常矢量 $\boldsymbol{B}_0$, $\boldsymbol{B}_0$ 的方向与中心轴相同 (与面电流的回向构成右手螺旋关系), $B_0=\dfrac{4\pi}{c}\Pi$. 在螺管外, $\boldsymbol{B}$ 等于零.

下面来求 $\boldsymbol{A}$ 的分布.

$\boldsymbol{A}$ 和磁感强度 $\boldsymbol{B}$ 的关系是由式 (3.1.1) 给出的, 于是有

$$\oint_L\boldsymbol{A}\cdot\mathrm{d}\boldsymbol{l}=\int_S\boldsymbol{B}\cdot\mathrm{d}\boldsymbol{\sigma}=\Phi,\tag{3.1.14}$$

其中的 Φ 代表通过面积 S 的磁感通量. 由此可见 $\boldsymbol{A}$ 和 Φ 的关系很像 $\boldsymbol{B}$ 和 I 的关系, 相差只是一个因子 $\dfrac{4\pi}{c}$(参见式 (1.2.23) 第 4 式, 在静磁情况, 该式右方第一项的对应项为零). 另外, $\boldsymbol{B}$ 满足 $\nabla\cdot\boldsymbol{B}=0$, 而我们这里选取的 $\boldsymbol{A}$ 也满足 $\nabla\cdot\boldsymbol{A}=0$. 这样一对比, 就可看出, 本例中 $\boldsymbol{A}$ 的分布, 正好等于一个无穷长的均匀载电流的圆柱 (电流 $\boldsymbol{j}$ 沿轴的方向, 数值为一常数并等效于本例中的 $\dfrac{4\pi}{c}B_0$)所产生的磁感 $\boldsymbol{B}$ 的分布. 而后者是容易根据对称性利用安培回路定理求出的. 通过上述对应关系即可得出: 表示 $\boldsymbol{A}$ 的曲线是环绕中心轴的, 即 $\boldsymbol{A}$ 只有 θ 方向分量, 其值为

$$A_\theta = \begin{cases} \dfrac{1}{2}B_0 r, & \text{当 } r < r_0, \\ \dfrac{1}{2}B_0 \dfrac{r_0^2}{r}, & \text{当} r > r_0, \end{cases} \tag{3.1.15}$$

r_0 为螺管的半径. 值得指出的是, 尽管在螺管外面区域 $\boldsymbol{B}$ 恒为零, 但 $\boldsymbol{A}$ 并不为零①, 而且也不可能通过变换将此区域中的 $\boldsymbol{A}$ 消去, 因为那将与式 (3.1.14) 相矛盾.

3.1.2 理想导体壁对容器中电流的约束作用

设该容器壁的表面为 $x_1=0$ 的平面, 容器内部为 $x_1 > 0$ 的区域, 其中充满着导电流体 (如等离子体), 我们要考察的就是这种容器壁对等离子体的约束.

我们先来对理想导体的特点作一说明. 理想导体的导电率为无穷大, 因而其中的电场强度 $\boldsymbol{E}$ 将恒为零. 再由

$$\frac{\partial}{\partial t}\boldsymbol{B} = -c\nabla \times \boldsymbol{E},$$

它内部的磁场不会变化. 于是, 若原来其内部并无磁场, 当它附近出现电流时, 其内部的 $\boldsymbol{B}$ 仍维持原来的零值. 这时, 在理想导体壁的外表面上, 会有面电流. 实际上, 理想导体就是通过这种面电流的适当分布来维持其内部的 $\boldsymbol{B}$ 恒等于零的.

在理想导体壁的左方 (即理想导体壁以外), 可取磁矢势的解为

$$\boldsymbol{A} = 0, \qquad (x_1 < 0). \tag{3.1.16}$$

而在 $x_1 > 0$ 区域即容器内, $\boldsymbol{A}$ 满足的方程是 (取 $\boldsymbol{A}$ 满足横场条件):

$$\nabla^2 \boldsymbol{A} = -\frac{4\pi}{c}\boldsymbol{j}, \qquad (x_1 > 0). \tag{3.1.17}$$

根据式 (3.1.16) 以及 $\boldsymbol{A}$ 在边界上连续的性质, 应有边值条件

$$\boldsymbol{A} = 0, \quad \text{在 } x_1 = 0 \text{ 面上}. \tag{3.1.18}$$

无穷远面上的边值条件是

$$\boldsymbol{A} = 0. \tag{3.1.19}$$

① 一个很有意思的问题是, 在这种只有 $\boldsymbol{A}$ 存在, 而 $\boldsymbol{B} \equiv 0$ 的区域, 是否真地有场存在? 在经典物理学范畴, 磁场的物理效应就是对运动的带电粒子 (即电流) 有一作用力, 既然在螺管外, $\boldsymbol{B}$ 处处为零, 在此区域内运动的带电粒子就不会受到任何影响, 即不会显示有场存在的效应. 但在量子力学中, 情况就不同了, 带电粒子的运动也具有波动的特点, 而 $\boldsymbol{A}$ 的存在将影响粒子波的相位变化. 这种变化可通过干涉效应显示出来. Aharonov 和 Bohm 于 1959 年提出一个验证这一效应的实验方案 (其实在 1949 年, Ehrenberg 和 Siday 就对此提出过预言). 1986 年 Osakabe 等的实验证实了这一效应的存在, 说明螺管外并不就是普通的真空, 而是有场存在的 (尽管 $\boldsymbol{B}$ 为零).

我们来求满足上述方程和边值条件的解. 与 2.4 节中的静电问题相比较, 在这里我们也可试用镜像法来求解. 也就是说, 对于我们所考察的 $x_1 > 0$ 的区域, 理想导体壁上面电流所产生的磁场, 将设为等于一个位于 $x_1 < 0$ 区域中的某虚电流 $\boldsymbol{j}'$ 所产生的磁场. $\boldsymbol{j}'$ 也称作原电流 $\boldsymbol{j}$ 的镜像, 其值取为

$$\boldsymbol{j}'(x_1, x_2, x_3) = -\boldsymbol{j}(-x_1, x_2, x_3), \quad x_1 < 0. \tag{3.1.20}$$

我们将看到, 这种方法适用于电流 $\boldsymbol{j}$ 与理想导体器壁平行 (即 $j_1 \equiv 0$) 的情况. 这时, 按照上式,

$$\begin{aligned}\nabla \cdot \boldsymbol{j}' &= \frac{\partial}{\partial x_2} j_2'(x_1, x_2, x_3) + \frac{\partial}{\partial x_3} j_3'(x_1, x_2, x_3) \\ &= -\frac{\partial}{\partial x_2} j_2(-x_1, x_2, x_3) - \frac{\partial}{\partial x_3} j_3(-x_1, x_2, x_3) \\ &= -\nabla \cdot \boldsymbol{j}|_{-x_1, x_2, x_3} = 0,\end{aligned} \tag{3.1.21}$$

即像电流也满足稳定条件. 这样, 按公式

$$\boldsymbol{A}(x) = \frac{1}{c}\int \frac{\boldsymbol{j}(x')}{R} \mathrm{d}\tau' + \frac{1}{c}\int \frac{\boldsymbol{j}'(x')}{R} \mathrm{d}\tau', \qquad (x_1 > 0). \tag{3.1.22}$$

计算出的 $\boldsymbol{A}$, 不仅满足方程 (3.1.17) 和边值条件式 (3.1.18)~(3.1.19), 而且满足横场条件

$$\nabla \cdot \boldsymbol{A} = 0. \tag{3.1.23}$$

式 (3.1.22) 和 (3.1.16) 合起来就代表这种情况下真正的解.

在求出磁场分布以后, 介质表面上的面电流 $\boldsymbol{\Pi}$ 就可以通过公式

$$\boldsymbol{n} \times (\boldsymbol{B}^{(1)} - \boldsymbol{B}^{(2)}) = \frac{4\pi}{c} \boldsymbol{\Pi} \tag{3.1.24}$$

求出. 此表面电流对原电流分布的作用力, 当然就等于像电流对原电流的作用力. 在原电流为平行于理想导体壁的直线时, 像电流即为一根反方向的直线, 因此, 它对原电流的作用为一排斥力. 此力的数值并随着导线离介质表面的距离 d 的减小而增大. 在受控热核反应的装置中, 金属器壁对等离子体 (电) 流的这种效应将有助于维持等离子体的稳定. 因为当等离子体流偏离其平衡位置向着器壁靠近时, 该排斥力的作用是驱使它返回平衡位置①.

① 由于实际的器壁并非理想导体, 故磁场仍将逐步扩散到导体壁内部去 (磁场满足的扩散方程见 3.4 节), 但当 σ 大时, 这种扩散的速度不是太快, 这时器壁仍将具有一定的保持等离子体稳定的作用.

3.2 圆电流圈的磁场 电流圈与永磁偶极层的比较

在实际应用中, 经常用到圆电流圈所产生的磁场, 于是对该磁场的分布进行计算就成为静磁学的一个基本问题. 这就是本节的第一部分内容. 另外, 人类最早见识的磁现象是磁针 (即针状永磁体) 的指南作用, 在初期并将它解释为磁针上的磁荷与地磁场的作用. 到后来才认识到永磁体上并不带什么磁荷, 它与地磁场的作用仍是通过其上的分子电流来实现的. 本节的第二部分就是将永磁偶极层的磁场与电流圈的磁场进行比较.

3.2.1 圆电流圈的磁场

设圈上的电流为 I, 则它产生的磁矢势为

$$\boldsymbol{A}=\frac{I}{c}\oint\frac{\mathrm{d}\boldsymbol{l}'}{R}. \tag{3.2.1}$$

R 仍如前一样, 代表源点 (其坐标为 $\boldsymbol{x}'$) 到场点 (其坐标为 $\boldsymbol{x}$) 的距离.

为了计算空间某点 P 的 $\boldsymbol{A}$, 我们选择柱坐标系, 并使电流圈位于 $z=0$ 的平面, 而 P 点取在 y-z 平面上, 参见图 3.2.1. 在采用柱坐标 (ρ,z,θ) 时, P 点的 θ 即等于 $\pi/2$ (注意, 在本节中 ρ 代表柱坐标中的径向距离, 不是电荷密度).

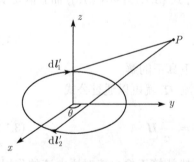

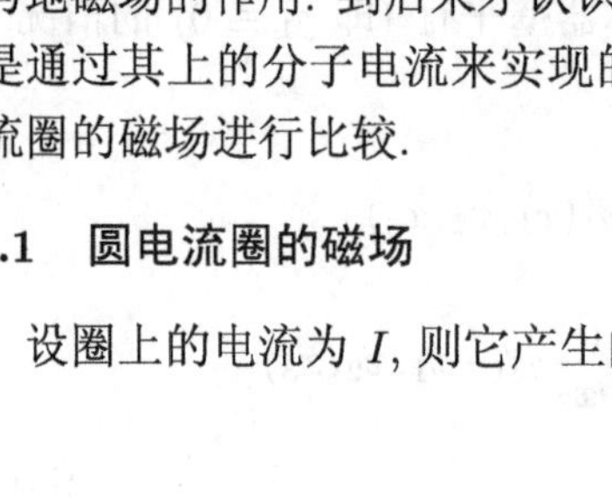

图 3.2.1 圆电流圈与 P 点位置图

下面将按照式 (3.2.1) 来计算矢势 $\boldsymbol{A}$. 对圆电流圈上电流元 $I\mathrm{d}\boldsymbol{l}_1'$, 可以配上另一电流元 $I\mathrm{d}\boldsymbol{l}_2'$, 使两者位置相对于$\theta=\dfrac{\pi}{2}$ 的平面 (即 y-z 平面) 是对称的, $\mathrm{d}\boldsymbol{l}_1'$ 和 $\mathrm{d}\boldsymbol{l}_2'$ 的长度并取得相等. 于是这两个电流元对 P 点矢势的贡献 $\mathrm{d}\boldsymbol{A}$ 就在负 x 轴方向. 也就是说, 所有这样的 $\mathrm{d}\boldsymbol{A}$ 都只有 $\mathrm{d}A_\theta$ 分量.

我们将整个电流圈都分解成许多这样的 "电流元对". 于是可见, P 点的 $\boldsymbol{A}$(它是这些 "电流元对贡献的和") 亦在 θ 方向, 即只有 A_θ 不为零.

设电流圈半径为 a, 由于 $\mathrm{d}\boldsymbol{l}'$ 的 "θ 分量" 可写成 $a\cos\theta'\mathrm{d}\theta'$, 故有

$$\begin{aligned}A=A_\theta&=\frac{I}{c}\int_0^{2\pi}\frac{a\cos\theta'\mathrm{d}\theta'}{(a^2+\rho^2+z^2-2a\rho\cos\theta')^{1/2}}\\&=\frac{2Ia}{c}\int_0^{\pi}\frac{\cos\theta'\mathrm{d}\theta'}{(a^2+\rho^2+z^2-2a\rho\cos\theta')^{1/2}}.\end{aligned} \tag{3.2.2}$$

为了求上述积分的值, 我们换积分变数. 令

$$\alpha = \frac{1}{2}(\theta' - \pi),$$

于是得出

$$\cos\theta' \mathrm{d}\theta' = 2(2\sin^2\alpha - 1)\mathrm{d}\alpha.$$

相应地, 式 (3.2.2) 化为

$$A_\theta = \frac{4Ia}{c}\int_0^{\pi/2} \frac{(2\sin^2\alpha - 1)\mathrm{d}\alpha}{\sqrt{(a+\rho)^2 + z^2 - 4a\rho\sin^2\alpha}}. \tag{3.2.3}$$

再令

$$k^2 = \frac{4a\rho}{(a+\rho)^2 + z^2}, \tag{3.2.4}$$

即得

$$A_\theta = \frac{4Ia}{c\sqrt{(a+\rho)^2 + z^2}}\int_0^{\pi/2} \frac{2\sin^2\alpha - 1}{\sqrt{1 - k^2\sin^2\alpha}}\mathrm{d}\alpha,$$

它并可改写成

$$A_\theta = \frac{2Ik}{c}\sqrt{\frac{a}{\rho}}\left[-\frac{2}{k^2}\int_0^{\pi/2}\sqrt{1 - k^2\sin^2\alpha}\mathrm{d}\alpha + \left(\frac{2}{k^2} - 1\right)\int_0^{\pi/2}\frac{\mathrm{d}\alpha}{\sqrt{1 - k^2\sin^2\alpha}}\right].$$

上式右方可通过 “完全椭圆积分” 表示出来:

$$A_\theta = \frac{4I}{kc}\sqrt{\frac{a}{\rho}}\left[\left(1 - \frac{1}{2}k^2\right)K(k^2) - E(k^2)\right], \tag{3.2.5}$$

其中

$$\begin{aligned} K(k^2) &= \int_0^{\pi/2}\frac{\mathrm{d}\alpha}{\sqrt{1 - k^2\sin^2\alpha}}, \\ E(k^2) &= \int_0^{\pi/2}\sqrt{1 - k^2\sin^2\alpha}\mathrm{d}\alpha, \end{aligned} \tag{3.2.6}$$

分别为第一类和第二类 “完全椭圆积分函数”. 由于 $k^2 < 1$(参见式 (3.2.4)), 它们可展开为

$$\begin{aligned} K(k^2) &= \frac{\pi}{2}\left[1 + \left(\frac{1}{2}\right)^2 k^2 + \left(\frac{1}{2}\cdot\frac{3}{4}\right)^2 k^4 + \left(\frac{1}{2}\cdot\frac{3}{4}\cdot\frac{5}{6}\right)^2 k^6 + \cdots\right], \\ E(k^2) &= \frac{\pi}{2}\left[1 - \left(\frac{1}{2}\right)^2 k^2 - \left(\frac{1}{2}\cdot\frac{3}{4}\right)^2 \frac{k^4}{3} - \left(\frac{1}{2}\cdot\frac{3}{4}\cdot\frac{5}{6}\right)^2 \frac{k^6}{5} + \cdots\right]. \end{aligned} \tag{3.2.7}$$

因而 A_θ 也可表为下述级数的形式:

$$A_\theta = \frac{\pi I}{8c}\sqrt{\frac{a}{\rho}}k^3\left(1+\frac{3}{4}k^2+\frac{75}{128}k^4+\cdots\right). \tag{3.2.8}$$

以上结果虽然是取具体一个点 P 计算出来的, 但由于电流圈的轴对称性, 任何一点的矢势 $\boldsymbol{A}$ 亦必然只有 θ 分量即 A_θ, 而且其值与所在位置的 θ 值无关, 即 A_θ 只是 ρ 和 z 的函数. 这样, 式 (3.2.5) 和 (3.2.8) 就代表所要推求的普遍解, 它对空间任何一点都适用. A_θ 对 z 的依赖体现在变量 k 中, 而它对 ρ 的依赖除了体现在 k 中以外, 还有一个 $\dfrac{1}{\sqrt{\rho}}$ 的因子.

在靠近电流圈的轴线附近 ($\rho \ll a$) 的区域, 按式 (3.2.4), k^2 的数值很小, 采用式 (3.2.8) 进行计算比较方便, 因为只需取前几项就够了.

通常是用磁力线 (也称为磁感线) 来形象地表示 $\boldsymbol{B}$ 在空间的分布①, 如果我们用 "磁势线" 来形象地表示 $\boldsymbol{A}$ 在空间的分布, 那么由于 $\boldsymbol{A}$ 只有 θ 分量, 而且按照式 (3.2.5), A_θ 的值与 θ 无关, 即得出磁势线亦构成一个个的圆线圈, 它们的中心都在 z 轴上.

下面来计算空间 $\boldsymbol{B}$ 的分布. 利用矢量分析中的公式, 在柱坐标中可得出 (参见附录)

$$\begin{aligned}\nabla\times\boldsymbol{A} = &\left(\frac{1}{\rho}\frac{\partial A_z}{\partial\theta}-\frac{\partial A_\theta}{\partial z}\right)\boldsymbol{n}_\rho+\left(\frac{\partial A_\rho}{\partial z}-\frac{\partial A_z}{\partial\rho}\right)\boldsymbol{n}_\theta\\ &+\left[\frac{1}{\rho}\frac{\partial(\rho A_\theta)}{\partial\rho}-\frac{1}{\rho}\frac{\partial A_\rho}{\partial\theta}\right]\boldsymbol{n}_z.\end{aligned} \tag{3.2.9}$$

由此即得, 在上述圆电流圈的情况下, 磁场的柱坐标分量为

$$\begin{aligned}B_\rho &= -\frac{\partial A_\theta}{\partial z},\\ B_\theta &= 0,\\ B_z &= \frac{1}{\rho}\frac{\partial}{\partial\rho}(\rho A_\theta).\end{aligned} \tag{3.2.10}$$

利用 "椭圆积分" 公式

$$\begin{aligned}\frac{\mathrm{d}K}{\mathrm{d}k} &= \frac{E(k^2)}{k(1-k^2)}-\frac{K(k^2)}{k},\\ \frac{\mathrm{d}E}{\mathrm{d}k} &= \frac{E(k^2)}{k}-\frac{K(k^2)}{k},\end{aligned} \tag{3.2.11}$$

① 早先是用磁力线来称 $\boldsymbol{H}$ 在空间分布的曲线, 因而把 $\boldsymbol{B}$ 在空间的分布曲线称为磁感线.

其中 $E(k^2)$ 和 $K(k^2)$ 由式 (3.2.6) 所示. 得出最后的结果是

$$\begin{aligned} B_\rho &= \frac{2I}{c}\frac{z}{\rho\sqrt{(a+\rho)^2+z^2}}\left[-K+\frac{a^2+\rho^2+z^2}{(a-\rho)^2+z^2}E\right], \\ B_z &= \frac{2I}{c}\frac{1}{\rho\sqrt{(a+\rho)^2+z^2}}\left[K+\frac{a^2-\rho^2-z^2}{(a-\rho)^2+z^2}E\right], \end{aligned} \tag{3.2.12}$$

其图形如图 3.2.2 所示.

下面给出在中心轴上 A_θ, B_ρ 和 B_z 的值:

$$A_\theta = 0, \tag{3.2.13}$$

以及

$$\begin{aligned} B_\rho &= 0, \\ B_z &= \frac{2\pi a^2 I}{c\sqrt{a^2+z^2}}. \end{aligned} \tag{3.2.14}$$

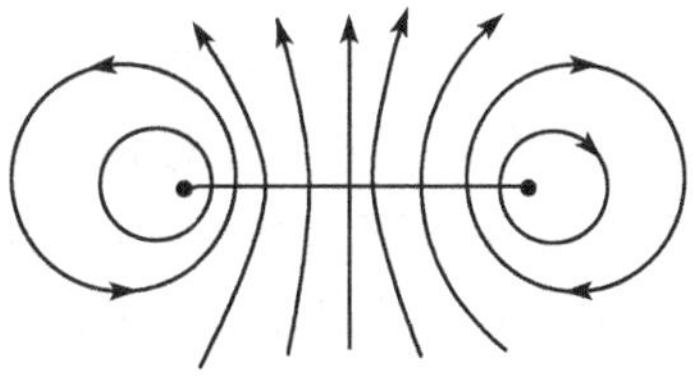

图 3.2.2 电流圈的磁感线

上式所给出的 B_ρ 和 B_z 的特殊值, 在普通物理学中已经求出过, 这里只是验证一下. 在远处, $\boldsymbol{B}$ 的分布将与一个电偶极子的 $\boldsymbol{E}$ 相似.

3.2.2 永磁偶极层与电流圈的比较

仿照电介质的情况, 对于磁介质, 我们定义其单位体积所具有的磁偶极矩 $\boldsymbol{M}$ 为它的磁化强度. 本节所说的永磁偶极层, 就是指均匀磁化的, 而且 $\boldsymbol{M}$ 与层面相垂直的一薄层永磁介质. 从早期的磁荷观点看来, 永磁偶极层的两个表面上分别带有 $\pm MA$(A 为表面的面积) 的固定磁荷, 通过与电偶极层的对比, 即知薄永磁偶极层内部的磁场强度 $\boldsymbol{H}$ 的为 $(-4\pi\boldsymbol{M})$①, 至于层内部的磁感强度 $\boldsymbol{B}$, 与 $\boldsymbol{H}$ 相比则是一个小量, 方向与 $\boldsymbol{H}$ 相反. 这是因为在该理论中, 不容许存在自由磁荷, 于是层内的磁感线与层外的磁感线相连续, 而层外的磁感线比较稀疏的缘故 (因它类似于薄电容器外的电感线, 也就是类似于薄电容器外的电力线).

从现在的观点看来, 并不存在什么磁荷, 均匀磁化的永磁偶极层的磁场是由其周边上的磁化电流所产生. 相应的图像如图 1.5.1 所示, 该磁化电流形成一个电流圈.

但这并不意味着, 永磁偶极层与上述电流圈两者所有的场量都是相同的. 在两者磁偶极矩② 相等的情况下, 它们产生的 $\boldsymbol{B}(x)$ 自然是处处相同的, 但两者的 $\boldsymbol{H}(x)$ 则只在永磁偶极层的外面区域相同 (因在偶极层外, $\boldsymbol{H}(x) \equiv \boldsymbol{B}(x)$), 而在永磁偶极

① 这是略去少量向外方向的磁力线通量的结果. 另外, 这也是现今仍将 $\boldsymbol{H}$ 称作磁场强度的原因.

② 电流圈的磁偶极矩为 $\frac{1}{c}\pi R^2 I$, R 为圈半径, 参见式 (1.1.22).

层内部, $\boldsymbol{H}=\boldsymbol{B}-4\pi\boldsymbol{M}\cong-4\pi\boldsymbol{M}$, 不但其值与 $\boldsymbol{B}$ 不同, 连方向都相反. 而对于电流圈, 当然不会出现这一情况, 如上所述, 它的 $\boldsymbol{H}$ 分布处处与 $\boldsymbol{B}$ 的分布相同.

值得指出的是, 现今的 $\boldsymbol{H}(x)$ 和 $\boldsymbol{B}(x)$ 虽然与过去从磁荷观点所给出的值一样 (参见式 (1.5.14)), 但两者的实际地位已发生变化 (过去基本量是 $\boldsymbol{H}$, 现在是 $\boldsymbol{B}$), 只是名称没有改而已.

3.3　磁偶极子的场及其在外磁场中的能量

像电荷一样, 在实际中也常遇到电流分布集中在小区域内的情况, 特别是在微观领域中, 例如原子和原子核内都有电流流动, 甚至每个电子或每个质子本身也都有自旋运动. 在研究这种小区域内电流分布所产生的磁场以及它们在外磁场中的能量时, 我们也可以像静电中那样用多极展开的方法来处理. 实际中用得较多的只是磁偶极子[①], 因此我们在本节中将着重地讨论磁偶极子的势及其在外磁场中的能量.

3.3.1　磁多极展开和磁偶极子的势

我们考虑一个小区域电流在远处的场. 取坐标原点在小区域内. 将以前用过的展开式 (参见式 (2.6.7) 和 (2.6.8))

$$
\begin{aligned}
\frac{1}{R}&=\frac{1}{r}+\boldsymbol{r}'\cdot\left(\nabla'\frac{1}{R}\right)_0+\frac{1}{2}(\boldsymbol{r}'\boldsymbol{r}'):\left(\nabla'\nabla'\frac{1}{R}\right)_0+\cdots\\
&=\frac{1}{r}+\frac{\boldsymbol{r}'\cdot\boldsymbol{r}}{r^3}+\frac{(\boldsymbol{r}'\boldsymbol{r}'):(3\boldsymbol{r}\boldsymbol{r}-r^2\mathbf{I})}{2r^5}+\cdots
\end{aligned}
\tag{3.3.1}
$$

(其中 $\mathbf{I}$ 代表单位张量. 参见式 (2.6.8) 下), 代入矢势的表达式

$$
\boldsymbol{A}(x)=\frac{1}{c}\int\frac{\boldsymbol{j}(x')}{R}\mathrm{d}\tau'
$$

中, 即得

$$
\boldsymbol{A}=\boldsymbol{A}^{(0)}+\boldsymbol{A}^{(1)}+\boldsymbol{A}^{(2)}+\cdots,\tag{3.3.2}
$$

其中

$$
\begin{aligned}
\boldsymbol{A}^{(0)}&=\frac{1}{cr}\int\boldsymbol{j}(x')\mathrm{d}\tau',\\
\boldsymbol{A}^{(1)}&=\frac{1}{cr^3}\int\boldsymbol{j}(x')(\boldsymbol{r}'\cdot\boldsymbol{r})\mathrm{d}\tau',\\
&\cdots\cdots
\end{aligned}
\tag{3.3.3}
$$

① 磁偶极子是由小区域电流构成的, 其条件是式 (3.3.2) 中 $\boldsymbol{A}^{(2)}$ 及以后的项均可以略去.

在稳定的条件下, 电流构成回路, 故有

$$\int \boldsymbol{j}(x')\mathrm{d}\tau' = 0. \tag{3.3.4}$$

将电流分布按流线分成为许多小电流管即可验证上式, 因为这样就将上式左方化为

$$\sum_i I_i \oint_{L_i} \mathrm{d}\boldsymbol{l} = 0.$$

更形式上的证明是, 利用稳定条件

$$\nabla' \cdot \boldsymbol{j}(x') = 0,$$

并将 $\boldsymbol{j}$ 的任一个分量 j_i 表作

$$\begin{aligned} j_i(x') = \boldsymbol{j}(x') \cdot \nabla' x_i' = \nabla \cdot [\boldsymbol{j}(x') x_i'] \\ - [\nabla' \cdot \boldsymbol{j}(x')] x_j', \end{aligned}$$

对于稳定电流, 上式最后一项为零, 于是即得

$$\begin{aligned} \int_\infty j_i(x')\mathrm{d}\tau' &= \int_\infty \nabla' \cdot [\boldsymbol{j}(x') x_i'] \mathrm{d}\tau' \\ &= \oint_\infty x_i' \boldsymbol{j}(x') \cdot \mathrm{d}\boldsymbol{\sigma}' = 0. \end{aligned}$$

最后一等式利用了 $\boldsymbol{j}$ 实际上只存在于小区域内 (或有限区域内) 的性质.

将式 (3.3.4) 代入式 (3.3.3) 第一式, 我们看到

$$\boldsymbol{A}^{(0)} \equiv 0, \tag{3.3.5}$$

于是 $\boldsymbol{A}$ 的最大项就是 $\boldsymbol{A}^{(1)}$. 通过矢量分析的计算, 可以将 $\boldsymbol{A}^{(1)}$ 表成 (见下文)

$$\boldsymbol{A}^{(1)} = \frac{\boldsymbol{m} \times \boldsymbol{r}}{r^3}, \tag{3.3.6}$$

其中 $\boldsymbol{m}$ 为磁偶极矩, 其定义为

$$\boldsymbol{m} = \frac{1}{2c} \int \boldsymbol{r}' \times \boldsymbol{j}(x')\mathrm{d}\tau'. \tag{3.3.7}$$

式 (3.3.6) 的证明如下. 先看细电流圈的情况. 这时式 (3.3.3) 中的第二式化为

$$\boldsymbol{A}^{(1)} = \frac{I}{cr^3} \int \mathrm{d}\boldsymbol{l}' (\boldsymbol{r}' \cdot \boldsymbol{r}).$$

根据矢量分析中积分转换公式 (参见附录 A 中式 (A.48)), 上式可化成

$$\boldsymbol{A}^{(1)} = \frac{I}{cr^3} \int \mathrm{d}\boldsymbol{\sigma}' \times \nabla' (\boldsymbol{r}' \cdot \boldsymbol{r}) = \frac{I}{cr^3} \int \mathrm{d}\boldsymbol{\sigma}' \times \boldsymbol{r}$$

$$= \frac{I\boldsymbol{S}}{c} \times \frac{\boldsymbol{r}}{r^3},$$

其中

$$\boldsymbol{S} = \int \mathrm{d}\boldsymbol{\sigma}', \tag{3.3.8}$$

代表线圈的面积矢量. 对于细电流圈, 由式 (3.3.7) 定义的磁偶极矩 $\boldsymbol{m}$ 可以表成

$$\boldsymbol{m} = \frac{I}{2c}\oint \boldsymbol{r}' \times \mathrm{d}\boldsymbol{l}' = \frac{I}{c}\int \mathrm{d}\boldsymbol{\sigma}' = \frac{I}{c}\boldsymbol{S}, \tag{3.3.9}$$

将式 (3.3.9) 代入 $\boldsymbol{A}^{(1)}$, 就在细电流圈的情况下证明了式 (3.3.6).

对于一般的电流分布, 我们可以按流线将它分成为许多细电流管之和, 再对每个电流管应用以上结果, 这样即可得出式 (3.3.6). 该式也可以直接地证明如下. 首先将式 (3.3.3) 中 $\boldsymbol{A}^{(1)}$ 表达式内的积分作下述转化：

$$\int \boldsymbol{j}(\boldsymbol{r}' \cdot \boldsymbol{r})\mathrm{d}\tau' = \int (\boldsymbol{r}' \times \boldsymbol{j}) \times \boldsymbol{r}\mathrm{d}\tau' + \int (\boldsymbol{r} \cdot \boldsymbol{j})\boldsymbol{r}'\mathrm{d}\tau',$$

利用电流的稳定条件, 又可得出 (推导见后文)

$$\int (\boldsymbol{r} \cdot \boldsymbol{j})\boldsymbol{r}'\mathrm{d}\tau' = -\int \boldsymbol{j}(\boldsymbol{r}' \cdot \boldsymbol{r})\mathrm{d}\tau', \tag{3.3.10}$$

代入上一式即得

$$\int \boldsymbol{j}(\boldsymbol{r}' \cdot \boldsymbol{r})\mathrm{d}\tau' = \frac{1}{2}\int (\boldsymbol{r}' \times \boldsymbol{j}) \times \boldsymbol{r}\mathrm{d}\tau' = c\boldsymbol{m} \times \boldsymbol{r}. \tag{3.3.11}$$

再将式 (3.3.11) 代回式 (3.3.3) 第二式即得出式 (3.3.6). 式 (3.3.10) 的推导如下：看该式右方的任一分量如分量 i，$\boldsymbol{r}'$ 的第 i 分量为 x_i'. 利用稳定条件即 $\boldsymbol{j}$ 的散度为零, 不难证明

$$-\int j_i(\boldsymbol{r}' \cdot \boldsymbol{r})\mathrm{d}\tau' = -\int [\nabla' \cdot (x_i'\boldsymbol{j})](\boldsymbol{r}' \cdot \boldsymbol{r})\mathrm{d}\tau', \tag{3.3.12}$$

而由矢量公式,

$$\begin{aligned}-[\nabla' \cdot (x_i'\boldsymbol{j})](\boldsymbol{r}' \cdot \boldsymbol{r}) = &-\nabla' \cdot [x_i'\boldsymbol{j}(\boldsymbol{r}' \cdot \boldsymbol{r})] \\ &+ x_i'\boldsymbol{j} \cdot \nabla'(\boldsymbol{r}' \cdot \boldsymbol{r}),\end{aligned}$$

上式前项在代入式 (3.3.12) 右方后, 通过化成面积分可以看出等于零, 第二项中的 $\nabla'(\boldsymbol{r}' \cdot \boldsymbol{r})$ 就等于 $\boldsymbol{r}$, 因而代入式 (3.3.12) 右方后, 即将它化为 $\int x_i'(\boldsymbol{j} \cdot \boldsymbol{r})\mathrm{d}\tau'$, 正好就是式 (3.3.10) 左方的第 i 分量, 这就完成了证明.

$\boldsymbol{A}^{(1)}$ 称为磁偶极子势, 由式 (3.3.6) 它相应的 $\boldsymbol{B}$ 为

$$\boldsymbol{B}^{(1)} = \nabla \times \left(\frac{\boldsymbol{m} \times \boldsymbol{r}}{r^3}\right) = -\nabla\left(\boldsymbol{m} \cdot \frac{\boldsymbol{r}}{r^3}\right), \tag{3.3.13}$$

此式同电偶极子的电场分布相似. 利用矢量分析公式[1], 以及 $r \neq 0$ 时 $\nabla \cdot \dfrac{\boldsymbol{r}}{r^3} = 0$(我们计算的是磁偶极子外面的 $\boldsymbol{B}$, 因而 $r \neq 0$), 不难证明式 (3.3.13) 的第二等式.

3.3.2 磁偶极子在外磁场中所受的力及力矩

上面已经看到, 磁偶极子的 $\boldsymbol{B}$ 与电偶极子的 $\boldsymbol{E}$ 在偶极子以外的区域具有同样的形式. 现在我们再来证明, 磁偶极子在外磁场中所受的力和力矩也与电偶极子在外电场中的结果形式一样. 先计算一个小区域电流在外磁场中所受的力.

$$\boldsymbol{F} = \frac{1}{c}\int \boldsymbol{j}(x') \times \boldsymbol{B}_{\mathrm{e}}(x')\mathrm{d}\tau', \tag{3.3.14}$$

将 $\boldsymbol{B}_{\mathrm{e}}(x')$ 在 x 点附近展开, x 点位于该小区域内, 也就是下文取极限时偶极子所在的位置:

$$\boldsymbol{B}_{\mathrm{e}}(x') = \boldsymbol{B}_{\mathrm{e}}(x) + (\boldsymbol{r}' \cdot \nabla)\boldsymbol{B}_{\mathrm{e}}(x) + \cdots, \tag{3.3.15}$$

$\boldsymbol{r}'$ 代表从点 x 到点 x' 的距离. 将上式代入式 (3.3.14) 得出的结果为

$$\begin{aligned}\boldsymbol{F} &= \frac{1}{c}\left[\int \boldsymbol{j}(x')\mathrm{d}\tau'\right] \times \boldsymbol{B}_{\mathrm{e}} \\ &\quad + \frac{1}{c}\int \boldsymbol{j}(x') \times (\boldsymbol{r}' \cdot \nabla)\boldsymbol{B}_{\mathrm{e}}(x)\mathrm{d}\tau' + \cdots = (\boldsymbol{m} \cdot \nabla)\boldsymbol{B}_{\mathrm{e}}(x) + \cdots.\end{aligned}$$

最后的等式推导如下: 按照式 (3.3.4), 上式第一等式右方第一项等于零. 再看其第二项. 由于产生外磁场 $\boldsymbol{B}_{\mathrm{e}}$ 的电流 (简称外电流) 处在小区域之外, 故在上式积分区内 $\nabla \times \boldsymbol{B}_{\mathrm{e}}(x) = 0$, 于是按附录 A 中的矢量公式 (A.36),

$$(\boldsymbol{r}' \cdot \nabla)\boldsymbol{B}_{\mathrm{e}}(x) = \nabla(\boldsymbol{r}' \cdot \boldsymbol{B}_{\mathrm{e}}(x))$$

将以上结果代入 $\boldsymbol{F}$ 的表达式后, 即将该式化为

$$\begin{aligned}\boldsymbol{F} &= \frac{1}{c}\int \boldsymbol{j}(x') \times \nabla[\boldsymbol{r}' \cdot \boldsymbol{B}_{\mathrm{e}}(x)]\mathrm{d}\tau' + \cdots \\ &= -\frac{1}{c}\int \nabla \times [\boldsymbol{j}(x')(\boldsymbol{r}' \cdot \boldsymbol{B}_{\mathrm{e}}(x))]\mathrm{d}\tau' + \cdots \\ &= -\frac{1}{c}\nabla \times \int \boldsymbol{j}(x')(\boldsymbol{r}' \cdot \boldsymbol{B}_{\mathrm{e}}(x))\mathrm{d}\tau' + \cdots.\end{aligned} \tag{3.3.16}$$

最后一等式的导出是利用了对 x 的微商与对 x' 的积分的次序可以对调. 像证明式 (3.3.11) 一样, 由稳定条件可以证明

$$\int \boldsymbol{j}(x')[\boldsymbol{r}' \cdot \boldsymbol{B}_{\mathrm{e}}(x)]\mathrm{d}\tau' = \frac{1}{2}\int [\boldsymbol{r}' \times \boldsymbol{j}(x')] \times \boldsymbol{B}_{\mathrm{e}}(x)\mathrm{d}\tau'$$

---

[1] 见附录 A 中式 (A.27) 和 (A.29).

$$= c\boldsymbol{m} \times \boldsymbol{B}_{\mathrm{e}}(x), \tag{3.3.17}$$

其中 $\boldsymbol{m}$ 由式 (3.3.7) 给出. 利用此式可将式 (3.3.16) 右方写成 $-\nabla \times (\boldsymbol{m} \times \boldsymbol{B}_{\mathrm{e}}(x))$, 再由于 $\nabla \times \boldsymbol{B}_{\mathrm{e}}(x) = 0$(如上所述, 在 x 点附近无外电流) 即得

$$\boldsymbol{F} = (\boldsymbol{m} \cdot \nabla)\boldsymbol{B}_{\mathrm{e}}(x) + \cdots,$$

并可写成

$$\boldsymbol{F} = \nabla[\boldsymbol{m} \cdot \boldsymbol{B}_{\mathrm{e}}(x)] + \cdots.$$

注意, 在对 x 作微商时, $\boldsymbol{m}$ 是保持不变的. 为了强调这一点, 也可在上式最右方加了一个下脚标 $\boldsymbol{m}$.

对于磁偶极子, 上式右方未写出的项都等于零, 即其中的 "…" 可除去, 于是

$$\boldsymbol{F} = (\boldsymbol{m} \cdot \nabla)\boldsymbol{B}_{\mathrm{e}}(x) = \nabla(\boldsymbol{m} \cdot \boldsymbol{B}_{\mathrm{e}}(x)). \tag{3.3.18}$$

按式 (3.3.15) 上面所述, 上式中的 x 即取为磁偶极子的坐标. 此结果与电偶极子在外电场中所受的力相仿.

下面再来计算力矩,

$$\boldsymbol{L} = \frac{1}{c}\int \boldsymbol{r}' \times [\boldsymbol{j}(x') \times \boldsymbol{B}_{\mathrm{e}}(x')]\mathrm{d}\tau'.$$

对于磁偶极子, 由于其线度趋于零, 故计算力矩时, 只须保留 $\boldsymbol{B}_{\mathrm{e}}(x')$ 展开式中的第一项就够了, 于是

$$\boldsymbol{L} = \frac{1}{c}\int \boldsymbol{r}' \times [\boldsymbol{j}(x') \times \boldsymbol{B}_{\mathrm{e}}(x)]\mathrm{d}\tau', \tag{3.3.19}$$

乘开后, 得出

$$\boldsymbol{L} = \frac{1}{c}\int [(\boldsymbol{r}' \cdot \boldsymbol{B}_{\mathrm{e}}(x))\boldsymbol{j}(x') - (\boldsymbol{r}' \cdot \boldsymbol{j}(x'))\boldsymbol{B}_{\mathrm{e}}(x)]\mathrm{d}\tau', \tag{3.3.20}$$

上式第二项可证等于零: 因为 $\boldsymbol{B}_{\mathrm{e}}(x)$ 可提到积分号之外, 剩下的就是 $\boldsymbol{r}' \cdot \boldsymbol{j}$ 的积分. 再利用

$$\begin{aligned}\nabla' \cdot (r'^2\boldsymbol{j}(x')) &= 2\boldsymbol{r}' \cdot \boldsymbol{j}(x') + \boldsymbol{r}'^2\nabla' \cdot \boldsymbol{j}(x') \\ &= 2\boldsymbol{r}' \cdot \boldsymbol{j}(x'),\end{aligned}$$

即得

$$\begin{aligned}\int (\boldsymbol{r}' \cdot \boldsymbol{j}(x'))\mathrm{d}\tau' &= \frac{1}{2}\int \nabla' \cdot (r'^2\boldsymbol{j}(x'))\mathrm{d}\tau' \\ &= \frac{1}{2}\oint r'^2\boldsymbol{j}(x') \cdot \mathrm{d}\boldsymbol{\sigma}' = 0.\end{aligned}$$

剩下的式 (3.3.20) 第一项, 根据式 (3.3.17) 即化为 $\boldsymbol{m}\times\boldsymbol{B}_{\mathrm{e}}(x)$. 按式 (3.3.15) 上面所述, x 代表磁偶极子的坐标, 于是最后的结果

$$\boldsymbol{L}=\boldsymbol{m}\times\boldsymbol{B}_{\mathrm{e}}(x) \tag{3.3.21}$$

与电偶极子在外电场中的力矩的表达式相似.

3.3.3 磁偶极子在外磁场中的能量

有了以上关于力和力矩的公式, 我们就可以计算出一个处于外磁场中的磁偶极子在转动一个角度或移动一个距离时, 体系[①]总能量 U 的改变.

先来考察磁偶极子位置不变而磁矩方向转动一个角度 $\Delta\boldsymbol{\theta}$ 的情况. 在转动角度为一个微小值 $\mathrm{d}\boldsymbol{\theta}$ 时, 力矩 $\boldsymbol{L}$ 所作的机械功 δW 为 $\boldsymbol{L}\cdot\mathrm{d}\boldsymbol{\theta}$, 按照能量守恒定律, 它应等于 $-\mathrm{d}U$ 即体系总能量[②]的减少. 于是转动有限的 $\Delta\boldsymbol{\theta}$ 时 U 的改变总值是

$$\Delta U=-W=-\int\boldsymbol{L}\cdot\mathrm{d}\boldsymbol{\theta}. \tag{3.3.22a}$$

将式 (3.3.21) 代入后, 并利用矢量分析公式即得出

$$\Delta U=-\int\boldsymbol{m}\times\boldsymbol{B}_{\mathrm{e}}(x)\cdot\mathrm{d}\boldsymbol{\theta}=-\int\mathrm{d}\boldsymbol{\theta}\times\boldsymbol{m}\cdot\boldsymbol{B}_{\mathrm{e}}(x). \tag{3.3.22b}$$

一般说来, 当磁偶极子 (或者当作磁偶极子的原子或原子核) 转动或移动时, 由于感应电动势 (或者洛伦兹力) 的作用, 其中的电流或其内部运动状态会有所变化, 因而磁偶极矩的数值也相应地发生改变. 这样转动时出现的 $\mathrm{d}\boldsymbol{m}$ 将由两项构成, 一项是 $\boldsymbol{m}$ 大小的改变, 一项是 $\boldsymbol{m}$ 方向的改变. 但在许多情况下, 即使转动了较大的角度, 磁矩值的改变 Δm 比起 m 来说也是一个微小的量. 当 $\mathrm{d}\theta$ 为一小量时, 这一项的贡献就是高级小量, 我们可以将它忽去. 方向改变 $\mathrm{d}\boldsymbol{\theta}$ 所相应的磁矩改变是

$$\mathrm{d}\boldsymbol{m}\approx\mathrm{d}\boldsymbol{\theta}\times\boldsymbol{m}, \tag{3.3.23}$$

代入式 (3.3.22b) 后, 即得

$$\begin{aligned}\Delta U&=-\int\mathrm{d}\boldsymbol{m}\cdot\boldsymbol{B}_{\mathrm{e}}(x)=-\Delta\boldsymbol{m}\cdot\boldsymbol{B}_{\mathrm{e}}(x)\\&=-\Delta(\boldsymbol{m}\cdot\boldsymbol{B}_{\mathrm{e}}(x)).\end{aligned} \tag{3.3.24}$$

这样, U 可表为 $-\boldsymbol{m}\cdot\boldsymbol{B}_{\mathrm{e}}(x)+U_0$, U_0 相对于磁偶极子的转动来说是一个常量. 当然, 对于不同的 x, U_0 是不同的.

---

① 这里体系是指磁偶极子以及产生外磁场的电流系统.

② 如果磁偶极子和外电流 (指产生 $\boldsymbol{B}_{\mathrm{e}}$ 的电流, 下同) 是转动着的带电体, 则体系总能量除了磁能外还包括它们的机械能 (转动能) 在内.

下面再看磁偶极子平移一个距离 Δx 时能量的改变. 同前面一样, 虽然移动时磁偶极矩的数值 m 一般将有变化, 但许多情况下, 即使移动一个比较长的距离, Δm 比起 m 也是很微小的, 可以不考虑. 这时, 利用式 (3.3.18) 的第一等式, 得

$$\Delta U=-W=\int \boldsymbol{F}\cdot \mathrm{d}\boldsymbol{x}=-\int(\boldsymbol{m}\cdot\nabla)\boldsymbol{B}_{\mathrm{e}}(x)\cdot \mathrm{d}\boldsymbol{x},$$

它也可以写成 (参见式 (3.3.18) 的第二等式)

$$\Delta U=-\int \nabla(\boldsymbol{m}\cdot\boldsymbol{B}_{\mathrm{e}}(x))\cdot \mathrm{d}\boldsymbol{x}=-\Delta(\boldsymbol{m}\cdot\boldsymbol{B}_{\mathrm{e}}(x)). \tag{3.3.25}$$

这进一步表明上述参数 U_0 与磁偶极子的位置也无关系. 因此, 我们可将总能量 U 表为

$$U=-\boldsymbol{m}\cdot\boldsymbol{B}_{\mathrm{e}}(x)+U_0. \tag{3.3.26}$$

U_0 是一个与磁偶极子的位置和方向都无关的常量. 式 (3.3.26) 在统计物理和量子力学中都常会用到.

在以上的讨论中, 我们看到了磁偶极子与电偶极子相似的地方. 下面再来说明它们之间不同的地方. 为此, 我们先把范围扩大一点, 来考察任一个小区域电流分布与外磁场的相互作用能. 像 2.6 节一样, 我们把相互作用能定义为 "两者同时存在时的能量减去两者单独存在时 (电流分布保持不变) 的能量和", 即

$$U_{\mathrm{i}}\equiv U-(U_1+U_2)=\frac{1}{2c}\int(\boldsymbol{j}\cdot\boldsymbol{A}_{\mathrm{e}}+\boldsymbol{j}_{\mathrm{e}}\cdot\boldsymbol{A})\mathrm{d}\tau, \tag{3.3.27}$$

其中 $\boldsymbol{j}$ 和 $\boldsymbol{A}$ 代表该小区域电流的密度和它的磁势; $\boldsymbol{j}_{\mathrm{e}}$ 和 $\boldsymbol{A}_{\mathrm{e}}$ 代表外电流和它的磁势. 对于磁偶极子, 上式可化为 (下面将证明)

$$U_{\mathrm{i}}=\boldsymbol{m}\cdot\boldsymbol{B}_{\mathrm{e}}(x). \tag{3.3.28}$$

同 2.6 节中的式 (2.6.25) 所给出的电偶极子在外场中的能量相比, 相差了一个符号!

在对式 (3.3.28) 进行讨论以前, 我们先来证明它. 首先, 仿照静电时的处理, 可将式 (3.3.27) 表示成

$$U_{\mathrm{i}}=\frac{1}{c}\int \boldsymbol{j}\cdot\boldsymbol{A}_{\mathrm{e}}\mathrm{d}\tau. \tag{3.3.29}$$

对于最简单的小电流圈情况, 式 (3.3.29) 化为

$$U_{\mathrm{i}}=\frac{I}{c}\oint \boldsymbol{A}_{\mathrm{e}}\cdot \mathrm{d}\boldsymbol{l}=\frac{I}{c}\int \boldsymbol{B}_{\mathrm{e}}\cdot \mathrm{d}\boldsymbol{\sigma}=\frac{I}{c}\boldsymbol{B}_{\mathrm{e}}(x)\cdot\boldsymbol{S}+\cdots, \tag{3.3.30}$$

其中 $\boldsymbol{S}$ 代表小电流圈的面积. 将上式应用到磁偶极子的情况时, 后面未写出的项等于零, 再按式 (3.3.9), 即得出式 (3.3.28).

对于一般的小区域电流分布, 可以将它分解成许多小电流管来处理. 对于每个小电流管应用式 (3.3.30) 然后加起来, 结果仍可得到式 (3.3.28). 另外, 也可用矢量分析方法直接来证明, 这里就不详述了.

式 (3.3.28) 引起了两个问题. 第一个问题是, 从物理上如何理解它与电偶极子的 U_{i} 公式相差一个符号.

出现符号相反的原因在于, 磁偶极子的 (磁) 场和电偶极子的 (电) 场的分布是有区别的. 在前面我们只证明了两者在偶极子以外区域的相同. 至于在内部, 两者的值是完全不同的. 在图 3.3.1 中, 我们画出了一个小电流圈的磁场和一个小电容器的电场的分布, 磁偶极子和电偶极子分别就是它们的极限情况. 我们看到两者场的差异是很显然的, 表现在电容器的内部区域和相应的电流圈 "中间区域" 上面. 而相互作用能 U_{i} 用偶极子场强和外场场强表示时分别为①

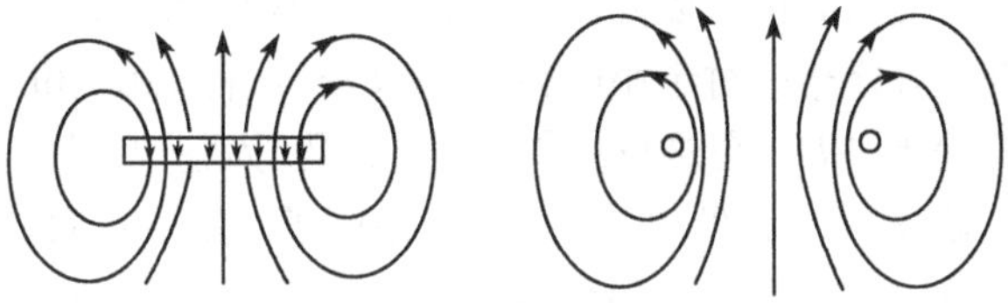

图 3.3.1 小电容器的电场分布与小电流圈的磁场分布的比较

$$U_{\mathrm{i}}=\frac{1}{4\pi}\int \boldsymbol{E}\cdot\boldsymbol{E}_{\mathrm{e}}\mathrm{d}\tau,\qquad (对于静电), \tag{3.3.31}$$

和

$$U_{\mathrm{i}}=\frac{1}{4\pi}\int \boldsymbol{B}\cdot\boldsymbol{B}_{\mathrm{e}}\mathrm{d}\tau,\qquad (对于静磁), \tag{3.3.32}$$

式 (3.3.31) 中的 $\boldsymbol{E}$ 和式 (3.3.32) 中的 $\boldsymbol{B}$ 分别为电、磁偶极子的场. 正是由于 $\boldsymbol{E}$ 和 $\boldsymbol{B}$ 的值在偶极子内部不相似, 使得两个 U_{i} 值符号相反.

式 (3.3.28) 引起的第二个问题是, 它似乎与式 (3.3.26) 相矛盾: 当磁偶极子转动或移动时, 既然其内部运动状态的变化很小, 使得相应的 m 的变化应可略去而看作只是整体的方位有一改变. 那么 ΔU 似应就等于 ΔU_{i}. 可是从式 (3.3.28) 和 (3.3.26) 得出的 ΔU 与 ΔU_{i} 相差一个符号. 这意味着, 当磁偶极子转动时, 它对外作了功 ($W>0$), 而 U_{i} 反而增加了 ($\Delta U_{\mathrm{i}}=W$)!

解决这个问题的关键在于, 虽然磁偶极子内部运动状态变化很微小, 但并不是在任何计算中这种变化都可略去. 在计算力或力矩所作的机械功 W 时, 略去这种变化是可以的, 因为 "考虑" 或 "不考虑" 这种变化所相应的 m 的改变, 计算出的

① 在 2.1 和 3.1 节中, 我们曾将 $\frac{1}{8\pi}\int E^2\mathrm{d}\tau$ 和 $\frac{1}{8\pi}\int B^2\mathrm{d}\tau$ 化成 $\frac{1}{2}\int\rho\varphi\mathrm{d}\tau$ 和 $\frac{1}{2c}\int\boldsymbol{j}\cdot\boldsymbol{A}\mathrm{d}\tau$. 仿照那里的做法, 但将步骤反过来, 就可推出式 (3.3.31) 和 (3.3.32).

W 只相差一个微量. 但是, 如果用公式 $U = U_1 + U_2 + U_{\rm i}$ (其中, U_1 和 U_2 分别代表磁偶极子和外电流的能量) 去计算 ΔU 而把 ΔU_1 和 ΔU_2 略去就不对了, 因为 ΔU_1 虽比 U_1 小得多, 但它同 $\Delta U_{\rm i}$ 相比却并不小. 另外, 由于磁偶极子的转动, 它的磁场发生了变化, 这种变化所 "感应" 的电场还将引起外电流发生改变, 从而 $\boldsymbol{B}_{\rm e}$ 以及 U_2 也发生变化. 尽管这种变化很微小使得计算 W 时可把 $\boldsymbol{B}_{\rm e}$ 看作常数, 但 ΔU_2 与 $\Delta U_{\rm i}$ 相比同样是不小的. 因此, 当我们考虑总能量 $U_1 + U_2 + U_{\rm i}$ 的改变时, 不能略去前两项的贡献. 以上得出了 $W = \Delta U_{\rm i}$, 只是表明 $\Delta U_1 + \Delta U_2$ 恰好等于 $-2\Delta U_{\rm i}$, 并不就是同能量守恒定律发生了矛盾 (以上的思考与分析, 特别值得初学者注意, 以免处理问题时出错).

还可以进一步问, 在考虑电偶极子问题时, 为什么可以不考虑电偶极子本身的能量和外电荷体系的能量的改变呢? 这个问题的回答是, 我们可以把外电荷的分布固定下来, 电偶极子的电荷也可以固定分布在一个小绝缘刚体上, 使得小刚体转动和移动时, 其上的电荷分布相对于小刚体并不改变. 这样 ΔU_1 和 ΔU_2 都严格地等于零, 因而 ΔU 就等于 $\Delta U_{\rm i}$. 在这里, 重要的一点是, 为使电荷固定, 并不需要额外再消耗能量. 对于磁偶极子和外电流, 情况就不同了. 如果我们要保持 "外电流分布和磁偶极子的内部运动状态" 在磁偶极子转动中严格不变, 那就必须要有附加的外电动势来抵消转动中 "感应" 电场所引起的效应. 而这些外电动势对 $\boldsymbol{j}$ 和 $\boldsymbol{j}_{\rm e}$ 就要作功, 此功正好等于 $2W$(参见 3.6 节). 这时虽然 U_1 和 U_2 不改变了, 因而 ΔU 就等于 $\Delta U_{\rm i}$, 但产生外电动势的外源的能量 $U_{\rm s}$ 将减少 $2W$. 这时我们须把外源也包括进来一起考虑, 所得出的总能量的改变 $\Delta(U_1 + U_2 + U_{\rm i} + U_{\rm s})$ 仍等于 $-\Delta U_{\rm i}$(从而等于 $-W$).

通过本节的讨论, 可以看到, 在作近似处理时, 必须小心, 否则就可能得出完全错误的结论. 我们不能抽象地说某个变量很微小可以将它的改变略去, 而要具体地考察, 当进行这样的近似处理时, 在所求的最后结果中 "所舍弃" 的部分是否比 "所保留" 的部分小得多. 只有在所求的物理量的最后结果中, 舍弃的部分比保留的部分确实小得多时, 所作的近似处理才是正确的. 往往, 一个微小的变化能否略去, 不仅在研究不同的物理问题时不能一概而论, 就是对于同一个物理问题, 当从不同的途径来计算时, 结论也不相同. 本节的讨论就说明了这一点: 同样是研究 U 的改变, 如果通过计算力和力矩所作的功来求 ΔU, $\boldsymbol{B}_{\rm e}$ 以及磁偶极子内部运动状态的微小改变都可略去, 而在用 $U = U_1 + U_2 + U_{\rm i}$ 去计算 ΔU 时, 略去 U_1 和 U_2 的微小变化就会得出结论 $\Delta U = \Delta U_{\rm i}$, 那就得出了完全错误的结果.

3.4 线圈系的自感系数和互感系数

在本节中, 我们将讨论线圈系的自感系数和互感系数, 它们不仅是电工学中经常用到的物理量. 在一些物理问题中也会涉及. 例如在受控热核反应装置中, 等离子体电流常形成一个闭合的环, 好像一个粗线圈, 它的自感系数以及 "它和其他可能存在的线圈 (如变压器上的线圈)" 间的互感系数, 就是研究中会涉及的问题.

3.4.1 自感系数和互感系数 能量表达式

我们先忽略导线截面的有限大小，即把导线当作数学上的线来看待. 这种近似在导线很细而且是计算互感系数时常常是可以的, 但在计算自感系数时却是不允许的. 不过, 我们暂时不管这个问题, 把它留到后面去讨论.

假设共有 m 个线圈, 其上的电流分别为 $I_k(k=1,\cdots,m)$. 根据安培–毕奥–萨伐尔定律, 空间任一点 x 的磁场 $\boldsymbol{B}$, 将与各线圈上的电流 I_k 呈线性关系, 其中的 "系数"(应该说是 "系矢量") 与 x 有关, 即

$$\boldsymbol{B}(x)=\sum_{k=1}^{m}\boldsymbol{b}_k(x)I_k, \tag{3.4.1}$$

$\boldsymbol{b}_k(x)$ 实即为第 k 个线圈带单位电流而其余线圈上电流为零时的空间磁场分布, 因此它完全由第 k 个线圈的几何形状所决定 (该磁场分布就是式 (3.4.1) 上面所说的系矢量).

利用式 (3.4.1) 去计算通过第 i 个线圈的磁感通量 ψ_i, 就得到 ψ_i 与各线圈电流 I_k 亦呈线性关系, 我们将它写作

$$\psi_i=\frac{1}{c}\sum_{k=1}^{m}L_{ik}I_k, \tag{3.4.2}$$

系数 L_{ii} 即为第 i 个线圈的自感系数, $L_{ik}(i\neq k)$ 即称作第 k 个线圈对第 i 个线圈的感应系数. 这些系数具有下述物理意义, 即 $\frac{1}{c}L_{ik}$代表第 k 个线圈带有单位电流而其他线圈电流为零时, 通过第 i 个线圈的磁感通量. 在下面, 我们将证明感应系数间存在着倒易关系

$$L_{ik}=L_{ki}, \tag{3.4.3}$$

也就是说, 第 k 个线圈带单位电流 (其他线圈上的电流为零) 时通过第 i 个线圈的磁感通量, 正好等于第 i 个线圈带单位电流 (其他线圈上的电流为零) 时通过第 k 个线圈的磁感通量. 因此 L_{ik} 可简称为 i 和 k 两线圈间的互感系数.

根据 3.1 节中关于矢势的公式, 可以给出互感系数 L_{ik} 的具体表达式. 当 $I_k=1$, 其他线圈电流为零时, 空间任一点的矢势为

$$\boldsymbol{A}(x)=\frac{1}{c}\oint_{\mathcal{L}_k}\frac{\mathrm{d}\boldsymbol{l}'}{R},$$

式中的 $\mathcal{L}_k$ 为线圈 k 的回路, R 同过去一样, 代表 x 与 x'(即 $\mathrm{d}\boldsymbol{l}'$ 所在处) 之间的距离. 因此通过第 i 个线圈 $(i \neq k)$ 的磁感通量等于

$$\psi_i = \int_{S_i} \nabla \times \boldsymbol{A} \cdot \mathrm{d}\boldsymbol{\sigma} = \oint_{\mathcal{L}_i} \boldsymbol{A} \cdot \mathrm{d}\boldsymbol{l} = \frac{1}{c} \oint_{\mathcal{L}_i} \oint_{\mathcal{L}_k} \frac{\mathrm{d}\boldsymbol{l} \cdot \mathrm{d}\boldsymbol{l}'}{R}, \tag{3.4.4}$$

S_i 为第 i 个线圈所张的面积. 根据上面所说的定义即得

$$L_{ik} = \oint_{\mathcal{L}_i} \oint_{\mathcal{L}_k} \frac{\mathrm{d}\boldsymbol{l} \cdot \mathrm{d}\boldsymbol{l}'}{R}. \tag{3.4.5}$$

由式 (3.4.5) 即可得出前述的倒易关系式 (3.4.3).

如果取 $i = k$, 我们似应即得到自感系数 L_{ii}. 不过由于 R 的最小值达到零, 式 (3.4.4) 中的线积分将发散. 这个发散是 "线电流近似" 所引起的, 考虑了导线的有限截面后, 自感系数就会是一个有限值, 参见下一小节.

对于线圈系, 我们可以把静磁能量用电流和磁感通量表示出来, 它也可以表成电流的二次式. 按式 (3.1.10),

$$U = \frac{1}{2c} \sum_{i=1}^{m} I_i \oint_{\mathcal{L}_i} \boldsymbol{A} \cdot \mathrm{d}\boldsymbol{l} = \frac{1}{2c} \sum_{i=1}^{m} I_i \psi_i, \tag{3.4.6a}$$

即线圈系的静磁能量等于各线圈上的电流 I_i与通过它的磁感通量 ψ_i 乘积之和的 $\dfrac{1}{2c}$ 倍. 如果再将式 (3.4.2) 代入, 就得到

$$U = \frac{1}{2c^2} \sum_{i,k} L_{ik} I_i I_k. \tag{3.4.6b}$$

这样, 能量就表成了电流的二次式, 其中的系数在除去 $\dfrac{1}{2c^2}$ 因子后即为感应系数.

3.4.2　有限截面

对于足够细的导线圈, 当我们计算互感系数时, 的确可以把线圈上的电流当作线电流看待. 但若导线很粗, 或者考虑的是受控装置中等离子体的环状电流, 即使计算互感系数也已不能采用线电流近似. 至于自感系数, 即使导线很细也不能看成是线电流, 因为计算 ψ_i 时涉及导线近处的磁场. 当导线作为数学上的线以后, 在它邻近处的 B 将随着 r(这里 r 代表场点到导线的垂直距离)趋于零而以 $\dfrac{2I}{cr}$ 发散, 这样积分出的 ψ 就将对数式地发散. 另外, 从能量的关系来看, 线电流的自感系数要发散的道理也很明显, 因为一个线电流的静磁能量正像一个线电荷的静电能量一样是等于无穷大的.

在考虑了导线截面的有限大小以后, 全部空间的磁场分布都是有界的, 因而 ψ 的发散自然就消除了. 不过, 产生了一个新的问题, 即通过一个 "导线截面为有限值的" 电流圈 i 的磁感通量应如何定义? 是按导线的内缘计算还是按外缘计算? 还是用其他什么方式?

我们指出, 无论按导线内缘、外缘或者它的中心线来定义都可能是不合理的, 因为电流在导线 (特别是粗导线或等离子体环) 的横截面上有一个分布, 而且该分布不一定是均匀的.

那么在一般情况下应该怎样来定义通过一个电流圈的磁感通量 ψ 呢? 合理的方式是: 把该电流圈按照流线分成为许多流管, 例如 N 个. 只要 N 取得足够地大, 可使每个流管任意地细, 这样, 通过每个 (细) 流管的磁感通量是有确定意义的, 对于第 n 个流管, 通过的磁通量即为

$$\psi_n = \int_{S_n} \boldsymbol{B} \cdot \mathrm{d}\boldsymbol{\sigma} = \int_{\mathcal{L}_n} \boldsymbol{A} \cdot \mathrm{d}\boldsymbol{l}, \tag{3.4.7}$$

而通过该电流圈的 ψ 的合理定义就是: ψ_n"按第 n 个流管的权重计算的" 平均值. 每个流管的权重与它的电流 I_n 成正比, 这样, 电流十分微弱的部分对平均值的贡献就很小, 即使略去它, 对 ψ 值也无大影响. 上述定义的明确表叙是: ψ 等于 ψ_n 以 I_n 为权重的平均值在流管数目 $N \to \infty$ 时的极限, 即

$$\psi = \frac{1}{I} \lim_{N\to\infty} \sum_{n=1}^{N} I_n \psi_n. \tag{3.4.8}$$

将式 (3.4.7) 代入上式, 不难看出可将 ψ 化为

$$\psi = \frac{1}{I} \int_V \boldsymbol{A} \cdot \boldsymbol{j} \mathrm{d}\tau, \tag{3.4.9}$$

积分区域 V 即为该电流圈所在的范围. 式 (3.4.9) 就是通过一个有限横截面的电流圈的磁感通量的公式.

将此公式用到第 i 个电流圈的 ψ_i, 并将其中的 $\boldsymbol{A}$ 用

$$\boldsymbol{A}(x) = \frac{1}{c} \sum_{k=1}^{m} \int_{V_k} \frac{\boldsymbol{j}(x')}{R} \mathrm{d}\tau' \tag{3.4.10}$$

代入, 即得

$$\psi_i = \frac{1}{I_i} \int_{V_i} \boldsymbol{A}(x) \cdot \boldsymbol{j}(x) \mathrm{d}\tau.$$

上式又可表示为

$$\psi_i = \frac{1}{c} \sum_{k=1}^{m} L_{ik} I_k, \tag{3.4.11}$$

其中

$$L_{ik}=\frac{1}{I_iI_k}\int_{V_i}\mathrm{d}\tau\int_{V_k}\mathrm{d}\tau'\frac{\boldsymbol{j}(x)\cdot\boldsymbol{j}(x')}{R}. \tag{3.4.12}$$

上式并可用来计算自感系数 L_{ii}.

一般情况下, 一个电流圈上的电流分布 $\boldsymbol{j}(x)$ 与该电流圈的总电流 I 成正比, 因而 L_{ik} 实际上与 I_i 和 I_k 无关, 只由电流圈的几何形状和构成它的导体的性质 (不均匀的情况) 决定. 式 (3.4.12) 就是式 (3.4.4) 的修正式. 对于互感系数, $i\neq k$, 当导线足够细时, 式 (3.4.12) 可近似地化成式 (3.4.5), 但对于自感系数, 则必须用式 (3.4.12) 来计算, 理由已在式 (3.4.5) 的下面一小段作了说明.

线圈系的能量公式 (3.4.6a) 和 (3.4.6b) 仍保持不变, 因为按式 (3.1.10),

$$U=\frac{1}{2c}\sum_{i=1}^{m}\int_{V_i}\boldsymbol{A}\cdot\boldsymbol{j}\mathrm{d}\tau, \tag{3.4.13}$$

而由式 (3.4.11) 第一等式, 可得

$$\sum_{i=1}^{m}\int_{V_i}\boldsymbol{A}\cdot\boldsymbol{j}\mathrm{d}\tau=\sum_{i=1}^{m}I_i\psi_i,$$

将它除以 $2c$ 并代入式 (3.4.13) 结果就是式 (3.4.6a). 再将 ψ_i 用式 (3.4.11) 代入, 即得出式 (3.4.6b). 在粗线情况下, 往往就是利用公式 (3.4.6b) 从能量来计算 L_{ik}.

例 求一个长电缆线单位长度的自感系数①. 设电缆内导体为半径等于 r_1 的圆柱, 外导体壳的半径为 r_2, 壳的厚度可以略去. 并假定内导体柱上的电流分布是均匀的.

长电缆线的自感系数同它的长度成正比, 因为对于数值一定的电流, 能量同长度成正比. 为求单位长度的自感系数, 只要求出单位长度上的磁能就行了. 取柱坐标 (r,θ,z), 并令 z 轴与电缆中心线重合. 根据电流分布的对称性, 从安培–毕奥–萨伐尔定律可以知道: 磁场只有 θ 方向分量, 其数值并与 θ 和 z 无关. 这样, 利用安培回路定理即可求出磁场分布为

$$\begin{aligned}&B=\frac{2I}{cr_1^2}r, && \text{当 } r<r_1 \text{ 时},\\ &B=\frac{2I}{cr}, && \text{当 } r_1<r<r_2 \text{ 时},\\ &B=0, && \text{当 } r>r_2 \text{ 时}.\end{aligned} \tag{3.4.14}$$

① 在一些受控装置中, 等离子体电流虽然是圆环状的, 但在初步估算时, 也常常采用长直柱近似. 这样, 等离子体电流和它圆筒形导体壳上的镜像电流, 合起来就像这样一个长电缆, 只是等离子体内的电流分布不一定是均匀的.

于是单位长度内的磁能就是

$$U = \frac{1}{8\pi}\int_0^{r_1} \frac{4I^2r^2}{c^2r_1^4}2\pi r\mathrm{d}r + \frac{1}{8\pi}\int_{r_1}^{r_2} \frac{4I^2}{c^2r^2}2\pi r\mathrm{d}r$$

$$= \frac{I^2}{4c^2} + \frac{I^2}{c^2}\ln\frac{r_2}{r_1}. \tag{3.4.15}$$

根据式 (3.4.6b), U 可表示为

$$U = \frac{1}{2c^2}LI^2,$$

其中 L 为单位长度的自感系数. 于是由式 (3.4.15) 得出 L 的值为

$$L = \frac{1}{2} + 2\ln\frac{r_2}{r_1}. \tag{3.4.16}$$

此式具体地表明, 当 r_1 趋于零时 (即成为线电流情况)L 是对数发散的.

3.5 似稳场和似稳电路方程

在实际应用中, 大功率的电磁能量传送、一般都是采用交流电, 因而属于不稳定情况. 但是如果电流 (以及电荷) 变化的频率很低 (如通常用的 60 周/秒), 而且电路的范围又不大, 则在电路上以及其附近的区域, 电磁场的波动性很不显著. 这时, 电流以及场的分布都与稳定的情况有许多相似的地方, 因而称为似稳电流和似稳场. 一般提供电力的交流电路都属于这个范围. 在此本章的最后一节, 将对这种似稳情况进行一些讨论.

似稳电流和似稳场在普通物理课程中虽然学过, 但有些概念并没有仔细地讨论, 学习者很可能有误解的地方. 例如图 3.5.1 中变压器供电的例子. 当变压器的输入端接上交流电源以后, 输出端 AB 间就有一交变电动势. 设某一时刻电动势的顺向是由 B 点经变压器中的次级线圈到 A 点. 我们问这时次线圈内 $\boldsymbol{E}$ 的走向如何? 具体地说, 沿次级线圈从 B 到 A 的积分 $\int_B^A \boldsymbol{E}\cdot \mathrm{d}\boldsymbol{l}$ 是正还是负, 还是基本上等于零?

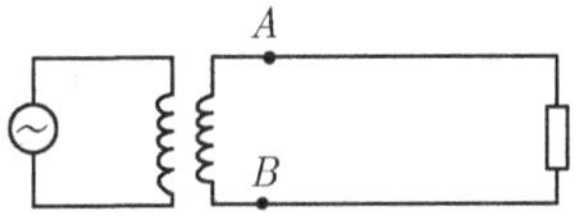

图 3.5.1 交流电源通过变压器向负载供电

上述三种答案都可能被本课学生提出来, 而且都能申述自己的理由: 回答 $\int_B^A \boldsymbol{E}\cdot \mathrm{d}\boldsymbol{l}$ 为正的理由是, 此线积分代表由 B 到 A 的电动势 (经次级线圈)ε, 既然这时电动势的顺向是从 B 到 A, 即 $\varepsilon > 0$, 故此积分为正.

回答$\int_B^A \boldsymbol{E}\cdot \mathrm{d}\boldsymbol{l}$为负也能提出它的理由：这时 A 为高压端 (正极), B 为低压端 (负极), 电场走向是从正极到负极, 因而上述线积分为负, 即等于 $-\varepsilon$.

第三种回答$\int_B^A \boldsymbol{E}\cdot \mathrm{d}\boldsymbol{l}$ 基本上为零, 理由是, 既然次级线圈的电阻一般很小, 即导线的 σ 很大, 由欧姆定律$\boldsymbol{E}=\dfrac{1}{\sigma}\boldsymbol{j}_{\mathrm{f}}$, $\boldsymbol{E}$ 应基本上等于零, 从而电动势为零.

要正确判断哪一种答案对, 并指明其他答案为什么不对, 首先需要弄清楚似稳情况下电压和电动势的定义等概念问题.

除上述问题外, 似稳的条件是什么? 什么情况下可以应用似稳电路方程, 也是需要进一步讨论的. 另外还有一些不属于似稳电路的问题, 例如扩散方程和集肤效应, 也将是本节所要讨论的内容.

3.5.1 似稳条件

电流和电磁场满足怎样的条件才算是似稳电流和似稳场呢? 我们知道, 稳定电流形成闭合的环流, 即满足连续性方程. 因而对似稳电流的要求是：虽然 $\boldsymbol{j}_{\mathrm{f}}$ 可随 t 变化, 但每一瞬时, 电流的性质仍与稳定电流相似, 即基本上构成闭合的环流, 或者说电流密度基本上满足连续性方程

$$\nabla\cdot\boldsymbol{j}_{\mathrm{f}}(x,t)=0. \tag{3.5.1}$$

同样, 对磁场的条件是, 虽然它们是 t 的函数, 但在每一瞬时磁场与电流的关系仍与稳定时相似, 即满足方程组

$$\begin{aligned}&\nabla\cdot\boldsymbol{B}(x,t)=0,\\&\nabla\times\boldsymbol{H}(x,t)=\frac{4\pi}{c}\boldsymbol{j}_{\mathrm{f}}(x,t).\end{aligned} \tag{3.5.2}$$

这样, 每一时刻的 $\boldsymbol{B}$ 仍由安培–毕奥–萨伐尔定律给出,

$$\boldsymbol{B}(x,t)=\frac{1}{c}\int\frac{\boldsymbol{j}(x',t)\times\boldsymbol{R}}{R^3}\mathrm{d}\tau', \tag{3.5.3}$$

其中 $\boldsymbol{j}$ 代表总电流密度, 即

$$\boldsymbol{j}=\boldsymbol{j}_{\mathrm{f}}+c\nabla\times\boldsymbol{M}.$$

我们看到, 这种情况与热力学中的准静态过程很相似.

以上条件, 总起来也可以说成：在似稳情况, 位移电流的效果可以略去. 因为

若将式 (3.5.1) 和式 (3.5.2) 中的 $\boldsymbol{j}_\mathrm{f}$ 换成 $\boldsymbol{j}_\mathrm{f}+\dfrac{1}{4\pi}\dfrac{\partial \boldsymbol{D}}{\partial t}$, 它们就是严格成立的关系式. 当位移电流可以不考虑时, 我们就近似地得到式 (3.5.1) 和式 (3.5.2).

在似稳情况下, 以上条件也允许有局部的例外, 例如在电容器处, 式 (3.5.1) 和式 (3.5.2) 的第二式就不成立. 我们把这种例外的区域称为电容区. 在似稳情况下, 电容区只是集中在少数个有限的范围内.

对于电场, 可以有较强和较弱两种要求. 较强的要求是在每一时刻, $\boldsymbol{E}$ 与稳定情况的电场性质相似, 即它的主要部分是非旋的:

$$\nabla\times\boldsymbol{E}(x,t)=0. \tag{3.5.4}$$

将此式与 $\nabla\cdot\boldsymbol{E}=4\pi\rho$ 联立起来, 就得出

$$\boldsymbol{E}(x,t)=\int\frac{\rho(x',t)\boldsymbol{R}}{R^3}\mathrm{d}\tau'. \tag{3.5.5}$$

对以上要求, 也允许有局部的例外, 例如在电感线圈中, $\dfrac{\partial \boldsymbol{B}}{\partial t}$ 就不可忽略我们称这种例外的区域为电感区. 通常电工学中的交流电路就是属于上述情况.

较弱的条件不要求式 (3.5.4) 和式 (3.5.5) 在广泛的区域成立, 而只要求电容区内的电场基本上由式 (3.5.5) 表示.

根据矢量分析中的定理, 我们总可将 $\boldsymbol{E}$ 分成为纵场部分 $\boldsymbol{E}_\mathrm{l}$ 和横场部分 $\boldsymbol{E}_\mathrm{t}$ 的叠加. $\boldsymbol{E}_\mathrm{l}$ 和 $\boldsymbol{E}_\mathrm{t}$ 满足的方程分别为

$$\begin{aligned}\nabla\cdot\boldsymbol{E}_\mathrm{l}&=4\pi\rho,\\ \nabla\times\boldsymbol{E}_\mathrm{l}&=0,\end{aligned} \tag{3.5.6}$$

和

$$\begin{aligned}\nabla\cdot\boldsymbol{E}_\mathrm{t}&=0,\\ \nabla\times\boldsymbol{E}_\mathrm{t}&=-\frac{1}{c}\frac{\partial \boldsymbol{B}}{\partial t}.\end{aligned} \tag{3.5.7}$$

式 (3.5.6) 的解就是前面的式 (3.5.5) 的右方, 它也可表成

$$\begin{aligned}\boldsymbol{E}_\mathrm{l}(x,t)&=-\nabla\varphi(x,t),\\ p(x,t)&=\int\frac{\rho(x',t)}{R}\mathrm{d}\tau'.\end{aligned} \tag{3.5.8}$$

因此, 上面所说的较弱条件, 就是要求在电容区内 $\boldsymbol{E}_\mathrm{t}$ 比 $\boldsymbol{E}_\mathrm{l}$ 小得多; 而较强的条件则是要求, 除了电感区外, $\boldsymbol{E}_\mathrm{t}$ 比起 $\boldsymbol{E}_\mathrm{l}$ 都可以略去.

这两种条件在似稳程度上的差别, 反映在电流分布上就是：对于较弱条件, 电流只在"基本上构成回路"这一性质上与稳定电流相似, 具体的分布可以与稳定时有明显的差异 (如出现集肤效应, 参见下文); 而对于较强条件, 电流不仅基本上构成回路, 具体分布也是与稳定电流相似的.

以上我们说明了似稳条件. 为了实现这些条件, 除了变化的频率 ω 不能高以外, 电路的线度 $\varDelta$ 还不能太大. 这是因为, 由 ρ 和 $\boldsymbol{j}$ 的改变所引起的场的改变是以有限速度传播的 (推迟效应), 因而空间中的场在某一瞬时 t 的值, 并不完全由该瞬时的 $\rho(x',t)$ 和 $\boldsymbol{j}(x',t)$ 所决定. 只有在电路的线度 $\varDelta$ 不大的情况下, 对于电路上及其邻近空间, 推迟时间 τ(τ 的量级是 $\dfrac{\varDelta}{c}$)足够地小, 使得在此时间内 ρ 和 $\boldsymbol{j}$ 的变化可以忽略时, 上述区域中 t 时刻的场才近似地由该时刻的电荷电流决定. 当电荷电流以一定频率 ω 变化时, 所需的条件是

$$\frac{\varDelta}{c} \ll T, \tag{3.5.9}$$

$\varDelta$ 的意义按上面所述, 代表电路的线度, 而 T 为 ρ 和 $\boldsymbol{j}$ 的变化周期, 其值等于 $\dfrac{2\pi}{\omega}$. 式 (3.5.9) 又可表为

$$\varDelta \ll \lambda, \tag{3.5.10}$$

其中$\lambda = cT = \dfrac{2\pi c}{\omega}$ 代表频率为 ω 的交变电荷电流所辐射的电磁波的波长 (参见 4.2 节). 对于 60 Hz 的频率, λ 约等于 5000 公里, 频率达到 800 kHz(无线电中波波段) 时, λ 仍有 375 米左右. 所以条件式 (3.5.10) 并不是很苛刻的.

有了以上的结果, 我们就可以解决本节最初所提出的问题了. 图 3.5.1 中的变压器线圈是电感线圈, 它的电阻和电容都很小. 我们先来求其中的横场 $\boldsymbol{E}_{\rm t}$. $\boldsymbol{E}_{\rm t}$ 满足的方程式 (3.5.7) 与磁场 $\boldsymbol{B}$ 所满足的方程相似, 只要作代换 $\boldsymbol{B} \to \boldsymbol{E}_{\rm t}$ 和 $4\pi\boldsymbol{j} \to -\dfrac{\partial \boldsymbol{B}}{\partial t}$, 就可从 $\boldsymbol{B}$ 的方程得到式 (3.5.7). 因此, 我们可以仿照求磁场的方法来求 $\boldsymbol{E}_{\rm t}$. 假设：次线线圈为圆柱形, 线圈内的 $\boldsymbol{B}$ 基本上是均匀的. 这时求出的解就是：$\boldsymbol{E}_{\rm t}$ 只有 θ 方向分量, 其数值为

$$E_{\rm t} = -\frac{1}{2c}\dot{B}(t)r, \tag{3.5.11}$$

符号 $\dot{B}$ 表示 B 对 t 的微商。

电场 $\boldsymbol{E}_{\rm t}$ 将在线圈的导线上产生电流, 在 AB 两端未接负载的情况，此电流将在 AB 两端以及导线的表面上引起电荷的迅速积累. 这些积累起来的电荷所产生的纵场 $\boldsymbol{E}_{\rm l}$, 在线圈的导线内将与 $\boldsymbol{E}_{\rm t}$ 相抵消, 使电流很快地就被抑止下来. 这是因为线圈的电容很小, 只要积累很少的电荷就可产生足够强的 $\boldsymbol{E}_{\rm l}$ 来抵消 $\boldsymbol{E}_{\rm t}$. 另外,

从 "似稳电流要基本上连续" 的条件 (除电容区外), 也可得出在电路断开时, 导线上的 $\boldsymbol{j}_{\mathrm{f}}$ 应基本上等于零. 当 $\boldsymbol{E}_{\mathrm{t}}$ 随着时间变化时, 积累的电荷分布 ρ 和 $\boldsymbol{E}_{\mathrm{l}}$ 也相应地变化, 使得每个时刻, 导线上的电场 $\boldsymbol{E}=\boldsymbol{E}_{\mathrm{t}}+\boldsymbol{E}_{\mathrm{l}}$ 总是近似地保持为零 (我们说近似地为零而不是严格地为零, 因为 AB 两端以及导线表面上所积累的为量很少的电荷分布在不断变化, 使得电流 $\boldsymbol{j}_{\mathrm{f}}$ 不能严格地等于零). 接上负载后, 在 (负载中的) 纵场 $\boldsymbol{E}_{\mathrm{l}}$ 的作用下, 将有电流自通过负载流动. 使得线圈上积累的电荷减少, 从而它产生的纵场 $\boldsymbol{E}_{\mathrm{l}}$ 在线圈内的导线上已不能抵消横场 $\boldsymbol{E}_{\mathrm{t}}$, 于是线圈内将会出现电流, 这样就形成了连续的流动. 在 ω 不大的情况下, 每个时刻的电流分布与稳定的分布很相似. 我们看到, 上述情况与 2.2 节中所讨论的电池电路十分相像, 只是那里的外来电动力 $\boldsymbol{K}$ 现在由 $\boldsymbol{E}_{\mathrm{t}}$ 所代替, 那里的 $\boldsymbol{E}$ 现在由 $\boldsymbol{E}_{\mathrm{l}}$ 所代替. 由此可见, 推动电流的原动力是 $\boldsymbol{E}_{\mathrm{t}}$, $\boldsymbol{E}_{\mathrm{l}}$ 起的是调节电流分布的作用. 因而次线圈上由 B 到 A 的电动势应定义为 $\boldsymbol{E}_{\mathrm{t}}$ 沿线圈的积分:

$$\varepsilon=\int_B^A \boldsymbol{E}_{\mathrm{t}}\cdot\mathrm{d}\boldsymbol{l}, \tag{3.5.12}$$

而端电压应定义为 AB 间 φ 的电势差, 它由 $\boldsymbol{E}_{\mathrm{l}}$ 确定, 即

$$V=\varphi_A-\varphi_B=-\int_B^A \boldsymbol{E}_{\mathrm{l}}\cdot\mathrm{d}\boldsymbol{l} \tag{3.5.13}$$

此积分与路径无关.

按照欧姆定律, 在线圈的导线上

$$\boldsymbol{E}=\boldsymbol{E}_{\mathrm{l}}+\boldsymbol{E}_{\mathrm{t}}=\frac{1}{\sigma}\boldsymbol{j}_{\mathrm{f}},$$

在线圈电阻很小的情况, 即使有电流流通, 也将有

$$\boldsymbol{E}=\boldsymbol{E}_{\mathrm{t}}+\boldsymbol{E}_{\mathrm{l}}\approx 0, \tag{3.5.14}$$

因而有 $V\approx\varepsilon$.

从这些讨论中, 我们看出, 前述三种答案中第一种和第二种都是错误的. 第一种的错误在于把电动势定义式 (3.5.13) 中的 $\boldsymbol{E}_{\mathrm{t}}$(所谓的 "感应" 电场) 当成了整个的电场, 而第二种错误在于把电压定义中的 $\boldsymbol{E}_{\mathrm{l}}$(所谓的 "电生" 电场) 当成了整个电场. 只有第三种答案才是正确的.

3.5.2 似稳电路方程

在第一章中, 我们曾经指出, 电磁能量是通过场传送的, 而且是通过导线外面的场来传送的. 那么电路的导线作用何在呢? 为何电路必须接通才有能量传入到负载中去呢?

对此问题的回答是：首先，当用电路将电源和负载接通后，电源中才有较大的电流通过，从而才能释放出较大的能量. 其次，导线将引导着电磁场的能流使它传向负载. 导线之所以能起这样的作用，也是因为导线上的电荷电流在导线附近形成了比较集中的电磁场而这种电磁场的能流又是沿着导线的方向的缘故 (参见 1.4 节中图 1.4.4). 最后，接通的电路使负载中有较大的电流通过，这样才有可能使能量传入到负载中去. 例如在一根电阻线中，当有电流流通时，电场$\boldsymbol{E}=\dfrac{1}{\sigma}\boldsymbol{j}_{\mathrm{f}}$ 的方向是沿着电阻线的，并且数值较大 (因为电阻线的 σ 小)，同时电阻线中的电流产生的磁场是环绕着电阻线的. 这就使得在线的表面上有较大的能流向电阻线内流动. 由此可见，电磁能量虽不是由电流传送的，但无论电源能量的释放、电磁能流的引导以及能量的传入负载都是同电路上的电流分不开的. 实际上，对于一般电工学中的电路，只要解出电路上的电流以及电路中电容器上的电荷，所有的问题就都解决了. 似稳电路方程就是用来求解电路上电流以及电路中电容器上电荷的. 在下文中我们就将以简单的 LRC 电路 (见图 3.5.2) 为例，说明如何根据似稳场的特点、从麦克斯韦方程组和介质电磁性质方程推出似稳电路方程来.

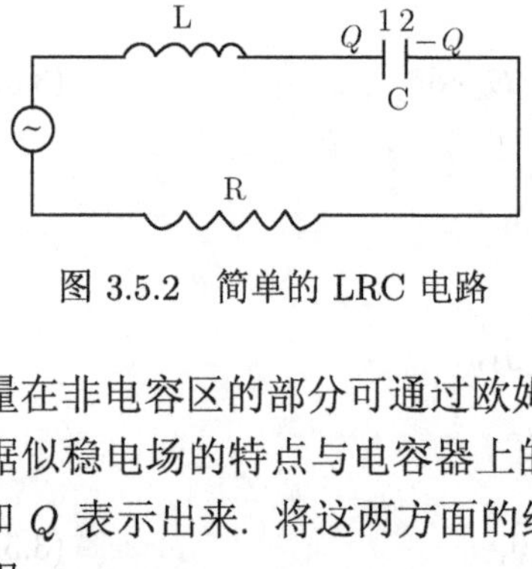

图 3.5.2　简单的 LRC 电路

我们来考察 $\boldsymbol{E}$ 沿电路的环量$\oint\boldsymbol{E}\cdot\mathrm{d}\boldsymbol{l}$ ①. 一方面，此环量等于电路的总电动势包括电源的电动势和自感线圈 L 中的感应电动势，而后者根据似稳磁场的特点可以同电路电流的变化率 $\dfrac{\mathrm{d}I}{\mathrm{d}t}$ 联系起来. 另一方面，$\boldsymbol{E}$ 的环量在非电容区的部分可通过欧姆定律与电路电流 I 相联系，在电容区部分则可根据似稳电场的特点与电容器上的电荷 Q 相联系，这样，整个 $\boldsymbol{E}$ 的环量又可用 I 和 Q 表示出来. 将这两方面的结果写成一个等式，就得到我们所要推导的电路方程.

先看第一方面的关系. 在集中参数电路中，横场部分 $\boldsymbol{E}_{\mathrm{t}}$ 只存在于电源和电感圈内，因此

$$\oint\boldsymbol{E}\cdot\mathrm{d}\boldsymbol{l}=\oint\boldsymbol{E}_{\mathrm{t}}\cdot\mathrm{d}\boldsymbol{l}=\varepsilon_{\mathrm{S}}+\int_{L}\boldsymbol{E}_{\mathrm{t}}\cdot\mathrm{d}\boldsymbol{l},\tag{3.5.15}$$

其中，ε_{S} 为电源电动势即 $\boldsymbol{E}_{\mathrm{t}}$ 沿电源段的积分，第二项为自感线圈 L 的感应电动势. 设自感线圈共有 N 圈，由于 $\boldsymbol{E}_{\mathrm{t}}$ 本身构成闭合的环线，故虽然线圈的每一圈并不是真正闭合的，仍可将 $\boldsymbol{E}_{\mathrm{t}}$ 沿每一圈的积分近似地用沿闭合圈的积分来代替 (注意，我们并不是一般而论地说线圈的每一圈同闭合圈相差很少，因此对每一圈的积分就可以换成为沿闭合圈的积分，而是根据 $\boldsymbol{E}_{\mathrm{t}}$ 的具体情况，指出对 $\boldsymbol{E}_{\mathrm{t}}$ 的积分可

① 在这里我们假定导线很细，在导线的横截面内 $\boldsymbol{E}$ 的数值相同. 关于粗线情况的讨论，见后文.

以这样近似. 这又是一个作近似处理时需要小心处理的例子, 因为若考虑的是 $\boldsymbol{E}_1$ 的积分, 那么作这样的近似就会得出完全错误的结果). 作此近似后, 我们就得到

$$\int_L \boldsymbol{E}_\text{t}\cdot \text{d}\boldsymbol{l} = N\oint_S \boldsymbol{E}_\text{t}\cdot \text{d}\boldsymbol{l} = -\frac{1}{c}N\frac{\text{d}}{\text{d}t}\int \boldsymbol{B}\cdot \text{d}\boldsymbol{\sigma}.$$

其中的 S 代表单圈回路. 根据似稳磁场的特点, $\int \boldsymbol{B}\cdot \text{d}\boldsymbol{\sigma}$ 与电路电流 I 成正比, 于是式 (3.5.15) 可以表成

$$\oint \boldsymbol{E}\cdot \text{d}\boldsymbol{l} = \varepsilon_\text{S} - \frac{1}{c^2}L\frac{\text{d}I}{\text{d}t}, \tag{3.5.16}$$

L 即为线圈的自感系数.

再看第二方面的关系. 在非电容区, 我们将 $\boldsymbol{E}$ 用 $\dfrac{1}{\sigma}\boldsymbol{j}_\text{f}$ 代入. 当导线为细线并且在横截面上 σ 是均匀的时候, 电流在横截面上也是均匀分布的, 因此, 对于非电容区,

$$\int \boldsymbol{E}\cdot \text{d}\boldsymbol{l} = \int \frac{\boldsymbol{j}_\text{f}}{\sigma}\cdot \text{d}\boldsymbol{l} = \int \frac{I\text{d}l}{\sigma S} = RI, \tag{3.5.17}$$

其中的 S 代表导线的横截面积, 而

$$R = \int \frac{\text{d}l}{\sigma S} \tag{3.5.18}$$

就是电路的电阻. 至于从电容器的电极 1 到电极 2 的积分, 利用似稳电场的特点, 有

$$\begin{aligned}\int_1^2 \boldsymbol{E}\cdot \text{d}\boldsymbol{l} &= \int_1^2 \boldsymbol{E}_1\cdot \text{d}\boldsymbol{l}\\ &= \varphi_1 - \varphi_2 = \frac{Q}{C},\end{aligned}$$

其中的积分限 (1, 2) 即代表电极 1、2, 它们如图 3.5.2 所示, Q 为电极 1 上的电荷; C 为电容器的电容. 于是 $\boldsymbol{E}$ 沿电路的环量又可表为

$$\oint \boldsymbol{E}\cdot \text{d}\boldsymbol{l} = RI + \frac{Q}{C}. \tag{3.5.19}$$

将式 (3.5.17) 与式 (3.5.19) 等同起来, 就得到此电路的似稳电路方程

$$\varepsilon_\text{S} = \frac{1}{c^2}L\frac{\text{d}I}{\text{d}t} + RI + \frac{Q}{C}, \tag{3.5.20}$$

其中的 ε_S, 如式 (3.5.16) 下所述, 为电源的电动势. 将上式与电荷守恒关系式

$$\frac{\text{d}Q}{\text{d}t} = I \tag{3.5.21}$$

联立起来, 再加上初始条件就可解出 I 和 Q.

在导线较粗或者横截面内 σ 不均匀的情况 (例如受控装置中等离子体柱), 电流和电场在横截面上的分布并不是均匀的. 这时应当像讨论感应系数时所作的那样, 把粗导线或等离子体柱分成为许多细的流管 (N 个) 来处理. 只要分得足够地细, 即 N 足够地大, 在每个流管的横截面上, $\boldsymbol{j}_{\mathrm{f}}$ 和 $\boldsymbol{E}$ 就可以看作是均匀的. 于是, 对第 n 个流管有

$$\varepsilon^{(n)} = -\frac{1}{c}\frac{\mathrm{d}\psi^n}{\mathrm{d}t} = \Delta I^{(n)}\int_{\mathcal{L}_n}\frac{\mathrm{d}l}{\sigma S^{(n)}} + \frac{Q}{C}, \tag{3.5.22}$$

其中的 $\varepsilon^{(n)}$ 代表该流管上总的电动势, $\mathcal{L}_n$ 为流管回路. 整个电流圈的电动势 ε 可以仿照 3.4 节中定义粗电流圈磁感通量的方法, 定义为 $N\to\infty$ 时 $\varepsilon^{(n)}$ 以 $\Delta I^{(n)}$ 为权重的平均值的极限, 即

$$\varepsilon = \frac{1}{I}\lim_{N\to\infty}\sum_{n=1}^{N}\Delta I^{(n)}\varepsilon^{(n)}, \tag{3.5.23}$$

将 $\varepsilon^{(n)}$用 $-\dfrac{1}{c}\dfrac{\mathrm{d}\psi^{(n)}}{\mathrm{d}t}$ 代入, 并利用 3.4 节关于粗电流圈 ψ 的定义, 在 $\dfrac{\Delta I^{(n)}}{I}$ 与时间无关的条件下 (在变化率较低的情况下, 总电流改变时, 往往导线中电流的相对分布也不改变), 就得出

$$\varepsilon = -\frac{1}{c}\frac{\mathrm{d}\psi}{\mathrm{d}t}, \tag{3.5.24}$$

其中的ψ 为相应的 $\psi^{(n)}$ 的平均. ε 并可用电源的电动势以及电流圈的自感系数表示出来. 方程式 (3.5.22) 右方在平均后化为 $RI+\dfrac{Q}{C}$, 其中

$$R = \frac{1}{I^2}\lim_{N\to\infty}\sum_{n=1}^{N}(\Delta I^{(n)})^2\int_{\mathcal{L}_n}\frac{\mathrm{d}l}{\sigma S^{(n)}}.$$

利用 $\Delta I^{(n)} = S^{(n)}j_{\mathrm{f}}^{(n)}$, 上式并可化成

$$R = \frac{1}{I^2}\int\frac{j_{\mathrm{f}}^2}{\sigma}\mathrm{d}\tau. \tag{3.5.25}$$

在变化率较慢而且导体的状态 (指其密度与成分的分布) 一定时, R 为一个与 I 无关的常数并等于电流圈的直流电阻. 单位时间内电流圈所产生的焦耳热为

$$\int\frac{j_{\mathrm{f}}^2}{\sigma}\mathrm{d}\tau = RI^2, \tag{3.5.26}$$

仍与细线时一样.

同样, 电流管上电动势所作的总功率 W 亦可用 I 和平均电动势 ε 表出. 因为

$$W = \lim_{N\to\infty}\sum_{n=1}^{N}\varepsilon^{(n)}\Delta I^{(n)}, \tag{3.5.27}$$

利用定义式 (3.5.23) 即得

$$W = \varepsilon I, \tag{3.5.28}$$

此结果也与普通的公式相似.

3.5.3 扩散方程与集肤效应①

当导线很粗或者频率较高时, 电流以及电场在导线横截面上的分布将表现出一种集肤效应, 即集中在导线表面附近. 这种效应并随着频率的增高而增强. 为了求出这种情况下导线中的场和电流的分布, 我们需要将场的方程与介质性质方程联立起来求解.

根据前面的讨论, 除了电容区以外, 似稳场满足的方程是②

$$\begin{aligned}
&\nabla\cdot\boldsymbol{D} = 4\pi\rho_{\mathrm{f}},\\
&\nabla\times\boldsymbol{E} = -\frac{1}{c}\frac{\partial\boldsymbol{B}}{\partial t},\\
&\nabla\cdot\boldsymbol{B} = 0,\\
&\nabla\times\boldsymbol{H} = \frac{4\pi}{c}\boldsymbol{j}_{\mathrm{f}}.
\end{aligned} \tag{3.5.29}$$

介质方程为

$$\begin{aligned}
&\boldsymbol{j}_{\mathrm{f}} = \sigma\boldsymbol{E},\\
&\boldsymbol{D} = \varepsilon\boldsymbol{E},\\
&\boldsymbol{H} = \frac{1}{\mu}\boldsymbol{B}.
\end{aligned} \tag{3.5.30}$$

另外, 在第二章中曾经得出, 对于稳定流动情况, 在均匀介质内部

$$\rho_{\mathrm{f}} = 0.$$

对于不稳定情况, 上述结论常常仍成立 (参见 4.4 节中的讨论), 这时将式 (3.5.29) 和 (3.5.30) 联立起来, 就可得到: 在均匀介质内部, 似稳磁场满足下列方程:

$$\frac{\partial\boldsymbol{B}}{\partial t} = \frac{c^2}{4\pi\sigma\mu}\nabla^2\boldsymbol{B}, \tag{3.5.31}$$

---

① 通常将它称作趋肤效应, 意思是说, 高频时导线中心的电流将趋于导体表面. 但从物理实质来看, 是依附导体传送的高频电磁场未能深入到导体内部, 只存在于其表面附近. 因此用集肤效应更贴合物理实际.

② 对于电场, 只作较弱的条件要求. 关于较弱条件的内容可参见式 (3.5.5) 下面的一段.

$$\nabla \cdot \boldsymbol{B} = 0.$$

式 (3.5.31) 的第一式是一个扩散方程①, 而系数

$$\eta \equiv \frac{c^2}{4\pi\sigma\mu} \tag{3.5.32}$$

称为扩散率. 电场 $\boldsymbol{E}$ 与 $\boldsymbol{B}$ 之间的关系为

$$\boldsymbol{E} = \frac{c\sigma}{4\pi\mu}\nabla \times \boldsymbol{B}, \tag{3.5.33}$$

$\boldsymbol{E}$ 满足同样的扩散方程

$$\frac{\partial \boldsymbol{E}}{\partial t} = \frac{c^2}{4\pi\sigma\mu}\nabla^2 \boldsymbol{E}, \tag{3.5.34}$$

和

$$\nabla \cdot \boldsymbol{E} = 0. \tag{3.5.35}$$

从式 (3.5.31) 和 (3.5.34) 我们看到, 导体的 σ 和 μ 愈大, 扩散就愈慢. 对于理想导体, 扩散率等于零.

方程式 (3.5.31) 在等离子体物理中是常用到的, 因为磁场的扩散是等离子体物理中一个重要的效应.

下面来考虑具有一定频率 ω(更确切地说, 是圆频率) 的似稳场. 在物理学中, 常把以确定频率变化的场用下述复数形式表示, 并理解为实际上只取它的实数部分 (这里只就经典物理学而言, 在量子物理学中另当别论). 由于方程是线性的, 实部和虚部在变化过程中并不发生关联. 因而只需在求出的结果中, 取出其实部就将得出所需要的解.

用复数表示的定频电磁场为

$$\begin{aligned} \boldsymbol{E} &= \boldsymbol{E}(x)\mathrm{e}^{-\mathrm{i}\omega t}, \\ \boldsymbol{B} &= \boldsymbol{B}(x)\mathrm{e}^{-\mathrm{i}\omega t}. \end{aligned} \tag{3.5.36}$$

于是方程 (3.5.34) 和 (3.5.31) 化为亥姆霍兹型的方程的形式:

$$(\nabla^2 + k^2)\boldsymbol{E}(x) = 0 \tag{3.5.37}$$

和

$$(\nabla^2 + k^2)\boldsymbol{B}(x) = 0. \tag{3.5.38}$$

但其中

$$k^2 = \mathrm{i}\frac{4\pi\sigma\mu\omega}{c^2} \tag{3.5.39}$$

① 扩散方程也称为热传导方程.

为一纯虚数, 这是该方程与波动方程不同的地方. 顺带提请注意的是, 方程式 (3.5.37) 和 (3.5.38) 以及原来的式 (3.5.31) 第一式和 (3.5.34) 都只适用于均匀导体.

下面我们就根据式 (3.5.37) 和 (3.5.35) 来讨论一个无穷长的均匀圆柱导体中具有确定频率的电流和电场.

设电流 $\boldsymbol{j}$ 沿着圆柱轴的方向 (z 方向), 其分布具有轴对称性. 由于 $\boldsymbol{E}$ 与 $\boldsymbol{j}_{\mathrm{f}}$ 成正比, 故 $\boldsymbol{E}$ 在用柱坐标 (r,θ,z) 表示时, 结果为

$$\boldsymbol{E}=\boldsymbol{E}_z(r)\mathrm{e}^{-\mathrm{i}\omega t}\boldsymbol{n}, \tag{3.5.40}$$

其中的 $\boldsymbol{n}$ 为 z 方向单位矢量. 将式 (3.5.37) 在柱坐标中写出来 (参见附录 A) 可得 $E_z(r)$ 满足零阶的贝塞尔方程

$$\frac{\mathrm{d}^2E_z(r)}{\mathrm{d}r^2}+\frac{1}{r}\frac{\mathrm{d}E_z(r)}{\mathrm{d}r}+k^2E_z(r)=0. \tag{5.3.41}$$

我们要求 E_z 在 $r=0$ 处为有限的, 这就解出

$$E_z(r)=E_0\mathrm{J}_0(kr), \tag{3.5.42}$$

其中

$$k=\frac{1}{\delta}(1+\mathrm{i}),\qquad \delta=\frac{c}{\sqrt{2\pi\sigma\mu\omega}}, \tag{3.5.43}$$

$\mathrm{J}_0(kr)$ 为零阶贝塞尔函数. 由于式 (3.5.40) 形式的 $\boldsymbol{E}$ 已能使横场条件式 (3.5.35) 满足, 故式 (3.5.42) 的确是正确的解. 相应的电流分布为

$$\boldsymbol{j}_{\mathrm{f}}=\sigma E_0\mathrm{J}_0(kr)\boldsymbol{n}\mathrm{e}^{-\mathrm{i}\omega t}. \tag{3.5.44}$$

常数 E_0 可用总电流表示出来, 设

$$I=I_0\mathrm{e}^{-\mathrm{i}\omega t}, \tag{3.5.45}$$

定出的结果是

$$E_0=\frac{kI_0}{2\pi\sigma r_0\mathrm{J}_1(kr_0)}, \tag{3.5.46}$$

其中的 r_0 为导体柱的半径; J_1 为一阶贝塞尔函数.

在频率足够低使得不等式

$$\delta\gg r_0 \tag{3.5.47}$$

成立时, 利用贝塞尔函数的小宗量近似表示, 可得

$$\boldsymbol{j}_{\mathrm{f}}=\frac{I_0}{\pi r_0^2}\boldsymbol{n}\mathrm{e}^{-\mathrm{i}\omega t}. \tag{3.5.48}$$

即电流是均匀分布的, 这就相应于细线的情况, 式 (3.5.47) 就是细线的条件式. 在另一极端即粗线的情形, 即

$$\delta \ll r_0 \tag{3.5.49}$$

时, 我们将看到电流将集中在表面附近一薄层内. 因为利用复宗量贝塞尔函数的大宗量渐近式, 可将此层中的电流表示为

$$\boldsymbol{j}_{\mathrm{f}} = -\frac{\mathrm{i}kI_0}{2\pi r_0}\sqrt{\frac{r_0}{r}}\mathrm{e}^{-\frac{r_0-r}{\delta}}\boldsymbol{n}\mathrm{e}^{-\mathrm{i}\left(\omega t-\frac{r_0-r}{\delta}\right)},$$

$$(r \gg \delta). \tag{3.5.50}$$

在这里, 对 "数值随 r 变化" 起决定作用的是指数因子. 因此, 随着 $r_0 - r$ 增大, 即从表面向柱内深入时, 电流分布基本上以指数下降. 在深度为 δ 的地方, 电流的振幅就降为其表面值 $\frac{1}{\mathrm{e}}$. 这就是通常所说的集肤效应①, δ 就是集肤厚度. 从式 (3.5.43) 可以看出, 集肤厚度与 ω 的平方根成反比, 从而频率愈高, 集肤效应愈显著. δ 同导体的 σ 的平方根亦成反比. 对于理想导体, 将有 $\delta \to 0$, 这时电流将变成导体圆柱表面上的面电流.

最后, 我们给出铜导线集肤厚度的一些具体数值. 当频率为 40 Hz 时, 集肤厚度 δ 为 1 cm, 当频率为 1 kHz 时, δ 减小到 0.2 cm, 而当频率为 100 kHz 时 (无线电长波波段, 相应波长为 3 km), δ 就只有 0.02 cm 了. 由于集肤效应, 高频导线可以做成空心的 (以减少用材), 因为其中心部分本来就不起载流作用.

3.6 磁场对运动导体的质动力和电动力

在发电机和电动机中, 都装有在磁场中运动的导线圈, 并通过它实行机械能和电磁能之间的转换. 在运动的等离子体中, 磁场的质动作用也是影响过程的一个重要物理因素. 如箍缩型的受控热核反应装置, 就是利用等离子体中放电电流的磁场对等离子体的质动力, 来压缩等离子体自身, 以获得热核反应所需的极高温度的. 在本节中, 我们将讨论磁场对运动导体作用的这两个方面, 即质动力和电动力.

3.6.1 质动力及其所作的功

设有一个载有传导电流 I_{f} 的导线圈在外磁场 $\boldsymbol{B}^{(\mathrm{e})}(x,t)$ 中运动, 我们要求外磁场对它的质动力以及该质动力所作的机械功.

---

① 从式 (3.5.50) 还可看出, 不同 r 处 $\boldsymbol{j}_{\mathrm{f}}$ 的相位亦不同. 因而在某一瞬时总电流 I 等于零时, $\boldsymbol{j}_{\mathrm{f}}$ 并不处处为零. 这就使得高频电阻要用一个周期内的平均焦耳热来定义, 其值为 ω 的函数.

让我们先把范围扩大一些, 考察一个带有电流并处在磁场中的导体 (不限于线状). 当导体静止时, 磁场对导体体积元 $\mathrm{d}\tau$ 的作用力是①

$$\boldsymbol{f}\mathrm{d}\tau = \frac{1}{c}\boldsymbol{j}_{\mathrm{f}} \times \boldsymbol{B}\mathrm{d}\tau. \tag{3.6.1}$$

当导体运动时, 上式是否还成立呢? 为了研究这个问题, 我们设导体是由离子和电子组成, 其中离子的密度为 n_+, 每个离子的电荷为 Ze, Z 为某个整数 (不一定就是原子序数) 电子的密度为 n_-, 电荷为 $-e$, 导体的宏观速度 (即其中离子和电子的质心速度) 为 $\boldsymbol{u}$, 电子和离子相对导体的速度分别为 $\boldsymbol{v}_-$ 和 $\boldsymbol{v}_+$. 这些密度和速度都是 $(\boldsymbol{x}, t)$ 的函数. 根据洛伦兹力公式, 磁场对体积元 $\mathrm{d}\tau$ 中的电子和离子的总作用力为

$$\begin{aligned}
\boldsymbol{f}\mathrm{d}\tau &= \frac{Zn_+e}{c}(\boldsymbol{u}+\boldsymbol{v}_+) \times \boldsymbol{B}\mathrm{d}\tau \\
&\quad - \frac{n_-e}{c}(\boldsymbol{u}+\boldsymbol{v}_-) \times \boldsymbol{B}\mathrm{d}\tau \\
&= \frac{1}{c}(Zn_+e\boldsymbol{v}_+ - n_-e\boldsymbol{v}_-) \times \boldsymbol{B}\mathrm{d}\tau \\
&= \frac{1}{c}(Zn_+e - n_-e)\boldsymbol{u} \times \boldsymbol{B}\mathrm{d}\tau,
\end{aligned}$$

不难看出, $Zn_+e\boldsymbol{v}_+ - n_-e\boldsymbol{v}_-$ 代表导体中的传导电流密度 $\boldsymbol{j}_{\mathrm{f}}$, 因为导体中的传导电流是指其中的带电粒子相对该导体的流动. 而最后一项中的 $Zn_+e - n_-e$ 显然就是导体中的自由电荷密度 ρ_{f}, 于是上式可表示成

$$\boldsymbol{f}\mathrm{d}\tau = \frac{1}{c}\boldsymbol{j}_{\mathrm{f}} \times \boldsymbol{B}\mathrm{d}\tau + \frac{1}{c}\rho_{\mathrm{f}}\boldsymbol{u} \times \boldsymbol{B}\mathrm{d}\tau, \tag{3.6.2}$$

其中的 $\rho_{\mathrm{f}}\boldsymbol{u}$ 称为载运电流, 它是导体荷载着电荷一起运动而形成的. 如果导体中还有极化电荷, 那么载运电流就是 $\rho\boldsymbol{u}$, ρ 等于 $\rho_{\mathrm{f}} + \rho_{\mathrm{P}}$, 即为总的电荷密度.

如前所述, 在均匀导体中, 一般都是中性的. 就是在非均匀的导体中, Zn_+e 和 $-n_-e$ 也基本上相消, 即 $Zn_+e - n_-e$ 的绝对值比起 n_-e 或 Zn_+e 小得多, 因而载运电流比起传导电流 $\boldsymbol{j}_{\mathrm{f}}$ 来, 常可以略去, 这样式 (3.6.2) 就化为式 (3.6.1). 以上讨论表明, 当导体运动时, 式 (3.6.1) 并不严格成立, 但它一般仍是好的近似.

通常把 $\boldsymbol{f}\mathrm{d}\tau$ 称为磁场对导体元的质动力, 因为它代表磁场对导体元中带电粒子的总作用力, 它和导体元所受的其他力一起, 决定导体元的机械动量变化率.

回到导线圈的情况. 根据式 (3.6.1), 外磁场 $\boldsymbol{B}^{(\mathrm{e})}$ 对导线元 $\mathrm{d}\boldsymbol{l}$ 的质动力为

$$\mathrm{d}\boldsymbol{F} = \frac{I_{\mathrm{f}}}{c}\mathrm{d}\boldsymbol{l} \times \boldsymbol{B}^{(\mathrm{e})}, \tag{3.6.3}$$

① 等离子体和一般金属导体 (除铁磁体外) 磁化都很小, 可设 $\mu = 1$. 因而磁场对这两类导体元的作用力就是对其中传导电流的作用力.

当导线元 $\mathrm{d}\boldsymbol{l}$ 移动 $\mathrm{d}\boldsymbol{\xi}$ 时, 质动力元 $\mathrm{d}\boldsymbol{F}$ 所作的功就是

$$\mathrm{d}\boldsymbol{F}\cdot\mathrm{d}\boldsymbol{\xi}=\frac{I_{\mathrm{f}}}{c}\mathrm{d}\boldsymbol{l}\times\boldsymbol{B}^{(\mathrm{e})}\cdot\mathrm{d}\boldsymbol{\xi},$$

对整个线圈积分起来, 就得出外磁场质动力所作的机械功为

$$\delta W^{(\mathrm{e})}=\frac{I_{\mathrm{f}}}{c}\oint\mathrm{d}\boldsymbol{l}\times\boldsymbol{B}^{(\mathrm{e})}\cdot\mathrm{d}\boldsymbol{\xi}=\frac{I_{\mathrm{f}}}{c}\oint\boldsymbol{B}^{(\mathrm{e})}\cdot\mathrm{d}\boldsymbol{\xi}\times\mathrm{d}\boldsymbol{l}.$$

在上式后一等式的导出中, 利用了矢量分析中的公式. 不难看出, $\mathrm{d}\boldsymbol{\xi}\times\mathrm{d}\boldsymbol{l}$ 代表线元 $\mathrm{d}\boldsymbol{l}$ 在移动过程中所扫过的面积元 $\mathrm{d}\boldsymbol{\sigma}$. 于是上式化成

$$\delta W^{(\mathrm{e})}=\frac{I_{\mathrm{f}}}{c}\int_{\delta S}\boldsymbol{B}^{(\mathrm{e})}\cdot\mathrm{d}\boldsymbol{\sigma},\tag{3.6.4}$$

其中的积分范围 δS 代表整个线圈在小移动中所扫过的面积. 如果我们用 $\mathcal{L}$ 和 $\mathcal{L}'$ 分别表示线圈移动前后的位形曲线, S 表示以 $\mathcal{L}$ 为边缘的任一曲面, 则通过 $\mathcal{L}$ 的外磁感通量等于

$$\psi^{(\mathrm{e})}=\int_{S}\boldsymbol{B}^{(\mathrm{e})}\cdot\mathrm{d}\boldsymbol{\sigma}.\tag{3.6.5}$$

同样, 通过 $\mathcal{L}'$ 的外磁感通量可用曲面 $S+\delta S$ 来计算, 即为

$$\psi'^{(\mathrm{e})}=\int_{S+\delta S}\boldsymbol{B}^{(\mathrm{e})}\cdot\mathrm{d}\boldsymbol{\sigma}.\tag{3.6.6}$$

我们要计算的是外磁场不变时 $\psi'^{(\mathrm{e})}$ 和 $\psi^{(\mathrm{e})}$ 的相差值, 并把它写成 $(\delta\psi^{(\mathrm{e})})_{I_{\mathrm{e}}}$, 脚标 I_{e} 代表产生外磁场的电流 (外电流), I_{e} 不变也就是外磁场分布不变. 于是有

$$(\delta\psi^{(\mathrm{e})})_{I_{\mathrm{e}}}=\int_{\delta S}\boldsymbol{B}^{(\mathrm{e})}\cdot\mathrm{d}\boldsymbol{\sigma},\tag{3.6.7}$$

$(\delta\psi^{(\mathrm{e})})_{I_{\mathrm{e}}}$ 就是式 (3.6.4) 中的积分, 因此得出

$$\delta W^{(\mathrm{e})}=\frac{I_{\mathrm{f}}}{c}(\delta\psi^{(\mathrm{e})})_{I_{\mathrm{e}}}.\tag{3.6.8}$$

假定在运动过程中, 线圈并不变形, 只是方位有一变化. 这时上式中的 $(\delta\psi^{(\mathrm{e})})_{I_{\mathrm{e}}}$ 可以换成 $(\delta\psi)_{I}$, 后者表示所有电流 (线圈本身的电流 I_{f} 以及外电流 I_{e}) 都不变时, 通过线圈总磁感通量的改变. 因为在 I_{f} 不变而且线圈不变形的情况下, I_{f} 所产生的磁场通过该线圈的通量显然是一个不变量. 另外在线圈不变形时, $\delta W^{(\mathrm{e})}$ 也就等于总磁场质动力所作的功 δW, 于是有

$$\delta W=\frac{I_{\mathrm{f}}}{c}(\delta\psi)_{I}.\tag{3.6.9}$$

我们也可以将上式中的 δW 用相互作用能 U_{i} 的变化表示出来. 设外磁场由另一个线圈 (记作线圈 2) 上的电流所产生, 我们把原来的线圈记作线圈 1, 因而 $\delta\psi$ 就是 $\delta\psi_1$, 将

$$\psi = \psi_1 = \frac{1}{c}(L_{11}I_1 + L_{12}I_2)$$

代入式 (3.6.9)(I_1 就是 I_{f}, I_2 就是 I_{e}), 就得[①]

$$\begin{aligned}\delta W = \frac{I_1}{c^2}(\delta L_{12})I_2 &= \frac{1}{2c^2}(\delta L_{12} + \delta L_{21})I_1 I_2 \\ &= (\delta U_{\mathrm{i}})_I,\end{aligned} \tag{3.6.10}$$

其中的 U_{i} 等于 (根据定义)

$$U_{\mathrm{i}} = \frac{1}{2c^2}(L_{12} + L_{21})I_1 I_2.$$

式 (3.6.10) 显然也可以写作

$$\delta W = (\delta U)_I, \tag{3.6.11}$$

其中

$$U = \frac{1}{2c^2}(L_{11}I_1^2 + L_{12}I_1I_2 + L_{21}I_1I_2 + L_{22}I_2^2),$$

为两个线圈总的电磁能量.

讨论到这里, 读者可能提出问题:

既然磁场对于任何运动电荷的作用力总是垂直于该电荷的速度, 那么它所作的功应该永远等于零. 而在上面, 我们又计算出磁场对导线圈的质动力所作的功并不为零 (实际上也不为零, 否则电动机就不存在了), 这两者之间是个什么关系?

另外, 式 (3.6.11) 给出, 当线圈 1 有一微小移动或转动时, 质动力所作的功等于 $(\delta U)_I$. 如果我们真地保持 I_1 和 I_2 在运动过程中不变, 那么实际的 δU 就等于 $(\delta U)_I$, 因而有

$$\delta W = \delta U. \tag{3.6.12}$$

这样, 当磁场对外作功即 $\delta W > 0$ 时, U 反而增加了, 这与能量守恒定律是否有矛盾? 如何具体地来论证?

后面这个问题, 实际上在 3.3 节的最后部分的讨论中已经解决, 下面 (3.6.2) 小节我们还将用小字体针对现在的具体情况作出说明[②].

---

① 当线圈 1 在运动过程中不变形时, $\delta L_{11} = 0$, 另外, $\delta L_{12} = \delta L_{21}$, 于是得出式 (3.6.10).

② 对于不感到有问题的读者, 可以对该小节略去不读.

3.6.2 电动力及能量转换问题

的确, 磁场所作的总功是等于零的, 但是磁场的质动力所作的机械功并不等于磁场所作的总功. 质动力是指磁场作用到导体上的总力, 它单位时间所作的机械功等于这个总力乘上导体的宏观速度 (即正负带电粒子质心的速度). 由于导体中正负带电粒子的速度是不同的, 所以质动力所作的功并不是磁场所作的总功. 磁场所作的总功应该是它对正负电荷分别作的功的和.

在计算磁场对正负电荷所作的功之前, 还有必要先对正负电荷所受的磁场作用力进行一些讨论. 令 $\boldsymbol{f}^{(+)}$ 和 $\boldsymbol{f}^{(-)}$ 分别代表磁场作用到单位体积中正负电荷的力, $\boldsymbol{j}_{\mathrm{f}}^{(+)}$ 和 $\boldsymbol{j}_{\mathrm{f}}^{(-)}$ 代表正负电荷对传导电流的贡献, 因而分别等于 $\rho_{\mathrm{f}}^{(+)}\boldsymbol{v}_+$ 和 $\rho_{\mathrm{f}}^{(-)}\boldsymbol{v}_-$. $\boldsymbol{v}_+$ 和 $\boldsymbol{v}_-$ 分别代表正负电荷相对导体的速度. 另外, 设 $\boldsymbol{u}$ 为导体的速度. 根据洛伦兹力公式,

$$\begin{aligned}\boldsymbol{f}^{(+)} &= \frac{1}{c}\rho_{\mathrm{f}}^{(+)}(\boldsymbol{u}+\boldsymbol{v}_+)\times\boldsymbol{B} = \boldsymbol{f}_1^{(+)} + \boldsymbol{f}_2^{(+)},\\ \boldsymbol{f}^{(-)} &= \frac{1}{c}\rho_{\mathrm{f}}^{(-)}(\boldsymbol{u}+\boldsymbol{v}_-)\times\boldsymbol{B} = \boldsymbol{f}_1^{(-)} + \boldsymbol{f}_2^{(-)},\end{aligned} \tag{3.6.13}$$

其中

$$\begin{aligned}\boldsymbol{f}_1^{(\pm)} &= \frac{1}{c}\rho_{\mathrm{f}}^{(\pm)}\boldsymbol{u}\times\boldsymbol{B},\\ \boldsymbol{f}_2^{(\pm)} &= \frac{1}{c}\boldsymbol{j}_{\mathrm{f}}^{(\pm)}\times\boldsymbol{B}.\end{aligned} \tag{3.6.14}$$

两项力 $\boldsymbol{f}_1$ 和 $\boldsymbol{f}_2$ 各有不同的特点. 第一项力对正负电荷来说, 方向正好相反, 因此它将推动正负电荷间的相对运动, 也就是激发传导电流. 但它对正负电荷的质心运动并无作用或只有很小的作用, 因为 $\boldsymbol{f}_1^{(+)}$ 和 $\boldsymbol{f}_1^{(-)}$ 不仅方向相反, 而且数值相等 (或几乎相等), 从而在求总力时是相消 (或几乎相消) 的. 第二项力情况不同, 它对正负电荷的质心运动有作用, 因为一般 $\boldsymbol{v}_+$ 和 $\boldsymbol{v}_-$ 方向相反 (于是 $\boldsymbol{j}_{\mathrm{f}}^{(+)}$ 和 $\boldsymbol{j}_{\mathrm{f}}^{(-)}$ 方向将相同), 在求总力时, $\boldsymbol{j}_{\mathrm{f}}^{(+)}$ 和 $\boldsymbol{j}_{\mathrm{f}}^{(-)}$ 不是相消而是相长的. 但此项力对激发传导电流的贡献很小, 这不仅因为对正负电荷此项力是同方向的, 而且从数值上来说, 它一般也比第一项小得多 ($\boldsymbol{v}_+$ 和 $\boldsymbol{v}_-$ 一般很小, 远小于导体的速度 $\boldsymbol{u}$). 另外, $\boldsymbol{f}_2^{(+)}$ 和 $\boldsymbol{f}_2^{(-)}$ 还分别与 $\boldsymbol{j}_{\mathrm{f}}^{(+)}$ 和 $\boldsymbol{j}_{\mathrm{f}}^{(-)}$ 相垂直, 在导体是导线圈的情况下, 此项力处处与导线圈正交, 因而对线圈的电动势无贡献. 它除了力学方面的质动作用外, 在电磁方面只有一个称作霍尔效应的比较微弱的效应①. 因此我们称 $\boldsymbol{f}_2^{(+)}$ 和 $\boldsymbol{f}_2^{(-)}$ 为质动力项. 第一项力对线圈的电动势是有贡献的, 因为它一般具有沿导线切向的分量. 通常把这种电动势称为动生电动势, 相应地, 第一项力就称为动生电动力. 根据式 (3.6.14), 单位电荷所受的动生电动力等于 $\dfrac{\boldsymbol{u}}{c}\times\boldsymbol{B}$, 同电场 $\boldsymbol{E}$ 的作用相似. 由此可以得出, 运

① 在线圈静止时, 此效应就是使得 $\boldsymbol{E}$ 的方向与导线的切线方向有一小的偏离.

动导体中的欧姆定律应修改为

$$\boldsymbol{j}_{\mathrm{f}}=\sigma\left(\boldsymbol{E}+\frac{\boldsymbol{u}}{c}\times\boldsymbol{B}\right). \tag{3.6.15}$$

上式有时被称作广义欧姆定律, 它是等离子体物理中的重要公式之一.

经过了这一番讨论, 我们就可以解决上面提出的第一个问题了. 磁场所作的总功功率, 如前所述, 应为它对正负电荷分别功率的和. 对导体单位体积中的正负电荷来说, 总功率等于

$$\begin{aligned}&\frac{1}{c}\rho_{\mathrm{f}}^{(+)}(\boldsymbol{u}+\boldsymbol{v}_+)\times\boldsymbol{B}\cdot(\boldsymbol{u}+\boldsymbol{v}_+)\\&+\frac{1}{c}\rho_{\mathrm{f}}^{(-)}(\boldsymbol{u}+\boldsymbol{v}_-)\times\boldsymbol{B}\cdot(\boldsymbol{u}+\boldsymbol{v}_-),\end{aligned}$$

它当然应等于零. 由此可得这样一个关系式:

$$\begin{aligned}&\frac{1}{c}\boldsymbol{u}\times\boldsymbol{B}\cdot(\rho_{\mathrm{f}}^{(+)}\boldsymbol{v}_++\rho_{\mathrm{f}}^{(-)}\boldsymbol{v}_-)\\&+\frac{1}{c}(\rho_{\mathrm{f}}^{(+)}\boldsymbol{v}_++\rho_{\mathrm{f}}^{(-)}\boldsymbol{v}_-)\times\boldsymbol{B}\cdot\boldsymbol{u}=0.\end{aligned}$$

注意到 $\rho_{\mathrm{f}}^{(+)}\boldsymbol{v}_++\rho_{\mathrm{f}}^{(-)}\boldsymbol{v}_-$ 就是 $\boldsymbol{j}_{\mathrm{f}}$, 以及 $\frac{1}{c}\boldsymbol{j}_{\mathrm{f}}\times\boldsymbol{B}$ 就是单位体积中的质动力 $\boldsymbol{f}$, 上式可写作

$$\frac{1}{c}\boldsymbol{u}\times\boldsymbol{B}\cdot\boldsymbol{j}_{\mathrm{f}}+\boldsymbol{f}\cdot\boldsymbol{u}=0. \tag{3.6.16}$$

其中的第一项代表动生电动力 $\left(\frac{1}{c}\boldsymbol{u}\times\boldsymbol{B}\right)$ 对传导电流所作的功率, 第二项代表质动力对导体所作的机械功率, 这两项的和才是磁场所作的总功率. 此总功率是等于零的, 这表明, 当质动力对外作正机械功时, 动生电动力将对电流作负功, 也就是说电流将反抗动生电动力作正功. 电动机的工作机制正是这样: 其中电流在外电源推动下反抗电动机中的动生电动力作功, 与此同时, 磁场的质动力推动转子上的导线圈对外作机械功. 在这里, 电源的能量转化为机械能. 反过来, 当磁场质动力对外作负的机械功, 亦即外力克服质动力作正功时, 运动线圈中的电动力将对电流作正功, 这正是发电机的工作机理. 在此过程中, 机械能转化为电磁能.

最后, 我们来讨论前面提出的第二个问题 [见式 (3.6.12) 下面]. 根据上面的讨论, 当线圈 1 在外磁场 (线圈 2 的磁场) 中运动时, 其动生电动势 ε_1 即为 $\frac{1}{c}\boldsymbol{u}\times\boldsymbol{B}^{(\mathrm{e})}$ 对该线圈的线积分. 将 $\boldsymbol{u}$ 表示为 $\frac{\mathrm{d}\boldsymbol{\xi}}{\mathrm{d}t}$, ε_1 化为

$$\varepsilon_1=-\frac{1}{c}\oint_{\mathcal{L}_1}\boldsymbol{B}^{(\mathrm{e})}\cdot\boldsymbol{u}\times\mathrm{d}\boldsymbol{l}=-\frac{1}{c}\oint_{\mathcal{L}_1}\boldsymbol{B}^{(\mathrm{e})}\cdot\frac{\mathrm{d}\boldsymbol{\xi}}{\mathrm{d}t}\times\mathrm{d}\boldsymbol{l},$$

将 $\mathrm{d}\boldsymbol{\xi}\times\mathrm{d}\boldsymbol{l}$ 写成 $\mathrm{d}\boldsymbol{\sigma}$, 它代表线元 $\mathrm{d}\boldsymbol{l}$ 在 $\mathrm{d}t$ 时间内所扫过的面积, 即可将上式写成

$$\varepsilon_1=-\frac{1}{c\mathrm{d}t}\int_{\delta S_1}\boldsymbol{B}^{(\mathrm{e})}\cdot\mathrm{d}\boldsymbol{\sigma},\tag{3.6.17}$$

积分范围 δS_1 为 $\mathrm{d}t$ 时间内线圈 1 所扫过的面积. 根据式 (3.6.7), $\int_{\delta S_1}\boldsymbol{B}^{(\mathrm{e})}\cdot\mathrm{d}\boldsymbol{\sigma}$ 就是 $(\mathrm{d}\psi^{(\mathrm{e})})_{I_\mathrm{e}}$, 因此有①

$$\varepsilon_1=-\frac{1}{c}\left(\frac{\mathrm{d}\psi_1^{(\mathrm{e})}}{\mathrm{d}t}\right)_{I_\mathrm{e}}.\tag{3.6.18}$$

如果我们要保持线圈 1 的电流不变, 那么在线圈 1 中就必须附加一个电动势 ε_1' 来同上述动生电动势抵消, ε_1' 的值应即等于 $-\varepsilon_1$:

$$\varepsilon_1'=\frac{1}{c}\left(\frac{\mathrm{d}\psi_1^{(\mathrm{e})}}{\mathrm{d}t}\right)_{I_\mathrm{e}}.\tag{3.6.19}$$

另外, 当线圈 1 运动时, 它的磁场 $\boldsymbol{B}^{(1)}$ 在空间的分布将发生改变, 因而在线圈 2(即产生外磁场的线圈) 中也将产生一个感应电动势, 其值为

$$\varepsilon_2=-\frac{1}{c}\frac{\mathrm{d}\psi_2^{(1)}}{\mathrm{d}t},\tag{3.6.20}$$

其中的 $\psi_2^{(1)}$ 为磁场 $\boldsymbol{B}^{(1)}$ 通过线圈 2 的通量. 因此, 为保持外电流不变, 还要在线圈 2 上附加一个电动势, 其值为

$$\varepsilon_2'=\frac{1}{c}\frac{\mathrm{d}\psi_2^{(1)}}{\mathrm{d}t}.\tag{3.6.21}$$

将 $\psi_1^{(\mathrm{e})}$ 和 $\psi_2^{(1)}$ 用下式代入:

$$\psi_1^{(\mathrm{e})}=\frac{1}{c}L_{12}I_2,$$

$$\psi_2^{(1)}=\frac{1}{c}L_{21}I_1,$$

① 外磁场 (当其随时间变化时) 在线圈 1 中还产生一个感应电动势, 其值为 $\oint_{\mathcal{L}_1}\boldsymbol{E}^{(\mathrm{e})}\cdot\mathrm{d}\boldsymbol{l}=-\frac{1}{c}\int_{S_1}\frac{\partial\boldsymbol{B}^{(\mathrm{e})}}{\partial t}\cdot\mathrm{d}\boldsymbol{\sigma}=-\frac{1}{c}\left(\frac{\mathrm{d}\psi_1^{(\mathrm{e})}}{\mathrm{d}t}\right)_{S_1}$, $\left(\frac{\mathrm{d}\psi_1^{(\mathrm{e})}}{\mathrm{d}t}\right)_{S_1}$ 表示曲面 S_1 不变时, 外磁感通量的变化率. 将它与动生电动势加起来, 即得外磁场在线圈 1 中的总电动势为

$$\varepsilon_1^{(总)}=-\frac{1}{c}\frac{\mathrm{d}\psi_1^{(\mathrm{e})}}{\mathrm{d}t}.$$

并注意到式 (3.6.20) 中的 $\psi_2^{(1)}$ 的变化是由于 L_{21} 的改变引起的 (因为 I_1 已维持不变), 即得

$$\begin{aligned}\varepsilon_1' &= \frac{1}{c}\frac{\mathrm{d}L_{12}}{\mathrm{d}t}I_2,\\ \varepsilon_2' &= \frac{1}{c}\frac{\mathrm{d}L_{21}}{\mathrm{d}t}I_1.\end{aligned} \tag{3.6.22}$$

于是在线圈 1 的一个微小运动中 (所经历的时间设为 δt), 两个附加电动势所作的功就等于

$$\begin{aligned}&\varepsilon_1' I_1\delta t + \varepsilon_2' I_2\delta t\\ &= \frac{1}{c}(\delta L_{12} + \delta L_{21})I_1 I_2\\ &= 2(\delta U_{\mathrm{i}})_I.\end{aligned} \tag{3.6.23}$$

前面已经得出, 在此运动过程中, 质动力对外作的机械功 δW 以及电磁能的增加都等于 $(\delta U_{\mathrm{i}})_I$, 因而能量守恒的关系式

$$\delta W = -\delta U + \varepsilon_1' I_1\delta t + \varepsilon_2' I_2\delta t \tag{3.6.24}$$

的确是成立的. 如果我们用 U_{T} 表示两个线圈以及两个附加电源的总能量, 那么 δW 还可写作

$$\delta W = -\delta U_{\mathrm{T}}, \tag{3.6.25}$$

这正是我们在 3.3 节中已提到的结果.

第四章 电磁波的辐射和传播

本章内容分三个方面:

(1) 首先对电磁场的另一种描述方式 (即用势来代替场强) 进行一般的讨论. 给出不稳定电荷电流的电磁势的普遍公式, 并通过微观物理中最重要的辐射过程 (电偶极辐射), 来指明在不稳定电荷电流所产生的场中, 存在一种脱离电荷电流向外辐射的成分 (因而称为辐射电磁场), 并对这种辐射电磁场的主要特点进行讨论. 然后介绍原子核和基本粒子物理中需要用到的磁偶极辐射、电四极辐射和一般的多极辐射的理论, 最后是讨论无线电短波通信中常采用的半波长天线的辐射.

(2) 讨论电磁波同介质的相互作用, 并具体研究在无界均匀介质中传播的平面电磁波的性质, 以及平面电磁波在介质表面上的反射和折射. 这些皆是电磁波传播中的最基本过程, 在光学中也是很重要的.

(3) 讨论无线电短波的激发和传送. 高频无线电波的激发通常采用谐振腔来实现, 而其传送常通过同轴线和波导管. 最后还将介绍无线电波依附导体表面的传播.

4.1 电磁场的标势和矢势 推迟解

在第一章中, 我们是引入电磁场强度 $\boldsymbol{E}$ 和 $\boldsymbol{B}$ 来描写电磁场的. 后来在静电场和静磁场的情况中, 我们看到, 电磁场也可以分别用静电标势 φ 和静磁矢势 $\boldsymbol{A}$ 来描写. 用势来描写场有它的优点, 即它们对电荷电流的依赖关系比较简单, 便于根据电荷电流的分布来计算它们的值. 在本节中, 我们将推广以前的结果, 即在普遍情况下, 引入势函数来描述电磁场, 并讨论这种描述方式的一个重要性质 —— 规范不变性. 最后我们将导出不稳定电荷电流的势的单普遍表达式 —— 推迟解公式.

4.1.1 电磁场的势 规范不变性

普遍情况下场强满足麦克斯韦方程组:

$$\nabla\cdot\boldsymbol{E}=4\pi\rho,$$

$$\nabla\times\boldsymbol{E}=-\frac{1}{c}\frac{\partial\boldsymbol{B}}{\partial t},$$

$$\nabla\cdot\boldsymbol{B}=0,$$

$$\nabla \times \boldsymbol{B} = \frac{1}{c}\frac{\partial \boldsymbol{E}}{\partial t} + \frac{4\pi}{c}\boldsymbol{j}. \tag{4.1.1}$$

上式中的电磁场强度以及电荷电流密度都是空间和时间的函数. 从式 (4.1.1) 第三式 ($\boldsymbol{B}$ 的散度为零), 可将 $\boldsymbol{B}$ 表示为某一矢量 $\boldsymbol{A}$ 的旋度, 即

$$\boldsymbol{B}(x,t) = \nabla \times \boldsymbol{A}(x,t). \tag{4.1.2}$$

值得提醒的是, 这样引入的 $\boldsymbol{A}$ 只是其横场部分具有确定的意义, 其纵场部分可以任意取, 因为纵场的旋度总为零. 这些情况与静磁时的完全相似. 唯一不同的是, 现在的 $\boldsymbol{A}$ 为一个随时间变化的量.

电场的情况与静电有较大的不同. 静电场的旋度为零, 也就是说它是一个纵场, 而现在 $\nabla \times \boldsymbol{E}$ 等于 $-\dfrac{1}{c}\dfrac{\partial \boldsymbol{B}}{\partial t}$ 并不为零, 因此 $\boldsymbol{E}$ 不再能表示成某标量场的梯度. 但是利用式 (4.1.2) 可从式 (4.1.1) 第二式得出

$$\nabla \times \left(\boldsymbol{E} + \frac{1}{c}\frac{\partial \boldsymbol{A}}{\partial t}\right) = 0.$$

这样 $\boldsymbol{E} + \dfrac{1}{c}\dfrac{\partial \boldsymbol{A}}{\partial t}$ 为一纵场. 根据矢量分析中的定理, 我们可将它表示成 $-\nabla\varphi(x,t)$, 于是有

$$\boldsymbol{E}(x,t) = -\nabla\varphi(x,t) - \frac{1}{c}\frac{\partial \boldsymbol{A}(x,t)}{\partial t}. \tag{4.1.3}$$

$\varphi(x,t)$ 和 $\boldsymbol{A}(x,t)$ 即称为一般情况下电磁场的标势和矢势.

需要注意的是, 现在 $\boldsymbol{E}$ 不仅与标势有关, 而且与矢势有关, 正是这一情况使得 $\boldsymbol{E}$ 和 $\boldsymbol{B}$ 是互相联系的. 在静电或稳定电流的情况下, 式 (4.1.2) 和 (4.1.3) 即化为过去的结果. 这表明, 过去给出的结果是式 (4.1.2) 和 (4.1.3) 的特例.

下面来对式 (4.1.2) 和 (4.1.3) 作进一步的讨论. 为此, 我们把 $\boldsymbol{E}$ 和 $\boldsymbol{A}$ 分为纵场和横场两部分的叠加. $\boldsymbol{B}$ 和 $\nabla\varphi$ 分别只有横场和纵场部分, 当然就不再分了. 这样式 (4.1.2) 和 (4.1.3) 化为

$$\boldsymbol{B} = \nabla \times \boldsymbol{A}_{\rm t}, \tag{4.1.4}$$

$$\boldsymbol{E}_{\rm t} = -\frac{1}{c}\frac{\partial \boldsymbol{A}_{\rm t}}{\partial t}, \tag{4.1.5}$$

$$\boldsymbol{E}_{\rm l} = -\nabla\varphi - \frac{1}{c}\frac{\partial \boldsymbol{A}_{\rm l}}{\partial t}. \tag{4.1.6}$$

以上结果表明, 磁场和电场的横场部分都只与 $\boldsymbol{A}$ 的横场部分 ($\boldsymbol{A}_{\rm t}$) 有关, 而 φ 和 $\boldsymbol{A}$ 的纵场部分 $\boldsymbol{A}_{\rm l}$ 合起来与 $\boldsymbol{E}$ 的纵场部分 ($\boldsymbol{E}_{\rm l}$) 相联系. 这就使得对于一定的 $\boldsymbol{E}_{\rm l}$, φ 和 $\boldsymbol{A}_{\rm l}$ 不能分别确定: 如果已有一组 $\boldsymbol{A}_{\rm l}$ 和 φ 满足式 (4.1.6), 则对任意的标函数 $\psi(\boldsymbol{x},t)$, 作出的

$$\begin{aligned} \boldsymbol{A}_l' &= \boldsymbol{A}_l + \nabla\psi, \\ \varphi' &= \varphi - \frac{1}{c}\frac{\partial\psi}{\partial t}, \end{aligned} \tag{4.1.7}$$

同样能满足式 (4.1.6).

$\boldsymbol{A}$ 和 φ 的不同取法称作采用不同的规范, 于是式 (4.1.7) 所规定的变换就称为规范变换. 当 $\boldsymbol{A}$ 和 φ 作规范变换时, 它们所对应的仍然为同一个客观电磁场 (因为 $\boldsymbol{E}$ 和 $\boldsymbol{B}$ 都没有变), 从而所有的物理量都应保持不变 (因物理量都是与 $\boldsymbol{E}$ 和 $\boldsymbol{B}$ 相关). 这种不变性就叫做规范不变性. 利用 $\boldsymbol{A}$ 和 φ 的这种性质, 我们可以选择适当的规范来使处理简化.

将式 (4.1.2) 和 (4.1.3) 代入麦克斯韦方程组的第一和四式, 得

$$\begin{aligned} &\nabla^2\varphi + \frac{1}{c}\nabla\cdot\frac{\partial\boldsymbol{A}}{\partial t} = -4\pi\rho, \\ &\nabla\times(\nabla\times\boldsymbol{A}) = -\nabla^2\boldsymbol{A} + \nabla(\nabla\cdot\boldsymbol{A}) \\ &\qquad = -\frac{1}{c}\frac{\partial}{\partial t}(\nabla\varphi) - \frac{1}{c^2}\frac{\partial^2\boldsymbol{A}}{\partial t^2} + \frac{4\pi}{c}\boldsymbol{j}. \end{aligned}$$

以上两式可改写为

$$\begin{aligned} &\nabla^2\varphi - \frac{1}{c^2}\frac{\partial^2\varphi}{\partial t^2} + \frac{1}{c}\frac{\partial}{\partial t}\left(\nabla\cdot\boldsymbol{A} + \frac{1}{c}\frac{\partial\varphi}{\partial t}\right) \\ &\quad = -4\pi\rho, \\ &\nabla^2\boldsymbol{A} - \frac{1}{c^2}\frac{\partial^2\boldsymbol{A}}{\partial t^2} - \nabla\left(\nabla\cdot\boldsymbol{A} + \frac{1}{c}\frac{\partial\varphi}{\partial t}\right) \\ &\quad = -\frac{4\pi}{c}\boldsymbol{j}. \end{aligned} \tag{4.1.8}$$

如果我们选择 $\boldsymbol{A}_l$($\boldsymbol{A}$ 的纵场部分) 和 φ 使它满足

$$\nabla\cdot\boldsymbol{A}_l + \frac{1}{c}\frac{\partial\varphi}{\partial t} = 0, \tag{4.1.9}$$

由于 $\nabla\cdot\boldsymbol{A}$ 就等于 $\nabla\cdot\boldsymbol{A}_l$, 式 (4.1.8) 就简化为

$$\begin{aligned} \nabla^2\varphi - \frac{1}{c^2}\frac{\partial^2\varphi}{\partial t^2} &= -4\pi\rho, \\ \nabla^2\boldsymbol{A} - \frac{1}{c^2}\frac{\partial^2\boldsymbol{A}}{\partial t^2} &= -\frac{4\pi}{c}\boldsymbol{j}. \end{aligned} \tag{4.1.10}$$

上式表明, 这时的 φ 和 $\boldsymbol{A}$ 都满足非齐次的波动方程 (达朗贝尔方程), 并分别以 ρ 和 $\boldsymbol{j}$为源. 我们把式 (4.1.9) 称为洛伦兹条件$\Big($该条件通常写作 $\nabla\cdot\boldsymbol{A} + \frac{1}{c}\frac{\partial\varphi}{\partial t} = 0$, 因

$\nabla\cdot\boldsymbol{A}_l$ 就等于 $\nabla\cdot\boldsymbol{A}$), 把满足该条件的 $\boldsymbol{A}$ 和 φ 称作洛伦兹规范下的势. 式 (4.1.10) 即为这种势所满足的运动方程. 在静电和静磁情况下, 它们就化为第二章和第三章中的结果. 至于麦克斯韦的另二个方程即 (4.1.1) 的第二式和第三式, 在势的描述方式中已恒能满足, 就不必写出了.

通过以上讨论, 我们清楚地看见, 用势来描写电磁场比用场强来描写在理论上更加方便. 在用 $\boldsymbol{E}$ 和 $\boldsymbol{B}$ 来描写时, 有四个方程而且关系比较复杂, $\boldsymbol{B}$ 通过与 $\boldsymbol{E}$ 的关系间接地依赖于 ρ, $\boldsymbol{E}$ 亦依赖于 $\boldsymbol{j}$. 而用势来描写时, 只有两个方程. 在洛伦兹规范下, φ 和 $\boldsymbol{A}$ 分别只与 ρ 和 $\boldsymbol{j}$ 有关, 并且明显示出波动的性质. 不仅如此, 从量子理论看来, $\boldsymbol{A}$ 和 φ 应该是比 $\boldsymbol{E}$ 和 $\boldsymbol{B}$ 更加基本的物理量. 为了检验这一看法而提出的实验, 也已经得到了肯定的结论①. 实验表明：尽管由于存在规范不变性, $\boldsymbol{A}$ 和 φ 并不是单值的, 但却比场强具有更加直接的物理意义.

4.1.2 对洛伦兹条件的进一步讨论

洛伦兹条件要求任何时刻的 $\boldsymbol{A}$ 和 φ 都满足式 (4.1.9). 但根据方程 (4.1.10), 当初值给定后, $\boldsymbol{A}$ 和 φ 在以后任意时刻的值都将确定. 于是自然提出这样的问题; 会不会尽管初值满足洛伦兹条件的要求, 而由方程 (4.1.10) 解出的 $\boldsymbol{A}$ 和 φ 在以后时刻的值却不满足该条件? 如果确是如此, 那就表明洛伦兹条件是一种不合理的要求, 是与 $\boldsymbol{A}$ 和 φ 的运动方程不相容的.

下面我们将指出, 不会出现这样的情况, 只要初始时刻洛伦兹条件是满足的, 则按运动方程, 在任何时刻它都是能得到满足的.

运动方程 (4.1.10) 是一个二阶方程, 因而初值应包括 $t=0$ 时的 $\boldsymbol{A}$, φ, $\dfrac{\partial\boldsymbol{A}}{\partial t}$ 和 $\dfrac{\partial\varphi}{\partial t}$ 的值. 令

$$G\equiv\nabla\cdot\boldsymbol{A}+\frac{1}{c}\frac{\partial\varphi}{\partial t},\tag{4.1.11}$$

我们来证明, 只要初值选取得满足

$$G|_{t=0}\equiv\left(\nabla\cdot A+\frac{1}{c}\frac{\partial\varphi}{\partial t}\right)_{t=0}=0,\tag{4.1.12}$$

则求解出的任何时刻的 G 都恒等于零.

首先, 我们指出, 初值必定还满足关系式

$$\left(\frac{1}{c}\frac{\partial}{\partial t}(\nabla\cdot\boldsymbol{A})+\nabla^2\varphi+4\pi\rho\right)_{t=0}=0,\tag{4.1.13}$$

① 在 3.1 节中已给出有关的文献, 实验证实还可参见 Chambers, Phys. Rev. Letters, **5**. 3(1960). 另外, 应用超导中的约瑟夫森效应, 也证实了这种看法. 参见 Jeklevic, etc. Phys. Rev. Letters, **12**, 274(1964).

这是因为此式实际上就是

$$(\nabla \cdot \boldsymbol{E} - 4\pi\rho)_{t=0} = 0.$$

而对于由方程式 (4.1.10) 解出的 φ, 自然满足

$$\nabla^2\varphi + 4\pi\rho = \frac{1}{c^2}\frac{\partial^2\varphi}{\partial t^2},$$

将它代入式 (4.1.13), 就可得出

$$\left.\frac{\partial G}{\partial t}\right|_{t=0} = 0. \tag{4.1.14}$$

另外, 通过将式 (4.1.10) 的第一式对 t 作微商, 以及对其第二式取散度, 即得到

$$\nabla^2 G - \frac{1}{c^2}\frac{\partial^2 G}{\partial t^2} = \frac{4\pi}{c}\left(\nabla \cdot \boldsymbol{j} + \frac{\partial\rho}{\partial t}\right).$$

根据电荷守恒定律, 上式右方恒为零, 因此 G 将满足齐次波动方程

$$\nabla^2 G - \frac{1}{c^2}\frac{\partial^2 G}{\partial t^2} = 0. \tag{4.1.15}$$

有了这个方程, 再加上 G 的初始条件式 (4.1.12) 和 (4.1.14), 就可推出任何时刻的 G 都等于零. 这就证明了: 洛伦兹条件只要初始时满足就恒能满足.

值得注意的是, 洛伦兹条件并没有把 $\boldsymbol{A}$ 和 φ 完全确定, 我们还可以作规范变换

$$\begin{aligned} &\boldsymbol{A} \to \boldsymbol{A} + \nabla\psi = \boldsymbol{A}', \\ &\varphi \to \varphi - \frac{1}{c}\frac{\partial\psi}{\partial t} = \varphi', \end{aligned} \tag{4.1.16a}$$

只是 ψ 要受到下述限制, 即满足齐次波动方程

$$\nabla^2\psi - \frac{1}{c^2}\frac{\partial^2\psi}{\partial t^2} = 0. \tag{4.1.16b}$$

因为在原来的 $\boldsymbol{A}$ 和 φ 满足洛伦兹条件下, 按满足上述条件变换出来的 $\boldsymbol{A}'$ 和 φ', 同样能满足洛伦兹条件. 这表明即使在洛伦兹规范的范围内, 也还存在着规范变换和规范不变性, 只是 ψ 受到一定的限制, 即需满足齐次波动方程. 附带指出, 在理论物理中, 一般都采用洛伦兹规范, 因为这种规范是相对论协变的 (参见第六章).

对于自由电磁场的情况, 即

$$\rho = 0, \qquad \boldsymbol{j} = 0 \tag{4.1.17}$$

时, 由于 φ 所满足的方程为齐次波动方程, 与 ψ 所满足的方程式 (4.1.16) 相同, 因此有可能选择 ψ 使得新的标量势恒为零. 这时场的运动方程和洛伦兹条件分别化为

$$\nabla^2\boldsymbol{A}-\frac{1}{c^2}\frac{\partial^2\boldsymbol{A}}{\partial t^2}=0, \tag{4.1.18}$$

$$\nabla\cdot\boldsymbol{A}=0. \tag{4.1.19}$$

式 (4.1.19) 表明, 这时的 $\boldsymbol{A}$ 只有横场部分. 相应地, $\boldsymbol{E}$ 和 $\boldsymbol{B}$ 为

$$\begin{aligned}\boldsymbol{E}&=-\frac{1}{c}\frac{\partial A}{\partial t},\\ \boldsymbol{B}&=\nabla\times\boldsymbol{A}.\end{aligned} \tag{4.1.20}$$

4.1.3 推迟解

下面来讨论运动方程式 (4.1.10) 的解, 它将表示出, 一般情况下电磁场对电荷电流的依赖关系. 令 R 代表从 x' 点到 x 点的距离, 通过直接代入验算, 可以证明式 (4.1.10) 有以下的特解

$$\begin{aligned}\varphi(x,t)&=\int_\infty\frac{\rho\left(x',t-\dfrac{R}{c}\right)}{R}\mathrm{d}\tau',\\ \boldsymbol{A}(x,t)&=\frac{1}{c}\int_\infty\frac{\boldsymbol{j}\left(x',t-\dfrac{R}{c}\right)}{R}\mathrm{d}\tau'.\end{aligned} \tag{4.1.21}$$

因为

$$\begin{aligned}&\left(\nabla^2-\frac{1}{c^2}\frac{\partial^2}{\partial t^2}\right)\int\frac{\rho\left(x',t-\dfrac{R}{c}\right)}{R}\mathrm{d}\tau'\\ &=\int\rho\left(x',t-\frac{R}{c}\right)\nabla^2\frac{1}{R}\mathrm{d}\tau'\\ &+\int\frac{1}{R}\left(\nabla^2-\frac{1}{c^2}\frac{\partial^2}{\partial t^2}-2\frac{\boldsymbol{R}}{R^2}\cdot\nabla\right)\rho\left(x',t-\frac{R}{c}\right)\mathrm{d}\tau',\end{aligned} \tag{4.1.22}$$

而利用附录 A 中的公式, 可以求出

$$\nabla\rho\left(x',t-\frac{R}{c}\right)=\frac{\partial\rho\left(x',t-\dfrac{R}{c}\right)}{\partial t}\left(-\frac{1}{c}\nabla R\right)$$

$$
\begin{aligned}
&= -\frac{1}{c}\frac{\partial\rho\left(x', t - \dfrac{R}{c}\right)}{\partial t}\frac{\boldsymbol{R}}{R},\\
\nabla^2\rho\left(x', t - \frac{R}{c}\right) &= \nabla\cdot\left[-\frac{1}{c}\frac{\partial\rho\left(x', t - \dfrac{R}{c}\right)}{\partial t}\frac{\boldsymbol{R}}{R}\right]\\
&= \frac{1}{c^2}\frac{\partial^2\rho\left(x', t - \dfrac{R}{c}\right)}{\partial t^2} - \frac{2}{cR}\frac{\partial\rho\left(x', t - \dfrac{R}{c}\right)}{\partial t},
\end{aligned}
$$

于是得出式 (4.1.22) 第二式等于零. 再利用

$$
\nabla^2\frac{1}{R} = -4\pi\delta(x - x'),
$$

即将式 (4.1.22) 右方化为 $-4\pi\rho(x, t)$, 这就证明了式 (4.1.21) 第一式满足式 (4.1.10) 中第一个方程. 对式 (4.1.21) 第二式, 可完全类似地证明它满足式 (4.1.10) 中第二个方程.

此外, 利用电荷守恒定律, 可以证明此特解满足洛伦兹条件 (具体推导从略), 从而它的确是一个物理的解.

下面, 我们来讨论特解式 (4.1.21) 的意义. 从式 (4.1.21) 我们看见: x 点的 φ 和 $\boldsymbol{A}$ 分别是由各体积元中的电荷和电流贡献的, $\mathrm{d}\tau'$ 处的电荷电流贡献是 $\dfrac{\rho\mathrm{d}\tau'}{R}$ 和 $\dfrac{\boldsymbol{j}\mathrm{d}\tau'}{cR}$. 只是当我们求的是 t 时刻的 φ 和 $\boldsymbol{A}$ 时, $\dfrac{\rho\mathrm{d}\tau'}{R}$ 和 $\dfrac{\boldsymbol{j}\mathrm{d}\tau'}{cR}$ 中的 ρ 和 $\boldsymbol{j}$ 不应取 t 时刻的值而是某较早时刻 t' 时的值, $t' = t - \dfrac{R}{c}$, 即比 t 早 $\dfrac{R}{c}$. 这就表明, 当 $\mathrm{d}\tau'$ 中的 ρ 和 $\boldsymbol{j}$ 发生变化时, 要在 $\dfrac{R}{c}$ 时间以后才影响 x 处的 φ 和 $\boldsymbol{A}$. 换句话说, 任一处电荷电流对其他地方的影响有一个推迟效应, 亦即电磁影响是以有限速度传播的, 其速度即为真空中的光速 c. 因此式 (4.1.21) 称为方程式 (4.1.10) 的推迟解, 由式 (4.1.21) 所表达的 φ 和 $\boldsymbol{A}$ 就称为推迟势. 在下一节中, 我们将进一步阐明, 当局限于某小区域内的电荷电流是不稳定的, 由式 (4.1.21) 规定的 φ 和 $\boldsymbol{A}$ 就包含有脱离电荷电流向外辐射的电磁波的成分, 这就是电磁辐射效应.

式 (4.1.21) 只是运动方程式 (4.1.10) 的一个特解. 不难看出, 式 (4.1.10)(并加上洛伦兹条件) 的通解可以表示为它的任一特解 (如式 (4.1.21)) 和满足齐次波动方程

$$
\begin{aligned}
\nabla^2\varphi - \frac{1}{c^2}\frac{\partial^2\varphi}{\partial t^2} = 0\\
\nabla^2\boldsymbol{A} - \frac{1}{c^2}\frac{\partial^2\boldsymbol{A}}{\partial t^2} = 0
\end{aligned}
\tag{4.1.23}
$$

以及洛伦兹条件

$$\nabla\cdot\boldsymbol{A}+\frac{1}{c}\frac{\partial\varphi}{\partial t}=0$$

的通解 $\varphi^{(0)}(\boldsymbol{x},t)$ 和 $\boldsymbol{A}^{(0)}(\boldsymbol{x},t)$ 的和. 即式 (4.1.10) 的通解为

$$\begin{aligned}\varphi(\boldsymbol{x},t)&=\varphi^{(0)}(\boldsymbol{x},t)+\int\frac{\rho\left(\boldsymbol{x}',t-\dfrac{R}{c}\right)}{R}\mathrm{d}\tau'\\ \boldsymbol{A}(\boldsymbol{x},t)&=\boldsymbol{A}^{(0)}(\boldsymbol{x},t)+\frac{1}{c}\int\frac{\boldsymbol{j}\left(\boldsymbol{x}',t-\dfrac{R}{c}\right)}{R}\mathrm{d}\tau'.\end{aligned}\tag{4.1.24}$$

从物理上看, 上式第二项 (即推迟势) 代表的是所讨论问题中电荷电流所产生的电磁场, 第一项代表的则是外来的电磁场亦即原有的电磁场, 它满足的是自由场的波动方程. 以上关于推迟势意义的讨论就说明了这一点.

在有关辐射的问题中, 若没有外来的电磁场, φ 和 $\boldsymbol{A}$ 完全是由辐射源中的电荷电流产生的, 这时应取

$$\varphi^{(0)}=0,\qquad \boldsymbol{A}^{(0)}=0.\tag{4.1.25}$$

而在散射和反射问题中, 有外来电磁场与电荷电流相互作用, 这时 $\varphi^{(0)}$ 及 $\boldsymbol{A}^{(0)}$ 就等于入射的电磁场.

在某些情况下, 当电荷电流的分布已知, 或可近似地先求出时, 利用式 (4.1.21) 即可求出它产生的场的分布. 否则还应将场的运动方程和电荷的运动方程联立起来求解. 在存在介质的情况下, 则是同介质的电磁性质方程联立起来求解 (参见 4.6 节).

4.2 电偶极辐射

在 4.1 节中已经指出, 当某有限区域内的电荷电流是不稳定的时候, 它所产生的场就有一部分是离开该区域向外辐射的电磁波. 不过对于变化缓慢的电荷电流, 辐射的能量很小, 只有迅变的电荷电流才有显著的辐射. 另外, 电荷电流的空间分布对于辐射的强弱也有重要影响. 在本节和下节中, 我们将通过对小区域内电荷电流的场的研究, 具体地说明这些结论. 在这里, 小区域是指其线度比其辐射波长小得多①.

小区域电荷电流的辐射问题, 在原子物理中是很重要的. 因为原子和原子核的辐射大多是属于这种情况. 本节将讨论其中最基本的电偶极辐射, 并通过电偶极辐射阐明辐射场的一般特点.

① 在物理学中, 说一个区域是大还是小, 必须给出其物理标准. 同一个区域, 在某个问题中是小区域, 而在另一个问题中则可能是大区域, 就是因为两个问题中物理标准不同.

4.2.1　势和场强

利用式 (4.1.21), 小区域 V 内的电荷电流产生的势为

$$\varphi(x,t)=\int_V \frac{\rho\left(x',t-\dfrac{R}{c}\right)}{R}\mathrm{d}\tau',$$
$$\boldsymbol{A}(x,t)=\frac{1}{c}\int_V \frac{\boldsymbol{j}\left(x',t-\dfrac{R}{c}\right)}{R}\mathrm{d}\tau'. \tag{4.2.1}$$

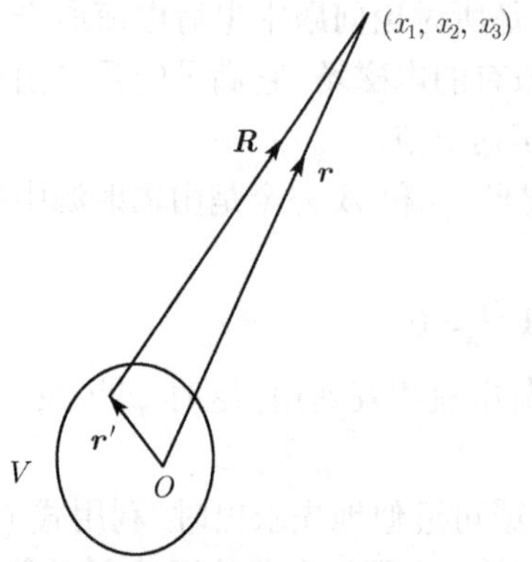

图 4.2.1　小区域 V 和场点 $x\equiv(x_1,x_2,x_3)$

R 如前一样, 代表从点 x' 到点 x 之间的距离, 如图 4.2.1 所示. 取 V 内一点 O 为参考点, 并利用 V 很小的特点, 将式 (4.2.1) 中的被积函数对 R 的依赖关系式在参考点附近作泰勒展开. 首先

$$\frac{1}{R}=\frac{1}{r}+\frac{\boldsymbol{r}'\cdot\boldsymbol{r}}{r^3}+\cdots, \tag{4.2.2}$$

其中的 r 代表从 O 点到 x 点的距离. 再利用

$$R=r-\frac{\boldsymbol{r}'\cdot\boldsymbol{r}}{r}+\cdots,$$

即得

$$\rho\left(x',t-\frac{R}{c}\right)=\rho\left(x',t-\frac{r}{c}\right)+\dot{\rho}\left(x',t-\frac{r}{c}\right)\frac{\boldsymbol{r}'\cdot\boldsymbol{r}}{cr}+\cdots, \tag{4.2.3}$$
$$\boldsymbol{j}\left(x',t-\frac{R}{c}\right)=\boldsymbol{j}\left(x',t-\frac{r}{c}\right)+\dot{\boldsymbol{j}}\left(x',t-\frac{r}{c}\right)\frac{\boldsymbol{r}'\cdot\boldsymbol{r}}{cr}+\cdots,$$

其中的 $\dot{\rho}$ 和 $\dot{\boldsymbol{j}}$ 分别代表 $\dfrac{\partial\rho}{\partial t}$ 和 $\dfrac{\partial\boldsymbol{j}}{\partial t}$; $\boldsymbol{R}$ 和 $\boldsymbol{r}$ 如图 4.2.1 所示. 关于 $\dfrac{1}{R}$ 的展开式, 在静电和静磁的多极展开中已经用过, 它收敛快的条件是

$$\varDelta\ll r, \tag{4.2.4}$$

$\varDelta$ 为区域 V 的线度. 式 (4.2.3) 中二个展开式是将 ρ 和 $\boldsymbol{j}$ 于$t-\dfrac{R}{c}$ 时刻的值, 在

$t-\dfrac{r}{c}$ 时刻展开. $t-\dfrac{R}{c}$ 与$t-\dfrac{r}{c}$ 的差具有量级 $\dfrac{\varDelta}{c}$, 因而展开的要求条件是, 在 $\dfrac{\varDelta}{c}$ 时间内 ρ 和 $\boldsymbol{j}$ 的变化很小. 将式 (4.2.2) 与 (4.2.3) 前一式代入 φ 的表达式中, 就得

$$\varphi=\int\left[\frac{\rho\left(x',t-\dfrac{r}{c}\right)}{r}+\frac{\rho\left(x',t-\dfrac{r}{c}\right)\boldsymbol{r}'\cdot\boldsymbol{r}}{r^3}\right.$$
$$\left.+\frac{\dot{\rho}\left(x',t-\dfrac{r}{c}\right)\boldsymbol{r}'\cdot\boldsymbol{r}}{cr^2}+\cdots\right]\mathrm{d}\tau'. \tag{4.2.5}$$

上式中的因子 r 和 $\boldsymbol{r}$ 已与积分变量 x' 无关, 故可提到积分号外面. 另外, ρ 和 $\dot{\rho}$ 中的时间对 V 中所有的点已变成同样的值, 于是

$$\begin{aligned}&\int_V\rho\left(x',t-\frac{r}{c}\right)\mathrm{d}\tau'=q\left(t-\frac{r}{c}\right)=q,\\&\int_V\rho\left(x',t-\frac{r}{c}\right)\boldsymbol{r}'\mathrm{d}\tau'=\boldsymbol{P}\left(t-\frac{r}{c}\right),\\&\int_V\dot{\rho}\left(x',t-\frac{r}{c}\right)\boldsymbol{r}'\mathrm{d}\tau'=\dot{\boldsymbol{P}}\left(t-\frac{r}{c}\right),\end{aligned} \tag{4.2.6}$$

其中的 $\boldsymbol{P}$ 代表该体系的电偶极矩. 第一式中的 $q\left(t-\dfrac{r}{c}\right)$ 之所以写成 q, 是因为我们设电荷电流分布都局限在区域 V 之内, 故总电荷为一常量 (与时间 t 无关).

需要指出的是, 在式 (4.2.1) 中出现的 $\rho\left(x',t-\dfrac{R}{c}\right)$ 的体积分并不等于 q:

$$\int_V\rho\left(x',t-\frac{R}{c}\right)\mathrm{d}\tau'\neq q,$$

因为对不同的源点 x',ρ 中的时刻取不同的值 (只有将同一时刻各点的 ρ 加起来才等于 q). 同样, $\rho\boldsymbol{r}'$ 以及 $\dot{\rho}\boldsymbol{r}'$ 也只有在用同一时刻的值来积分时, 才能得出 $\boldsymbol{P}$ 和 $\dot{\boldsymbol{P}}$. 我们将 ρ 以及 $\boldsymbol{j}$ 作展开处理的要点, 就在于将它们用同一时刻的量来表示.

将式 (4.2.5) 代入式 (4.2.4), 即得

$$\varphi(x,t)=\varphi^{(0)}(x,t)+\varphi^{(1)}(x,t)+\cdots, \tag{4.2.7}$$

其中

$$\begin{aligned}\varphi^{(0)}(x,t)&=\frac{q}{r},\\\varphi^{(1)}(x,t)&=\frac{\boldsymbol{P}\left(t-\dfrac{r}{c}\right)\cdot\boldsymbol{r}}{r^3}+\frac{\dot{\boldsymbol{P}}\left(t-\dfrac{r}{c}\right)\cdot\boldsymbol{r}}{cr^2}.\end{aligned} \tag{4.2.8}$$

这里, $\varphi^{(0)}$ 代表展开中的零级项, 它是一个点电荷的静电势, 我们对它没有兴趣. $\varphi^{(1)}$ 中的第一项, 形式上与一个位于参考点的电偶极子的静电势相似, 但由于有推

迟效应, 对于不同的场点 x, 偶极矩要用不同时刻的值, 因而实际上 $\varphi^{(1)}$ 的第一项的空间分布与静电势的情况有很大的差别. $\varphi^{(1)}$ 中的第二项是完全新出现的项, 下面将看到, 电偶极辐射的电磁波就含在这第二项中. 在 r 小的地方, 第一项占主要地位, 但在 r 大的地方, 第二项则是主要的.

同样, 矢势 $\boldsymbol{A}$ 的展开式为 (如前面所述, 下式中的 r 已与积分变变量无关)

$$\boldsymbol{A}(x,t)=\frac{1}{cr}\int \boldsymbol{j}\left(x',t-\frac{r}{c}\right)\mathrm{d}\tau'+\cdots. \tag{4.2.9}$$

对于电偶极辐射只需取这一项就够了 (参见下文). 为了求出上式中的积分, 我们像在 3.2 节中一样, 将 $\boldsymbol{j}$ 的任一分量 j_i 写作 $\boldsymbol{j}\cdot\nabla' x'_i$, 于是

$$\begin{aligned}\int j_i(x',t)\mathrm{d}\tau' &= \int \boldsymbol{j}(x',t)\cdot\nabla' x'_i\mathrm{d}\tau'\\ &= \int \nabla'\cdot[x'_i\boldsymbol{j}(x',t)]\mathrm{d}\tau'\\ &\quad -\int x'_i\nabla'\cdot\boldsymbol{j}(x',t)\mathrm{d}\tau',\end{aligned}$$

最后等式中的前项在化成面积分后等于零 (因为积分区域将全部 $\boldsymbol{j}$ 包含于其内, 故其表面上的 $\boldsymbol{j}$ 为零), 后项利用电荷守恒定律化为

$$\int x'_i\dot{\rho}(x',t)\mathrm{d}\tau'=\dot{P}_i(t).$$

将三个分量的结果合起来就得到

$$\int \boldsymbol{j}(x',t)\mathrm{d}\tau'=\dot{\boldsymbol{P}}(t). \tag{4.2.10}$$

将式 (4.2.10) 代入式 (4.2.9), 得出的结果可表为

$$\begin{aligned}&\boldsymbol{A}(x',t)=\boldsymbol{A}^{(1)}(x,t)+\cdots,\\ &\boldsymbol{A}^{(1)}(x,t)=\frac{\dot{\boldsymbol{P}}\left(t-\dfrac{r}{c}\right)}{cr}.\end{aligned} \tag{4.2.11}$$

式 (4.2.7) 和 (4.2.11) 中未写出的项与体系的电偶极矩无关, 只与更高级的电多极矩和磁多极矩有关, 在讨论电偶极辐射时, 可以不考虑. 另外, 对于辐射的电磁波, 只需保留 $\boldsymbol{E}$ 和 $\boldsymbol{B}$ 中的 $\sim\dfrac{1}{r}$ 的项 (参见下面的讨论), 因而 $\varphi^{(1)}$ 中的第一项可以略去. 这样电偶极辐射场的势① φ_P 和 $\boldsymbol{A}_P$ 就是式 (4.2.8) 中 $\varphi^{(1)}$ 的第二项和式 (4.2.11)

① 电偶极势的下标取为 P, 就是因为其值与体系的电偶极矩 P 相关.

中的 $\boldsymbol{A}^{(1)}(x,t)$：

$$\varphi_P(x,t)=\frac{\dot{\boldsymbol{P}}\left(t-\frac{r}{c}\right)\cdot\boldsymbol{r}}{cr^2},$$
$$\boldsymbol{A}_P(x,t)=\frac{\dot{\boldsymbol{P}}\left(t-\frac{r}{c}\right)}{cr}. \tag{4.2.12}$$

利用公式

$$\boldsymbol{E}=-\nabla\varphi-\frac{1}{c}\frac{\partial\boldsymbol{A}}{\partial t},$$
$$\boldsymbol{B}=\nabla\times\boldsymbol{A},$$

我们可以求出电偶极辐射场的场强, 它们即为 $\boldsymbol{E}$ 和 $\boldsymbol{B}$ 的表达式中与 r 一次方成反比的成分. 它是微商运算作用到 $\dot{\boldsymbol{P}}$ 的项贡献的, 其值为

$$\begin{aligned}\boldsymbol{E}_P&=\frac{\left[\ddot{\boldsymbol{P}}\left(t-\frac{r}{c}\right)\cdot\boldsymbol{r}\right]\boldsymbol{r}}{c^2r^3}-\frac{\ddot{\boldsymbol{P}}\left(t-\frac{r}{c}\right)}{c^2r},\\ \boldsymbol{B}_P&=\frac{\ddot{\boldsymbol{P}}\left(t-\frac{r}{c}\right)\times\boldsymbol{r}}{c^2r^2}.\end{aligned} \tag{4.2.13}$$

关于它的特点, 我们将在下面讨论.

4.2.2 辐射场的特点

为清楚起见, 我们考察 $\boldsymbol{P}$ 在一个固定方向上并以一定频率 ω 变化的情况①. 在时间因子采用复数表示时, 有

$$\boldsymbol{P}(t)=\boldsymbol{P}_0\mathrm{e}^{-\mathrm{i}\omega t}. \tag{4.2.14}$$

如 3.5 节中所述 (见式 (3.5.34) 下面), 实际上 $\boldsymbol{P}(t)$ 为上式的实部 [相应得出的电磁势和电磁场强即为下文中式 (4.2.17) 和 (4.2.18) 的实部]. 对式 (4.2.14) 作微商, 结果即为

$$\begin{aligned}\boldsymbol{P}\left(t-\frac{r}{c}\right)&=-\mathrm{i}\omega\boldsymbol{P}_0\mathrm{e}^{\mathrm{i}(kr-\omega t)},\\ \ddot{\boldsymbol{P}}\left(t-\frac{r}{c}\right)&=-\omega^2\boldsymbol{P}_0\mathrm{e}^{\mathrm{i}(kr-\omega t)},\end{aligned} \tag{4.2.15}$$

其中

$$k=\frac{\omega}{c}. \tag{4.2.16}$$

① 一般情况可作频谱展开. 另外, $\boldsymbol{P}$ 也可分成三个方向的分量来处理.

取球坐标 (r,θ,χ), 其原点即取在参考点 O, 极轴方向取为 $\boldsymbol{P}_0$ 的方向. 在此坐标系中, 式 (4.2.11) 和 (4.2.12) 分别化为

$$\begin{aligned}\varphi_P=\varphi^{(1)}&=\frac{-\mathrm{i}\omega P_0\cos\theta}{c}\frac{\mathrm{e}^{\mathrm{i}(kr-\omega t)}}{r},\\ \boldsymbol{A}_P=\boldsymbol{A}^{(1)}&=\frac{-\mathrm{i}\omega\boldsymbol{P}_0}{c}\frac{\mathrm{e}^{\mathrm{i}(kr-\omega t)}}{r},\end{aligned}\tag{4.2.17}$$

和

$$\begin{aligned}\boldsymbol{E}_P=\boldsymbol{E}^{(1)}&=-\frac{\omega^2P_0\sin\theta}{c^2}\frac{\mathrm{e}^{\mathrm{i}(kr-\omega t)}}{r}\boldsymbol{n}_\theta,\\ \boldsymbol{B}_P=\boldsymbol{B}^{(1)}&=-\frac{\omega^2P_0\sin\theta}{c^2}\frac{\mathrm{e}^{\mathrm{i}(kr-\omega t)}}{r}\boldsymbol{n}_\chi.\end{aligned}\tag{4.2.18}$$

我们在下文中将说明, 式 (4.2.17)~(4.2.18) 对应于向外传播的球面波. 与式 (4.2.18) 相应的能流密度等于

$$\boldsymbol{S}=\frac{\omega^4P_0^2}{4\pi c^3}\sin^2\theta\frac{\cos^2(kr-\omega t)}{r^2}\boldsymbol{n}_r,\tag{4.2.19}$$

其中的 $\boldsymbol{n}_r$ 代表 $\boldsymbol{r}$ 方向的单位矢量. 注意, 在求 $\boldsymbol{S}$ 时, 须先对 $\boldsymbol{E}$ 和 $\boldsymbol{B}$ 取实部然后叉乘, 因为 "叉乘以后再取实部" 与 "取实部后叉乘" 的结果是不同的. 以后当我们遇到场强的二次式时, 都将先取实部再相乘.

将 $\boldsymbol{S}$ 对一个周期取平均, 结果为

$$\langle\boldsymbol{S}\rangle=\frac{\omega^4P_0^2\sin^2\theta}{8\pi c^3r^2}\boldsymbol{n}_r.\tag{4.2.20}$$

于是通过一个半径为 R 的球面的平均总能流等于

$$\begin{aligned}W&=\oint\langle\boldsymbol{S}\rangle\cdot\mathrm{d}\boldsymbol{\sigma}=\int\frac{\omega^4P_0^2\sin^2\theta}{8\pi c^3}\mathrm{d}\Omega\\ &=\frac{\omega^4P_0^2}{3c^3}.\end{aligned}\tag{4.2.21}$$

从以上结果, 我们看到, 上述辐射场具有以下特点:

(1) 势和场强都是球面波, 波的频率与电荷电流的变化频率相同. 典型的球面波因子是 $\dfrac{1}{r}\mathrm{e}^{\mathrm{i}(kr-\omega t)}$, 它的等相位面是一族同心球面. 对于相位等于某确定值 θ_0 的球面, 其半径 r 将随时间的增长而变大, r 与 t 之间的具体关系是

$$r=\frac{\omega}{k}t+\theta_0=ct+\theta_0,$$

即等相位的球面以速度 c 向外扩展, 亦即波的相速度为真空光速 c, 其波长等于

$$\lambda=\frac{2\pi}{k}=\frac{2\pi c}{\omega}.\tag{4.2.22}$$

辐射波的振幅随着距离增大而以 $\frac{1}{r}$ 减小. 另外, 在式 (4.2.17) 与 (4.2.18) 中还带有 $\cos\theta$ 或 $\sin\theta$ 等方向因子, 这表明该振幅还随着方向不同而不同.

(2) 在空间每一点, 辐射场强 $\boldsymbol{E}$ 和 $\boldsymbol{B}$ 的方向都与波的传播方向 (即等相位面的法线方向) 垂直. 用波动学的语言来说, 这种波是横波 (指振动在传播的横向). $\boldsymbol{E}$ 和 $\boldsymbol{B}$ 也是互相垂直的, 而且数值相等. 能流 $\boldsymbol{S}$ 的方向在任何时刻都指向外, 尽管 $\boldsymbol{E}$ 和 $\boldsymbol{B}$ 的方向是随着时间正反交变的.

(3) W 的值与球面的半径无关, 也就是说, 无论球面半径 R 多大, 都有同样的能流通过. 这就表明这一部分能流的确是脱离了电荷电流向外辐射了出去. W 的这一性质来自于 E 和 B 的 $\sim \frac{1}{r}$ 的行为. 因若 E 和 B 中有一个变成 $\sim \frac{1}{r^2}$ 或两个都如此, 那么 S 的行为将是 $\frac{1}{r^3}$ 或 $\frac{1}{r^4}$, 相应的 W 将随着半径的增大而减少, 并最终趋于零. 这意味着在这种情况下能量并没有真正脱离电荷电流辐射出去. 以上的讨论表明, 在计算辐射场时, 在势和场强中, 只要保留 $\sim \frac{1}{r}$ 的项就够了.

(4) 当 P_0 一定时, W 与 ω^4 成正比, 这显示出辐射总能流随着频率迅速地增长.

以上各点虽然是电偶极辐射场的结果, 但其中前三点反映了电磁辐射场的共同特点. 实际上, 只要辐射源是在一个有限区域中, 并以一定频率变化, 那么远处的辐射场强就将具有 $\sim \frac{1}{r}$ 的行为, 而且等相位面都是同心的球面. 辐射能流 $\boldsymbol{S}$ 与球面垂直, 总能流 W 与所取的球面半径 R 无关, 而且随着 ω 的增高而迅速增长 (但不一定是按 ω 的四次方).

$\langle \boldsymbol{S} \rangle$ 的数值随着 θ 的变化关系称为辐射能流的角分布. 能流的角分布反映了不同类型电磁辐射的具体特点, 例如电偶极辐射的角分布就与电四极辐射的不同. 通过从实验上对辐射角分布以及电磁场偏振方向的测量, 可以给出辐射类型的知识. 对于电偶极辐射, 当 $\boldsymbol{P}$ 在极轴方向时, $\boldsymbol{E}$ 的偏振方向是 θ 方向而 $\boldsymbol{B}$ 是 χ 方向, 角分布的函数关系是 $\sin^2\theta$, 能流的周期平均值如图 4.2.2 所示. 我们看见, 在平行于偶极矩的方向, 能流密度为零, 而在垂直方向能流密度最大.

4.2.3 展开条件

下面我们对 ρ 和 $\boldsymbol{j}$ 的展开条件作进一步的讨论. 仍考察一定频率的情况, 并如同式 (4.2.14) 那样, 对时间因子采用复数表示, 于是有

$$\rho(x',t) = \rho(x')\mathrm{e}^{-\mathrm{i}\omega t}, \qquad \boldsymbol{j}(x',t) = \boldsymbol{j}(x')\mathrm{e}^{-\mathrm{i}\omega t}. \tag{4.2.23}$$

因而 (下式中的 R 与 r 的意义, 可参见图 4.2.1)

$$\rho\left(x', t - \frac{R}{c}\right) = \rho(x')\mathrm{e}^{\mathrm{i}(kR-\omega t)}$$

$$
\begin{aligned}
&= \rho(x')\mathrm{e}^{\mathrm{i}(kr-\omega t)}\mathrm{e}^{\mathrm{i}k(R-r)}, \\
\boldsymbol{j}\left(x', t-\frac{R}{c}\right) &= \boldsymbol{j}(x')\mathrm{e}^{\mathrm{i}(kR-\omega t)} \\
&= \boldsymbol{j}(x')\mathrm{e}^{\mathrm{i}(kr-\omega t)}\mathrm{e}^{\mathrm{i}k(R-r)}.
\end{aligned}
$$

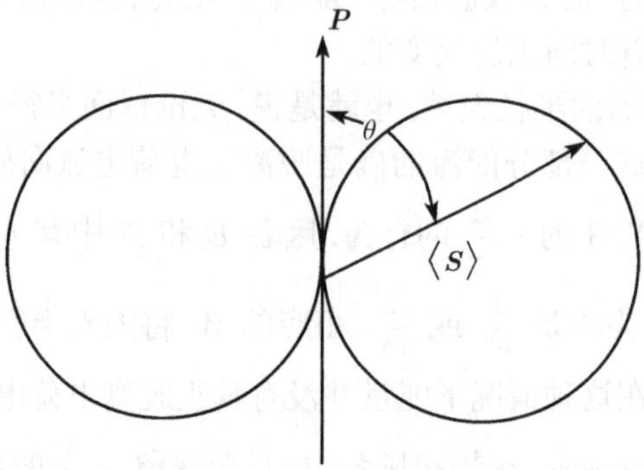

图 4.2.2　电偶极辐射能流的角分布

不难证实, 式 (4.2.3) 中的展开, 在此情况下就是将因子 $\mathrm{e}^{\mathrm{i}k(R-r)}$ 作泰勒展开:

$$
\mathrm{e}^{\mathrm{i}k(R-r)} = 1 + \mathrm{i}k(R-r) + \cdots .
$$

从图 4.2.1 不难看出 $R - r = -\boldsymbol{r}' \cdot \dfrac{\boldsymbol{r}}{r}$, 于是上式可化为

$$
\mathrm{e}^{\mathrm{i}k(R-r)} = 1 - \mathrm{i}k\frac{\boldsymbol{r}' \cdot \boldsymbol{r}}{r} + \cdots . \tag{4.2.24}
$$

此展开式迅速收敛的条件是 $k(R-r)$ 比 1 小得多. 由于 $R-r$ 的量级为小区域的线度 Δ, 而 $k = \dfrac{2\pi}{\lambda} \equiv \dfrac{1}{\lambda\!\!\!^{-}}$, $\lambda\!\!\!^{-}$ 称为约化波长, 故上述迅速收敛条件相当于

$$
k\Delta \ll 1 \quad 或 \quad \Delta \ll \lambda\!\!\!^{-}, \tag{4.2.25}
$$

即小区域线度比所发射波的约化波长小得多.

从物理上来说, $\mathrm{e}^{\mathrm{i}k(R-r)}$ 中的 $k(R-r)$ 代表由于波程差 $(R-r)$ 而引起的相位值的差异 (参见图 4.2.1), 因而只有波程差 (其量级为 Δ) 比约化波长 $\lambda\!\!\!^{-}$ 小得多时, 我们才能取展开中的最大项而略去以后的项.

综合前面的分析, 对于区域 “小” 的标准, 我们总共得到了两个条件即式 (4.2.4) 和 (4.2.25). 在这两个条件中, 式 (4.2.25) 又是主要的. 因为当我们计算辐射场时, 总可以要求 r 须足够地大, 使得式 (4.2.4) 满足. 至于式 (4.2.25) 的情况就不同了, 一个辐射源的波长是由它本身的性质决定的, 这里没有我们选取的余地.

以上讨论表明, 我们不能抽象地讲一个区域很小. 在物理学中, “小还是不小” 总是要有具体的标准. 在这里, 标准主要就是式 (4.2.25). 例如原子算不算小区域电荷体系, 要看 “发光电子” 的轨道的有效半径与它所发光的波长的比值来定. 一般说来, 对于原子的发光, 式 (4.2.25) 是满足的, 因而电偶极辐射的确是最主要的. 如果我们用 $Z_{\text{eff}}e$ 代表有效核电荷 (对于价电子, $Z_{\text{eff}}\sim 1$, 对于愈内层的电子, Z_{eff} 愈大, 最内层的电子的 $Z_{\text{eff}}\sim Z$, Z 为原子序数), 用 $\varDelta$ 代表发光电子轨道的有效半径, 那么粗略的估计是

$$k\varDelta \leqslant \frac{Z_{\text{eff}}}{137}.$$

由此式可见, 只是重元素原子的 X 光发射, 条件式 (4.2.25) 才不满足. 这种情况仍当作小区域体系就不合适了 (尽管该原子很小).

对于原子核的辐射, 条件式 (4.2.25) 一般也都成立. 但由于一些具体原因, 常使得电偶极辐射受到抑制, 这时展开式的下一项 (磁偶极和电四极辐射) 就将变得比较重要了①.

下面, 让我们来指明在交变的电荷电流所产生的电磁场中, 辐射场占主要地位的范围. 不难看出, 在定频情况下, 式 (4.2.7) 所示 $\varphi^{(1)}$ 两项的比值是 kr, 因而在

$$kr \gg 1, \qquad \text{或} \qquad r \gg \lambdabar \tag{4.2.26}$$

区域 $\left(\text{上式中}\lambdabar\equiv\dfrac{\lambda}{2\pi},\text{称约化波长}\right)$, 第二项就比第一项大得多. 实际上无论是在势还是在场强中, 正比于 $\dfrac{1}{r}$ 项与正比于 $\dfrac{1}{r^2}$ 项的比值都具有这个量级, 因而在符合式 (4.2.26) 条件的区域中, 辐射场就是主要的. 这个区域通常称为波区.

在离电荷电流较近的地方, 即满足

$$kr \ll 1, \qquad \text{或} \qquad r \ll \lambdabar \tag{4.2.27}$$

的区域 (设 r 仍比 $\varDelta$ 大得多), $\varphi^{(1)}$ 中的第一项不仅成为主要的, 并且推迟因子 $\mathrm{e}^{\mathrm{i}kr}$ 也可以近似地用 1 代替. 于是

$$\varphi^{(1)}(x,t) \cong \frac{\boldsymbol{P}(t)\cdot\boldsymbol{r}}{r^3}. \tag{4.2.28}$$

此区域中的电场强度主要是由标势贡献的, 即矢势的贡献可以略去, 于是有

$$\boldsymbol{E}^{(1)}(x,t) \cong -\nabla\left(\frac{\boldsymbol{P}(t)\cdot\boldsymbol{r}}{r^3}\right). \tag{4.2.29}$$

① 虽然原子和原子核的辐射要用量子理论来处理, 但量子理论结果与经典理论结果之间有一种对应关系.

它与静电偶极子的场相似, 唯一差别就在于偶极矩不是固定值而随着 t 变化. 另外, 磁感强度 $\boldsymbol{B}$ 比起电场强度 $\boldsymbol{E}$ 要小得多:

$$\boldsymbol{B}^{(1)} \ll \boldsymbol{E}^{(1)}, \tag{4.2.30}$$

因而在此区域, 主要就是与静电偶极子相似的电场, 只是电偶极矩要取为随时间变化的值.

一般说来, 不论 r 是否比 $\varDelta$ 大得多, 只要条件式 (4.2.25) 成立, 则在式 (4.2.27) 所限定的范围内, 推迟效应就可略去, 于是有

$$\begin{aligned}\varphi(x,t) &\cong \int \frac{\rho(x',t)}{R}\mathrm{d}\tau',\\ \boldsymbol{A}(x,t) &\cong \frac{1}{c}\int \frac{\boldsymbol{j}(x',t)}{R}\mathrm{d}\tau'.\end{aligned} \tag{4.2.31}$$

如果 $\boldsymbol{j}$ 又基本上构成闭合的流动, 那此区域就成为第三章所说的似稳场区.

4.3 磁偶极辐射和电四极辐射

当小区域内电荷分布的电偶极矩等于零、或由于某种具体原因使其数值很小、从而电偶极辐射受到抑制时, 我们就必须考虑 $\boldsymbol{A}$ 和 φ 展开式中的下一项, 即 $\boldsymbol{A}^{(2)}$ 和 $\varphi^{(2)}$. 所得出的结果即为磁偶极辐射和电四极辐射.

在本节中我们将继续用前节对推迟势的泰勒展开, 对磁偶极和电四极辐射进行讨论. 在下一节里再介绍一种更加一般的多极场展开方法, 来系统地处理多极辐射的问题.

我们先考察电荷电流以一定频率 ω 变化的情况, 并假定区域线度 $\varDelta$ 比约化波长 $\lambdabar$ 小得多 ($\lambdabar = \lambda/2\pi$ 即 $1/k$), 因此仍可利用上节的展开式 (4.2.24). 这样, 当我们只保留 $\dfrac{1}{r}$ 的项时 (如前所述, 只是 $\dfrac{1}{r}$ 的项对辐射有贡献, 见式 (4.2.22) 下第 (3) 条), 就得出

$$\begin{aligned}\boldsymbol{A}^{(2)} &= -\mathrm{i}\frac{k}{c}\frac{\mathrm{e}^{\mathrm{i}(kr-\omega t)}}{r}\int \boldsymbol{j}(x')\frac{\boldsymbol{r}'\cdot\boldsymbol{r}}{r}\mathrm{d}\tau'\\ &= -\mathrm{i}\frac{k}{c}\frac{\mathrm{e}^{\mathrm{i}(kr-\omega t)}}{r}\left[\int \boldsymbol{j}(x')\boldsymbol{r}'\mathrm{d}\tau'\right]\cdot\frac{\boldsymbol{r}}{r}.\end{aligned} \tag{4.3.1}$$①

$\varphi^{(2)}$ 可通过洛伦兹条件

$$\nabla\cdot\boldsymbol{A}^{(2)} - \mathrm{i}\frac{\omega}{c}\varphi^{(2)} = 0$$

① 最后一式方括号内的 $\boldsymbol{jr}'$ 代表并矢, 其中两个矢量的排列次序是重要的, 因 $\boldsymbol{jr}' \neq \boldsymbol{r}'\boldsymbol{j}$.

用 $\boldsymbol{A}^{(2)}$ 表示出来, 结果即为

$$\varphi^{(2)} = -\frac{\mathrm{i}}{k}\nabla \cdot \boldsymbol{A}^{(2)}. \tag{4.3.2}$$

为了计算 $\boldsymbol{A}^{(2)}$, 我们把式 (4.3.1) 中的被积函数 $\boldsymbol{j}(x')\boldsymbol{r}'$ 写成对称和反对称两部分的叠加, 即

$$\boldsymbol{j}\boldsymbol{r}' = \frac{1}{2}(\boldsymbol{j}\boldsymbol{r}' + \boldsymbol{r}'\boldsymbol{j}) + \frac{1}{2}(\boldsymbol{j}\boldsymbol{r}' - \boldsymbol{r}'\boldsymbol{j}). \tag{4.3.3}$$

上式中反对称的项对式 (4.3.1) 右方积分的贡献是

$$\begin{aligned}
&\frac{1}{2}\int\left[\boldsymbol{j}\left(\boldsymbol{r}' \cdot \frac{\boldsymbol{r}}{r}\right) - \boldsymbol{r}'\left(\boldsymbol{j} \cdot \frac{\boldsymbol{r}}{r}\right)\right]\mathrm{d}\tau' \\
&= \frac{1}{2}\int(\boldsymbol{r}' \times \boldsymbol{j}) \times \frac{\boldsymbol{r}}{r}\mathrm{d}\tau' \\
&= c\frac{\boldsymbol{m} \times \boldsymbol{r}}{r},
\end{aligned} \tag{4.3.4}$$

其中

$$\boldsymbol{m} = \frac{1}{2c}\int \boldsymbol{r}' \times \boldsymbol{j}\mathrm{d}\tau',$$

为该电流分布的磁偶极矩. 将式 (4.3.3) 和 (4.3.4) 代入式 (4.3.1), 得出反对称项对 $\boldsymbol{A}^{(2)}$ 的贡献为

$$\boldsymbol{A}_m^{(2)} = -\mathrm{i}k\frac{\mathrm{e}^{\mathrm{i}(kr-\omega t)}}{r}\frac{\boldsymbol{m} \times \boldsymbol{r}}{r}, \tag{4.3.5}$$

$\boldsymbol{A}^{(2)}$ 的脚标 m 代表磁偶极势, 因为该势是由系统的磁偶极矩 $\boldsymbol{m}$ 决定的, 相应的标势 $\varphi_m^{(2)}$ 在只保留 $\frac{1}{r}$ 的项时将等于零:

$$\varphi_m^{(2)} = 0, \tag{4.3.6}$$

因为只保留 $\frac{1}{r}$ 项时

$$\begin{aligned}
\nabla \cdot \boldsymbol{A}_m^{(2)} &= -\mathrm{i}k[\nabla \mathrm{e}^{\mathrm{i}(kr-\omega t)}] \cdot \frac{\boldsymbol{m} \times \boldsymbol{r}}{r^2} \\
&= k^2\mathrm{e}^{\mathrm{i}(kr-\omega t)}\frac{\boldsymbol{r}}{r} \cdot \frac{\boldsymbol{m} \times \boldsymbol{r}}{r^2} \\
&= 0.
\end{aligned}$$

于是按式 (4.3.2) 即得出式 (4.3.6). 式 (4.3.5) 和 (4.3.6) 就是磁偶极辐射的矢势和标势.

再来看式 (4.3.3) 中对称的部分, 它可以表示成

$$\frac{1}{2}(\boldsymbol{j}\boldsymbol{r}' + \boldsymbol{r}'\boldsymbol{j}) = \frac{1}{2}\boldsymbol{j} \cdot \nabla'(\boldsymbol{r}'\boldsymbol{r}'). \tag{4.3.7}$$

因为根据运算规则, 上式右方中的 ∇' 将分别作用到前后两个 $\boldsymbol{r}'$ 上, 而点乘号应当总保持在 $\boldsymbol{j}$ 与 ∇' 之间, 即

$$\boldsymbol{j}\cdot\nabla'(\boldsymbol{r}'\boldsymbol{r}') = (\boldsymbol{j}\cdot\nabla'\boldsymbol{r}')\boldsymbol{r}' + \boldsymbol{r}'(\boldsymbol{j}\cdot\nabla'\boldsymbol{r}'),$$

再利用 (下式中的 $\mathbf{I}$ 代表单位张量, 即式 (B.22) 中的 $\boldsymbol{\mathcal{F}}$)

$$\nabla'\boldsymbol{r}' = \mathbf{I}, \qquad \boldsymbol{j}\cdot\mathbf{I} = \boldsymbol{j},$$

就得出式 (4.3.7). 将式 (4.3.7) 代入式 (4.3.3) 右方第一项, 再代入式 (4.3.1) 的积分中, 即得

$$\begin{aligned}\frac{1}{2}\int(\boldsymbol{j}\boldsymbol{r}' + \boldsymbol{r}'\boldsymbol{j})\mathrm{d}\tau' &= \frac{1}{2}\int\boldsymbol{j}\cdot\nabla'(\boldsymbol{r}'\boldsymbol{r}')\mathrm{d}\tau' \\ &= \frac{1}{2}\int\nabla'\cdot(\boldsymbol{j}\boldsymbol{r}'\boldsymbol{r}')\mathrm{d}\tau' \\ &\quad - \frac{1}{2}\int(\nabla'\cdot\boldsymbol{j})\boldsymbol{r}'\boldsymbol{r}'\mathrm{d}\tau'.\end{aligned} \tag{4.3.8}$$

上式右方第一项通过变换成面积分可扩展到无穷远面上而化为零 (因 $\boldsymbol{j}$ 在无穷远处为零), 第二项利用电荷守恒定律化成

$$\begin{aligned}-\mathrm{i}\frac{\omega}{2}\int\rho\boldsymbol{r}'\boldsymbol{r}'\mathrm{d}\tau' &= -\mathrm{i}\frac{\omega}{6}\mathbf{Q} \\ &= -\mathrm{i}\frac{\omega}{6}\left(\boldsymbol{\mathcal{D}} + \mathbf{I}\int r'^2\rho\mathrm{d}\tau'\right),\end{aligned}$$

其中

$$\begin{aligned}\mathbf{Q} &\equiv 3\int\rho\boldsymbol{r}'\boldsymbol{r}'\mathrm{d}\tau', \\ \boldsymbol{\mathcal{D}} &\equiv \int\rho(3\boldsymbol{r}'\boldsymbol{r}' - r'^2\mathbf{I})\mathrm{d}\tau',\end{aligned}$$

$\mathbf{Q}$ 和 $\boldsymbol{\mathcal{D}}$ 分别称为 "未约化的电四极矩" 和电四极矩. 将以上结果代入式 (4.3.1), 即得式 (4.3.3) 右方对称部分对 $\boldsymbol{A}^{(2)}$ 的贡献为 (加脚标 $\mathcal{D}$ 是因为它与电四极矩相关)

$$\begin{aligned}\boldsymbol{A}_D &= -\frac{k^2}{6}\frac{\mathrm{e}^{\mathrm{i}(kr-\omega t)}}{r}\mathbf{Q}\cdot\boldsymbol{n}_r \\ &= -\frac{k^2}{6}\frac{\mathrm{e}^{\mathrm{i}(kr-\omega t)}}{r}\left(\boldsymbol{\mathcal{D}}\cdot\boldsymbol{n}_r + \boldsymbol{n}_r\int r'^2\rho\mathrm{d}\tau'\right),\end{aligned} \tag{4.3.9}$$

其中, $\boldsymbol{n}_r$ 代表 $\boldsymbol{r}$ 方向单位矢量. 相应的 φ_D 等于

$$\varphi_D = -\frac{k^2}{6}\frac{\mathrm{e}^{\mathrm{i}(kr-\omega t)}}{r}(\boldsymbol{n}_r\cdot\mathbf{Q}\cdot\boldsymbol{n}_r)$$

$$= -\frac{k^2}{6}\frac{\mathrm{e}^{\mathrm{i}(kr-\omega t)}}{r}\left[(\boldsymbol{n}_r \cdot \boldsymbol{\mathcal{D}} \cdot \boldsymbol{n}_r) + \int r'^2 \rho \mathrm{d}\tau'\right]. \tag{4.3.10}$$

在静电四极子势的表达式中, $\mathbf{Q}$ 可简单地换成 $\boldsymbol{\mathcal{D}}$(参见第二章式 (2.6.8) 和 (2.6.9)), 而在式 (4.3.9) 和 (4.3.10) 中却要多出一个含 $\int r'^2\rho(x')\mathrm{d}\tau'$ 的项. 这是因为在 2.6 节中, $\mathbf{Q}$ 是与 $\nabla'\nabla'\frac{1}{r}$ 两次点乘, 而 $\nabla'\nabla'\frac{1}{r}$ 的对角项之和在 $r \neq 0$ 处又恒为零的缘故. 这里的情况不同, 多出的项并不为零. 不过, 这里所多出的项对场强 $\boldsymbol{E}$ 和 $\boldsymbol{B}$ 并无贡献, 因为可以通过一个规范变换把它消去. 为此, 只要取规范变换函数为

$$\psi = -\frac{\mathrm{i}kg}{6}\frac{\mathrm{e}^{\mathrm{i}(kr-\omega t)}}{r},$$

其中

$$g = \int r'^2 \rho \mathrm{d}\tau'. \tag{4.3.11}$$

变换后的 $\boldsymbol{A}_D$ 和 φ_D 即为

$$\begin{aligned} \boldsymbol{A}_D &= -\frac{k^2}{6}\frac{\mathrm{e}^{\mathrm{i}(kr-\omega t)}}{r}\boldsymbol{\mathcal{D}} \cdot \boldsymbol{n}_r, \\ \varphi_D &= -\frac{k^2}{6}\frac{\mathrm{e}^{\mathrm{i}(kr-\omega t)}}{r}(\boldsymbol{n}_r \cdot \boldsymbol{\mathcal{D}} \cdot \boldsymbol{n}_r). \end{aligned} \tag{4.3.12}$$

$(\boldsymbol{A}_m, \varphi_m)$ 和 $(\boldsymbol{A}_D, \varphi_D)$ 就是我们所说的磁偶极辐射场的势和电四极辐射场的势, 它们分别与体系的磁偶极矩和电四极矩相联系. 不难得出, 以上关于这两种势的结果可以写成

$$\begin{aligned} \boldsymbol{A}_m &= \frac{\dot{\boldsymbol{m}}\left(t - \frac{r}{c}\right) \times \boldsymbol{n}_r}{cr}, \\ \varphi_m &= 0, \end{aligned} \tag{4.3.13}$$

和

$$\begin{aligned} \boldsymbol{A}_D &= \frac{\ddot{\boldsymbol{\mathcal{D}}}\left(t - \frac{r}{c}\right) \cdot \boldsymbol{n}_r}{6c^2 r}, \\ \varphi_D &= \frac{\boldsymbol{n}_r \cdot \ddot{\boldsymbol{\mathcal{D}}}\left(t - \frac{r}{c}\right) \cdot \boldsymbol{n}_r}{6c^2 r}. \end{aligned} \tag{4.3.14}$$

这种形式的优点是, 它具有较广泛的适应性. 因为它不要求 $\boldsymbol{m}$ 和 $\boldsymbol{\mathcal{D}}$ 具有确定的频率, 我们可以将它们作傅里叶展开, 只要对频谱范围中的重要成分, 条件式 (4.2.24) 满足, 这时, 对其中每一傅里叶分量就可按前述办法来处理, 然后再将结果叠加起来. 叠加的结果就可以表示为式 (4.3.13) 和 (4.3.14).

有了势的表达式, 通过矢量运算即可以求出辐射场的场强. 对于磁偶极辐射, 结果为

$$\begin{aligned}\boldsymbol{E}_m &= -\frac{\ddot{\boldsymbol{m}}\left(t-\dfrac{r}{c}\right)\times\boldsymbol{n}_r}{c^2r},\\ \boldsymbol{B}_m &= \frac{\left(\ddot{\boldsymbol{m}}\left(t-\dfrac{r}{c}\right)\times\boldsymbol{n}_r\right)\times\boldsymbol{n}_r}{c^2r}\\ &= \frac{\left(\ddot{\boldsymbol{m}}\left(t-\dfrac{r}{c}\right)\cdot\boldsymbol{n}_r\right)\boldsymbol{n}_r}{c^2r}-\frac{\ddot{\boldsymbol{m}}\left(t-\dfrac{r}{c}\right)}{c^2r}.\end{aligned} \tag{4.3.15}$$

当 $\boldsymbol{m}$ 在一确定方向上以一定频率变化, 即

$$\boldsymbol{m}(t)=\boldsymbol{m}_0\mathrm{e}^{-\mathrm{i}\omega t} \tag{4.3.16}$$

时, 如取 $\boldsymbol{m}_0$ 的方向为极轴方向, 则电场只有 χ 分量, 磁场只有 θ 分量, 具体表达式为

$$\begin{aligned}\boldsymbol{E}_m &= \frac{\omega^2 m_0\sin\theta}{c^2}\frac{\mathrm{e}^{\mathrm{i}(kr-\omega t)}}{r}\boldsymbol{n}_\chi,\\ \boldsymbol{B}_m &= \frac{\omega^2 m_0\sin\theta}{c^2}\frac{\mathrm{e}^{\mathrm{i}(kr-\omega t)}}{r}\boldsymbol{n}_\theta.\end{aligned} \tag{4.3.17}$$

将上式与式 (4.2.17) 相比较可以看出, 磁偶极辐射场的方向因子与电偶极辐射场的相同, 但偏振方向不同. 实际上, 两种情况的 $\boldsymbol{E}$ 和 $\boldsymbol{B}$ 互换了地位. 如果我们将电偶极辐射中的 $\boldsymbol{P}$ 换成磁偶极矩 $\boldsymbol{m}$, 并作代换

$$\boldsymbol{E}_P\to\boldsymbol{B}_m,\qquad \boldsymbol{B}_P\to-\boldsymbol{E}_m, \tag{4.3.18}$$

就可得到式 (4.3.17)①. 式 (4.3.18) 第二式中出现一个负号是合理的, 只有这样才能保证能流的方向向外.

以上结果意味着, 磁偶极辐射能的角分布与电偶极辐射的相同, 而且辐射总能流的周期平均值、在 m_0 一定时也是与 ω 的四次方式成正比.

下面再来看电四极辐射的场强. 计算结果是:

$$\boldsymbol{E}_D=-\frac{\dddot{\boldsymbol{\mathcal{D}}}\left(t-\dfrac{r}{c}\right)\cdot\boldsymbol{n}_r}{6c^3r}+\frac{\left(\boldsymbol{n}_r\cdot\dddot{\boldsymbol{\mathcal{D}}}\left(t-\dfrac{r}{c}\right)\cdot\boldsymbol{n}_r\right)\boldsymbol{n}_r}{6c^3r},$$

① 式 (4.3.18) 不仅对于辐射场 $\left(\text{即}\sim\dfrac{1}{r}\text{的项}\right)$ 成立, 对于 $\sim\dfrac{1}{r^2}$ 和 $\dfrac{1}{r^3}$ 的项亦成立 (参见下节). 因而在近处 ($r\ll\lambda$, 但 r 仍比 $\varDelta$ 大得多), $\boldsymbol{B}_m\gg\boldsymbol{E}_m$, 而且近处 $\boldsymbol{B}_m$ 与静磁偶极子的场相似, 只是其中 $\boldsymbol{m}$ 是 t 的函数, 即在近处

$$\boldsymbol{B}_m(x,t)\approx-\nabla\left(\frac{\boldsymbol{m}(t)\cdot\boldsymbol{r}}{r^3}\right)=\nabla\times\left(\frac{\boldsymbol{m}(t)\times\boldsymbol{r}}{r^3}\right).$$

$$\boldsymbol{B}_D = \frac{\left(\dddot{\boldsymbol{\mathcal{D}}}\left(t-\frac{r}{c}\right)\cdot\boldsymbol{n}_r\right)\times\boldsymbol{n}_r}{6c^3 r}. \tag{4.3.19}$$

上式表明 $\boldsymbol{E}_D$ 是 $-\dfrac{\dddot{\boldsymbol{\mathcal{D}}}\cdot\boldsymbol{n}_r}{6c^3r}$ 中的垂直于 $\boldsymbol{r}$ 的部分, 而 $\boldsymbol{B}_D$ 等于 $\boldsymbol{n}_r\times\boldsymbol{E}_D$. 在电荷分布以一定频率变化、并具有轴对称性的情况下, 如取展开点在对称轴上、并以对称轴为 x_3 轴, 则 (参见 2.6 节) 电四极矩将具有下述简单的形式

$$\begin{aligned}\boldsymbol{\mathcal{D}}(t) &= \left(-\frac{1}{2}\boldsymbol{n}_1\boldsymbol{n}_1-\frac{1}{2}\boldsymbol{n}_2\boldsymbol{n}_2+\boldsymbol{n}_3\boldsymbol{n}_3\right)\boldsymbol{\mathcal{D}}_0\mathrm{e}^{-\mathrm{i}\omega t}\\ &= \left(-\frac{1}{2}\mathbf{I}+\frac{3}{2}\boldsymbol{n}_3\boldsymbol{n}_3\right)\mathcal{D}_0\mathrm{e}^{-\mathrm{i}\omega t}.\end{aligned} \tag{4.3.20}$$

当采用球坐标时, 利用 $\boldsymbol{n}_3=\cos\theta\boldsymbol{n}_r-\sin\theta\boldsymbol{n}_\theta$, 就得出

$$\begin{aligned}\boldsymbol{E}_D &= \frac{\mathrm{i}k^3\sin2\theta}{8}\mathcal{D}_0\frac{\mathrm{e}^{\mathrm{i}(kr-\omega t)}}{r}\boldsymbol{n}_\theta,\\ \boldsymbol{B}_D &= -\frac{\mathrm{i}k^3\sin2\theta}{8}\mathcal{D}_0\frac{\mathrm{e}^{\mathrm{i}(kr-\omega t)}}{r}\boldsymbol{n}_\chi.\end{aligned} \tag{4.3.21}$$

我们看见, 它同式 (4.2.17) 所给出的电偶极辐射场相比, 偏振方向是相同的, 但方向因子不同, 场强对频率的依赖关系也不同. 低频时它较小, 但随着频率的增长较快. 能流密度的周期平均值[①]为

$$\langle\boldsymbol{S}\rangle = \frac{\omega^6\mathcal{D}_0^2}{512\pi c^5 r^2}\sin^2 2\theta\boldsymbol{n}_r. \tag{4.3.22}$$

角分布的情况如图 4.3.1 所示.

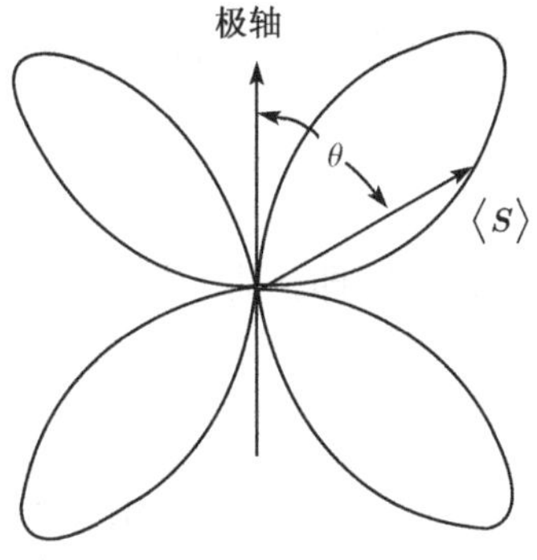

图 4.3.1

平均辐射总能流 W 不难从 $\langle\boldsymbol{S}\rangle$ 求出, 结果是

$$W = \frac{\omega^6\mathcal{D}_0^2}{240c^5}. \tag{4.3.23}$$

我们看到, 当 $\mathcal{D}_0$ 一定时, W 与 ω 的六次方成正比, 从而它在低频时要比电偶极辐射的 ω 小, 但随频率的增长要比电偶极辐射的要快 (当然, 频率的增长有一个限度, 即其相应的 λ 要保持比小区域大得多).

① 同前一样, 应先对场强取实部再相乘以得出能流.

4.4 多极场和多极辐射的一般理论[①]

在上两节中, 如式 (4.2.1) 下所述, 我们是用泰勒展开的方法 (即将$\dfrac{e^{ikR}}{R}$在参考点处对x'作泰勒展开) 来处理电偶极辐射、磁偶极辐射和电四极辐射的. 这种方法比较简明, 但也存在着一些缺点和局限性. 首先, 在处理较高次的展开项时, 需要将磁多极部分和电多极部分分解开. 这种分解是逐个进行的, 次数愈高工作量愈繁复. 其次, 只当体系线度比约化波长小得多时, 这种展开才收敛得比较快. 如果约化波长短到同体系的线度相当, 应用这种展开就不太适宜. 最后, 可能也是最重要的, 那就是从发射的电磁波的性质来看, 在泰勒展开的高次项中, 有一部分电磁波具有与低次项的电磁波相同的特点 (如有同样的角分布和偏振方向). 因此更合理的方式是把这些特点相同的电磁波合并在一起[②]. 这就是本节中所要讲的多极场以及用多极场来展开的方法. 它不仅在物理上更加合理, 而且能系统地进行处理, 收敛性也要好些, 即使体系的线度达到与约化波长同量级时, 只取前一二项也常常还能得到较好的近似结果.

4.4.1 标量球面波和矢量球面波

在讲多极场以前, 我们先来讨论波动方程的球面波解. 取球坐标系, 其中三个坐标为 (r,θ,χ). 设在 $r>0$ 的区域 φ 满足齐次波动方程 (在 $r=0$ 的点即坐标原点不要求满足, 因为在该点允许有点源存在)

$$\nabla^2\varphi-\frac{1}{c^2}\frac{\partial^2\varphi}{\partial t^2}=0,\qquad (r>0). \tag{4.4.1}$$

当我们考虑具有确定频率的场函数[③]

$$\varphi=\varphi(x)e^{-i\omega t} \tag{4.4.2}$$

时, 式 (4.4.1) 即化为亥姆霍兹方程

$$(\nabla^2+k^2)\varphi(x)=0,\qquad (r>0). \tag{4.4.3}$$

① 本节内容中, 数学的分量较重, 初学的读者可以跳过去. 特别是其中第二小节.

② 这在量子理论中更加重要, 因为在量子理论中, 粗略地说, $(\boldsymbol{A},\varphi)$ 或 $(\boldsymbol{E},\boldsymbol{B})$ 代表光子的波函数, 而角分布和偏振方向这些特点就反映光子的具体运动状态, 如光子的总角动量、总角动量的极轴分量以及宇称等.

③ 如式 (3.5.36) 上面所述, 在本书中我们用 $e^{-i\omega t}$ 来表示定频场随时间的变化, 是为了处理上的方便. 实际的结果只是计算结果的实部.

用球坐标分离变数法可以求出 φ 的下述形式的特解：

$$\varphi = f_l(r)\mathrm{Y}_{l\mathrm{m}}(\theta,\chi), \tag{4.4.4}$$

其中的 $\mathrm{Y}_{l\mathrm{m}}$ 代表球函数, 在第二章中我们已经用过, 不过在这里我们采用了复数的形式 (为了同量子力学和原子核物理学中用的一致)：

$$\mathrm{Y}_{l\mathrm{m}}(\theta,\chi) = \sqrt{\frac{(2l+1)}{4\pi}\frac{(l-m)!}{(l+m)!}}\mathrm{P}_l^{\mathrm{m}}(\cos\theta)\mathrm{e}^{\mathrm{i}m\chi}, \quad -l \leqslant m \leqslant l. \tag{4.4.5}$$

对于一定的 l(l 取 0 或正整数), 共有 $2l+1$ 个函数 (因 m 有 $2l+1$ 个取值), 它们是 2.4 节中的 $\mathrm{Y}_{l\mathrm{n}}^{(1)}$ 和 $\mathrm{Y}_{l\mathrm{n}}^{(2)}$ 的重新组合①. 式 (4.4.4) 中的 $f_l(r)$ 有二个独立取值：

$$f_l(r) = \mathrm{j}_l(kr), \mathrm{n}_l(kr), \tag{4.4.6}$$

j_l 和 n_l 分别为球贝塞尔函数和球诺埃曼函数. 它们的具体表述式可参见数学物理方程的教材, 这里就不列出了. 另外, f_l 的二个独立表达式也可以取作两个球汉克尔函数：

$$f_l(r) = \mathrm{h}_l^{(1)}(kr), \quad \mathrm{h}_l^{(2)}(kr). \tag{4.4.7}$$

式 (4.4.6) 和 (4.4.7) 两组解之间的关系是

$$\begin{aligned} \mathrm{h}_l^{(1)}(z) &= \mathrm{j}_l(z) + \mathrm{i}\ \mathrm{n}_l(z), \\ \mathrm{h}_l^{(2)}(z) &= \mathrm{j}_l(z) - \mathrm{i}\ \mathrm{n}_l(z), \end{aligned} \qquad z = kr. \tag{4.4.8}$$

上述关系类似于 $(\mathrm{e}^{\mathrm{i}kz}, \mathrm{e}^{-\mathrm{i}kz})$ 与 $(\cos z, \sin z)$ 之间的关系. $\mathrm{j}_l, \mathrm{n}_l$ 与 $\mathrm{h}_l^{(1)}, \mathrm{h}_l^{(2)}$ 在 $|z|$ 大时 ($|z| \gg l$) 的渐近式也正好可以用三角函数和指数函数表示出来：

$$\begin{aligned} \mathrm{j}_l(z) &\sim \frac{1}{z}\cos\left(z - \frac{l+1}{2}\pi\right), \\ \mathrm{n}_l(z) &\sim \frac{1}{z}\sin\left(z - \frac{l+1}{2}\pi\right), \\ \mathrm{h}_l^{(1)}(z) &\sim \frac{1}{z}\mathrm{e}^{\mathrm{i}(z - \frac{l+1}{2}\pi)}, \\ \mathrm{h}_l^{(2)}(z) &\sim \frac{1}{z}\mathrm{e}^{-\mathrm{i}(z - \frac{l+1}{2}\pi)}. \end{aligned} \qquad \text{当 } |z| \gg R \text{ 时}, \tag{4.4.9}$$

---

① 在 2.3 节中, 对于一定的 l, $\mathrm{Y}_{l\mathrm{n}}^{(1)}$ 和 $\mathrm{Y}_{l\mathrm{n}}^{(2)}$ 一共也是 $2l+1$ 个, 因那里 n 取值的范围是 $0 \leqslant n \leqslant l$, 而且当 $n=0$ 时, $\mathrm{Y}_{l\mathrm{n}}^{(2)}$ 又等于零. 另外, 式 (4.4.5) 中系数是取得使 $\mathrm{Y}_{l\mathrm{m}}$ 满足下述正交归一条件：

$$\int \mathrm{Y}_{l'\mathrm{m}'}^{*}(\theta,\chi)\mathrm{Y}_{l\mathrm{m}}(\theta,\chi)\mathrm{d}\Omega = \delta_{l'l}\delta_{m'm}.$$

由此可以看出, 在配上时间因子 $\mathrm{e}^{-\mathrm{i}\omega t}$ 后 (如式 (4.4.2)), j_l 和 n_l 即为驻波形式的解而 $\mathrm{h}_l^{(1)}$ 和 $\mathrm{h}_l^{(2)}$ 为行波形式的解. 在 $|z| \ll l$ 时 (若 $l=0$, 则在 $|z| \ll 1$ 时,) 有近似式

$$\begin{aligned} \mathrm{j}_l(z) &\simeq \frac{Z^l}{(2l+1)!!}, \\ \mathrm{n}_l(z) &\simeq \frac{(2l-1)!!}{z^{l+1}}, \end{aligned} \tag{4.4.10}$$

其中

$$(2l+1)!! = 1 \cdot 3 \cdot 5 \cdots (2l-1)(2l+1).$$

式 (4.4.4) 形式的解为球面波解的空间部分. 在配上 $\mathrm{e}^{-\mathrm{i}\omega t}$ 因子后, $\mathrm{h}_l^{(1)}$ 和 $\mathrm{h}_l^{(2)}$ 分别对应于向外传播和向内传播的球面行波, 而 j_l 和 n_l 对应的就是两个球面驻波. 这两个驻波中一个在原点为零, 另一个在原点发散. 分别对应于原点无和有发射源的情况. 方程式 (4.4.3) 的一般解可以表成这种球面波特解的叠加:

$$\varphi(x) = \sum_{l,m} [a_{lm} j_l(kr) + b_{lm} \mathrm{n}_l(kr)] \mathrm{Y}_{l\mathrm{m}}(\theta, \chi), \tag{4.4.11}$$

或者

$$\varphi(x) = \sum_{l,m} [a'_{lm} \mathrm{h}_l^{(1)}(kr) + b'_{lm} \mathrm{h}_l^{(2)}(kr)] \mathrm{Y}_{lm}(\theta, \chi). \tag{4.4.12}$$

下面再来看矢量函数 $\boldsymbol{A}$ 的情况. 同样, 假设在 $r>0$ 区域 $\boldsymbol{A}$ 满足齐次波动方程. 我们仍考虑频率一定的情况, 这时波动方程同样化为亥姆霍兹方程, 情况与标量场相似 (参见式 (4.4.3)). 亦即

$$(\nabla^2 + k^2)\boldsymbol{A} = 0, \qquad (r > 0). \tag{4.4.13}$$

因而可以仿照式 (4.4.11) 或 (4.4.12) 用球函数来展开. 如果我们取驻波型特解:

$$\begin{aligned} \boldsymbol{T}_{l\mathrm{m}i}^{\mathrm{J}} &= \mathrm{j}_l(kr) \mathrm{Y}_{l\mathrm{m}}(\theta, \chi) \boldsymbol{n}_i, \\ \boldsymbol{T}_{l\mathrm{m}i}^{\mathrm{N}} &= \mathrm{n}_l(kr) \mathrm{Y}_{l\mathrm{m}}(\theta, \chi) \boldsymbol{n}_i, \end{aligned} \qquad i = 1, 2, 3. \tag{4.4.14}$$

则式 (4.4.13) 的一般解就是

$$\boldsymbol{A} = \sum_{l,m} \sum_{i=1}^{3} (\mathrm{a}_{l\mathrm{m}i} \boldsymbol{T}_{l\mathrm{m}i}^{\mathrm{J}} + b_{l\mathrm{m}i} \boldsymbol{T}_{l\mathrm{m}i}^{\mathrm{N}}). \tag{4.4.15}$$

当然, 我们也可以将式 (4.4.14) 中的 j_l 和 n_l 换成 $\mathrm{h}_l^{(1)}$ 和 $\mathrm{h}_l^{(2)}$, 这样得到的就是一组行波型特解. 一般的解也可以用它们来展开.

对于固定的 (l,m), 特解 $\boldsymbol{T}_{lmi}^{\mathrm{J}}$ 共有三个, 为了使三个特解具有更明显的物理特征, 我们将从每个标量波 $\mathrm{j}_l(kr)\mathrm{Y}_{lm}(\theta,\chi)$ 作出另外三个矢量波独立解 $\boldsymbol{X}_{lmi}^{\mathrm{J}}, i=1,2,3$. 它们分别满足

$$
\begin{aligned}
&\nabla\cdot\boldsymbol{X}_{lmi}^{\mathrm{J}}=\nabla\cdot\boldsymbol{X}_{lm2}^{\mathrm{J}}=0,\\
&\nabla\times\boldsymbol{X}_{lm3}^{\mathrm{J}}=0.
\end{aligned}
\tag{4.4.16}
$$

即前二个满足横波条件, 后一个满足纵波条件. 对于 $\mathrm{n}_l(kr)\mathrm{Y}_{lm}(\theta,\chi)$ 可同样处理.

纵波解可直接取为 $\sim\nabla(\mathrm{j}_l\mathrm{Y}_{lm})$. 由于算符 ∇ 与拉普拉斯算符 ∇^2 可以对易, 不难看出 $\nabla(\mathrm{j}_l\mathrm{Y}_{lm})$ 的确满足亥姆霍兹方程式 (4.4.13). 横波解则需要先将 $\mathrm{j}_l\mathrm{Y}_{lm}$ 乘上某个适当的矢量函数 $\boldsymbol{f}(x)$ 作成 $\boldsymbol{F}(x)$, 然后再通过取旋度作出 (因为 $\nabla\times\boldsymbol{F}(x)$ 恒满足散度为零). 当然, 此矢量要选取得适当, 使得所得到的结果能够满足方程式 (4.4.13). 最简单的选择方法是取为 $\boldsymbol{f}$ 为一常矢量. 不过对于多极场, $\boldsymbol{f}$ 的适当选择是矢量 $\boldsymbol{r}$, 即第一个横波解 $\boldsymbol{X}_{lm1}^{\mathrm{J}}$ 选取为 $\nabla\times(\mathrm{j}_l\mathrm{Y}_{lm}\boldsymbol{r})$. 第二个横波解可通过对上述第一个横波解 $\boldsymbol{X}_{lm1}^{\mathrm{J}}$ 再取一次旋度来得出.

利用 $\nabla\times\boldsymbol{r}=0$ 和矢量分析中的公式, $\nabla\times(\mathrm{j}_l\mathrm{Y}_{lm}\boldsymbol{r})$ 可化为 $[\nabla(\mathrm{j}_l\mathrm{Y}_{lm})]\times\boldsymbol{r}$ 即 $-\boldsymbol{r}\times\nabla(\mathrm{j}_l\mathrm{Y}_{lm})$. 我们将引入一个 (无量纲的) 算符 $\boldsymbol{L}$, 其定义是①

$$
\boldsymbol{L}=-\mathrm{i}\boldsymbol{r}\times\nabla.
$$

利用球坐标系中关于 ∇ 的公式 (参见附录 A), 即得在球坐标系中

$$
\begin{aligned}
&\nabla=\boldsymbol{n}_r\frac{\partial}{\partial r}+\boldsymbol{n}_\theta\frac{1}{r}\frac{\partial}{\partial\theta}+\boldsymbol{n}_\chi\frac{1}{r\sin\theta}\frac{\partial}{\partial_\chi},\\
&\boldsymbol{L}=-\mathrm{i}\left(\boldsymbol{n}_\chi\frac{\partial}{\partial\theta}-\boldsymbol{n}_\theta\frac{1}{\sin\theta}\frac{\partial}{\partial\chi}\right).
\end{aligned}
\tag{4.4.17}
$$

于是上述横矢量球面波在加上适当的常数因子后即为②:

$$
\begin{aligned}
\boldsymbol{X}_{lm1}^{\mathrm{J}}&=\frac{1}{\sqrt{l(l+1)}}\boldsymbol{L}(\mathrm{j}_l(kr)\mathrm{Y}_{lm}(\theta,\chi))\\
&=\frac{1}{\sqrt{l(l+1)}}\mathrm{j}_l(kr)\boldsymbol{L}Y_{lm}(\theta,\chi).
\end{aligned}
\tag{4.4.18a}
$$

第二个横矢量球面波可通过对上式取旋度得出:

$$
\boldsymbol{X}_{lm2}^{\mathrm{J}}=\frac{\mathrm{i}}{k}\nabla\times\boldsymbol{X}_{lm1}^{\mathrm{J}},
\tag{4.4.18b}
$$

① $\boldsymbol{L}$ 与量子力学中的轨道角动量算符相差只是一个常数 $\hbar$. 不过在这里我们并不需要作此联系.

② $\boldsymbol{L}$ 只包含对角度的微商, 故在下面的式 (4.4.18) 中, j_l可移到 $\boldsymbol{L}$ 的前面. 另外, 在 $l=0$ 时, Y_{lm} 等于常数 $\dfrac{1}{\sqrt{4\pi}}$, 因而相应的两个横波解都等于零. 于是两个横波解都只从 $l=1$ 算起. 这样加上常数因子 $\dfrac{1}{\sqrt{l(l+1)}}$ 并不会引起发散的问题. 当 $l=0$ 时, $\boldsymbol{X}_{lm1}^{\mathrm{J}}$ 和下面的 $\boldsymbol{X}_{lm2}^{\mathrm{J}}$ 都定义为零.

除以因子 k 是使它与 $\boldsymbol{X}_{l\mathrm{m}1}^{\mathrm{J}}$ 具有相同的量纲. 至于纵波解, 显然即为

$$\boldsymbol{X}_{l\mathrm{m}3}^{\mathrm{J}}=\frac{1}{k}\nabla[\mathrm{j}_l(kr)\mathrm{Y}_{l\mathrm{m}}(\theta,\chi)]. \tag{4.4.18c}$$

$\boldsymbol{X}_{l\mathrm{m}}$(其中 $m=1,2,3$) 都与 $\mathrm{j}_l\mathrm{Y}_{l\mathrm{m}}$ 具有同样的量纲. $\boldsymbol{L}$ 实际上它就是量子力学中的轨道角动量算符, 两者只差一个常数. $\boldsymbol{L}$ 与算符 ∇^2 是可对易的, 即

$$\nabla^2\boldsymbol{L}=\boldsymbol{L}\nabla^2. \tag{4.4.19}$$

上式证明并不困难：先看 $\boldsymbol{L}$ 的任一直角分量如 L_1, 由式 (4.4.17)

$$L_1=-\mathrm{i}\left(x_2\frac{\partial}{\partial x_3}-x_3\frac{\partial}{\partial x_2}\right), \tag{4.4.20}$$

通过直接微商就可得出：对于任意函数 φ

$$\nabla^2(L_1\varphi)=L_1(\nabla^2\varphi).$$

这就表明算符 L_1 与 ∇^2 可以对易. 同样 L_2 和 L_3 也如此, 因而就得出式 (4.4.19).

由式 (4.4.19) 即可得出, $\boldsymbol{X}_{l\mathrm{m}1}^{\mathrm{J}}$ 的确是亥姆霍兹方程的解. 另外, ∇^2 显然是与旋度运算可对易的, 故 $\boldsymbol{X}_{l\mathrm{m}2}^{\mathrm{J}}$ 同样满足亥姆霍兹方程.

若将式 (4.4.18) 中的 j_l 换成 n_l、$\mathrm{h}_l^{(1)}$ 和 $\mathrm{h}_l^{(2)}$, 并将所得出的结果分别用 $\boldsymbol{X}_{l\mathrm{m}i}^{\mathrm{N}}$、$\boldsymbol{X}_{l\mathrm{m}i}^{\mathrm{I}}$ 和 $\boldsymbol{X}_{l\mathrm{m}i}^{\mathrm{II}}$ 表示 (其中 $i=1,2,3$). 则它们也都是方程 (4.4.13) 的特解 (在 $r=0$ 处它们是发散的. 参见式 (4.4.10) 及式 (4.4.8)), 并在 $r>0$ 区域满足

$$\begin{aligned}&\nabla\cdot\boldsymbol{X}_{l\mathrm{m}i}^{\mathrm{N}}=\nabla\cdot\boldsymbol{X}_{l\mathrm{m}i}^{\mathrm{I}}=\nabla\cdot\boldsymbol{X}_{l\mathrm{m}i}^{\mathrm{II}}=0,\qquad(i=1,2)\\&\nabla\times\boldsymbol{X}_{l\mathrm{m}3}^{\mathrm{N}}=\nabla\times\boldsymbol{X}_{l\mathrm{m}3}^{\mathrm{I}}=\nabla\times\boldsymbol{X}_{l\mathrm{m}3}^{\mathrm{II}}=0,\end{aligned} \tag{4.4.21}$$

即 $i=1,2$ 时它们都为横场, $i=3$ 时都为纵场.

特解 $\boldsymbol{X}_{l\mathrm{m}i}^{\mathrm{J}}$ 和 $\boldsymbol{X}_{l\mathrm{m}i}^{\mathrm{N}}(i=1,2,3)$ 构成了方程式 (4.4.13) 解的一个正交完全集合, $\boldsymbol{X}_{l\mathrm{m}i}^{\mathrm{I}}$ 和 $\boldsymbol{X}_{l\mathrm{m}i}^{\mathrm{II}}(i=1,2,3)$ 也如此, 因而式 (4.4.13) 的一般解可以表为

$$\boldsymbol{A}=\sum_{l,m}\sum_{i=1}^{3}(a_{l\mathrm{m}i}\boldsymbol{X}_{l\mathrm{m}i}^{\mathrm{J}}+b_{l\mathrm{m}i}\boldsymbol{X}_{l\mathrm{m}i}^{\mathrm{N}}), \tag{4.4.22}$$

或

$$\boldsymbol{A}=\sum_{l,m}\sum_{i=1}^{3}(c_{l\mathrm{m}i}\boldsymbol{X}_{l\mathrm{m}i}^{\mathrm{I}}+d_{l\mathrm{m}i}\boldsymbol{X}_{l\mathrm{m}i}^{\mathrm{II}}). \tag{4.4.23}$$

4.4.2 电场和磁场的多极展开

我们先将源以外区域的电磁矢势 $\boldsymbol{A}$ 用式 (4.4.22) 或式 (4.4.23) 来展开. 在 $\boldsymbol{A}$ 完全是由有限区域 V 内电荷电流产生的情况下 (我们可把 V 取作球形, 即取适当的半径 R, 把电荷电流都包于其内), 在区域 V 之外, 只有向外传播的球面波, 这时, 采用式 (4.4.23) 比较方便, 因其中的 $\boldsymbol{X}^{\mathrm{II}}_{lmi}$ 项 (它含有 $\mathrm{h}_l^{(2)}(kr)$, 乘上 $\mathrm{e}^{-\mathrm{i}\omega t}$ 因子后即显示为向内传播的球面波, 参见式 (4.4.9) 第四式) 将不出现. 于是在 $r > R$ 的区域有

$$\boldsymbol{A} = \sum_{l,m}\sum_{i=1}^{3} a_{lmi}\boldsymbol{X}^{\mathrm{I}}_{lmi}. \tag{4.4.24a}$$

其中

$$\begin{aligned}
\boldsymbol{X}^{\mathrm{I}}_{l\mathrm{m}1} &= \frac{1}{\sqrt{l(l+1)}}\mathrm{h}_l^{(1)}(kr)\boldsymbol{L}\mathrm{Y}_{l\mathrm{m}}(\theta,\chi), \\
\boldsymbol{X}^{\mathrm{I}}_{l\mathrm{m}2} &= \frac{\mathrm{i}}{k}\nabla\times\boldsymbol{X}^{\mathrm{I}}_{l\mathrm{m}1}, \\
\boldsymbol{X}^{\mathrm{I}}_{l\mathrm{m}3} &= \frac{1}{k}\nabla[\mathrm{h}_l^{(1)}(kr)\mathrm{Y}_{l\mathrm{m}}(\theta,\chi)].
\end{aligned} \tag{4.4.24b}$$

相应的磁感强度为

$$\boldsymbol{B} = \sum_{l,m}\sum_{i=1,2} a_{lmi}\nabla\times X^{\mathrm{I}}_{l\mathrm{m}i}.$$

上式右方只有两项, 因 $\boldsymbol{A}$ 中的前两项为横场, 取旋度后不为零, 而 $i=3$ 的项为纵场, 取旋度后等于零. 与式 (4.4.18) 中的 $\boldsymbol{X}^{\mathrm{J}}_{l\mathrm{m}i}$ 相似, $\boldsymbol{X}^{\mathrm{I}}_{l\mathrm{m}1}$ 与 $\boldsymbol{X}^{\mathrm{I}}_{l\mathrm{m}2}$ 之间也满足类似的关系, 即

$$\nabla\times\boldsymbol{X}^{\mathrm{I}}_{l\mathrm{m}1} = -\mathrm{i}k\boldsymbol{X}^{\mathrm{I}}_{l\mathrm{m}2}. \tag{4.4.25}$$

从上式还可得出 (利用 $\nabla\cdot\boldsymbol{X}^{\mathrm{I}}_{l\mathrm{m}1}=0$)

$$\begin{aligned}
\nabla\times\boldsymbol{X}^{\mathrm{I}}_{l\mathrm{m}2} &= \frac{\mathrm{i}}{k}\nabla\times(\nabla\times\boldsymbol{X}^{\mathrm{I}}_{l\mathrm{m}1}) = -\frac{\mathrm{i}}{k}\nabla^2\boldsymbol{X}^{\mathrm{I}}_{l\mathrm{m}1} \\
&= \mathrm{i}k\boldsymbol{X}^{\mathrm{I}}_{l\mathrm{m}1},
\end{aligned} \tag{4.4.26}$$

于是我们可将 $\boldsymbol{B}$ 表示成

$$\boldsymbol{B}(x) = \mathrm{i}\sum_{l,m}[a_{lmM}\boldsymbol{X}^{\mathrm{I}}_{l\mathrm{m}i}(x) - a_{l\mathrm{m}E}\boldsymbol{X}^{\mathrm{I}}_{l\mathrm{m}2}(x)], \tag{4.4.27}$$

其中

$$a_{lmE} = ka_{lm1}, \qquad a_{lmM} = ka_{lm2}. \tag{4.4.28}$$

这就是磁场的多极展开式.

有了 $\boldsymbol{B}$ 的展开式, 场强 $\boldsymbol{E}$ 的展开式即可以直接从它求出. 由于在有限区域 V 以外, $\boldsymbol{j}=0$, 故可从

$$\nabla\times\boldsymbol{B}=\frac{1}{c}\frac{\partial\boldsymbol{E}}{\partial t}=-\mathrm{i}\frac{\omega}{c}\boldsymbol{E},$$

来得出 $\boldsymbol{E}$:

$$\boldsymbol{E}=\frac{\mathrm{i}}{k}\nabla\times\boldsymbol{B}. \tag{4.4.29}$$

将式 (4.4.27) 代入式 (4.4.29) 并利用式 (4.4.25) 和 (4.4.26), 求出的结果为①

$$\boldsymbol{E}(x)=\mathrm{i}\sum_{l,m}\left[a_{lmE}\boldsymbol{X}^{\mathrm{I}}_{l\mathrm{m}E}(x)+a_{lmM}\boldsymbol{X}^{\mathrm{I}}_{lmM}(x)\right]. \tag{4.4.30}$$

此结果也就是

$$\boldsymbol{E}=-\frac{1}{c}\frac{\partial\boldsymbol{A}_t}{\partial t}=\mathrm{i}\frac{\omega}{c}\boldsymbol{A}_t,$$

其中的 $\boldsymbol{A}_t$ 为 $\boldsymbol{A}$ 的横场部分, 即式 (4.4.24) 中 $i=1,2$ 的两项. 式 (4.4.27) 和 (4.4.30) 中所含的

$$\begin{aligned}\boldsymbol{E}&=\mathrm{i}a_{lmE}\boldsymbol{X}^{\mathrm{I}}_{l\mathrm{m}1},\\ \boldsymbol{B}&=-\mathrm{i}a_{lmE}\boldsymbol{X}^{\mathrm{I}}_{l\mathrm{m}2}\end{aligned} \tag{4.4.31}$$

项, 通常称为电 2^l 极场, 而

$$\begin{aligned}\boldsymbol{E}&=-\mathrm{i}a_{lmM}\boldsymbol{X}^{\mathrm{I}}_{l\mathrm{m}2},\\ \boldsymbol{B}&=\mathrm{i}a_{lmM}\boldsymbol{X}^{\mathrm{I}}_{l\mathrm{m}1}\end{aligned} \tag{4.4.32}$$

项, 称作磁 2^l 极场②.

我们在前二节中所求出的定频情况下的电偶极场和电四极场对应于式 (4.4.31) 在 $l=1$ 和 $l=2$ 时的结果, 而上节所求出的磁偶极场就对应于 $l=1$ 时的式 (4.4.32). (但这里的表达式为完整的多极场, 而不仅是其中 $\sim\dfrac{1}{r}$ 的成分). 不过, 该处所用的泰勒展开中的更高级项, 情况就不这样单纯了, 一些较低次的多极场也混杂于其中, 这正是泰勒展开法不够好的地方.

下面我们将式 (4.4.31) 和 (4.4.32) 与前两节的结果进行比较. 先看 $l=1,m=0$ 的情况, 这时 $\boldsymbol{X}^{\mathrm{I}}_{l\mathrm{m}1}$ 即为 $\boldsymbol{X}^{\mathrm{I}}_{101}$, $\boldsymbol{X}^{\mathrm{I}}_{l\mathrm{m}2}$ 即为 $\boldsymbol{X}^{\mathrm{I}}_{102}$. 在 $kr\gg1$ 时, 利用 $\mathrm{h}_1^{(1)}$ 的渐近式 (4.4.9) 以及

$$\mathrm{Y}_{10}(\theta,\chi)=\sqrt{\frac{3}{4\pi}}\cos\theta, \tag{4.4.33}$$

① 如前所述, 当 $l=0$ 时, $\boldsymbol{X}^{\mathrm{I}}_{l\mathrm{m}1}=\boldsymbol{X}^{\mathrm{I}}_{l\mathrm{m}2}=0$, 故 l 只从 1 开始, 也就是从偶极场开始. 另外, 径向函数无论是 $h_l^{(1)}$, 还是 $\mathrm{h}_l^{(2)}$, j_l, n_l 都称为多极场.

② 在量子电动力学中, 式 (4.4.31) 和 (4.4.32) 都相应于光子总角动量平方的本征值为 $l(l+1)\hbar^2$、总角动量的极轴分量的本征值为 $m\hbar$ 的光子状态. 但两者宇称的本征值不同, 前者为 $(-1)^l$ 而后者为 $(-1)^{l+1}$.

得出 $\boldsymbol{X}_{101}^{\mathrm{I}}$ 中 $\sim\dfrac{1}{r}$ 的项为 (按照式 (4.4.24b) 中第一式)

$$\boldsymbol{X}_{101}^{\mathrm{I}}=-\sqrt{\frac{3}{8\pi}}\frac{\mathrm{e}^{\mathrm{i}kr}}{kr}\boldsymbol{L}\cos\theta,$$

其中的 $\boldsymbol{L}$ 算符由式 (4.4.17) 表示, 代入上式并运算后得

$$\boldsymbol{X}_{101}^{\mathrm{I}}=-\mathrm{i}\sqrt{\frac{3}{8\pi}}\frac{\mathrm{e}^{\mathrm{i}kr}}{kr}\sin\theta\boldsymbol{n}_{\chi}. \tag{4.4.34}$$

$\boldsymbol{X}_{102}^{\mathrm{I}}$ 可通过对上式取旋度求出 (参见式 (4.4.18b)), 当只保留 $\dfrac{1}{r}$ 项时, 结果为

$$\begin{aligned}\boldsymbol{X}_{102}^{\mathrm{I}}&=-\boldsymbol{n}_r\times\boldsymbol{X}_{101}^{\mathrm{I}}\\&=-\mathrm{i}\sqrt{\frac{3}{8\pi}}\frac{\mathrm{e}^{\mathrm{i}kr}}{kr}\sin\theta\boldsymbol{n}_{\theta}.\end{aligned} \tag{4.4.35}$$

将以上结果代入式 (4.4.31) 并配上因子 $\mathrm{e}^{-\mathrm{i}\omega t}$, 即可看出所得的 $\boldsymbol{E}$ 和 $\boldsymbol{B}$ 除系数的表示不同外、与式 (4.2.17) 所给出的电偶极辐射场相同. 同样, 若代入式 (4.4.32), 即得到式 (4.3.17) 所给出的远区磁偶极辐射场的分布①.

再看 $l=2, m=0$ 的情况, 利用

$$\mathrm{Y}_{20}(\theta,\chi)=\sqrt{\frac{5}{4\pi}}\left(\frac{3}{2}\cos^2\theta-\frac{1}{2}\right) \tag{4.4.36}$$

以及球汉克尔函数 $\mathrm{h}_2^{(1)}(r)$ 的渐近式, 即得 $\boldsymbol{X}_{201}^{\mathrm{I}}$ 中 $\sim\dfrac{1}{r}$ 的项为

$$\boldsymbol{X}_{201}^{\mathrm{I}}=-\sqrt{\frac{15}{32\pi}}\frac{\mathrm{e}^{\mathrm{i}kr}}{kr}\sin2\theta\boldsymbol{n}_{\chi}. \tag{4.4.37}$$

同样可求出, 在保留 $\sim\dfrac{1}{r}$ 的项时

$$\begin{aligned}\boldsymbol{X}_{202}^{\mathrm{I}}&=-\boldsymbol{n}_r\times\boldsymbol{X}_{201}^{\mathrm{I}}\\&=-\sqrt{\frac{15}{32\pi}}\frac{\mathrm{e}^{\mathrm{i}kr}}{kr}\sin2\theta\boldsymbol{n}_{\theta},\end{aligned} \tag{4.4.38}$$

代入式 (4.4.31) 中并配上因子 $\mathrm{e}^{-\mathrm{i}\omega t}$, 除系数的表示不同外, 即与式 (4.3.21) 所给出的电四极辐射场相同. 这也表明对于轴对称的电荷分布, 在对称轴取为极轴时, 其电四极场即只有 $l=2, m=0$ 的项, 而一般的电四极场则是 $l=2, m=0,\pm1,\pm2$ 五项的叠加.

① 当偶极矩的极轴方向时, 就只有 $m=0$ 的项, 否则为 $m=0, \pm1$ 三项的叠加.

前面已经指出, 式 (4.4.31) 和 (4.4.32) 不仅给出波区的场, 而且也给出近区的场. 具体地说, 只要 $r > R$ 区域没有电荷电流, 那么该区域场就由式 (4.4.31) 和 (4.4.32) 表示, 不论是波区还是近区.

从式 (4.4.31) 和 (4.4.32) 还可看出, 对于任意的 (l, m) 只要将电多极场中的 $\boldsymbol{E}$ 换成 $\boldsymbol{B}$, 将 $\boldsymbol{B}$ 换成 $-\boldsymbol{E}$, 就可得出相应的磁多极场 (除了系数要作相应的改变以外). 对于偶极辐射这一规则在 4.3 节中已经给出 (参见式 (4.3.18)).

下面的问题是要研究, 如何从电荷电流的分布来定出系数 a_{lmE} 和 a_{lmM}. 为此我们仍从推迟解出发. 在除去 $\mathrm{e}^{-\mathrm{i}\omega t}$ 因子后, 势可表示为

$$\begin{aligned}\varphi(x) &= \int \rho(x')\frac{\mathrm{e}^{\mathrm{i}kR}}{R}\mathrm{d}\tau',\\ \boldsymbol{A}(x) &= \frac{1}{c}\int \boldsymbol{j}(x')\frac{\mathrm{e}^{\mathrm{i}kR}}{R}\mathrm{d}\tau'\\ &= \frac{1}{c}\int \boldsymbol{j}(x')\cdot \mathbf{I}\frac{\mathrm{e}^{\mathrm{i}kR}}{R}\mathrm{d}\tau'.\end{aligned} \tag{4.4.39}$$

在上式中, 同 4.1 节中的一样, R 代表从源点 x' 到场点 x 的距离, 即 $R = \sqrt{(x_1 - x'_1)^2 + (x_2 - x'_2)^2 + (x_3 - x'_3)^2}$. 函数

$$G(x, x') \equiv \frac{\mathrm{e}^{\mathrm{i}kR}}{R} \tag{4.4.40}$$

满足方程

$$(\nabla^2 + k^2)G(x, x') = -4\pi\delta(x - x'), \tag{4.4.41}$$

称为标量亥姆霍兹方程的 (无界空间中) 出射格林函数. 同样

$$\boldsymbol{G}(x, x') = \mathbf{I}\frac{\mathrm{e}^{\mathrm{i}kR}}{R} \tag{4.4.42}$$

满足

$$(\nabla^2 + k^2)\boldsymbol{G}(x, x') = -4\pi\delta(x - x')\mathbf{I}, \tag{4.4.43}$$

称为张量 (二阶张量) 亥姆霍兹方程的 (无界空间中) 出射格林函数. 这两个格林函数都可用球面波展开, 当 $r > r'$ 时其结果是①

$$\frac{\mathrm{e}^{\mathrm{i}kR}}{R} = \mathrm{i}4\pi k\sum_{l,m}\mathrm{j}_l(kr')\mathrm{h}_l^{(1)}(kr)\mathrm{Y}_{lm}^*(\theta', \chi')\mathrm{Y}_{lm}(\theta, \chi). \tag{4.4.44}$$

① 关于式 (4.4.44) 可参见一般讲格林函数的数学书. 另外, 它实际上也是球汉克尔函数 $\mathrm{h}_0^{(1)}(kR) = \dfrac{\mathrm{e}^{\mathrm{i}kR}}{\mathrm{i}kR}$ 的展开式, 故亦可从讲球汉克尔函数的书中查到. 至于式 (4.4.45) 可以参见, Rose, Multipole Fields (第 46 页和第 36 页), 以及 Morse and Feshbach, Methods of Theoretical Physics (第 1875 页及 1865 页).

对于上式, 我们可以作如下的理解: 在 $r > r'$ 的情况下, x 代表场变量, x' 代表源变量; 源的径向函数为驻波型, 由 j_l 表示, 而场的径向函数为向外传播型, 由 $\mathrm{h}_l^{(1)}$ 表示, 从而导致上式右方的形式. 类似地, 张量出射格林函数的展开式为

$$\mathbf{I}\frac{\mathrm{e}^{\mathrm{i}kR}}{R} = \mathrm{i}4\pi k\sum_{l,m}\sum_{j=1}^{3} X_{l\mathrm{m}j}^{\mathrm{I}*}(x')\boldsymbol{X}_{l\mathrm{m}j}^{\mathrm{I}}(x). \tag{4.4.45}$$

将式 (4.4.44) 和 (4.4.45) 代入式 (4.4.39), 即可得到

$$\begin{aligned}\boldsymbol{A}(x) = \frac{1}{k}\sum_{l,m}[&a_{lmE}\boldsymbol{X}_{l\mathrm{m}1}^{\mathrm{I}}(X)\\ &+ a_{lmM}\boldsymbol{X}_{l\mathrm{m}2}^{\mathrm{I}}(x) + a_{lmL}\boldsymbol{X}_{l\mathrm{m}3}^{\mathrm{I}}(x)],\end{aligned} \tag{4.4.46a}$$

以及

$$\varphi(x) = \sum_{l,m} b_{lm}\frac{1}{k}\mathrm{h}_l^{(1)}(kr)\mathrm{Y}_{lm}(\theta,\chi), \tag{4.4.46b}$$

其中

$$\begin{aligned}
a_{lmE} &= \mathrm{i}\frac{4\pi k^2}{c}\int \boldsymbol{j}(x')\cdot\boldsymbol{X}_{l\mathrm{m}1}^{\mathrm{I}*}(x')\mathrm{d}\tau',\\
a_{lmM} &= \mathrm{i}\frac{4\pi k^2}{c}\int \boldsymbol{j}(x')\cdot\boldsymbol{X}_{l\mathrm{m}2}^{\mathrm{I}*}(x')\mathrm{d}\tau',\\
a_{lmL} &= \mathrm{i}\frac{4\pi k^2}{c}\int \boldsymbol{j}(x')\cdot\boldsymbol{X}_{l\mathrm{m}3}^{\mathrm{I}*}(x')\mathrm{d}\tau',\\
b_{lm} &= \mathrm{i}4\pi k^2\int \rho(x')\mathrm{j}_l(kr')\mathrm{Y}_{l\mathrm{m}}^{*}(\theta',\chi')\mathrm{d}\tau'.
\end{aligned} \tag{4.4.47}$$

不难证明

$$b_{lm} = \mathrm{i}a_{lmL}, \tag{4.4.48}$$

因为按式 (4.4.18c),

$$\begin{aligned}
&\int \boldsymbol{j}(x')\cdot\boldsymbol{X}_{l\mathrm{m}3}^{\mathrm{I}*}(x')\mathrm{d}\tau'\\
=&\int \boldsymbol{j}(x')\cdot\nabla'\left[\frac{1}{k}\mathrm{j}_l(kr')\mathrm{Y}_{l\mathrm{m}}^{*}(\theta',\chi')\right]\mathrm{d}\tau'\\
=&\int \nabla'\cdot\left[\frac{1}{k}\boldsymbol{j}(x')\mathrm{j}_l(kr')\mathrm{Y}_{l\mathrm{m}}^{*}(\theta',\chi')\right]\mathrm{d}\tau'\\
&-\int[\nabla'\cdot\boldsymbol{j}(x')]\frac{1}{k}\mathrm{j}_l(kr')\mathrm{Y}_{l\mathrm{m}}^{*}(\theta',\chi')\mathrm{d}\tau'.
\end{aligned}$$

最后表示式中的前项, 通过变换成面积分而化为零, 后项利用电荷守恒定律而化为

$-\mathrm{i}c\int\rho(x')\mathrm{j}_l(kr')\mathrm{Y}_{lm}^*(\theta',\chi')\mathrm{d}\tau'$, 由此即得出式 (4.4.48).

将式 (4.4.48) 代入式 (4.4.46b) 中, 即将标势 $\varphi(x)$ 表示为

$$\varphi(x)=\frac{\mathrm{i}}{k}\sum_{l,m}a_{lmL}\mathrm{h}_l^{(1)}(kr)\mathrm{Y}_{lm}(\theta,\chi). \tag{4.4.49}$$

从势的表达式 (4.4.46a) 和 (4.4.49) 求出的电磁场强为

$$\begin{aligned}\boldsymbol{E}(x)&=\mathrm{i}\sum_{l,m}[a_{lmE}\boldsymbol{X}_{lm1}^{\mathrm{I}}(x)+a_{lmM}\boldsymbol{X}_{lm2}^{\mathrm{I}}(x)],\\ \boldsymbol{B}(x)&=\mathrm{i}\sum_{l,m}[a_{lmM}\boldsymbol{X}_{lm1}^{\mathrm{I}}(x)-a_{lmE}\boldsymbol{X}_{lm2}^{\mathrm{I}}(x)].\end{aligned} \tag{4.4.50}$$

上式与前面已经给出的公式 (4.4.27) 和 (4.4.30) 是一致的.

我们可以具体地证明, 系数 a_{lmE} 和 a_{lmM} 在体系线度比波长小得多时, 与 (约化的) 静电多极矩和磁多极矩的分量呈简单的线性关系. 但在体系的线度较大时情况就不同了. 这时式 (4.4.50) 与按静电和静磁多极矩展开式之间的差别是大的.

最后, 我们再强调一下. 对于远区的辐射场, 场强对 r 的依赖关系都是 $1/r$, 不同类型辐射 (即各种电多极辐射和磁多极辐射) 间的差别, 都只表现在它们的场强随 (θ,χ) 的变化关系上.

4.5 半波长天线的辐射

在本节中, 我们来考察短波天线的辐射. 短波天线的长度 l 与其辐射场的波长同一量级, 一个典型的例子是, l 为波长的一半 $\left(l=\dfrac{\lambda}{2}\right)$. 即所谓的半波长天线. 如图 4.5.1 中横线所示. 图中两纵线为平行馈线, 它们的间距很小, 以抑制其上电流的辐射. 也可用金属外壳把它们包起来以取得更好的抑制辐射的效果.

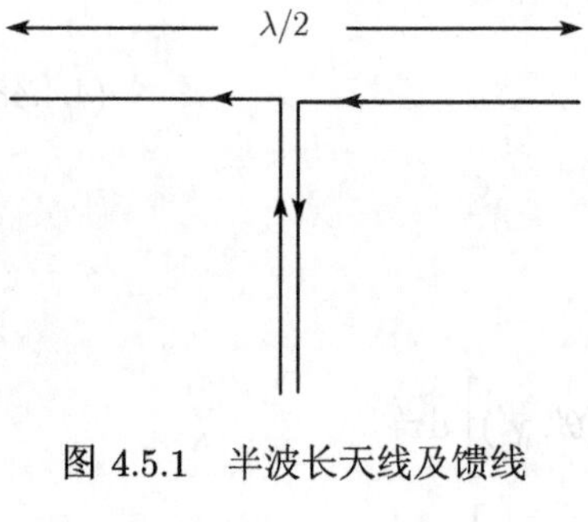

图 4.5.1 半波长天线及馈线

在该天线的两个端点即 $x_1=\dfrac{\pm l}{2}$ 处, 电流为零, 从而天线上的电流为驻波. 对于半波长天线, 其上电流 $I(x_1,t)$ 的表达式即为

$$I(x_1,t)=I_0\sin\left(kx_1+\frac{\pi}{2}\right)\mathrm{e}^{-\mathrm{i}\omega t},\qquad -\frac{\lambda}{4}\leqslant x_1\leqslant\frac{\lambda}{4}. \tag{4.5.1}$$

严格来说, 天线上电流由于与辐射场的相互作用, 并不完全满足上式, 但通常修正不大. 在本节的计算中我们将不考虑这种修正.

天线上除有电流以外, 还带有电荷. 设其线密度为 $\sigma(x_1,t)$. 它代表单位长度上的电荷, 则由电荷守恒定律

$$\frac{\partial\sigma(x_1,t)}{\partial t}=-\frac{\partial I(x_1,t)}{\partial x_1}, \tag{4.5.2}$$

即可求出

$$\sigma(x_1,t)=-\mathrm{i}\frac{I_0}{c}\cos\left(kx_1+\frac{\pi}{2}\right)\mathrm{e}^{-\mathrm{i}\omega t}. \tag{4.5.3}$$

有了电荷和电流分布, 利用推迟解公式即可求出 φ 和 $\boldsymbol{A}(=A\boldsymbol{n}_1)$ 在 t 时刻的空间分布:

$$\begin{aligned}\varphi(x_1,x_2,x_3,t)=&\int_{-\lambda/4}^{\lambda/4}\frac{\sigma\left(x_1',t-\dfrac{R}{c}\right)}{R}\mathrm{d}x_1'\\=&-\frac{\mathrm{i}}{c}I_0\mathrm{e}^{-\mathrm{i}\omega t}\int_{-\lambda/4}^{\lambda/4}\frac{\cos\left(kx_1'+\dfrac{\pi}{2}\right)\mathrm{e}^{\mathrm{i}kR}}{R}\mathrm{d}x_1',\end{aligned}$$

$$\begin{aligned}A(x_1,x_2,x_3,t)=&\frac{1}{c}\int_{-\frac{\lambda}{4}}^{\frac{\lambda}{4}}\frac{I\left(x_1',t-\dfrac{R}{c}\right)}{R}\mathrm{d}x_1'\\=&\frac{1}{c}I_0\mathrm{e}^{-\mathrm{i}\omega t}\int_{-\frac{\lambda}{4}}^{\frac{\lambda}{4}}\frac{\sin\left(kx_1'+\dfrac{\pi}{2}\right)\mathrm{e}^{\mathrm{i}kR}}{R}\mathrm{d}x'_1,\end{aligned} \tag{4.5.4}$$

其中

$$R=\sqrt{(x_1-x_1')^2+x_2^2+x_3^2}. \tag{4.5.5}$$

在远处, 即 R 比天线长度大得多时, 不仅上式分母中的 R 可以近似作 r, 而且分子中的 $\mathrm{e}^{\mathrm{i}kR}$ 也可作下面的近似:

$$\begin{aligned}\mathrm{e}^{\mathrm{i}kR}=&\mathrm{e}^{\mathrm{i}kr+\mathrm{i}k(R-r)}\\\cong&\mathrm{e}^{\mathrm{i}kr-\mathrm{i}kx_1'\cos\theta}.\end{aligned}$$

上式中的 R,r 和 θ 如图 4.5.2 所示, 于是在远处有

$$\begin{aligned}\varphi(x_1,x_2,x_3,t)=&-\mathrm{i}\frac{I_0}{cr}\mathrm{e}^{\mathrm{i}(kr-\omega t)}\int_{-\frac{\lambda}{4}}^{\frac{\lambda}{4}}\cos\left(kx_1'+\frac{\pi}{2}\right)\times\mathrm{e}^{-\mathrm{i}kx_1'\cos\theta}\mathrm{d}x_1',\\\boldsymbol{A}(x_1,x_2,x_3,t)=&\frac{I_0}{cr}\mathrm{e}^{\mathrm{i}(kr-\omega t)}\int_{-\frac{\lambda}{4}}^{\frac{\lambda}{4}}\sin\left(kx_1'+\frac{\pi}{2}\right)\times\mathrm{e}^{-\mathrm{i}kx_1'\cos\theta}\mathrm{d}x_1'.\end{aligned} \tag{4.5.6}$$

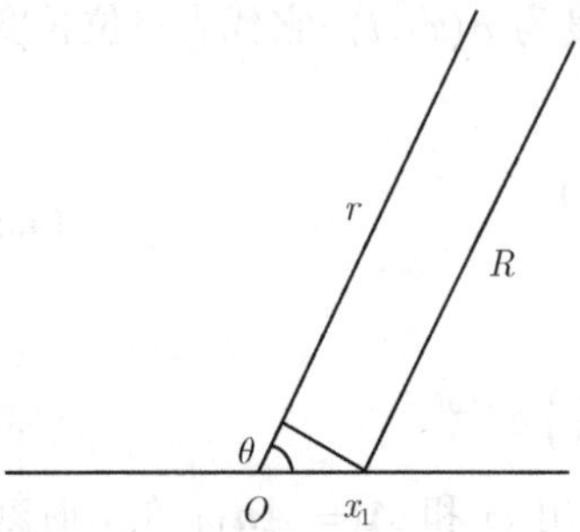

图 4.5.2

积分后得出的结果, φ 和 A_1 都只是 r、θ 和 t 的函数, 即

$$\varphi(r,\theta,t)=\frac{2I_0}{\omega}\frac{\cos\theta}{\sin^2\theta}\cos\left(\frac{\pi}{2}\cos\theta\right)\frac{\mathrm{e}^{\mathrm{i}(kr-\omega t)}}{r},$$

$$A(r,\theta,t)=\frac{2I_0}{\omega}\frac{1}{\sin^2\theta}\cos\left(\frac{\pi}{2}\cos\theta\right)\frac{\mathrm{e}^{\mathrm{i}(kr-\omega t)}}{r}. \tag{4.5.7}$$

上式表明, φ 和 A 都是带复杂的方向因子的球面波. 并不是单纯的某个多极势.

从式 (4.5.7) 可以求出远处的电磁场强度. 同样, 我们只保留 $\sim\dfrac{1}{r}$ 的项. 结果得出, 电场只有 θ 方向的分量, 磁场只有 χ 方向的分量, 而且 E_θ 与 B_χ 的值相等:

$$\begin{aligned}E_\theta(r,\theta,t)&=B_\chi(r,\theta,t)\\&=\mathrm{i}\frac{2I_0}{c}\frac{\cos\left(\dfrac{\pi}{2}\cos\theta\right)}{\sin\theta}\frac{\mathrm{e}^{\mathrm{i}(kr-\omega t)}}{r}.\end{aligned} \tag{4.5.8}$$

于是远处辐射场传播的方向即为径向. 相应的能流密度可从上式的实部定出, 结果即为

$$S=\frac{I_0^2\cos^2\left(\dfrac{\pi}{2}\cos\theta\right)}{c\pi\sin^2\theta}\frac{\sin^2(kr-\omega t)}{r^2}. \tag{4.5.9}$$

它在一个周期内的平均值为

$$\overline{S}=I_0^2\frac{\cos^2\left(\dfrac{\pi}{2}\cos\theta\right)}{2c\pi\sin^2\theta}\frac{1}{r^2}. \tag{4.5.10}$$

通过面积分可以求出辐射总能流为

$$\overline{W}=\frac{I_0^2}{2c}[\ln 2\pi\gamma-C_i(2\pi)], \tag{4.5.11}$$

其中的常数

$$\gamma=1.7811\cdots,$$

函数 $C_i(x)$ 为余弦积分函数, 其定义式为

$$C_i(x)=-\int_x^\infty\frac{\cos v}{v}\mathrm{d}v. \tag{4.5.12}$$

$\overline{S}$ 随 θ 的变化关系在无线电学中称为天线的辐射方向特性. 在半波长无线情况下其结果如图 4.5.3 所示. 从式 (4.5.11) 我们看到, $\overline{W}$ 的值与频率无关. 本来, 当

频率增高时, 交变电流的辐射能力是增强的. 但由于半波长天线的长度变短, 产生了抵消的作用.

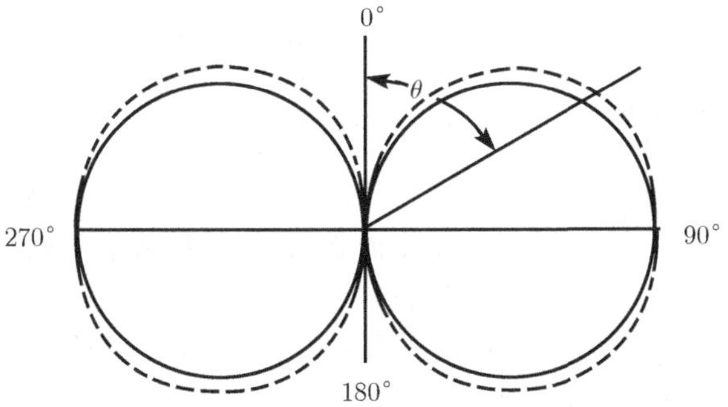

图 4.5.3 半波长天线的辐射方向特性 (其中圆形虚线是作比较用的)

在无线电学中, 定义天线的辐射电阻 R_r 为一个等效的欧姆电阻. 该电阻上的能量损耗率与该天线的能量辐射率相等, 即

$$\frac{1}{2}R_r I_0^2 = \overline{W}. \tag{4.5.13}$$

因而对于半波长天线,

$$R_r = \frac{1}{c}[\ln 2\pi\gamma - C_i(2\pi)], \tag{4.5.14}$$

其具体数值约为 73.1 欧姆. 它定量地描述了 (通过式 (4.5.13)) 半波长天线的辐射能力.

在实际应用中, 还常利用波的干涉性以获得所需的方向特性. 例如两个互相平行的半波长天线 A 和 B, 相距为 $\lambda/4$, 其上的电流振幅相等, 但相位相差 $\pi/2$, 即

$$\begin{aligned} I_A(x_1,t) &= I_0 \sin\left(kx_1 + \frac{\pi}{2}\right)\mathrm{e}^{-\mathrm{i}\omega t}, \\ I_B(x_1,t) &= I_0 \sin\left(kx_1 + \frac{\pi}{2}\right)\mathrm{e}^{-\mathrm{i}(\omega t+\pi/2)}. \end{aligned} \tag{4.5.15}$$

这样, 在两天线构成的平面中与天线垂直的方位上 (一个方位对应于正负两个方向), 一个方向上 (即图 4.5.4 中 x_2 方向上)A 和 B 的辐射场是相消的, 因为天线 A与天线 B 上的电流本来相位就相差 $\frac{\pi}{2}$, 当波程差又造成相位相差 $\frac{\pi}{2}$ 时, 合起来的相差就是 π, 即波的振幅相差一个负号. 而在相反的辐射方向上, 波程差造成相位

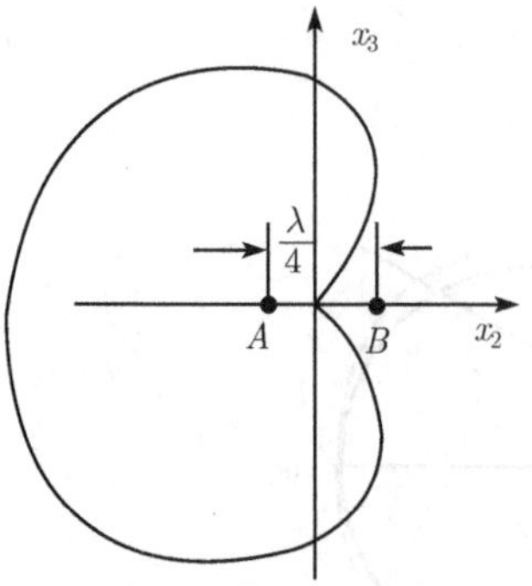

图 4.5.4 相距 $\frac{\lambda}{4}$ 的两个平行的半波长天线 (A 和 B) 辐射的方向特性

差变为 $-\frac{\pi}{2}$. 与两天线上电流的相位差合起来就等于零, 从而 A 和 B 的辐射场是相长的 (相长是相消的反意词). 在 x_2-x_3 平面上, 辐射的方向特性如图 4.5.4 所示.

利用更多个天线的相互干涉, 还可获得方向性更强的定向辐射.

当天线长度分别为一个波长、二个波长和一个半波长时, 天线的辐射方向特性 (平均能流 $\overline{S}$ 随方向的变化) 如图 4.5.5 所示.

我们看到, 无论天线长度是波长的半整数倍还是整数倍, 随着 $\frac{l}{\lambda}$ 的增加, 辐射方向都朝着天线方向移动.

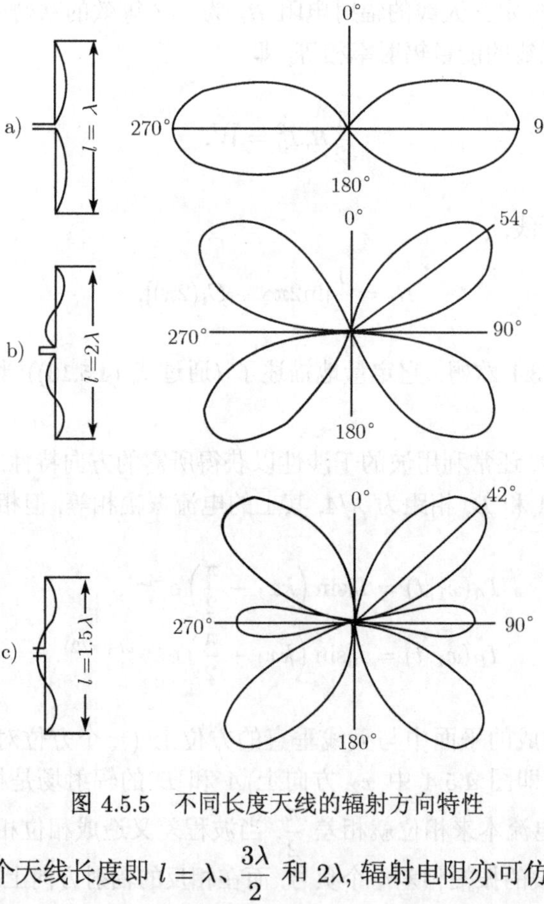

图 4.5.5 不同长度天线的辐射方向特性

对于上述三个天线长度即 $l=\lambda$、$\frac{3\lambda}{2}$ 和 2λ, 辐射电阻亦可仿上求出, 分别约等于 200Ω、100Ω 和 250Ω. 无论是半整数波长的情况还是整数波长的情况, 辐射电阻都随着波长的增加而增大.

4.6 电磁波与介质的相互作用 定频态电磁波

电磁波与介质的相互作用是宏观电动力学中的一个重要问题, 因为宏观的带电物质主要就是介质. 在本节中, 我们将通过对上述相互作用的讨论, 给出均匀线性介质中的电磁场所满足的波动方程, 并对实际中常遇到的定频态电磁波作进一步的研究.

4.6.1 电磁波与介质的相互作用

在导电介质中 (绝缘介质可作为介质电导率等于零的特殊情况), 电磁场会引起电荷电流, 这些电荷电流反过来又产生电磁场, 因此彼此是相互作用的. 处理这类问题时, 需要将电磁场方程和介质电磁性质方程以及电荷守恒定律联系起来求解. 由于介质性质方程用场强表示比用势表示方便, 故电磁场方程通常就采用麦克斯韦方程组:

$$\begin{aligned}
&\nabla\cdot\boldsymbol{D}=4\pi\rho_{\mathrm{f}},\\
&\nabla\times\boldsymbol{E}=-\frac{1}{c}\frac{\partial\boldsymbol{B}}{\partial t},\\
&\nabla\cdot\boldsymbol{B}=0,\\
&\nabla\times\boldsymbol{H}=\frac{1}{c}\frac{\partial\boldsymbol{D}}{\partial t}+\frac{4\pi}{c}\boldsymbol{j}_{\mathrm{f}}.
\end{aligned}\tag{4.6.1}$$

对于比较简单的情况, 介质电磁性质方程为

$$\begin{aligned}
&\boldsymbol{D}=\varepsilon\boldsymbol{E},\\
&\boldsymbol{B}=\mu\boldsymbol{H},\\
&\boldsymbol{j}_{\mathrm{f}}=\sigma\boldsymbol{E}.
\end{aligned}\tag{4.6.2}$$

我们就是要将上述两个方程组与电荷守恒定律

$$\nabla\cdot\boldsymbol{j}_{\mathrm{f}}+\frac{\partial\rho_{\mathrm{f}}}{\partial t}=0\tag{4.6.3}$$

联立起来求解.

下面我们来考察介质是均匀的情况. 首先证明这样一个重要结论: 对于 $\boldsymbol{j}_{\mathrm{f}}$ 和 $\boldsymbol{D}$ 皆与和它同时刻的 $\boldsymbol{E}$ 成正比的导体(即 σ 和 ε 皆为真正的实常数, 而且 $\sigma\neq0$), 无论电磁场的状态如何, 导体内部都不会积累电荷; 如果原来内部带有电荷, 该电

荷亦将随时间以指数衰减[①]. 此结果意味着, 由于场和介质的相互作用, 使得电荷只能积留在这种导体的表面上.

根据介质方程式 (4.6.2), 以及 σ 与 ε 为实常数可以提到散度运算的外面, 在此种导体内部有

$$\nabla\cdot\boldsymbol{j}_{\mathrm{f}}=\sigma(\nabla\cdot\boldsymbol{E})=\frac{\sigma}{\varepsilon}\nabla\cdot\boldsymbol{D}=\frac{4\pi\sigma}{\varepsilon}\rho_{\mathrm{f}}. \tag{4.6.4}$$

上式表明, 当均匀导体中某处有正电荷时, 电流在该点是散发的, 而当其中有负电荷时则电流是集聚的. 因此电流总是使得电荷的绝对值减少. 将式 (4.6.4) 同电荷守恒定律式 (4.6.3) 联立起来, 就能更清楚地看出这一点. 联立后得

$$\frac{\partial\rho_{\mathrm{f}}}{\partial t}=-\frac{4\pi\sigma}{\varepsilon}\rho_{\mathrm{f}}, \tag{4.6.5}$$

它的解是

$$\rho_{\mathrm{f}}(x,t)=\rho_{\mathrm{f}}(x,0)\mathrm{e}^{-\frac{4\pi\sigma}{\varepsilon}t}, \tag{4.6.6}$$

即导体中每点的 ρ_{f} 皆以指数衰减, 其中 $\rho_{\mathrm{f}}(x,0)$ 代表 $t=0$ 时的分布.

在推导以上结果时, 我们并没有对电磁场的状态作任何假定. 这就说明, 无论电磁场的具体情况如何, σ 和 ε 为实常数的均匀导体内的电荷总是随时间指数地衰减, 而且衰减的比率$\left(指\ \dfrac{1}{\rho_{\mathrm{f}}}\dfrac{\partial\rho_{\mathrm{f}}}{\partial t}\right)$只与介质的 σ 和 ε 有关, 同电磁场的具体分布并无关系. σ 愈大, 衰减愈快, ε 愈大, 则衰减愈慢. 其道理是, 衰减速度依赖于电流的散度, 亦即依赖于 σ 与 $\nabla\cdot\boldsymbol{E}$ 的乘积, 因此 σ 增大, 衰减就变快. 至于 ε 增大的情况, 由于极化电荷对 ρ_{f} 的屏蔽作用增强, 使得 $\nabla\cdot\boldsymbol{E}$ 减小, 衰减就变慢了.

ρ_{f} 衰减到原来值的 $\dfrac{1}{\mathrm{e}}$ 所需要的时间为

$$\tau=\frac{\varepsilon}{4\pi\sigma}, \tag{4.6.7}$$

此值通常称为衰期或弛豫时间. 一般导体的 τ 是非常小的, 例如对于铜, 它的量级是 10^{-19}s, 对于海水是 10^{-10}s, 就是不良导体如蒸馏水, τ 也只有 10^{-6}s. 但优良绝缘体的 τ 则可达到相当大的数值, 如绝缘最好的熔融石英, τ 将超过 10^{6}s.

一般情况下, 均匀导体内部当初是不带电荷的, 即

$$\rho_{\mathrm{f}}(x,0)=0.$$

于是由式 (4.6.6), 任何时刻的 ρ_{f} 都等于零. 就是导体内当初存在电荷, 如上所述经过很短的时间后, ρ_{f} 实际上也就消失. 再根据均匀线性导体内 (线性指 $\boldsymbol{j}_{\mathrm{f}}$ 和 $\boldsymbol{D}$ 皆

① 等离子体由于不满足上述条件, 故此结论对它不成立. 例如均匀等离子体的朗缪尔波的情况, 就相应有电荷存在, 这时等离子体中的 ρ_{f} 以波的频率变化, 并不随时间衰减.

与瞬时的 $\boldsymbol{E}$ 成正比) 极化电荷与自由电荷成正比的关系, 总电荷亦将等于零. 这样就得到此种情况下的联立方程组为

$$\begin{aligned}
&\nabla \cdot \boldsymbol{E} = 0,\\
&\nabla \times \boldsymbol{E} = -\frac{1}{c}\frac{\partial \boldsymbol{B}}{\partial t},\\
&\nabla \cdot \boldsymbol{B} = 0,\\
&\nabla \times \boldsymbol{B} = \frac{\mu\varepsilon}{c}\frac{\partial \boldsymbol{E}}{\partial t} + \frac{4\pi\sigma\mu}{c}\boldsymbol{E}.
\end{aligned} \tag{4.6.8}$$

我们可以从式 (4.6.8) 的第二式和第四式消去 $\boldsymbol{B}$, 再利用第一式就得到 $\boldsymbol{E}$ 满足下列波动方程和横波条件:

$$\begin{aligned}
&\nabla^2 \boldsymbol{E} - \frac{\mu\varepsilon}{c^2}\frac{\partial^2 \boldsymbol{E}}{\partial t^2} - \frac{4\pi\sigma\mu}{c^2}\frac{\partial \boldsymbol{E}}{\partial t} = 0,\\
&\nabla \cdot \boldsymbol{E} = 0.
\end{aligned} \tag{4.6.9}$$

初始条件即 $\boldsymbol{E}(x,t)$ 和 $\boldsymbol{B}(x,t)$ 在 $t=0$ 时的值, 也可通过式 (4.6.8) 的第四式转化为 $\boldsymbol{E}(x,t)$ 和 $\dot{\boldsymbol{E}}(x,t)$ 在 $t=0$ 时的值. 从而可用来确定方程式 (4.6.9) 的解.

在求出 $\boldsymbol{E}(x,t)$ 以后, $\boldsymbol{B}(x,t)$ 可通过其初值和方程式 (4.6.8) 的第二式求出.

当然我们也可以从式 (4.6.8) 消去 $\boldsymbol{E}$. 这时得到的磁场方程与式 (4.6.9) 完全相同, 即

$$\begin{aligned}
&\nabla^2 \boldsymbol{B} - \frac{\mu\varepsilon}{c^2}\frac{\partial^2 \boldsymbol{B}}{\partial t^2} - \frac{4\pi\sigma\mu}{c^2}\frac{\partial \boldsymbol{B}}{\partial t} = 0,\\
&\nabla \cdot \boldsymbol{B} = 0.
\end{aligned} \tag{4.6.10}$$

在解出 $\boldsymbol{B}(x,t)$ 以后, $\boldsymbol{E}$ 通过式 (4.6.8) 的第四式由 $\boldsymbol{B}$ 及 “$t=0$ 时的 $\boldsymbol{E}$” 求出.

式 (4.6.9) 和 (4.6.10) 中的波动方程, 可称为阻尼的波动方程. 在频率一定的情况下, 由于方程中第三项的作用. 电磁波将随着传播距离的增加而衰减 (参见下节). 当此方程中的第二项比起第三项可以忽略时, 它即化为第三章中所得到的扩散型方程式 (3.5.31) 和 (3.5.33).

对于 $\sigma=0$ 的情况①, 式 (4.6.9) 中的第一个方程化为

$$\nabla^2 \boldsymbol{E} - \frac{\mu\varepsilon}{c^2}\frac{\partial^2 \boldsymbol{E}}{\partial t^2} = 0, \tag{4.6.11}$$

对于 $\boldsymbol{B}$ 亦有同样的结果. 式 (4.6.11) 即为普通的波动方程, 与真空中结果的区别只是, 波速变成 (参见 4.7 节)

$$u = \frac{c}{\sqrt{\mu\varepsilon}}. \tag{4.6.12}$$

① $\sigma=0$ 时, ρ_{f} 可能不为零. 但由于这种情况下 ρ_{f} 是不随时间变的, 故它只产生一个叠加在波上的静电场, 因此我们可以只讨论 $\rho_{\mathrm{f}}=0$ 的情况.

式 (4.6.12) 表明当 μ 和 ε 依赖于 ω 时, 波速亦将依赖于 ω, 这就使得波在折射时, 不同频率的波折射角不同 (参见 4.8 节), 所以 μ 和 ε 随 ω 的变化通常称作色散效应.

4.6.2 定频态电磁波

下面我们对频率一定的电磁波作进一步讨论. 这不仅因为定频情况是实际中比较常见的 (例如无线电波通常都具有确定频率), 而且一般的波可以通过傅里叶展开, 表成为多个频率一定的波的叠加. 在量子理论中频率一定的波更具有特别的物理意义, 它代表微观粒子或光子具有确定能量本征值的状态 (并称作定态). 因此我们也可把这种电磁波称作定态波.

同前一样, 定频态电磁波可以表为

$$\begin{aligned}\boldsymbol{E} &= \boldsymbol{E}(x)\mathrm{e}^{-\mathrm{i}\omega t},\\ \boldsymbol{B} &= \boldsymbol{B}(x)\mathrm{e}^{-\mathrm{i}\omega t}.\end{aligned} \tag{4.6.13}$$

于是联立方程组 (4.6.8) 化为

$$\begin{aligned}&\nabla\cdot\boldsymbol{E}=0,\\ &\nabla\times\boldsymbol{E}=\frac{\mathrm{i}\omega}{c}\boldsymbol{B},\\ &\nabla\cdot\boldsymbol{B}=0,\\ &\nabla\times\boldsymbol{B}=-\frac{\mathrm{i}\mu\varepsilon^{(\mathrm{c})}\omega}{c}\boldsymbol{E},\end{aligned} \tag{4.6.14}$$

其中

$$\varepsilon^{(\mathrm{c})}\equiv\varepsilon+\mathrm{i}\frac{4\pi\sigma}{\omega}. \tag{4.6.15}$$

实际上, 式 (4.6.14) 中第一、第三两个方程可由其中第二和第四方程取散度得出, 故第一和第三两方程亦可不列出.

我们看见, 对于定频态电磁波, 导体与绝缘介质的差别, 反映在式 (4.6.14) 中就只是用 $\varepsilon^{(\mathrm{c})}$ 代替 ε. 因而 $\varepsilon^{(\mathrm{c})}$ 可以称作导体的复合介电常数①, 它统一地表达了导体中束缚电子和自由电子对电磁场的作用.

在定频态情况下, 前面所得到的波动方程化为亥姆霍兹型方程, 但其中 k^2 为复数. 与波动方程 (4.6.9) 相应的方程组是

$$(\nabla^2+k^2)\boldsymbol{E}(x)=0,$$

① 在物理上我们可作这样的理解: 在交变电磁场作用下, 自由电子将作往复的振动, 其行为与束缚电子有类似之处, 故两者的行为可统一地描述. 至于因子 i, 从式 (4.6.13) 来看, 代表两者之间有 $\pi/2$ 的相位差.

$$\nabla \cdot \boldsymbol{E}(x) = 0, \tag{4.6.16}$$

其中

$$k^2 = \frac{\mu \varepsilon^{(c)}}{c^2}\omega^2.$$

再加上式 (4.6.14) 第二式

$$\boldsymbol{B}(x) = -\mathrm{i}\frac{c}{\omega}\nabla \times \boldsymbol{E}(x) \tag{4.6.17}$$

即可将电磁场都确定.

同样可写出与式 (4.6.10) 相应的方程组, 其结果即为用 $\boldsymbol{B}(x)$ 取代式 (4.6.16) 中的 $\boldsymbol{E}(x)$, 同时式 (4.6.17) 用式 $\boldsymbol{E}(x) = \dfrac{\mathrm{i}c}{\mu\varepsilon^{(c)}\omega}\nabla \times \boldsymbol{B}(x)$ 代替.

在实际问题中, 介质常常是分区均匀的情况. 例如电磁波沿双导线的传播问题, 由于导线通常由均匀导体作成, 故可分为三个均匀区域, 两根导线各为一区, 导线以外空间又为一区 (真空在形式上可作为 $\varepsilon = \mu = 1, \sigma = 0$ 的介质来处理). 这时在介质分界面上, 相应于麦克斯韦方程组和电荷守恒定律的边值关系为

$$\begin{aligned} &\boldsymbol{n} \cdot (\boldsymbol{D}_1 - \boldsymbol{D}_2) = 4\pi\delta_{\mathrm{f}}, \\ &\boldsymbol{n} \times (\boldsymbol{E}_1 - \boldsymbol{E}_2) = 0, \\ &\boldsymbol{n} \cdot (\boldsymbol{B}_1 - \boldsymbol{B}_2) = 0, \\ &\boldsymbol{n} \times (\boldsymbol{H}_1 - \boldsymbol{H}_2) = 0, \end{aligned} \tag{4.6.18}$$

和

$$\boldsymbol{n} \cdot (\boldsymbol{j}_{\mathrm{f}1} - \boldsymbol{j}_{\mathrm{f}2}) + \frac{\partial \delta_{\mathrm{f}}}{\partial t} = 0. \tag{4.6.19}$$

在上两式中, 为避免与频率混淆, 我们改用 δ_{f} 来代表面自由电荷密度. 在定态波情况, δ_{f} 以频率 ω 变化, 即

$$\delta_{\mathrm{f}} = \delta_{\mathrm{f}0}\mathrm{e}^{-\mathrm{i}\omega t}. \tag{4.6.20}$$

将上式代入式 (4.6.19) 并同欧姆定律联立后, 得出

$$\boldsymbol{n} \cdot (\sigma_1 \boldsymbol{E}_1 - \sigma_2 \boldsymbol{E}_2) = \mathrm{i}\omega\delta_{\mathrm{f}}. \tag{4.6.21}$$

利用此式以及电磁性质方程式 (4.6.2) 的第一式即可消去式 (4.6.18) 中的面电荷密度 δ_{f}, 而将边值关系化为

$$\begin{aligned} &\boldsymbol{n} \cdot (\varepsilon_1^{(c)} \boldsymbol{E}_1 - \varepsilon_2^{(c)} \boldsymbol{E}_2) = 0, \\ &\boldsymbol{n} \times (\boldsymbol{E}_1 - \boldsymbol{E}_2) = 0, \\ &\boldsymbol{n} \cdot (\boldsymbol{B}_1 - \boldsymbol{B}_2) = 0, \\ &\boldsymbol{n} \times (\boldsymbol{B}_1/\mu_1 - \boldsymbol{B}_2/\mu_2) = 0, \end{aligned} \tag{4.6.22}$$

其中的 $\varepsilon^{(c)}$ 由式 (4.6.15) 给出. 式 (4.6.22) 已成为电场强度和磁场强度的齐次方程.

通常在求解定态电磁波的边值问题时, 总是先求出各个均匀区域中式 (4.6.14) 的解 (或式 (4.6.16)~(4.6.17) 的解, 这两组方程是等价的①) 然后考虑界面两侧的解在边界上满足边值关系的问题. 下面我们将证明, 这时只需考虑式 (4.6.22) 的第二式和第四式就够了, 当第二和第四式满足以后, 第一和第三两式也就随之满足. 证明如下:

从式 (4.6.14) 的第四式, 在 "介质 1" 一侧, 有

$$\nabla\times\boldsymbol{B}_1=-\frac{\mathrm{i}\omega\varepsilon_1^{(c)}\mu_1}{c}\boldsymbol{E}_1,$$

点乘 $\boldsymbol{n}$ 后得

$$\boldsymbol{n}\cdot(\nabla\times\boldsymbol{B}_1)=-\frac{\mathrm{i}\omega\varepsilon_1^{(c)}\mu_1}{c}\boldsymbol{n}\cdot\boldsymbol{E}_1.$$

同样在 "介质 2" 一侧有

$$\boldsymbol{n}\cdot(\nabla\times\boldsymbol{B}_2)=-\frac{\mathrm{i}\omega\varepsilon_2^{(c)}\mu_2}{c}\boldsymbol{n}\cdot\boldsymbol{E}_2.$$

因此, 要证明式 (4.6.22) 的第一式成立, 只需证明

$$\boldsymbol{n}\cdot(\nabla\times\boldsymbol{H}_1)=\boldsymbol{n}\cdot(\nabla\times\boldsymbol{H}_2).$$

利用斯托克斯公式, 上式化为

$$\frac{1}{\Delta S}\oint_{\mathcal{L}}\boldsymbol{H}_1\cdot\mathrm{d}\boldsymbol{l}=\frac{1}{\Delta S}\oint_{\mathcal{L}}\boldsymbol{H}_2\cdot\mathrm{d}\boldsymbol{l},$$

$\mathcal{L}$ 为切面内围绕所考虑点的小封闭曲线, ΔS 为它所围的面积当式 (4.6.22) 的第四式满足时, 上式显然成立, 这就证明了式 (4.6.22) 的第一式. 同样, 当式 (4.6.22) 的第二式满足时, 可证明其第三式亦成立.

4.7 绝缘和导电介质中的平面电磁波

在第一章中, 我们已经讨论过真空中的平面波. 平面波不仅是波动方程的一种重要特解 (它具有单一频率和单一传播方向), 而且一般的波也可以通过傅里叶分析表成为平面波的叠加. 在本节中我们将研究均匀介质中特别是导体中平面波具有什么新的特点. 应当说, 在导体中, 由于波动方程中有阻尼项, 已不存在通常意义下的平面波, 而是一种衰减的平面波, 但我们仍统一地称它们为介质中的平面波.

---

① 对式 (4.6.17) 作旋度, 再将式 (4.6.16) 两式代入, 即可得出 $\nabla\times B=-\mathrm{i}\frac{\mu\varepsilon^{(c)}\omega}{c}\boldsymbol{E}$. 而方程 $\nabla\cdot\boldsymbol{B}=0$, 如前所述, 可以从式 (4.6.17) 作散度得出, 这表明从方程组 式 (4.6.16) 和 (4.6.17) 可以反推出方程组式 (4.6.14).

4.7.1 均匀绝缘介质中的平面波

绝缘介质中的 ρ_f 可以不为零, 但它不会随时间变化, 因而只产生一个叠加在电磁波上的静电场, 对电磁波本身并无影响. 因此可以不去考虑它. 这样, 在定频情况下, 我们要求解的方程组就是式 (4.6.16) 和 (4.6.17), 只是 k^2 中的 $\varepsilon^{(c)}$ 在此就是 ε:

$$\begin{aligned}&(\nabla^2 + k^2)\boldsymbol{E}(x) = 0,\\&\nabla\cdot\boldsymbol{E}(x) = 0,\\&\boldsymbol{B}(x) = -\mathrm{i}\frac{c}{\omega}\nabla\times\boldsymbol{E}(x).\end{aligned}\tag{4.7.1}$$

用直角坐标的分离变数法去解式 (4.7.1) 的第一式, 即可求出平面波的特解. 写成复数形式 (并配上 $\mathrm{e}^{-\mathrm{i}\omega t}$ 因子) 为

$$\boldsymbol{E}(x,t) = \boldsymbol{E}_0\mathrm{e}^{\mathrm{i}(\boldsymbol{k}\cdot\boldsymbol{x}-\omega t)},\tag{4.7.2}$$

其中, $\boldsymbol{k}$ 的三个分量满足

$$k_1^2 + k_2^2 + k_3^2 = k^2 = \frac{\mu\varepsilon}{c^2}\omega^2.\tag{4.7.3}$$

另外, 横波条件仍给出

$$\boldsymbol{k}\cdot\boldsymbol{E}_0 = 0,$$

即电场方向与传播方向垂直. 波的相速为

$$u = \frac{\omega}{k} = \frac{c}{\sqrt{\mu\varepsilon}} \equiv \frac{c}{n}.\tag{4.7.4}$$

n 通常称为折射率, 它由下式定义

$$n = \sqrt{\mu\varepsilon}.\tag{4.7.5}$$

一般介质的 μ 与 1 相差很小, 故可近似取为 1. 这时就有

$$n \cong \sqrt{\varepsilon}.$$

式 (4.7.1) 的第三式给出相应的 $\boldsymbol{B}$ 为

$$\begin{aligned}&\boldsymbol{B}(x,t) = \boldsymbol{B}_0\mathrm{e}^{(\boldsymbol{k}\cdot\boldsymbol{x}-\omega t)},\\&\boldsymbol{B}_0 = \frac{c}{\omega}\boldsymbol{k}\times\boldsymbol{E}_0.\end{aligned}\tag{4.7.6}$$

由此可见, $\boldsymbol{B}_0$ 与 $\boldsymbol{k}$ 和 $\boldsymbol{E}_0$ 三者仍互相垂直. 与真空不同的是, $\boldsymbol{B}_0$ 与 $\boldsymbol{E}_0$ 的大小已不相等, 现在 $B_0 = nE_0$. 它表明: 折射率愈大, 磁场愈强.

在求能量密度和能流密度时, 应先将场取实部再相乘. 这样就得能量密度 W 为

$$
\begin{aligned}
W &= \frac{1}{8\pi}\left(\varepsilon E_0^2 + \frac{1}{\mu}B_0^2\right)\cos^2(\boldsymbol{k}\cdot\boldsymbol{r}-\omega t)\\
&= \frac{1}{4\pi}\varepsilon E_0^2\cos^2(\boldsymbol{k}\cdot\boldsymbol{r}-\omega t).
\end{aligned} \tag{4.7.7}
$$

在给出最后一等式中, 我们利用了式 (4.7.6) 的第二式和式 (4.7.3).

能流密度

$$
\begin{aligned}
\boldsymbol{S} &= \frac{c}{4\pi}\frac{1}{\mu}E_0B_0\cos^2(\boldsymbol{k}\cdot\boldsymbol{r}-\omega t)\boldsymbol{n}\\
&= \frac{c}{4\pi}\sqrt{\frac{\varepsilon}{\mu}}E_0^2\cos^2(\boldsymbol{k}\cdot\boldsymbol{r}-\omega t)\boldsymbol{n},
\end{aligned} \tag{4.7.8}
$$

其中的 $\boldsymbol{n}$ 代表沿 $\boldsymbol{k}$ 方向的单位矢量. 利用式 (4.7.4), 可以得出能流密度 $\boldsymbol{S}$ 与能量密度 W 和波速 u 之间仍有下述关系

$$
\boldsymbol{S} = Wu\boldsymbol{n}. \tag{4.7.9}
$$

4.7.2 导体中的平面波

这时需要求解的方程组仍为式 (4.7.1), 只是其中

$$
k^2 = \frac{\mu\varepsilon^{(c)}}{c^2}\omega^2, \tag{4.7.10}
$$

上式右方的 $\varepsilon^{(c)}$ 由式 (4.6.15) 表示. 我们仍可用直角坐标分离变数法求式 (4.7.1) 的特解, 其形式仍然为

$$
\boldsymbol{E}(x,t) = \boldsymbol{E}_0\mathrm{e}^{(\boldsymbol{k}\cdot\boldsymbol{x}-\omega t)}, \tag{4.7.11}
$$

$\boldsymbol{k}$ 的三个分量应满足

$$
k_1^2 + k_2^2 + k_3^2 = k^2 = \frac{\mu\varepsilon^{(c)}}{c^2}\omega^2. \tag{4.7.12}
$$

由于 $\varepsilon^{(c)}$ 为复数, 故 k_i 等不可能都是实数. 一般情况 $\boldsymbol{k}$ 的三个分量都是复数, 我们将它表为

$$
\boldsymbol{k} = \boldsymbol{\chi} + \mathrm{i}\boldsymbol{\beta}. \tag{4.7.13}
$$

代入式 (4.7.12) 即将该式化成

$$
\chi^2 - \beta^2 + 2\mathrm{i}\boldsymbol{\chi}\cdot\boldsymbol{\beta} = \frac{\mu\varepsilon}{c^2}\omega^2 + \mathrm{i}\frac{4\pi\sigma\mu}{c^2}\omega.
$$

从两边实部和虚部分别相等, 即得出

$$
\chi^2 - \beta^2 = \frac{\mu\varepsilon}{c^2}\omega^2, \tag{4.7.14}
$$

$$\boldsymbol{\chi}\cdot\boldsymbol{\beta}=\frac{2\pi\sigma\mu\omega}{c^2}.$$

对于上述复矢量 $\boldsymbol{k}$ 的情况, 式 (4.7.11) 所示的平面波的实际形式是

$$\boldsymbol{E}(x,t)=\boldsymbol{E}_0\mathrm{e}^{-\boldsymbol{\beta}\cdot\boldsymbol{x}}\mathrm{e}^{\mathrm{i}(\boldsymbol{\chi}\cdot\boldsymbol{x}-\omega t)}, \tag{4.7.15}$$

由此可见, 振幅将沿着 $\boldsymbol{\beta}$ 的方向以指数衰减, 在与 $\boldsymbol{\beta}$ 垂直的平面上, 振幅 $|\boldsymbol{E}_0\mathrm{e}^{-\boldsymbol{\beta}\cdot\boldsymbol{x}}|$ 为一常数, 而每沿着 $\boldsymbol{\beta}$ 的方向增加 $\dfrac{1}{\beta}$ 距离时, 振幅即衰减到原来的 $\dfrac{1}{\mathrm{e}}$. 因此 $\dfrac{1}{\beta}$ 通常称为衰减长度. $\boldsymbol{\chi}$ 的方向代表波相位传播的方向, 它与等相面垂直, 沿此方向每前进 $\dfrac{2\pi}{\chi}$, 相位即改变 2π, 因此 $\dfrac{2\pi}{\chi}$ 仍可称为"波长". 从式 (7.4.14) 不难看出, 即使介质常数 σ,ε 和 μ 都与 ω 无关, 导体中的波也将有色散效应 (即 χ 与 ω 有关).

横波条件给出

$$\boldsymbol{k}\cdot\boldsymbol{E}_0=0. \tag{4.7.16}$$

一般说来, $\boldsymbol{E}_0$ 也是一个复矢量, 因此我们把它表为

$$\boldsymbol{E}_0=\boldsymbol{E}_0'+\mathrm{i}\boldsymbol{E}_0'', \tag{4.7.17}$$

这时式 (4.7.16) 化为

$$\begin{aligned}\boldsymbol{E}_0'\cdot\boldsymbol{\chi}-\boldsymbol{E}_0''\cdot\boldsymbol{\beta}&=0,\\ \boldsymbol{E}_0'\cdot\boldsymbol{\beta}+\boldsymbol{E}_0''\cdot\boldsymbol{\chi}&=0.\end{aligned} \tag{4.7.18}$$

当 $\boldsymbol{E}_0'$ 与 $\boldsymbol{E}_0''$ 的方向不同时, 电场的振动就是 1.3 节中讲的椭圆偏振.

磁场的形式同样是

$$\boldsymbol{B}(x,t)=\boldsymbol{B}_0\mathrm{e}^{-\boldsymbol{\beta}\cdot\boldsymbol{x}}\mathrm{e}^{\mathrm{i}(\boldsymbol{\chi}\cdot\boldsymbol{x}-\omega t)}, \tag{4.7.19}$$

其中

$$\boldsymbol{B}_0=\frac{c}{\omega}\boldsymbol{k}\times\boldsymbol{E}_0. \tag{4.7.20}$$

由于 $\boldsymbol{E}_0$ 和 $\boldsymbol{k}$ 都是复矢量, 故 $\boldsymbol{B}_0$ 和 $\boldsymbol{E}_0$ 在方向和相位上的关系是比较复杂的.

下面对一些特殊的情况下的 $\boldsymbol{k}$ 进行讨论. 先设 $\boldsymbol{\chi}$ 与 $\boldsymbol{\beta}$ 的方向相同. 这时由式 (4.7.14) 可以解出

$$\begin{aligned}\chi&=\frac{\sqrt{\mu\varepsilon}}{c}\frac{\omega}{\sqrt{2}}\left(\sqrt{1+\frac{16\pi^2\sigma^2}{\varepsilon^2\omega^2}}+1\right)^{\frac{1}{2}},\\ \beta&=\frac{\sqrt{\mu\varepsilon}}{c}\frac{\omega}{\sqrt{2}}\left(\sqrt{1+\frac{16\pi^2\sigma^2}{\varepsilon^2\omega^2}}-1\right)^{\frac{1}{2}}.\end{aligned} \tag{4.7.21}$$

我们来考察两种极端情形:

(1) $\dfrac{4\pi\sigma}{\varepsilon\omega} \ll 1$

这个条件的物理含义是, 导体中的传导电流比位移电流小得多. 因为传导电流等于 $\sigma\boldsymbol{E}$, 而位移电流为 $\dfrac{1}{4\pi}\dfrac{\partial \boldsymbol{D}}{\partial t} = -\dfrac{\mathrm{i}\varepsilon\omega}{4\pi}\boldsymbol{E}$, 故两者绝对值的比①就等于 $\dfrac{4\pi\sigma}{\varepsilon\omega}$. 情形 (1) 只出现在不良导体, 或导电性虽较良但电磁波的频率相当高的时候. 例如 $\dfrac{4\pi\sigma}{\varepsilon\omega}$ 要达到 10^{-2} 量级. 对于淡水情况, 电磁波频率约需到 10 兆周/秒, 而对于海水, 约需到 10^5 兆周/秒.

利用条件 $\dfrac{4\pi\sigma}{\varepsilon\omega} \ll 1$, 从式 (4.7.21) 可得

$$\begin{aligned} \chi &\cong \frac{\sqrt{\mu\varepsilon}}{c}\omega, \\ \beta &\cong \sqrt{\frac{\mu}{\varepsilon}}\frac{2\pi\sigma}{c} = \frac{\sqrt{\mu\varepsilon}}{c}\frac{1}{2\tau}, \end{aligned} \tag{4.7.22}$$

其中的 τ 为式 (4.6.7) 所定义的弛豫时间 $\left(\tau = \dfrac{\varepsilon}{4\pi\sigma}\right)$. 由此得出约化波长 $\lambdabar \left(\equiv \dfrac{1}{\chi}\right)$ 与衰减长度 $d = \dfrac{1}{\beta}$ 的比为

$$\frac{\lambdabar}{d} = \frac{2\pi\sigma}{\varepsilon\omega} \ll 1. \tag{4.7.23}$$

因而电磁波要经过很多个波长的距离, 其振幅才衰减到原来值的 $\dfrac{1}{\mathrm{e}}$. 波的相速 u, 根据式 (4.7.15) 和式 (4.7.22) 的第一式, 近似等于 $\dfrac{c}{\sqrt{\mu\varepsilon}}$. 故在这种情形下, 电磁波的行为与绝缘介质中的相近. 值得指出的是, 尽管衰减长度对波长的比值随着频率增高而增加, 衰减长度 $d(=1/\beta)$ 的绝对数值, 根据式 (4.7.22) 的第二式, 却趋于常数 $2u\tau$. 对于海水, 这个值约为一个厘米.

(2) $\dfrac{4\pi\sigma}{\varepsilon\omega} \gg 1$

也就是传导电流比位移电流大得多的情形. 对于金属导体, 总是属于这种情形. 因为金属的 $\sigma \sim 10^{17}$/秒, 故要到频率达 10^{17} 周/秒时, 位移电流才与传导电流同一量级. 而到这样高的频率, 量子效应和介质的原子性都很显著, 宏观和经典的理论已经不能适用.

利用 $\dfrac{4\pi\sigma}{\varepsilon\omega} \gg 1$, 由式 (4.7.21) 可得出下述近似值

$$\chi = \beta = \frac{\sqrt{2\pi\sigma\mu\omega}}{c}. \tag{4.7.24}$$

① 位移电流中的因子 $(-\mathrm{i})$, 其实际意义就是它与传导电流相差 $\dfrac{\pi}{2}$ 相位, 从周期平均的效果来看, 该因子并不重要.

由于 $\chi=\beta$, 衰减长度已为波长的 $\dfrac{1}{2\pi}$, 故这时电磁波的行为已与“无衰减的平面波”相差甚远. 从式 (4.7.24) 所求出的衰减长度也就是 3.5 节中所已给出的集肤厚度 δ(见式 (3.5.50) 下). 此数值具有相当普遍的意义, 在下节中我们将显示, 当电磁波入射到导体表面上时, 进入导体中的电磁波主要也是集中在这样厚的一层内. 此外, 式 (4.7.24) 还表明, 频率越低, 衰减长度 d 越大. 但对于导电性不太差的导体(如海水), 要通过降低频率使 d 达到较大的值, 还是不容易的: 对于海水, d 等于 1 公里所相应的频率要低到 0.1 周/秒以下. 这就使得在海水中利用电磁波进行纵深测量和通信都比较困难①.

我们再看此种情形下 $\boldsymbol{B}$ 与 $\boldsymbol{E}$ 的关系. 由于 $\boldsymbol{k}$ 可写作

$$\boldsymbol{k}=\frac{\sqrt{2\pi\sigma\mu\omega}}{c}(1+\mathrm{i})\boldsymbol{n}=\frac{\sqrt{4\pi\sigma\mu\omega}}{c}\mathrm{e}^{\mathrm{i}\frac{\pi}{4}}\boldsymbol{n}, \tag{4.7.25}$$

其中的 $\boldsymbol{n}$ 代表单位矢量, 故有

$$\boldsymbol{B}_0=\sqrt{\frac{4\pi\sigma\mu}{\omega}}\mathrm{e}^{\mathrm{i}\frac{\pi}{4}}\boldsymbol{n}\times\boldsymbol{E}_0. \tag{4.7.26}$$

当 $\boldsymbol{E}_0$ 是线偏振的时候, $\boldsymbol{B}_0$ 也是线偏振, 而且 $\boldsymbol{B}_0$ 与 $\boldsymbol{n}$ 和 $\boldsymbol{E}_0$ 三者仍互相垂直. 但与过去不同的是, $\boldsymbol{B}$ 与 $\boldsymbol{E}$ 之间有一相位差 $\dfrac{\pi}{4}$. 这样, 在一个周期中, 有部分时候能流 $\boldsymbol{S}$ 将与 $\boldsymbol{n}$ 相反, 也就是说, 尽管波总是沿着 $\boldsymbol{n}$ 的方向向前传播, 而能流却有时向前有时向后. 后一情况可称作能量的返流. 返流与反射不同, 反射时要出现一个反射波, 而现在只有一个波, 但其能流方向有时与波传播方向相反.

情形 (2) 的另一个重要特点是

$$|B_0|\gg|E_0|, \tag{4.7.27}$$

即电磁波中主要是**磁场**. 磁场和电场对能量密度贡献的比值是

$$\frac{|B_0|^2}{\mu\varepsilon|E_0|^2}=\frac{4\pi\sigma}{\varepsilon\omega}, \tag{4.7.28}$$

正好等于传导电流与位移电流的比值. 在情形 (2) 的情况, 此值远大于 1.

最后, 我们指出, 衰减的平面波不仅在导体中才有, 在绝缘介质或真空中也是可能出现的 (前面只论证了导体中的平面波一定有衰减, 并未论证它的反命题). 如果我们把绝缘介质中的 $\boldsymbol{k}$ 也一般地设为 $\boldsymbol{\chi}+\mathrm{i}\boldsymbol{\beta}$, 那么从 $\sigma=0$ 的性质, 只能得出 $\boldsymbol{\chi}$ 与 $\boldsymbol{\beta}$ 互相垂直, 而并不能得出 $\boldsymbol{\beta}$ 必须为零. 在实际中也的确存在这样的情况 (参见

① 如果潜艇处于浅表的海水内, 那么用长波来进行较远距离的通信和指挥仍是可行的. 利用波长很长的超长波 (频率在几百周/秒以下) 甚至可以做到对潜艇进行全球性的指挥.

下节). 值得提出注意的是, 波的衰减并不一定是同能量损耗联系在一起. 在 $\boldsymbol{k}$ 为复矢量的时候, 能流的情况是比较复杂的, 它可能垂直于 $\boldsymbol{\beta}$ 的方向流动, 也可能返流回去. 在下节中讨论的全反射问题中, 将会看到一个波虽然衰减但无能量损耗的例子.

4.8 电磁波在介质表面的反射

电磁波在介质表面的反射是电磁波传播中的基本过程之一. 反射过程不仅本身有重要的实际意义, 面且它可能是其他一些更复杂过程的组成部分. 因此, 对它的性质的了解, 往往有助于对其他复杂过程进行定性的分析.

4.8.1 绝缘介质表面的反射

设绝缘介质是均匀的, 它的表面是一无穷大的平面 (从物理上说, 这里无穷大的意思是指它的线度比入射波的波长大得多, 而我们所考察的是它的比较中心即远离边缘的部分). 取此平面为 $x_2 = 0$ 的坐标面, $x_2 < 0$ 区域为真空, $x_2 > 0$ 区域为绝缘介质, 如图 4.8.1 所示.

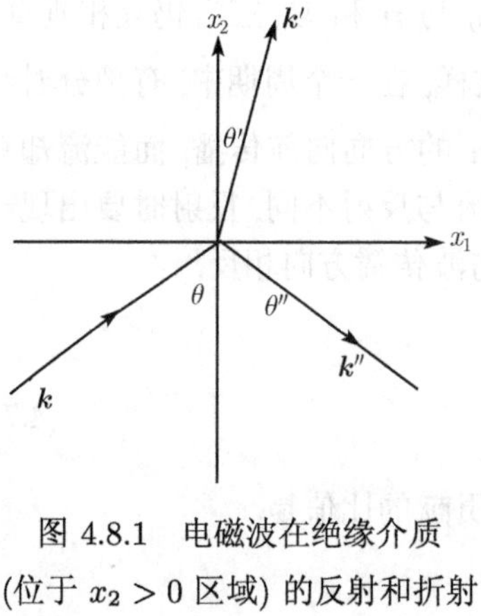

图 4.8.1 电磁波在绝缘介质 (位于 $x_2 > 0$ 区域) 的反射和折射

当平面电磁波从真空射到介质表面时, 我们知道将出现一个平面反射波和一个平面折射波. 从物理上看, 介质与电磁波的相互作用的结果, 其内部将出现极化电流和磁化电流, 在表面上亦将出现面磁化电流以及面极化电荷. 这些电流电荷所产生的次波, 在真空中即形成平面反射波①. 在介质内部, 次波与原来的入射波叠加而成为折射波.

入射波、反射波和折射波在它们各自存在的区域内可以表示如下.

入射波:

$$\boldsymbol{E} = \boldsymbol{E}_0 \mathrm{e}^{\mathrm{i}(\boldsymbol{k}\cdot\boldsymbol{x}-\omega t)}, \qquad \boldsymbol{k}\cdot\boldsymbol{E}_0 = 0, \qquad k = \frac{\omega}{c},$$

$$\boldsymbol{B} = \frac{c\boldsymbol{k}}{\omega} \times \boldsymbol{E}, \tag{4.8.1}$$

① 实际上的介质表面并不是真正的无穷大, 因而形成的并不是一个严格的平面反射波, 我们可只考虑比较中心的部分 (在靠近边缘处会出现衍射效应).

折射波：

$$\boldsymbol{E}' = \boldsymbol{E}'_0 \mathrm{e}^{\mathrm{i}(\boldsymbol{k}'\cdot\boldsymbol{x}-\omega' t)}, \qquad \boldsymbol{k}'\cdot\boldsymbol{E}'_0 = 0,$$
$$k' = \frac{\omega'}{c}n, \qquad \boldsymbol{B}' = \frac{c\boldsymbol{k}'}{\omega'}\times\boldsymbol{E}', \tag{4.8.2}$$

上式中 n 为介质的折射率.

反射波：

$$\boldsymbol{E}'' = \boldsymbol{E}''_0 \mathrm{e}^{\mathrm{i}(\boldsymbol{k}''\cdot\boldsymbol{x}-\omega'' t)}, \qquad \boldsymbol{k}''\cdot\boldsymbol{E}''_0 = 0,$$
$$k'' = \frac{\omega''}{c}, \qquad \boldsymbol{B}'' = \frac{c\boldsymbol{k}''}{\omega''}\times\boldsymbol{E}''. \tag{4.8.3}$$

我们的任务是从入射波来确定反射波和折射波的频率、波矢量和振幅, 并讨论反射系数对各种因素的依赖关系, 以及反射波的偏振状态和相位改变等问题.

由式 (4.8.1), (4.8.2) 和 (4.8.3) 给出的场, 已经使得真空和介质两个区域的麦克斯韦方程组都得到满足, 因而剩下待满足的就是分界面上的边值关系. 正是边值关系给出了入射波和反射波以及折射波之间的数值关联, 使得我们可以从入射波确定后面二者.

取入射面 ($\boldsymbol{k}$ 与介质表面法线方向作成的平面) 为 $x_3 = 0$ 的平面, 因此有

$$k_3 = 0.$$

这时在分界面即 $x_2 = 0$ 的面上, 边值关系为两侧 $\boldsymbol{E}$ 和 $\boldsymbol{H}$ 的切面分量相等. 在这里我们并不需预先假定 $\boldsymbol{k}'$ 和 $\boldsymbol{k}''$ 在入射面内, 于是有

$$\begin{aligned}
&\boldsymbol{n}_2\times\boldsymbol{E}_0\mathrm{e}^{\mathrm{i}(k_1x_1-\omega t)} + \boldsymbol{n}_2\times\boldsymbol{E}''_0\mathrm{e}^{\mathrm{i}(k''_1x_1+k''_3x_3-\omega'' t)}\\
=\,&\boldsymbol{n}_2\times\boldsymbol{E}'_0\mathrm{e}^{\mathrm{i}(k'_1x_1+k'_3x_3-\omega' t)},\\
&\boldsymbol{n}_2\times\boldsymbol{B}_0\mathrm{e}^{\mathrm{i}(k_1x_1-\omega t)} + \boldsymbol{n}_2\times\boldsymbol{B}''_0\mathrm{e}^{\mathrm{i}(k''_1x_1+k''_3x_3-\omega'' t)}\\
=\,&\frac{1}{\mu}\boldsymbol{n}_2\times\boldsymbol{B}'_0\mathrm{e}^{\mathrm{i}(k'_1x_1+k'_3x_3-\omega' t)},
\end{aligned} \tag{4.8.4}$$

其中的 $\boldsymbol{n}_2$ 为 x_2 轴方向 (即界面法线方向) 的单位矢量.

由于上述边值关系对任意的 t, x_1 和 x_3 都成立, 故三个波 (入射波, 折射波, 反射波) 随 t, x_1 和 x_3 的变化关系必须相同, 亦即

$$\omega' = \omega'' = \omega, \qquad k'_1 = k''_1 = k_1, \qquad k'_3 = k''_3 = 0. \tag{4.8.5}$$

由此可知：

(I) 反射波与折射波的频率都与入射波相同,

(II) $\boldsymbol{k}'$ 和 $\boldsymbol{k}''$ 亦在入射面内,

从频率相等又可推出

(III) $k''=k, k'=nk$, 即反射波的波长与入射波相同, 折射波的波长为入射波的 $\dfrac{1}{n}$, 其中 n 为介质的折射率, 见式 (4.8.2).

如果设入射角、折射角和反射角各为 θ、θ' 和 θ'', 则利用 (III) 即得

$$k_1 = k\sin\theta, \qquad k_1' = nk\sin\theta', \qquad k_1'' = k\sin\theta'',$$

再按式 (4.8.5) 的第二式又得出

(IV) $\theta=\theta'', \sin\theta = n\sin\theta'$.

以上四点是通常所称的反射和折射定律的内容. 应当指出, 这些结果是一切波现象所共有的, 并不涉及波的具体性质 (即不论是弹性波还是电磁波及其他波). 至于反射波和折射波的振幅大小、偏振和相位改变等就不同了, 它是同波的具体性质 (边值关系的具体形式) 分不开的. 下面我们就来讨论电磁波这方面的结果.

将式 (4.8.5) 代入式 (4.8.4) 并约去共同因子后, 得

$$\begin{aligned}\boldsymbol{n}_2\times(\boldsymbol{E}_0+\boldsymbol{E}_0'') &= \boldsymbol{n}_2\times\boldsymbol{E}_0',\\ \boldsymbol{n}_2\times(\boldsymbol{B}_0+\boldsymbol{B}_0'') &= \boldsymbol{n}_2\times\frac{1}{\mu}\boldsymbol{B}_0''.\end{aligned}\tag{4.8.6}$$

下面分两种情况来讨论:

(I) $\boldsymbol{E}_0$ 垂直于入射面的情况

这时 $\boldsymbol{E}_0$ 只有第 3 个分量, 利用式 (4.8.1)~(4.8.3) 中给出的 $\boldsymbol{E}$、$\boldsymbol{B}$ 和 $\boldsymbol{k}$ 之间的关系, 即可从式 (4.8.6) 解出 $\boldsymbol{E}_0'$ 和 $\boldsymbol{E}_0''$, 它们也只有第 3 个分量 (即 $\boldsymbol{E}_0'$ 和 $\boldsymbol{E}_0''$ 亦都垂直于入射面), 其值为

$$\begin{aligned}\frac{E_0'}{E_0} &= \frac{2\sqrt{\mu}\cos\theta}{\sqrt{\mu}\cos\theta+\sqrt{\varepsilon}\cos\theta'},\\ \frac{E_0''}{E_0} &= \frac{\sqrt{\mu}\cos\theta-\sqrt{\varepsilon}\cos\theta'}{\sqrt{\mu}\cos\theta+\sqrt{\varepsilon}\cos\theta'}.\end{aligned}\tag{4.8.7}$$

在 μ 等于 1 的情况下 (对于光波, 这一般总是成立的), 再由

$$\frac{1}{\sqrt{\varepsilon}} = \frac{1}{n} = \frac{\sin\theta'}{\sin\theta},$$

式 (4.8.7) 即可以完全用角度表示出来, 结果是

$$\begin{aligned}\frac{E_0'}{E_0}&=\frac{2\sin\theta'\cos\theta}{\sin(\theta+\theta')},\\ \frac{E_0''}{E_0}&=-\frac{\sin(\theta-\theta')}{\sin(\theta+\theta')}.\end{aligned}\tag{4.8.8}$$

(II) $\boldsymbol{E}_0$ 平行于入射面的情况

这时 $E_{03}=0$. 同样可解出

$$\begin{aligned}\frac{E_{01}'}{E_{01}}&=\frac{2\sqrt{\mu}\cos\theta'}{\sqrt{\varepsilon}\cos\theta+\sqrt{\mu}\cos\theta'},\\ \frac{E_{02}'}{E_{02}}&=\frac{\dfrac{2}{\sqrt{\varepsilon}}\cos\theta'}{\sqrt{\varepsilon}\cos\theta+\sqrt{\mu}\cos\theta'},\\ -\frac{E_{01}''}{E_{01}}&=\frac{E_{02}''}{E_{02}}=\frac{\sqrt{\varepsilon}\cos\theta-\sqrt{\mu}\cos\theta'}{\sqrt{\varepsilon}\cos\theta+\sqrt{\mu}\cos\theta'}.\end{aligned}\tag{4.8.9}$$

在 $\mu=1$ 时, 它们亦可完全用角度表示出来:

$$\begin{aligned}\frac{E_{01}'}{E_{01}}&=\frac{2\sin\theta'\cos\theta'}{\cos\theta\sin\theta+\cos\theta'\sin\theta'},\\ \frac{E_{02}'}{E_{02}}&=\frac{2\sin^2\theta'\cos\theta}{\cos\theta\sin\theta+\cos\theta'\sin\theta'},\\ \frac{E_{01}''}{E_{01}}&=\frac{E_{02}''}{E_{02}}=\frac{\tan(\theta-\theta')}{\tan(\theta+\theta')}.\end{aligned}\tag{4.8.10}$$

在正入射时, 已不分是垂直入射面和平行入射面的情况, 结果为

$$\frac{E_0'}{E_0}=\frac{2}{1+\sqrt{\varepsilon}},\qquad \frac{E_0''}{E_0}=\frac{1-\sqrt{\varepsilon}}{1+\sqrt{\varepsilon}}.\tag{4.8.11}$$

式 (4.8.8) 和 (4.8.11) 就是光学中的菲涅耳公式, 它能很好地描述光在介质表面的反射折射特性. 当初菲涅耳是从光的以太弹性波理论来提出此公式的, 为此需要对以太的性质作许多特殊的假设. 在这里, 按照电磁场的边值关系, 很自然地就得到了这个结果, 因而它也是光的电磁学说的一个证实.

从菲涅耳公式可以看出, 对于 $\boldsymbol{E}$ 平行入射面的情况, 当入射角和折射角加起来正好等于 $\dfrac{\pi}{2}$ 时, 反射波等于零. 即全部电磁波都进入了介质. 如何理解反射波在此情况下完全没有呢? 根据我们前面所说的"反射波是介质中电流电荷产生的次波叠加而成"的道理, 这个结果其实是容易理解的. 对于 $\mu=1$ 的绝缘介质, 介质中只有极化过程, 每个"体积元为 $\mathrm{d}\tau$"的介质具有电偶极矩 $\boldsymbol{P}\mathrm{d}\tau$. 由于 $\boldsymbol{P}$ 是随时间变

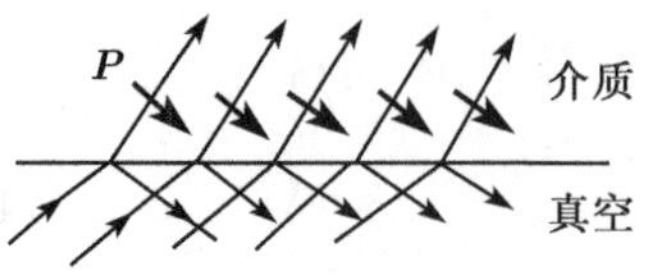

图 4.8.2 入射角与折射角之和等于 π/2 的情况. **P** 的方向如粗黑箭头所示

化的, 因此只要 $d\tau$ 取得足够小, 各 $\boldsymbol{P}d\tau$ 都成为一个电偶极辐射源. 在 $\boldsymbol{E}$ 平行于入射面而且入射角与折射角之和等于 $\frac{\pi}{2}$ 的情况下, 不难得出反射波的方向正好与介质中的 $\boldsymbol{P}$ 一致 (见图 4.8.2). 可是根据 4.2 节中的结果, 每个电偶辐射源 $\boldsymbol{P}d\tau$ 在 $\boldsymbol{P}$ 的方向辐射都等于零, 这样在反射波方向自然就不会有电磁波了.

通常把此种情况的入射角称为布儒斯特角 θ_B, 利用折射定律可定出布儒斯特角为

$$\theta_B = \tan^{-1} n, \tag{4.8.12}$$

n 为折射率, 即 $\sqrt{\varepsilon}$(因 μ 已取为 1). 将此结果应用到自然光 (由大量原子彼此独立地所发光的总和, 它是非偏振的) 时, 即可得到完全偏振的反射光, 这是光学中获得偏振光的一种方法①.

利用菲涅耳公式, 可以求出 $\boldsymbol{E}$ 垂直于入射面和 $\boldsymbol{E}$ 平行于入射面两种情况的反射系数 R. R 为反射波平均能流与入射波平均能流的比. 它们的值分别为

$$\begin{aligned} R_{\perp} &= \frac{\sin^2(\theta - \theta')}{\sin^2(\theta + \theta')}, \\ R_{//} &= \frac{\tan^2(\theta - \theta')}{\tan^2(\theta + \theta')}. \end{aligned} \tag{4.8.13}$$

而在 $\theta = 0$ 即垂直入射情况, 从式 (4.8.11) 即得出

$$R = \left(\frac{n-1}{n+1}\right)^2. \tag{4.8.14}$$

对于光波, n 的典型值为 1.5 左右, 因而垂直入射的波大部分将透入介质中 (例如当 $n = 1.5$ 时, 反射系数 R 只有 6.3%. 又如水, 对低频电磁波, $n = \sqrt{\varepsilon} = 9$, 到光频时 n 只有 1.33, 相应的 $R \simeq 2.0\%$), 而当入射角接近 $\frac{\pi}{2}$(掠入射) 时, 几乎全部能量都被反射 (见图 4.8.3).

反射系数随频率 ω 的变化关系, 可以从 n 随 ω 的关系得出. 例如在一般射频无线电波范围, 水的 $n \simeq 9$, 故对于垂直入射的波, R 约为 64%, 而到光频时, 如上所述, $n \simeq 1.33$, R 就只有 2.0% 了.

① 但实际应用中, 这种方法不如“双折射棱镜法”有效.

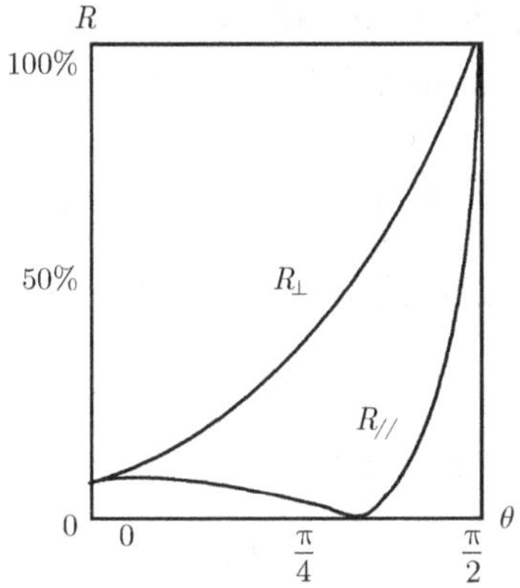

图 4.8.3 E 垂直于入射面和 E 平行于入射面的反射系数随入射角 θ 的变化

4.8.2 全反射

当电磁波从一种折射率较大的绝缘介质入射到另一种折射率较小的绝缘介质上时, 还可能发生全反射的现象.① 下面我们就来研究它发生的条件和物理特点. 当图 4.8.1 中的 $x_2 < 0$ 区域不是真空而是介质时, 所有上面得出的公式仍可采用, 只要将其中的 ε, μ 和 n 分别用 $\frac{\varepsilon'}{\varepsilon}, \frac{\mu'}{\mu}$ 和 $\frac{n'}{n}$ 代替就可以了 (其中 (ε, μ, n) 和 (ε', μ', n') 分别为入射区和折射区的介质参数), 于是入射角与折射角的关系是

$$n \sin\theta = n' \sin\theta'. \tag{4.8.15}$$

当波由折射率大的介质射向折射率小的介质即

$$n > n' \tag{4.8.16}$$

而且入射角足够大使得

$$\sin\theta > \frac{n'}{n} \tag{4.8.17}$$

时, 由式 (4.8.15) 将得出 $\sin\theta' > 1$. 于是由式 (4.8.15) 给出的 θ' 成为复数. 关于 θ' 为复数的物理意义下面将作说明, 现在先指出: 这样所得的结果仍然满足方程和边值条件, 因此它的实数部分仍为实际的解.

从式 (4.8.5) 下面第 (III) 点可看出, θ' 为复数将导致折射波的 $\boldsymbol{k}'$ 为复矢量, 因此它所表叙的就是一个衰减波. 我们来求 $\boldsymbol{k}'$ 的各直角分量. 由式 (4.8.5)

$$k_1' = k_1, \qquad k_3' = 0, \tag{4.8.18}$$

① 从真空射向等离子体的波亦有可能发生全反射, 参见 5.6 节.

$\boldsymbol{k}'$ 的这两个分量都无虚部. 但 k_2' 的情况却不同, 在式 (4.8.17) 的条件下, 利用式 (4.8.18) 的第一式以及 $k_1 = k\sin\theta$, 得出 k_2' 的值为

$$k_2' = \sqrt{n'^2\frac{\omega^2}{c^2} - k_1'^2} = \mathrm{i}\frac{\omega}{c}\sqrt{n^2\sin^2\theta - n'^2} \equiv \mathrm{i}\beta, \qquad \beta > 0. \tag{4.8.19}$$

它已变成为纯虚数 (上式中最后的根号取了正值, 另一带负号的根应当除去, 因为它将使 $\boldsymbol{E}'$(以及 $\boldsymbol{B}'$) 在 $x_2 \to \infty$ 时趋于无穷, 不符合无穷远处的物理要求). 于是按式 (4.8.2) 得出

$$\begin{aligned} \boldsymbol{E}' &= \boldsymbol{E}_0' \mathrm{e}^{-\beta x_2 + \mathrm{i}(k_1 x_1 - \omega t)}, \\ \boldsymbol{B}' &= \frac{c\boldsymbol{k}'}{\omega} \times \boldsymbol{E}, \end{aligned} \tag{4.8.20}$$

其中

$$\boldsymbol{k}' = k_1\boldsymbol{n}_1 + \mathrm{i}\beta\boldsymbol{n}_2. \tag{4.8.21}$$

由式 (4.8.20) 可见, 折射波在 $\boldsymbol{n}_2$ 方向 (即界面的法线方向) 将指数式地衰减.

为了阐明这是全反射的情况, 我们来计算反射波振幅与入射波振幅的比值. 对于 $\boldsymbol{E}$ 垂直入射面的情况, 由式 (4.8.7), 并按式 (4.8.15) 前所述将 ε 和 μ 用 ε'/ε 和 μ'/μ 代入, 即得

$$\frac{E_0''}{E_0} = \frac{\sqrt{\mu'\varepsilon}\cos\theta - \sqrt{\mu\varepsilon'}\cos\theta'}{\sqrt{\mu'\varepsilon}\cos\theta + \sqrt{\mu\varepsilon'}\cos\theta'}, \tag{4.8.22}$$

而对 $\boldsymbol{E}$ 平行入射面的情况, 由式 (4.8.9), 类似地可得出

$$\frac{E_0''}{E_0} = \frac{\sqrt{\mu\varepsilon'}\cos\theta - \sqrt{\mu'\varepsilon}\cos\theta'}{\sqrt{\mu\varepsilon'}\cos\theta + \sqrt{\mu'\varepsilon}\cos\theta'}, \tag{4.8.23}$$

注意到现在 $\cos\theta$ 为实数, 而 $\cos\theta'$ 为纯虚数 (因 $\sin\theta' > 1$, 见式 (4.8.17) 下), 即得两种入射情况下都有

$$\left|\frac{E_0''}{E_0}\right| = 1. \tag{4.8.24}$$

这表明反射波的强度 (能流密度的周期平均值) 与入射波相同, 因而都是全反射的情况.

从以上得出的结果, 我们还可对全反射过程有进一步的了解. 我们看到, 在全反射时, 折射区介质中的电磁波并不完全等于零 (如果折射区中完全没有电磁波, 那么边值关系是不可能满足的), 而是该介质中场强随着 x_2(离界面的距离) 增大而指数式的下降. 即只存在于界面附近的薄层中. 由式 (4.8.19) 可以得出, 折射区中波的衰减长度等于

$$d = \frac{1}{\beta} = \frac{c}{\omega\sqrt{n^2\sin^2\theta - n'^2}} = \frac{\lambda\!\!\!^{-}}{\sqrt{\sin^2\theta - \left(\dfrac{n'}{n}\right)^2}}, \tag{4.8.25}$$

其中的 $\lambda\!\!\!\!-$ 表示 $\dfrac{\lambda}{2\pi}$, 通常称为波的约化波长. 上式中的 $\lambda\!\!\!\!-$ 指入射波的约化波长的值 $c/n\omega$. 式 (4.8.25) 表明: θ 与其临界值 $\sin^{-1}\left(\dfrac{n'}{n}\right)$ 相差越大, 衰减长度就越小. 也就意味着衰减愈快. 除了 θ 在临界值附近, d 大致具有入射波约化波长的量级.

以上结果还证明了我们在上节中所叙述的一个结论, 即在绝缘介质或真空中 (折射区为真空的情况) 也可能存在衰减的平面波, 尽管它们并无能量损耗.

应用能流 $\boldsymbol{S}$ 的表达式不难求出: 这时折射区介质中能流的法向分量, 在一个周期内有一半时间为正一半时间为负. 这表明能量并非不透过边界, 而是透过去再返流回来. 另外, 从式 (4.8.22) 和 (4.8.23) 也可看出, 反射波与入射波振幅虽然绝对值相等 (因现在 $\cos\theta'$ 已变为纯虚数), 但存在一相位差. 因此两者的能流并非每个瞬时都相等. 同样说明了在边界面上, 能量是往返流动的.

全反射的上述特性已经为实验所证实: 我们使电磁波在介质与真空分界面上发生全反射. 然后再取一块平表面的同样介质、平行地置于原表面之上, 形成夹层结构如图 4.8.4 所示. 当间隔的真空层的厚度减小到一定程度时, 可以观测到后一介质中出现电磁波传播, 而反射波的强度也相应地减弱.

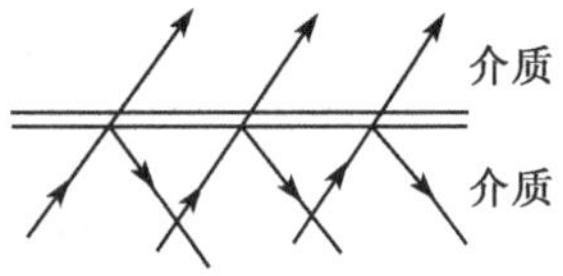

图 4.8.4 全反射时仍有波透入折射区的验证

全反射效应在实际中也获得了应用. 早期曾用它从线偏振光 (偏振方向在入射面的法向和切向都有分量的线偏振光) 来获得椭圆偏振光, 因为这两个分量在反射时相位改变不同. 现在在核探测仪器中以及其他方面用的光导管, 也是利用全反射效应, 用介质作成管线来传送光波的. 介质波导与光导管相似, 只是传送的是微波. 虽然由于波长与介质的横向尺寸同一量级, 不能直接用本节所述反射的结果来处理, 但在物理道理上仍然是一致的.

4.8.3 导体表面的反射

在本小节中我们只着重考虑 $\dfrac{4\pi\sigma}{\varepsilon\omega}\gg 1$ 的情况①. 至于另一极端情况即 $\dfrac{4\pi\sigma}{\varepsilon\omega}\ll 1$ 时结果, 则与绝缘介质定性上相似, 就不必再多作讨论了.

对于导体的反射, 处理方法与绝缘介质一样, 解出的结果也具有相同的形式, 差别只是 ε 换成了 $\varepsilon^{(c)}$($\varepsilon^{(c)}$ 的定义见式 (4.6.15)). 因此原来的结果中, 凡不依赖 ε 的部分完全不变, 如式 (4.8.5) 仍成立, 反射角仍等于入射角等等. 由式 (4.8.5) 可知, $\boldsymbol{k}'$(导体中的波矢量) 的 1 分量和 3 分量 (即平行于表面的分量) 都不含虚部 (3 分

① 关于条件 $\dfrac{4\pi\sigma}{\varepsilon\omega}\gg 1$ 的意义, 参见式 (4.7.2) 下的说明.

量实际为零), 而

$$k_2' = \sqrt{\frac{\mu\varepsilon^{(c)}}{c^2}\omega^2 - k_1^2} \tag{4.8.26}$$

是有虚部的. 于是导电中的电场具有下述形式

$$\boldsymbol{E}' = \boldsymbol{E}_0' \mathrm{e}^{-\beta x_2 + \mathrm{i}(\boldsymbol{k}\cdot\boldsymbol{x} - \omega t)}, \tag{4.8.27}$$

其中的 β 为 $\sqrt{\dfrac{\mu\varepsilon^{(c)}}{c^2} - \omega^2 - k_1^2}$ 的虚部.

以上结果表明, 无论入射角如何, 衰减方向都与表面垂直, 即等振幅面总与表面平行. 而波相传播的方向 (即式 (4.8.27) 中 $\boldsymbol{k}$ 的方向) 一般不与衰减方向一致, 在式 (4.8.27) 中, 衰减就是在 x_2 轴的方向.

在 $\dfrac{4\pi\sigma}{\varepsilon\omega} \gg 1$ 的条件下, 可得 k_2' 的近似值为

$$k_2' = \frac{\sqrt{2\pi\sigma\mu\omega}}{c}(1+\mathrm{i}), \tag{4.8.28}$$

于是得出

$$\begin{aligned} \beta &= \frac{\sqrt{2\pi\sigma\mu\omega}}{c}, \\ \boldsymbol{k} &= k_1\boldsymbol{n}_1 + \frac{\sqrt{2\pi\sigma\mu\omega}}{c}\boldsymbol{n}_2 \cong \frac{\sqrt{2\pi\sigma\mu\omega}}{c}\boldsymbol{n}_2. \end{aligned} \tag{4.8.29}$$

在上式中我们利用了 $\dfrac{4\pi\sigma}{\varepsilon\omega} \gg 1$ 的条件以及导体的 ε 和 μ 量级为 1.

以上结果表明, 在 $\dfrac{4\pi\sigma}{\varepsilon\omega} \gg 1$ 情形下, 无论入射角如何, $\boldsymbol{k}$ 的方向与 $\boldsymbol{\beta}$ 的方向 (即表面法线方向) 都只有小的偏离, $\boldsymbol{k}$ 的数值亦与 β 只有小的差别. 式 (4.8.29) 给出导体中电磁场主要集中在表面附近厚度为 $\dfrac{c}{\sqrt{2\pi\sigma\mu\omega}}$ 的层内. 此厚度即 3.5 节中给出的集肤厚度 (参见式 (3.5.50) 及其下文以及式 (3.5.43))

关于反射系数, 亦可与前类似地进行讨论. 在垂直入射时, 其值为

$$R = \left|\frac{\sqrt{\varepsilon^{(c)}} - \sqrt{\mu}}{\sqrt{\varepsilon^{(c)}} + \sqrt{\mu}}\right|^2. \tag{4.8.30}$$

对 $\mu = 1$ 的情况, 上式化为

$$R = \left|\frac{\sqrt{\varepsilon^{(c)}} - 1}{\sqrt{\varepsilon^{(c)}} + 1}\right|^2. \tag{4.8.31}$$

利用条件 $\dfrac{4\pi\sigma}{\varepsilon\omega} \gg 1$, 式 (4.8.28) 近似等于

$$R = 1 - \sqrt{\frac{2\mu\omega}{\pi\sigma}}. \tag{4.8.32}$$

由此可见, 对于现在讨论的 $\frac{4\pi\sigma}{\varepsilon\omega} \gg 1$(即传导电流比位移电流大得多) 的情况, 即使是垂直入射, R 也接近于 1. 以铅为例, 在波长缩短到 3mm 时, R 与 1 的相差仍只有 0.11%; 波长较长时, 反射系数还更大些. 对于理想导体, $R = 1$. 这表明: 理想导体中的电磁场衰减虽极端快 ($\beta = \infty$) 但并无能量损耗, 全部能量都被反射回去.

在斜入射时, R 随角度的变化如图 4.8.5 所示. 这里给出的是海水对波长 500m 的无线电波的反射系数. 对于 $R_\perp$①. 随着角度增加曲线是单调地上升. 而对于 $R_{/\!/}$, 先是下降, 直到接近 $\frac{\pi}{2}$ 处下降到 20% 以下. 然后再回升到 1.

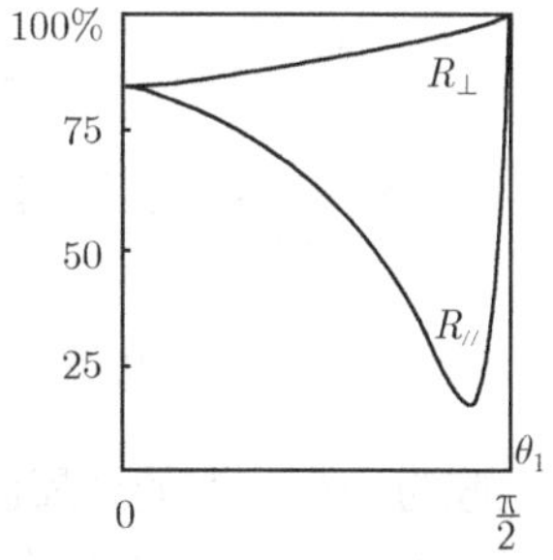

图 4.8.5 海水对波长为 500m 的无线电波的反射系数

关于反射问题的研究, 在实际中有着重要意义. 如无线电通信中, 有时要抑制反射波来消除干扰, 有时又要利用反射来进行远距离的通信 (如短波传送就是利用电离层的反射). 在军事应用方面, 可以利用金属的强反射本领, 用电磁波 (雷达波) 来探测对方的导弹、飞机和军舰. 而为了反“对方雷达”的探测, 又要设法减少自己的导弹、飞机和军舰对雷达波的反射. 在卫星与地面的通信中也涉及电磁波穿透电离层的问题. 不过电离层是一种等离子体, 它的导电性质与普通导体不同, 不能直接应用本节的许多结论. 有关等离子体的电性质, 我们将在下一章中作简单的介绍.

4.9 高频电磁波的腔激发

低频无线电波是利用 LC(电感电容) 回路来激发的. 该回路被激励后将产生交变电流, 传送到天线上以后即可向外辐射交变的电磁场即无线电波. 但对高频“无线电”波, 例如微波. 这种激发方式将不适用, 代替它的就是本节要介绍的腔激发.

4.9.1 LC 回路和谐振腔

我们简单地回顾一下 LC 回路的情况. 在 LC 回路中, 电容器通过放电将其电场能转化为电感线圈中的磁场能, 然后电感圈中的电流又通过对电容器充电而将磁场能转化为电容器中的电场能, 如此反复进行, 产生交变的电磁场, 其振荡频率为一特定值 ω_0, 称为该 LC 回路的本征频率:

$$\omega_0 = \frac{1}{\sqrt{LC}}. \tag{4.9.1}$$

① 关于 $R_\perp$ 和 $R_{/\!/}$ 的意义, 参见式 (4.8.13) 上的说明.

当 ω_0 很高时, 例如在超短波或微波范围, 上述回路的辐射损耗很高. 同时由于电流的集肤效应增强, 回路中的焦耳热损耗也变大. 不仅如此, 按照式 (4.9.1), 高频时所需的电容和电感值都很小, 甚至如图 4.9.1(a) 所示的极限形式的 LC 回路都不能达到要求. 因此在实际的微波线路中, LC 回路已为新型的振荡元件 —— 谐振腔所取代.

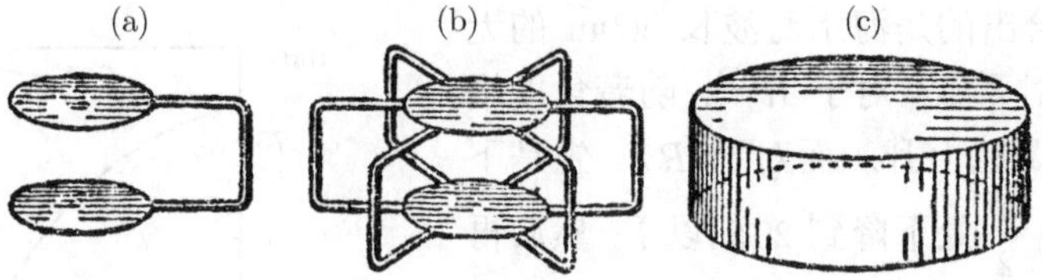

图 4.9.1 从极限形式的 LC 回路 (a) 向谐振腔 (c) 的过渡

谐振腔为一个中空的金属腔. 从集中参量线路的角度来看, 可视作在图 4.9.1(a) 所示的 LC 回路中继续增加并联导线的数目 (见图 4.9.1(b)), 最后达到的极限, 如图 4.9.1(c) 所示. 不难看出, 这样做的结果, 不仅会使辐射损耗得以避免, 焦耳热也会大大降低.

但要指出的是, 上述从集中参量电路的角度来理解谐振腔是有很大的局限性的, 因为这时电磁场的波动性已十分显著, 似稳条件已不满足, 根本不存在集中的电感区和电容区. 这使得谐振腔的性质已不能从似稳电路方程出发来进行讨论, 而须要从电磁场的运动方程来处理. 所得出的结果也与 LC 回路给出的有本质的区别.

4.9.2 腔内电磁场的可能状态

腔内的电磁场由于受到腔金属壁的约束, 其状态的频率将具有分立谱. 为简单计, 我们只考虑矩形的谐振腔, 并把金属腔壁当作理想导体来处理. 这时电磁场将完全地约束在腔的内部, 而且没有能量损耗.

在上述条件下, 即使没有外源供应能量, 腔内的电磁场亦将以稳态的形式存在, 而且其频率只能取一系列特定的值, 称为腔的本征频率 (或固有频率). 相应的稳态称为腔内电磁场的本征态.

设该矩形腔三个边长分别为 l_1, l_2, l_3. 腔的六个表面分别取为 $x_1=0$ 和 $l_1; x_2=0$ 和 $l_2; x_3=0$ 和 l_3. 腔内稳态电磁场可设为

$$\begin{aligned} \boldsymbol{E} &= \boldsymbol{E}(x_1, x_2, x_3)\mathrm{e}^{-\mathrm{i}\omega t}, \\ \boldsymbol{B} &= \boldsymbol{B}(x_1, x_2, x_3)\mathrm{e}^{-\mathrm{i}\omega t}. \end{aligned} \tag{4.9.2}$$

其中的 $\boldsymbol{E}(x_1, x_2, x_3)$ 和 $\boldsymbol{B}(x_1, x_2, x_3)$ 都满足亥姆霍兹方程. 如用 $F(x_1, x_2, x_3)$ 表示

它们的任一个直角分量, 即有

$$(\nabla^2 + k^2)F(x_1, x_2, x_3) = 0. \tag{4.9.3}$$

其中的 k 与 ω 之间满足关系

$$k^2 = \frac{\omega^2}{c^2}. \tag{4.9.4}$$

我们可用分离变数法求出方程式 (4.9.3) 的一系列特解, 为使每个特解都满足腔壁处的边值条件 (见下文), 我们取它为下述形式

$$\begin{aligned} F = &(a_1 \cos k_1 x_1 + b_1 \sin k_1 x_1)(a_2 \cos k_2 x_2 + b_2 \sin k_2 x_2) \\ &\times (a_3 \cos k_3 x_3 + b_3 \sin k_3 x_3), \end{aligned} \tag{4.9.5}$$

其中的 k_1, k_2, k_3 满足下述要求

$$k_1^2 + k_2^2 + k_3^2 = k^2 = \frac{\omega^2}{c^2}. \tag{4.9.6}$$

腔内场在腔壁面上满足的边值条件为: $\boldsymbol{E}$ 的切面分量为零. 这是因为在腔壁作为理想导体近似中, 壁中的电场恒为零, 再由电场切面分量连续的边值关系, 即得腔内场的具体边值条件为

$$\begin{aligned} &E_2 = E_3 = 0, \qquad \text{在} x_1 = 0, l_1 \text{的面上}, \\ &E_3 = E_1 = 0, \qquad \text{在} x_2 = 0, l_2 \text{的面上}, \\ &E_1 = E_2 = 0, \qquad \text{在} x_3 = 0, l_3 \text{的面上}. \end{aligned} \tag{4.9.7}$$

将形式如式 (4.9.5) 的电场各分量代入上述边值条件式 (4.9.7) 中, 并考虑到 $\nabla \cdot \boldsymbol{E} = 0$, 即得出

$$\begin{aligned} E_1 &= A_1 \cos k_1 x_1 \sin k_2 x_2 \sin k_3 x_3, \\ E_2 &= A_2 \sin k_1 x_1 \cos k_2 x_2 \sin k_3 x_3, \\ E_3 &= A_3 \sin k_1 x_1 \sin k_2 x_2 \cos k_3 x_3, \end{aligned} \tag{4.9.8}$$

其中的 k_1, k_2, k_3 须分别等于 $\pi/l_1, \pi/l_2$ 和 π/l_3 的整数倍, 即

$$k_1 = \frac{n_1 \pi}{l_1}, \qquad k_2 = \frac{n_2 \pi}{l_2}, \qquad k_3 = \frac{n_3 \pi}{l_3}. \tag{4.9.9}$$

上式中的 n_1, n_2 和 n_3 都取 $(0, 1, 2, \cdots)$ 即零和正整数值. 此外, 系数 A_1, A_2, A_3 之间还要满足关系

$$A_1 k_1 + A_2 k_2 + A_3 k_3 = 0, \tag{4.9.10}$$

该关系是从 $\nabla \cdot \boldsymbol{E} = 0$ 得出来的.

式 (4.9.10) 表明, 对于每组 (k_1,k_2,k_3), 系数 A_i 只有两个是独立取值的, 也就是说, 对于确定的 (k_1,k_2,k_3), 只有两个独立解. 一般的解可表为这两个解的叠加.

当 $\boldsymbol{E}$ 确定后. 利用稳态电磁场的麦克斯韦方程第二式

$$\boldsymbol{B}=-\mathrm{i}\frac{c}{\omega}\nabla\times\boldsymbol{E} \tag{4.9.11}$$

定出 $\boldsymbol{B}$, 即可使全部麦克斯韦方程组都能满足. 这样就得出一系列满足方程组和边值条件的特解, 其中每个特解都是一种现实可能的运动状态. 它们都是驻波, 其相应的 k_1,k_2 和 k_3 由式 (4.9.9) 所确定.

前文已指出, 对于每组 (k_1,k_2,k_3), 有两个独立解, 我们将这两个解分别表为 $(\boldsymbol{E}^{(1)}_{n_1n_2n_3},\boldsymbol{B}^{(1)}_{n_1n_2n_3})$ 和 $(\boldsymbol{E}^{(2)}_{n_1n_2n_3},\boldsymbol{B}^{(2)}_{n_1n_2n_3})$, 它们的频率由 (n_1,n_2,n_3) 标定:

$$\omega_{n_1n_2n_3}=c\pi\sqrt{\frac{n_1^2}{l_1^2}+\frac{n_2^2}{l_2^2}+\frac{n_3^2}{l_3^2}}, \tag{4.9.12}$$

$\omega_{n_1n_2n_3}$ 称为谐振腔的本征频率. 腔中电磁场的普遍解即为上述特解的叠加:

$$\begin{aligned}\boldsymbol{E}&=\sum_{n_1n_2n_3}[a^{(1)}_{n_1n_2n_3}\boldsymbol{E}^{(1)}_{n_1n_2n_3}+a^{(2)}_{n_1n_2n_3}\boldsymbol{E}^{(2)}_{n_1n_2n_3}],\\ \boldsymbol{B}&=\sum_{n_1n_2n_3}[a^{(1)}_{n_1n_2n_3}\boldsymbol{B}^{(1)}_{n_1n_2n_3}+a^{(2)}_{n_1n_2n_3}\boldsymbol{B}^{(2)}_{n_1n_2n_3}].\end{aligned} \tag{4.9.13}$$

总起来, 谐振腔的本征频率为一系列特定的值,① 它们由腔的三个边长 (l_1,l_2,l_3) 确定. l_1,l_2,l_3 愈小, 这些特定值的间隔愈大. 每个本征频率又对应于两个驻波状态, 腔内电磁场的一般状态即为这些驻波态的叠加.

不难看出, 本征频率取一系列特定的值是约束在有限范围内的波的普遍属性. 这种约束甚至不一定要有明确的界限, 例如量子力学中原子的束缚态, 虽然其电子波函数并无明确的空间界限, 但其频率也取一系列分立的值.

4.9.3　强迫振动与共振效应

上文我们考虑了谐振腔中的本征振动, 它相当于 LC 回路的自由振动, 即无外加交流电源时的振动. 我们知道, 当加上外电源时, LC 电路将以外电源的频率 ω 作强迫振动, 不论 ω 取什么值. 但是, 在外电源的频率 ω 接近 LC 回路的本征频率 ω_0 时, 强迫振动的振幅将出现一个尖锐的高峰. 高峰的顶点即在 $\omega=\omega_0$ 处 (考虑到有耗损, 此高峰顶点为一有限值, 否则将趋于无穷大), 这种现象称为共振效应. 对于谐振腔, 情况也相似. 当腔内存在频率为 ω 的交变电荷电流时, 腔内电磁场亦将以电荷电流频率 ω 作强迫振动, 如果 ω 与腔的某个本征频率 $\omega_{n_1n_2n_3}$ 正好相等, 同样也会产生共振的现象.

---

① 这与 LC 回路有所不同, 后者只有一个特定的频率值.

在处理腔内存在电荷电流的情况时, 以用 φ 和 $\boldsymbol{A}$ 代替场强 $\boldsymbol{E}$ 和 $\boldsymbol{B}$ 来描写腔内电磁场比较方便. 为采用这种处理方式作准备, 我们先用 φ 和 $\boldsymbol{A}$ 来处理前面讨论过的腔内 ρ 和 $\boldsymbol{j}$ 都为零的情况. 这时腔内场的运动方程和附加条件 (在洛伦兹规范下) 即为

$$\begin{aligned}\nabla^2\varphi-\frac{1}{c^2}\frac{\partial^2\varphi}{\partial t^2}&=0,\\ \nabla^2\boldsymbol{A}-\frac{1}{c}\frac{\partial^2\boldsymbol{A}}{\partial t^2}&=0,\end{aligned}\tag{4.9.14}$$

和

$$\nabla\cdot\boldsymbol{A}+\frac{1}{c}\frac{\partial\varphi}{\partial t}=0.\tag{4.9.15}$$

腔壁上的边值条件仍由式 (4.9.7) 表示, 其中 E_1,E_2,E_3 由 φ 和 $\boldsymbol{A}$ 给定.

仿前可求出 $\varphi(x_1,x_2,x_3,t)$ 和 $\boldsymbol{A}(x_1,x_2,x_3,t)$ 的通解, 我们将这两者的通解表示为:

$$\begin{aligned}\varphi(x_1,x_2,x_3,t)&=\sum_\lambda q_\lambda^{(0)}(t)\varphi_\lambda(x_1,x_2,x_3),\\ \boldsymbol{A}(x_1,x_2,x_3t)&=\sum_\lambda[q_\lambda^{(1)}(t)\boldsymbol{A}_\lambda^{(1)}(x_1,x_2,x_3)\\ &\quad+q_\lambda^{(2)}(t)\boldsymbol{A}_\lambda^{(2)}(x_1,x_2,x_3)+q_\lambda^{(3)}(t)\boldsymbol{A}_\lambda^{(3)}(x_1,x_2,x_3),\end{aligned}\tag{4.9.16}$$

其中的 λ 标志 (n_1,n_2,n_3), φ_λ 和 $\boldsymbol{A}_\lambda^{(j)}$ 都是驻波型的特解, 满足亥姆霍兹方程. 而 $q_\lambda^{(j)}(t)$ 满足

$$\frac{\mathrm{d}^2}{\mathrm{d}t^2}q_\lambda^{(j)}(t)+\omega_\lambda^2q_\lambda^{(j)}(t)=0,\qquad j=0,1,2,3.\tag{4.9.17}$$

不难得出, 除常系数外, $q_\lambda^{(j)}(t)$ 即为时间因子 $\mathrm{e}^{-\mathrm{i}\omega_\lambda t}$.

在 $\boldsymbol{A}_\lambda^{(j)}(j=1,2,3)$ 中, 前两个 $(j=1,2)$ 取为互相正交的横场, 它们在腔壁面 S 上满足切向分量等于零的条件, 即

$$\boldsymbol{n}\times\boldsymbol{A}_\lambda^{(1,2)}(x_1,x_2,x_3)|_S=0.\tag{4.9.18}$$

φ_λ 在腔壁面 S 上亦等于零,

$$\varphi_\lambda(x_1,x_2,x_3)|_S=0.\tag{4.9.19}$$

至于纵场 $\boldsymbol{A}_\lambda^{(3)}$, 由于洛伦兹条件而与 φ_λ 相关联①：

$$\boldsymbol{A}_\lambda^{(3)} = -\frac{\mathrm{i}}{k_\lambda}\nabla\varphi_\lambda. \tag{4.9.20}$$

从 $\boldsymbol{A}$ 和 φ 满足的洛伦兹条件, 可知式 (4.9.16) 中的 $q_\lambda^{(0)}(t)$ 与 $q_\lambda^{(3)}(t)$ 相等.

当有电荷和电流存在时, φ 和 $\boldsymbol{A}$ 满足的方程为

$$\begin{aligned}\nabla^2\varphi - \frac{1}{c^2}\frac{\partial^2\varphi}{\partial t^2} &= -4\pi\rho,\\ \nabla^2\boldsymbol{A} - \frac{1}{c^2}\frac{\partial^2\boldsymbol{A}}{\partial t^2} &= -\frac{4\pi}{c}\boldsymbol{J},\end{aligned} \tag{4.9.21}$$

其中的 $\boldsymbol{J}$ 代表电流密度. 洛伦兹条件与边值条件不变, 即仍由式 (4.9.15) 和 (4.9.7) 表示.

由于 $\boldsymbol{A}_\lambda^{(j)}$ 和 φ_λ 在腔区内构成满足所需边值条件的正交完全集合, 任何满足同样边值条件的腔区内矢量函数和标量函数都可以用它们来展开. 这样即得出式 (4.9.16), 其中的 $q_\lambda^{(j)}$ 即为展开系数. 由于 φ 和 $\boldsymbol{A}$ 不仅与 (x_1, x_2, x_3) 有关, 还与时间 t 有关. 这使得 $q_\lambda^{(j)}$ 将为 t 的函数.

在标势 φ 和矢势 $\boldsymbol{A}$ 满足非齐次波动方程的情况下, $q_\lambda^{(j)}(t)$ 不再满足齐次振动方程式 (4.9.17). 为了求出 $q_\lambda^{(j)}(t)$ 所满足的方程, 我们将式 (4.9.16) 代入式 (4.9.21), 在 ρ 和 $\boldsymbol{J}$ 按一定频率 ω 变化时 (若 ρ 和 $\boldsymbol{J}$ 并不按一定频率变化, 可将它们按频率展开, 再分别处理各个频率的成分), 利用 $\varphi_\lambda(x_1, x_2, x_3)$ 和 $\boldsymbol{A}_\lambda^{(j)}(x_1, x_2, x_3)$ 满足亥姆霍兹方程以及不同脚标 λ 的函数之间是正交的, 即可得出 $q_\lambda^{(j)}(t)$ 满足方程

$$\frac{\mathrm{d}^2}{\mathrm{d}t^2}q_\lambda^{(j)}(t) + \omega_\lambda^2 q_\lambda^{(j)}(t) = S_\lambda^{(j)}\mathrm{e}^{-\mathrm{i}\omega t}, \quad j = 0, 1, 2, 3. \tag{4.9.22}$$

其中的 $S_\lambda^{(j)}\mathrm{e}^{-\mathrm{i}\omega t}$ 为相应的源分量, 即 $S_\lambda^{(1,2,3)}$ 为 $4\pi c\boldsymbol{J}(x)$ 按 $\boldsymbol{A}_\lambda^{(1,2,3)}(x)$ 展开的系数, $S_\lambda^{(0)}$ 为 $4\pi c^2\rho(x)$ 按 $\varphi_\lambda(x)$ 展开的系数. 在 $\boldsymbol{A}_\lambda^{(j)}(x)$ 和 $\varphi_\lambda(x)$ 已归一化的情况下, $S_\lambda^{(j)}$ 即为

$$\begin{aligned}S_\lambda^{(j)} &= 4\pi c\int \boldsymbol{J}(x)\cdot A_\lambda^{(j)}(x)\mathrm{d}\tau, \qquad j = 1, 2, 3.\\ S_\lambda^{(0)} &= 4\pi c^2\int \rho(x)\varphi_\lambda(x)\mathrm{d}\tau.\end{aligned} \tag{4.9.23}$$

在上式右方, x 为 (x_1, x_2, x_3) 的简写.

① 我们知道, 一个矢量场将由它的散度值和旋度值以及相应的边条件完全确定, 纵场条件要求 $\boldsymbol{A}_\lambda$ 的旋度处处为零, 式 (4.9.20) 所给出的 $\boldsymbol{A}_\lambda^{(3)}$ 无疑是满足这一条件的. 其次, 洛伦兹条件要求 $\nabla\cdot\boldsymbol{A}_\lambda^{(3)} = \mathrm{i}\dfrac{\omega_\lambda}{c}\psi_\lambda$, 而式 (4.9.20) 给出的 $\nabla\cdot\boldsymbol{A}_\lambda$ 等 $\left(-\dfrac{\mathrm{i}}{k_\lambda}\nabla^2\varphi_\lambda\right) = \mathrm{i}k_\lambda\varphi_\lambda$. 这样, 该式也给出 $\boldsymbol{A}_\lambda$ 的正确散度值. 无穷远处的边条件显然是满足的. 这样就论证了式 (4.9.20) 的正确性.

式 (4.9.22) 表明, 当腔内存在电荷电流时, 各个本征场态的振幅 $q_\lambda^{(j)}(t)$ 满足的是强迫振动方程, 其强迫作用项即为电荷和电流在该本征态上的投影. 当电荷和电流的分布已知即式 (4.9.22) 右方的 $S_\lambda^{(j)}$ 给定时, 左方的 $q_\lambda^{(j)}(t)$ 立即可以解出, 其中强迫振动部分为

$$q_\lambda^{(j)}(t) = \frac{S_\lambda^{(j)} \mathrm{e}^{-\mathrm{i}\omega t}}{\omega_\lambda^2 - \omega^2}. \tag{4.9.24}$$

一般解即为上述强迫振动解叠加上自由振动的解.

当源频率 ω 与腔的某个本征频率 ω_λ 相等时, 由式 (4.9.24) 给出的 $q_\lambda^{(j)}$ 将为无穷大. 出现这一情况是我们忽略了腔的损耗的缘故. 当腔内场强到一定地步时, 损耗将不能忽略, 从而 $q_\lambda^{(j)}$ 不会为无穷, 但它们在 $\omega = \omega_\lambda$ 处有一高峰, 这就是通常所说的共振峰.

以上处理中, 假定电荷和电流是给定的. 在实际的高频电磁波 (如微波) 激发中, 常常还需要考虑腔内电磁场对电荷电流 (如电子束) 的作用. 这时需要将电子束的运动方程与场的方程联立起来处理. 这属于微波电子学研究的课题, 已超出本课程的范围.

4.10 高频电磁场沿同轴线的传送 电报方程式

电磁能量的传送不仅涉及电力传输问题也涉及电信传输问题, 在现代社会中起着极其重要的作用, 同轴线就是传送高频电磁能量的一种方式, 将在本节中进行介绍. 关于更高频率电磁信号通过波导管传送的问题, 则是下节讨论的内容.

4.10.1 引论

首先, 应当明确的是, 能量是通过电磁场传送的, 而不是通过导线中自由电子传送的. 这是一个基本概念. 从图 4.10.1 所示的例子来看, 当将开关按下使电路接通时, 只需经过 L/c 的时间 (其中 L 为从电源到负载的距离), 负载中即得到能量供应, 而自由电子从电源到达负载的时间, 要比 L/c 大亿万倍. 例如当电流密度为 $100\mathrm{A/cm^2}$ 时, 铜导线中自由电子的平均迁移速度不过 $10^{-2}\mathrm{cm/s}$. 对于一米的距离, 到达的时间要一万秒. 由此可见, 电磁能量显然不是由电子传送的.

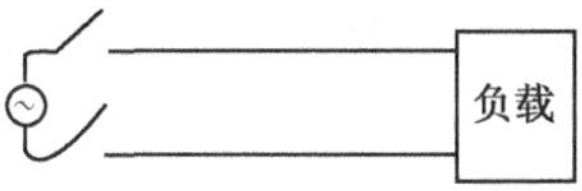

图 4.10.1 电源和负载的线路图

如此说来, 传输导线起什么作用呢? 它的作用有两方面: 一是使电源中有电流

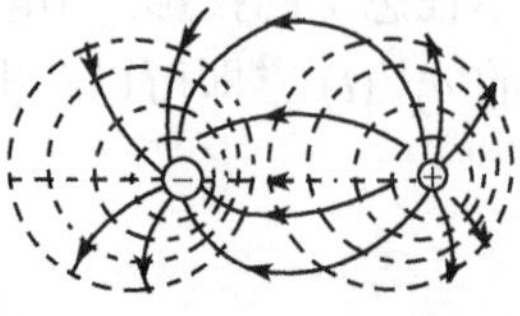

图 4.10.2 导线附近的电磁场 (其中实线代表电场, 虚线代表磁场)

通过, 从而释放出能量; 二是引导释放出的电磁能量以电磁场的方式沿着传输线传送到达目标负载. 传输导线之所以能引导电磁能量也是因为它在电磁场作用下能产生电流及电荷分布 (电荷分布于传输导线的表面上, 见下文), 这些电荷和电流分布后过来又产生的电磁场, 在传输线周围依附着导线传播, 把能量输送到负载上. 我们看到, 这是一个相互作用的过程.

以上讨论表明, 电磁能量的释放 (从电源中) 和引导、传送都离不开电流, 但它 (指电磁能量) 又不是由导体中流动的电子 (或离子) 来传输的.

高频电磁能量的有线传输与低频情况相比, 又有一系列重要的特点: 在高频情况, 电磁场的波动性已十分显著, 这时辐射损耗可能很大, 须采取措施来抑制; 电容元件和电感元件的区分已不适宜, 在某些情况下, 即使电容和电感的概念还能应用, 也不是集中在某几个元件上, 而是分布在线路中; 线路上的电流也已不是各点相同, 电路不闭合甚至单线也可以传送电磁能量; 最后, 由于集肤效应, 电阻将大大增加.

根据以上的讨论, 当频率高时, 如用双线来传送电磁能量或信号, 则必须使双线保持平行而且两线的间距应远小于 λ, 以使得两根导线上电荷电流所产生的电磁场在远处互相抵消, 从而抑制辐射损耗.

当频率更高时, 例如到达超短波的范围, 由于波长已很短, 而两线间的距离又因受到包皮击穿强度的限制而不能太小, 辐射损耗会变得相当严重. 另外双线传输易受到周围环境的影响, 与外界绝缘也比较困难. 改用同轴线能避免许多上述缺点. 同轴线可看作将双线中的一根加以扩展以包围另一根的情况, 即形成内外两导体, 电磁场即在两导体间传送. 由于外导体的屏蔽作用, 辐射损耗几乎能完全避免. 外界干扰和与外界绝缘问题也得到解决. 不过, 同轴线比起双线传送也有缺点, 即它的两根导线不对称, 不适合某些负载的需要.

至于更高的频率, 同轴线的焦耳热损耗 (主要是内导体上的) 以及两导体间作支撑用的介质上的损耗也变得严重, 而被波导管代替, 这将是下一节讨论的内容.

对高频传输线的理论处理, 无论是平行双线还是同轴线, 都应从麦克斯韦方程组、欧姆定律和电荷守恒定律出发, 将电磁场的运动和电荷电流的变化联系起来讨论.

4.10.2 同轴线中的主波

同轴线中可以传送许多类型的电磁波. 不同类型的波具有不同的场分布. 或者说, 同轴线中传播的电磁波有着许多不同的状态. 但是其中最重要的也是实际中所利用的只是其中的一种, 即通常所称的主波. 主波的特点是: 电磁场的分布具有轴对称性, 而且电场只有 r 分量和 z 分量 (z 轴即同轴线的轴), 磁场只有 θ 方向; 主波衰减较慢因而传送得比较远, 而且没有频率的限制, 不像其他类型的波, 对于一定尺寸的同轴线, 只有频率高过某一特定值时才能传播.

同轴线中的电磁波是在导体的外壳层和内柱之间的范围中传播, 它透入导体中的厚度即为其集肤厚度 $\dfrac{c}{\sqrt{2\pi\mu\sigma\omega}}$. 在初级近似中, 我们把构成同轴线的导体当作理想导体, 从而其集肤厚度为零, 相应地, 其荷载的电流为面电流.

设同轴线内导体柱的半径为 r_1, 外导体柱的内半径为 r_2, 并为简单计, 设其长度为无穷 (避开端点效应), 其横截面如图 4.10.3 所示.

我们考虑沿同轴线方向传播的主波, 在理想导体情况下, 两导体间的电磁场具有下面的形式①

$$
\begin{aligned}
E_z(r,z,t) &= f(r)\mathrm{e}^{\mathrm{i}(kz-\omega t)},\\
E_r(r,z,t) &= g(r)\mathrm{e}^{\mathrm{i}(kz-\omega t)},\\
B_\theta(r,z,t) &= h(r)\mathrm{e}^{\mathrm{i}(kz-\omega t)},
\end{aligned}
\tag{4.10.1}
$$

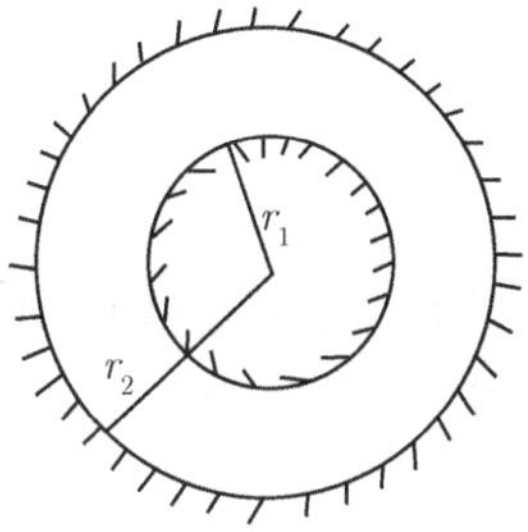

图 4.10.3 同轴线的横截面图

其中, $k=\omega/c$; 因子 $\mathrm{e}^{\mathrm{i}(kz-\omega t)}$ 表明它是沿 z 轴方向以 c 传播的行波. 由于轴对称性, E 和 B 的值与 θ 无关.

另外, 在同轴线是由理想导体构成的情况下, 而导体间的 E_z 将处处为零. 这是因为这时它在 $r=r_1$ 和 $r=r_2$ 面上的边值为零, 而由柱坐标中的 E_z 所遵从的亥姆霍兹方程 (见附录 C)

$$
\frac{1}{r}\frac{\partial}{\partial r}\left(r\frac{\partial E_z}{\partial r}\right)+\frac{1}{r^2}\frac{\partial^2 E_z}{\partial\theta^2}+\frac{\partial^2 E_z}{\partial z^2}+k^2E_z=0 \tag{4.10.2}
$$

和由式 (4.10.1) 所表示的 E_z 形式, 即得该式中的 $f(r)$ 满足方程

$$
\frac{\mathrm{d}}{\mathrm{d}r}\left[r\frac{\mathrm{d}f(r)}{\mathrm{d}r}\right]=0, \tag{4.10.3}
$$

再加上边值条件 $f(r_1)=f(r_2)=0$, 就导出 $f(r)\equiv 0$(从而 $E_z(r,z,t)\equiv 0$).

于是在理想导体情况下, 主波中电场只有 r 分量 E_r, 磁场只有 θ 分量 B_θ. 能量将顺着 z 轴流动.

这时在内导体柱表面和外导体柱内表面上, 都有面电荷和面电流, 它们自然也都是轴对称的. 由于它们与电磁场之间的关联, 故亦将以行波形式沿 z 轴运动. 设

①更系统的处理方法是利用附录 C⟨ 柱面电磁波的普遍解 ⟩ 中的公式, 作为边值问题来求解得出.

内导体柱面上的面电荷密度 ω_f 和面电流 I 分别为

$$\begin{aligned}\omega_f &= \omega_{f0}\mathrm{e}^{\mathrm{i}(kz-\omega t)},\\ I &= I_0\mathrm{e}^{\mathrm{i}(kz-\omega t)},\end{aligned} \tag{4.10.4}$$

其中的面电流的方向为 z 轴方向 (因为如上所述, 同轴线内柱和外壳层之间的磁场只有 θ 分量, 而 $\boldsymbol{\pi} = \dfrac{c}{4\pi}\boldsymbol{n}\times\boldsymbol{B}$, 参见式 (1.5.23)).

由电荷守恒定律

$$\frac{\partial I(z,t)}{\partial z} = -2\pi r_1\frac{\omega_f(z,t)}{\partial t}, \tag{4.10.5}$$

可得出式 (4.10.4) 中的 ω_{f0} 与 I_0 之间有下述关系

$$\omega_{f0} = \frac{kI_0}{2\pi r_1\omega}. \tag{4.10.6}$$

有了式 (4.10.4) 和 (4.10.6), 利用积分形式的麦克斯韦方程组, 即可将主波中的 E_r 和 B_θ 求出, 结果为

$$E_r = B_\theta = \frac{2I_0}{c}\frac{\mathrm{e}^{\mathrm{i}(kz-\omega t)}}{r}, \tag{4.10.7}$$

其中 (见式 (4.10.1) 下)

$$k = \frac{\omega}{c}.$$

由此可见, 同轴线中的主波以自由空间中电磁波的速度 c 传播, 没有色散效应. 通常把管道中这种电场和磁场方向都与传送方向垂直的波称为 “横电磁型” 波.

从外导体中电场和磁场亦为零 (如前所述, 现在考虑的是 “内外导体都是理想导体” 的情况), 可求出外导体柱的内表面上的面电流和单位长度上的面电荷. 其值与它们在内导体表面上的值大小相等而符号相反, 即

$$\begin{aligned}\omega_f' &= -\frac{r_1}{r_2}\omega_{f0}\mathrm{e}^{\mathrm{i}(kz-\omega t)},\\ I' &= -I_0\mathrm{e}^{\mathrm{i}(kz-\omega t)}.\end{aligned} \tag{4.10.8}$$

这也是可预想到的结果.

4.10.3 同轴线由非理想导体做成的情况

在 4.10.2 小节中, 我们假设同轴线是由理想导体做成的. 如果做成同轴线的导体不是理想导体, 而具有有限电导率的导体, 则不仅内外导体之间有电磁场, 就是在内、外导体内也将有电磁场. 这时, 即使考虑的场为主波, 电场中亦将有 z 方向的分量 E_z, 其值如式 (4.10.1) 所示. 另外该式中的 $f(r), g(r)$ 和 $h(r)$ 已不能通过积

分形式的麦克斯韦方程组定出, 而需要从微分形式的麦克斯韦方程组来求解 (当然欧姆定律总是不可少的). 结果是①

$$
\begin{aligned}
E_z(r,z,t) &= a\frac{k_r}{\mathrm{i}k_z}\mathrm{Z}_0(k_r r)\mathrm{e}^{\mathrm{i}(k_z z-\omega t)},\\
E_r(r,z,t) &= a\mathrm{Z}_0'(k_r r)\mathrm{e}^{\mathrm{i}(k_z z-\omega t)},\\
B_\theta(r,z,t) &= a\frac{ck^2}{k_z\omega}\mathrm{Z}_0'(k_r r)\mathrm{e}^{\mathrm{i}(k_z z-\omega t)}.
\end{aligned}
\tag{4.10.9}
$$

式内的 $\mathrm{Z}_0(k_r r)$ 指零阶柱函数的普遍形式, 即为 $\mathrm{J}_0(k_r r)$ 和 $\mathrm{N}_0(k_r r)$ 的线性叠加, 或者是 $\mathrm{H}_0^{(1)}(k_r r)$ 和 $\mathrm{H}_0^{(2)}(k_r r)$ 的叠加 (其中 J_0 和 N_0 为零阶贝塞尔函数和零阶诺依曼函数, 而 $\mathrm{H}_0^{(1)}$ 和 $\mathrm{H}_0^{(2)}$ 为零阶第一类和第二类汉克尔函数), Z_0' 代表 Z_0 的微商.

式 (4.10.9) 中的 k_z 为复数, 其实部和虚部都为正值. “实部为正” 是由于电磁场设为沿正 z 方向传播. “虚部为正” 是因为它随着传播距离增大而衰减. k_r^2 则为 $k^2-k_z^2$. k_r 的正负号是取得使在 $r=r_1,r_2$ 处电磁场是流向导体内部.

在内导体柱中, 由于在 $r=0$ 处, 电磁场的值应有限, 故其解中的柱函数 Z_0 只能取为 J_0. 在外导体中, 由于当 r 增大时场将减弱, 故其处的 Z_0 只能取为② $\mathrm{H}_0^{(1)}$, 而在两导体柱之间, 则为 J_0 和 N_0 的叠加或 $\mathrm{H}_0^{(1)}$ 和 $\mathrm{H}_0^{(2)}$ 的叠加.

我们来考察一下内导体中的场, 并用下标 1 来标志内导体中的各种量:

$$
\begin{aligned}
E_{1z} &= a_1\frac{k_{1r}}{\mathrm{i}k_z}\mathrm{J}_0(k_{1r}r)\mathrm{e}^{\mathrm{i}(k_z z-\omega t)},\\
E_{1r} &= a_1\mathrm{J}_0'(k_{1r}r)\mathrm{e}^{\mathrm{i}(k_z z-\omega t)},\\
B_{1\theta} &= a_1\frac{ck_1^2}{k_z\omega}\mathrm{J}_0'(k_{1r}r)\mathrm{e}^{\mathrm{i}(k_z z-\omega t)}.
\end{aligned}
\tag{4.10.10}
$$

值得指出的是, 现在 k_z 虽然不像理想导体情况那样等于 ω/c(见式 (4.10.1) 的说明), 但相差也就是不大的修正 (至少数量级不会变), 而导体的 ε' 的绝对值通常比 1 大得多 (即传导电流比位移电流大得多), 于是有③

$$
k_{1r}^2 \equiv k_1^2-k_z^2 \cong k_1^2 = \frac{\mu\varepsilon^{(\mathrm{c})}}{c^2}\omega^2, \tag{4.10.11}
$$

① 参见附录 C⟨ 柱面电磁波的一般解 ⟩.

② 当 $k_r=k_r'+\mathrm{i}\tau_r, \tau_r>0$ 时, $\mathrm{H}_0^{(1)}(k_r r)$ 的渐近式为

$$
\mathrm{H}_0^{(1)}(k_r r)\approx\sqrt{\frac{2}{\pi k_r r}}\mathrm{e}^{-\tau_r r+\mathrm{i}(k_r' r-\pi/4)}
$$

表明在 r 处它的绝对值以指数衰减, 而 $\mathrm{H}_0^{(2)}(k_r r)$ 将以指数增大. 参见附录 C.

③ $\varepsilon^{(\mathrm{c})}$ 由式 (4.6.15) 定义.

由此得出

$$k_{1r} \cong \frac{\sqrt{2\pi\sigma\mu\omega}}{c}(1+\mathrm{i}). \tag{4.10.12}$$

上式中的 $\dfrac{\sqrt{2\pi\sigma\mu\omega}}{c}$ 即为 3.5 节中所给出的集肤厚度 δ 的倒数. 通常导体的半径要比集肤厚度大得多. 因而在表面附近 $|k_{1r}r| \gg 1$, 于是式 (4.10.10) 中贝塞尔函数可用它的渐近式表示:

$$\mathrm{J}_0(k_{1r}r) \cong \sqrt{\frac{2}{\pi k_{1r}r}}\cos\left(k_{1r}r - \frac{\pi}{4}\right). \tag{4.10.13}$$

在 k_{1r} 由式 (4.10.12) 的第二式给出的情况 (虚部与实部相当), 上式可化为

$$\begin{aligned}\mathrm{J}_0(k_{1r}r) &\cong \sqrt{\frac{1}{2\pi k_{1r}r}}\mathrm{e}^{-\mathrm{i}(k_{1r}r-\frac{\pi}{4})} \\ &= \frac{1+\mathrm{i}}{2\sqrt{\pi k_{1r}r}}\mathrm{e}^{\sqrt{\frac{2\pi\sigma\mu\omega}{c}}(1-\mathrm{i})r}, \qquad |k_{1r}r| \gg 1.\end{aligned} \tag{4.10.14}$$

于是可以得出 $E_{1z}(r,z,t)$ 与它在 (内导体) 表面上的值 $E_{1z}(r_1,z,t)$ 之比为

$$\frac{\mathrm{J}_0(k_{1r}r)}{\mathrm{J}_0(k_{1r}r_1)} \cong \sqrt{\frac{r_1}{r}}\mathrm{e}^{-\frac{\sqrt{2\pi\sigma\mu\omega}}{c}(1-\mathrm{i})(r_1-r)}, \tag{4.10.15}$$

此式表明, 在内导体表面附近, 电场 z 分量的绝对值随着离表面距离的增加 (即深度的增加) 而指数式的衰减, 这就是前面讲过的集肤效应. 此处的集肤厚度 $\dfrac{c}{\sqrt{2\pi\sigma\mu\omega}}$ 与以前给出的导体中平面波集肤厚度 δ 相同 (参见式 (4.7.24) 下面的说明). 可见该值具有普遍意义, 不仅适用于平面波情况.

值得指出的是, 对于 σ 一定的导体, 当 ω 增加时, 集肤厚度将减小, 但它与入射波长 (指真空中波长) 的相对比值却是增加的.

同样, $E_{1r}(r,z,t)$ 与它在 (内导体) 表面上的值 $E_{1r}(r_1,z,t)$ 之比, 以及 $B_{1\theta}(r,z,t)$ 与它在 (内导体) 表面上的值 $B_{1\theta}(r_1,z,t)$ 之比 $\mathrm{J}_0'(k_{1r}r)/\mathrm{J}_0'(k_{1r}r_1)$ 也与式 (4.10.15) 右方的值一样:

$$\frac{\mathrm{J}_0'(k_{1r}r)}{\mathrm{J}_0'(k_{1r}r_1)} \cong \sqrt{\frac{r_1}{r}}\mathrm{e}^{-\frac{\sqrt{2\pi\sigma\mu\omega}}{c}(1-\mathrm{i})(r_1-r)}, \tag{4.10.16}$$

显示出 E_{1r} 和 $B_{1\theta}$ 具有与 E_{1z} 同样的集肤厚度.

对于外导体中的电磁场亦可类似地进行讨论, 所求出的该电磁场的值亦显示出集肤效应, 并具有同样的集肤厚度 δ.

利用 J_0' 的渐近式

$$\mathrm{J}_0'(k_{1r}r) \cong -\sqrt{\frac{1}{2\pi k_{1r}r}}\mathrm{e}^{-\mathrm{i}(k_{1r}r-\frac{3\pi}{4})}, \qquad |k_{1r}r| \gg 1. \tag{4.10.17}$$

还可求出导体中同一点处 E_{1z} 与 E_{1r} 之比, 其值为

$$\frac{k_{1r}}{\mathrm{i}k_z}\frac{\mathrm{J}_0(k_{1r}r)}{\mathrm{J}_0'(k_{1r}r)} \cong \frac{k_{1r}}{k_z}. \tag{4.10.18}$$

它的绝对值远大于 1, 表明内导体中的电场主要在 z 方向. 电流密度 $\boldsymbol{j}$ 与电场 $\boldsymbol{E}$ 成正比, 故内导体中的 $\boldsymbol{j}$ 亦主要沿着 z 方向, 与通常的概念一致. 再由磁场在 θ 方向, 即得出内导体中能流密度 $\boldsymbol{S}$ 基本上是沿着径向从柱表面流向柱的内部, 其作用是供应导体中的焦耳热损耗.

在外导体中, 情况相仿, 能量从表面垂直流入内部. 至于在两导体柱之间, 在初级近似中即略去内外导体损耗的情况下, 比值 k_r/k_z 很小, 表明内外导体柱之间的电磁波基本上沿着 z 轴传播, 即能流基本上是沿着 z 的方向.

最后, 值得强调的是, 同轴线的主波传输没有频率上的限制, 这一点与下节所讨论的波导管不同. 在波导管中不存在具有上述性质的主波 (同轴线中主波的电磁场频率具有连续谱而且没有"非零的"下限). 至于同轴线中还存在的其他波型的电磁波, 由于实用性不大, 这里就不作讨论了.

4.10.4 电报方程式

在无线电学中, 对于传输线主波通常用电报方程式来处理, 即引入分布电容、分布电感和横向电压的概念, 并给出电流与横向电压所满足的方程. 需要注意的是, 对于现在讨论的高频情况, 一般地说两点之间的电压 (电势差) 已无意义, 因两点之间电场的积分与所选取的路径有关. 这里所说的横向电压是指在主波情况下, 电场沿横截面内的曲线自内导体到外导体的线积分值. 由于主波的磁场没有 z 分量, 故电场的线积分, 在位于横截面内的限制条件下, 是与路径无关的. 这就使横向电压具有确定的意义, 并且只是 z 和 t 的函数. 另外一个问题, 现在电容和电感是分布在整个同轴线上的, 需要更明确的定义.

在下文中, 我们将利用麦克斯韦方程组、介质电磁性质方程和电荷守恒定律以及本节所解出的主波电磁场的分布, 来推导电报方程式并确定其中的分布电感和分布电容的值.

根据横向电压的定义, 当 z 增加 Δz 时, 它的增值 ΔV 为

$$\begin{aligned}\Delta V &= V(z+\Delta z,t)-V(z,t)\\ &= \int_{r_1}^{r_2}[E_{2r}(z+\Delta z,r,t)-E_{2r}(z,r,t)]\mathrm{d}r\\ &= \oint_L \boldsymbol{E}_2\cdot\mathrm{d}\boldsymbol{l}+[E_{2z}(z,r_2,t)-E_{2z}(z,r_1,t)]\Delta z,\end{aligned} \tag{4.10.19}$$

上式中的回路 L 如图 4.10.4 所示. 由麦克斯韦方程组,

$$\oint_L \boldsymbol{E}_2 \cdot \mathrm{d}\boldsymbol{l} = -\frac{1}{c}\Delta z \int_{r_1}^{r_2} \frac{\partial B_{2\theta}}{\partial t}\mathrm{d}r, \quad (4.10.20)$$

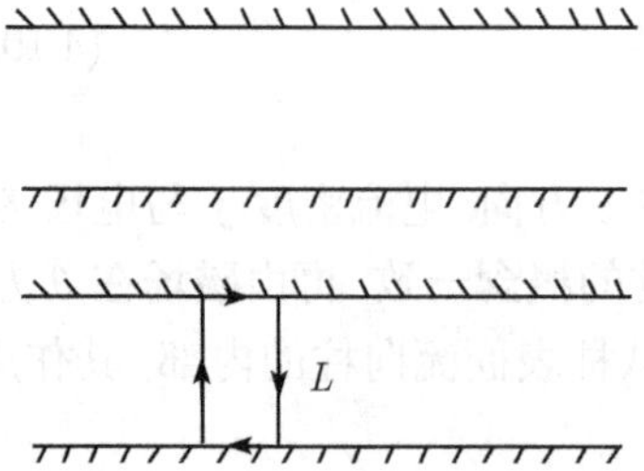

图 4.10.4 式 (4.10.19) 中的回路 L

将上式代入式 (4.10.19) 并令 $\Delta z \to 0$ 即得出

$$\frac{\partial V(z,t)}{\partial z} = -\frac{1}{c}\int_{r_1}^{r_2} \frac{\partial B_{2\theta}}{\partial t}\mathrm{d}r - [E_{2z}(z,r_1,t) - E_{2z}(z,r_2,t)]. \quad (4.10.21)$$

从式 (4.10.20) 可以看出, 上式右方第一项代表 z 方向单位长度上的感应电动势. 在理想导体近似中, 根据式 (4.10.7) 与 (4.10.4), $B_{2\theta}$ 与 I 成正比而且相位相同 (即比例常数为实数). 我们将该项表为 $-L\dfrac{\partial I}{\partial t}$. 式 (4.10.21) 右方第二项在理想导体情况等于零, 于是得出

$$\frac{\partial V(z,t)}{\partial z} = -L\frac{\partial I(z,t)}{\partial t}, \quad (4.10.22)$$

其中

$$L = \frac{2}{c^2}\ln\frac{r_2}{r_1}, \quad (4.10.23)$$

称为同轴线单位长度上的电感.

另外, 由电荷守恒定律

$$\Delta I \equiv I(z+\Delta z,t) - I(z,t) = -\left(2\pi r_1 \frac{\partial \omega_{\mathrm{f}}}{\partial t}\right)\Delta z,$$

其中的 ω_{f} 为内导体柱面上的面电荷密度. 于是即得

$$\frac{\partial I(z,t)}{\partial z} = -2\pi r_1 \frac{\partial \omega_{\mathrm{f}}(z,t)}{\partial t}. \quad (4.10.24)$$

此结果实际上已在式 (4.10.5) 给出过.

下面我们要将面电荷密度 ω_{f} 用横向电压 V 表示出来. 根据式 (4.10.7) 和 (4.10.4) 第二式,

$$V = \int_{r_1}^{r_2} E_r \mathrm{d}r = \frac{2I}{c}\ln\frac{r_2}{r_1}, \quad (4.10.25)$$

再由式 (4.10.4) 和 (4.10.6)

$$I = \frac{2\pi r_1}{c}\omega_{\mathrm{f}}, \quad (4.10.26)$$

代入式 (4.10.25) 后即得

$$V = 4\pi r_1 \omega_f \ln\frac{r_2}{r_1}. \tag{4.10.27}$$

上式表明同轴线内导体单位长度上的电荷 $(2\pi r_1\omega_f)$ 与横电压成正比：

$$(2\pi r_1 \omega_f) = CV, \tag{4.10.28}$$

其中

$$C = \frac{1}{2\ln\dfrac{r_2}{r_1}} \tag{4.10.29}$$

称为同轴线单位长度上的电容. 于是式 (4.10.24) 可写成

$$\frac{\partial I(z,t)}{\partial z} = -C\frac{\partial V(z,t)}{\partial t}. \tag{4.10.30}$$

式 (4.10.22) 与 (4.10.30) 合起来就称为电报方程式, 在无线电学中有着重要的地位. 而同轴线可用图 4.10.5 的等效电路来示意.

从电报方程式可以推出 V 和 I 都满足波动方程

$$\begin{aligned} &\frac{\partial^2 V}{\partial z^2} - LC\frac{\partial^2 V}{\partial t^2} = 0, \\ &\frac{\partial^2 I}{\partial z^2} - LC\frac{\partial^2 I}{\partial t^2} = 0. \end{aligned} \tag{4.10.31}$$

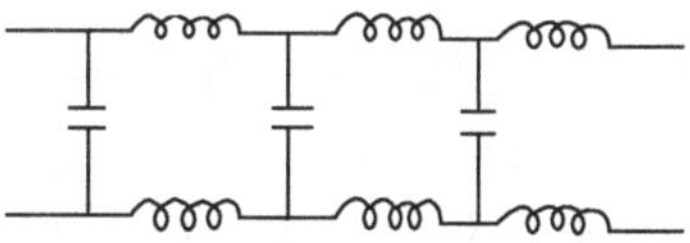

图 4.10.5 同轴线的等效电路图

而根据式 (4.10.23) 和 (4.10.29),

$$LC = \frac{1}{c^2}, \tag{4.10.32}$$

上两式表明：V 和 I 与主波的电磁场一样, 以真空光速 c 向前传进.

我们再次强调, 电报方程只对于传输线中的主波才能应用. 对于其他型号的波, 甚至连横向电压都无意义, 电流也不一定在 z 方向, 电报方程自然失去意义. 当真空波长 $\left(指\dfrac{2\pi c}{\omega}\right)$ 等于或小于同轴线横向尺寸时, 就将有其他波型的波也能在同轴线中传播, 情况与下节讲的波导管中波有些类似, 后者也不能用电报方程来处理. 另外, 在波长 $2\dfrac{\pi c}{\omega}$ 大于横向尺寸的情况, 主波以外其他波型的电磁波虽不能在同轴线中长距离传送, 但在入口处能透入某个一定距离, 情况与全反射中的相似. 如果同轴线长度比此距离短, 或者相当, 那么亦将有一部分波能透过去. 当然, 对于这些非主波的波型, 电报方程是不能应用的.

4.10.5 同轴线末端短路或有负载的情况

当同轴线具有有限长度, 而且在末端用导体封住 (末端短路) 的情况, 电磁波就将被完全地反射回去从而在同轴线中形成驻波. 值得注意的是, 与直流情况不同, 这时末端短路不会导致出现无穷大的电流 (这一结果也可从分布电感的作用来理解). 另外, 当末端为开路时, 除有一小部分电磁波辐射出去以外 (只有一小部分辐射出去可从阻抗不匹配的角度来理解), 大部分也被反射回去, 这一部分同样形成驻波. 这时末端成为电流的波节, 这也与直流或低频交流电不同, 即末端断开并不能使电流在整个同轴线上停止. 当同轴线末端接上负载时, 一般情况, 电磁波一部分被负载吸收 (即在负载中被利用), 一部分反射回去从而在同轴线上形成混波 (指行波与驻波的混合) 状态. 只有负载阻抗与同轴线匹配时, 才能消除反射. 值得一提的是, 不论是驻波还是混波, 它们都将满足电报方程, 因为两个方向的行波满足同样的电报方程的缘故.

4.11 高频电磁波在波导管中的传送

当电磁波的频率更高, 例如当其真空波长达到厘米波段时, 同轴线内导体表面处常由于电流强度大 (因集肤厚度很小, 内表面的圆周又小) 而出现较严重的焦耳热损耗. 内导体的半径由于受到击穿现象的限制, 不能使内外两导体间距过小. 对于瞬时功率很大的脉冲电流, 这个矛盾更加突出. 此外, 两导体柱间支撑用的介质块也有严重的介耗. 因此对厘米波段的电磁波, 通常不用同轴线而改用波导管来传送. 波导管为一中空的金属管, 可看作是由同轴线抽去内导体而成, 电磁波即在这种中空的管内传送 (见下文). 由于金属导体管壁的屏蔽作用, 波导管同样避免了辐射损耗以及外界的干扰. 与同轴线相比, 它的优点是损耗小, 但有一个应用限制, 即只是电磁场的频率超过某一定值时 (此值随波导管的横向尺寸和截面形状的不同而不同), 才可能在波导管中传送. 因而实际上波导管只在微波领域中才获得应用.

4.11.1 矩形波导管中的电磁波

我们先来看频率一定的电磁波沿无穷长矩形波导管的传播. 设导体为理想导体, 于是在内壁上电场的切向分量等于零, 也就是说, 内管壁面为管内电场切向分量的波节面. 电磁波在矩形波导管中的传播可设想为电磁波在管壁内反复地反射而曲折地前进过程. 但这种设想有相当的局限性, 因为所传送的电磁波波长可能比矩形管的横向尺度还大.

波导管中 $\boldsymbol{E}$ 和 $\boldsymbol{B}$ 的每一个分量 F 都满足亥姆霍兹方程, 我们可以用分离变数法来求亥姆霍兹方程的一系列特解. 为了使每个特解都能符合本问题的边值条件 (在壁面上电场切面分量为零, 在 z 方向从 $-\infty$ 到 $+\infty$ 传播), 我们选择 F 为下列的形式：

$$F = (\alpha_1 \cos k_1 x_1 + \alpha_2 \sin k_1 x_1)(\beta_1 \cos k_2 x_2 + \beta_2 \sin k_2 x_2)\mathrm{e}^{\mathrm{i}k_3 x_3}, \tag{4.11.1}$$

即在横截面内为驻波, 在 x_3 方向为行波. 上式中的 k_1, k_2, k_3 应满足条件

$$k_1^2 + k_2^2 + k_3^2 \equiv k^2 = \frac{\omega^2}{c^2}. \tag{4.11.2}$$

从管壁面上电场切向分量应为零以及 $\nabla \cdot \boldsymbol{E} = 0$, 即可求出

$$\begin{aligned} E_1 &= A_1 \cos k_1 x_1 \sin k_2 x_2 \mathrm{e}^{\mathrm{i}k_3 x_3}, \\ E_2 &= A_2 \sin k_1 x_1 \cos k_2 x_2 \mathrm{e}^{\mathrm{i}k_3 x_3}, \\ E_3 &= A_3 \sin k_1 x_1 \sin k_2 x_2 \mathrm{e}^{\mathrm{i}k_3 x_3}, \end{aligned} \tag{4.11.3}$$

其中

$$k_1 = \frac{n_1 \pi}{l_1}, \qquad k_2 = \frac{n_2 \pi}{l_2}. \qquad (n_1, n_2 = 0, 1, 2, \cdots). \tag{4.11.4}$$

l_1 与 l_2 如图 4.11.1 所示, 分别为波导管内腔长边和短边的宽度.

另外, 从 $\boldsymbol{E}$ 的散度为零, A_1、A_2 和 A_3 之间还须满足关系

$$A_1 k_1 + A_2 k_2 - \mathrm{i} A_3 k_3 = 0, \tag{4.11.5}$$

因而在 A_1, A_2 和 A_3 中只有两个是独立的. 当 $\boldsymbol{E}$ 如上所述确定以后, 由麦克斯韦方程组第二式

$$\boldsymbol{B} = -\mathrm{i}\frac{c}{\omega} \nabla \times \boldsymbol{E}, \tag{4.11.6}$$

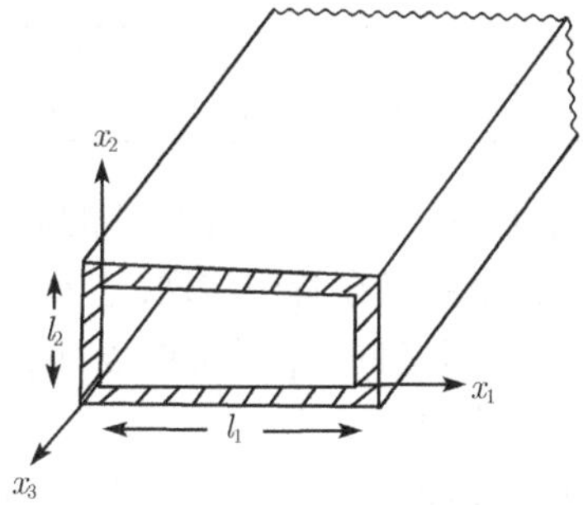

图 4.11.1 矩形波导管的示意图

即可确定 $\boldsymbol{B}$. 这样对于每对 (n_1, n_2) 的值, 就得到两组① 满足麦克斯韦方程和边值条件的独立解 (对应于系数 A 的两种取值). 通常这两组独立解, 一组是取得使其中 E_3 为零, 一组是取得使其中 B_3 为零. 这样, 第一组解只有磁场在传送方向分量不为零, 因而称为磁型波, 也称作横电型波 (由于电场与传送方向垂直), 并记作 $\mathrm{M}_{n_1 n_2}$ 型或 $\mathrm{TE}_{n_1 n_2}$ 型. 第二组解则只有电场在传送方向有分量, 因而称为电型波, 也称作横磁型波, 并记作 $\mathrm{E}_{n_1 n_2}$ 型或 $\mathrm{TM}_{n_1 n_2}$ 型. 在以上表示中, n_1 和 n_2 分别代表长边和短边上的半波数.

无论是 $\mathrm{M}_{n_1 n_2}$ 型还是 $\mathrm{E}_{n_1 n_2}$ 型, 其 k_3 的值都是

$$(k_3)_{n_1 n_2} = \sqrt{\frac{\omega^2}{c^2} - \left(\frac{n_1 \pi}{l_1}\right)^2 - \left(\frac{n_2 \pi}{l_2}\right)^2}. \tag{4.11.7}$$

① 显然, n_1 和 n_2 不能都取为零. 当其中一个为零时, 只有一组独立解, 即下文中 $\mathrm{H}_{n_1 n_2}$ 型波.

于是沿 z 方向传播的相速比 c 大 (沿某方向的相速比 c 大是常见的事并不奇怪), 而且各个波型的相速不同. 同一波型不同频率的波, 相速亦不相同. 即有色散效应.

对于一定的波型, 当 ω 小于某一临界值时, k_3 即变为虚数, 这时该型电磁波沿着 x_3 方向将以指数形式衰减而不能实行传送. 此临界频率即为

$$\omega_{n_1 n_2}^{(c)} = c\pi\sqrt{\left(\frac{n_1}{l_1}\right)^2 + \left(\frac{n^2}{l_2}\right)^2}. \tag{4.11.8}$$

与临界频率相对应的电磁波在真空中的自由波长等于

$$\lambda_{n_1 n_2}^{(c)} = \frac{2\pi c}{\omega_{n_1 n_2}^{(c)}} = \frac{2}{\sqrt{\left(\frac{n_1}{l_1}\right)^2 + \left(\frac{n_2}{l_2}\right)^2}}. \tag{4.11.9}$$

以 $l_1 = 7$、$l_2 = 3$ 厘米的波导管为例, 最初几个波型的临界波长如表 4.11.1 所示.

表 4.11.1　最初几个波型的临界波长　　(单位为厘米)

$\lambda_{10}^{(c)}$	$\lambda_{20}^{(c)}$	$\lambda_{30}^{(c)}$	$\lambda_{01}^{(c)}$	$\lambda_{02}^{(c)}$	$\lambda_{11}^{(c)}$	$\lambda_{21}^{(c)}$	$\lambda_{22}^{(c)}$	$\lambda_{31}^{(c)}$
14.0	7.0	4.7	6.0	3.0	5.5	4.6	2.8	3.7

由此可见, 对于上述尺寸的波导管, 真空波长大于 14 厘米 (长边的两倍) 的电磁波, 完全不能在管中传送, 它在入口附近即全部被反射回去. 当真空波长在 14 厘米与 7 厘米之间时, 只可能以 H_{10} 型传送 (不存在 E_{0n} 型和 E_{n0} 型波, 见上页注①), 如此等等.

以上讨论了波导管中可能存在的波型, 在一般情况下, 波导管内传送的波, 为临界波长大于所传送波长的各型波的叠加. 叠加系数由激发方式 (输入的方式) 来确定. 在本课程中就不具体讨论了.

4.11.2　圆柱形波导管中的电磁波

仍设管壁为理想导体. 利用柱坐标分离变数法, 可以求出圆柱形波导管中电磁场的一系列特解①, 它们是:

$$E_z(r,\theta,z,t) = a\mathrm{J}_m(k_r r)\mathrm{e}^{\mathrm{i}(k_z z + m_\theta - \omega t)},$$

$$B_z(r,\theta,z,t) = b\mathrm{J}_m(k_r r)\mathrm{e}^{\mathrm{i}(k_z z + m_\theta - \omega t)},$$

$$E_r(r,\theta,z,t) = \left[a\frac{\mathrm{i}k_z}{k_r}\mathrm{J}'_m(k_r r) - b\frac{m\omega}{ck_r^2}\frac{1}{r}\mathrm{J}_m(k_r r)\right]$$

① 参见附录 C(柱面电磁波的普遍解).

$$\times e^{i(k_z z+m_\theta-\omega t)},$$

$$E_\theta(r,\theta,z,t)=-\left[a\frac{mk_z}{k_r^2}\frac{1}{r}\mathrm{J}_m(k_r r)+b\frac{i\omega}{ck_r}\mathrm{J}'_m(k_r r)\right]$$

$$\times e^{i(k_z z+m_\theta-\omega t)},$$

$$B_r(r,\theta,z,t)=\left[a\frac{mck^2}{\omega k_r^2}\frac{1}{r}J_m(k_r r)+b\frac{ik_z}{k_r}\mathrm{J}'_m(k_r r)\right] \tag{4.11.10}$$

$$\times e^{i(k_z z+m_\theta-\omega t)},$$

$$B_\theta(r,\theta,z,t)=\left[a\frac{ick^2}{\omega k_r}\mathrm{J}'_m(k_r r)-b\frac{mk_z}{k_r^2}\frac{1}{r}\mathrm{J}_m(k_r r)\right]$$

$$\times e^{i(k_z z+m_\theta-\omega t)}.$$

上式中的 J_m 为贝塞尔函数, m 取零或正整数, J'_m 为 J_m 的微商. k_r 和 k_z 满足

$$k_r^2+k_z^2=\frac{\omega^2}{c^2}, \tag{4.11.11}$$

k_r 的符号规定取得使其虚部为正. 边值条件为 (设波导管半径为 r_0):

$$E_z(r_0,\theta,z,t)=E_\theta(r_0,\theta,z,t)=0, \tag{4.11.12}$$

即在管壁处电场的平行分量都等于零.

当系数 b 为零时, 在 z 方向即波的传送方向只有电场分量. 与前相仿, 这种解称为 E 型或 TM 型波. 当系数 a 等于零时, 在 z 方向只有磁场分量, 这种解称为 H 型或 TE 型波.

对于 E 型波, 边值条件可表示为

$$\mathrm{J}_m(k_r r_0)=0. \tag{4.11.13}$$

贝塞尔函数 $\mathrm{J}_m(\rho)$ 有一系列 (无穷个) 根, 设其第 n 个根 (不计 $\rho=0$ 的根) 为 ρ_{mn}, 则 k_r 只能取

$$(k_r)_{mn}=\frac{\rho_{mn}}{r_0}, \qquad n=1,2,3,\cdots \tag{4.11.14}$$

相应的 k_z 等于

$$(k_z)_{mn}=\sqrt{\frac{\omega^2}{c^2}-\left(\frac{\rho_{mn}}{r_0}\right)^2}. \tag{4.11.15}$$

这种波记作 E_{mn} 型波, 脚码 m 代表圆周上的周期数, n 代表半径上的节点数 ($r=0$ 的节点除外). 也可以说, n 代表半径上的半波数.

E_{mn} 型波的临界频率为

$$(\omega_c)_{mn} = c(k_r)_{mn} = \frac{c\rho_{mn}}{r_0}, \tag{4.11.16}$$

因当 $\omega < (\omega_c)_{mn}$ 时, k_z 将为虚数 (参见式 (4.11.15)).

ρ_{mn} 的前几个值如表 4.11.2 所示.

表 4.11.2 ρ_{mn} 的前几个值

ρ_{01}	ρ_{11}	ρ_{21}	ρ_{02}	ρ_{12}	ρ_{03}
2.4	3.8	5.1	5.3	7.0	8.7

由此可得 E 型波可能传送的最大波长为

$$\lambda_c = \frac{2\pi r_0}{\rho_{01}} \approx 2.6r_0,$$

即为管的直径的 1.3 倍.

类似地, H 型波的边值条件为

$$J'_m(k_r r_0) = 0. \tag{4.11.17}$$

设 $J'_m(\rho)$ 的第 n 个根 (亦不计 $\rho = 0$ 的根) 为 ρ'_{mn}, 则对 H 型波, k_r 只能取值

$$(k_r)_{mn} = \frac{\rho'_{mn}}{r_0}, \qquad n = 1, 2, 3, \cdots \tag{4.11.18}$$

相应的 k_z 等于

$$(k_z)_{mn} = \sqrt{\frac{\omega^2}{c^2} - \left(\frac{\rho'_{mn}}{r_0}\right)^2}. \tag{4.11.19}$$

于是 H 型波的临界频率分别为

$$(\omega_c)_{mn} = \frac{c\rho'_{mn}}{r_0}. \tag{4.11.20}$$

ρ'_{mn} 的前几个值如表 4.11.3 所示.

表 4.11.3

ρ'_{01}	ρ'_{11}	ρ'_{02}	ρ'_{12}
3.8	1.8	7.0	5.13

从上表可见, H 型波可传送的最大波长为

$$\lambda_c = \frac{2\pi r_0}{1.8} = 3.4r_0.$$

附带指出, E_{01} 型波常应用于直线加速器及雷达的旋转部分中, 因为它具有纵向电场分量 (见式 (4.11.12) 下面一段), 而且具有轴对称性 (见式 (4.11.10) 第一式, 当 $m = 0$ 时 E_z 与 θ 无关) 的缘故.

4.12 表面电磁波的传播

在 4.10 节中我们已经指出, 导线 (或导体柱) 具有引导电磁波传送的作用. 这种依附着导线 (或导体柱) 传送的电磁波就称为表面电磁波. 在图 4.10.2 中还描绘了在双导线周围电磁场的图像. 当频率很高时, 其实不一定要双线才能传送电磁能量, 单线就可以传送. 带有绝缘介质表面层的长单导线 (导体柱), 由于表面层不易击穿 (与双线相比), 在大功率的微波传送中有着重要的应用. 在本节中, 我们即来讨论这种依附着单导体柱传送的表面波的特性.

4.12.1 沿无穷长单导体柱传送的主波

通常用导线传送的表面波都是主波. 与 4.10 节中讨论的同轴线情况相似, 这里的主波也具有轴对称性而且电场只有 r 分量和 z 分量, 磁场则只有 θ 分量, 其表达式与式 (4.10.9) 一样. 在导体内部, 由于 $r=0$ 处电磁场为有限值, 故其中 (指式 (4.10.9) 中)$\mathrm{Z}_0(k_r r)$ 只取为 $\mathrm{J}_0(k_r r)$, 与式 (4.10.10) 一样. 亦即它可表示为

$$\begin{aligned}
E_{1z} &= a_1\frac{k_{1r}}{\mathrm{i}k_z}\mathrm{J}_0(k_{1r}r)\mathrm{e}^{\mathrm{i}(k_z z-\omega t)},\\
E_{1r} &= a_1\mathrm{J}_0'(k_{1r}r)\mathrm{e}^{\mathrm{i}(k_z z-\omega t)},\\
B_{1\theta} &= a_1\frac{ck_1^2}{k_z\omega}\mathrm{J}_0'(k_{1r}r)\mathrm{e}^{\mathrm{i}(k_z z-\omega t)}.
\end{aligned}\tag{4.12.1}$$

在导体外部的空间中, 由于 $r=\infty$ 处, 电磁场应为零, 故 $\mathrm{Z}_0(k_r r)$ 只为 $\mathrm{H}_0^{(1)}(k_r r)$, 场的表达式即为

$$\begin{aligned}
E_{2z} &= a_2\frac{k_{2r}}{\mathrm{i}k_z}\mathrm{H}_0^{(1)}(k_{2r}r)\mathrm{e}^{\mathrm{i}(k_z z-\omega t)},\\
E_{2r} &= a_2\mathrm{H}_0^{(1)'}(k_{2r}r)\mathrm{e}^{\mathrm{i}(k_z z-\omega t)},\\
E_{2\theta} &= a_2\frac{ck_2^2}{k_z\omega}\mathrm{H}_0^{(1)'}(k_{2r}r)\mathrm{e}^{\mathrm{i}(k_z z-\omega t)},
\end{aligned}\tag{4.12.2}$$

其中①

$$\begin{aligned}
&k_1^2=\frac{\mu\varepsilon^{(\mathrm{c})}}{c^2}\omega^2, \qquad k_2^2=\frac{\omega^2}{c^2},\\
&k_{1r}^2=\frac{\mu\varepsilon^{(\mathrm{c})}}{c^2}\omega^2-k_z^2, \qquad k_{2r}^2=\frac{\omega^2}{c^2}-k_z^2.
\end{aligned}\tag{4.12.3}$$

这样, 两个区域 (导体柱内部和导体柱外部) 内的麦克斯韦-欧姆联立方程组以及 $r=0$ 和 $r=\infty$ 的边值条件都已满足. 剩下要考虑的就是在导体柱表面上的边值关系. 根据边值关系的要求, 可以确定系数 a_1 与 a_2 的比以及 (k_z, k_{1r}, k_{2r}) 的值.

① 在式 (4.12.3) 中, $\varepsilon^{(\mathrm{c})}=\varepsilon+\mathrm{i}\dfrac{4\pi\sigma}{\omega}$, 见式 (4.6.15).

设导体柱的半径为 r_0, 则在 $r = r_0$ 面上, $\boldsymbol{E}$ 和 $\boldsymbol{H}$ 切向分量连续的条件要求

$$
\begin{aligned}
&a_1 k_{1r} \mathrm{J}_0(k_{1r} r_0) = a_2 k_{2r} \mathrm{H}_0^{(1)}(k_{2r} r_0), \\
&\frac{1}{\mu} a_1 k_1^2 \mathrm{J}_0'(k_{1r} r_0) = a_2 k_2^2 \mathrm{H}_0^{(1)'}(k_{2r} r_0).
\end{aligned} \tag{4.12.4}
$$

上式为 a_1 和 a_2 的齐次方程, 有非零解的条件为两个方程不独立, 即

$$
\frac{\mu k_{1r}}{k_1^2} \frac{\mathrm{J}_0(k_{1r} r_0)}{\mathrm{J}_0'(k_{1r} r_0)} = \frac{k_{2r}}{k_2^2} \frac{\mathrm{H}_0^{(1)}(k_{2r} r_0)}{\mathrm{H}_0^{(1)'}(k_{2r} r_0)}. \tag{4.12.5}
$$

此方程即为决定 k_z 的方程, 因 k_{1r} 和 k_{2r} 通过式 (4.12.3) 后两式由 k_z 决定.

我们来近似地求解上述方程. 注意到在零级近似 (即理想导体近似) 中, 主波的 k_z 由下式表示①

$$
k_z = \frac{\omega}{c}. \tag{4.12.6}
$$

于是按式 (4.12.3),

$$
\begin{aligned}
&k_{2r} = 0, \\
&k_{1r} \cong \sqrt{\mu \varepsilon^{(c)}} \frac{\omega}{c} = k_1.
\end{aligned} \tag{4.12.7}
$$

在考虑了“导体的电导率为有限值”的修正后, k_{2r} 的绝对值仍很小, k_{1r} 与 k_1 的差别仍不大. 这样可设 $|k_{2r} r_0| \ll 1$, 于是式 (4.12.5) 右方可用汉克尔函数在小距离的近似式

$$
\begin{aligned}
&\mathrm{H}_0^{(1)}(k_{2r} r_0) \cong \frac{2\mathrm{i}}{\pi} \ln \frac{\gamma k_{2r} r_0}{2}, \\
&\mathrm{H}_0^{(1)'}(k_{2r} r_0) \cong \frac{2\mathrm{i}}{\pi k_{2r} r_0}
\end{aligned} \tag{4.12.8}
$$

来化简, 其中 $\gamma = 1.781\cdots$, 为一常数. 同时当半径 r_0 比集肤厚度大得多时, $|k_{1r} r_0| \approx |k_1 r_0| \gg 1$. 于是式 (4.12.5) 左方可用贝塞尔函数的渐近式来化简. 这样就得出

$$
(k_{2r} r_0)^2 \ln \frac{\gamma (k_{2r} r_0)}{2} = \mathrm{i} \frac{k_1 r_0}{\varepsilon^{(c)}}. \tag{4.12.9}
$$

实际应用时, 可通过数值计算方法由上式求出 k_{2r} 的值, 然后通过式 (4.12.3) 定出 k_z, 从而可求得表面波沿 z 方向的传送的相速和衰减长度.

以 $r_0 = 0.1$ 厘米的铜线为例, 当频率等于 10^3MHz 时, 解出

$$
\begin{aligned}
&k_{2r} \cong (-0.53 + 1.2\mathrm{i}) \times 10^{-2} \frac{\omega}{c}, \\
&k_z \cong (1 + 6.4 \times 10^{-5}\mathrm{i}) \frac{\omega}{c}.
\end{aligned} \tag{4.12.10}
$$

① 见式 (4.10.1) 上面说明, 并可以验证, 它确是 $\sigma = \infty$ 时式 (4.12.5) 的解.

上述结果表明沿 z 方向的相速仍近似等于 c, 而衰减长度为

$$\frac{c}{6.4\times 10^{-5}\omega}\cong 770\text{m}, \tag{4.12.11}$$

可见传送距离还是不短的. 另外, 在此例中 $k_{2r}r_0$ 的绝对值近似等于 10^{-2}, 确实远比 1 小, 与前面的假定符合.

4.12.2 导体柱内外的电磁场与电流分布

与同轴线内导体柱上的情况相似, 导体柱内的电场和电流主要在 z 方向, 磁场在 θ 方向. 于是能流也基本上在 r 方向, 并指向柱的中心.

同样, 柱内电磁场和电流都集中在表面附近的薄层内, 集肤厚度与以前给出的值相同. 场和电流实际上在 r 方向还有一个小分量, 这一情况在 4.10 节未做讨论. 这里作一点补充说明. 按照式 (4.12.1), 在柱内

$$\frac{E_{1z}}{E_{1r}}=\frac{k_{1r}}{\mathrm{i}k_z}\frac{\mathrm{J}_0(k_{1r}r)}{\mathrm{J}_0'(k_{1r}r)}, \tag{4.12.12}$$

上式右方, 系数的绝对值 $\left|\dfrac{k_{1r}}{k_z}\right|$ 大约为约化波长 $\lambda\!\!\!^{-}$ 与集肤厚度的比①, 它是一个大值. 因此如所预期, 柱内电场基本上在 z 方向.

对于导体柱外的空间, 在离开表面很近的地方, 即 $|k_{2r}r|\ll 1$ 满足的范围, 利用汉克尔函数在小距离的近似表示式 (4.12.8), 即得

$$E_{2r},B_{2\theta}\sim\frac{1}{r}\mathrm{e}^{\mathrm{i}(k_z z-\omega t)}, \tag{4.12.13}$$

与理想导体近似中的结果相仿, 但这个区域很小. 而在 r 大处, 即 $|k_{2r}r|\gg 1$ 时, 由汉克尔函数在远处的渐近式②, 得出的结果是

$$\begin{aligned}E_{2r},B_{2\theta}&\sim\sqrt{\frac{1}{r}}\mathrm{e}^{\mathrm{i}(k_z z+k_{2r}r-\omega t)}\\&=\sqrt{\frac{1}{r}}\mathrm{e}^{-\tau_{2r}r}\mathrm{e}^{\mathrm{i}(k_z z+k'_{2r}r-\omega t)}.\end{aligned} \tag{4.12.14}$$

上式表示 E_{2r} 和 $B_{2\theta}$ 的绝对值基本上将指数式地下降 $\left(\sqrt{\dfrac{1}{r}}\right.$ 与 $\mathrm{e}^{-\tau_{2r}r}$ 相比, 是一个缓变因子$\left.\right)$.

---

① 按照式 (4.12.7), $k_{1r}=\sqrt{\mu\left(\varepsilon+\mathrm{i}\dfrac{4\pi\sigma}{\omega}\right)}\dfrac{\omega}{c}$, 故 $|k_{1r}|\cong\dfrac{\sqrt{4\pi\sigma\mu\omega}}{c}$ 即集肤厚度的倒数 (见式 (4.10.15) 下).

② 参见 p.190 的注①.

我们以上讨论的是主波, 除了主波以外还可能有其他类型的波存在, 但它们都不能传得很远. 利用适当的激发方式还可压制它们的出现. 另外, 在实际应用单线来传送微波时, 通常在导体柱面上涂一层薄介质或在其上刻槽, 以使得表面波更加集中在导体柱的附近.

除此而外, 用导体平面亦可引导平面电磁波, 并在实际中应用于微波天线上作为引向器, 其上亦常涂有薄介质层或刻槽.

第五章　带电粒子与电磁场的相互作用

本章内容分三个方面：

(1) 研究运动带电粒子的电磁场和它的辐射，分析低速粒子和高速粒子辐射的特点.

(2) 研究带电粒子与电磁场的相互作用，这里的电磁场包括外场以及粒子自己产生的场. 粒子与自己的场的作用表现为两个效应，即粒子的电磁质量和辐射阻尼力，而外场也就是外来电磁波，与粒子相互作用的过程，主要是粒子对电磁波的散射与吸收.

(3) 应用以上的结果来讨论稀薄气体和等离子体中的色散效应.

电磁波与带电粒子相互作用的研究，对于认识许多物理过程的实质以及探索物质的微观结构有着重要意义. 虽然对于微观粒子的运动，经典理论需要用量子理论来代替，但本章所得的结果有一部分仍然近似地正确，能够直接在实际中应用. 另外，知道了经典理论的结果，以后与量子理论的结果相比较对照，还可以更好地认识量子效应的特点.

5.1　李纳-维谢尔势　等速带电粒子的电磁场

在经典理论中，通常把带电粒子当作一个点电荷来处理，而且一般不考虑粒子的自旋磁矩. 因此粒子的运动状态就只由它的坐标和速度两个矢量来描述. 在本节中，我们将计算运动的这种带电粒子所产生的电磁场.

5.1.1　李纳-维谢尔势

我们先把带电粒子看作一个小球体并用 $\rho(x',t)$ 表示它的电荷分布，在得出结果以后再考虑令粒子的线度趋于零. 由于粒子在运动，故 ρ 是时间 t 的函数. 在不考虑粒子的自旋运动的条件下，任一时刻粒子各部分的速度都是一样的，因此

$$\boldsymbol{j}(x',t)=\rho(x',t)\boldsymbol{v}(t), \tag{5.1.1}$$

$\boldsymbol{v}$ 为粒子的速度. 粒子产生的 $\boldsymbol{A}$ 和 φ 应由 4.1 节中所给出的推迟解公式表示，即

$$\varphi(x,t)=\int\frac{\rho\left(x',t-\dfrac{R}{c}\right)}{R}\mathrm{d}\tau',$$

$$\boldsymbol{A}(x,t)=\frac{1}{c}\int\frac{\boldsymbol{j}\left(x',t-\dfrac{R}{c}\right)}{R}\mathrm{d}\tau',\tag{5.1.2}$$

式中的 R 代表 x 与 x' 间的距离. 下面的任务就是根据粒子的线度趋于零的条件来研究式 (5.1.2) 中的积分值. 粗略看来, 可能得出这样的结论：由于带电体的线度趋于零, 式 (5.1.2) 中实际积分的区域亦趋于零, 于是可略去 R 随 x' 的变化, 即把它作为与积分变量 x' 无关的常数来处理. 这样, 式 (5.1.2) 分母中的 R 可以提到积分号外面来 (并以 R^* 表示, 这是因为有推迟效应, 在求 t 时刻的势时, R 不能取 t 时刻粒子到场点的距离, 而是某提前时刻 t^* 从粒子到场点的距离). 同时, 积分 $\int\rho\left(x',t-\dfrac{R}{c}\right)\mathrm{d}\tau'$ 似就等于粒子的总电荷 q, 因为 R 作为常数时, 此积分代表某同一时刻各体积元中电荷的总和. 这样就将得出

$$\varphi=\frac{q}{R^*};$$

类似地, 式 (5.1.2) 第二式也将化为

$$\boldsymbol{A}=\frac{q\boldsymbol{v}^*}{cR^*},$$

$\boldsymbol{v}^*$ 代表 t^* 时刻的速度①. 不过, 经过较仔细的考虑以后, 就知道以上两式的结果并不正确. 问题出在对近似处理只作了笼统地考虑而缺乏具体分析上面. 实际上, 对式 (5.1.2) 分母中的 R 来说, 这样作近似是可以的, 因为所略去的量与所保留的量相对比值为 $\dfrac{\Delta R^*}{R^*}$, 当粒子线度趋于零时, 它也趋于零. 同样 $\boldsymbol{v}$ 也可以作为 $\boldsymbol{v}^*$ 提到积分号外面来. 但对积分 $\int\rho\left(x',t-\dfrac{R}{c}\right)\mathrm{d}\tau'$ 来说, 把其中 R 作为一个常数就不行了, 因为对空间任一点 x', 当粒子 (一个极小的带电体) 未触及到这一点以前, 该点的 ρ 等于零, 而在带电体经过它的短促时间内, 它变成很大的值 (因为粒子体积极小故其电荷密度很大), 随后又还原成零 (由于带电体离开该点). 带电体的体积越小, 这个变化过程就越剧烈. 因此在粒子经过的附近时间, t 的数值有微小的差异就可能导致 ρ 的重大变化. 以上讨论表明, 我们必须更仔细地来计算积分

$$\int\rho\left(x',t-\frac{R}{c}\right)\mathrm{d}\tau'$$

的值. 另外, 我们还必须说明：如何来确定提前时刻 t^* 的值.

在求 x 点 t 时刻的 φ 时, 为了确定相应的 t^*, 我们可以设想一个以 x 点为中心的球面, 它的半径从无穷大以光速 c 收缩, 而且令它恰好在 t 时刻收缩到零. 不难认

① 在本章中, 加 * 号都代表提早时刻 t^* 时的值.

识到, 此球面与粒子相遇的时刻就是所要求的 t^*, 具体理由如下: 根据推迟解, 在真空中电磁势以光速 c 传播, 故粒子在上述相遇时刻 t^* 所产生的电磁势正好在 t 时刻随着球面到达 x 点.

我们还可以利用上述收缩球面来求积分 $\int \rho\left(x', t-\frac{R}{c}\right) \mathrm{d}\tau'$. 先把该积分的积分域用球坐标表示出来. 将坐标原点取在 x 点即所谓的场点, 上述积分即可表为 $\int \rho\left(x', t-\frac{r}{c}\right) r^2 \mathrm{d}\Omega \mathrm{d}r$. 按此式, 积分时对于每个小体积元 $r^2\mathrm{d}\Omega\mathrm{d}r$ 内的 ρ, 取的是 $t-\frac{r}{c}$ 时刻的值, 因而也正是上述收缩球面经过该体积元时的值. 按相对论我们知道粒子速度一定小于 c, 这样上述收缩球面必定 "与粒子相遇一次, 而且只相遇一次". 这样, 球面在整个收缩过程中扫过的总电荷就等于粒子的电荷 q. 设该收缩球面在经过空间体积元 $r^2\mathrm{d}\Omega\mathrm{d}r$ 时所扫过的电荷为 $\mathrm{d}q$. 若电荷不动, 则 $\mathrm{d}q$ 就等于 $\rho\left(x', t-\frac{r}{c}\right) r^2 \mathrm{d}\Omega \mathrm{d}r$, 它也可以改写为 $\rho\left(x', t-\frac{r}{c}\right) r^2 \mathrm{d}\Omega c \mathrm{d}t$, 其中 $\mathrm{d}t = \frac{\mathrm{d}r}{c}$ 为球面扫过该体积元的时间间隔 (因光速 c 就等于球面扫过电荷的速度). 当电荷在运动时, 球面扫过电荷的速度应该等于球面与电荷的 "法向相对速度", 它不再是 c, 而是

$$c - \boldsymbol{v}^* \cdot \boldsymbol{n}_r = c - v_r^*, \tag{5.1.3}$$

因此球面在经过该 "空间体积元" 时所扫过的电荷就为

$$\begin{aligned} \mathrm{d}q &= \rho\left(x', t-\frac{r}{c}\right) r^2 \mathrm{d}\Omega (c - \boldsymbol{v}_r^*) \mathrm{d}t \\ &= \rho\left(x', t-\frac{r}{c}\right)\left(1-\frac{v_r^*}{c}\right) r^2 \mathrm{d}r \mathrm{d}\Omega. \end{aligned} \tag{5.1.4}$$

在最后一等式中, 我们利用了 $\mathrm{d}t = \frac{\mathrm{d}r}{c}$, 其中 $\mathrm{d}r$ 为空间体积元的径向尺度. 再将上式两边除以 $1-\frac{v_r^*}{c}$ 就得到

$$\rho\left(x', t-\frac{r}{c}\right) \boldsymbol{r}^2 \mathrm{d}\Omega \mathrm{d}r = \frac{\mathrm{d}q}{1-\frac{v_r^*}{c}}. \tag{5.1.5}$$

当粒子线度趋于零时, 收缩球面扫过粒子各部分时的 v_r^* 趋于同一的值, 再注意到球面所扫过的总电荷 $\int \mathrm{d}q$ 就等于 q, 立即从上式得出

$$\int \rho\left(x', t-\frac{r}{c}\right) r^2 \mathrm{d}\Omega \mathrm{d}\tau = \frac{1}{1-\frac{v_r^*}{c}} \int \mathrm{d}q = \frac{q}{1-\frac{v_r^*}{c}}, \tag{5.1.6}$$

其中的 $v_r^* = \frac{\boldsymbol{v}^* \cdot \boldsymbol{r}^*}{r^*}$. 它就是本节所要推导的主要结果. 利用这一结果即得出 (注

意, 如前所述, 我们是把场点取为坐标原点)

$$\varphi(0,t) = \frac{q}{r^*\left(1-\dfrac{v_r^*}{c}\right)}.$$

相应的 $\boldsymbol{A}(0,t)$ 等于 $\dfrac{\boldsymbol{v}^*}{c}\varphi(0,t)$. 如果我们考虑的是任一点 x 在 t 时的 φ 和 $\boldsymbol{A}$, 则只须将上式中的 r 换成 R(R 代表从粒子到场点的距离):

$$\begin{aligned}\varphi(x,t) &= \frac{q}{R^*\left(1-\dfrac{v_R^*}{c}\right)},\\ \boldsymbol{A}(x,t) &= \frac{\boldsymbol{v}^*}{c}\varphi(x,t) = \frac{q\boldsymbol{v}^*}{cR^*\left(1-\dfrac{v_R^*}{c}\right)}.\end{aligned} \tag{5.1.7}$$

上述结果称为李纳-维谢尔势. 它是本章的理论基础.

下面先来对式 (5.1.6) 作一些简单的讨论. 首先我们指出, 尽管 $\int\rho\left(x',t-\dfrac{r}{c}\right)\mathrm{d}\tau'$ 的积分范围很小, 但其中 r 不能近似作为与 x' 无关的常数. 因为这样近似所略去的项与原来的项之比, 量级为 $\dfrac{v_r^*}{c}$, 它并不随粒子线度趋于零而趋于零. 其次, 我们看到: 当 $v_r^*>0$ 时, $\int\rho\left(x',t-\dfrac{r}{c}\right)\mathrm{d}\tau'>q$, 这是因为带电体顺着球面收缩的方向运动, 故空间有较大的区域 (见图 5.1.1(a) 中的阴影区) 在球面扫过时, ρ 不为零, 而这些区域的 ρ 都对 x 点 t 时刻的势有贡献. 反过来, 当 $v_r^*<0$ 时, 带电粒子逆着球面收缩方向运动, 球面扫过时, ρ 不等零的空间区域较小 (图 5.1.1(b) 中的阴影区). 故 $\int\rho\left(x',t-\dfrac{r}{c}\right)\mathrm{d}\tau'$ 的值小于 q. 这种情况与运动光源的多普勒效应有某种相似, $1-\dfrac{v_r^*}{c}$ 实际上就是多普勒因子.

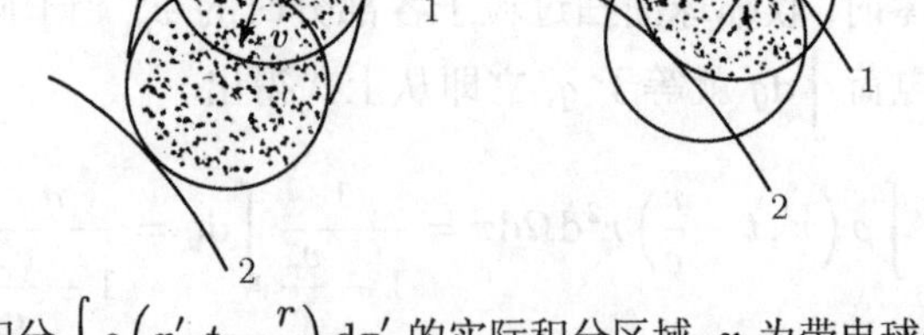

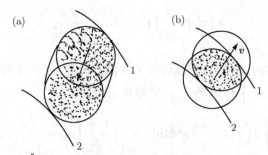

图 5.1.1　积分 $\int\rho\left(x',t-\dfrac{r}{c}\right)\mathrm{d}\tau'$ 的实际积分区域, $\boldsymbol{v}$ 为带电球体的速度

曲面 1 代表收缩球面开始接触带电体时的位置; 曲面 2 代表收缩球面脱离带电体时的位置

有了 φ 和 $\boldsymbol{A}$, 通过微商可以求出场强 $\boldsymbol{E}$ 和 $\boldsymbol{B}$. 对于一般的场点 (即不一定是在原点), 结果是 (推导较繁, 但不包含什么新的物理考虑, 现略去推导)

$$\begin{aligned}\boldsymbol{E} =&\frac{q}{s^{*3}}\left(1-\frac{v^{*2}}{c^2}\right)\left(\boldsymbol{R}^*-\frac{R^*}{c}\boldsymbol{v}^*\right)\\&+\frac{q\boldsymbol{R}^*}{c^2 s^{*3}}\times\left[\left(\boldsymbol{R}^*-\frac{R^*}{c}\boldsymbol{v}^*\right)\times\boldsymbol{a}^*\right],\end{aligned} \tag{5.1.8}$$

$$\boldsymbol{B}=\frac{\boldsymbol{R}^*}{R^*}\times\boldsymbol{E},$$

其中的 $\boldsymbol{a}$ 代表粒子的加速度, 而

$$s^*=R^*\left(1-\frac{v_R^*}{c}\right). \tag{5.1.9}$$

从式 (5.1.8) 我们看到, x 点 t 时刻的场强只与 t^* 时刻粒子的位置、速度和加速度有关, 而与其他时刻粒子的运动状态无关. 此外, 电场可分为两项, 第一项与加速度 $\boldsymbol{a}^*$ 无关, 它与 R^* 的关系是 $\sim\dfrac{1}{R^{*2}}$, 第二项与加速度 $\boldsymbol{a}^*$ 呈线性关系, 它随 R^* 的变化是 $\sim\dfrac{1}{R^*}$. 磁场也相应地分为两项, 并有同样的性质. 在 R^* 小处, 第一项占主要地位, 而在 R^* 大的地方, 第二项变成主要的. 第二项为主的区域相当于第四章中所谓的波区. 容易看出, 波区场 (可略去第一项) 中的 $\boldsymbol{E}$, $\boldsymbol{B}$ 和 $\boldsymbol{R}^*$ 三者互相垂直, 而且 $E=B$. 能流 $\boldsymbol{S}$ 在 $\boldsymbol{R}^*$ 方向, 它随 R^* 的变化关系是 $\sim\dfrac{1}{R^{*2}}$, 其数值等于能量密度 $\dfrac{1}{8\pi}(E^2+B^2)$ 乘上 c, 因此代表向外辐射的能流. 当我们计算辐射时, 只需考虑这项就够了.

5.1.2 等速粒子的电磁场

对于粒子做等速运动的简单情况, 我们可以把 t^* 时刻的量用 t 时刻的量表示出来. 由于速度已是一个常量 v_0, 故李纳-维谢尔势中, 带 $*$ 号的量就只是

$$s^*=R^*\left(1-\frac{v_R^*}{c}\right).$$

这时 t 与 t^* 的差值等于 $\dfrac{R^*}{c}$. 在此时间内, 粒子的位移是 $\dfrac{R^*}{c}\boldsymbol{v}_0$ 因此

$$\boldsymbol{R}=\boldsymbol{R}^*-\frac{R^*}{c}\boldsymbol{v}_0, \tag{5.1.10}$$

将上式两侧平方即得

$$R^2=R^{*2}-2\frac{R^*}{c}(\boldsymbol{v}_0\cdot\boldsymbol{R}^*)+\frac{R^{*2}}{c^2}v_0^2$$

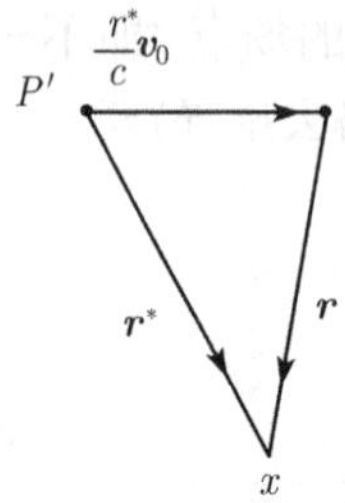

图 5.1.2 r^* 与 $\boldsymbol{r}$ 之间的关系. P 为 t 时刻粒子的位置, P' 为 t^* 时刻粒子的位置

$$= \left(R^* - \frac{\boldsymbol{v}_0 \cdot \boldsymbol{R}^*}{c}\right)^2 + \frac{R^{*2}}{c^2}v_0^2 - \frac{(\boldsymbol{v}_0 \cdot \boldsymbol{R}^*)^2}{c^2}$$

$$= s^{*2} + \frac{1}{c^2}\left[R^{*2}v_0^2 - (\boldsymbol{v}_0 \cdot \boldsymbol{R}^*)^2\right]. \tag{5.1.11}$$

下面我们再来求上式右方最后一项中的因子 $R^{*2}v_0^2 - (\boldsymbol{v}_0 \cdot \boldsymbol{R}^*)^2$. 用 θ^* 表示 $\boldsymbol{R}^*$ 与 $\boldsymbol{v}_0$ 的夹角, 于是有

$$\begin{aligned} R^{*2}v_0^2 - (\boldsymbol{v}_0 \cdot \boldsymbol{R}^*)^2 &= R^{*2}v_0^2(1 - \cos^2\theta^*) \\ &= R^* v_0^2 \sin^2\theta^* = (\boldsymbol{R}^* \times \boldsymbol{v}_0)^2, \end{aligned}$$

而由式 (5.1.10)

$$(\boldsymbol{R}^* \times \boldsymbol{v}_0)^2 = (\boldsymbol{R} \times \boldsymbol{v}_0)^2,$$

因此即得

$$R^{*2}v_0^2 - (\boldsymbol{v}_0 \cdot \boldsymbol{R}^*)^2 = (\boldsymbol{R} \times \boldsymbol{v}_0)^2 = R^2 v_0^2 \sin^2\theta = R^2 v_0^2 - (\boldsymbol{R} \cdot \boldsymbol{v}_0)^2$$

上式中的 θ 为 $\boldsymbol{R}$ 与 $\boldsymbol{v}_0$ 的夹角. 将此式代回到式 (5.1.11), 就可把 s^* 用 $\boldsymbol{R}$ 表示出来: 结果是

$$s^* = \sqrt{R^2\left(1 - \frac{v_0^2}{c^2}\right) + \frac{(\boldsymbol{v}_0 \cdot \boldsymbol{R})^2}{c^2}}. \tag{5.1.12}$$

于是等速粒子的势可表为

$$\begin{aligned} \varphi &= \frac{q}{\sqrt{R^2\left(1 - \frac{v_0^2}{c^2}\right) + \frac{(\boldsymbol{v}_0 \cdot \boldsymbol{R})^2}{c^2}}}, \\ \boldsymbol{A} &= \frac{q\boldsymbol{v}_0}{\sqrt{R^2\left(1 - \frac{v_0^2}{c^2}\right) + \frac{(\boldsymbol{v}_0 \cdot \boldsymbol{R})^2}{c^2}}}. \end{aligned} \tag{5.1.13}$$

通过对式 (5.1.13) 进行微商, 不难求出相应的 $\boldsymbol{E}$ 和 $\boldsymbol{B}$(因为现在 φ 和 $\boldsymbol{A}$ 已用 t 时刻的 $\boldsymbol{R}$ 表示, 故微商比较容易). 我们也可利用公式 (5.1.8), 这时只要将式 (5.1.10) 和 (5.1.12) 代入就可直接写出结果. 得出的场强值为

$$\boldsymbol{E} = \frac{q\left(1 - \frac{v_0^2}{c^2}\right)\boldsymbol{R}}{\left[R^2\left(1 - \frac{v_0^2}{c^2}\right) + \frac{(\boldsymbol{v}_0 \cdot \boldsymbol{R})^2}{c^2}\right]^{\frac{3}{2}}}$$

$$= \frac{q\left(1-\frac{v_0^2}{c^2}\right)\boldsymbol{R}}{\left[R_\perp^2\left(1-\frac{v_0^2}{c^2}\right)+R_{//}^2\right]^{\frac{3}{2}}}, \tag{5.1.14}$$

$$\boldsymbol{B} = \frac{\boldsymbol{v}_0}{c} \times \boldsymbol{E}.$$

上式中的 $R_{//}$ 和 $R_\perp$ 分别代表 $\boldsymbol{R}$ 平行于和垂直于 $\boldsymbol{v}_0$ 的分量. 式 (5.1.14) 表明. 电场仍在 $\boldsymbol{R}$ 方向, 但电力线分布不再是各向均匀的 (参见图 5.1.3), 而是在垂直于 $\boldsymbol{v}_0$ 的方向比较密集. 粒子速度越接近于光速 c, 密集的程度就越大. 至于磁力线, 则形成一个个环绕 $\boldsymbol{v}_0$ 的圆圈, 因而能流方向如图 5.1.3 的虚线所示. $\boldsymbol{E}$、$\boldsymbol{B}$ 和能流密度 $\boldsymbol{S}$ 都是轴对称的. 从式 (5.1.8) 已可看出, 等速运动的带电粒子是没有辐射的 (因该式中 $\boldsymbol{E}$ 和 $\boldsymbol{B}$ 的第二项等于零), 而从以上给出的具体能流图形, 可更清楚地看出：的确没有能量脱离粒子向外散去, 而是随着粒子 "曲线" 式地向前移动. (可以设想, 这是因为电磁场能量流动速度比粒子速度快, 所以它要弯着走, 才能保持与粒子一致地前进).

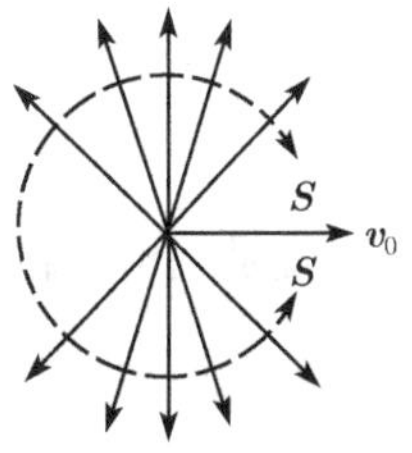

图 5.1.3 实线代表电力线 虚线代表能流密度 $\boldsymbol{S}$

最后, 我们来考察一下低速和高速的极限情况. 在速度小时, 可以略去相对量级为 $\frac{v_0^2}{c^2}$ 的小项, 于是得

$$\boldsymbol{E} = \frac{q\boldsymbol{R}}{R^3},$$

$$\boldsymbol{B} = \frac{1}{c}\frac{q\boldsymbol{v}_0 \times \boldsymbol{R}}{R^3}. \tag{5.1.15}$$

这告诉我们, 在低速情况下, 库仑定律和安培-毕奥-萨伐尔定律的结果仍近似成立, 只要把原来的 $\boldsymbol{R}$ 理解为 "从该时刻的粒子到场点的距离" 就可以了. 而当 $\boldsymbol{v}_0$ 趋于 c 时, 情况就大不一样了, 整个电磁场差不多集中在垂直于 $\boldsymbol{v}_0$ 并通过粒子的平面内, 形成一个薄页式的分布.

5.2 加速带电粒子的辐射

当粒子做加速运动时, 如前所述, 它就会向外辐射电磁场. 在本节中, 我们将进一步研究其辐射同它的速度和加速度的关系以及辐射角分布的特点.

5.2.1 低速粒子的辐射

低速粒子是指 $\frac{v}{c} \ll 1$ 成立的情形. 原子中的原子、原子核中的质子以及等离子体中的带电粒子都满足这个条件.

我们先考虑带电粒子做直线简谐振动的情况. 这时粒子的坐标 $\boldsymbol{X}$ 可表为

$$\boldsymbol{X} = \boldsymbol{X}_0 \mathrm{e}^{-\mathrm{i}\omega t}, \tag{5.2.1}$$

因而

$$\boldsymbol{v} = -\mathrm{i}\omega \boldsymbol{X}_0 \mathrm{e}^{-\mathrm{i}\omega t}. \tag{5.2.2}$$

低速条件

$$\frac{v}{c} \ll 1 \tag{5.2.3}$$

要求

$$\frac{\omega X_0}{c} \ll 1.$$

由于 $\dfrac{\omega}{c}$ 就是辐射波的约化波长 $\lambdabar$ 的倒数, 因此上式化为

$$\frac{X_0}{\lambdabar} = kX_0 \ll 1. \tag{5.2.4}$$

此结果表明, 这种低速振子的辐射场应该就是 4.2 节中的结果 [参见式 (4.2.25)]. 下面我们也可具体地从李纳-维谢尔势证明这一点.

设振子中心点到场点的距离是 R_0, 当我们考虑波区的场时, 分母中的 R^* 的确可以近似为 R_0, 即

$$R^* \cong R_0. \tag{5.2.5}$$

另外, 根据条件式 (5.2.4), t^* 也可以近似作

$$t^* \cong t - \frac{R^0}{c}. \tag{5.2.6}$$

这是因为 $c^{-\mathrm{i}\omega t^*} = \mathrm{e}^{-\mathrm{i}\omega t + \mathrm{i}kR^*}$, 可写成 $\mathrm{e}^{-\mathrm{i}(\omega t - kR_0) + \mathrm{i}k(R^* - R_0)}$, 而 $R^* - R_0$ 的量级为 X_0, 因此按式 (5.2.4) $\mathrm{e}^{\mathrm{i}k(R^* - R_0)}$ 可近似取为 1(注意, 在式 (5.2.5) 中 R^* 近似成 R_0 的条件是 $R^* - R_0 \ll R_0$, 而在式 (5.2.6) 中却是 $R^* - R_0 \ll \lambdabar$, 两者的要求是不同的.). 将式 (5.2.5) 和 (5.2.6) 代入李纳-维谢尔势中, 得出

$$\begin{aligned} \varphi &= \frac{q}{R_0\left(1 - \dfrac{v_R\left(t - \dfrac{R_0}{c}\right)}{c}\right)}, \\ \boldsymbol{A} &= \frac{q\boldsymbol{v}\left(t - \dfrac{R_0}{c}\right)}{R_0\left(1 - \dfrac{v_R\left(t - \dfrac{R_0}{c}\right)}{c}\right)}. \end{aligned} \tag{5.2.7}$$

再将分母按 $\frac{v}{c}$ 展开, 并只保留对辐射有贡献的最大项, 就得到

$$\begin{aligned}\varphi &= \frac{q}{R_0} + \frac{qv_R\left(t - \frac{R_0}{c}\right)}{cR_0} \\ &= \frac{q}{R_0} + \frac{\dot{\boldsymbol{P}}\left(t - \frac{R_0}{c}\right)\cdot \boldsymbol{n}_R}{cR_0},\end{aligned} \tag{5.2.8}$$

$$\boldsymbol{A} = \frac{q\boldsymbol{v}\left(t - \frac{R_0}{c}\right)}{cR_0} = \frac{\dot{\boldsymbol{P}}\left(t - \frac{R_0}{c}\right)}{cR_0}.$$

上式中的 $\dot{\boldsymbol{P}}$ 代表粒子电偶极矩的变化率, 即

$$\dot{\boldsymbol{P}} = \frac{\mathrm{d}}{\mathrm{d}t}(q\boldsymbol{X}) = q\boldsymbol{v}. \tag{5.2.9}$$

式 (5.2.8) 与 4.2 节中的结果完全一致, 这就证明了我们前面的结论.

利用式 (5.2.9), 可将辐射能流密度和总能流的周期平均值用粒子的加速度 $\boldsymbol{a}$ 表示出来. 设

$$\boldsymbol{a} = \boldsymbol{a}_0 \mathrm{e}^{-\mathrm{i}\omega t}, \tag{5.2.10}$$

则

$$\ddot{\boldsymbol{P}} = q\boldsymbol{a} = q\boldsymbol{a}_0 \mathrm{e}^{-\mathrm{i}\omega t}.$$

将上式与

$$\ddot{\boldsymbol{P}} = -\omega^2 \boldsymbol{P}_0 \mathrm{e}^{-\mathrm{i}\omega t}.$$

相比较, 即得

$$\omega^4 P_0^2 = q^2 a_0^2. \tag{5.2.11}$$

代入 4.2 节所给出的公式中化出的结果就是

$$\begin{aligned}\langle \boldsymbol{S} \rangle &= \frac{q^2 a_0^2}{8\pi c^4 r_0^2} \sin^2\theta \boldsymbol{n}_r, \\ W &= \frac{q^2 a_0^2}{3c^3},\end{aligned} \tag{5.2.12}$$

两者皆与加速度振幅 a_0 的平方成正比. 式 (5.2.12) 还表明当 $\langle \boldsymbol{S} \rangle$ 和 W 用加速度表示时, 就不再含频率 ω.

5.2.2　任意运动粒子的辐射

考虑任意运动粒子的辐射时, 需要应用 5.1 节给出的场强公式 (5.1.8)(到现在为止, 可以避免用它). 根据 5.1 节的说明, 在计算波区的辐射场时, E 和 B 只需取式 (5.1.8) 中的第二项. 这时能流密度 $\boldsymbol{S}$ 即为 $uc\boldsymbol{n}_r$, 动量流密度即为 $\boldsymbol{g}c\boldsymbol{n}_r$, 其中 $\boldsymbol{n}_r$ 为 $\boldsymbol{r}^*$ 方向的单位矢量, u 和 $\boldsymbol{g}$ 分别为能量密度和动量密度. 这表明辐射场的能量和动量都是以速度 c 在 $\boldsymbol{r}^*$ 方向流动.

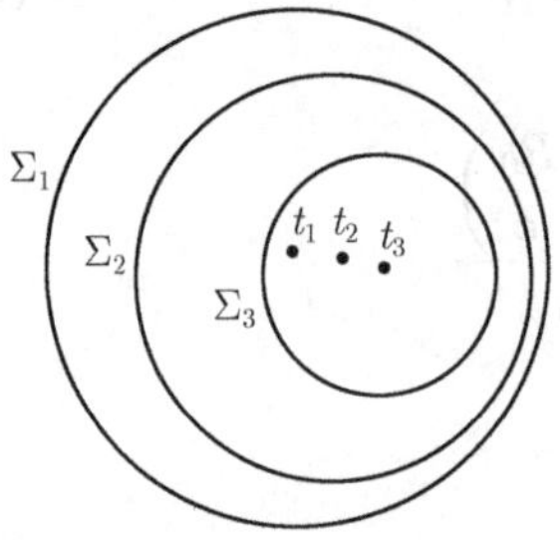

图 5.2.1　t 时刻空间的辐射场：Σ_1, Σ_2 和 Σ_3 分别为粒子在 t_1, t_2 和 t_3 时刻所辐射的

如果考察一下 t 时刻全空间各处的辐射场, 则从式 (5.1.8) 可得到图 5.2.1 的图景. 球面 Σ_1 上各点的辐射场是粒子在 t_1 时刻产生的, 球面 Σ_2 上各点的辐射场是粒子在 t_2 时刻产生的, ······. 所有球面的半径都以 c 为速度在增长. 由于粒子的速度总小于 c, 所以这些球面互不相交, 而 t_1 和 t_2 两时刻之间粒子辐射出来的波就完全在 Σ_1 和 Σ_2 之间的区域内. 我们前面所引入的 $\boldsymbol{n}_r$ 的方向, 也正是球面的法向.

这样, 当我们求粒子于 t_1 到 $t_1+\mathrm{d}t$ 时间内辐射出来的能量 $\mathrm{d}U$ 时, 只需取 $t_2=t_1+\mathrm{d}t$, 而去计算 Σ_1 和 Σ_2 之间的能量即可. 于是得出

$$\mathrm{d}U=\oint_{\Sigma_1}\frac{1}{8\pi}(E^2+B^2)\mathrm{d}l\mathrm{d}\sigma,$$

其中的 $\mathrm{d}l$ 为两球面间的距离; $\mathrm{d}\sigma$ 为面积元. 由于粒子在运动, 故 $\mathrm{d}l\neq c\mathrm{d}t$, 而是

$$\mathrm{d}l=(c-v_r)\mathrm{d}t=c\left(1-\frac{v_r}{c}\right)\mathrm{d}t, \tag{5.2.13}$$

v_r 取 t_1 时刻的值. 上式不难证明, 文中不再详述. 代入 $\mathrm{d}U$ 中即得

$$\begin{aligned}\frac{\mathrm{d}U}{\mathrm{d}t}&=\oint\frac{1}{8\pi}(E^2+B^2)(c-v_r)\mathrm{d}\sigma\\&=\oint S\left(1-\frac{v_r}{c}\right)\mathrm{d}\sigma,\end{aligned} \tag{5.2.14}$$

S 代表能流密度 (见前). 式 (5.2.14) 告诉我们. 运动粒子在单位时间内辐射出来的能量并不等于 $\oint S\mathrm{d}\sigma$. 这是因为粒子的运动, 使得它在 t_1 到 $t_1+\mathrm{d}t$ 时间内辐射出的能量, 流过球面 Σ_1 所需的时间并不都等于 $\mathrm{d}t$: 有的方向上比 $\mathrm{d}t$ 小, 有的方向上比 $\mathrm{d}t$ 大. 这种情况与多普勒效应相似.

下面我们再分两种情形作进一步讨论.

① $\boldsymbol{a}$ 与 $\boldsymbol{v}$ 平行的情形. 直线加速器中粒子的辐射就是这种情形的实际例子. 将 $\boldsymbol{v}$ 与 $\boldsymbol{a}$ 平行的条件代入式 (5.1.8) 中, 即得 t 时刻 Σ_1 面上的辐射场强为

$$\boldsymbol{E}=\frac{q}{c^2 s_1^3}\boldsymbol{r}_1\times(\boldsymbol{r}_1\times\boldsymbol{a}_1) \tag{5.2.15}$$

其中, $\boldsymbol{r}_1, \boldsymbol{s}_1$ 和 $\boldsymbol{a}_1$ 皆为 t_1 时刻的值.

从式 (5.2.15) 不难求出

$$\boldsymbol{E}^2=\frac{q^2a_1^2\sin^2\theta_1}{c^4\left(1-\dfrac{v_{1r}}{c}\right)^6 r^2}=\frac{q^2a_1^2\sin^2\theta_1}{c^4\left(1-\dfrac{v_1}{c}\cos\theta_1\right)^6 r^2}, \tag{5.2.16}$$

其中的 θ_1 代表 $\boldsymbol{r}_1$ 与 $\boldsymbol{v}_1$ 之间的夹角. 于是

$$S=\frac{c}{4\pi}E^2=\frac{q^2a_1^2\sin^2\theta_1}{4\pi c^3\left(1-\dfrac{v_1}{c}\cos\theta_1\right)^6 r_1^2}. \tag{5.2.17}$$

将此结果代入式 (5.2.14), 即得 t_1 时刻粒子在单位时间内辐射的能量为

$$\begin{aligned}\frac{\mathrm{d}U}{\mathrm{d}t}&=\iint\frac{q^2a_1^2\sin^2\theta_1}{4\pi c^3\left(1-\dfrac{v_1}{c}\cos\theta_1\right)^5}\sin\theta\mathrm{d}\theta\mathrm{d}x_1\\&=\frac{2q^2a_1^2}{3c^3\left(1-\dfrac{v_1^2}{c^2}\right)^3},\end{aligned} \tag{5.2.18}$$

其中的 a_1 和 v_1 如前所述, 是指 t_1 时刻的值 (注意, 粒子任一时刻的能量辐射率是由该时刻的 a 和 v 决定的, 这里没有推迟的关系). 式 (5.2.18) 表明, $\dfrac{\mathrm{d}U}{\mathrm{d}t}$ 与加速度的平方成正比, 与加速度的符号无关. 无论是减速或加速, 只要 a 的数值相同 (当然在 v 相同的条件下), 辐射的能量就一样. 当 a 一定时, v 越接近于 c, $\dfrac{\mathrm{d}U}{\mathrm{d}t}$ 就越大. $v\to c$ 时, $\dfrac{\mathrm{d}U}{\mathrm{d}t}$ 将趋于无穷.

我们也可以将式 (5.2.18) 用粒子所受的外力 F 表示出来. 根据相对论力学 (参见第六章), 在 v 与 a 平行时, 力与加速度的关系是

$$\frac{m_0\boldsymbol{a}}{\left(1-\dfrac{v^2}{c^2}\right)^{\frac{3}{2}}}=\boldsymbol{F}, \tag{5.2.19}$$

上式中的 m_0 为粒子的静止质量. 于是式 (5.2.18) 化为

$$\frac{\mathrm{d}U}{\mathrm{d}t}=\frac{2q^2F^2}{3m_0^2c^3}. \tag{5.2.20}$$

由此可见, 在外力一定的条件下, 粒子的能量辐射率是一定的, 并不随 v 增加而增大. 对于不同的粒子, 能量辐射率与粒子的静质平方成反比, 因而对于同样长度的“电子和质子加速器”, 电子的辐射损失将比质子的大 $\left(\dfrac{M_0}{m_0}\right)^2 \cong 3.4\times10^6$ 倍, 其中 M_0 和 m_0 分别为质子和电子的静质量.

尽管如此, 在实际的电子直线加速器中, 辐射能量损失仍然是不重要的, 在设计加速器时可以不考虑它. 因为外力单位时间内对电子做的功等于 Fv(F 代表外力), 故单位时间内的辐射损失与外力做的功的相对比值为

$$\xi = \frac{1}{Fv}\frac{\mathrm{d}U}{\mathrm{d}t} = \frac{2}{3}\frac{e^2}{m_0^2c^3v}F, \tag{5.2.21}$$

上式中的 e 为电子电荷的绝对值. 它与外力 F 成正比. 在实际直线加速器中, F 小于或等于 10MeV/m, 此 F 值相应的 ξ 值是很小的 (见下文). 为了更清楚地比较量级, 先将 ξ 表为

$$\xi = \frac{2}{3}\frac{r_\mathrm{c}F}{m_0c^2}\left(\frac{c}{v}\right), \tag{5.2.22}$$

其中的 r_c 为 $\dfrac{e^2}{m_0c^2}$ 通常称为电子的经典半径 (参见下节). 它的数值为 2.82×10^{13}cm. 式 (5.2.22) 表明, 只当在 r_c 距离内外力做的功接近于电子的静止能量 $m_0c^2 \cong$ 0.511MeV 的 $\dfrac{v}{c}$ 倍时, 辐射损失效应才重要. 由于电子质量小, 当它从电子枪出来时, 一般 v 已相当大. 如果电子枪加速电压为 5kV, 则进入加速器的初始速度已达 $0.1c$ 左右. 以这个最小的 v 值来计算, 需要 F 达到 2×10^{13}MeV/m 时, $r_\mathrm{c}F$ 才等于 $\left(\dfrac{v}{c}\right)m_0c^2$. 由此可见, 对于实际的 F 值, ξ 是极其微小的.

下面再讨论辐射的角分布. 如果所考虑的是粒子单位时间内辐射出去的能量的角分布, 那么如前所述, 该分布应由 $S\left(1-\dfrac{v_r}{c}\right)$ 来确定; 如果考虑的是 Σ_1 球面上单位时间内接收到辐射能的角分布, 则应直接由 S 来确定. 两者随角度的关系可统一地用

$$\frac{\sin^2\theta}{\left(1-\dfrac{v}{c}\cos\theta\right)^n}$$

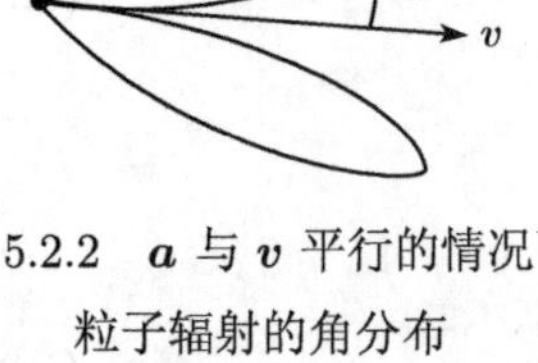

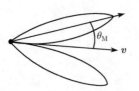

图 5.2.2　$\boldsymbol{a}$ 与 $\boldsymbol{v}$ 平行的情况下粒子辐射的角分布

来表示, 前者相应的 n 为 5, 后者为 6. 两者在定性上是相似的. 当 $\dfrac{v}{c} \ll 1$ 时, 角度因子化为 $\sin^2\theta$, 此即为电偶极辐射的角分布. 当 $\dfrac{v}{c}$ 增大时, 最大辐射的方向从“与 $\boldsymbol{v}$ 垂直”向逐渐移到向前方向, 如图 5.2.2 所示. 在 $\dfrac{v}{c} \simeq 1$ 的相对论情况下, 辐射集中在 $\theta \cong 0$ 的小角度范围内. 以 $S\left(1-\dfrac{v_r}{c}\right)$ 为例, 在 $\dfrac{v}{c} \simeq 1$ 时, 最大

辐射方向与 $\boldsymbol{v}$ 的夹角 θ_{M} 近似等于

$$\theta_{\mathrm{M}}=\frac{1}{2}\sqrt{1-\frac{v^2}{c^2}}. \tag{5.2.23}$$

② $\boldsymbol{a}$ 与 $\boldsymbol{v}$ 垂直的情形. 主要实际例子是带电粒子在磁场中的运动. 例如对于高能圆形加速器中的回旋粒子, 这种辐射是主要的. 另外, 在强磁场下的高温等离子体中, 电子的回旋辐射也很重要.

利用 $\boldsymbol{a}$ 与 $\boldsymbol{v}$ 垂直的条件, 从式 (5.1.8) 第二项, 可得出辐射场的能流为

$$S=\frac{c}{4\pi}E^2=\frac{q^2a^2}{4\pi c^3r^2\left(1-\dfrac{v}{c}\cos\theta\right)^4}\left(1-\frac{\left(1-\dfrac{v^2}{c^2}\right)\sin^2\theta\cos^2\chi}{\left(1-\dfrac{v}{c}\cos\theta\right)^2}\right), \tag{5.2.24}$$

式中的方位角 θ 和 χ 如图 5.2.3 所示. 代入式 (5.2.14), 求得粒子单位时间的辐射能为

$$\frac{\mathrm{d}U}{\mathrm{d}t}=\oiint S\left(1-\frac{v}{c}\cos\theta\right)\mathrm{d}\sigma=\frac{2q^2a^2}{3c^3\left(1-\dfrac{v^2}{c_2}\right)^2}. \tag{5.2.25}$$

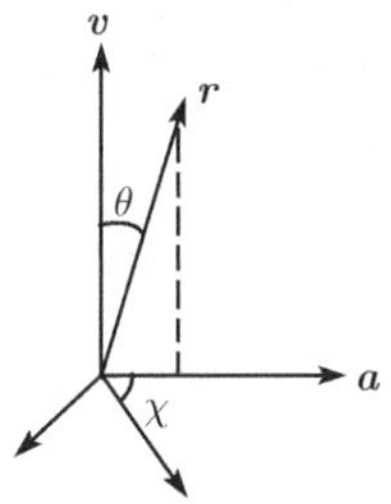

图 5.2.3 $\boldsymbol{a}$ 与 $\boldsymbol{v}$ 垂直情况的方位角

此结果与式 (5.2.18) 相似, 只是分母上少一个 $\left(1-\dfrac{v^2}{c^2}\right)$ 因子. 但是用外力 F 来表示 $\dfrac{\mathrm{d}U}{\mathrm{d}t}$ 时, 情况就不同了. 根据相对论力学 (见第六章), 在 $\boldsymbol{a}$ 与 $\boldsymbol{v}$ 垂直的情况下, 加速度与力的关系为

$$\frac{m_0\boldsymbol{a}}{\left(1-\dfrac{v^2}{c^2}\right)^{\frac{1}{2}}}=\boldsymbol{F}, \tag{5.2.26}$$

于是式 (5.2.25) 化为

$$\frac{\mathrm{d}U}{\mathrm{d}t}=\frac{2q^2F^2}{3m_0^2c^3\left(1-\dfrac{v^2}{c^2}\right)}. \tag{5.2.27}$$

此结果的分母比式 (5.2.20) 要多一个 $\left(1-\dfrac{v^2}{c^2}\right)$ 因子. 这样, 当加速度数值相等时, 横向加速情形的辐射要比纵向 "小 $\left(1-\dfrac{v^2}{c^2}\right)$ 倍", 而当外力数值相等时, 横向加速

情形要比纵向 “大 $\dfrac{1}{1-\dfrac{v^2}{c^2}}$ 倍”. 在高能圆形电子加速器中, 横向加速度所引起的辐射损失是十分严重的. 设 R 为圆形轨道半径, v 为粒子的能量, 则由

$$a=\frac{v^2}{R}$$

得出高速粒子 $\left(\dfrac{v}{c}\simeq 1\right)$ 的辐射率

$$\frac{\mathrm{d}U}{\mathrm{d}t}=\frac{2q^2v^4}{3c^{11}m_0^4R^2}U^4\cong\frac{2q^2}{3c^7m_0^4R^2}U^4. \tag{5.2.28}$$

可见对于一定的能量和轨道半径, $\dfrac{\mathrm{d}U}{\mathrm{d}t}$ 与 m_0 的四次方成反比, 粒子越轻, 辐射越严重. 对于电子感应加速器, 在 $R=83\mathrm{cm}$, 磁场频率为 60Hz 的情况下①, 若电子能量达到 400MeV 左右, 则它的辐射损失就将与加速电场所作的功率相等. 这就对最高能量提出了限制. 又例如 6GeV(1GeV 等于 10^3MeV) 的电子同步加速器, 如果轨道半径为 10m, 则到最后电子每转一周的辐射损失将高达 11.5MeV. 因此目前最高能量的电子加速器采用了直线的形式.

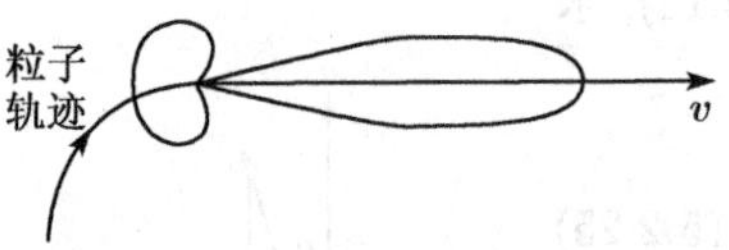

图 5.2.4　高速电子 $\left(\dfrac{v}{c}\simeq 1\right)$ 辐射角分布

关于辐射能量的角分布, 可由式 (5.2.24) 得出. 在 $\chi=0$ 面内, 对于 $\dfrac{v}{c}\simeq 1$ 的高速情况下, 辐射的角分布如图 5.2.4 所示, 主要辐射是向前的. 可以说, 小角度辐射是高速粒子辐射的一般特点.

在普遍情况下, 即电子的加速度方向任意时, 可以求出

$$\frac{\mathrm{d}U}{\mathrm{d}t}=\frac{2q^2}{3c^3\left(1-\dfrac{v^2}{c^2}\right)^3}\left(a^2-\left(\frac{\boldsymbol{v}}{c}\times\boldsymbol{a}\right)^2\right). \tag{5.2.29}$$

在 $\dfrac{v}{c}\ll 1$ 时, 它化为

$$\frac{\mathrm{d}U}{\mathrm{d}t}=\frac{2q^2a^2}{3c^3}. \tag{5.2.30}$$

式 (5.2.30) 通常称为拉莫公式. 实际上它就是电偶极辐射公式, 因为

$$\ddot{\boldsymbol{P}}=q\boldsymbol{a}, \tag{5.2.31}$$

故 $\dfrac{\mathrm{d}U}{\mathrm{d}t}$ 可用 $\ddot{\boldsymbol{P}}$ 表示出来. 在粒子做直线简谐振动的情况下, 将式 (5.2.31) 代入式 (5.2.30) 并对周期作平均, 就得出式 (5.2.12) 第二式的结果, 因 $\dfrac{v}{c}\ll 1$ 时, $\dfrac{\mathrm{d}U}{\mathrm{d}t}$ 的周期平均值就等于 W.

① 磁场频率与加速电场的值有关.

5.3 带电粒子的电磁质量和辐射阻尼力

当带电粒子运动状态改变时, 它周围的电磁场将随之变化, 并有一部分电磁场辐射出去. 在前两节中, 我们所讨论的, 就是这方面的内容. 但这只是带电粒子与电磁场相互作用的一个方面, 即粒子对场的影响. 相互作用的另一方面是电磁场对粒子的作用. 这个作用由洛伦兹力公式所表示. 一个粒子产生的电磁场, 会不会对粒子自己也产生作用力呢? 一般说来, 是会产生作用力的. 读者可能提出这样的问题: 粒子怎么能自己对自己产生作用力? 这不同牛顿第三定律相矛盾么? 回答是. 这个提法就不对, 我们说一个粒子产生的场对粒子自己有作用力, 并不等于说粒子自己对自己有一个作用力. 读者若这样提问题实际上就是忘记了场是物质的一种形态, 而仍是把场当作是描述电荷之间作用的一种手段来看待. 如果明确场是一种物质存在, 并且具有能量和动量, 那么当粒子产生的场发生变化时 (从而场能量和场动量在改变), 粒子自己的能量和动量自然也要变化. 这种变化就是通过场对粒子的作用力来实现的. 场作为一种物质存在, 它对一个带电粒子的作用只由它的分布来确定, 而不问它是由谁产生的.

在本节中, 我们将要阐明, 粒子自己产生的电磁场, 对粒子的作用将有两个效果: 一个是使粒子附加了一个质量 (称作粒子的电磁质量)①, 另一个就是辐射阻尼力效应.

5.3.1 带电粒子的电磁质量

在力学中, 我们知道, 运动的粒子具有动量和动能. 设粒子质量为 m_0, 速度 $\boldsymbol{v}$, 则其动量和动能分别为

$$\begin{aligned}\boldsymbol{G}_{\mathrm{m}} &= m_0\boldsymbol{v},\\ U_{\mathrm{m}} &= \frac{1}{2}m_0v^2,\end{aligned} \tag{5.3.1}$$

上式左方的脚标 m 表示为力学中的量. 粒子的运动方程是

$$m_0\dot{\boldsymbol{v}} = \boldsymbol{F}. \tag{5.3.2}$$

在 5.1 节中, 我们已经看到, 在带电粒子所产生的电磁场中, 有一部分是脱离粒子向外辐射的, 而另一部分则是依附着带电粒子的. 后者我们可以称为粒子的**自有场**. 对于做等速运动的粒子, 辐射场等于零, 它的全部电磁场都属于自有场.

当等速运动粒子的速度取不同的值时, 它的自有场的动量和能量也不相同. 可以证明 (参见后文), 在粒子速度比起光速小得多的情况下. 等速粒子自有场的动量

① 在量子电动力学中, 由于场还能产生正负粒子对, 故还会使粒子的有效电荷分布发生改变.

和能量分别等于 (下式左方的下标 e · m 表示该量是电磁性质的)

$$\boldsymbol{G}_{\mathrm{e\cdot m}} = \alpha \boldsymbol{v}, \tag{5.3.3}$$

$$U_{\mathrm{e\cdot m}} = U_0 + \frac{1}{2}\alpha v^2,$$

其中

$$\alpha = \frac{4U_0^3}{3c^2}. \tag{5.3.4}$$

U_0 为粒子静止时的电能, 即普通所谓的库仑能, 它由下式确定

$$U_0 = \frac{1}{2}\int \mathrm{d}\tau \int \mathrm{d}\tau' \frac{\rho(x)\rho(x')}{R}, \tag{5.3.5}$$

$\mathrm{d}\tau$ 和 $\mathrm{d}\tau'$ 的积分范围都是粒子的体积, $\rho(x)$ 代表粒子静止的电荷分布, 我们假定它是球对称的, R 为 x 与 x' 间的距离.

从式 (5.3.3) 可以得出以下的结论：当我们要改变粒子的速度时, 所需要作的功和给出的冲量就不仅是 $\Delta\left(\frac{1}{2}m_0 v^2\right)$ 和 $\Delta(m_0\boldsymbol{v})$, 还应加上 $\Delta\left(\frac{1}{2}\alpha v^2\right)$ 和 $\Delta(\alpha\boldsymbol{v})$. 这表明, 带电粒子由于携带着其自有场, 它所表现的惯性要比原来的大, 相当于在原有质量 m_0 之上再附加一个质量. 这个质量就称为粒子的电磁质量 $m_{\mathrm{e\cdot m}}$, 它的值就等于式 (5.3.4) 给出的 α. 于是运动方程式 (5.3.2) 中的 m_0 应该换成

$$m = m_0 + m_{\mathrm{e\cdot m}}, \qquad m_{\mathrm{e\cdot m}} = \alpha. \tag{5.3.6}$$

按照以上所述, 电磁质量的出现, 应该是粒子改变自有场时 (由于粒子速度改变), 所受到自有场的反作用力的效果. 这项反作用力即为 $-\alpha\boldsymbol{v}$.

下面我们从电磁动量的表达式

$$\boldsymbol{G}_{\mathrm{e\cdot m}} = \frac{1}{4\pi c}\int \boldsymbol{E}\times\boldsymbol{B}\,\mathrm{d}\tau$$

出发, 来证明式 (5.3.3) 第一式. 根据 5.1 节中的讨论, 对于等速运动的电荷, 在略去 $\frac{v}{c}$ 的高次项时 (因为这里考虑的是非相对论情况), $\boldsymbol{E}$ 可取为粒子的库仑场 $\boldsymbol{E}_0$, $\boldsymbol{B}$ 可取为 $\frac{\boldsymbol{v}}{c}\times E_0$(参见 5.1 节最后的讨论), 因此

$$\begin{aligned}\boldsymbol{G}_{\mathrm{e\cdot m}} &= \frac{1}{4\pi c^2}\int \boldsymbol{E}_0\times(\boldsymbol{v}\times\boldsymbol{E}_0)\mathrm{d}\tau \\ &= \frac{1}{4\pi c^2}\int (E_0^2\boldsymbol{v} - (\boldsymbol{E}_0\cdot\boldsymbol{v})\boldsymbol{E}_0)\mathrm{d}\tau.\end{aligned} \tag{5.3.7}$$

上式中的第一项等于 $\frac{2U_0}{c^2}\boldsymbol{v}$, 其中 U_0 等于粒子静止时的电能

$$U_0 = \frac{1}{8\pi}\int E_0^2\mathrm{d}\tau = \frac{1}{2}\int\mathrm{d}\tau\int\mathrm{d}\tau'\frac{\rho(x)\rho(x')}{R},$$

在计算式 (5.3.7) 的第二项时, 为方便计, 可取 $\boldsymbol{v}$ 的方向为 x_1 轴的方向. 于是

$$\int(\boldsymbol{E}_0\cdot\boldsymbol{v})\boldsymbol{E}_0\mathrm{d}\tau=\int v(E_{01}^2\boldsymbol{n}_1+E_{01}E_{02}\boldsymbol{n}_2+E_{01}E_{03}\boldsymbol{n}_3)\mathrm{d}\tau \tag{5.3.8}$$

由于电场 $\boldsymbol{E}_0$ 具有球对称分布 (我们假定了粒子的电荷分布是球对称的), 故 $\int E_{01}^2\mathrm{d}\tau$ 应与 $\int E_{02}^2\mathrm{d}\tau$ 和 $\int E_{03}^2\mathrm{d}\tau$ 相等, 因而等于 $\dfrac{1}{3}\int E_0^2\mathrm{d}\tau=\dfrac{8\pi}{3}U_0$. 不难看出

$$\int E_{01}E_{02}\mathrm{d}\tau=\int E_{01}E_{03}\mathrm{d}\tau=0.$$

代回式 (5.3.8) 即得

$$\int(\boldsymbol{E}_0\cdot\boldsymbol{v})\boldsymbol{E}_0\mathrm{d}\tau=\frac{8\pi}{3}U_0\boldsymbol{v}, \tag{5.3.9}$$

于是得出

$$\boldsymbol{G}_{\mathrm{e\cdot m}}=\frac{4U_0}{3c^2}\boldsymbol{v}.$$

这就是式 (5.3.4) 的结果. 对于 $U_{\mathrm{e\cdot m}}$ 也可类似地计算, 但略为复杂, 此处就不再列出.

实验上所测量的带电粒子的质量, 其实并不是 m_0, 而是 m 即 $m_0+m_{\mathrm{e\cdot m}}$. 这是因为带电粒子总是同它的自有场联系在一起 (世界上并不存在裸的带电粒子), 而原有质量 (通常称裸质量) 和电磁质量在物理效果上又是完全一样的缘故. 那么, 以电子来说, m_0 和 $m_{\mathrm{e\cdot m}}$ 各等于多大呢? 这个问题不可能通过质量的直接测量来解决, 因为不论问题用什么实验方法去测量电子的质量, 得出的结果总是 $m_0+m_{\mathrm{e\cdot m}}$, 而不是其中的某一个. 是不是这个问题就不可知了呢? 也不是, 因为人类的认识并不只停留在直接的观测上. 就拿这个问题来说, 如果知道了电子内部的电荷分布, 那么从式 (5.3.5) 就可计算出 $m_{\mathrm{e\cdot m}}$ 来. 当然, 这是就经典电动力学的理论来说的, 实际上这个问题已超出经典理论的应用范围. 我们知道, 在进入原子领域后, 经典理论已经要用量子理论来代替, 在涉及电子内部这种更微小的空间内的问题时, 很可能还会出现新的规律性. 另外, 电子内部电荷分布的问题是与电子的结构直接相关的, 而现阶段我们对电子的结构还一无所知. 因此, 这个问题目前还不可能解决.

下面, 我们再回到经典电动力学的讨论. 在一些简单的电荷分布假设下, 可以计算出 $m_{\mathrm{e\cdot m}}$ 的值. 例如当电荷是均匀分布在一个球面上时, 不难算出

$$\begin{aligned}U_0&=\frac{1}{2}\frac{q^2}{r_0},\\ m_{\mathrm{e\cdot m}}&=\frac{2q^2}{3c^2r_0},\end{aligned} \tag{5.3.10}$$

其中的 r_0 代表球面半径. 又如电荷是均匀分布在一个球体积内时, 亦可求出

$$\begin{aligned} U_0 &= \frac{3}{5}\frac{q^2}{r_0}, \\ m_{\mathrm{e\cdot m}} &= \frac{4q^2}{5c^2r_0}. \end{aligned} \tag{5.3.11}$$

从上述结果可见, 如果电子是一个严格的点 (点模型) 即 $r_0=0$, 那将出现一个很大的困难, 即电子质量将为无穷大, 因而电子完全不可能运动. 这就是著名的散发困难. 在量子电动力学中, 这个困难也仍然存在. 不过这个困难未必具有根本性的意义, 因为电子可能有内部结构, 未必是像目前理论中那样的几何点. 目前的点模型理论可能只是某种范围内的近似理论, 不可以将它的结论绝对化.

5.3.2 电子的经典半径

洛伦兹和阿伯拉罕曾经提出这样一种假设: 电子的质量可能完全是电磁的, 即 $m_0=0$, 电子的惯性就是它的自有场的惯性. 在这个假设下, 电子的总质量即为

$$m = \frac{4U_0}{3c^2}. \tag{5.3.12}$$

如果再设电子的电荷具有简单的分布, 则可以估算出电子的大小来. 例如, 在球面均匀分布情况下, 由式 (5.3.12) 及 (5.3.10) 得出

$$r_0 = \frac{2}{3}\frac{q^2}{mc^2};$$

在球体均匀分布情况下, 由式 (5.3.11) 得出的值是

$$r_0 = \frac{4}{5}\frac{q^2}{mc^2}.$$

我们看见, 在这两种情况下, r_0 的量级都等于 $\dfrac{q^2}{mc^2}$. 不难想象, 对于一般其他形式的分布, r_0 也将具有这个量级, 只是系数有所不同. 因此, 通常把

$$r_{\mathrm{c}} = \frac{q^2}{mc^2} \tag{5.3.13}$$

称为电子的经典半径. 用电子的电荷和质量代入后, 得出

$$r_{\mathrm{c}} = 2.82\times10^{-13}\mathrm{cm}.$$

需要指出, 这个结果并不代表电子的真正大小, 因为即使电子的电磁质量 $m_{\mathrm{e\cdot m}}$ 在量级上与总质量 m 相同, 由于电子和电磁场服从量子规律性, 就使得经典理论不

能给出正确的结果. 目前基本粒子方面的实验资料, 也肯定地指出, 电子半径要比 10^{-13}cm 小得多. 尽管如此, r_c 是一个由电子的一些基本参数作成的具有长度量纲的量, 在许多公式中, 它将作为一个特征长度出现, 因此仍然是有用的.

洛伦兹和阿伯罕的理论意图, 是想把电子的一切性质都归到电磁本源上. 这种意图很快就遇到了困难: ① 如果只有电磁作用, 那么电子本身将是不稳定的. 因为电子各个部分之间将互相排斥而分散; ② 相对论要求能量与质量的比应该等于 c^2, 可是在式 (5.3.12) 中多出了一个系数 $\frac{4}{3}$①. 后来, 曾有许多人提出各种理论试图解决或回避这些困难, 但都存在一些问题. 在这里我们只简单地介绍两个例子. 一个是普恩加莱的工作. 他得出, 如果适当地引入某种非电磁作用, 则可以同时解决洛伦兹和阿伯罕模型中的两个困难. 即一方面使电子保持稳定, 一方面又使相对论所要求的关系都得到满足. 不过普恩加莱所作的只是比较一般的讨论, 并未认真提出一种新的物理作用的理论 (例如没有提出作用的具体特性和规律, 以及它有哪些实验表现可供检验等), 而且令人感到难以理解的是, 这种作用为何迄今在实际现象中毫无表现. 另外有一类理论是要保持点模型以回避第一个困难, 并试图通过修改麦克斯韦方程组来克服点模型所具有的发散困难以及使用相对论的要求得到满足. 波普提出的理论就是其中的一个 (Bopp, Ann der Phys. 38, 345(1940); 42, 573(1942)). 其基本思想是, 麦克斯韦理论 (可用推迟势公式来代表) 只是 "频率 $\ll$ 某特征频率 ω_c, 距离 $\gg$ 某特征距离 d_c" 条件下的近似结果 (当然 d_c 应是一个很小的量, ω_c 是一个很大的量), 对于极高频率和极小距离并不适用. 他通过对麦克斯韦方程作适当的修改 ($\boldsymbol{A}$ 和 φ 满足的是一个四阶偏微分方程) , 可以使得相对论的要求得到满足, 同时还可消除发散困难. 但是, 这个理论不能保证能量恒为正, 因而也是有问题的②.

从今天的基本粒子实验情况来考察, 电磁质量效应是存在的. 因为有一些粒子从强作用方面来说 (强作用是基本粒子间的一种作用, 如核力就属于强作用, 它比电磁作用要强得多) 是完全相同的. 但带的电荷不同, 而它们之间确实表现出有小的质量差. 例如核子 (指质子和中子), π 介子 (包括 π^+, π^- 和 π^0) 等都属于这种情况. 这些质量差的来源看来是由于电磁效应, 但又显示出某种复杂性. 如对于 π 介子, 带电粒子质量较大 ($\pi^\pm$ 质量大于 π^0), 而对于核子, 则是中性粒子质量较大 (中子质量大于质子质量)③. 这些质量差 (即电磁质量) 的量级都约为电子质量的

① 由于我们略去了 $\frac{v}{c}$ 的高次项, 故这里求的质量实际上是静止质量. 关于相对论要求的质量随速度的变化关系, 当计算中不略去高次项时, 洛伦兹提出的收缩电子模型是可以满足的.

② 波普的理论在量子化后, 相应的光子有两种: 一种是普通光子 (静质量等于零), 一种是重光子, 而后者的能量是负的.

③ 中子质量比质子大的事实, 也并不一定就否定质量差是来源于电磁效应. 因为中子只是总电荷等于零, 它的电荷分布未必处处为零.

几倍.) 从这个情况来看, 也有可能电子的质量主要就是电磁质量. 但是把电子的一切性质都归结为电磁本原的想法肯定是不对的, 因为现在就已经知道, 电子还具有弱作用 (也是基本粒子间相互作用的一种, 如原子核的 β 衰变就属于弱作用), 这就已经超出了电磁作用的范围.

5.3.3 辐射阻尼力

在前面的处理中, 我们没有考虑粒子的辐射. 当粒子辐射电磁场时, 它自身的能量将逐渐衰减. 由此可见, 辐射场必然会对粒子产生反作用, 此作用力即称为辐射阻尼力. 我们可以从能量守恒的要求来推导它的表达式.

同前面一样, 我们只考虑粒子速度比光速 c 小得多的情况. 由式 (5.2.27), 粒子的能量辐射率为

$$\frac{\mathrm{d}U}{\mathrm{d}t}=\frac{2q^2a^2}{3c^2}. \tag{5.3.14}$$

设辐射阻尼力为 $\boldsymbol{F}_{\mathrm{d}}$, 初看起来, 能量守恒定律应要求

$$\boldsymbol{F}_{\mathrm{d}}\cdot\boldsymbol{v}=-\frac{2q^2a^2}{3c^3}. \tag{5.3.15}$$

但是, 找不到一个 $\boldsymbol{F}_{\mathrm{d}}$ 的表达式使上式恒成立, 因为 $\boldsymbol{v}$ 和 $\boldsymbol{a}$ 彼此可以独立地取值. 出现这种情况也是可以理解的: 式 (5.3.14) 只代表脱离粒子辐射出去的能量, 而依附着粒子的电磁场 (自有场) 也在不断地变化, 它也吸收或放出能量, 即参与能量的平衡. 虽然在前面小节中, 我们已把自有场能量的变化 $\Delta\left(\dfrac{1}{2}m_{\mathrm{e.m}}v^2\right)$ 计入到粒子的动能之中, 但在那里, 自有场是按等速粒子的电磁场来计算的. 在速度不断变化的情况下, 由于推迟效应, 粒子的自有场并不与等速时相同, 它的能量变化也就没有完全包含在粒子的动能改变之内. 另外, 自有场与辐射场之间还有干涉效应. 因此, 只是对整个辐射过程来说, 即粒子从某等速运动的初态变到另一等速运动的终态, 或在周期过程中, 粒子附近的场恢复了原状时, 辐射的总能量才等于粒子克服辐射阻尼力所做的功. 根据这种观点, 我们对式 (5.3.15) 作积分

$$\int_{t_1}^{t_2}\boldsymbol{F}_{\mathrm{d}}\cdot\boldsymbol{v}\mathrm{d}t=-\int_{t_1}^{t_2}\frac{2q^2a^2}{3c^3}\mathrm{d}t,$$

并用分部积分法, 先将上式化为

$$\int_{t_1}^{t_2}\left(\boldsymbol{F}_{\mathrm{d}}-\frac{2q^2\dot{\boldsymbol{a}}}{3c^3}\right)\cdot\boldsymbol{v}\mathrm{d}t+\left.\frac{2q^2\boldsymbol{a}\cdot\boldsymbol{v}}{3c^3}\right|_{t_1}^{t_2}=0. \tag{5.3.16}$$

在初态和终态为等速运动的情况, 或粒子做周期运动而 t_2 与 t_1 相差一周期时, 上式第二项等于零, 于是求得能量守恒关系成立的要求是

$$\boldsymbol{F}_{\mathrm{d}}=\frac{2q^2\dot{\boldsymbol{a}}}{3c^3}. \tag{5.3.17}$$

这就是我们所需要的辐射阻尼力. 在微观物理中. 通常的过程有二类, 一类是散射过程, 一类是粒子在束缚态中的运动. 前者初态和终态都是等速运动, 后者多半是周期性或准周期性运动. 如上所述, 对这两类过程的辐射, 都可以应用式 (5.3.17) 来考虑辐射阻尼效应.

最后, 我们来指明, 辐射阻尼的效应一般很微弱, 它对粒子的运动只引起微小的修正, 因而常常可以用逐步近似法来考虑它.

下面就来考虑在什么条件下, 辐射阻尼才达到 ma 的量级即与外力的大小可比拟. 根据式 (5.3.17), 此条件对 a 的大小的要求是①

$$\frac{q^2\dot{a}}{c^3} \sim ma,$$

除以 m 以后, 它可化为

$$\frac{r_{\mathrm{c}}}{c}\dot{a} \sim a, \tag{5.3.18}$$

此式表明, 只当加速度如此剧烈地变化, 即在 $\frac{r_{\mathrm{c}}}{c}$ 这样微小的时间内, 加速度的改变达到与它自己同量级时, 辐射阻尼力才与外力可比拟. 而这种条件是很少能满足的.

5.3.4 经典理论的问题

在本节中, 我们已运用比较简单的方法考虑了粒子的场对粒子自身的作用力 $\boldsymbol{F}_{\mathrm{S}}$, 它包括两项, 即 $-\alpha\boldsymbol{a} + \dfrac{2q^2\dot{\boldsymbol{a}}}{3c^3}$. 这种处理方式的优点是物理意义比较明确, 但结果不够严格. 在一定的条件下 ($v \ll c$, 而且变化比较平缓), 我们可以从洛伦兹力公式直接计算 $\boldsymbol{F}_{\mathrm{S}}$, 其结果是一个无穷级数

$$\boldsymbol{F}_{\mathrm{S}} = -\alpha\boldsymbol{a} + \frac{2q^2}{3c^3}\dot{\boldsymbol{a}} + \cdots \tag{5.3.19}$$

级数的前两项与本节给出的结果相同, 但多出了后面的无穷多项. 虽然当粒子半径 $r_0 \to 0$ 时, 后面的各项都趋于零, 可是第一项的系数 α 却要趋于无穷, 这就出现了前面所说的发散困难 (使粒子速度将完全不能变化), 如果 r_0 不等于零 (从物理上说, r_0 也不应当严格等于零), 则将上述 $\boldsymbol{F}_{\mathrm{S}}$(指式 (5.3.19)) 代入带电粒子的运动方程

$$m_0\boldsymbol{a} = \boldsymbol{F} + \boldsymbol{F}_{\mathrm{S}}$$

后, 得到的电子的运动方程将是一个无穷阶方程, 这又在理论上发生了问题. 不过, 我们不必在这个问题上费过多的精力, 因为在微观领域中, 经典理论要用量子理论来代替, 而在量子电动力学中, 已废弃了力的概念, 它是用另外的方式来描述场对粒子的作用的. 这就使得关于 "力" 的表达式的研究并没有什么重要意义, 量子电动力学也不能从这种研究中取得什么借益.

① 这里 $\dot{a}$ 表示 $\dot{\boldsymbol{a}}$ 的数值.

5.4　谐振电子的辐射阻尼　谱线的自然宽度

在经典理论中，通常对原子采用谐振子模型. 利用 5.3 节给出的辐射阻尼表达式，我们可以研究谐振电子与辐射场的相互作用.

当电子做简谐振动时. 它不断地辐射出电磁场，由于辐射场对电子的阻尼作用，电子的振幅将逐渐衰减 (这也正是能量守恒律所要求的). 电子振幅衰减反过来又会影响辐射场，使得辐射场的强度越来越弱. 从傅里叶分析即可得出，这样的辐射场并不严格地只有一个频率，而具有一个频谱分布，或者说谱线将具有一个宽度. 本节的内容就是讨论谐振电子的阻尼运动并计算它的辐射场的频谱分布.

5.4.1　谐振电子的辐射阻尼

假定电子做直线振动并且 $v \ll c$(在实际原子中，电子的速度 v 一般是比 c 小得多). 取 X 代表电子到振动中心的距离，则运动方程为

$$m\ddot{X} = -kX + \frac{2q^2}{3c^3}\dddot{X}. \tag{5.4.1}$$

由于辐射阻尼力 (上式右方第二项) 的效应很小，如上节所述，我们可以用逐步近似法来求解. 首先略去阻尼力，这时解即为

$$X = X_0 \mathrm{e}^{-\mathrm{i}\omega_0 t}, \tag{5.4.2}$$

其中的 ω_0 等于 $\sqrt{\dfrac{k}{m}}$，为谐振子的固有频率. 在下一级近似中，我们考虑阻尼力的效应，并利用初级近似解式 (5.4.2)，将它 (指式 (5.4.1) 右方第二项) 近似取为 $\mathrm{i}\dfrac{2q^2\omega_0^3}{3c^3}X$，于是式 (5.4.1) 化为

$$\ddot{X} = \left(-\omega_0^2 + \mathrm{i}\frac{2q^2\omega_0^3}{3mc^3}\right)X. \tag{5.4.3}$$

由此求出的符合物理要求的次级近似解等于①

$$X = X_0 \mathrm{e}^{-\frac{\gamma_0}{2}t - \mathrm{i}\omega_0 t}, \tag{5.4.4}$$

其中

$$\gamma_0 = \frac{2q^2\omega_0^2}{3mc^3} = \frac{2}{3}\frac{r_\mathrm{c}}{\lambdabar_0}\omega_0, \tag{5.4.5}$$

$\lambdabar_0 = \dfrac{\lambda_0}{2\pi} = \dfrac{c}{\omega_0}$ 为振子所辐射电磁波的约化波长. 式 (5.4.4) 所表示的就是阻尼振动. 电子的振幅随着时间以指数衰减.

① 另外一个解当 $t \to \infty$ 时，$X \to \infty$，不符合物理要求，故除去.

下面我们就谐振电子的情况, 具体地考察一下, 辐射阻尼力在怎样的条件下才能达到与弹性恢复力 $m\omega_0^2 X$ 同一的量级. 不难得出, 谐振电子情况辐射阻尼力与弹性恢复力的比值

$$\left|\frac{2q^2\dddot{X}}{3c^3}\Big/m\omega_0^2 X\right| \cong \frac{\gamma_0}{\omega_0} = \frac{2}{3}\frac{r_c}{\lambda\!\!\!^{-}_0}. \tag{5.4.6}$$

因此要约化波长 $\lambda\!\!\!^{-}_0$ 小到接近 r_c 的量级时, 辐射阻尼力才可与弹性恢复力相比拟. 而对于原子发射的可见光来说,

$$\lambda_0 \sim 5\times 10^{-5}\text{cm}.$$

这时

$$\frac{\gamma_0}{\omega_0} \sim 2.3\times 10^{-6} \ll 1.$$

就是对于 $\lambda_0 = 10^{-8}\text{cm}$ 的 X 光, $\dfrac{\gamma_0}{\omega_0}$ 也只有 10^{-4} 的量级. 可见对于原子的辐射, 辐射阻尼效应确实是微弱的.

式 (5.4.4) 给出, 电子振幅降低到初值的 $\dfrac{1}{\mathrm{e}}$ 所经历的时间为 $\dfrac{2}{\gamma_0}$. 在此时间内振子振动的次数为

$$n = \frac{2}{\gamma_0} \div \frac{2\pi}{\omega_0} = \frac{\omega_0}{\pi\gamma_0} = \frac{3}{4}\frac{\lambda_0}{r_c}. \tag{5.4.7}$$

对于 $\lambda_0 = 5\times 10^{-5}\text{cm}$ 的情况, 在振幅降到初值 $\dfrac{1}{\mathrm{e}}$ 的时间内, 电子已振动了 $\sim 10^7$ 次. 这表明电子的运动基本上仍是周期性的.

利用谐振子的能量公式

$$U = \frac{1}{2}m\dot{X}^2 + \frac{1}{2}m\omega_0^2 X^2, \tag{5.4.8}$$

可以求出 U 随时间的变化. 将式 (5.4.4) 所给出的 X 以及由它求出的 $\dot{X}$ 取实部后代入式 (5.4.8), 并注意到 $\gamma_0 \ll \omega_0$, 即得

$$U = \frac{1}{2}m\omega_0^2 X_0^2 \mathrm{e}^{-\gamma_0 t} \tag{5.4.9}$$

此结果表明, 电子能量亦以指数衰减, 其衰期 (等于降低到初值 $\dfrac{1}{\mathrm{e}}$ 所需的时间. 通常又称为振子的寿命) 为

$$\tau = \frac{1}{\gamma_0}. \tag{5.4.10}$$

最后, 我们来证明, 电子能量的减少率正好等于它单位时间内平均辐射出去的能量. 由于 $v \ll c$, 而且基本上是周期运动, 故可利用 5.2.1 小节的结果. 电子相对中心点的电偶极矩为

$$P = (qX_0\mathrm{e}^{-\frac{\gamma_0}{2}t})\mathrm{e}^{-\mathrm{i}\omega_0 t}, \tag{5.4.11}$$

因为 $qX_0\mathrm{e}^{-\frac{\gamma_0 t}{2}}$ 随时间的变化比起 $\mathrm{e}^{-\mathrm{i}\omega_0 t}$ 慢得多, 故可把它作为 P_0 代入 5.2 节给出的辐射率公式中, 得出平均能量辐射率为

$$W=\frac{\omega_0^4P_0^2}{3c^3}=\frac{q^2\omega_0^4X_0^2}{3c^3}\mathrm{e}^{-\gamma_0 t}. \tag{5.4.12}$$

而由式 (5.4.9) 及式 (5.4.5), 电子的能量减少率为

$$-\frac{\mathrm{d}U}{\mathrm{d}t}=\gamma_0 U=\frac{q^2\omega_0^4X_0^2}{3c^3}\mathrm{e}^{-\gamma_0 t}, \tag{5.4.13}$$

正好与 W 的值相等.

5.4.2 谱线的自然宽度

设振子在 $t=0$ 时受到激发而开始振动, 根据上面的结果, 其电偶极矩可表为

$$P=\begin{cases} qX_0\mathrm{e}^{-\frac{\gamma_0}{2}t-\mathrm{i}\omega_0 t}, & 当\ t\geqslant 0\\ 0, & 当\ t<0\end{cases} \tag{5.4.14}$$

于是空间每一点辐射场的场强具有下述形式

$$f(x,t)=\begin{cases} f_0(x)\mathrm{e}^{-\frac{\gamma_0}{2}\left(t-\frac{r_0}{c}\right)-\mathrm{i}\omega_0\left(t-\frac{r_0}{c}\right)}, & 当\ t>\dfrac{\gamma_0}{c},\\ 0, & 当\ t<\dfrac{r_0}{c}\end{cases} \tag{5.4.15}$$

上式中的 f 代表 $\boldsymbol{E}$ 或 $\boldsymbol{B}$ 的数值; r_0 为该场点到振子中心的距离. 我们将 f 对时间来作傅里叶展开. 令

$$g(\omega)=\frac{1}{2\pi}\int_{-\infty}^{+\infty}\mathrm{e}^{\mathrm{i}\omega t}f\mathrm{d}t, \tag{5.4.16}$$

则有

$$f=\int_{-\infty}^{+\infty}q(\omega)\mathrm{e}^{-\mathrm{i}\omega t\mathrm{d}\omega}. \tag{5.4.17}$$

将式 (5.4.15) 代入式 (5.4.16) 中, 求得

$$\begin{aligned} g(\omega)&=\frac{f_0\mathrm{e}^{\mathrm{i}kr_0}}{2\pi}\int_0^{\infty}\mathrm{e}^{-\frac{\gamma_0}{2}t'+\mathrm{i}(\omega-\omega_0)t'}\mathrm{d}t'\\ &=\frac{-f_0\mathrm{e}^{\mathrm{i}kr_0}}{2\pi\left[\mathrm{i}(\omega-\omega_0)-\dfrac{\gamma_0}{2}\right]}=\frac{f_0\mathrm{e}^{\mathrm{i}kr_0+\mathrm{i}\theta(\omega)}}{2\pi\sqrt{(\omega-\omega_0)^2+\dfrac{\gamma_0^2}{4}}},\end{aligned} \tag{5.4.18}$$

其中

$$\theta(\omega)=\arctan\frac{2(\omega-\omega_0)}{\gamma_0}. \tag{5.4.19}$$

由于 γ_0 很小, 故 $g(\omega)$ 的绝对值在 ω_0 处有一高峰. ω 离 ω_0 越远, $g(\omega)$ 的绝对值越小.

我们知道, 平均辐射强度等于 $\dfrac{c}{8\pi}|f|^2$, 而通常测量的是某一宏观时间间隔的积分强度, 即

$$I=\frac{c}{8\pi}\int_0^{\tau}|f|^2\mathrm{d}t.$$

由于振子的衰期比进行测量的宏观时间间隔小得多(例如 $\lambda_0=5\times10^{-5}\mathrm{cm}$ 时, $\dfrac{1}{\gamma_0}\sim10^{-8}\mathrm{s}$), 故积分上限 τ 实际上可扩展为 $+\infty$, 再注意到 $t=-\infty$ 到 $t=0$ 的时间内 $f=0$, 即得

$$I=\frac{c}{8\pi}\int_{-\infty}^{\infty}|f|^2\mathrm{d}t. \tag{5.4.20}$$

根据傅里叶定理,

$$\int_{-\infty}^{\infty}|f|^2\mathrm{d}t=2\pi\int_{-\infty}^{\infty}|g(\omega)|^2\mathrm{d}\omega, \tag{5.4.21}$$

于是得积分强度为

$$\begin{aligned}I&=\frac{c}{4}\int_{-\infty}^{+\infty}|g(\omega)|^2\mathrm{d}\omega=\frac{|f_0|^2c}{16\pi^2}\int_{-\infty}^{\infty}\frac{\mathrm{d}\omega}{(\omega-\omega_0)^2+\dfrac{\gamma_0^2}{4}}\\&=\frac{|f_0|^2c}{16\pi^2}\int_0^{\infty}\left[\frac{1}{(\omega-\omega_0)^2+\dfrac{\gamma_0^2}{4}}+\frac{1}{(\omega+\omega_0)^2+\dfrac{\gamma_0^2}{4}}\right]\mathrm{d}\omega\\&\approx\frac{|f_0|^2c}{16\pi^2}\int_0^{\infty}\frac{\mathrm{d}\omega}{(\omega-\omega_0)^2+\dfrac{\gamma_0^2}{4}}.\end{aligned} \tag{5.4.22}$$

如果我们将 I 表为

$$I=\int_0^{\infty}I(\omega)\mathrm{d}\omega, \tag{5.4.23}$$

其中的 $I(\omega)$ 代表单位频率范围的积分强度. 由式 (5.4.22) 即得

$$I(\omega)\approx\frac{|f_0|^2c}{16\pi^2}\frac{1}{(\omega-\omega_0)^2+\dfrac{\gamma_0^2}{4}}. \tag{5.4.24}$$

$I(\omega)$ 随 ω 的变化关系如图 5.4.1 所示. 由图可以清楚地看见, 频率基本上仍等于 ω_0, 只是谱线有一宽度. 当 $\omega=\omega_0\pm\dfrac{\gamma_0}{2}$ 时, $I(\omega)$ 即减少到其极大值的一半, 因此通

常用 γ_0 表示谱线的宽度. 它的值正好等于能量的衰期的倒数. 换句话说, 一个振子的寿命越短, 它辐射场的谱分布就越宽, 寿命与谱线宽度的乘积等于 1.①

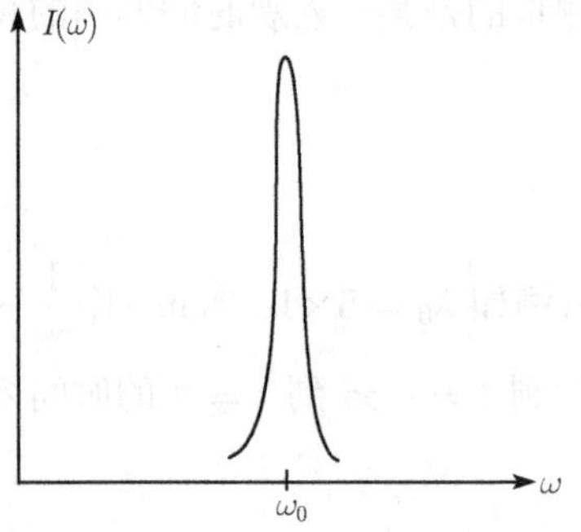

图 5.4.1 辐射强度随频率的分布

对于实际的原子谱线, 造成宽度的原因还有多种, 例如多普勒效应, 它使得运动方向不同的原子发射来的波, 频率不同, 而实际观测到的波是许多原子 (它们做无规热运动) 辐射的总和, 这就使原本的单一谱线展成了一个分布. 又如原子间的碰撞, 亦会引起阻尼效应, 从而也使谱线具有宽度. 但这些因素与辐射过程并无本质的联系, 它们所造成的宽度也是容易设法消减的, 例如通过降低发光气体的温度, 可以抑制多普勒效应所造成的宽度, 而减低气体的密度可以减少碰撞所引起的阻尼. 只有辐射阻尼是能量守恒定律的要求, 是不可避免的, 因此通常把它造成的宽度称为谱线的自然宽度. 利用关系式

$$\frac{|\Delta\lambda|}{\lambda} = \frac{|\Delta\omega|}{\omega}, \tag{5.4.25}$$

即得出用波长表示的振子谱线自然宽度为

$$|\Delta\lambda| = \frac{\gamma_0}{\omega_0}\lambda_0 = \frac{4\pi}{3}r_{\rm c} \approx 1.2\times 10^{-4}\text{Å}. \tag{5.4.26}$$

它是一个常数, 与振子的频率无关, 但数值是很微小的.

5.5 电子对电磁波的散射和吸收

当外来电磁波投射到电子 (自由电子或束缚的谐振电子) 上时, 电子就会在电磁波的作用下做强迫振动, 从而不断地辐射电磁波 (这种波通常称为次波, 而入射的电磁波称为原波). 由于次波是向各个方向放射的, 它的能量又来源于原来的波. 故总的结果可以归结为：入射波被电子散射到各个方向去. 于是这个过程称为电子对电磁波的散射. 我们要研究的问题就是, 散射强度随角度的分布以及它对频率的依赖关系②. 在谐振电子情况下, 当外来电磁波的频率与电子的固有频率相等时,

① 在量子理论中, 这就相应于不确定关系：$\Delta T\Delta E\sim\hbar$. 当然, 量子理论所给出的原子谱线的宽度与这里求的谐振子的 γ_0 并不相同 (参见 Heitler, Quantum theory of radiation. 第三版, §18) 但差别不大. 而对于线性谐振子, 当跃迁是从第一激发态到基态时, 量子理论所得出的 γ_0 值与这里式 (5.4.5) 的结果是一样的, 参见 Kramer, Quantum Mechanics, 第 466 页.

② 在基本粒子和原子核物理中, 散射 (不一定是电磁波的散射) 又常常被用作探索基本粒子和原子核的结构以及基本粒子间相互作用的工具. 即通过散射强度随角度的分布以及它对频率的依赖关系来给出核结构和基本粒子相互作用的知识.

过程又显示出新的特点. 这时电子由于共振而强烈地吸收入射波, 如果不是由于辐射次波的能量损耗 (或其他能量损耗) 的限制作用, 振子的振幅将趋于无穷. 因此这个过程被称为振子对电磁波的吸收和再发射. 散射和吸收都属于外来电磁波与电子相互作用的过程.

5.5.1 自由电子对电磁波的散射

我们考虑低速自由电子 ($v \ll c$) 对平面电磁波的散射. 在此情况下, 自由电子将以入射波的频率 ω 做强迫振动. 根据 5.2 节中的讨论, 从 $v \ll c$ 的条件可得出电子的振幅要比波长小得多, 因此在振幅的范围内, 场强可看作与位置无关的常量. 此外, $v \ll c$ 意味着磁场的作用力比电场小得多, 于是电子的运动方程可以近似为

$$m\ddot{\boldsymbol{X}} = q\boldsymbol{E}_0 \mathrm{e}^{-\mathrm{i}\omega t} + \frac{2q^2}{3c^3}\dddot{\boldsymbol{X}}. \tag{5.5.1}$$

对于上述方程的强迫振动解, $\boldsymbol{X}$ 的频率就是入射的频率 ω, 因而 X 将形如

$$\boldsymbol{X} = \boldsymbol{X}_0 \mathrm{e}^{-\mathrm{i}\omega t}. \tag{5.5.2}$$

将上式代入式 (5.5.1) 中, 即可定出 $\boldsymbol{X}_0$ 等于

$$\boldsymbol{X}_0 = -\frac{q}{m\omega(\omega + \mathrm{i}\gamma)}\boldsymbol{E}_0, \tag{5.5.3a}$$

其中

$$\gamma = \frac{2q^2\omega^2}{3mc^3} = \frac{4\pi}{3}\frac{r_\mathrm{c}}{\lambda}\omega = \frac{2}{3}\frac{r_\mathrm{c}}{\lambdabar}\omega. \tag{5.5.3b}$$

$\lambdabar \equiv \dfrac{\lambda}{2\pi}$ 称为约化波长, $\boldsymbol{X}$ 亦可表为

$$\boldsymbol{X} = \frac{3}{2}\frac{1}{k^3}\sin\delta \mathrm{e}^{\mathrm{i}\delta}\frac{1}{q}\boldsymbol{E}_0 \mathrm{e}^{-\mathrm{i}\omega t}, \tag{5.5.4}$$

其中

$$\delta = \arctan\left(-\frac{\gamma}{\omega}\right) \tag{5.5.5}$$

代表 $\boldsymbol{X}$ 与 $\boldsymbol{E}$ 之间的相位差. 所有的散射信息都体现在 δ 之中 (其他皆为一般的常数), 参见式 (5.5.4). 在自由电子情况下, δ 为一小量, 一直到 X 射线波段. 都有

$$\frac{\gamma}{\omega} = \frac{4\pi}{3}\frac{r_\mathrm{c}}{\lambda} \ll 1,$$

而

$$\sin\frac{\omega}{\delta} \approx \tan\delta = -\frac{\gamma}{\omega}, \qquad \mathrm{e}^{\mathrm{i}\delta} \approx 1.$$

因此在计算散射波时式 (5.5.3.a) 分母中的 $\mathrm{i}\gamma$ 项常可以略去, 这表明辐射阻尼的效应常可以不计. 于是式 (5.5.3a) 简化为

$$\boldsymbol{X} = -\frac{q\boldsymbol{E}_0}{m\omega^2}\mathrm{e}^{-\mathrm{i}\omega t}. \tag{5.5.6}$$

相应的 $\boldsymbol{P}$ 为

$$\boldsymbol{P}=-\frac{q^2\boldsymbol{E}_0}{m\omega^2}\mathrm{e}^{-\mathrm{i}\omega t}. \tag{5.5.7}$$

在散射过程中, 一方面是电磁场对电子作用, 使它做强迫振动; 另一方面电子也对场作用, 它通过不断地产生次波叠加到原来的波上以改变场的分布. 根据 4.1 节的讨论, 总的 φ 和 $\boldsymbol{A}$ 可表为

$$\begin{aligned}\varphi(x,t)&=\varphi^{(0)}(x,t)+\frac{q}{r^*\left(1-\dfrac{v_r^*}{c}\right)},\\ \boldsymbol{A}(x,t)&=\boldsymbol{A}^{(0)}(x,t)+\frac{q\boldsymbol{v}^*}{r^*\left(1-\dfrac{v_r^*}{c}\right)},\end{aligned} \tag{5.5.8}$$

其中的 $\varphi^{(0)}$ 和 $\boldsymbol{A}^{(0)}$ 代表入射波的势. 在 $v\ll c$ 的情况, 式 (5.5.8) 可近似为

$$\begin{aligned}\varphi&=\varphi(0)+\frac{q}{r_0}+\frac{\dot{\boldsymbol{P}}^*\cdot\boldsymbol{r}_0}{cr_0^2},\\ \boldsymbol{A}&=\boldsymbol{A}^{(0)}+\frac{\dot{\boldsymbol{P}}^*}{cr_0},\end{aligned} \tag{5.5.9}$$

上式中的 r_0 代表从振子地点到场点的距离. 式 (5.5.9) 中最后一项即为散射波.

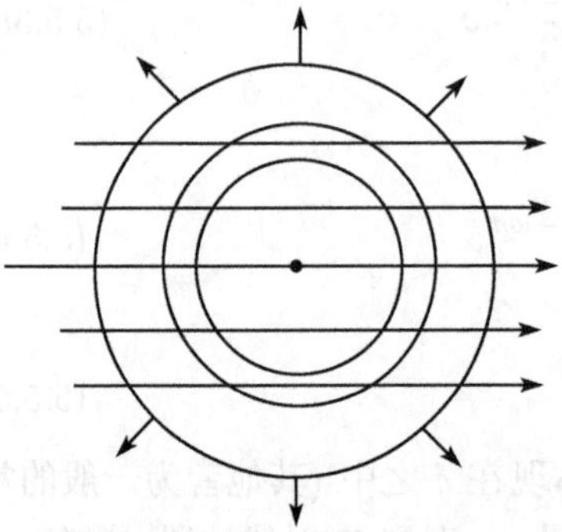

图 5.5.1 入射波与散射波的示意图

在实际情况中, 入射平面波的横向尺度总是有限的, 因此当 r_0 足够大时, 除了平行于入射波的方向外, 其他方向的散射波都将与入射波分开, 如图 5.5.1 所示, 散射强度通常就定义为散射波能流的平均值①.

利用式 (5.5.7), 得出散射波的平均能流为

$$\begin{aligned}I=\langle S\rangle&=\frac{q^4E_0^2\sin^2\Theta}{8\pi m^2c^3r_0^2}\\ &=I_0\frac{r_{\mathrm{c}}^2\sin^2\Theta}{r_0^2},\end{aligned} \tag{5.5.10}$$

其中的 Θ 代表 $\boldsymbol{r}_0$ 与 $\boldsymbol{E}_0$ 的夹角如图 5.2 所示; I_0 代表入射波的强度 (能流的平均值),

$$I_0=\frac{cE_0^2}{8\pi}. \tag{5.5.11}$$

---

① 既然能量被散射到其他方向去, 根据能量守恒定律, 原来方向的能流应当减弱. 这种减弱是通过 $\theta=0$ 方向散射波与原来的波相干而实现的. 从能量守恒的要求, 可以推出散射总能流与向前散射振幅的虚部之间存在一个关系, 此关系通常称作 "光学定理".

通常, 入射波是非偏振的, 即 $\boldsymbol{E}_0$ 在垂直于 $\boldsymbol{k}$ 的平面内无规取向. 因而图 5.5.2 中的 χ 将在 0 到 2π 范围内以均等的概率取值. 这样, 在计算时应将 I 对 χ 取平均. 利用

$$\begin{aligned}\sin^2\Theta &= 1-\cos^2\Theta\\ &= 1-\sin^2\theta\cos^2\chi\end{aligned}$$

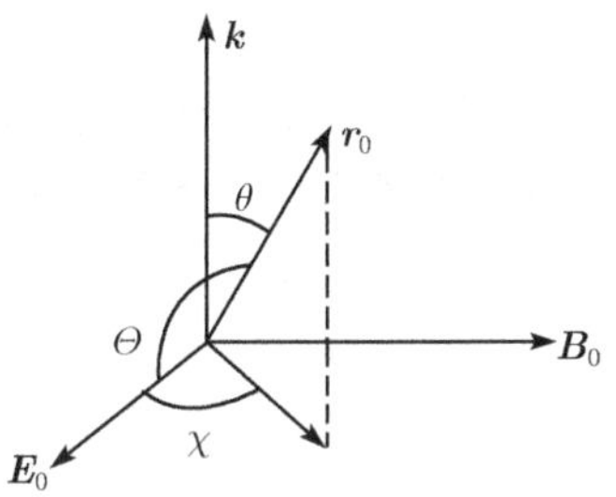

图 5.5.2 散射波的方向 (即 $\boldsymbol{r}_0$ 的方向) 的图示

以及

$$\overline{\cos^2\chi}=\frac{1}{2\pi}\int_0^{2\pi}\cos^2\chi\mathrm{d}\chi=\frac{1}{2},$$

即得

$$\overline{\sin^2\Theta}=1-\frac{1}{2}\sin^2\theta=\frac{1}{2}(1+\cos^2\theta). \tag{5.5.12}$$

上式中的 θ 代表 $\boldsymbol{r}_0$ 与入射波矢量 $\boldsymbol{k}$ 之间的夹角, 如图 5.5.2 所示. 代回式 (5.5.10) 即求出

$$\bar{I}=\frac{r_{\mathrm{c}}^2}{2r_0^2}(1+\cos^2\theta)I_0. \tag{5.5.13}$$

这就是散射波的强度公式. θ 通常称为散射角.

式 (5.5.13) 给出：散射强度 $\bar{I}$ 与入射波的频率 ω 无关, 散射的角分布由因子 $1+\cos^2\theta$ 表示, 它对于向前和向后散射是对称的. 通过面积分不难求出单位时间内电子总的散射能量为

$$W=\frac{8\pi}{3}r_{\mathrm{c}}^2I_0. \tag{5.5.14}$$

它等于入射波中 $\frac{8\pi}{3}r_{\mathrm{c}}^2$ 这样一块横截面的能流. 因此这个横截面叫做散射截面, 电子就相当于把这样大一块横截面中的能流散射到其他方向去①.

式 (5.5.14) 表明, 自由电子的散射截面是一个与频率无关的微小常量, 它的数值等于以经典电子半径所作的圆面积的 $\frac{8}{3}$ 倍.

式 (5.5.13) 和 (5.5.14) 通常称为汤姆孙散射公式. 在量子电动力学的理论中, 当 $\hbar\omega\ll mc^2$ 时, 也得到与此相同的结果. (对于电子, 此结果一直可用到 X 射线波段. 例如对于波长为 2.4Å的 X 射线, $\hbar\omega/mc^2$ 量级也只有 (10^{-2})).

① 这里似乎有一个矛盾：既然有这样大一块面积的入射波被散到各个方向去, 而散射对于向前和向后又是对称的, 那么这一部分入射波的动量应该交给了电子. 可是在我们的结果中, 电子并未获得 $\boldsymbol{k}$ 方向的动量. 出现这个问题的原因在于, 我们求的只是初级近似解. 在近似中略去了磁场的作用. 如果利用式 (5.5.4) 给出的 $\boldsymbol{X}$ 进一步计算磁场的作用, 即可求出电子单位时间内获得的动量平均值正好等于 $\frac{8\pi}{3}r_{\mathrm{c}}^2c\boldsymbol{g}$, $\boldsymbol{g}$ 为入射波动量密度的平均值.

5.5.2 谐振电子的散射

谐振电子在外来平面电磁波作用下的运动, 可以分成为固有振动和强迫振动两个部分. 但固有振动由于辐射阻尼的作用将逐渐衰减 (参见 5.4 节), 能够维持稳幅振动的只有外力作用下的强迫振动. 因而考虑散射问题时, 只要计算强迫振动部分就可以了. 在 $\dfrac{v}{c} \ll 1$ 情况下, 运动方程可表为

$$\ddot{\boldsymbol{X}} + \frac{2}{3}\left(\frac{r_{\mathrm{c}}}{c}\right)\dot{\boldsymbol{X}} + \omega_0^2 \boldsymbol{X} = \frac{q}{m}\boldsymbol{E}_0 \mathrm{e}^{-\mathrm{i}\omega t}, \tag{5.5.15}$$

其中的 ω_0 为谐振电子的固有频率; ω 为入射平面波的频率. 振子强迫振动的频率与外来电磁波的相同, 于是 $\boldsymbol{X}$ 的强迫振可表为

$$\boldsymbol{X} = \boldsymbol{X}_0 \mathrm{e}^{-\mathrm{i}\omega t}.$$

将上式代入式 (5.5.15), 即求得

$$\boldsymbol{X} = \frac{q\boldsymbol{E}_0}{m[(\omega_0^2 - \omega^2) - \mathrm{i}\omega\gamma]}\mathrm{e}^{-\mathrm{i}\omega t}. \tag{5.5.16}$$

γ 仍如式 (5.5.3) 所示即 $\dfrac{4\pi}{3}\dfrac{r_{\mathrm{c}}}{\lambda}\omega$. 式 (5.5.16) 亦可写成

$$\boldsymbol{X} = \frac{3}{2qk^3}\sin\delta \mathrm{e}^{\mathrm{i}\delta}\boldsymbol{E}_0 \mathrm{e}^{-\mathrm{i}\omega t}, \tag{5.5.17}$$

其中

$$\delta = \arctan\frac{\omega\gamma}{\omega_0^2 - \omega^2} \tag{5.5.18}$$

称为散射相移. 相应的电偶极矩即等于

$$\boldsymbol{P} = \frac{3}{2}\frac{1}{k^3}\sin\delta \mathrm{e}^{\mathrm{i}\delta}\boldsymbol{E}_0 \mathrm{e}^{-\mathrm{i}\omega t}. \tag{5.5.19}$$

以上结果表明, $\boldsymbol{X}$ (以及 $\boldsymbol{P}$) 与入射场强 $\boldsymbol{E}$ 之间有一相位差 δ, 该相位差的值将决定 $\boldsymbol{X}$ (以及 $\boldsymbol{P}$) 数值的大小, 因而在散射问题中是一个关键性的量, 值得我们记住.

利用 4.2 节中的公式式 (4.2.18), 可以立即写出散射波的场强:

$$\boldsymbol{E} = \boldsymbol{B} = -\frac{3}{2}\frac{1}{k}\sin\delta \mathrm{e}^{\mathrm{i}\delta}E_0 \sin\Theta \frac{\mathrm{e}^{\mathrm{i}(kr_0 - \omega t)}}{r_0}, \tag{5.5.20}$$

其中的 Θ 仍代表 $\boldsymbol{E}_0$ 与 $\boldsymbol{r}_0$ 之间的夹角 (见图 5.5.2). 顺便指出, 式 (5.5.20) 与量子力学中的分波散射振幅的形式相似. 实际上, 这里的 δ 与量子力学处理散射问题时所引入的分波相移完全相当 (根据 4.4 节中的说明, 电偶极辐射场就是光子具有确

定角动量的分波). 在本节中, 我们把许多物理量都用 δ 表示出来, 其主要目的, 也就是为了同量子力学中的结果相对照.

从式 (5.5.19) 或 (5.5.20) 得出散射强度为

$$I = \langle S \rangle = \frac{q \sin^2 \delta}{4k^2 r_0^2} I_0 \sin^2 \Theta. \tag{5.5.21}$$

当入射波是非偏振波时, 在对 $\sin^2 \Theta$ 对偏振方向做平均后得出平均散射强度的表达式为 (下式中的 θ 参见图 5.5.2)

$$\bar{I} = \frac{q \sin^2 \delta}{8k^2 r_0^2} I_0 (1 + \cos^2 \theta). \tag{5.5.22}$$

利用式 (5.5.18), 它也可表成

$$\bar{I} = \frac{\omega^4 r_c^2 I_0 (1 + \cos^2 \theta)}{2r_0^2 [(\omega_0^2 - \omega^2)^2 + \omega^2 \gamma^2]}. \tag{5.5.23}$$

对于 "振子总散射能流的平均值" W 和散射截面 σ, 我们也可给出用相移表示的以及明显出与 ω 关系的公式, 它们分别为

$$W = \frac{6\pi}{k^2} (\sin^2 \delta) I_0 = \frac{8\pi}{3} r_c^2 \frac{\omega^4}{(\omega_0^2 - \omega^2)^2 + \omega^2 \gamma^2} I_0 \tag{5.5.24}$$

和

$$\sigma = \frac{6\pi}{k^2} \sin^2 \delta = \frac{8\pi}{3} r_c^2 \frac{\omega^4}{(\omega_0^2 - \omega^2)^2 + \omega^2 \gamma^2}. \tag{5.5.25}$$

这些就是我们所要推导的振子散射公式.

从式 (5.5.25) 可以看出, 在 $\omega \ll \omega_0$ 范围, 近似地有

$$\sigma = \frac{8\pi}{3} r_c^2 \left(\frac{\omega}{\omega_0} \right)^4. \tag{5.5.26}$$

这时, 频率越低, 散射越弱, 当 $\omega \to 0$ 时, 散射截面以 ω^4 趋于零. 这个关系通常称为瑞利散射定律. 在 $\omega \gg \omega_0$ 时 (当然 ω^2 也比 γ^2 大得多), 式 (5.5.25) 即化为自由电子的结果:

$$\sigma = \frac{8\pi}{3} r_c^2. \tag{5.5.27}$$

这表明: 对于高频电磁波, 束缚电子的散射行为就好像自由电子一样 (这是可以想象得到的). 这两种情况 (指束缚电子和自由电子在 $\omega \gg \omega_0$ 时) 的散射截面都很小, 一个具有 πr_c^2 的量级, 一个量级比 πr_c^2 还要小. 而当 $\omega = \omega_0$ 时, 式 (5.5.25) 所示的截面变成一个很大的值, 即

$$\sigma(\omega_0) = \frac{6\pi}{k^2} = 6\pi \lambda\!\!\!^{-2}. \tag{5.5.28}$$

此结果表明当 ω 接近 ω_0 时截面从 πr_c^2 的量级猛增到 $\pi ƛ^2$ 的量级. $\omega=\omega_0$ 时的散射通常称为共振散射, 它反映了外场频率等于振子固有频率时所产生的共振效应. σ 随 ω 变化的整个关系如图 5.5.3 所示.

在共振附近, 相移 δ 的变化很快 (见图 5.5.4). 当 $\omega=\omega_0$ 时, 相移 δ 正好等于 $\frac{\pi}{2}$, 因而式 (5.5.17) 和 (5.5.20) 中的系数 $\sin\delta \mathrm{e}^{\mathrm{i}\delta}$ 变成了纯虚数 i. 在基本粒子散射实验中, 常常也是从相移曲线通过 $\frac{\pi}{2}$ 来确定共振态的存在.

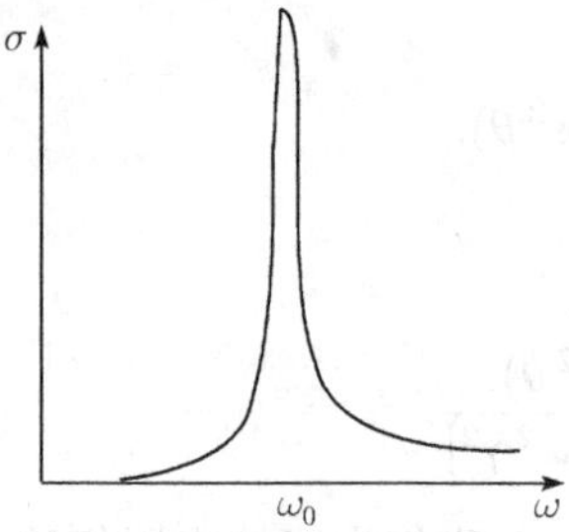

图 5.5.3　振子散射截面 σ 随频率 ω 的变化

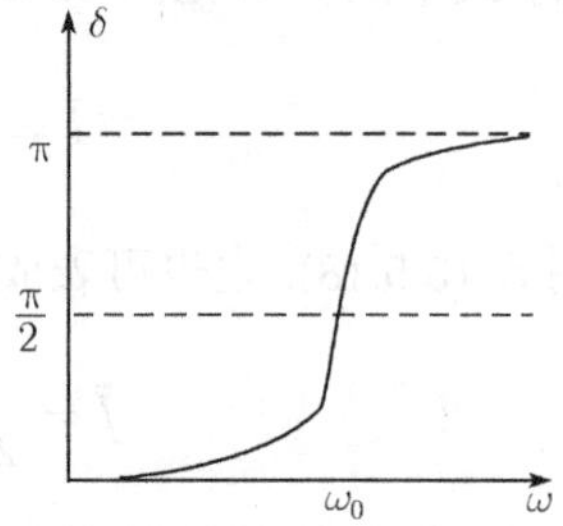

图 5.5.4　散射相移 δ 随频率 ω 的变化

5.5.3　谐振电子的吸收

我们进一步研究当 $\omega\approx\omega_0$ 时过程的特点. 首先在 $\omega\approx\omega_0$ 附近, 式 (5.5.25) 可约化成

$$\begin{aligned}\sigma &= \frac{2\pi}{3}r_c^2\frac{\omega_0^2}{(\omega_0-\omega)^2+\dfrac{\gamma_0^2}{4}}\\ &= \frac{3\pi}{2}ƛ_0^2\frac{\gamma_0^2}{(\omega_0-\omega)^2+\dfrac{\gamma_0^2}{4}},\end{aligned}\tag{5.5.29}$$

其中的 γ_0 代表 γ 在 $\omega=\omega_0$ 时的值. 式 (5.5.29) 给出的 σ 随 ω 的关系与振子的放射频谱分布完全相似 (参见式 (5.4.24)).

这样, 当连续谱的光波通过由大量这种谐振子 (原子的模型) 所组成的气体时, 其中频率 $\approx\omega_0$ 的部分的能量损失要比其他频率范围大得多, 因而在穿透气体的光波中, 频谱将出现暗线, 这就是通常所谓的吸收谱线. 以上结果表明, 谐振子的吸收谱线正好等于它的放射谱线.

ω 等于 ω_0 的过程, 除了吸收能量的数值特别大以外, 在定性上也显示出不同的特点. 从式 (5.5.16) 可以看出, 如果没有辐射阻尼力的限制作用, 当 $\omega=\omega_0$ 时, 振子振幅将趋于无穷大, 而对于 $\omega\neq\omega_0$ 的频率, 振幅仍是有限的. 这就是说, 如果没有辐射的能量损耗, 在 $\omega\neq\omega_0$ 的情况下, 振子仍能达到稳幅振动状态. 当它达到稳幅状态以后, 自然就不再从入射波吸收能量. 但当 ω 等于 ω_0 时, 情况就不同了. 振幅的稳定值为无穷大, 这意味着振子的振幅将继续不断地增长. 相应地, 它将从入射波中持续地吸收能量. 可见在 ω 等于 ω_0 的情形, 无论有无辐射损耗, 振子总是要吸收能量的. 因而这种过程称为振子的本征吸收.

以上的讨论虽然能简明地说明吸收过程的特点, 但带有假想的性质, 因为阻尼是不会等于零的. 下面我们换一种办法来对问题进行考察. 既然阻尼的最小值等于 γ, 不可能再减小, 那我们就不去减少它而是去增加它, 这样同样可以考察阻尼的改变对能量吸收的影响. 增加阻尼总是允许的, 我们可以引入其他类型的阻尼如碰撞阻尼①来对此问题进行研究. 我们将证明, 其他阻尼的引入, 并不影响 $\omega \approx \omega_0$ 邻近范围的总吸收值, 而只影响吸收能量的分配. 例如引入碰撞阻尼后, 有一部分能量通过碰撞转化为热运动能, 这时散射出去的能量相应地减少, 总的吸收能量仍然与原来的值相同.

我们用 $-m\gamma'\dot{\boldsymbol{X}}$ 来等效地表示碰撞阻尼的作用. 于是振子的运动方程化为

$$\ddot{\boldsymbol{X}} + \gamma'\dot{\boldsymbol{X}} - \frac{2}{3}\frac{r_c}{c}\dddot{\boldsymbol{X}} + \omega_0^2\boldsymbol{X} = \frac{q}{m}\boldsymbol{E}_0\mathrm{e}^{-\mathrm{i}\omega t}. \tag{5.5.30}$$

它的强迫振动解是

$$\boldsymbol{X} = \frac{q\boldsymbol{E}_0}{m[(\omega_0^2 - \omega^2) - \mathrm{i}m\Gamma]}\mathrm{e}^{-\mathrm{i}\omega t}, \tag{5.5.31}$$

其中

$$\Gamma = \gamma' + \gamma \tag{5.5.32}$$

代表有碰撞阻尼时振子放射谱线的总宽度, γ 的值仍与式 (5.5.16) 中的相同. 我们看到, 由于碰撞阻尼的存在, $\omega = \omega_0$ 时的振幅已降低为原来的 $\dfrac{\gamma}{\Gamma}$ 倍.

仿前可求出在 $\omega \approx \omega_0$ 附近散射的总能流和散射截面, 结果是

$$W_{\mathrm{sc}} = \frac{3}{2}\pi\,\lambda\!\!\!^{-}{}_0^2\frac{\gamma_0^2}{(\omega_0 - \omega)^2 + \frac{1}{4}\Gamma_0^2}I_0, \tag{5.5.33}$$

$$\sigma_{\mathrm{sc}} = \frac{3}{2}\pi\,\lambda\!\!\!^{-}{}_0^2\frac{\gamma_0^2}{(\omega_0 - \omega)^2 + \frac{1}{4}\Gamma_0^2}, \tag{5.5.34}$$

脚码 sc 表示散射, Γ_0 代表 Γ 在 ω_0 处的值.

振子单位时间内吸收的能量对周期的平均值, 可由下式计算:

$$W_{\mathrm{a}} = \frac{1}{T}\int_0^T q\boldsymbol{E}\cdot\dot{\boldsymbol{X}}\mathrm{d}t, \tag{5.5.35}$$

① 诸振子 (即这里所采用的原子模型) 之间的碰撞, 能够使一部分振动能量转化为热运动能, 因此 “相互碰撞” 对振动来说, 就构成一种阻尼机制.

T 代表振动的周期. 将 $q\boldsymbol{E}$ 和 $\dot{\boldsymbol{X}}$ 取实部后代入, 即求出

$$W_{\mathrm{a}}=\frac{4\pi q^2}{mc}\frac{\omega^2\Gamma}{(\omega_0^2-\omega^2)^2+\omega^2\Gamma^2}I_0. \tag{5.5.36}$$

在 $\omega\approx\omega_0$ 附近, 它可约化为

$$W_{\mathrm{a}}=\frac{3}{2}\pi\,\lambda\!\!\!^{-}{}_0^2\frac{\gamma_0\Gamma_0}{(\omega_0-\omega)^2+\frac{1}{4}\Gamma_0^2}I_0. \tag{5.5.37}$$

如果我们令

$$\sigma_{\mathrm{a}}=\frac{3}{2}\pi\,\lambda\!\!\!^{-}{}_0^2\frac{\gamma_0\Gamma_0}{(\omega_0-\omega)^2+\frac{1}{4}\Gamma_0^2}, \tag{5.5.38}$$

则 W_{a} 就等于通过 σ_{a} 这样大一块横截面的入射波能流. 因此 σ_{a} 称为吸收截面, 它在 ω_0 附近亦呈现为一高峰形状. 当 Γ_0 增大时, 峰值降低, 但宽度增加, 不难求出峰的面积

$$\begin{aligned}\int_{\text{峰区}}\sigma_{\mathrm{a}}\mathrm{d}\omega&\approx\int_{-\infty}^{+\infty}\frac{3}{2}\pi\,\lambda\!\!\!^{-}{}_0^2\frac{\gamma_0\Gamma_0}{(\omega_0-\omega)^2+\frac{1}{4}\Gamma_0^2}\mathrm{d}\omega\\&=\frac{2\pi^2q^2}{mc},\end{aligned} \tag{5.5.39}$$

它是一个与 Γ_0 无关的常数. 这就表明, 对于连续谱的自然光, 振子单位时间内吸收的总能量恒等于 $\dfrac{2\pi^2q^2}{mc}I_0(\omega_0)$, 只是散射的总能量减少了:

$$\begin{aligned}\int_{\text{峰}}W_{\mathrm{sc}}\mathrm{d}\omega&\approx\int_{-\infty}^{\infty}\frac{3}{2}\pi\,\lambda\!\!\!^{-}{}_0^2\frac{\gamma_0^2}{(\omega_0-\omega)^2+\frac{1}{4}\Gamma_0^2}I_0(\omega)\mathrm{d}\omega\\&=\frac{2\pi^2q^2}{mc}I_0(\omega_0)\frac{\gamma_0}{\Gamma_0}.\end{aligned} \tag{5.5.40}$$

这就证实了我们前面所说的结论: 不论碰撞阻尼 γ' 的值如何, 它从连续谱入射波中吸收的总能量是一定的, γ' 的大小只影响吸收能量的分配. γ' 越大, 散射出来的能量越小, 吸收的能量中有越多的部分转化为热运动能. 反过来, 若 $\gamma'=0$, 则散射能量就等于全部吸收的能量.

根据以上的讨论, 电子对连续谱入射波的共振散射, 可以看成是吸收和再放射的过程. 共振散射的频谱分布也正好就是振子固有辐射的频谱分布 (参见式 (5.4.24)).

式 (5.5.39) 通常称为电偶极吸收的求和定则. 这是一个相当有意义的公式, 因为它给出吸收截面 σ_{a} 的积分不仅与阻尼力 γ' 的大小无关, 而且同振子的动力学性质 (反映在 ω_0 上面) 也没有关系. 它只依赖于粒子的电荷与质量. 因此容易推广应用到动力学性质复杂的体系 (如原子和原子核). 在量子理论中, 也有相应的求和定则存在, 并被应用到微观物理学中①.

① 参见 Blatt and Weisskopb, Theoretical Nuclear Physics, 第 640 页.

5.6 气体和等离子体中电磁波的色散

在第一章和第四章中, 我们都讲到介质的色散效应. 绝缘介质的色散是由于折射率 n 随频率的变化, 除了铁磁盐的晶体和溶液以外, 这种效应实际上都来源自介电常数 ε 对频率的依赖性. 在频率达到超高频波段以后. ε 随 ω 的变化开始变得比较显著.

在本节中, 我们将用简单的模型来讨论气体介质在可见光或紫外光频段的色散. 在一般情况, 实验观测到的 n 随 ω 的变化关系是, 大部分频率范围, n 随 ω 增大而增加, 只在某些频率附近, n 随 ω 增大而减少 (实际上这里指的是 n 的实部 n_{r}, 这时 n 的虚部已不可忽略). 通常将前者称为正常色散, 后者称为反常色散. 在反常色散区域. 气体并总伴随着出现强烈地吸收效应, 这时 n 的虚部变得很大.

固体型导体的情况有所不同. 在 4.7 节中已经指出, 即使电导率 σ 以及 ε 和 μ 都不随频率变化, 也将存在色散 (参见式 (4.7.16) 上两行). 对于金属, 这个关系比较简单, $n_{\mathrm{r}} \sim 1/\sqrt{\omega}$. 如果偏离了这个关系, 那就表示 σ 等也是随着频率变化的. 实际的情况是, σ 在频率很广的范围 (从零到远红外波段) 基本上为一实常数, 只在波长达到或小于 10μm 的量级时, σ 才显著地随 ω 变化. 在本节中, 我们只限于研究等离子体 (即气态导体) 的情况. 对于高温稀薄的等离子体, 电性质与普通导体有很大差异, 当频率小于某个特征频率 ω_{p} 时, 等离子体的 n 基本上是虚数, 因此这种频率的电磁波在等离子体中完全不能传播, 它将从等离子体的表面全部反射回去. 在 $\omega > \omega_{\mathrm{p}}$ 时, 电磁波能够在等离子体内传播, 但 n 的值小于 1, 即等离子体成为一种比真空还要 "光疏" 的介质. 另外, 当等离子体处于静磁场中时, 它的电导率将变成各向异性的, 要用二阶张量 (并矢) 来描写. 如果电磁波是沿静磁场方向传播的, 则显示出: 左旋和右旋两种圆偏波将具有不同的折射率. 关于等离子体的这些性质, 我们都可以用简单的理论来加以解释.

5.6.1 电磁波在气体中的色散和吸收

气体介质的特点是, 其中的分子彼此是近独立的, 电磁波与气体的作用就相当于同各个分子的作用, 而且由于分子之间的距离比较大, 作用到每个分子上有效电磁场就近似等于气体中的宏观电磁场.

研究电磁波在气体中的传播可有两种途径, 一种是计算大量分子的散射波, 并从其中的相干散射部分来确定介质的折射率. 这种方法称为多体散射法①, 它比较复杂但能使我们对电磁波与气体的相互作用了解得比较深入. 另一种途径是计算

① 简单介绍参见 Hamilton, The Theory of Elementary Particles, 第一章第七节; Morse and Feshbach, Mothods of Theoretical Physics, §11.3, 第 1494 页.

单位体积内的电偶极矩 (即极化强度 $\boldsymbol{P}$), 并由此定出 ε. 这种方法要简单得多, 所以通常的电动力学书中都采用它. 下面我们也采用这种方法来进行讨论.

设单位体积气体中的分子数为 N. 当考虑可见光或紫外光频段的极化时, 只要计算电子运动的贡献就行了, 我们将电子的运动模型取为简单的谐振子. 根据式 (5.5.31), 每个分子的电偶极矩为

$$\boldsymbol{p} = q\boldsymbol{X} = \frac{q^2}{m[(\omega_0^2 - \omega^2) - \mathrm{i}\omega\varGamma]}\boldsymbol{E}, \tag{5.6.1}$$

其中, $\varGamma$ 由式 (5.5.32) 表示. 因此, 极化强度 (即单位体积的电偶极矩) 就等于

$$\boldsymbol{P} = N\boldsymbol{p} = \frac{Nq^2}{m[(\omega_0^2 - \omega^2) - \mathrm{i}\omega\varGamma]}\boldsymbol{E}. \tag{5.6.2}$$

这里的 $\boldsymbol{E}$ 本来应当是作用到每个分子上的有效电场, 在分子间的距离相当远的情况下, 它近似地就等于气体中的宏观场. 于是即得

$$\varepsilon = 1 + \frac{4\pi Nq^2}{m[(\omega_0^2 - \omega^2) - \mathrm{i}\omega\varGamma]}. \tag{5.6.3}$$

对于一般的气体, μ 可取为 1, 故有

$$n = \sqrt{\varepsilon}. \tag{5.6.4}$$

式 (5.6.3) 给出的 ε 一般为复数. 故相应的 n 亦将为复数, 我们将它表作

$$n = n_{\mathrm{r}} + \mathrm{i}\eta. \tag{5.6.5}$$

n_{r} 决定波的相速度 (通常也把 n_{r} 称作折射率, 但为了避免混淆我们只把 n 称作折射率), 而 η 则与介质的吸收相联系①. 从式 (5.6.4) 和 (5.6.3) 可得

$$\begin{aligned} n_{\mathrm{r}}^2 - \eta^2 &= 1 + \frac{4\pi Nq^2}{m}\frac{\omega_0^2 - \omega^2}{(\omega_0^2 - \omega^2)^2 + \omega^2\varGamma^2}, \\ n_{\mathrm{r}}\eta &= \frac{2\pi Nq^2}{m}\frac{\omega\varGamma}{(\omega_0^2 - \omega^2)^2 + \omega^2\varGamma^2}. \end{aligned} \tag{5.6.6}$$

由这两个式子即可解出 n_{r} 和 η 来, 其结果如图 5.6.1 所示. 从图中我们清楚地看到有正常色散和反常色散两种区域, 而反常色散就发生在振子的吸收线附近.

① 当 ε 为复数时, $\boldsymbol{P}$ 与 $\boldsymbol{E}$ 之间将有相位差, 因此电场对极化电流所做的功的周期平均值不为零. $\mathrm{Im}\varepsilon > 0$ 的情况相应于有能量吸收, 即所谓的介电耗损. 在 n_{r} 与 1 相差不大的情况下, $\eta \approx \dfrac{1}{2}\mathrm{Im}\varepsilon$. 因而 η 将决定介质的吸收.

在 ε 与 1 相差不大的情况下, 可以给出 n_{r} 与 η 的简单表达式. 直接由式 (5.6.3) 可近似得出

$$\sqrt{\varepsilon}=1+\frac{2\pi Nq^2}{m[(\omega_0^2-\omega^2)-\mathrm{i}\omega\Gamma]},\tag{5.6.7}$$

于是

$$\begin{aligned}n_{\mathrm{r}}&=1+\frac{2\pi Nq^2(\omega_0^2-\omega^2)}{m[(\omega_0^2-\omega^2)^2+\omega^2\Gamma^2]},\\ \eta&=\frac{2\pi Nq^2\omega\Gamma}{m[(\omega_0^2-\omega^2)^2+\omega^2\Gamma^2]}.\end{aligned}\tag{5.6.8}$$

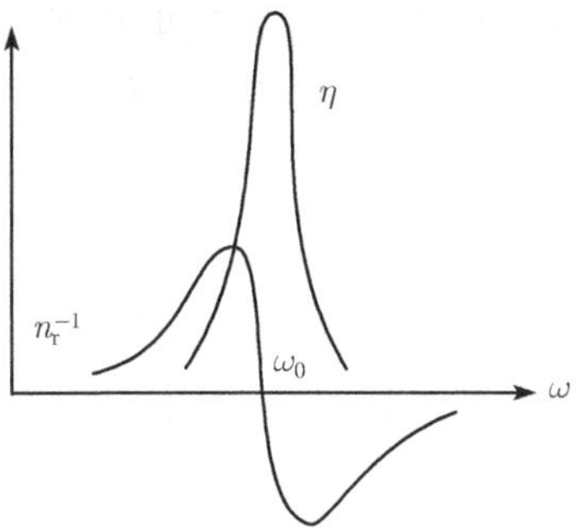

图 5.6.1 在本征频率 ω_0 附近 n_{r} 与 η 的示意图 (n_{r} 与 η 的定义见式 (5.6.5))

此结果的图形即如图 5.6.1 所示. 如果考虑到分子中不止一个电子, 因而有一系列本征频率 ω_i, 那么结果就是

$$\varepsilon=1+\frac{4\pi q^2}{m}\sum_i\frac{N_i}{(\omega_i^2-\omega^2)-\mathrm{i}\omega\Gamma_i},\tag{5.6.9}$$

其中的 N_i 代表单位体积中本征频率为 ω_i 的振子的数目. 相应地, 式 (5.6.8) 化为

$$\begin{aligned}n_{\mathrm{r}}&=1+\frac{2\pi q^2}{m}\sum_i\frac{N_i(\omega_i^2-\omega^2)}{(\omega_i^2-\omega^2)^2+\omega^2\Gamma^2},\\ \eta&=\frac{2\pi q^2\omega}{m}\sum_i\frac{N_i\Gamma_i}{(\omega_i^2-\omega^2)^2+\omega^2\Gamma^2},\end{aligned}\tag{5.6.10}$$

式 (5.6.9) 和 (5.6.10) 就是气体的色散公式. 量子理论得出的结果与这里的结果具有相同的形式①.

5.6.2 "等离子体"中电磁波的色散

在等离子体中, 波的形态是比较复杂的, 例如除了普通的电磁波 (横波) 以外, 还存在一种纵电波 (电子朗格缪尔波和离子朗格缪尔波). 这时, 只有电场, 而且 $\nabla\times\boldsymbol{E}=0$. 因而在平面波情况, $\boldsymbol{E}$ 将与 $\boldsymbol{k}$ 平行, 即为波动学中的纵波. 这种波实际上是电子声波或离子声波与电振动的耦合, 它与等离子体内的热压力有密切的关系. 在本节中我们只讨论其中的电磁波 (横波) 的传播问题, 并先看无外加静磁场的情况.

等离子体是由离子和电子组成的气体, 因而又称作电离气体. 当电磁波作用到等离子体上时, 离子和电子将在电场作用下进行振动, 并散射电磁波, 与 5.5 节中讨

① 量子理论还得出一种负色散的效应, 那是由于分子原来处在激发态所引起的. 参见布洛欣采夫, (量子力学原理), §90. 激光器中的气体就属于这种情况.

论的自由带电粒子的散射相似. 由于离子的质量比电子大得多, 故我们可以略去离子的效应而只考虑电子. 利用式 (5.5.3), 得出单个电子的速度为

$$\boldsymbol{v}=\dot{\boldsymbol{X}}=\frac{\mathrm{i}q}{m(\omega+\mathrm{i}\Gamma)}\boldsymbol{E}. \tag{5.6.11}$$

原来式 (5.5.3) 中的 γ 现已换成了 Γ, 以包括碰撞的阻尼效应在内. 设单位体积内电子的数目为 N, 于是即得

$$\boldsymbol{j}=Nq\boldsymbol{v}=\frac{\mathrm{i}Nq^2}{m(\omega+\mathrm{i}\Gamma)}\boldsymbol{E}, \tag{5.6.12}$$

因此导电率

$$\sigma=\frac{\mathrm{i}Nq^2}{m(\omega+\mathrm{i}\Gamma)}=\mathrm{i}\frac{\omega_\mathrm{p}^2}{4\pi(\omega+\mathrm{i}\Gamma)}, \tag{5.6.13}$$

其中

$$\omega_\mathrm{p}^2=\frac{4\pi Nq^2}{m}. \tag{5.6.14}$$

ω_p 通常称为等离子体频率. 相应的广义介电常数 ε' 和 k^2 分别为

$$\begin{aligned}\varepsilon'&=1+\mathrm{i}\frac{4\pi\sigma}{\omega}=1-\frac{\omega_\mathrm{p}^2}{\omega(\omega+\mathrm{i}\Gamma)},\\ k^2&=\frac{\omega^2}{c^2}\varepsilon'=\frac{\omega^2}{c^2}\left[1-\frac{\omega_\mathrm{p}^2}{\omega(\omega+\mathrm{i}\Gamma)}\right],\end{aligned} \tag{5.6.15}$$

因为等离子体的 ε 和 μ 都近似等于 1.

下面我们分两种情形来进行讨论:

(1) $\omega\ll\Gamma$ 的情形

这时, 式 (5.6.13) 可以近似为

$$\sigma=\frac{\omega_\mathrm{p}^2}{4\pi\Gamma}. \tag{5.6.16}$$

由于 Γ 主要是碰撞阻尼 γ' 贡献的, 其值基本上与频率无关, 因此 σ 为一个与频率无关的实常数. 这也就是普通导体的性质. 对于等离子体, 一般来说, Γ 都比 ω_p 小 (参见下面的数值例子), 于是在这种情形, 近似地有①

$$k^2=\mathrm{i}\frac{\omega_\mathrm{p}^2\omega}{\Gamma c^2}. \tag{5.6.17}$$

① 这也就是第四章中所讨论的 $\dfrac{4\pi\sigma}{\varepsilon\omega}\gg1$ 的情形. 下面给出的衰减长度实际上也就是第四章中给出的集肤厚度, 如将式 (5.6.16) 以及 $\mu=1$ 代入集肤厚度的公式, 即可直接得出式 (5.6.19).

当平面电磁波垂直投射到等离子体上时, 按照上式进入等离子体内波的 k 值就等于

$$k=\frac{\omega_{\rm p}}{c}\sqrt{\frac{\omega}{2\Gamma}}(1+{\rm i}),\tag{5.6.18}$$

Γ 的值见式 (5.5.32). 相应的衰减长度为

$$d=\frac{c}{\omega_{\rm p}}\sqrt{\frac{2\Gamma}{\omega}}=\lambda\!\!\!^{-}_{\rm p}\sqrt{\frac{2\Gamma}{\omega}},\tag{5.6.19}$$

其中的$\lambda\!\!\!^{-}_{\rm p}$ 定义为 $\dfrac{c}{\omega_{\rm p}}$, 称为约化的等离子体波长. 由此可见, 频率足够低的超长波, 是可以穿过厚度一定值的等离子体的.

(2) $\omega\gg\Gamma$ 的情形

高温稀薄等离子体的 Γ 很小 (因 Γ 的两项中, 主要是 γ', 它正比于 $\dfrac{N}{T^{3/2}}$, N 为绝对单位体积中的离子数, T 为绝对温度). 故多属于这种情形. 在这种情形下,

$$\sigma\cong{\rm i}\frac{\omega_{\rm p}^2}{4\pi\omega},\tag{5.6.20}$$

即基本上是一个纯虚数, 并与 ω 成反比. 代入式 (5.6.15) 后, 得出等离子体的广义介电常数为

$$\varepsilon'\cong1-\frac{\omega_{\rm p}^2}{\omega^2}.\tag{5.6.21}$$

它近似为一个小于 1 的实数. 出现这样的结果并不难理解, 因为 ε' 实际上就等于把振动的自由电子当作束缚电子所计算出来的介电常数, 而当略去阻尼力以后, 自由电子所贡献的电偶极矩总是同电场反向的 (参见式 (5.5.7)), 因此相应的极化率 χ 小于零.

当 $\omega\gtrless\omega_{\rm p}$ 时, 相应的 ε' 分别为正值和负值 (即 $4\pi\chi$ 的绝对值小于和大于 1), 它们所对应的电磁波的行为是完全不同的, 因此需要分开来讨论.

(i) $\omega<\omega_{\rm p}$ 的情况

这时 k^2 基本上为一负实数

$$k^2=\frac{\omega^2}{c^2}\left(1-\frac{\omega_{\rm p}^2}{\omega^2}\right),\tag{5.6.22}$$

因此, 以任何角度入射到等离子体上的电磁波, 都将完全反射回去 (参见 4.7 节中关于全反射的讨论). 对于垂直入射情况, k 为一纯虚数 (因下式根号内为正实数)

$$k=\frac{\rm i}{c}\sqrt{\omega_{\rm p}^2-\omega^2}.\tag{5.6.23}$$

即体内电磁场基本上是纯衰减的. 衰减长度为

$$d=\sqrt{\frac{c}{\omega_{\rm p}^2-\omega^2}}.\tag{5.6.24}$$

上式表明, 除了 ω 接近 ω_{p} 的情形以外, d 的量级就是 λ_{p} (注意这里讨论的是 $\omega < \omega_{\mathrm{p}}$ 的情况), 它是一个比较小的值.

(ii) $\omega > \omega_{\mathrm{p}}$

这时 $n = \sqrt{\varepsilon'}$ 基本上为一个小于 1 的正实数. 因此等离子体成为一种比真空还要 "光疏" 的绝缘介质, 电磁波在其中传播的相速度将大于 c. 在这种情况下, 只要入射角不太大. 电磁波就可穿透等离子体. 当然, 由于等离子体比真空更 "光疏", 当入射角足够大时, 仍将发生全反射现象.

如果 $\omega \gg \omega_{\mathrm{p}}$, 则 ε' 将很接近于 1(自由电子的电偶极矩变得很小), 这时等离子体的电磁性质与真空很相近. 除了掠入射以外, 电磁波在等离子体表面上的反射将很小, 再加上进入等离子体的衰减也很小, 就使得等离子体近乎是完全透明的. 下面我们具体给出这种情况下的衰减长度的值. 注意, 这时式 (5.6.20) 给出的近似值就不适用了, 应该多取一项, 结果为

$$\sigma = \mathrm{i}\frac{\omega_{\mathrm{p}}^2}{4\pi\omega} + \frac{\omega_{\mathrm{p}}^2 \varGamma}{4\pi\omega^2}. \tag{5.6.25}$$

由此求出垂直入射情况的衰减长度为

$$d = 2\,\lambda\!\!\!^{-}_{\mathrm{c}} \left(\frac{\omega}{\omega_{\mathrm{p}}}\right)^2, \tag{5.6.26}$$

其中, $\lambda\!\!\!^{-}_{\mathrm{c}} = \dfrac{\lambda_{\mathrm{c}}}{2\pi} = \dfrac{c}{\varGamma}$, λ_{c} 为相应于碰撞频率的波长. 因在微观理论中, $\varGamma$ 代表电子单位时间内的碰撞次数. 由式 (5.6.26) 可知, 当 $\omega \gg \omega_{\mathrm{p}}$ 时, d 的值比 $\lambda\!\!\!^{-}_{\mathrm{c}}$c 大得多, 并随着 ω 的平方而增长.

下面给出几个具体的数值例子.

1. 托卡马克型受控热核装置中的等离子体. 目前电子浓度和电子温度 T 的典型值为

$$N = 10^{13}\mathrm{cm}^{-3}, \qquad T = 8 \times 10^6\mathrm{K}.$$

相应的 $\varGamma, \omega_{\mathrm{p}}, \lambda\!\!\!^{-}_{\mathrm{c}}$ 和 $\lambda\!\!\!^{-}_{\mathrm{p}}$ 的值分别等于

$$\varGamma = 7 \times 10^4\mathrm{s}^{-1}, \qquad \omega_{\mathrm{p}} = 1.8 \times 10^{11}\mathrm{s}^{-1},$$
$$\lambda\!\!\!^{-}_{\mathrm{c}} = 4.3\mathrm{km}, \qquad \lambda\!\!\!^{-}_{\mathrm{p}} = 0.17\mathrm{cm}.$$

2. 大气中的电离层

D 层：$N \approx 10^3 - 10^4\mathrm{cm}^{-3}, \qquad \varGamma \approx 5 \times 10^5\mathrm{s}^{-1}$,

$$\omega_{\mathrm{p}} = (1.8 - 5.6) \times 10^6\mathrm{s}^{-1}, \qquad \lambda\!\!\!^{-}_{\mathrm{c}} = 0.6\mathrm{km},$$
$$\lambda\!\!\!^{-}_{\mathrm{p}} = (1.7 - 0.54) \times 10^2\mathrm{m}.$$

F_2 层：$N \approx 10^6\text{cm}^{-3}$, $\Gamma \approx 10^3\text{s}^{-1}$,

$$\omega_{\text{p}} \approx 5.6 \times 10^7\text{s}^{-1}, \qquad \lambda\!\!\!^{-}_{\text{c}} \approx 3 \times 10^2\text{km},$$
$$\lambda\!\!\!^{-}_{\text{p}} \approx 5.4\text{m}.$$

根据上面的讨论, 在人造卫星同地面的通信中需要使用超短波. 不过使用超长波也是可能的①.

最后, 我们指出, 金属的导电性亦可用上述简单的理论来粗略地描述 (直到红外波段). 由于金属的 Γ 值很大 (例如铜的 $\Gamma \approx 3\times 10^{13}\text{s}^{-1}$), 故需要到波长 $\sim 10\mu\text{m}$ 的量级时, σ 才显著地随 ω 变化并出现虚部. 对于更高的频率 (可见光和紫外波段), 内层束缚电子的贡献将变得重要. 在频率高到某一定限度以后, 金属也像等离子体一样可变成透明的. 对于碱金属, 这种转变发生在紫外波段, 如钾约从 3150Å附近开始、钠从 2100Å附近开始、锂从 2050Å附近开始有显著的透明性.

3. 均匀静磁场中的等离子体, 在受控热核装置中通常要用磁场来约束等离子体, 大气的电离层也是处在地磁场中. 当存在静磁场时, 等离子体的导电性变得比较复杂, σ 不仅依赖于磁场, 而且成为各向异性的. 下面, 我们就来研究静磁场是均匀的简单情况.

在 $v \ll c$ 的条件下, 电子的运动方程为

$$\dot{\boldsymbol{v}} = -\Gamma \boldsymbol{v} + \frac{q\boldsymbol{v}}{mc} \times \boldsymbol{B}_0 + \frac{q\boldsymbol{E}_0}{m}\text{e}^{-\text{i}\omega t}, \tag{5.6.27}$$

其中的 $\boldsymbol{B}_0$ 为均匀静磁场. 我们选 $\boldsymbol{B}_0$ 的方向为 x_3 轴的方向, 于是式 (5.6.27) 的分量形式为

$$\begin{aligned} \dot{v}_1 &= -\Gamma v_1 + \frac{qB_0}{mc}v_2 + \frac{qE_{01}}{m}\text{e}^{-\text{i}\omega t}, \\ \dot{v}_2 &= -\Gamma v_2 - \frac{qB_0}{mc}v_1 + \frac{qE_{02}}{m}\text{e}^{-\text{i}\omega t}, \\ \dot{v}_3 &= -\Gamma v_3 + \frac{qE_{03}}{m}\text{e}^{-\text{i}\omega t}. \end{aligned} \tag{5.6.28}$$

上式是 v_1, v_2 和 v_3 的一次常系数联立方程, 其强迫振动解可以立即求出, 结果为

$$\begin{aligned} v_1 &= \frac{q}{m}\frac{1}{(\Gamma - \text{i}\omega)^2 + \omega_{\text{B}}^2}[(\Gamma - \text{i}\omega)E_{01} - \omega_{\text{B}}E_{02}]\text{e}^{-\text{i}\omega t}, \\ v_2 &= \frac{q}{m}\frac{1}{(\Gamma - \text{i}\omega)^2 + \omega_{\text{B}}^2}[\omega_{\text{B}}E_{01} + (\Gamma - \text{i}\omega)E_{02}]\text{e}^{-\text{i}\omega t}, \\ v_3 &= \frac{q}{m}\frac{1}{\Gamma - \text{i}\omega}E_{03}\text{e}^{-\text{i}\omega t}, \end{aligned} \tag{5.6.29}$$

① 超长波正被用于人造卫星对水下通信, 导航和核爆炸探测等, 但超长波的传播性质受地磁场影响很大 (参见下文). 应该采用 “有磁场存在时” 等离子体内电磁波的传播公式.

其中的 ω_B 称为磁回旋频率, 它由下式确定

$$\omega_B = \frac{-qB_0}{mc} = \frac{eB_0}{mc}, \tag{5.6.30}$$

e 为电子电荷的绝对值. 为方便计, 引入符号

$$\begin{aligned} \sigma_+ &= \frac{\omega_p^2}{4\pi(\varGamma - i\omega + i\omega_B)}, \\ \sigma_- &= \frac{\omega_p^2}{4\pi(\varGamma - i\omega - i\omega_B)}, \\ \sigma_3 &= \frac{\omega_p^2}{4\pi(\varGamma - i\omega)}, \end{aligned} \tag{5.6.31}$$

则 $\boldsymbol{j}$(它等于 $Nq\boldsymbol{v}$) 的三个分量可表为

$$\begin{pmatrix} j_1 \\ j_2 \\ j_3 \end{pmatrix} \begin{pmatrix} \frac{1}{2}(\sigma_+ + \sigma_-) & -\frac{i}{2}(\sigma_+ - \sigma_-) & 0 \\ \frac{i}{2}(\sigma_+ - \sigma_-) & \frac{1}{2}(\sigma_+ + \sigma_-) & 0 \\ 0 & 0 & \sigma_3 \end{pmatrix} \begin{pmatrix} E_1 \\ E_2 \\ E_3 \end{pmatrix}. \tag{5.6.32}$$

由此可见, 电导率果然具有二阶张量的形式. 从线性代数可以得知, 当 $\boldsymbol{E}$ 取某些特定值 $\boldsymbol{E}_n$ 时, 相应的 $\boldsymbol{j}_n$ 具有 $\sigma_n \boldsymbol{E}_n$ (不对 n 求和) 的形式. 这样的 σ_n 称为电导率张量的本征值, 一共有三个. 相应的 $\boldsymbol{E}_n$ 就称为本征矢量. 不难看出

$$\boldsymbol{E}_3 = E_{30}\boldsymbol{n}_3 e^{-i\omega t} \tag{5.6.33}$$

就是一个本征矢量. 相应的电流为

$$\boldsymbol{j}_3 = \sigma_3 \boldsymbol{E}_3. \tag{5.6.34}$$

根据式 (5.6.31), 本征值 σ_3 等于无磁场时的电导率式 (5.6.13). 这是由于磁场对 x_3 方向的运动没有影响的缘故.

下面再来研究 x_1 和 x_2 方向的分量. 我们将证明, 另外两个本征场就是由 E_1 和 E_2 组成的右旋和左旋电场①, 其本征值分别就是 σ_+ 和 σ_-.

根据 1.3 节的讨论, 右旋圆偏振电场可表为

$$\boldsymbol{E}_+ = E_{+0}\boldsymbol{n}_+ e^{-i\omega t}, \tag{5.6.35}$$

其中

$$\boldsymbol{n}_+ = \frac{1}{\sqrt{2}}(\boldsymbol{n}_1 + i\boldsymbol{n}_2). \tag{5.6.36}$$

① 右旋指电场回旋方向与 B_0 的方向之间为右方螺旋关系. 左旋意义相似.

如果写成列矩阵形式, 它就是

$$E_{+0}=\frac{1}{2}\begin{pmatrix}1\\ \mathrm{i}\\ 0\end{pmatrix}\mathrm{e}^{-\mathrm{i}\omega t}. \tag{5.6.37}$$

将此电场代入式 (5.6.32) 右方, 即求得

$$\begin{pmatrix}j_1\\ j_2\\ j_3\end{pmatrix}=\sigma_+E_{+0}\frac{1}{2}\begin{pmatrix}1\\ \mathrm{i}\\ 0\end{pmatrix}\mathrm{e}^{-\mathrm{i}\omega t}. \tag{5.6.38}$$

如果用矢量 $\boldsymbol{j}_+$ 表示与 $\boldsymbol{E}_+$ 相应的电流密度, 则式 (5.6.38) 可写成

$$\boldsymbol{j}_+=\sigma_+\boldsymbol{E}_+. \tag{5.6.39}$$

同样, 对于左旋电场,

$$\boldsymbol{E}_-=E_{-0}\boldsymbol{n}_-\mathrm{e}^{-\mathrm{i}\omega t}, \tag{5.6.40}$$

其中

$$\boldsymbol{n}_-=\frac{1}{2}(\boldsymbol{n}_1-\mathrm{i}\boldsymbol{n}_2).$$

相应的电流为

$$\boldsymbol{j}_-=\sigma_-\boldsymbol{E}_-. \tag{5.6.41}$$

这就证明了前面所述的结果.

一般的 $\boldsymbol{E}$ 可以分解成 $\boldsymbol{E}_+,\boldsymbol{E}_-$ 和 $\boldsymbol{E}_3$ 的叠加, 即

$$\boldsymbol{E}=\boldsymbol{E}_++\boldsymbol{E}_-+\boldsymbol{E}_0 \tag{5.6.42}$$

而相应的 $\boldsymbol{j}$ 等于

$$\boldsymbol{j}=\sigma_+\boldsymbol{E}_++\sigma_-\boldsymbol{E}_-+\sigma_3\boldsymbol{E}_3. \tag{5.6.43}$$

电磁波在这种各向异性等离子体中的传播行为, 一般是比较复杂的. 下面, 我们只就 沿着静磁场方向传播的 横电磁波作一些讨论. 这时右旋和左旋圆偏振波相应的广义介电常数分别就是

$$\begin{aligned}\varepsilon'_+&=1+\mathrm{i}\frac{4\pi\sigma_+}{\omega}=1-\frac{\omega_\mathrm{p}^2}{\omega(\omega-\omega_\mathrm{B}+\mathrm{i}\varGamma)},\\ \varepsilon'_-&=1+\mathrm{i}\frac{4\pi\sigma_-}{\omega}=1-\frac{\omega_\mathrm{p}^2}{\omega(\omega+\omega_\mathrm{B}+\mathrm{i}\varGamma)}.\end{aligned} \tag{5.6.44}$$

Γ 的定义见式 (5.5.32) 表示. 式 (5.6.44) 就是将 σ_+ 和 σ_- 代入式 (5.6.15) 所得的结果. 如果 Γ 很小, 可以略去, 则 $\varepsilon'_\pm$ 如图 5.6.2 所示. 我们看见, 当 $\omega < \frac{1}{2}\Big(-\omega_{\rm B}+\sqrt{\omega_{\rm B}^2+4\omega_{\rm p}^2}\Big)$ (即图中的 ω) 时, $\varepsilon'_- < 0$, 左旋波成为纯衰减的. 当 $\omega_{\rm B} < \omega < \frac{1}{2}\Big(\omega_{\rm B}+\sqrt{\omega_{\rm B}^2+4\omega_{\rm p}^2}\Big)$ (即 ω 在 $\omega_{\rm B}$ 与图中的 ω_+ 之间) 时, $\varepsilon'_+ < 0$. 右旋波亦将是纯衰减的. 但在 ω 低于 $\omega_{\rm B}$ 的区域, $\varepsilon'_+ > 0$, 右旋波又可以在等离子体内传播. 在 $\omega = \omega_{\rm B}$ 处, 右旋波出现一个共振. ε'_+ 在此处趋于 $\pm\infty$ 是由于略去阻尼 Γ 的缘故. 计入 Γ 以后, ε'_+ 在 $\omega = \omega_{\rm B}$ 处将是有限的, 但为一虚数, 伴随着有较大的能量吸收. 对于地磁场, 如取平均值 $B_0 \approx 0.5$ 高斯, 相应的 $\omega_{\rm B} \approx 8.8\times 10^6{\rm s}^{-1}$.

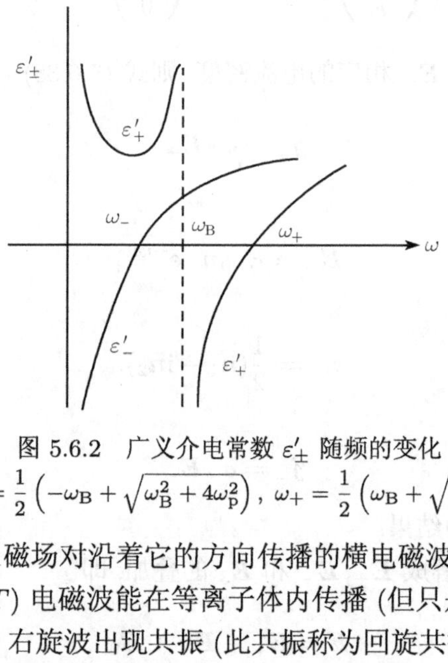

图 5.6.2　广义介电常数 $\varepsilon'_\pm$ 随频的变化

其中 $\omega_- = \frac{1}{2}\left(-\omega_{\rm B}+\sqrt{\omega_{\rm B}^2+4\omega_{\rm p}^2}\right)$, $\omega_+ = \frac{1}{2}\left(\omega_{\rm B}+\sqrt{\omega_{\rm B}^2+4\omega_{\rm p}^2}\right)$

根据上面的讨论, 磁场对沿着它的方向传播的横电磁波所产生的效果计有:

(i) 使低频 ($\omega \ll \Gamma$) 电磁波能在等离子体内传播 (但只是右旋波).

(ii) 在 $\omega = \omega_{\rm B}$ 处, 右旋波出现共振 (此共振称为回旋共振), 并伴随着有较大的能量吸收.

(iii) 左旋波与右旋波的相速不同. 当一个线偏振波射入等离子体时, 我们可以把它分解为右旋和左旋两个波的叠加. 由于两者相速不同, 故当它们从等离子体射出时, 合成的电磁波 (仍为线偏振波) 的偏振方向就转了一个角度. 这个效应通常称为磁旋光效应.

(iv) 在某些频段, $\varepsilon'_\pm$ 中一个为正, 一个为负. 因而右旋和左旋电磁波中就只有一个能在等离子体内传播. 另一个则不能. 这样, 当这种频率的线偏振波射到等离子体上时, 透出来的波将是圆偏振的. 而反射波将是椭圆偏振的 (因右旋和左旋两部分的反射强度不同).

从物理上来说, 造成右旋波和左旋波性质差异的原因在于, 在没有电磁波时, 处于均匀静磁场中的等离子体内的电子, 都在垂直于静磁场的平面内做右旋圆周运动 (沿着静磁场方向还可有一速度分量, 这时电子总地是做螺旋式运动), 其回旋频率就等于 ω_{B}. 因此, 当右旋的电磁波进入等离子体时, 就可能与电子的这种固有回旋运动发生共振. 而左旋波却没有相应的共振存在. 当然, 这是没有考虑离子运动时的结论. 如果考虑离子的运动 (在低频时, 离子运动的贡献还比较重要, 是应当考虑的), 那么, 由于离子在静磁场中的回旋运动是左旋的, 左旋波在频率等于 $\dfrac{eB_0}{Mc}$(其中 M 为离子质量) 时, 亦将发生共振. 此种共振将使得离子能直接地吸收电磁波的能量, 因而在受控热核装置中可以利用它来加热离子.

第六章 特殊相对论基础①

本章内容是讲述特殊相对论的实验基础，它的基本原理和主要结论. 在具体讨论以前，我们先作一简单介绍，说明特殊相对论究竟包含什么内容，并指出它的深刻意义以及在物理学中的作用.

特殊相对论 (以下或简称为相对论) 的原理部分包括"时空理论"和"物理学的相对性原理"，它们是从物质较高速运动的现象、特别是从较高速运动介质中的电磁现象里揭示出来的，彼此 (指时空理论和物理学的相对性原理) 有密切联系的普遍的原理规律.

特殊相对论的时空理论集中反映在不同惯性系之间的洛伦兹变换 (用来代替原来的伽利略变换) 和它所包含的物理内容上面. 新的时空理论的提出是物理学一次革命性的飞跃，它揭示了时空和运动物质之间不可分割的联系，突破了经典时空观中形而上学地把时空与物质脱离而加以绝对化的局限性，证实了辩证唯物论关于时空是运动着的物质存在的基本形式这个著名的论断.

上述物理学相对性原理的内容是：对于一切惯性参考系，物理规律都是相同的，即不存在一个特殊的具有绝对意义的惯性参考系. 新的相对性原理 (指从力学领域推广到全部物理学领域) 是在否定电磁场的机械理论 (见下) 的基础上提出来的，它的提出反映了人们对场的认识的一个新阶段，即电磁场是物质存在的一种形态，而不是某种以太介质的机械运动形态.

新的时空理论和相对性原理要求物理规律在洛伦兹变换下保持不变. 在力学运动中，它即表现为要用相对论力学方程代替牛顿力学方程. 在低速运动范围内，牛顿力学方程是相对论力学方程的很好近似，但在高速范围内，牛顿力学方程将完全不适用，必须应用相对论力学方程. 相对论力学给出了质量对速度的依赖关系、能量与质量的普遍关系等一系列重要的新结果. 这些结果后来在原子核和基本粒子物理中起着重要的作用.

相对论的原理本身在场和基本粒子的理论中也起着十分重要的作用，它是今天寻求新的基本粒子运动和相互作用规律的有力指导，在求解这方面具体问题时还具有方法上的意义.

6.1 特殊相对论的实验基础

1. 在早期的物理学中应用于实践并因而获得较充分发展的只是力学，而且还

① 特殊相对论，英文名为 special relativity theory. 中文现译成狭义相对论.

局限在低速范围 (与光速相比). 至于人类日常生活中所接触到的其他现象, 其物体间的相对运动速度更是比光速小得多. 牛顿和伽利略时代的时空理论, 虽能较好地符合低速运动的实际, 但也反映了这种低速运动的局限性.

随着时代的发展, 物理学开始突破了力学的狭隘范围, 但在当时一般仍然企图用机械论的观点来解释光和电磁的现象. 在电磁学中, 早期的超距作用理论就是显明的例子. 到了 19 世纪中后期, 人们逐步认识到电磁场是一种客观的实在, 但仍然没有完全摆脱机械论的局限性：仍把电磁场看作是某种充满整个宇宙空间的特种介质“以太”的力学运动形态, 电磁波是以太介质某种振动的传播, 这就是所谓的光波 (电磁波) 的以太理论.

电磁现象的一个重要特点是, 电磁波 (包括光波) 是以极高的速度传播, 它比当时物理学其他领域一般所能达到的速度要高得多. 技术的进步给精确的测量提供了物质条件. 因此, 在 19 世纪末期电磁现象 (包括光学现象) 的研究揭示出了旧的时主观与客观实际之间的矛盾、以及以太理论所遭遇到的严重困难.

2. 为了阐述相对论的实验基础, 我们先对当时电磁学中的以太理论作一点说明. 以太理论认为, 电磁场是一种充满整个空间的特殊介质即以太的运动状态, 因而电磁规律不符合相对性原理, “对以太静止的参考系”具有特殊的地位. 只有在这个参考系中, 光在各个方向才有完全相同的速度, 麦克斯韦方程组也才精确地成立. 在其他参考系中 (包括地球参考系) 都需要作相应的修正.

这个情况与力学有显著的不同, 我们知道力学是符合于相对性原理的, 例如牛顿定律和万有引力定律在不同惯性参考系中同样都成立, 没有哪个惯性参考系具有特殊的地位.

既然以太在电磁现象中有着如此重要的地位, 那么物体运动时, 附近的以太是否随之运动便成为一个重要的问题, 特别是地球相对于以太的运动速度更是直接地决定地球参考系中电磁规律与麦克斯韦方程相差异的程度. 通过这种差异的研究也可以反过来确定地球相对于以太的速度.

其实, 在光学中早进行过这方面的研究, 不过是在光的电磁理论出现之前, 而且精确度在一级小量 $\left(\sim \dfrac{v}{c}\right)$ 的范围①. 在这个精确度内未测察到任何地球相对于以太运动的效应, 即未观察到光在地球参考系中的传播规律与以太参考系中的规律有什么差异.

这些结果, 可以用菲涅耳公式来解释, 菲涅耳公式是在光的电磁学说以前根据对以太 (光学以太) 的一些特殊假定推出的 (参见下页的注①), 它给出相对于以太作惯性运动的“介质”参考系中光的传播规律. 设取 z 轴沿“介质”运动的方向、光

① v 指地球相对于以太的速度. 我们知道地球绕太阳的轨道速度约为 $3 \times 10^6\text{cm/s}$, 一般天体速度亦在此数量级, 因而估计 $\dfrac{v}{c} \approx 10^{-4}$. 即精确度范围为万分之一.

线传播的方向与 z 轴夹角为 θ, v 为介质对以太的运动速度, n 为折射率, 则在准到一级小量范围内, 光线在"介质"参考系中的传播速度 u 即为

$$u = \frac{c}{n} - \frac{v\cos\theta}{n^2}, \tag{6.1.1}$$

这就是菲涅耳公式. 它表明在相对于以太运动的参考系 (如地球参考系) 中, 光在各方向的速度不同. 在光的电磁理论建立以后, 洛伦兹还曾在以太下被运动介质带动的假定下, 根据介质的电子论从麦克斯韦方程重新推出了上述菲涅耳公式. 在这里我们就不详述了.

菲涅耳公式曾被斐索在准到 $\frac{v}{c}$ 级内由实验证实. 斐索实验的设计如下 (参见图 6.1.1): 光由光源 L 射出后经半透镜 P 分为两束, 一束透过 P 到镜 M_1, 反射到镜 M_2, 再经镜 M_3 到 P, 到 P 后其中一部分透过 P 到目镜 T. 另一束发出后先被 P 反射再经过 M_3, M_2 和 M_1 回到 P, 到 P 后一部分被反射, 亦到目镜 T. 光线途中置有水管, 如图 6.1.1 所示. 整个装置是固定于地球上的. 当管中水不流动时, 根据菲涅耳公式, 在准到 $\frac{v}{c}$ 级情况下两束光经历的时间是相等的, 因而两束光在目镜中无相位差. 而当水管中的水流动时, 两束光由于一束顺水流传播, 一束反水流传播, 在到达 T 时将有一相位差, 从而将产生干涉条纹. 根据菲涅耳公式计算的结果 (忽略去 $\frac{v^2}{c^2}$ 的项), 相位差为

$$\Delta\theta = \omega\Delta t = \frac{4l\omega v^*}{c^2}(n^2 - 1). \tag{6.1.2}$$

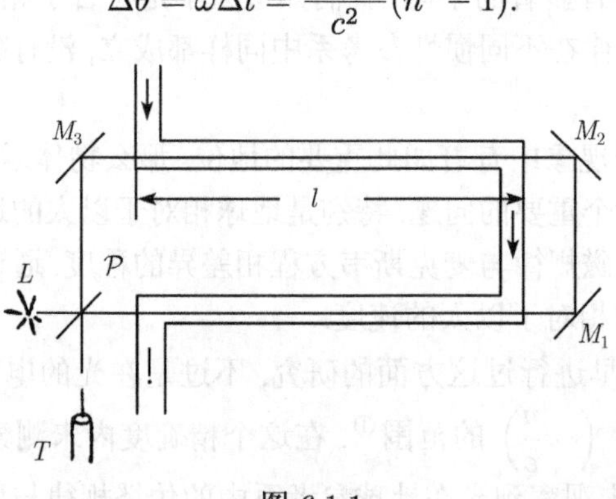

图 6.1.1

上式中的 l 为水管长度; v^* 为水相对于管的速度; ω 为光波的频率. 斐索实验的结果证实了式 (6.1.2), 因而也说明在准到 $\frac{v}{c}$ 的一级小量的情况下, 洛伦兹关于以太不为运动介质所带动的假定是正确的①.

① 菲涅耳的理论公式虽然在解释这一实验结果取得了成功, 但也遗留了一些问题. 因为在他的理论中假定了介质中的以太密度 ρ 与该介质的折射率的平方成正比. 由于折射率是频率的函数, 这样, 对于不同的频率, 将要求不同的以太密度. 于是对不同频率的光要假设不同的以太. 这一点显然是难以接受的.

从菲涅耳公式可以证明, 在所有光学实验中, 由于地球运动而引起的改正项都是 $\left(\frac{v}{c}\right)^2$ 级的. 这样就解释了光学现象在准到一级范围符合于相对性原理的实际结果. 于是, 要测定地球相对于以太的速度, 实验的精确度须达二级小量$\left(\sim \frac{v^2}{c^2} \approx 10^{-8}\right)$以上.

到了 19 世纪后期, 电磁学有了进一步的深入发展, 而技术的进步也使更精确的测量成为可能, 在这个基础上迈克尔孙首先使实验的精确度达到了 $\left(\frac{v}{c}\right)^2$ 级. 实验的设计如下 (见图 6.1.2): 由光源 L 发出的光, 一部分透过半透镜 P 到 M_1, 反射回 P 后, 再反射到目镜 T 中, 另有一部分先被 P 反射再从 M_2 反射并透过 P 到 T. 上述整个实验装置是固定在地球上的, 由于地球相对于以太的运动, 当准确到 $\left(\frac{v}{c}\right)^2$级时, 按照当时的理论, 到达 T 的两束光将有一相位差, 从而将产生干涉条纹.

让我们来计算相位差的大小. 设空气的作用可以略去, 即作为真空来处理. 这时光线速度为

$$u = \sqrt{c^2 - v^2 + v^2\cos\theta} - v\cos\theta \tag{6.1.3}$$

式 (6.1.3) 实即为普通的速度合成公式, 因介质的作用略去后就不必利用电子论, 直接根据速度合成的关系, 利用三角学公式从图 6.1.3 立即可求出上式.

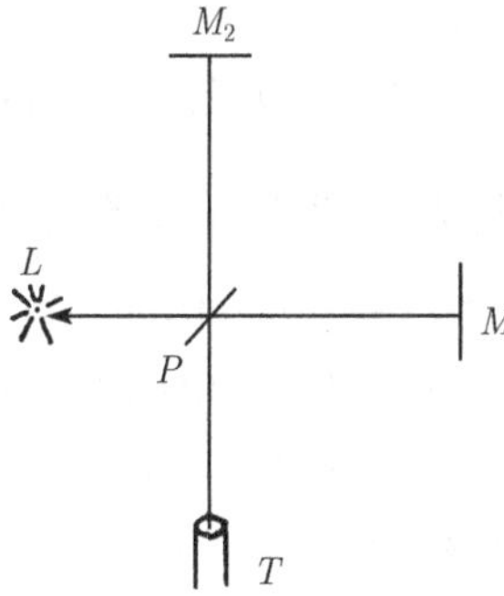

图 6.1.2 迈克尔孙的实验装置

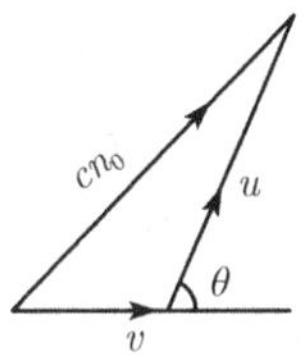

图 6.1.3 速度合成图

设图中 PM_1 的方向与 v 平行. 于是光线沿 PM_1、M_1P 和 PM_2 的速度可分别令 $\theta = 0, \pi$ 和 $\frac{\pi}{2}$ 从式 (6.1.3) 求得, 它们分别为 $c-v, c+v$ 和 $\sqrt{c^2-v^2}$. 沿 M_2P 的速度与沿 PM_2 的相等. 取 PM_1 与 PM_2 长度相等, 都是 l, 则两束光的相位差为

$$\Delta\theta = \omega\Delta t = \omega\left[\frac{l}{c-v} + \frac{l}{c+v} - \frac{2l}{\sqrt{c^2-v^2}}\right] \approx \omega\frac{l}{c}\left(\frac{v}{c}\right)^2. \tag{6.1.4}$$

正如前所说, Δt 与 t 之比为 $\sim\left(\frac{v}{c}\right)^2$ 的二级小量, 需要很高的精确度才能测出. 为

消除其他因素所引起的误差, 可将整个装置绕垂线转 $\frac{\pi}{2}$. 转动时这一因素引起的 Δt 由 $\frac{l}{c}\left(\frac{v}{c}\right)^2$ 变到 $-\frac{l}{c}\left(\frac{v}{c}\right)^2$, 而其他因素所引起的时间差不变, 于是干涉条纹的变动将完全是由我们所考虑的因素引起的. 根据变动的大小即可求出地球相对于以太的速度 v.

出乎意料的是, 尽管迈克尔孙实验的精确度很高, 即使 v 比地球公转速度小得多也可检查出来, 然而却未观察到预期的条纹变动. 实验还曾在不同的季节做过, 所以地球的公转速度与整个太阳系的运动速度偶然相互抵消的可能性也是没有的. 从迈克尔孙实验结果看来, 似乎地球相对于以太参考系是静止的, 这样一来太阳将围绕着地球在以太中旋转. 显然, 这种结论是不可接受的, 另外, 把迈克尔孙实验结果解释为地球附近的以太完全被地球带动所致, 也是行不通的. 因为它同由斐索实验证实过的洛伦兹理论冲突. 而且在解释光行差实验方面也有困难.

面对着迈克尔孙实验的否定结果, 在 1892 年左右, 洛伦兹与斐兹杰惹提出了收缩假定. 这个假定说当物体对以太参考系运动时, 它沿着运动方向的长度就会有一收缩, 由原来的 l 改变为 $l\sqrt{1-\frac{v^2}{c^2}}$, 这样在迈克尔孙实验中 PM_1 的长度应代以 $l\sqrt{1-\frac{v^2}{c^2}}$, 于是时间差的结果将变为

$$\Delta t = l\sqrt{1-\frac{v^2}{c^2}}\left(\frac{1}{c-v}+\frac{1}{c+v}\right)-\frac{2l}{\sqrt{c^2-v^2}}=0,$$

也就是说, 光速各向不同的效应恰好被长度缩短的效应所抵消. 在转 $\frac{\pi}{2}$ 后, PM_1 恢复为 l 而 PM_2 改变为 $l\sqrt{1-\frac{v^2}{c^2}}$, 这样 Δt 仍为零, 所以干涉条纹也不变动.

在迈克尔孙实验之后, 该实验还进行了其他一些实验, 例如 1903 年特劳顿与诺布耳的实验. 该实验利用"地球相对于以太的运动将使荷电电容器上产生一力偶矩"的效应来测定地球的速度, 这一效应也是 $\frac{v}{c}$ 二级的 (意思是 $\frac{v}{c}$ 的二次方级的). 然而在二级准确度上并未观测到任何力偶矩. 另外, 如果洛伦兹-斐兹杰惹收缩理论是正确的话, 相对以太运动的透明物质将变为双折射的介质, 由此亦可确定地球的速度, 1902 年瑞利和 1904 年布拉斯进行了实验, 在 $\left(\frac{v}{c}\right)^2$ 级上亦未发现任何双折射效应. 这一切结果都表明, 即使到 $\left(\frac{v}{c}\right)^2$ 级, 电磁现象也是符合于相对性原理的.

为了解释这些新的结果, 1904 年洛伦兹进一步发展了他的理论, 在收缩假定上补充了"局部时间"概念. 在作此补充后, 他给出了今天相对论中的时空变换公式 (因而该变换称作洛伦兹变换), 这样洛伦兹实际上已走到了新理论的边缘, 只是由于他未能摆脱原来的波动观念 (即波是某种介质振动的传播) 影响, 不能舍弃以太介质的观点, 因而未能对所得到的变换公式作出正确的解释.

从以上的讨论, 我们看见, 当研究运动介质中的电磁现象时, 得到了许多似乎相互矛盾的结果: 斐索实验似乎证明了以太是不被运动介质所带动, 而迈克尔孙实验却似乎又证明它被地球所带动, 其他准确到 $\left(\frac{v}{c}\right)^2$ 的实验亦未观察到地球相对以太的运动. 这些新的实验事实, 要求人们能抛弃某些旧的观念以建立新的理论. 特殊相对论就是于 1905 年, 由爱因斯坦在这些新的事实基础上提出来的.

6.2 特殊相对论的基本原理 洛伦兹变换公式

1. 在对上述实验进行深入分析后, 爱因斯坦在“特殊相对论”中提出了新的理论观点. 下面我们就来逐步地说明. 首先, 该理论提出: 所有实验都未观测到地球相对于以太运动的效应, 不应看作是一个偶然的现象, 不能认为是恰好与其他因素相抵消的结果, 而应看作是电磁现象完全符合相对性原理的有力证明. 这是对以太假设的一个根本性否定. 这个否定还意味着人类对电磁场认识发生了一个质的飞跃, 即电磁场本身就是物质的一种存在形式, 而不是某种介质的运动形态. 与此同时, 人类对波动的了解也突破了机械论的限制, 即波动不仅是机械振动的传播方式, 它还可能是物质本身在空间中运动的方式. 这一认识对以后揭示微观粒子的运动规律也有着重要意义.

当然, 仅仅否定以太还不足以使得麦克斯韦-洛伦兹电磁理论与相对性原理一致. 例如电磁波的传播问题, 根据麦克斯韦方程组, 电磁波 (如一个波包) 在真空中传播的速度恒为 c, 与辐射源的速度无关. 显然, 这个结果如果对某一惯性参考系 S_0 成立, 则直接由速度变换公式, 对其他惯性参考系 S 就不可能成立. 例如设 S 对 S_0 以速度 v 运动, 速度方向为共同的 x 轴方向, 则电磁波波包在 S 参考系中沿 x 轴正向和反向的速度就为 $c-v$ 和 $c+v$. 这是速度变换公式的直接结论, 即使否定了以太理论也是如此.

又如两个相对于 S_0 系以等速 v_0 运动的电荷, 当其连线与运动方向间有一倾斜角 θ 时, 根据麦克斯韦方程组和洛伦兹力公式, 将出现一力偶矩 (上述特劳顿-诺布耳实验的原理就是如此). 这样, 对于“随着电荷运动”的惯性系 S, 静止电荷间的作用力将不遵从库仑定律. 因为根据力的变换关系, 当由一个惯性系变换到另一个惯性系时, 力是保持不变的. 这再一次说明, 麦克斯韦-洛伦兹理论不可能在 S_0 和 S 同时成立, 即使是在否定了以太理论以后也仍然如此. 以上讨论表明, 单只否定以太理论, 新实验所揭示出来的矛盾一个也还没有解决.

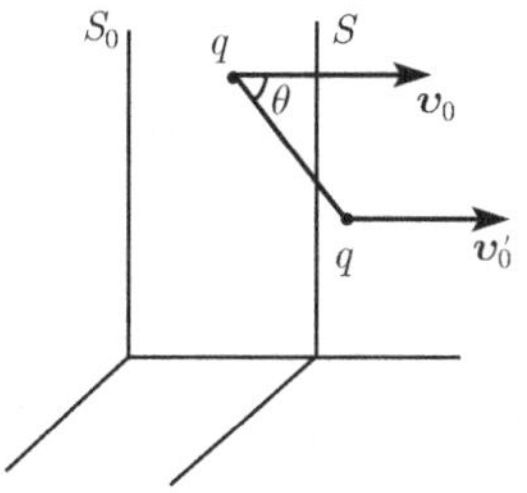

图 6.2.1

在肯定电磁现象是完全符合于相对性原理的前提下，出路就只有两条，或者是麦克斯韦-洛伦兹理论需要修改，或者是速度和力的变换公式这一类基本关系式有问题. 速度和力的变换公式都与我们的时空概念有着密切的联系，特别是速度变换公式，可以说是完全建筑在时空概念的基础上，如果不对时空概念进行根本性的修改，要修改速度变换公式是不可能的. 经过一定的分析以后，爱因斯坦的“特殊相对论”选择了第二条道路，即认为旧的时空概念和变换公式只能看作是低速、小范围情况下的近似结果，不能推广到高速或较大范围的情况. 如果不把“同时性”、“长度”、“时间间隔”等概念加以绝对化，那么修改速度变换公式是可能的. 根据新的实验结论修改后的时空理论可以使所有矛盾都获得解决.

新的时空理论在观点和基本概念上是一次革命性的变革，但它也把旧的时空理论作为一定条件下的近似结果而继承下来. 到现在，从特殊相对论得出来的结果已得到大量实验的证实. 而当时还提出的一些修改麦克斯韦-洛伦兹理论的试探 (如假定真空中电磁波速度只是相对于辐射源的速度为 c)，皆为双星的观测和以日光作光源的迈克尔孙实验所否定.

总结起来，“特殊相对论”分析实验以后的基本结论是：① 相对性原理有着相当广泛而准确可靠的实验基础，应当作为物理学中的一个基本原理，适用于物理学的各个领域. 相应地，以太理论应当抛弃，电磁场应该认识为物质存在的一种形态. ② 根据迈克尔孙实验的结果，应当认为光在真空中的速度对于任何惯性参考系都是 c，与光源的速度无关. 这本是麦克斯韦方程组的结果. 特殊相对论认为：至少这一结果应该肯定，如果不是全部麦克斯韦-洛伦兹理论都应肯定的话. 而上述两个结论与速度变换公式之间的矛盾，则应当通过修改时空理论来解决.

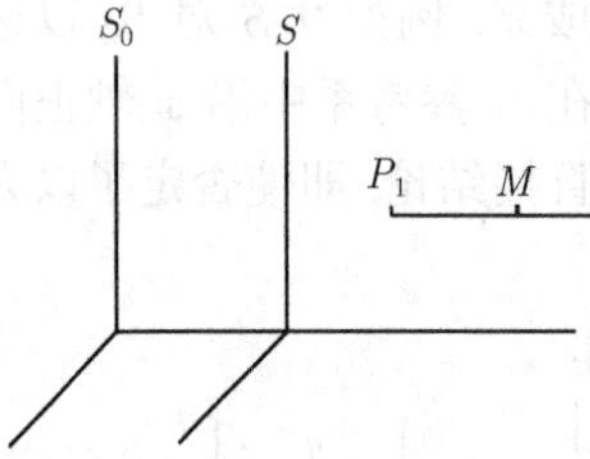

图 6.2.2

2. 如上段所言，原来的时空概念必须进行修改，以与“真空光速恒为 c 与光源运动状态无关的结论”相适应. 例如上述关于光速的结论要求同时性只具有相对的意义，即对于一个惯性系同时发生的事件，对另一个惯性系将不一定是同时发生的. 这可以从下述分析看出：设图 6.2.2 中 P_1 点和 P_2 点相对于惯性系 S_0 为静止，它们的中点为 M，则对 S_0 系来说，自 M 点发出的光将同时到达 P_1 和 P_2. 而对另一个相对 S_0 沿 P_1P_2 方向运动的惯性系 S，按照上述结论，光的速度亦将为 c. 但是，对 S 系来说，P_1 和 P_2 是运动的，因此光到达 P_1 和 P_2 的时间不可能相同，这就证实了前面关于同时性只具有相对意义的论断. 进一步的分析还可发现“长度”和“久暂”也只有相对的意义. 这样原来的时空理论就需要进行彻底的变革.

3. 下面我们就将根据上述基本结论的要求，先推出两个惯性参考系之间的时空变换关系. 有了变换关系以后就可以得出新时空理论的全部特点.

在特殊相对论之前, 两惯性系 S 与 S' 之间的时空变换关系为伽利略变换. 当取两参考系中的坐标轴彼此平行、其中 x 轴沿相互运动方向、而且将坐标原点重合的时刻取为零时, 伽利略变换即为

$$
\begin{aligned}
x' &= x - vt,\\
y' &= y,\\
z' &= z,\\
t' &= t.
\end{aligned}
\tag{6.2.1}
$$

从上述伽利略变换立即可以推出原来的速度变换公式. 如前所述, 这个速度变换公式是与光速恒为 c 的结论相矛盾的, 因而伽利略变换必须用新的变换来代替. 新的变换关系可以从下述要求推导出来.

(1) 变换是线性的. 这是因为时空具有均匀性的缘故. 也只有这样, 才能使凡相对于 S 做等速运动的物体相对于参考系 S' 也是等速的, 从而使得对第三个参考系是否为惯性系, S 和 S' 有一个共同的判断标准.

(2) $(\Delta x)^2+(\Delta y)^2+(\Delta z)^2-c^2(\Delta t)^2$ 为不变量. 这就是为了满足光速恒为 c 的要求而设的. 证明如下: 设光在 S 系中速度为 c, 则在 (x_0,y_0,z_0) 点 t_0 时发出的光, 在 t 时刻波前为一球面, 球面满足的方程为 $(x-x_0)^2+(y-y_0)^2+(z-z_0)^2-c^2(t-t_0)^2=0$. 当变换到惯性系 S' 系时, $(x_0,y_0,z_0,t_0)\to(x_0',y_0',z_0',t_0')$, $(x,y,z,t)\to(x',y',z',t')$. 在 $(\Delta x)^2+(\Delta y)^2+(\Delta z)^2-c^2(\Delta t)^2$ 为不变量的条件下, 即得 (x',y',z',t') 亦满足球面方程 $(x'-x_0')^2+(y'-y_0')^2+(z'-z_0')^2-c^2(t'-t_0')^2=0$. 于是对 S' 系来说光速亦各向相同, 并亦等于 c.

在通常的取法中, 令两惯性系原点重合的事件的时刻为 $t=t'=0$. 这时不变量即化为 $x^2+y^2+z^2-c^2t^2$.

从上述两个要求就可以定出两惯性参考系之间变换关系. 取运动方向为两者 x 轴方向 (y 轴和 z 轴彼此平行), 坐标原点重合的时刻为零. 这时变换关系即为

$$
\begin{aligned}
x' &= \alpha_{11}x+\alpha_{12}t,\\
t' &= \alpha_{21}x+\alpha_{22}t.
\end{aligned}
\tag{6.2.2}
$$

另外二个空间坐标彼此相等. 式 (6.2.2) 也可从更普遍的线性变换形式根据对称性的考虑推出.

从式 (6.2.2) 以及不变性的要求, 有

$$
\begin{aligned}
x'^2-c^2t'^2 &= (\alpha_{11}x+\alpha_{12}t)^2-c^2(\alpha_{21}x+\alpha_{22}t)^2\\
&= x^2-c^2t^2.
\end{aligned}
$$

上式对于任意 (x,t) 都成立的必要和充足条件为: 上式中相应的系数必须逐一相等. 亦即

$$
\begin{aligned}
\alpha_{11}^2 - c^2\alpha_{21}^2 &= 1, \\
\alpha_{11}\alpha_{12} - c^2\alpha_{21}\alpha_{22} &= 0, \\
\alpha_{12}^2 - c^2\alpha_{22}^2 &= -c^2.
\end{aligned} \tag{6.2.3}
$$

再引入参考系 S' 对参考系 S 的速度 v, 由式 (6.2.2) 不难得出

$$
v = -\frac{\alpha_{12}}{\alpha_{11}}. \tag{6.2.4}
$$

这样 $\alpha_{11}, \alpha_{12}, \alpha_{21}, \alpha_{22}$ 即可从式 (6.2.3) 和 (6.2.4) 解得, 结果为

$$
\begin{aligned}
\alpha_{11} &= \frac{1}{\sqrt{1-\dfrac{v^2}{c^2}}}, \qquad \alpha_{12} = -\frac{v}{\sqrt{1-\dfrac{v^2}{c^2}}}, \\
\alpha_{21} &= \frac{-v/c^2}{\sqrt{1-\dfrac{v^2}{c^2}}}, \qquad \alpha_{22} = \frac{1}{\sqrt{1-\dfrac{v^2}{c^2}}}.
\end{aligned} \tag{6.2.5}
$$

代回式 (6.2.2), 变换关系就可写成

$$
\begin{aligned}
x' &= \frac{x - vt}{\sqrt{1-\dfrac{v^2}{c^2}}}, \\
t' &= \frac{t - \dfrac{vx}{c^2}}{\sqrt{1-\dfrac{v^2}{c^2}}}.
\end{aligned} \tag{6.2.6}
$$

这就是我们所要推求的结果, 通常称为洛伦兹变换公式.

在对洛伦兹变换公式的物理内容作具体的讨论之前, 先要了解清楚它代表什么意义. 根据“相对论”的解释, 它代表的是任何一个物理事件在不同惯性系中时空坐标的变换关系 (设事件是 “定域瞬息性” 的, 发生于某一时刻和空间的某一点. 它可以是一个大物体中某一点的瞬态, 例如物体的前端到达某点 P). 在这里, 就已初步显示出新理论与过去理论的差别：它所讨论的对象不是一个抽象的空间点或时间点而是一个物理事件. 一个事件不能只有空间坐标或时间坐标, 而必须同时具有两者. 这样时空坐标就合在了一起. 在应用洛伦兹变换处理问题时, 特别要注意两组时空坐标是否代表同一物理事件发生的时刻和位置, 以免发生错误①.

其次, 需要注意的是, 各参考系中的度量基准问题. 各参考系中的度量基准必须是一致的, 即时间的基准必须采用同样的物理过程, 例如都以某种原子核的衰变或某种晶体的弹性振动为基准; 长度的基准必须用同样的物体的尺度, 例如用某种

① 学生在做习题或考试时, 常会发生这样的错误, 必须特别注意.

静止原子的半径来规定. 下面我们把作为基准用的过程或物体分别称为时计和尺. 考虑到物体的长度可能因它的运动状态而变, 故还必须限制每个参考系中的时计和尺都相对于该参考系为静止. 这样, 各个参考系时空度量结果的差别, 实际上是时计和尺运动状态的差别的反映, 而不是像某些唯心论者所言是由于观察者不同的缘故.

关于洛伦兹变换的物理内容, 我们将在以下两节中讨论.

6.3 相对论的时空理论

在 6.2 节中, 已根据相对论的基本原理建立了新的时空坐标变换关系. 现在, 我们就对它的物理内容进行讨论：分析它的特点以及实验检验等问题. 首先, 我们看见, 当速度比较小而且涉及的空间范围又不大时, 洛伦兹变换即还原为伽利略变换

$$x' = x - vt,$$

$$t' = t. \tag{6.3.1}$$

这就表明, 新的时空理论将不与"过去在低速和较小范围条件下的"实践结果相矛盾, 它的特点只在高速或较大范围的情况才显示出来.

从洛伦兹变换可以得出四个主要结论, 它们标志着新时空理论区别于旧时空理论的特点.

(1) 同时的相对性. 设 S 和 S' 为两个惯性系, 其时空坐标变换关系如式 (6.2.2) 和 (6.2.5) 所规定. 设事件 1 在两惯性系中的时空坐标分别为 (x_1, t_1) 和 (x_1', t_1'). 事件 2 在两惯性系中的时空坐标分别为 (x_2, t_2) 和 (x_2', t_2'). 如前所述, 同一个客观事件在两个惯性参考系中的时空坐标是由洛伦兹变换所联系的, 于是有

$$x_1' = \frac{x_1 - vt_1}{\sqrt{1 - \dfrac{v^2}{c^2}}},$$

$$t_1' = \frac{t_1 - \dfrac{v}{c^2}x_1}{\sqrt{1 - \dfrac{v^2}{c^2}}},$$

$$x_2' = \frac{x_2 - vt_2}{\sqrt{1 - \dfrac{v^2}{c^2}}},$$

$$t_2' = \frac{t_2 - \dfrac{v}{c^2}x_2}{\sqrt{1 - \dfrac{v^2}{c^2}}}.$$

将第四式与第二式相减, 得出

$$t_2' - t_1' = \frac{(t_2 - t_1) - \dfrac{v}{c^2}(x_2 - x_1)}{\sqrt{1 - \dfrac{v^2}{c^2}}}. \tag{6.3.2}$$

从上式我们看到, 两个相对于 S 系为同时发生的事件, 相对于 S' 系并不一定同时, 除非它们的 x 坐标相等. 因若 $t_2 = t_1$, 即在 S 系中两者为同时, 则从式 (6.3.2) 就得出

$$t_2' - t_1' = -\frac{1}{\sqrt{1 - \dfrac{v^2}{c^2}}}\frac{v}{c^2}(x_2 - x_1). \tag{6.3.3}$$

于是, 对于 S' 系来说, 当 $v > 0$ 而且 $x_2 > x_1$ 时, 事件 2 将发生在事件 1 之前, 在 $x_2 < x_1$ 时, 事件 2 将发生在事件 1 之后. 这样, 上述两个事件在 S' 中的先后次序将与它们间的距离和两个参考系间的运动状态有关.

在旧的时空理论中, 时间次序是绝对的, 在惯性系的变换中 t 是不变的, 这从伽利略变换可以清楚地看出. 也就是说, 在旧的时空理论中, 在一个惯性系中同时发生的事件, 在另一惯性系中也是同时发生的. 即同时性具有不依赖空间坐标与参考系运动状态的绝对意义. 而新的时空理论与旧的时空理论在这点上有着原则性的差别.

关于"同时"的相对性, 我们在 6.2 节中已经从"光速恒为 c 与光源运动状态无关"的结论直接看出. 在这里, 从洛伦兹变换更进一步给出了时间差的定量结果. 值得注意的是, 相对于一个参考系为同时同地发生的事件, 在其他参考系中都将是同时同地发生的, 不会有任何改变.

从上面的讨论还可以看出, 在新的时空理论中, 时间先后的次序有可能颠倒过来. 例如, 上述两个事件在 $v > 0$ 和 $v < 0$ 的两个参考系中的次序就是相反的. 我们知道, 先后发生的事件之间是可能有因果联系的, 特殊相对论是否会同这种因果关系相矛盾呢? 怎样才能避免这种矛盾呢? 关于这个问题我们将留到下一节中讨论.

(2) 洛伦兹-斐兹杰惹缩短. 下面我们先来讨论物体运动时的长度是否与它静止时长度相同的问题 (实际上也就是相互做惯性运动的物体的长度比较问题). 设在参考系 S_0 中有一静止的棍, 其长度为 l_0, 现使其沿其长度方向做等速运动, 速度为 v, 我们要求运动时的长度. 需要注意的是, 不能令度量的尺也具有速度 v, 亦即使得尺与棍相对静止然后用重叠的方法去比较. 这是因为, 如果物体运动时长度会变化, 则尺在运动时长度也同样会变化. 我们所要推求的是: 运动的棍用静止的尺所度量的值. 相应的测量方法应是同时去测量运动的棍两端的坐标, 再用静止的尺来确定它的长度.

取棍的方向为 x 轴方向, 也就是参考系 S' 相对参考系 S 的运动方向. 对两端坐标进行测量为两个事件. 由于测量在 S 参考系中是同时进行的, 故两事件的时空坐标可设为 (x_1, t) 和 (x_2, t)[①]. 该运动棍的长度 l 即为 $x_2 - x_1$.

为求出 l 与静止长度 l_0 之间的关系, 我们引进与棍相对静止的另一个惯性系 S'. 设上述两测量事件在 S' 中的时空坐标为 (x'_1, t'_1) 和 (x'_2, t'_2), 则 $x'_2 - x'_1$ 应代表棍在 S' 中的长度 (注意, 由于棍对 S' 为静止, 其端点坐标不随时间变化, 故 t'_1 不等于 t'_2 并不影响结果). 而两惯性系中长度的标准是一致的[②], 故棍的静止长度对于两惯性系具有相同的值, 于是有

$$x'_2 - x'_1 = l_0.$$

由洛伦兹变换公式,

$$x'_2 = \frac{x_2 - vt}{\sqrt{1 - \dfrac{v^2}{c^2}}},$$

$$x'_1 = \frac{x_1 - vt}{\sqrt{1 - \dfrac{v^2}{c^2}}},$$

即得出

$$x'_2 - x'_1 = \frac{x_2 - x_1}{\sqrt{1 - \dfrac{v^2}{c^2}}},$$

于是有

$$l = l_0\sqrt{1 - \frac{v^2}{c^2}}. \tag{6.3.4}$$

上式表明棍沿其长度方向运动时, 其长度即缩短为静止值的 $\sqrt{1 - \dfrac{v^2}{c^2}}$ 倍. 如果是任意形状的物体, 那么就是沿运动方向的长度有上述的缩短. 这种效应称为洛伦兹-斐兹杰惹缩短.

由于“运动物体长度的缩短”也一定是符合于相对性原理的, 即对任一惯性系都有类同的结论, 这就使得“长短比较”具有一定的相对性. 比方有两根棍, 静止时长度相同, 现令一根 (棍 1) 沿其长度方向运动, 另一根 (棍 2) 仍静止 (都对 S 系而言), 方向与棍 1 平行, 则如上所说, 棍 1 的长度 (仍是对 S 系而言) 将有一缩短, 因而 $l_1 < l_2$. 但对另一个相对于棍 1 为静止的惯性系 S' 来说, 棍 2 是运动的, 棍 1 是静止的, 于是有 $l'_2 < l'_1$(加撇的意思是指在 S' 参考系中的长度). 由此可见：两棍哪

① 在这里以及下文中, 脚标 1 和 2 代表两个事件. 与式 (6.3.2) 中的相同.

② 参见 6.2 节的最后部分的说明.

一个较长是相对的, 要看是哪个惯性系中度量的长度. 当然, 若两棍相对静止而且方向平行, 那么“哪一个较长”是有绝对意义的, 即对任何惯性系结论都相同.

最后, 我们要说明：式 (6.3.4) 虽然仍称为洛伦兹-斐兹杰惹缩短, 但“相对论”对它的理解与洛伦兹和斐兹杰惹当初的理解有着重要的区别. 第一, 洛伦兹和斐兹杰惹把这种缩短仅仅作为是一种具体物质的性质, 是由于原子之间的电磁作用力在运动时改变, 而引致原子之间距离改变的结果. 而在相对论理论中, 就不局限于这样意义而认为是更普遍的时空属性. 例如在原子核中, 核子间的作用力主要为核力, 但原子核亦应具有同样的缩短效应.

第二, 在洛伦兹和斐兹杰惹理论中, l_0 是棍对以太静止时的长度, l 是对以太运动时的长度, v 为相对于以太的运动速度, 因而缩短是绝对的:“两根互相等速运动的棍哪一个较长”在所有惯性参考系中有着相同的结论. 而在相对论中, 如前所述, 缩短是相对的：两根互相等速运动的棍, 哪一个缩短了, 对不同的惯性参考系结论是不同的.

(3) 爱因斯坦延缓. 考虑一个物理过程, 例如晶体的弹性振动. 假设晶体静止时振动周期为 τ_0, 我们要考察晶体运动时振动周期是否改变. 令晶体以等速 v 相对惯性系 S 运动, 而相对 S' 系为静止. 设“振动的晶体相邻两次达到振幅极大值”的事件在 S 参考系中的时空坐标为 (x_1, t_1) 和 (x_2, t_2), 在 S' 系中的时空坐标为 (x_1', t_1') 和 (x_2', t_2'), 其中 $x_2' = x_1'$(因为相对 S' 系为静止). 由洛伦兹变换得

$$t_2 - t_1 = \frac{1}{\sqrt{1-\beta^2}}(t_2' - t_1'), \qquad \beta = \frac{v}{c}.$$

注意到晶体在 S' 系中静止, 故 $t_2' - t_1' = \tau_0$, 于是得晶体运动时其振动周期为

$$\tau = t_2 - t_1 = \frac{\tau_0}{\sqrt{1-\beta^2}}. \tag{6.3.5}$$

我们看到晶体运动时的振动周期比它静止时的值长了, 亦即振动进行得较缓慢, 这种效应称为爱因斯坦延缓.

爱因斯坦延缓为一切“发生在运动物体上”的物理过程所具有, 它也是一种基本的时空属性, 与过程的具体机制无关. 同洛伦兹缩短是一样, 爱因斯坦延缓也是相对的①.

爱因斯坦延缓在基本粒子物理中得到了大量实验的证明, 基本粒子的寿命在它自身的质心系中是确定的, 但在实验室中可以产生各种不同速度的基本粒子, 这些不同速度粒子的寿命的确符合式 (6.3.5). 有些基本粒子寿命在其质心系中只有

① 在此处授课教员可以补充关于“时计佯谬”的说明. 所谓“时计佯谬”是指一个相对惯性系 S 做等速运动的时计, 在运动一定距离后再折回运动到起始点, 并与“静止在起始点”的另一时计相比较时所出现的问题 (在随着时计运动的参考系中对出现的结果如何解释?).

10^{-10} 秒, 如果没有延缓效应即使它的速度达到光速, 也只能走 3cm 远, 实际上, 速度接近光速的基本粒子在实验室中走的距离要比此值大得多.

从以上三点的讨论我们得知, 如果从 S 系的标准来衡量上述 S' 系的时计和尺, 即将得到这样的结果: ① S' 中的尺有缩短; ② S' 中的时计有延缓 (因为时计也是利用某种物理过程来作度量的); ③ S' 中各处的时计彼此未对准 (同时的相对性). 当然反过来从 S' 系来衡量 S 系, 结论也一样.

(4) 任何物体的速度不能超过真空中的光速 c. 洛伦兹变换是两个惯性系中时空坐标之间的关系式. "坐标必须是实数" 这一要求, 决定了有惯性系之间的相对速度不能超过 c, 否则 $\sqrt{1-\frac{v^2}{c^2}}$ 将变为虚数. 既然任何一个物质实体都可作为参考系, 因此任何一个物体运动的速度也不能超过 c.

在下一节中, 我们还要进一步讨论物体运动的速度极限的问题, 在那里将说明, 不论用运动学 (例如通过两惯性参考系中的速度变换) 还是用动力学 (施加恒力) 的办法, 都不能使物体速度超过 c.

以上的讨论还表明, 在相对论中, 参考系必须是某种现实可能的运动物体的代表, 而不能是一个纯属虚设的标架, 因而参考系之间的相互运动速度不能超过现实物体可能速度的范围.

从本节的讨论看出, 经典时空理论事实上是把低速运动和比较小范围内总结出来的结果加以绝对化, 从而 "先后"、"久暂" 和 "长度" 等都具有不依赖于运动物质的绝对意义. 经典时空理论承认时间和空间的客观实在性, 但同时又认为空间和时间是与物质分离的, 它是脱离物质的独立的存在, 而且时空彼此也是相互不关联的: 空间好比一个三维的大容器, 物质是容放在空间之中, 物体的体积和线度, 就是它所占据的空间的容积和线度, 其值是绝对的, 与参考系无关; 时间是一维的, 并且单向均匀地流逝着, 所有的物质过程, 都容现在这个时间的长流之中. 事件的先后次序也就由它们在这时间长流中的 "位置" 来决定, 过程的久暂由其始终点在这长流中的 "距离" 来决定, 因而也都是绝对的. 时间与空间彼此也没有任何联系.

由此看来, 经典时空理论在观点上带有某种形而上学的局限性, 而且将时空与物质割裂了开来.

特殊相对论的结论说明了时间和空间与物质运动有着不可分割的联系, 这与上述形而上学的观点完全不相容, 它证实了辩证唯物论的时空观的正确性. 按照辩证唯物论的观点, 时间和空间都是运动物质存在的形式, 两者 (指时间和空间) 因而可能互相紧密联系. 时空属性乃是物质运动基本属性的反映. 特殊相对论的结果正具体体现了这种时空与物质之间的不可分割的联系.

马赫主义者歪曲特殊相对论的结果, 把时空关系的相对性归结为不同惯性系中观测者的主观知觉的不同. 在马赫主义者看来, 时空不是运动物质存在的形式而是人类知觉和思维的形式、时间和空间不能与观测者相分离，并以此来否定时空的客观性. 这显然是荒谬的，早在人类以及动物出现以前，自然界就存在于时空中，这时并没有什么观测者. 实际上，时空关系的相对性乃是物体间运动状态相对性的反映. 这种相对性是客观的，与观测者是否存在以及在哪里观测没有关系.

6.4　对时间次序问题的进一步讨论

从 6.3 节的讨论，已经了解到，若两件事 A 和 B 对于某一惯性系是同时 (但在不同地点) 发生的，则对另外的惯性系一般就不是同时发生的. 对一部分惯性系可能是 A 先于 B，另一部分却是 B 先于 A. 这样说来，是否事件的先后次序完全没有客观意义呢? 显然不是. 如果两事件有“连续”关系 (即一事件是另一事件的继续)，或有因果关系以及依赖关系，则它们的先后次序应当是绝对的，不容颠倒. 例如火箭到达的时间不能先于火箭发射的时间，高速旅行者死亡的时间不能先于出生的时间等. 我们把“具有上述关系”的事件统称为关联事件，于是结论即为：关联事件的先后次序有着绝对意义. 这是“时间先后”这一概念所必须反映的客观内容. 下面我们就来考察相对论理论是否与此相矛盾，以及在什么条件下才不会有矛盾.

在考察时，我们可以从具体的事件中抽象出来，而来讨论不同事件所对应的“时空点”(即它们发生的时刻和地点) 之间的关系. 设 (x_1, t_1) 和 (x_2, t_2) 为 S 中两个“时空点”，$t_2 > t_1$，并设变换到 S' 中后分别为 (x_1', t_1') 和 (x_2', t_2')，则由公式 (6.3.2)，有

$$t_2' - t_1' = \frac{(t_2 - t_1) - \dfrac{v}{c^2}(x_2 - x_1)}{\sqrt{1 - \dfrac{v^2}{c^2}}}.$$

从上式不难看出，$(t_2' - t_1')$ 取负值即与 $(t_2 - t_1)$ 反号 (即两事件时序的颠倒) 的条件是

$$t_2 - t_1 < \frac{v}{c^2}(x_2 - x_1),$$

也就是

$$v\frac{x_2 - x_1}{t_2 - t_1} > c^2. \tag{6.4.1}$$

由此可见，如果所有的物质、作用或影响等的传送速度都不大于 c 的话，那么能够用关联事件对应起来的两个“时空点”，其先后次序就不会颠倒，因为这时

$$\left|\frac{x_2 - x_1}{t_2 - t_1}\right| < c,$$

$$|v| < c, \tag{6.4.2}$$

所以式 (6.4.1) 不可能满足. 至于不可能用关联事件对应起来的两“时空点”则因 $\left|\dfrac{x_2 - x_1}{t_2 - t_1}\right| > c$ 故总可以选择适当的 v 使式 (6.4.1) 成立. 也就是说, 总可以找到参考系 S' 使它们在 S' 中的先后次序与 S 中的相反.

上述讨论表明: 在限定了最大可能的传送速度为 c 以后, 就不会发生“关联事件”先后次序颠倒的情况出现 (注:“相速度”大于 c 是可以允许的, 因为相速度不过是空间各点振动相位的一个变化关系, 并不是实物的运动速度). 如果在某种新条件下, 实验上发现了有超 c 的传送速度, 那么相对论的时空理论就必须要作修改.

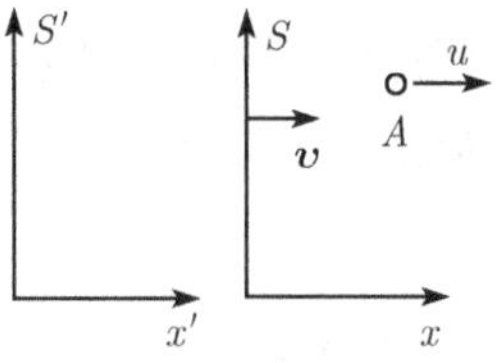

图 6.4.1

到这里自然会提出问题, 利用速度合成是否可以得到大于 c 的速度? 比方说物体 A 在 S 系中的速度为 u, S 系在 S' 系中的速度为 v, 方向都在 x 方向, 那么当 u 和 v 都大于 $\dfrac{c}{2}$ 时, 是否即得出在 S' 中的速度 u' 大于 c 呢? 不是的, 因为 u 是用“S 系的标准”度量的值, v 是用“S' 系的标准”度量的值, 两者不能直接相加, 而需通过变换关系来计算. 计算的结果是 (留给读者作为习题)

$$u' = \frac{u+v}{1+\dfrac{uv}{c^2}}, \tag{6.4.3}$$

此即为相对论中的速度变换公式. 如果 u 不在 x 方向 (x 方向即两坐标系的相对运动方向), 则速度变换公式为

$$\begin{aligned} &u'_x = \frac{u_x+v}{1+\dfrac{u_x v}{c^2}}, \qquad u'_y = \frac{u_y\sqrt{1-\dfrac{u^2}{c^2}}}{1+\dfrac{u_x v}{c^2}}, \\ &u'_z = \frac{u_z\sqrt{1-\dfrac{v^2}{c^2}}}{1+\dfrac{u_z v}{c^2}}. \end{aligned} \tag{6.4.4}$$

从式 (6.4.3) 或 (6.4.4) 不难证明: 如果 $|u| < c, |v| < c$ 则亦将得出 $|u'| < c$, 若 u 与 v 之中有一个等于 c 或两个都等于 c, 则 u' 就等于 c. 因此通过速度变换也不可能得到大于 c 的速度. 上述讨论还表明, 在相对论中, 速度 c 具有过去无穷大速度的某些性质: 在过去任意两个有限速度合成后都小于无穷大速度, 若其中有一个是或二个都是无穷大速度, 合成后仍为无穷大速度. 这个性质乃是极限速度的特点.

在用速度合成的方法即运动学的方法不行以后, 还可以问: 能否用动力学的方法使速度超过 c 呢? 例如对物体施加一恒力, 它的速度是否会增加到比 c 大? 在下文讨论相对论力学中, 我们将看到, 物体的质量将随着速度增加而增加, 若速度达

到 c, 质量将为无穷, 这时, 物体的动能亦将为无穷, 这是现实所达不到的. 因此企图用动力学的方法来得到大于 c 的速度也是不可能的. 从这里也可看出, 相对论理论的成立还要求对力学规律进行必要的修改.

到现在, 相对论关于速度不可能超过光速 c 的结论在基本粒子的运动中已经得到证实. 例如高能加速器中的粒子, 随着能量的大幅度地增加, 它的速度亦只越来愈接近于 c, 从没有超越 c.

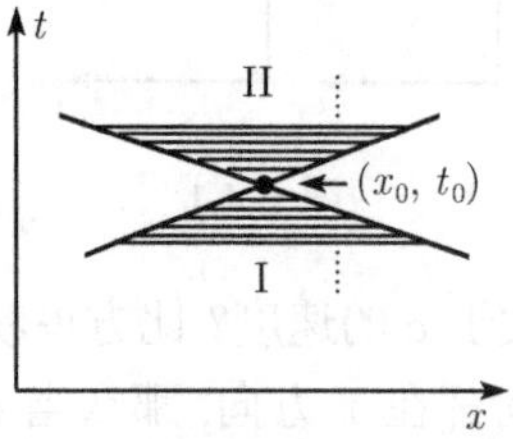

图 6.4.2　通过 (x_0, t_0) 点的光锥的示意图

以上的结果, 可以用"光锥"更清楚地表示出来. 我们来考察时空点 (x_0, t_0) 与所有其他时空点 (x, t) 间的先后次序关系. 为此, 作交叉直线 $(x-x_0)^2 - c^2(t-t_0)^2 = 0$, 如图 6.4.2 所示. 两直线所夹的阴影部分内的点同 (x_0, t_0) 之间的先后次序有着绝对意义, 因为阴影中每一点与 (x_0, t_0) 都可用关联事件联系起来. 于是区域 I 中的点应绝对地比 (x_0, t_0) 早, 因它们所对应的事件, 可以对 (x_0, t_0) 点所对应的事件产生影响; 同样区域 II 中的点应绝对地比 (x_0, t_0) 晚. 因它们所对应的事件, 可以受到 $(x_0,\ t_0)$ 所对应事件的影响. 至于无阴影部分的时空点与 (x_0, t_0) 之间的时间次序, 只有相对的意义. 在变换到别的惯性参考系时可能颠倒过来. $(x-x_0)^2 - c^2(t-t_0)^2 = 0$ 的曲线即称为通过 (x_0, t_0) 的光锥, 在三维情况, 通过 (x_0, t_0) 的光锥的方程式即为

$$(x-x_0)^2 + (y-y_0)^2 + (z-z_0)^2 - c^2(t-t_0)^2 = 0.$$

6.5　电磁规律的相对论不变性

1. 在前三节中, 我们讨论了相对论的时空理论, 并解决了真空中光速恒为 c 与伽利略变换下的相对性原理之间的矛盾问题. 在这一节和下一节中, 我们将作进一步的讨论, 考察电磁规律和力学规律是否能与洛伦兹变换下的相对性原理一致, 并阐明由此考察而得出的新的结论.

2. 由于不同惯性参考系的时空坐标之间是洛伦兹变换的关系, 所以要求电磁规律符合于相对性原理也就是要求它们在洛伦兹变换下保持不变. 我们知道洛伦兹时空变换的不变量是 $x^2+y^2+z^2-c^2t^2$, 如引进 $x_1 = x, x_2 = y, x_3 = z, x_4 = \mathrm{i}ct$ 则不变量即为 $x_1^2+x_2^2+x_3^2+x_4^2$. 因此洛伦兹时空变换可看作"复 (数) 四维时空" (x_1, x_2, x_3, x_4) 中的"转动变换", 它使得"复四维矢量"的"长度" $(x_1^2+x_2^2+x_3^2+x_4^2)$ 在变换中保持不变. 使得"长度"为不变量的变换通常称为正交变换, 于是洛伦兹时空变换也就是复四维时空 (x_1, x_2, x_3, x_4) 中的正交变换.

为了对正交变换的性质有进一步了解, 我们先考察一下三维空间中的正交变换, 也就是三维直角坐标系的转动变换. 我们将看到, 不同的物理量在坐标系转动中有不同的变换关系. 根据变换关系可以把物理量区分为标量、矢量、张量 ……

当三维空间的直角坐标系有一转动时, 任一点坐标的变换关系可以表为

$$x_i' = \sum_j \alpha_{ij} x_j. \tag{6.5.1}$$

在近代理论物理中通常都将求和符号省去, 而有这样的理解: 凡是遇到重复出现的指标, 除特殊声明以外都意味着要对它求和. 援用这样的惯例, 式 (6.5.1) 即写成

$$x_i' = \alpha_{ij} x_j, \tag{6.5.2}$$

由于在转动变换中, 矢量 (x_1, x_2, x_3) 的长度 $x_i x_i$ 为不变量, 即

$$x_i' r_i' = x_j x_j, \tag{6.5.3}$$

所以转动变换也就是三维空间 (x_1, x_2, x_3) 中的正交变换.

根据 $x_i x_i$ 为不变量这一特点, 我们可以求出正交变换的条件, 将式 (6.5.2) 代入式 (6.5.3), 其左方化为

$$(\alpha_{ij} x_j)(\alpha_{ik} x_k) = \alpha_{ij} \alpha_{ik} x_j x_k,$$

而其右方可化为 $\delta_{jk} x_j x_k$. 由于式 (6.5.3) 对于任意 (x_1, x_2, x_3) 都成立, 故上式左右两方各项的系数必须逐一相等, 即

$$\alpha_{ij} \alpha_{ik} = \delta_{jk}, \tag{6.5.4}$$

这就是正交变换所要满足的条件. 如将 α_{ij} 表成矩阵形式

$$\underline{\underline{\boldsymbol{\alpha}}} = \begin{pmatrix} \alpha_{11}, & \alpha_{12}, & \alpha_{13} \\ \alpha_{21}, & \alpha_{22}, & \alpha_{23} \\ \alpha_{31}, & \alpha_{32}, & \alpha_{33} \end{pmatrix},$$

则式 (6.5.4) 即可表为 (用 $\underline{\underline{\tilde{\boldsymbol{\alpha}}}}$ 代表 $\underline{\underline{\boldsymbol{\alpha}}}$ 的转置矩阵)

$$\underline{\underline{\tilde{\boldsymbol{\alpha}}}}\,\underline{\underline{\boldsymbol{\alpha}}} = \underline{\underline{1}}. \tag{6.5.5}$$

在正交变换中, 不同的物理量具有不同的变换关系. 通常就是按照这种变换关系而把物理量区分为标量、矢量、(二阶) 张量 ……, 也就是说, 标量、矢量和张量等实质上是根据变换关系来定义的.

1) 标量　如果一个物理量, 它在 (三维) 坐标转动后数值不变, 则称此物理量为一标量. 如物体的密度 ρ, 标量势 φ 等就是, 因它们的变换关系为

$$\begin{aligned} \rho' &= \rho, \\ \varphi' &= \varphi. \end{aligned} \tag{6.5.6}$$

2) 矢量　如果一个物理量, 是由三个数表示的, 而且在 (三维) 坐标轴转动时, 如同坐标值一样的变换即

$$v_i' = \alpha_{ij} v_j, \tag{6.5.7}$$

那么我们称此物理量为一 (三维) 矢量, 例如速度、力、电场、矢势 $\boldsymbol{A}$ 等都是. $\dfrac{\partial}{\partial x_i}$ 可称为矢量算符, 因为它也按式 (6.5.7) 的关系变换:

$$\frac{\partial}{\partial x_i'} = \alpha_{ij} \frac{\partial}{\partial x_j}.$$

不难看出, 由两个矢量 a_i 和 b_i 可作成一个标量 $a_i b_i$, 这个步骤称为矢量的内乘.

3) 张量 (二阶)①　如果一个物理量是由 9 个数表示, 而且变换关系为

$$T_{ij}' = \alpha_{ik} \alpha_{jl} T_{kl}, \tag{6.5.8}$$

则称此物理量为 (二阶) 张量. 易知由两个矢量 a_i 和 b_i 可以作成一个 (二阶) 张量 $a_i b_j$, 这个步骤称为矢量的外乘. 由一个 (二阶) 张量 T_{ij} 和一个矢量 a_i 可作成另一个矢量 $b_i = T_{ij} a_j$, 此步骤称为该张量与矢量的内乘. 由一个张量还可以作成一个标量 T_{ii}(重复指标要求和), 此步骤称为张量的缩阶.

4) 高阶张量　以上的讨论可以推广, 如果一个由 3^n 个数表示的物理量, 它满足下述变换关系

$$T_{ijl\cdots}' = \alpha_{ir} \alpha_{js} \alpha_{kt} \cdots T_{rst\cdots}, \tag{6.5.9}$$

则它称为 n 阶张量. 这样, 标量和矢量可作为零阶和一阶张量与高阶张量统一地讨论. 不难将外乘内乘和缩阶等运算步骤推广到高阶的情形. 例如一个"n 阶张量"与一个"m 阶张量"外乘, 即得出 $m+n$ 阶的张量, 一个 n 阶张量 $(n>1)$ 的缩阶 (对其中任二指标求和) 即得到一系列 $n-2$ 阶的张量等.

下面我们回到洛伦兹变换. 如前所说, 洛伦兹变换为复四维时空中的正交变换, 它的不变量可写为 $x_\mu x_\mu$(在本章中我们用拉丁字母脚标表示从 1 到 3, 希腊字母脚标表示从 1 到 4). 仿式 (6.5.2) 将洛伦兹变换关系表作

$$x_\mu' = \alpha_{\mu\nu} x_\nu, \tag{6.5.10}$$

则由 $x_\mu' x_\mu' = x_\nu x_\nu$ 同样可求得

$$\alpha_{\mu\nu} \alpha_{\mu\lambda} = \delta_{\nu\lambda}, \tag{6.5.11}$$

与式 (6.5.4) 相仿 (只是那里是三维空间, 现在是复四维空间).

① 它也称为并矢.

在两惯性参考系的坐标轴取得彼此平行而且相互运动在 x_1 的方向. 并将原点重合事件取作时间原点的情况, 由 6.2 节中的结果, $\alpha_{\mu\nu}$ 表成矩阵形式时即为

$$\underline{\underline{\alpha}} = \begin{pmatrix} \dfrac{1}{\sqrt{1-\beta^2}}, & 0, & 0, & \dfrac{\mathrm{i}\beta}{\sqrt{1-\beta^2}} \\ 0, & 1, & 0, & 0 \\ 0, & 0, & 1, & 0 \\ \dfrac{-\mathrm{i}\beta}{\sqrt{1-\beta^2}}, & 0, & 0, & \dfrac{1}{\sqrt{1-\beta^2}} \end{pmatrix}, \tag{6.5.12}$$

其中, $\beta \equiv \dfrac{v}{c}$.

在复四维时空变换中, 标量、矢量、张量和高阶张量的定义与前相似, 即标量满足的变换关系为 $q' = q$. 矢量 (共 4 个数, 其第 4 个为虚数) 满足的变换关系为 $a'_\mu = \alpha_{\mu\nu} a_\nu$。不难证明 $\dfrac{\partial}{\partial x_\mu}$ 满足 $\dfrac{\partial}{\partial x'_\mu} = \alpha_{\mu\nu}\dfrac{\partial}{\partial x_\nu}$, 因而它亦称为矢量算符. 二阶张量 (共 16 个数, 其中 T_{4j} 和 T_{i4} 为虚数) 满足的变换关系为 $T'_{\mu\nu} = \alpha_{\mu\lambda}\alpha_{\nu\tau}T_{\lambda\tau}$. 高阶张量情况相仿.

3. 有了以上的准备知识以后, 我们就可以着手研究电磁规律的不变性问题. 在洛伦兹规范中, φ 和 $\boldsymbol{A}$ 满足的方程为

$$\nabla^2 \boldsymbol{A} - \frac{1}{c^2}\frac{\partial^2 \boldsymbol{A}}{\partial t^2} = -\frac{4\pi}{c}\boldsymbol{j},$$

$$\nabla^2 \varphi - \frac{1}{c^2}\frac{\partial^2 \varphi}{\partial t^2} = -4\pi\rho. \tag{6.5.13}$$

φ 和 $\boldsymbol{A}$、$\boldsymbol{j}$ 和 ρ 并分别满足附加条件 (指式 (6.5.14)) 和电荷守恒定律 [指式 (6.5.15)]:

$$\nabla \cdot \boldsymbol{A} + \frac{1}{c}\frac{\partial \varphi}{\partial t} = 0, \tag{6.5.14}$$

$$\nabla \cdot \boldsymbol{j} + \frac{\partial \rho}{\partial t} = 0. \tag{6.5.15}$$

引进四维矢量 $A = (\boldsymbol{A}, \mathrm{i}\varphi)$ 和 $j = (\boldsymbol{j}, \mathrm{i}c\rho)$, 则式 (6.5.13)~(6.5.15) 可表为下述的形式

$$\Box A_\mu = -\frac{4\pi}{c} j_\mu, \tag{6.5.16}$$

$$\frac{\partial A_\mu}{\partial x_\mu} = 0, \tag{6.5.17}$$

$$\frac{\partial j_\mu}{\partial x_\mu} = 0, \tag{6.5.18}$$

其中, $\Box \equiv \partial_\nu \partial_\nu = \nabla^2 - \dfrac{1}{c^2}\dfrac{\partial^2}{\partial t^2}$. 由此可见, φ 和 $\boldsymbol{A}$ 的方程、附加条件以及电荷守

恒律在洛伦兹变换下都是可以保持不改变的, 条件是 A_μ 和 j_μ 构成四维矢量: 因当 A_μ 和 j_μ 为四维矢量时就能使式 (6.5.16)~(6.5.18) 在所有惯性参考系同时成立. 我们看到, 在四维变换中 ρ 和 φ 不再是标量, 而是同 $\boldsymbol{j}$ 和 $\boldsymbol{A}$ 合在一起构成四维矢量. 另外, 从电荷守恒定律, 带电体运动时其总电荷与静止时的值相同, 因而由相对性原理 (一个带电体在各个惯性系中的静止总电荷具有相同的值) 即得总电荷 q 为一四维标量, 也就是

$$q' = q. \tag{6.5.19}$$

这样一来, 从 ρ 不是标量 (因 $\rho = j_4/\mathrm{i}c$) 就要求带电体的体积不是标量. 这个要求同洛伦兹收缩是一致的. 由速度变换公式还可以定量地推导出 $\rho\boldsymbol{u}$ 和 $\mathrm{i}\rho c$ 果然按照矢量关系变换, 从而进一步地表明电荷守恒定律与相对论时空理论完全一致.

下面再来考察场强 $\boldsymbol{E}$ 和 $\boldsymbol{B}$ 所满足的方程, 由

$$\boldsymbol{E} = -\nabla\varphi - \frac{1}{c}\frac{\partial A}{\partial t},$$

$$\boldsymbol{B} = \nabla \times \boldsymbol{A},$$

即得

$$E_1 = \mathrm{i}\left(\frac{\partial A_4}{\partial x_1} - \frac{\partial A_1}{\partial x_4}\right), \qquad B_1 = \frac{\partial A_3}{\partial x_2} - \frac{\partial A_2}{\partial x_3},$$

$$E_2 = \mathrm{i}\left(\frac{\partial A_4}{\partial x_2} - \frac{\partial A_2}{\partial x_4}\right), \qquad B_2 = \frac{\partial A_1}{\partial x_3} - \frac{\partial A_3}{\partial x_1},$$

$$E_3 = \mathrm{i}\left(\frac{\partial A_4}{\partial x_3} - \frac{\partial A_3}{\partial x_4}\right), \qquad B_3 = \frac{\partial A_2}{\partial x_1} - \frac{\partial A_1}{\partial x_2}.$$

当 A_μ 构成四维矢量时, $\dfrac{\partial A_\nu}{\partial x_\mu}$ 和 $\dfrac{\partial A_\mu}{\partial x_\nu}$ 都构成四维张量, 因而

$$F_{\mu\nu} = \frac{\partial A_\nu}{\partial x_\mu} - \frac{\partial A_\mu}{\partial x_\nu},$$

也是四维张量. 具体表示出来是

$$\underset{=}{F} = \begin{pmatrix} 0, & B_3, & -B_2, & -\mathrm{i}E_1 \\ -B_3, & 0, & B_1 & -\mathrm{i}E_2 \\ B_2, & -B_1, & 0, & -\mathrm{i}E_3 \\ \mathrm{i}E_1, & \mathrm{i}E_2, & \mathrm{i}E_3, & 0 \end{pmatrix}. \tag{6.5.20}$$

式 (6.5.20) 表明, 电场和磁场已不再各自构成一个矢量, 而是按上述方式合成为一个反对称的张量. 此即为电磁场张量. 这个结果说明电磁场之间有着更本质的联系, 它们是同一个四维反对称张量的组成部分.

麦克斯韦方程组亦可作相应的改写, 其中第一式和第四式即

$$\nabla \cdot \boldsymbol{E} = 4\pi\rho,$$

$$\nabla \times \boldsymbol{B} = \frac{1}{c}\frac{\partial \boldsymbol{E}}{\partial t} + \frac{4\pi}{c}\boldsymbol{j}$$

可以合起来表为

$$\frac{\partial F_{\mu\nu}}{\partial x_\mu} = -\frac{4\pi}{c}j_\nu. \tag{6.5.21}$$

即电磁场张量的四维散度等于四维电流密度的 $\frac{-4\pi}{c}$ 倍. 麦克斯韦方程组第二式和第三式可合写为

$$\frac{\partial F_{\mu\nu}}{\partial x_\lambda} + \frac{\partial F_{\nu\lambda}}{\partial x_\mu} + \frac{\partial F_{\lambda\mu}}{\partial x_\nu} = 0. \tag{6.5.22}$$

上式对于 μ, ν, λ 完全反对称, 故实际上只有四个独立方程, 相应于 (μ, ν, λ) 取 $(2, 3, 4)$, $(3, 4, 1)$, $(4, 1, 2)$, $(1, 2, 3)$.

由于式 (6.5.21) 中的两项都是四维矢量, 具有相同的变换关系, 因而若在某一惯性系两者相等, 则变换到其他惯性系时两者仍相等. 同样式 (6.5.22) 中三项都是三级张量, 故若在某一惯性系成立则在其他惯性系亦成立. 这就表明在 A_μ 和 j_μ 构成四维矢量条件下, 麦克斯韦方程组是“洛伦兹不变的”. 通常并把式 (6.5.16)~(6.5.18), (6.5.21) 和 (6.5.22) 等用四维标量、四维矢量和四维张量表示的形式称为其协变形式.

利用电磁规律的洛伦兹不变性和电磁物理量的变换公式, 往往可使问题的处理简化. 下面就以等速运动带电粒子的电磁场为例来说明. 设粒子的速度为 $\boldsymbol{v}$, 取一新惯性参考系相对于粒子为静止, $\boldsymbol{v}$ 的方向取为两参考系中的共同 x 轴方向. 在新参考系中, 电磁势和电磁场强显然为

$$\varphi' = \frac{q}{R'}, \qquad \boldsymbol{A}' = 0,$$

$$\boldsymbol{E}' = \frac{q\boldsymbol{r}'}{R'^3}, \qquad \boldsymbol{B}' = 0.$$

利用变换公式即得

$$A_x = \frac{v}{c\sqrt{1-\frac{v^2}{c^2}}}\varphi' = \frac{qv}{c\sqrt{1-\frac{v^2}{c^2}}}\frac{1}{R'},$$

$$A_y = A_z = 0,$$

$$\varphi = \frac{1}{\sqrt{1-\frac{v^2}{c^2}}}\varphi' = \frac{q}{\sqrt{1-\frac{v^2}{c^2}}}\frac{1}{R'}.$$

上式中的 R' 代表新参考系中所度量的距离, 我们需要用原参考系中的距离 R 来表示它. 根据洛伦兹-裴兹杰惹收缩,

$$R' = \sqrt{\frac{R^2}{\left(1-\frac{v^2}{c^2}\right)} + R_\perp^2},$$

由此即可得出

$$\boldsymbol{A} = \frac{q\boldsymbol{v}}{C\sqrt{R_\parallel^2 + R_\perp^2\left(1-\frac{v^2}{c^2}\right)}},$$

$$\varphi = \frac{q}{\sqrt{R_\parallel^2 + R_\perp^2\left(1-\frac{v^2}{c^2}\right)}}.$$

这就是 4.1 节中所得的结果. 同样也可以从变换公式直接求出该粒子在原参考系中的电磁场的场强.

4. 最后我们再来看洛伦兹力公式以及能量动量守恒定律的表达式. 洛伦兹力密度公式

$$\boldsymbol{f} = \rho\boldsymbol{E} + \frac{1}{c}\boldsymbol{j}\times\boldsymbol{B}$$

和功率密度公式

$$w = \boldsymbol{j}\cdot\boldsymbol{E}$$

可以合起来写成

$$f_\mu = \frac{1}{c}F_{\mu\nu}j_\nu, \tag{6.5.23}$$

其中 f_μ 的四个值即为 $\left(\boldsymbol{f}, \mathrm{i}\frac{w}{c}\right)$. 由此可见, 洛伦兹力公式及功率公式具有洛伦兹不变性的条件是该 f_μ 为一四维矢量. 在下节我们将看到, 此要求是同牛顿方程相矛盾的, 这再一次表明牛顿方程在新的理论中需要修改.

在麦克斯韦方程组和洛伦兹力公式已经对于所有惯性系都成立的情况下, 能量、动量守恒定律当然也就随之在所有惯性系都成立, 不需要再去证明. 下面要作的只是将它们表成协变形式. 不难得出:

$$\boldsymbol{f} = -\nabla\cdot\phi - \frac{\partial\boldsymbol{g}}{\partial t}$$

和

$$w = -\nabla\cdot\boldsymbol{S} - \frac{\partial u}{\partial t}$$

可以合写成

$$\frac{\partial T_{\mu\nu}}{\partial x_\mu} = f_\nu, \tag{6.5.24}$$

其中 (注意对相同指标要求和)

$$T_{\mu\nu} = \frac{1}{4\pi}\left(F_{\mu\lambda}F_{\lambda v} + \frac{1}{4}F_{\tau\lambda}F_{\tau\lambda}\delta_{\mu\nu}\right)$$

为一四维张量, 此张量称为电磁场的能量-动量张量, 具体写出来, 即为

$$\underline{\underline{T}} = \begin{pmatrix} \phi_{11}, & \phi_{12}, & \phi_{13}, & -\frac{\mathrm{i}}{c}S_1 \\ \phi_{21}, & \phi_{22}, & \phi_{23}, & -\frac{\mathrm{i}}{c}S_2 \\ \phi_{31}, & \phi_{32}, & \phi_{33}, & -\frac{\mathrm{i}}{c}S_3 \\ -\mathrm{i}cg_1, & -\mathrm{i}cg_2, & -\mathrm{i}cg_3, & u \end{pmatrix}. \tag{6.5.25}$$

它说明电磁场的动量和能量密度是作为四维张量的分量来变换的.

5. 到此, 电磁规律已能完全符合相对性原理. 因此 6.1 节中提出的所有实验矛盾都已解决. 至于斐索实验, 利用新的速度变换公式, 亦能自然地解释. 通过本节的讨论, 我们还求出电磁物理量在不同惯性系中的变换关系, 并对电场与磁场之间的关系有更进一步的认识. 我们还看到, 利用变换关系可以选择适当的参考系使问题的处理简化. 这在近代理论物理中是一个常用的方法.

6.6 洛伦兹不变的力学方程 质能关系式

1. 在 6.4 节中, 已经指出, 牛顿方程同新的时空理论有矛盾. 因根据牛顿方程, 物体的加速度正比于外力, 于是在一恒力的作用下, 物体的速度直线地增加, 结果必然会超出光速 c. 在 6.5 节中, 我们更进一步看到, 为使麦克斯韦方程组和洛伦兹力公式符合于相对性原理, 要求力密度 $\boldsymbol{f}$ 和功率 w 组成四维矢量, 这样牛顿方程

$$M\frac{\mathrm{d}^2x_i}{\mathrm{d}t^2} = F_i,$$

就不可能具有洛伦兹不变性.

不难想到, 牛顿方程可能只是速度小时的近似结果, 就好像伽利略变换是洛伦兹变换在速度小时的结果一样. 我们应该找出一个新的力学方程, 它是"洛伦兹不变"的, 并且在物体速度 u 与光速 c 的比值趋于零时化为牛顿方程.

在考虑新方程之前, 我们需要先来考察速度、加速度等比较基本的物理量在洛伦兹变换下的性质. 由

$$x'_\mu = \alpha_{\mu\nu}x_\nu,$$

即得

$$dx'_\mu = \alpha_{\mu\nu} dx_\nu. \tag{6.6.1}$$

上式说明质点的四维位移 dx_μ 是一四维矢量, 但时间增量 dt 不是四维标量, 故 $\dfrac{dx_\mu}{dt}$ 并不构成四维矢量. 从式 (6.6.1) 可得

$$dt^2\left(1-\frac{u^2}{c^2}\right) = -\frac{1}{c^2}dx_\mu dx_\mu$$

为一个四维标量. 在 $|u|<c$ 的条件下, 其平方根

$$d\tau = dt\sqrt{1-\frac{u^2}{c^2}} \tag{6.6.2}$$

亦为一个四维标量, 于是

$$\mathscr{U}_\mu = \frac{dx_\mu}{d\tau} \tag{6.6.3}$$

为一四维矢量. 此矢量具体写出来即为

$$\mathscr{U} = \left(\frac{\boldsymbol{u}}{\sqrt{1-\dfrac{u^2}{c^2}}}, \frac{ic}{\sqrt{1-\dfrac{u^2}{c^2}}}\right). \tag{6.6.4}$$

在 $\dfrac{u}{c}$ 很小时, 它的前三个分量趋近于普通速度 $\boldsymbol{u}$, 因此我们称 $\mathscr{U}_\mu$ 为四维速度. 式 (6.6.3) 分母 $d\tau$ 的意义为一个瞬时相对于质点为静止的时计或者说随着质点运动的时计所指示的时间, 通常称为“自有时间”. 这样四维速度就是四维位移 dx_μ 与“自有时间”间隔 $d\tau$ 的比值. 同样, 四维速度的增量 $d\mathscr{U}_\mu$ 与自有时间间隔 $d\tau$ 的比值

$$\mathscr{A}_\mu = \frac{d\mathscr{U}_\mu}{d\tau} \tag{6.6.5}$$

亦为一个四维矢量, 称为四维加速度.

下面我们再来寻求四维力的表达式. 由 6.5 节, 力密度 f_μ 为一四维矢量, 但体积元 dv 不是四维标量, 故

$$F_\mu = \iiint f_\mu dv$$

不是四维矢量. 从洛伦兹变换可知

$$dv_0 \equiv \frac{dv}{\sqrt{1-\dfrac{u^2}{c^2}}}$$

为一四维标量, dv_0 意即该物体的静止体积元. 于是

$$K_\mu \equiv \iiint f_\mu \mathrm{d}v_0 = \iiint \frac{f_\mu \mathrm{d}v}{\sqrt{1-\dfrac{u^2}{c^2}}}$$

为一四维矢量, 并称为四维力. 在质点的情况即化得 (下式中的 $F_\mu = \iiint f_\mu dv$)

$$K_\mu = \frac{F_\mu}{\sqrt{1-\dfrac{u^2}{c^2}}}. \tag{6.6.6}$$

有了以上的结果就不难得出一个洛伦兹不变的, 并在 $\dfrac{u}{c} \to 0$ 时还原成牛顿方程的方程式:

$$m_0 \frac{\mathrm{d}\mathscr{U}_\mu}{\mathrm{d}\tau} = K_\mu. \tag{6.6.7}$$

它的意义为: 四维加速度将与四维力成正比, 比例常数 m_0 为一个四维标量. 将上式化成普通较熟悉的形式即为

$$\frac{\mathrm{d}}{\mathrm{d}t}\left(\frac{m_0 \boldsymbol{u}}{\sqrt{1-\dfrac{u^2}{c^2}}}\right) = \boldsymbol{F},$$

$$\frac{\mathrm{d}}{\mathrm{d}t}\left(\frac{m_0 c^2}{\sqrt{1-\dfrac{u^2}{c^2}}}\right) = w. \tag{6.6.8}$$

如果称

$$m = \frac{m_0}{\sqrt{1-\dfrac{u^2}{c^2}}}$$

为质点运动时的质量 (相应地, m_0 即为它的静止质量), 称

$$\boldsymbol{p} = m\boldsymbol{u}$$

为质点的动量, 则按式 (6.6.8) 第一式, 仍有: 动量的增加率等于质点所受的力. 当力满足反作用定律时, 封闭系统的动量仍为一守恒量. 这些都与牛顿力学相同. 而区别就只在于动量与速度不是成正比, 亦即质量 m 不是常数而是速度的函数. 当质点的速度趋于光速 c 时其动量趋于无穷大, 这就保证了质点的速度不可能超过光速 c.

同样, 如果称

$$T = \frac{m_0 c^2}{\sqrt{1-\dfrac{u^2}{c^2}}} - m_0 c^2 = (\Delta m)c^2,$$

为质点的动能, 则由式 (6.6.8) 第二式, 动能的增加就等于外力所作的功. 从以上的结果我们看见, 质量的增加相应于能量的增加, 两者的比例常数为 c^2. 于是, 很自然地会提出这样的问题：原有的静止质量 m_0 是否也相应一定的能量 m_0c^2? 也就是说质点的总能量是否即为 $U=mc^2$?

本来在能量中可有一任意常数, 这样, 说 U 等于 mc^2 并没有什么实际意义. 但在基本粒子物理中, 发现某种粒子有可能被其他种粒子吸收掉或产生出来的现象后, 情况就不同了. 比方说, 有一个中性 π 介子 (即 π^0) 与一个原子核作用, 结果被该原子核中的中子或质子吸收了. 由于中子在吸收 π^0 介子后仍然为中子 (质子也是如此). 因此原子核在过程前后的能量改变 ΔU 是一个完全有物理意义的量, 其中不包括任意常数. 如果我们说 π^0 介子的能量为 $m_\pi c^2$, 那么就应有

$$\Delta U=m_\pi c^2.$$

这个结果是可以通过实验来判定的. 由此可见：在此情况下, 说 $U=mc^2$ 并不是无所谓的事. 又如在基本粒子物理中发现正负电子对可以湮没而转化为一对光子 (电磁场) 的现象. 如果正负电子的能量分别为 m_-c^2 和 m_+c^2 则转化出的光子对的总能量将为 $(m_-+m_+)c^2$, 这也是可以通过实验来测定的. 今天, 这些结果都已为实验所肯定. 表明了 $U=mc^2$ 的确是正确的. 并具有实际意义. 这个结果也可作为相对论正确性的一种检验.

类似地, 当一组粒子构成一个复合系统 (如质子和中子构成原子核) 时, 若各粒子对于质心参考系的速度很小, 使各个粒子的“自有时间”可看作等于质心参考系的时间, 则该复合系统的静止质量即为

$$M_0=\frac{U_0}{c^2},$$

其中的 U_0 为复合系统作为整体是静止时的能量, 也就是系统在质心参考系中的能量 (可称为内部能量), 包括各个粒子的静止能量在内, 即

$$U_0=\sum m_{i0}c^2+\sum T_i+V. \tag{6.6.9}$$

上式右方的 T_i 为第 i 个粒子的动能; V 为所有粒子之间的势能. 这样我们就得到了最一般的质能关系式

$$U=Mc^2. \tag{6.6.10}$$

上式左方的 U 代表一个粒子 (无论是简单的还是复合的) 的总能量, 包括该粒子的动能和其内部能量.

以上结果在原子能的利用中有着重要的作用, 它可以告诉我们什么样的核反应可以释放能量, 以及释放的能量有多大. 以原子堆中 U^{235} 的裂变为例, 设裂变后的

原子核为 Ba^{141} 和 Kr^{92} 加三个中子 (实际上有多种可能, 这只是其中之一), 即我们考虑的反应是

$$n + U^{235} \longrightarrow Ba^{141} + Kr^{92} + 3n.$$

上式右方的 n 代表中子. 由于 n 与 U^{235} 静止质量之和为 236.133(原子量, 下同), 而 Ba^{141}, Kr^{92} 与 3n 的静止质量为 235.918. 两者相差 0.215. 这就是说 n 与 U 所包含的内部能量比 Ba^{141}, Kr^{92} 与 3n 所包含的内部能量要大 0.215 个单位. 因而由能量守恒定律, 反应后的 Ba^{141}, Kr^{92} 和 3n 将获得动能, 一克原子 (即 235 克) 的 U^{235} 反应后释放的能量为 $0.215 \times (3 \times 10^{10})^2$ 尔格 $\approx 5 \times 10^{12}$ 卡. 这是一个很大的值. 再以聚变反应为例, 考察氘与氚聚变为氦的反应

$$H^2 + H^3 \longrightarrow He^4 + n,$$

反应前静止质量总和为 5.0317, 反应后静止质量之和为 5.0129, 两者相差为 0.0188, 因而一克原子的氘 (2.0147 克) 与一克原子的氚 (3.0170 克) 反应后释放出的能量即为 $0.0188 \times (3 \times 10^{10})^2$ 尔格 $\approx 4 \times 10^{11}$ 卡.

这里要强调一下: 质能关系式的内容, 是说明“作为物质惯性的度量”的质量与“作为物质运动的度量”的能量之间存在一个普遍关系. 以正负电子对转化为光子的过程为例, 质能关系式所表明的是: 正负电子都具有静止质量 m_0 意味着它们都具有内部能量 m_0c^2, 当正负电子对转化为光子时, 这些能量也就转化为光子的能量. 由此可见, 在表观静止的粒子中实际蕴藏着巨大的内部能量.

2. 下面, 我们来阐明粒子的 (三维) 动量 $\boldsymbol{p}$ 与能量 U 间的关系, 以及动量和能量的变换性质. 不难看出 $\boldsymbol{p}$ 与 $\dfrac{\mathrm{i}U}{c}$ 合成四维矢量 p_μ, 因若令

$$\underline{p} \equiv \left(\boldsymbol{p}, \frac{\mathrm{i}U}{c}\right), \tag{6.6.11}$$

则由式 (6.6.4) 可得出

$$\underline{p} = m_0 \underline{\mathscr{U}}, \tag{6.6.12}$$

果然为一四维矢量. 通常称为粒子的四维动量. 由此可见作为粒子运动度量的动量和能量有着更进一步的联系, 它们是一个四维矢量的不同分量. 根据一个矢量的平方为一标量, 即得在两个惯性参考系中的四维动量有下述关系:

$$p_\mu p_\mu = p'_\nu p'_\nu.$$

当 S' 取得使与粒子相对静止时, 有

$$p'_\nu p'_\nu = -m_0^2 c^2,$$

于是即得在任意惯性参考系中,

$$p_\mu p_\mu = -m_0^2 c^2 \tag{6.6.13}$$

或

$$U^2 - \boldsymbol{p}^2 c^2 = m_0^2 c^4. \tag{6.6.14}$$

这就是相对论中能量与 (三维) 动量的关系式. 在基本粒子物理中, 由于一般都是高能粒子, 必须用相对论的公式处理, 同时基本粒子过程又涉及粒子间的转化, 因此本节的内容在那里是十分重要的.

例　设一个 π^+ 介子, 在静止下来后, 衰变成为 μ^+ 轻子和中微子 ν, 求 μ^+ 轻子和中微子的动能.

解　根据动量和能量守恒定律有

$$\boldsymbol{p}_{(\mu)} = -\boldsymbol{p}_{(\nu)},$$

$$U_{(\mu)} + U_{(\nu)} = m_\pi c^2. \tag{6.6.15}$$

上式中脚码 (μ) 和 (ν) 分别代表该量为 μ^+ 轻子和中微子的物理量. 注意到中微子的静质量为零, 于是由式 (6.6.14) 得

$$U_{(\nu)} = p_{(\nu)} c,$$

$$U_{(\nu)}^2 = p_{(\mu)}^2 c^2 + m_\mu^2 c^4.$$

将上式与式 (6.6.15) 联立, 即解出

$$U_{(\mu)} = \frac{(m_\pi^2 + m_\mu^2)c^2}{2m_\pi},$$

$$U_{(\nu)} = \frac{(m_\pi^2 - m_\mu^2)c^2}{2m_\pi}.$$

故动能分别为

$$T_{(\mu)} = U_{(\mu)} - m_\mu c^2 = \frac{(m_\pi - m_\mu)^2 c^2}{2m_\pi},$$

$$T_{(\nu)} = U_{(\nu)} = \frac{(m_\pi^2 - m_\mu^2)c^2}{2m_\pi}.$$

这就是所要的结果. 另外, 两者之比等于

$$\frac{T_{(\mu)}}{T_{(\nu)}} = \frac{m_\pi - m_\mu}{m_\pi + m_\mu} = \frac{273 - 206}{273 + 206} \approx 0.14.$$

此值是一个小量. 故动能主要由中微子所携带.

3. 最后, 我们指出, 在动能和势能很小的情况下, 相对论力学的结果都与古典力学相同, 这正是理论所要求的. 当动能和势能很大时, 相对论力学与古典力学有着显著区别, 而所有的实验都证实了相对论力学结果的正确性. 这种证实也可看作是对相对论的时空理论的支持, 因为相对论力学方程是根据洛伦兹不变性得到的.

相对论力学方程的实际意义, 主要是在动能和势能很大的情况, 如原子能的利用、高能加速器的设计、高速粒子实验分析和测量、以及原子核物理和基本粒子物理等方面. 在一般低速力学中, 牛顿力学已是一个很好的近似, 应用相对论力学是没有必要的.

6.7 电子加速器的简单理论

1. 电子加速器是利用磁场变化时产生的感应电动势来加速电子, 它能把电子加速到很高的能量. 由于这时电子的速度已接近光速 c, 需要用相对论力学来处理, 故本书将它作为相对论力学的应用实例来介绍, 图 6.7.1 即为电子加速器的截面图.

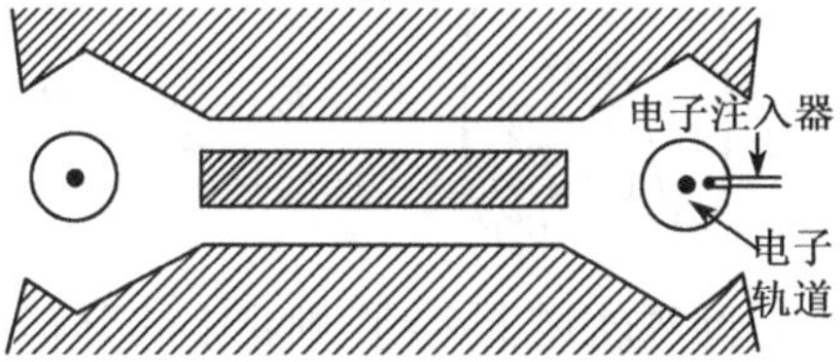

图 6.7.1 电子加速器的截面图

取电子运动的轨道为 $z=0$ 平面. 在电子加速器中磁场具有轴对称性, 磁场的方向与电子轨道垂直, 同时以一定的频率 ω 变化, 即

$$B_r = B_\theta = 0,$$

$$B = B_z = B_0(r)\sin\omega t. \tag{6.7.1}$$

在上述情况下, 电场的方向将在 θ 方向, 而且亦具有轴对称性. 于是由

$$\oint \boldsymbol{E}\cdot \mathrm{d}\boldsymbol{l} = -\frac{1}{c}\frac{\partial}{\partial t}\iint \boldsymbol{B}\cdot \mathrm{d}\boldsymbol{\sigma},$$

即得

$$2\pi r E_\theta = -\frac{1}{c}\frac{\partial}{\partial t}\iint B\mathrm{d}\sigma,$$

从而

$$E_\theta = -E = \frac{-r}{2c}\frac{\partial}{\partial t}\overline{B} = -\frac{r\omega}{2c}\overline{B}_0\cos\omega t. \tag{6.7.2}$$

其中的 $\overline{B}$ 和 $\overline{B}_0$ 分别为半径为 r 的圆面积内磁场和其振幅的平均值, 即

$$\overline{B}=\frac{1}{\pi r^2}\iint B\mathrm{d}\sigma,$$

$$\overline{B}_0=\frac{1}{\pi r^2}\iint B_0\mathrm{d}\sigma.$$

设在 $t=0$ 时由电子枪注入电子. 当电子受电场的作用而速度增加时, 由于磁场也在增加, 故有可能使电子保持在一个 $r=r_0$ 的圆周轨道上做回旋运动 (我们知道, 电子的回转半径与其速度是“正变关系”, 与磁场强度是“反变关系”), 在经历了 $\dfrac{1}{4}$ 周期 (指交变电磁场的周期, 一般情况在此时间内电子已回旋多次), 电子速度达最大值时, 即通过轨道膨胀器将电子引出. 下面我们来研究电子能够维持在 $r=r_0$ 圆周轨道上运动的条件.

设辐射能量损失比加速电场对电子作的功小得多, 亦即辐射阻尼力比起电场的作用力很小, 这时, 电子的运动方程即为

$$\frac{\mathrm{d}}{\mathrm{d}t}\left(\frac{m_0\boldsymbol{v}}{\sqrt{1-\dfrac{v^2}{c^2}}}\right)=-e\boldsymbol{E}-\frac{e}{c}\boldsymbol{v}\times\boldsymbol{B}. \tag{6.7.3}$$

如果电子能维持在 $r=r_0$ 圆周轨道上运动, 则将上式分解成法向和切向的分量形式后, 得出的结果为

$$\frac{m_0v^2}{r_0\sqrt{1-\dfrac{v^2}{c^2}}}=\frac{e}{c}vB(r_0), \tag{6.7.4}$$

$$\frac{\mathrm{d}}{\mathrm{d}t}\left(\frac{m_0v}{\sqrt{1-\dfrac{v^2}{c^2}}}\right)=eE(r_0). \tag{6.7.5}$$

式 (6.7.4) 为电子在磁场中的回转半径公式的相对论推广, 式 (6.7.5) 为速率增加公式的相对论推广. 由式 (6.7.5) 和 (6.7.4) 即得

$$eE(r_0)=\frac{\mathrm{d}}{\mathrm{d}t}\left(\frac{er_0B(r_0)}{c}\right).$$

消去两边的 e, 并同式 (6.7.2) 比较, 得出的结果为

$$\frac{\mathrm{d}}{\mathrm{d}t}\left[B(r_0)-\frac{1}{2}\overline{B}\right]=0.$$

再从 $t=0$ 时 $B(r_0)=\overline{B}=0$, 即得电子能维持 $r=r_0$ 圆周轨道的必要条件为：在任何时刻

$$B(r_0)=\frac{1}{2}\overline{B}. \tag{6.7.6}$$

不难看出, 当式 (6.7.6) 满足时, 根据式 (6.7.4) 解出 v, 然后取

$$r=r_0,$$

$$\theta=\int_0^t v\mathrm{d}t, \tag{6.7.7}$$

则上述 r 和 θ 满足电子的方程式和初值条件. 因此, 它确实是正确的解答. 这说明式 (6.7.6) 也是电子能维持 $r=r_0$ 圆周轨道的充足条件.

2. 我们估计一下电子在这种加速器中所获得的能量. 由于单位时间电场对电子作的功为 eEv, 故在 $\frac{1}{4}$ 周期即 $\Delta t=\frac{\pi}{2\omega}$ 内电子获得的能量为

$$U=\int_0^{\frac{\pi}{2\omega}} eEv\mathrm{d}\boldsymbol{t}. \tag{6.7.8}$$

实际上除了最初一小段时间外, 电子速度已很接近于光速, 故上式可近似地化为

$$U=ec\int_0^{\frac{\pi}{2\omega}} E\mathrm{d}t=\frac{er_0\overline{B}_0}{2}\int_0^{\frac{\pi}{2\omega}}\omega\cos\omega t\mathrm{d}t=\frac{er_0\overline{B}_0}{2}=er_0B_0(r_0). \tag{6.7.9}$$

由此可见, 上述 U 与磁场的频率无关. 当 $r_0=83.3\text{cm}$, $B_0(r_0)=4000\text{G}$ 时, 电子能量可达 100MeV, 这时 $\frac{v}{c}\approx 0.99995$. 如果频率为 60Hz, 则电子在 $\frac{1}{4}$ 周期内回转的次数等于 $\frac{\pi}{2\omega}\frac{c}{2\pi r_0}\approx 2.5\times 10^5$.

本节的结论是在略去辐射阻尼力、即在辐射能量比起电场对电子作的功小得多的条件下推得的. 因而当电子能量高到一定程度以后, 上面所得的结论将不再成立, 电子轨道的半径将发生变化. 我们可以根据辐射损失公式来求出以上结论的适用的限度. 由式 (5.4.10), 适用的条件可表为

$$\frac{2e^2c}{3r_0^2\left[1-\left(\frac{v}{c}\right)^2\right]^2}\ll eE(r_0)c.$$

再应用式 (6.7.2), (6.7.6) 和 (6.7.4), 上式即化为

$$\left[1-\left(\frac{v}{c}\right)^2\right]^{-2}\ll\frac{3m_0cr_0^2\omega}{2e^2},$$

或者表示成

$$U \ll U_c,$$

$$U_c = m_0 c^2 \left(\frac{3 m_0 c r_0^2 \omega}{2e^2} \right)^{1/3}. \tag{6.7.10}$$

式 (6.7.10) 说明了本节结果应用的限度. 上式中的 U_c 实即为在一定的 r_0 和 ω 条件下电子能达到的最高能量, 因为在达到此能量时, 辐射损失已等于电场对电子所作的功, 故电子能量不可能超越上述 U_c. 式 (6.7.10) 表明, U_c 随 ω 和 r_0 的增加而变大, 在 $r_0 = 83\text{cm}$, $\omega = 60\text{Hz}$ 的情况, $U_c \approx 400\text{MeV}$.

3. 最后让我们简单地介绍一下公式 (6.7.4) 在其他类型的加速器 (如同步回旋加速器和同步加速器) 中的应用. 在同步回旋加速器中, 磁场 B 基本上是均匀的, 因而根据式 (6.7.4) 可以求出粒子的回转频率 f 与能量的关系:

$$\begin{aligned} f &= \frac{v}{2\pi r} = eB \frac{\sqrt{1 - \left(\frac{v}{c}\right)^2}}{2\pi m_0 c} = \frac{eBc}{2\pi U} \\ &= \frac{eBc}{2\pi(m_0 c^2 + T)} = \frac{eB}{2\pi m_0 c \left(1 + \frac{T}{m_0 c^2}\right)}. \end{aligned} \tag{6.7.11}$$

其中的 T 为加速器中粒子的动能. 由此可见, 当动能 T 增加时, 回转频率 f 减小. 于是加速场的频率也应该随之调整. 在 $T \gg m_0 c^2$ 时

$$f = \frac{eBc}{2\pi T},$$

此时 f 与动能 T 成反比而且与粒子的质量 m_0 无关.

在同步加速器中, 粒子是在一个固定的轨道上运动 (通过磁场的调整来保持粒子轨道半径不变), 这时回转频率与能量的关系为

$$f = \frac{v}{2\pi r} = \frac{c}{2\pi r}\left(\frac{v}{c}\right) = \frac{c}{2\pi r}\sqrt{1 - \left(\frac{m_0 c^2}{m_0 c^2 + T}\right)^2}. \tag{6.7.12}$$

当动能 T 比 $m_0 c^2$ 大得多时, 例如对电子来说当能量超过几个兆电子伏特时, 回转频率 f 就将近似为一常数

$$f = \frac{c}{2\pi r}.$$

它与能量无关, 也与粒子的质量无关. 这时的情况就变得很简单: 加速场的频率不必调整, 粒子的轨道也保持为恒定的, 只是磁场随着粒子能量增加而增加. 目前最高能量的加速器都是属于这一类型.

6.8 在电磁场中运动的带电粒子的拉格朗日方程和哈密顿方程

1. 在理论力学中, 曾经把"在'与速度无关的'势场中运动"的粒子的运动方程表成更普遍的分析力学方程的形式, 以及把牛顿定律表成更普遍的变分原理的形式. 这样做不仅便于作系统地讨论以及在某些情况下便于解决具体的问题, 更重要的是: ① 这种形式与坐标系的具体选择无关, 因而能够更好地反映出不同坐标系中运动的共同特点和运动的一些普遍性质; ② 运动规律的这种形式具有更广泛的意义, 即不限于力学运动形态的范围. 力学运动规律只是作为它的一种特殊情况. 它有可能以统一的形式反映不同运动形态的规律, 事实上也正是这样. 下面将证明: 运用变分原理和分析力学方程, 不仅可以统一地表示带电粒子在电磁场中的运动方程和相对论不变的力学方程, 还能够表示电磁场的运动方程 (麦克斯韦方程组). 甚至还能用来表示其他基本粒子的运动方程. 除此而外, 它还适宜于过渡到量子力学和量子场论中去.

2. 我们先来讨论带电粒子在电磁场中运动的方程, 并从非相对论情况开始. 我们知道, 带电粒子所受的力是与速度有关的 (洛伦兹力), 因而现在的问题是如何将拉格朗日方程、哈密顿方程和变分原理推广到力与速度有关的情况.

在理论力学中曾经得出, 牛顿方程

$$\frac{\mathrm{d}\boldsymbol{p}}{\mathrm{d}t}=\boldsymbol{F} \tag{6.8.1}$$

用广义坐标 (q_1,q_2,q_3) 表示时即为

$$\frac{\mathrm{d}}{\mathrm{d}t}\left(\frac{\partial T}{\partial \dot{q}_i}\right)-\frac{\partial T}{\partial q_i}=Q_i, \tag{6.8.2}$$

式中的 T 代表动能; Q_i 为广义力的分量, 其定义为

$$Q_i=\boldsymbol{F}\cdot\frac{\partial \boldsymbol{r}}{\partial q_i}. \tag{6.8.3}$$

不难看出, 只要 Q_i 可以用某个函数 $U(q,\dot{q},t)$ 表示为

$$Q_i=-\frac{\partial U}{\partial q_i}+\frac{\mathrm{d}}{\mathrm{d}t}\left(\frac{\partial U}{\partial \dot{q}_i}\right), \tag{6.8.4}$$

式 (6.8.2) 即可化为拉格朗日方程的形式

$$\frac{\mathrm{d}}{\mathrm{d}t}\left(\frac{\partial L}{\partial \dot{q}}\right)-\frac{\partial L}{\partial q_i}=0, \tag{6.8.5}$$

其中

$$L = T - U. \tag{6.8.6}$$

称为拉格朗日函数. 由此可见, Q_i 并不限于与速度无关的广义力, 它还可以是与时间有关的, 只要它能表成式 (6.8.4) 的形式即可.

对于在给定的外电磁场 $\boldsymbol{E}(x,y,z,t)$ 和 $\boldsymbol{B}(x,y,z,t)$ 中运动的粒子①,

$$\boldsymbol{F} = q\left(\boldsymbol{E} + \frac{1}{c}\boldsymbol{v}\times\boldsymbol{B}\right). \tag{6.8.7}$$

利用标势 $\varphi(x,y,z,t)$ 和矢势 $\boldsymbol{A}(x,y,z,t)$, F_x 可以改写为

$$F_x = q\left[-\frac{\partial}{\partial x}\left(\varphi - \frac{1}{c}\boldsymbol{v}\cdot\boldsymbol{A}\right) - \frac{1}{c}\frac{\mathrm{d}}{\mathrm{d}t}\left(\frac{\partial}{\partial v_x}(\boldsymbol{A}\cdot\boldsymbol{v})\right)\right], \tag{6.8.8}$$

其他分量类似. 在改写中我们利用了在理论力学中所学过的公式

$$\frac{\mathrm{d}A_x}{\mathrm{d}t} = \frac{\partial A_x}{\partial t} + \left(v_x\frac{\partial A_x}{\partial x} + v_y\frac{\partial A_x}{\partial y} + v_z\frac{\partial A_x}{\partial z}\right). \tag{6.8.9}$$

于是, 若取拉格朗日函数为

$$L = T - U, \tag{6.8.10}$$

$$U = q\left(\varphi - \frac{1}{c}\boldsymbol{v}\cdot\boldsymbol{A}\right), \tag{6.8.11}$$

即可得出带电粒子在外电磁场中运动的拉格朗日方程, 其形式如式 (6.8.5) 所示.

有了拉格朗日方程以后, 就可以如同理论力学一样地得出哈密顿方程. 定义广义正则动量

$$p_i = \frac{\partial L(q,\dot{q},t)}{\partial \dot{q}_i}, \tag{6.8.12}$$

由此解出 $\dot{q}_i$ 用“p_i 及 q”的表达式后, 即可定出体系的哈密顿量 (它将表示为 p,q,t 的函数):

$$H(p,q,t) = \sum_i \dot{q}_i p_i - L, \tag{6.8.13}$$

而正则运动方程即为

$$\begin{aligned} \dot{q}_i &= \frac{\partial H}{\partial p_i}, \\ \dot{p}_i &= -\frac{\partial H}{\partial q_i}. \end{aligned} \tag{6.8.14}$$

① 带电粒子自己产生的电磁场对于粒子亦有一定的作用. 如第五章所述, 这种作用一部分作为电磁质量已并入总质量中, 另一部分为辐射阻尼力, 它一般不大, 在这里假定可以略去.

对于我们所讨论的情况, 相应于直角坐标的正则动量是

$$\boldsymbol{p} = m\boldsymbol{v} + \frac{q}{c}\boldsymbol{A}. \tag{6.8.15}$$

值得注意的是, 正则动量并不与机械动量 $m\boldsymbol{v}$ 相等, 而还有附加项 $\frac{q}{c}\boldsymbol{A}$, 其中 $\boldsymbol{A}$ 为粒子所在位置的值. 代入式 (6.8.13) 后, 得出哈密顿量为

$$\begin{aligned} H &= \frac{m}{2}v^2 + q\varphi \\ &= \frac{1}{2m}\left(\boldsymbol{p} - \frac{q}{c}\boldsymbol{A}\right)^2 + q\varphi. \end{aligned} \tag{6.8.16}$$

这是一个经常用到的公式, 值得注意.

同样带电粒子的运动规律可表达为变分原理的形式, 并与理论力学中的结果完全一样. 带电粒子在电磁场中运动的特点只是反映在拉格朗日函数 L 的具体形式上面, 因此, 这里不必再重复地讨论.

3. 以上是非相对论的情况, 下面我们再来讨论相对论力学方程. 先看粒子在与速度无关的势场 V 中运动的情况, 这时

$$F_i = -\frac{\partial V}{\partial x_i}. \tag{6.8.17}$$

注意到在相对论情况, 力学方程不能化成式 (6.8.2) 的形式, 即使 T 是用相对论的表达式

$$T = \sqrt{\boldsymbol{p}^2c^2 + m_0^2c^4} \tag{6.8.18}$$

也不行. 因而, L 不再等于 $T - V$. 我们必须寻找另外一个函数 W, 要求它只是速度的函数, 并满足

$$\frac{\partial W}{\partial v_i} = \frac{m_0 v_i}{\sqrt{1 - \dfrac{v^2}{c^2}}} = p_i, \tag{6.8.19}$$

这样, 相对论力学方程就可化为下述形式:

$$\frac{\mathrm{d}}{\mathrm{d}t}\left(\frac{\partial W}{\partial v_i}\right) - \frac{\partial W}{\partial x_i} = F_i. \tag{6.8.20}$$

再令拉格朗日函数为

$$L = W - V, \tag{6.8.21}$$

即可得出所需要的拉格朗日方程.

不难证明

$$W = m_0c^2\left(1 - \sqrt{1 - \frac{v^2}{c^2}}\right) \tag{6.8.22}$$

就具有上述的性质. 因而在相对论情况, 拉格朗日函数即为

$$L = m_0c^2\left(1-\sqrt{1-\frac{v^2}{c^2}}\right) - V. \tag{6.8.23}$$

有了拉格朗日函数以后, 通过引入正则动量 $\boldsymbol{p}$(它的三个分量为 $\dfrac{\partial L}{\partial v_i} = \dfrac{m_0v_i}{\sqrt{1-\dfrac{v^2}{c^2}}}$), 哈密顿量就可定出：

$$H = \Sigma \boldsymbol{p}\cdot\boldsymbol{v} - L = \sqrt{\boldsymbol{p}^2c^2 + m_0^2c^4} + V, \tag{6.8.24}$$

它仍然等于粒子的总能量.

当粒子在电磁场中运动时, 根据式 (6.8.8) 和 (6.8.20), 拉格朗日函数为

$$L = W - U, \tag{6.8.25}$$

$$U = q\left(\varphi - \frac{1}{c}\boldsymbol{v}\cdot\boldsymbol{A}\right).$$

而相应的哈密顿量等于

$$H = \Sigma \boldsymbol{p}\cdot\boldsymbol{v} - L = \sqrt{\left(\boldsymbol{p} - \frac{q}{c}\boldsymbol{A}\right)^2 c^2 + m_0^2c^4} + q\varphi, \tag{6.8.26}$$

其中的 $\boldsymbol{p}$ 代表正则动量, 它等于机械动量 $m\boldsymbol{v}$ 与 $\dfrac{q}{c}\boldsymbol{A}$ 之和, 亦即

$$\boldsymbol{p} = m\boldsymbol{v} + \frac{q}{c}\boldsymbol{A} = \frac{m_0\boldsymbol{v}}{\sqrt{1-\dfrac{v^2}{c^2}}} + \frac{q}{c}\boldsymbol{A}. \tag{6.8.27}$$

将式 (6.8.26) 和 (6.8.24) 比较, 可以看出, 从普通的势场过渡到电磁场时, 只需将哈密顿量中的 $\boldsymbol{p}$ 和 V(势场) 作下述代换即可

$$\boldsymbol{p} \longrightarrow \boldsymbol{p} - \frac{q}{c}\boldsymbol{A}, \tag{6.8.28}$$

$$V \longrightarrow q\varphi.$$

这个关系在其他的课中将常会用到.

4. 以上的结果, 证实了本节初所作的论断：即带电粒子在给定电磁场中的运动, 不论是相对论的还是非相对论的, 都可以用拉格朗日方程、哈密顿方程和变分原理来统一的表示. 它们与理论力学中在势场运动粒子的区别, 只是反映在具体 L 和 H 的形式上面, 而方程的形式则是一样的. 另外, 本节的结果对于从经典理论过渡到量子理论有着重要意义, 在量子力学课程中将会用到这些结果.

6.9 电磁场运动的变分原理 拉格朗日方程和哈密顿方程

1. 如同 6.8 节第一段所述, 不仅带电粒子的运动规律可以用拉格朗日和哈密顿方程以及变分原理来表示, 电磁场的运动规律也可以用它们来表示. 在本节中我们即来讨论后一问题. 首先应当阐明的是, 电磁场应当作为自由度为无穷多的体系, 而不像一个粒子只是三个自由度的体系. 在连续体力学中, 我们曾经碰到无穷多自由度的情况, 让我们简单地对它作一些回忆. 考虑一个弹性体的振动, 设将弹性体分成 N 个小区域, 设 η_i 表示该小区域偏离平衡状态的距离, 这样当某瞬时的 η_i 和 $\dot{\eta}_i(i=1,2,\cdots,N)$ 给定时, 整个弹性体在该瞬时的运动状态就近似地被决定 ("近似" 在于将连续体分成为 N 个区域). 运动方程即描述这 N 个 η_i 如何随时间而变化. 这样, 弹性体近似地相应于 $3N$ 个自由度, η_i 即为它的广义坐标. N 取得愈大, 近似程度就愈好, 当 N 趋于无穷时, 上述描写就是精确的. 这表明弹性体相当于一个具有无穷多自由度的体系 (这里把弹性体看作连续体, 即略去它的微观结构), 相应的广义坐标即为 $\eta(x,y,z)$. 注意, 现在 (x,y,z) 代表弹性体的 "广义坐标 η" 的指标 (以代替通常的指标 i), 此指标是指该小体积在平衡时的位置, 它并在弹性体的存在区域内连续地取值 (代替上面说的 $i=1,2,\cdots,N$).

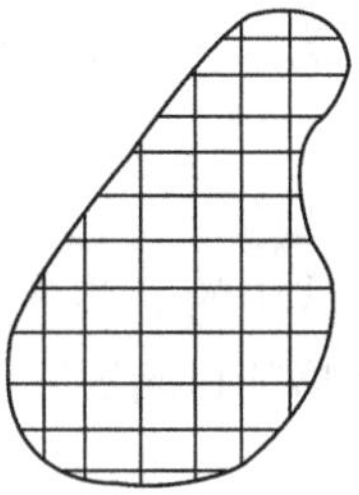

图 6.9.1 分成为 N 个小区域的弹性体

对于电磁场, 当用 φ 和 $\boldsymbol{A}$(洛伦兹规范中的值) 来描述时, 情况与上述弹性体十分相似. 电磁场的瞬时运动状态由 $\varphi(x,y,z),\boldsymbol{A}(x,y,z),\dot{\varphi}(x,y,z)$ 和 $\dot{\boldsymbol{A}}(x,y,z)$ 来确定, 它们满足含二次时间微商的运动方程:

$$\begin{aligned}\frac{\partial^2\varphi}{\partial t^2}-\nabla^2\varphi&=4\pi\rho,\\\frac{\partial^2\boldsymbol{A}}{\partial t^2}-\nabla^2\boldsymbol{A}&=\frac{4\pi}{c}\boldsymbol{j}.\end{aligned}\tag{6.9.1}$$

ρ 和 $\boldsymbol{j}$ 代表作用源. 事实上, 由于 φ 和 $\boldsymbol{A}$ 还满足洛伦兹条件

$$\nabla\cdot\boldsymbol{A}+\frac{1}{c}\dot{\varphi}=0,\tag{6.9.2}$$

故只需 $\varphi,\boldsymbol{A}$ 和 $\dot{\boldsymbol{A}}$ 就可决定该瞬时的电磁场状态, 也就是说, 电磁场在该时刻的一切性质都可由它们定出. 由此可见, φ 和 $\boldsymbol{A}$ 相当于电磁场的"广义坐标", 而 (x,y,z) 为其指标 (如同 q_i 中的 i). 于是电磁场像弹性体一样为无限自由度的体系. 但要注意的是, 由于电磁场的规范不变性, 所有满足

$$\begin{aligned}\boldsymbol{A}'&=\boldsymbol{A}+\nabla\psi,\\\varphi'&=\varphi-\frac{1}{c}\frac{\partial\psi}{\partial t}\end{aligned}\tag{6.9.3}$$

的 $\varphi', \boldsymbol{A}'$ 和 $\dot{\boldsymbol{A}}'$ 都与 $\varphi, \boldsymbol{A}$ 和 $\dot{\boldsymbol{A}}$ 描述同一个状态 ($\dot{\varphi}$ 已由 $\boldsymbol{A}$ 决定, 见式 (6.9.2)).

2. 为了从有限自由度的拉格朗日和哈密顿方程过渡到无限自由度的方程, 我们先来考虑由弹簧连接的无穷个质点的长链. 设质点都是相同的, 质量为 m. 它们可以沿着链的方向做纵振动. 此体系的总动能为

$$T = \frac{m}{2}\sum \dot{\eta}_i^2,$$

图 6.9.2　由弹簧连接的无穷个质点的长链

η_i 为第 i 个质点偏离平衡位置的距离. 体系的总位能等于

$$V = \frac{1}{2}\Sigma k(\eta_{i+1} - \eta_i)^2,$$

上式中的 k 为弹簧的恢复系数; $(\eta_{i+1} - \eta_i)$ 等于第 i 个弹簧的伸长量, 于是, 体系的拉格朗日函数即为

$$L = \frac{1}{2}\Sigma[m\dot{\eta}_i^2 + k(\eta_{i+1} - \eta_i)^2].$$

设弹簧的平衡长度为 Δx, 则 L 可改写为

$$L = \Sigma \boldsymbol{L}_i \Delta x,$$

$$\boldsymbol{L}_i = \frac{m}{\Delta x}\dot{\eta}_i^2 + k\Delta x\left(\frac{\eta_{i+1} - \eta_i}{\Delta x}\right)^2 = \mu\dot{\eta}_i^2 + Y\left(\frac{\eta_{i+1} - \eta_i}{\Delta x}\right)^2,$$

其中

$$\mu = \frac{m}{\Delta x},$$

$$Y = k\Delta x,$$

μ 代表的是单位长度链的质量, Y 代表的是杨氏系数. 当令 Δx 趋于零并将 η_i 表作 $\eta(x_i)$ 时 (x_i 表第 i 个质点的平衡位置), 即有

$$L = \int \boldsymbol{L}\mathrm{d}x,$$

$$\boldsymbol{L} = \mu\dot{\eta}^2 + Y\left(\frac{\mathrm{d}\eta}{\mathrm{d}x}\right)^2, \tag{6.9.4}$$

其中的 η 即为 $\eta(x)$, $\boldsymbol{L}$ 称为该长链的拉格朗日函数密度. 在上例子中, 它是 $\dot{\eta}$ 和 $\left(\frac{\mathrm{d}\eta}{\mathrm{d}x}\right)$ 的函数, 故 L 可记为 $\boldsymbol{L}\left(\dot{\eta}, \frac{\mathrm{d}\eta}{\mathrm{d}x}\right)$. 在更普遍的情况下, 它还可能明显地含 t 和 η, 即需表为 $\boldsymbol{L}\left(\eta, \dot{\eta}, \frac{\mathrm{d}\eta}{\mathrm{d}x}, t\right)$.

当 η 用来代表三度空间的场时, 相应的拉格朗日函数即为

$$\begin{aligned} L &= \iiint \boldsymbol{L}\mathrm{d}\tau, \\ \boldsymbol{L} &= \boldsymbol{L}\left(\eta, \frac{\partial\eta}{\partial x}, \frac{\partial\eta}{\partial y}, \frac{\partial\eta}{\partial z}, \frac{\partial\eta}{\partial t}, t\right). \end{aligned} \tag{6.9.5}$$

为了对称起见, 我们把 $\dot{\eta}$ 写作 $\dfrac{\partial\eta}{\partial t}$.

3. 在理论力学中, 我们知道, 可以将变分原理代替牛顿方程作为整个力学的基础, 要求由它可以推出牛顿方程或相应的拉格朗日方程. 对于无穷多自由度的体系, 也是类似的情况. 变分原理的意思是, 实际的运动过程所相应 $\eta(x,y,z,t)$ 应使作用量

$$S = \int L\mathrm{d}t = \iiiint \boldsymbol{L}\mathrm{d}^4x \tag{6.9.6}$$

取极值. 更具体地说是这样: 给出任意一个函数 $\eta(x,y,z,t)$(它不一定代表体系的一个实际运动状态, 即不一定满足运动方程), 就可以计算出一个 S 的值 (如果我们只考虑某个空间区域 V 和时间间隔 T, 则式 (6.9.6) 的四维积分即在此范围内), 而所有代表实际运动状态的 $\eta(x,y,z,t)$, 都将使 S 取极值, 即对于四维积分限的边界上满足条件

$$\delta\eta(x,y,z,t) = 0 \tag{6.9.7}$$

的任意小变化 $\delta\eta$, 都有

$$\delta S = \delta \iiiint \boldsymbol{L}\mathrm{d}^4x = 0. \tag{6.9.8}$$

当 η 有一增量 $\delta\eta$ 时, $\boldsymbol{L}$ 相应的增量为

$$\begin{aligned} \delta\boldsymbol{L} &= \frac{\partial\boldsymbol{L}}{\partial\eta}\delta\eta + \frac{\partial\boldsymbol{L}}{\partial\left(\dfrac{\partial\eta}{\partial t}\right)}\delta\left(\frac{\partial\eta}{\partial t}\right) + \sum_{i=1}^{3}\frac{\partial\boldsymbol{L}}{\partial\left(\dfrac{\partial\eta}{\partial x_i}\right)}\delta\left(\frac{\partial\eta}{\partial x_i}\right) \\ &= \frac{\partial\boldsymbol{L}}{\partial\eta}\delta\eta + \frac{\partial\boldsymbol{L}}{\partial\left(\dfrac{\partial\eta}{\partial t}\right)}\frac{\partial}{\partial t}(\delta\eta) + \sum_{i=1}^{3}\frac{\partial\boldsymbol{L}}{\partial\left(\dfrac{\partial\eta}{\partial x_i}\right)}\frac{\partial}{\partial x_i}(\delta\eta). \end{aligned} \tag{6.9.9}$$

在上式中我们已用了 (x_1, x_2, x_3) 来代替 (x,y,z). 于是

$$\begin{aligned} \delta S &= \iiiint \delta\boldsymbol{L}\mathrm{d}^4x \\ &= \iiiint \left[\frac{\partial\boldsymbol{L}}{\partial\eta}\delta\eta + \frac{\partial\boldsymbol{L}}{\partial\left(\dfrac{\partial\eta}{\partial t}\right)}\frac{\partial}{\partial t}(\delta\eta) + \sum_{i=1}^{3}\frac{\partial\boldsymbol{L}}{\partial\left(\dfrac{\partial\eta}{\partial x_i}\right)}\frac{\partial}{\partial x_i}(\delta\eta)\right]\mathrm{d}^4x. \end{aligned}$$

利用分部积分和 $\delta\eta$ 所满足的边值条件，可将上式化为

$$\delta S=\iiiint\left[\frac{\partial \boldsymbol{L}}{\partial \eta}-\frac{\partial}{\partial t}\left(\frac{\partial \boldsymbol{L}}{\partial\left(\dfrac{\partial \eta}{\partial t}\right)}\right)-\sum_{i=1}^{3} \frac{\partial}{\partial x_{i}}\left(\frac{\partial \boldsymbol{L}}{\partial\left(\dfrac{\partial \eta}{\partial x_{i}}\right)}\right)\right] \delta \eta \mathrm{d}^{4} x. \tag{6.9.10}$$

变分原理要求：对于任意满足边值条件式 (6.9.7) 的 $\delta\eta$, 上述 δS 应等于零. 因此, 式 (6.9.10) 右方的被积函数必须处处为零, 即

$$\frac{\partial \boldsymbol{L}}{\partial \eta}-\frac{\partial}{\partial t}\left(\frac{\partial \boldsymbol{L}}{\partial\left(\dfrac{\partial \eta}{\partial t}\right)}\right)-\sum_{i=1}^{3} \frac{\partial}{\partial x_{i}}\left(\frac{\partial \boldsymbol{L}}{\partial\left(\dfrac{\partial \eta}{\partial x_{i}}\right)}\right)=0. \tag{6.9.11}$$

以上的讨论表明, 从变分原理可以导出方程 (6.9.11). 不难得出, 反过来, 从方程 (6.9.11) 也可以导出原来的变分原理, 因而两者是等当的. 如果 $\boldsymbol{L}$ 能选取得使方程 (6.9.11) 与体系的运动方程一致, 那么变分原理的表叙方式就与运动方程的表叙方式完全相当. 而由该 $\boldsymbol{L}$ 导出的方程 (6.9.11) 就是无限自由度体系的拉格朗日方程.

4. 在自由电磁场的情况下, 与上述 η 相当的量即为 φ 和 $\boldsymbol{A}$, 因而不只是一个函数而是四个函数 ($\boldsymbol{A}$ 有三个分量, 相应于三个函数). 为了更明显的表示出理论的相对论不变性, 我们令 $A=(\boldsymbol{A},\mathrm{i}\varphi)$ 并用 A_μ 代表它的四个分量. 这时, 式 (6.9.11) 就化为

$$\frac{\partial \boldsymbol{L}}{\partial A_{\mu}}-\frac{\partial}{\partial t}\left(\frac{\partial \boldsymbol{L}}{\partial\left(\dfrac{\partial A_{\mu}}{\partial t}\right)}\right)-\sum_{i=1}^{3} \frac{\partial}{\partial x_{i}}\left(\frac{\partial \boldsymbol{L}}{\partial\left(\dfrac{\partial A_{\mu}}{\partial x_{i}}\right)}\right)=0, \qquad (\mu=1,2,3,4), \tag{6.9.12}$$

它也可写作

$$\frac{\partial \boldsymbol{L}}{\partial A_{\mu}}-\frac{\partial}{\partial x_{\nu}}\left(\frac{\partial \boldsymbol{L}}{\partial\left(\dfrac{\partial A_{\mu}}{\partial x_{\nu}}\right)}\right)=0, \qquad (\nu\text{为求和指标, }\mu\text{ 取值为 }1,2,3,4), \tag{6.9.13}$$

按照相对论的表叙惯例, 任何式中的重复指标都代表要求和, 即相应的求和号将略去不写.

这里的拉格朗日函数密度 $\boldsymbol{L}$ 应该取得使式 (6.9.13) 与电磁势的运动方程 (6.9.1) 相一致. 通过直接的微分, 不难证实, 当取

$$\boldsymbol{L}=-\frac{1}{8\pi}\frac{\partial A_\mu}{\partial x_\nu}\frac{\partial A_\mu}{\partial x_\nu}+\frac{1}{c}A_\mu j_\mu \tag{6.9.14}$$

时, 式 (6.9.13) 即化为式 (6.9.1), 因而 $\boldsymbol{L}$ 的这一取法是正确的 (当然还可以有其他的取法). 这时的式 (6.9.13) 即为 (洛伦兹规范下的) 电磁场的拉格朗日方程.

由于我们所取的是洛伦兹规范, 故在变分原理和拉格朗日方程之外, 还须有附加条件 (洛伦兹条件)

$$\frac{\partial A_\mu}{\partial x_\mu}=0. \tag{6.9.15}$$

处理问题时应将它与变分原理或上述拉格朗日方程 (6.1.4) 联合起来考虑.

5. 有了拉格朗日函数和拉格朗日方程以后, 不难得出相应的哈密顿量和哈密顿方程. 为此, 定义与 A_μ 相对应的共轭量 π_μ 为

$$\pi_\mu=\frac{\partial \boldsymbol{L}}{\partial \dot{A}_\mu}=\frac{\partial \boldsymbol{L}}{\partial\left(\dfrac{\partial A_\mu}{\partial t}\right)}. \tag{6.9.16}$$

它相似理论力学中的正则动量, 然后定义哈密顿量密度为 (注意下式要对 μ 求和)

$$\boldsymbol{H}=\pi_\mu \dot{A}_\mu-\boldsymbol{L}=\pi_\mu\left(\frac{\partial A_\mu}{\partial t}\right)-\boldsymbol{L}. \tag{6.9.17}$$

当将 $\boldsymbol{H}$ 看作是 $A_\mu, \dfrac{\partial A_\mu}{\partial x_i}(i=1,2,3)$ 和 π_μ 的函数时, 就有

$$\frac{\partial \boldsymbol{H}}{\partial \pi_\nu}=\dot{A}_\nu+\pi_\nu\frac{\partial \dot{A}_\nu}{\partial \pi_\mu}-\frac{\partial \boldsymbol{L}}{\partial \dot{A}_\nu}\frac{\partial \dot{A}_\nu}{\partial \pi_\mu},$$

$$\frac{\partial \boldsymbol{H}}{\partial A_\mu}=\pi_\nu\frac{\partial 1\dot{A}_\nu}{\partial A_\mu}-\frac{\partial \boldsymbol{L}}{\partial A_\mu}-\frac{\partial \boldsymbol{L}}{\partial \dot{A}_\nu}\frac{\partial \dot{A}_\nu}{\partial A_\mu}$$

(注意, $\dot{A}_\mu$ 应表示为 π, A 和 $\dfrac{\partial A}{\partial x_i}$ 的函数). 利用式 (6.9.16), 可将上两式化为

$$\begin{aligned}\frac{\partial \boldsymbol{H}}{\partial \pi_\mu}&=\dot{A}_\mu,\\ \frac{\partial \boldsymbol{H}}{\partial A_\mu}&=-\frac{\partial \boldsymbol{L}}{\partial A_\mu}.\end{aligned} \tag{6.9.18}$$

再对第二式应用拉格朗日方程式 (6.9.13), 可以得出

$$\begin{aligned}\frac{\partial \boldsymbol{H}}{\partial A_\mu}&=-\frac{\partial}{\partial x_\nu}\left(\frac{\partial \boldsymbol{L}}{\partial\left(\dfrac{\partial A_\mu}{\partial x_\nu}\right)}\right)=-\frac{\partial}{\partial t}\left(\frac{\partial \boldsymbol{L}}{\partial\left(\dfrac{\partial A_\mu}{\partial t}\right)}\right)-\frac{\partial}{\partial x_i}\left(\frac{\partial \boldsymbol{L}}{\partial\left(\dfrac{\partial A_\mu}{\partial x_i}\right)}\right)\\ &=-\dot{\pi}_\mu-\frac{\partial}{\partial x_i}\left(\frac{\partial \boldsymbol{L}}{\partial\left(\dfrac{\partial A_\mu}{\partial x_i}\right)}\right)=-\dot{\pi}_\mu+\frac{\partial}{\partial x_i}\left(\frac{\partial \boldsymbol{H}}{\partial\left(\dfrac{\partial A_\mu}{\partial x_i}\right)}\right).\end{aligned} \tag{6.9.19}$$

在化出最后一个等式时, 利用了

$$\frac{\partial \boldsymbol{H}}{\partial\left(\dfrac{\partial A_\mu}{\partial x_i}\right)}=\pi_\nu\frac{\partial \dot{A}_\nu}{\partial\left(\dfrac{\partial A_\mu}{\partial x_i}\right)}-\frac{\partial \boldsymbol{L}}{\partial\left(\dfrac{\partial A_\mu}{\partial x_i}\right)}$$

$$-\frac{\partial \boldsymbol{L}}{\partial \dot{A}_\nu}\frac{\partial \dot{A}_\nu}{\partial\left(\dfrac{\partial A_\mu}{\partial x_i}\right)}=-\frac{\partial \boldsymbol{L}}{\partial\left(\dfrac{\partial A_\mu}{\partial x_i}\right)}.$$

式 (6.9.18) 第一式和式 (6.9.19) 即构成洛伦兹规范下电磁场的哈密顿方程:

$$\dot{A}_\mu=\frac{\partial \boldsymbol{H}}{\partial \pi_\nu},\qquad \dot{\pi}_\mu=-\frac{\partial \boldsymbol{H}}{\partial A_\mu}+\frac{\partial}{\partial x_i}\left(\frac{\partial \boldsymbol{H}}{\partial\left(\dfrac{\partial A_\mu}{\partial x_i}\right)}\right), \tag{6.9.20}$$

它与方程 (6.9.1) 完全相当.

最后, 我们再次指出, 在电子与电磁场的总哈密顿量

$$H=\sqrt{\left(\boldsymbol{P}-\frac{q}{c}\boldsymbol{A}\right)^2+m_0c^4}+\frac{1}{8\pi}\int_\infty (E^2+B^2)\mathrm{d}\tau$$

中, 已经包括了电子与电磁场的作用能. 因为

$$\frac{1}{8\pi}\int_\infty (E^2+B^2)\mathrm{d}t=\frac{1}{8\pi}\int_\infty (E_{\mathrm{T}}^2+B^2)\mathrm{d}\tau+\frac{1}{8\pi}\int_\infty E_{\mathrm{L}}^2\mathrm{d}\tau.$$

其中 E_{T} 和 E_{L} 分别代表电场中横场和纵场的部分. 上式右方第一项代表的是电磁场的能量, 上式右方中第二项可化为

$$-\frac{1}{8\pi}\int_\infty \boldsymbol{E}_L\cdot\nabla\varphi\mathrm{d}\tau=-\frac{1}{8\pi}\int_\infty \nabla\cdot(E_{\mathrm{L}}\varphi)\mathrm{d}\tau+\frac{1}{8\pi}\int_\infty (\nabla\cdot\boldsymbol{E}_l)\varphi\mathrm{d}\tau.$$

右方前项在化成 ∞ 远处的面积分后即显示其值为零, 后项则等于 $\dfrac{1}{2}\int\rho\varphi\mathrm{d}\tau$. 显示为电子与电磁场的作用能.

6. 本节的讨论说明了, 电磁场的运动规律可以和质点的运动规律用统一的形式来表示, 所差别的只是自由度不同, 描写状态的具体变量不同, 以及拉格朗日函数的具体形式不同. 电磁场运动规律的这种普遍形式对于过渡到量子电动力学具有重要的意义. 不仅如此, 根据现在的量子理论, 所有的粒子 (不论是电子、核子、介子和超子) 的运动状态都应当用一定的波函数来描写, 或者说与一定的场相对应, 它们的运动规律和相互作用也应当可以通过相应的拉格朗日函数和变分原理来表示. 在这样的理论中, 寻找新的基本粒子运动和相互作用的规律就归结为寻找波函

数和拉格朗日函数的具体形式. 而根据相对论不变性的要求, 拉格朗日函数密度应为一相对论不变量 [即四维标量, 如式 (6.9.14) 就是如此], 另外, 动量-能量守恒、角动量守恒等原理也对拉格朗日函数密度提出了相应的要求. 这样需要试探的范围就大大缩小, 使得寻找新的规律性的工作得到比较大的简化. 由此可见场的变分原理和哈密顿方程有着重要的实际意义.

附　录

附录 A　矢 量 分 析

矢量分析处理的对象是矢量场. 这里所谓的场只具有数学上的意义, 意思是指空间的函数, 矢量场就是指矢量的空间函数 $\boldsymbol{f}(x,y,z)$. 在矢量分析中也常牵涉到标量场, 标量场的意思是指标量的空间函数 $\varphi(x,y,z)$.

A.1　矢量场的散度和旋度以及有关的定理

在讨论散度和旋度之前, 我们先列举出矢量分析中基本的定义和公式.

定义

$$\nabla\cdot\boldsymbol{f}\equiv\frac{\partial f_x}{\partial x}+\frac{\partial f_y}{\partial y}+\frac{\partial f_z}{\partial z},$$

$$\nabla\times\boldsymbol{f}\equiv\left(\frac{\partial f_z}{\partial y}-\frac{\partial f_y}{\partial z}\right)\boldsymbol{i}+\left(\frac{\partial f_x}{\partial z}-\frac{\partial f_z}{\partial x}\right)\boldsymbol{j}+\left(\frac{\partial f_y}{\partial x}-\frac{\partial f_x}{\partial y}\right)\boldsymbol{k},$$

$$\nabla\boldsymbol{\varphi}\equiv\frac{\partial\varphi}{\partial x}\boldsymbol{i}+\frac{\partial\varphi}{\partial y}\boldsymbol{j}+\frac{\partial\varphi}{\partial z}\boldsymbol{k},$$

其中的 $\nabla\cdot\boldsymbol{f}$ 为一标量场, $\nabla\times\boldsymbol{f}$ 和 $\nabla\varphi$ 为矢量场 (因为 ∇ 为矢量算符). 可以证明下述基本公式 (设公式中的函数都是足够好的连续函数)

(a) 高斯定理　对于空间任意区域, 有

$$\oiint\boldsymbol{f}\cdot\mathrm{d}\boldsymbol{\sigma}=\iiint\nabla\cdot\boldsymbol{f}\mathrm{d}\tau,\tag{A.1}$$

上式中左方的积分面为右方 “积分区域” 的表面, $\mathrm{d}\sigma$ 的方向是自 (区域) 内向外 (这一点是对于封闭曲面的面积分的普遍规定).

(b) 斯托克斯定理　对于空间任意曲面, 有

$$\oint\boldsymbol{f}\cdot\mathrm{d}\boldsymbol{l}=\iint\nabla\times\boldsymbol{f}\cdot\mathrm{d}\boldsymbol{\sigma},\tag{A.2}$$

上式左方的积分线为右方积分面的边线. 线积分的 回转方向 与面积的正方向合乎右手螺旋关系 (这也是普遍性的规定, 凡是等式的两边分别出现线积分和面积分时都应作此了解).

(c) 格林公式　设 φ 和 ψ 为两个标量场, 定义 $\nabla^2\varphi=\nabla\cdot\nabla\varphi$, 则有

$$\oiint\psi\nabla\varphi\cdot\mathrm{d}\boldsymbol{\sigma}=\iiint(\psi\nabla^2\varphi+\nabla\varphi\cdot\nabla\psi)\mathrm{d}\tau,\tag{A.3}$$

及

$$\oiint(\psi\nabla\varphi-\varphi\nabla\psi)\cdot\mathrm{d}\boldsymbol{\sigma}=\iiint(\psi\nabla^2\varphi-\varphi\nabla^2\psi)\mathrm{d}\tau. \tag{A.4}$$

要掌握一个矢量场的特点, 就是要知道它的散度和旋度. 下面我们以流体力学为例来说明散度和旋度的概念.

先讨论散度. 设流体的密度为 ρ, 速度为 $\boldsymbol{v}$, 由于 ρ 和 $\boldsymbol{v}$ 都是空间函数, 故 $\boldsymbol{f}=\rho\boldsymbol{v}$ 为一矢量场, 此矢量场称为流量场, $\boldsymbol{f}$ 称为流矢量. $\boldsymbol{f}\cdot\mathrm{d}\boldsymbol{\sigma}$ 代表单位时间内流过 $\mathrm{d}\boldsymbol{\sigma}$ 的流体的质量 (指由 $\mathrm{d}\boldsymbol{\sigma}$ 后方流向前方).

要描写某点 (x,y,z)附近流体流散的情况, 我们可围绕该点作一小封闭曲面, 并求通过该封闭曲面的总流量 $\oiint\boldsymbol{f}\cdot\mathrm{d}\boldsymbol{\sigma}$. 显然, 求出的数值与所取封闭曲面内体积的大小及形状有关. 当曲面足够小时, 从高斯定理, $\oiint\boldsymbol{f}\cdot\mathrm{d}\boldsymbol{\sigma}$ 与曲面内体积 $\Delta\tau$ 成正比, 并与曲面形状无关. $\oiint\boldsymbol{f}\cdot\mathrm{d}\boldsymbol{\sigma}$ 与 $\Delta\tau$ 的比例常量即为 $\nabla\cdot\boldsymbol{f}$. 因此我们可用每一点的 $\nabla\cdot\boldsymbol{f}$ 来标志该点处流体流散的程度, 并称它为 $\boldsymbol{f}$ 的散度. 它代表单位体积内的流体在单位时间内流出来的质量. 这样, 高斯定理就可理解为: 在体积不是很小, 因而各处的散度值的差别必须考虑时, 流过表面的总流量就等于该体积内散度的积分. 一般将散度不为零的场叫做有源场, $\nabla\cdot\boldsymbol{f}$ 也用来作为 "源强" 的量度.

其次来讨论旋度, 看流体力学中的速度场 $\boldsymbol{v}$, 要描写某点 (x,y,z) 附近环流情况, 我们可通过该点引入一小平面, 并沿平面的边线作速度环量$\oint\boldsymbol{v}\cdot\mathrm{d}\boldsymbol{l}$. 显然求出的数值与小平面的大小、形状和方向有关, 但由斯托克斯定理, 当面积足够小时, 积分数值与面积大小成正比与形状无关, 与方向的关系也很简单, 以 $\oint\boldsymbol{v}\cdot\mathrm{d}\boldsymbol{l}$ 最大的方向为准, 其他方向就只多一个因子 $\cos\theta$, 并可表为

$$\oint\boldsymbol{v}\cdot\mathrm{d}\boldsymbol{l}=\nabla\times\boldsymbol{v}\cdot\Delta\boldsymbol{\sigma}=|\nabla\times\boldsymbol{v}|\cos\theta\Delta\boldsymbol{\sigma}. \tag{A.5}$$

由此可见若已知该点的 $\nabla\times\boldsymbol{v}$, 则沿该点附近的 "任何方向任何形状小面积" 的边线所作的速度环量都可定出: $\nabla\times\boldsymbol{v}$ 的方向即为 $\oint\boldsymbol{v}\cdot\mathrm{d}\boldsymbol{l}$ 最大的方向, $|\nabla\times\boldsymbol{v}|$ 的数值, 即为在此方向单位面积的边线上速度环量值, 因此我们可用每一点的 $\nabla\times\boldsymbol{v}$ 作为该点附近环流情况的度量, 并称之为旋度. 这样, 斯托克斯定理可表述为, 对于任意的曲面, 沿其边线的环流积分就等于旋度的面积分.

由斯托克斯定理可以得出, 对于两个具有同样边线的曲面 S_1 和 S_2(见图 A.1).

$$\iint_{S_1}\nabla\times\boldsymbol{f}\cdot\mathrm{d}\boldsymbol{\sigma}-\iint_{S_2}\nabla\times\boldsymbol{f}\cdot\mathrm{d}\boldsymbol{\sigma}=0.$$

若将 S_2 的面积方向反过来即得

$$\oiint\nabla\times\boldsymbol{f}\cdot\mathrm{d}\boldsymbol{\sigma}=0. \tag{A.6}$$

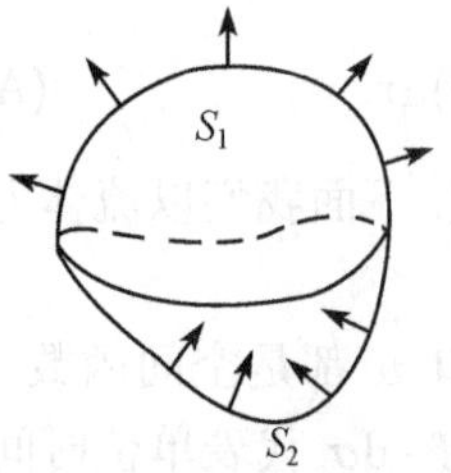

图 A.1 具有同样边线的两个曲面

再由高斯定理就得出

$$\iiint \nabla \cdot (\nabla \times \boldsymbol{f}) \mathrm{d}\tau = 0.$$

由于式 (A.6) 对于任意封闭曲面都成立, 故上式对于任何体积都成立, 由此即得被积函数必须处处为零, 即

$$\nabla \cdot (\nabla \times \boldsymbol{f}) \equiv 0. \tag{A.7}$$

通过直接的微分运算亦可证明上式的正确性.

下面我们讨论一下标量场的梯度, 这在矢量分析中也常用到. 设有一个标量场 $\varphi(x,y,z)$. 为了解某一点附近 φ 的变化情况, 我们看位置改变 $\mathrm{d}\boldsymbol{r}$ 时 φ 的增量 $\mathrm{d}\varphi$. 显然 $\mathrm{d}\varphi$ 同 $\mathrm{d}\boldsymbol{r}$ 的大小和方向有关, 由偏微分关系式

$$\mathrm{d}\varphi = \frac{\partial \varphi}{\partial x}\mathrm{d}x + \frac{\partial \varphi}{\partial y}\mathrm{d}y + \frac{\partial \varphi}{\partial z}\mathrm{d}z = \nabla\varphi \cdot \mathrm{d}\boldsymbol{r} = |\nabla\varphi| \mathrm{d}r \cos\theta, \tag{A.8}$$

即 $\mathrm{d}\varphi$ 与 $\mathrm{d}r$ 成正比, 与方向的关系表现在 $\cos\theta$ 因子上, 其中 θ 为 $\mathrm{d}\boldsymbol{r}$ 与 $\nabla\varphi$ 之间的夹角. 由式 (A.8) 可见, 若 $\nabla\varphi$ 已知则该点附近的变化情况就完全清楚. $\nabla\varphi$ 称为函数 φ 的梯度. 它的方向即为函数 φ 增加率最大的方向, 数值即为沿此方向单位长度上的增加量. 如果画出 φ 的等值面, 则由式 (A.8) 可知每点的 $\nabla\varphi$ 都同通过该点的 "等值面" 垂直. 因而若在空间每点作一小矢量使其方向与该点梯度平行, 并把这些小矢量连成线, 则这种线处处与 φ 的等值面正交, 如图 A.2 所示.

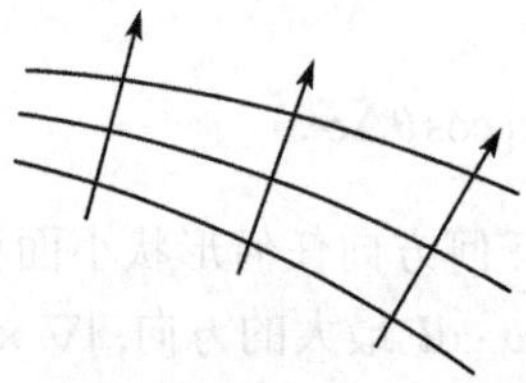

图 A.2 φ 的等值面与 $\nabla\varphi$ 的方向

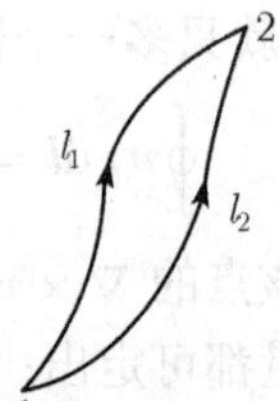

图 A.3 点 1 与点 2 之间的任意两条曲线

标量场中任意两点 1 和 2 之间 φ 的差, 可通过线积分求得

$$\varphi_2 - \varphi_1 = \int \nabla\varphi \cdot \mathrm{d}\boldsymbol{l}.$$

积分路线为从点 1 到点 2 的曲线. 如取两条不同的路径, 并相减即有

$$\int_{l_1} \nabla\varphi \cdot \mathrm{d}\boldsymbol{l} - \int_{l_2} \nabla\varphi \cdot \mathrm{d}\boldsymbol{l} = 0.$$

将 l_2 的积分路径反向, 上式就化为

$$\oint \nabla\varphi \cdot \mathrm{d}\boldsymbol{l} = 0. \tag{A.9}$$

根据斯托克斯定理, 上式可转换为

$$\iint_S \nabla \times \nabla\varphi \cdot \mathrm{d}\sigma = 0.$$

S 为以 l_1 和 l_2 为边线的曲面. 因为式 (A.9) 对于任意封闭曲线都对, 所以上式对于任意一个以 l_1 和 l_2 为边线的曲面都对. 由此即得

$$\nabla \times \nabla\varphi \equiv 0. \tag{A.10}$$

式 (A.10) 也可通过直接把微分算符 ∇ 乘开来证明.

在这一部分的最后, 我们录出矢量分析中几个很重要的结果, 它们在本课中都将用到.

(a) 非旋场和无源场的表示

如果一个矢量场的旋度处处为零, 即 $\nabla \times \boldsymbol{f} \equiv 0$, 则该矢量场称为非旋场. 非旋场总可表示为某标量场的梯度, 即

$$\boldsymbol{f} = \nabla\varphi, \tag{A.11}$$

而且 φ 除一可加常数外完全由 $\boldsymbol{f}$ 确定. 证明很简单, 作函数

$$\varphi(x,y,z) = \varphi_0 + \int_{(x_0,y_0,z_0)}^{(x,y,z)} \boldsymbol{f} \cdot \mathrm{d}\boldsymbol{l}, \tag{A.12}$$

上式中的 (x_0, y_0, z_0) 为任意取定的一个固定点, φ_0 为任意取定的一个常数. 由于 $\nabla \times \boldsymbol{f} = 0$(按式 (A.11)), 故式 (A.12) 右方积分值与路径无关, 因而式 (A.12) 将规定出一个 (x, y, z) 的函数. 不难证明式 (A.12) 满足式 (A.11), 而且任何其他满足式 (A.11) 的函数与式 (A.12) 所规定的函数只差一个常数, 也就是说, 只相当于 φ_0 或 (x_0, y_0, z_0) 的取值不同.

如果一个矢量场, 其散度处处为零, 即 $\nabla \cdot \boldsymbol{f} \equiv 0$, 则称为无源场. 无源场总可表示为另一矢量的旋度, 即

$$\boldsymbol{f} = \nabla \times \boldsymbol{A}, \tag{A.13}$$

而且 $\boldsymbol{A}$ 不是唯一确定的, $\boldsymbol{A}$ 中可加上任意标量场 ψ 的梯度 $\nabla\psi$, 因由式 (A.10), $\nabla \times \nabla\psi \equiv 0$. 式 (A.13) 的证明从略.

(b) 一个矢量场被它的散度、旋度和边值条件 (该矢量场在边界上的法线分量或切线分量) 唯一确定.

设两个场 $\boldsymbol{f}_1$ 和 $\boldsymbol{f}_2$ 在体积 V 内散度和旋度处处相同, 而且在边界面 S 上法线或切线方向相同, 我们将证明 $\boldsymbol{f}_1$ 全等于 $\boldsymbol{f}_2$. 令 $\boldsymbol{f}=\boldsymbol{f}_1-\boldsymbol{f}_2$, 则由于 $\nabla\times\boldsymbol{f}=\nabla\times\boldsymbol{f}_1-\nabla\times\boldsymbol{f}_2=0$, 故 $\boldsymbol{f}$ 可表为 $\boldsymbol{f}=\nabla\varphi$. 利用格林公式 (A.3), 并取其中的 $\psi=\varphi$. 则有

$$\oiint_S \varphi(\nabla\varphi)_n\mathrm{d}\sigma=\iiint_V[\varphi\nabla^2\varphi+(\nabla\varphi)^2]\mathrm{d}\tau. \tag{A.14}$$

由于 $\nabla^2\varphi=\nabla\cdot\nabla\varphi=\nabla\cdot\boldsymbol{f}=\nabla\cdot\boldsymbol{f}_1-\nabla\cdot\boldsymbol{f}_2=0$, 故式 (A.14) 右方第一项为零. 再来看上式左方, 如果边值条件是 $f_{1n}=f_{2n}$ 则 $(\nabla\varphi)_n=f_{1n}-f_{2n}=0$; 如果边值条件是 $f_{1t}=f_{2t}$, 则 $(\nabla\varphi)_t=0$, 从而 S 面为 φ 的等值面, 于是 φ 可提到积分号外面来, 从而给出

$$\oiint_S \varphi(\nabla\varphi)_n\mathrm{d}\sigma=\varphi\oiint_S(\nabla\varphi)_n\mathrm{d}\sigma=\varphi\iiint_V\nabla^2\varphi\mathrm{d}\tau=0.$$

以上讨论表明, 无论哪一个边值条件, 式 (A.14) 左方都为零, 故得出

$$\iiint_V(\nabla\varphi)^2\mathrm{d}\tau=0.$$

再因为 $(\nabla\varphi)^2\geqslant 0$, 故上式成立必须 $\nabla\varphi$ 处处为零, 即 $\boldsymbol{f}_1=\boldsymbol{f}_2$. 证明完毕. (另外, 如果 V 为整个空间, 那么边值条件应换为 "矢量场以 $\sim\dfrac{1}{r^2}$ 或更快的衰减度趋于零").

(c) 任意矢量场 $\boldsymbol{f}$ 可分解为非旋场和无源场两部分之和, 即

$$\boldsymbol{f}=\boldsymbol{f}_1+\boldsymbol{f}_2, \tag{A.15}$$

其中 $\boldsymbol{f}_1$ 和 $\boldsymbol{f}_2$ 分别满足 $\nabla\times\boldsymbol{f}_1=0$, $\nabla\cdot\boldsymbol{f}_2=0$. 证明此处忽略.

A.2 ∇ 算符及运算公式

我们可以引进这样一个矢量算符①

$$\nabla=\frac{\partial}{\partial x}\boldsymbol{i}+\frac{\partial}{\partial y}\boldsymbol{j}+\frac{\partial}{\partial z}\boldsymbol{k}, \tag{A.16}$$

它可以作用到一个标量场 φ 上, 定义是

$$\nabla\varphi=\left(\frac{\partial}{\partial x}\boldsymbol{i}+\frac{\partial}{\partial y}\boldsymbol{j}+\frac{\partial}{\partial z}\boldsymbol{k}\right)\varphi=\frac{\partial\varphi}{\partial x}\boldsymbol{i}+\frac{\partial\varphi}{\partial y}\boldsymbol{j}+\frac{\partial\varphi}{\partial z}\boldsymbol{k}. \tag{A.17}$$

它作用到一个矢量场上有两种形式, 分别定义为

① 它实际上是 $\boldsymbol{i}\dfrac{\partial}{\partial x}+\boldsymbol{j}\dfrac{\partial}{\partial y}+\boldsymbol{k}\dfrac{\partial}{\partial z}$.

(a)

$$\begin{aligned}\nabla\cdot\boldsymbol{f}&=\left(\frac{\partial}{\partial x}\boldsymbol{i}+\frac{\partial}{\partial y}\boldsymbol{j}+\frac{\partial}{\partial z}\boldsymbol{k}\right)\cdot\boldsymbol{f}\\&=\left(\frac{\partial}{\partial x}\boldsymbol{i}+\frac{\partial}{\partial y}\boldsymbol{j}+\frac{\partial}{\partial z}\boldsymbol{k}\right)\cdot(f_x\boldsymbol{i}+f_y\boldsymbol{j}+f_2\boldsymbol{k})\\&=\frac{\partial f_x}{\partial x}+\frac{\partial f_y}{\partial y}+\frac{\partial f_z}{\partial z},\end{aligned}\tag{A.18}$$

(b)

$$\begin{aligned}\nabla\times\boldsymbol{f}&=\left(\frac{\partial}{\partial x}\boldsymbol{i}+\frac{\partial}{\partial y}\boldsymbol{j}+\frac{\partial}{\partial z}\boldsymbol{k}\right)\times(f_x\boldsymbol{i}+f_y\boldsymbol{j}+f_z\boldsymbol{k})\\&=\left(\frac{\partial}{\partial y}f_z-\frac{\partial}{\partial z}f_y\right)\boldsymbol{i}+\left(\frac{\partial}{\partial z}f_x-\frac{\partial}{\partial x}f_z\right)\boldsymbol{j}+\left(\frac{\partial}{\partial x}f_y-\frac{\partial}{\partial y}f_x\right)\boldsymbol{k}.\end{aligned}\tag{A.19}$$

∇ 也可以自己平方后再作用到一个标量场或矢量场上, 定义是

$$\begin{aligned}\nabla^2\varphi&=(\nabla\cdot\nabla)\varphi=\left[\left(\frac{\partial}{\partial x}\boldsymbol{i}+\frac{\partial}{\partial y}\boldsymbol{j}+\frac{\partial}{\partial z}\boldsymbol{k}\right)\cdot\left(\frac{\partial}{\partial x}\boldsymbol{i}+\frac{\partial}{\partial y}\boldsymbol{j}+\frac{\partial}{\partial z}\boldsymbol{k}\right)\right]\varphi\\&=\left(\frac{\partial^2}{\partial x^2}+\frac{\partial^2}{\partial y^2}+\frac{\partial^2}{\partial z^2}\right)\varphi,\ (\text{此处也给出 }\nabla^2\varphi\text{ 就等于 }\nabla\cdot(\nabla\varphi))\end{aligned}\tag{A.20}$$

$$\begin{aligned}\nabla^2\boldsymbol{f}&=(\nabla\cdot\nabla)\boldsymbol{f}=\left[\left(\frac{\partial}{\partial x}\boldsymbol{i}+\frac{\partial}{\partial y}\boldsymbol{j}+\frac{\partial}{\partial z}\boldsymbol{k}\right)\cdot\left(\frac{\partial}{\partial x}\boldsymbol{i}+\frac{\partial}{\partial y}\boldsymbol{j}+\frac{\partial}{\partial z}\boldsymbol{k}\right)\right]\boldsymbol{f}\\&=\left(\frac{\partial^2}{\partial x^2}+\frac{\partial^2}{\partial y^2}+\frac{\partial^2}{\partial z^2}\right)\boldsymbol{f}.\end{aligned}\tag{A.21}$$

∇ 还可以在前面点乘一个矢量场而后作用到一个标量场和一个矢量场上, 定义是:

$$\begin{aligned}(\boldsymbol{f}\cdot\nabla)\varphi&=\left(f_x\frac{\partial}{\partial x}+f_y\frac{\partial}{\partial y}+f_z\frac{\partial}{\partial z}\right)\varphi\\&=f_x\frac{\partial\varphi}{\partial x}+f_y\frac{\partial\varphi}{\partial y}+f_z\frac{\partial\varphi}{\partial z},\ (\text{因而也等于 }\boldsymbol{f}\cdot(\nabla\varphi))\end{aligned}\tag{A.22}$$

$$(\boldsymbol{f}\cdot\nabla)\boldsymbol{g}=\left(f_x\frac{\partial}{\partial x}+f_y\frac{\partial}{\partial y}+f_z\frac{\partial}{\partial z}\right)\boldsymbol{g}=f_x\frac{\partial\boldsymbol{g}}{\partial x}+f_y\frac{\partial\boldsymbol{g}}{\partial y}+f_z\frac{\partial\boldsymbol{g}}{\partial z}.\tag{A.23}$$

还有一些其他类似的定义. 在这些定义中, 我们看见 ∇ 好像一个普通矢量一样. 但在次序方面必须注意, 例如 $(\boldsymbol{f}\cdot\nabla)\boldsymbol{g}\neq(\nabla\cdot\boldsymbol{f})\boldsymbol{g}$, 亦即 ∇ 和 $\boldsymbol{f}$ 的位置不能变换.

下面我们看 ∇ 与 “两个场乘积” 的运算. 例如 $\nabla(\varphi\psi)$, 根据前面的定义应为

$$\begin{aligned}\nabla(\varphi\psi)&=\frac{\partial(\varphi\psi)}{\partial x}\boldsymbol{i}+\frac{\partial(\varphi\psi)}{\partial y}\boldsymbol{j}+\frac{\partial(\varphi\psi)}{\partial z}\boldsymbol{k}\\&=\left(\frac{\partial\varphi}{\partial x}\boldsymbol{i}+\frac{\partial\varphi}{\partial y}\boldsymbol{j}+\frac{\partial\varphi}{\partial z}\boldsymbol{k}\right)\psi+\varphi\left(\frac{\partial\psi}{\partial x}\boldsymbol{i}+\frac{\partial\psi}{\partial y}\boldsymbol{j}+\frac{\partial\psi}{\partial z}\boldsymbol{k}\right)\\&=(\nabla\varphi)\psi+\varphi\nabla\psi.\end{aligned}$$

又如 $\nabla\cdot(\varphi\boldsymbol{f})$, 按照前面的定义应为

$$\begin{aligned}\nabla\cdot(\varphi\boldsymbol{f})&=\frac{\partial(\varphi f_x)}{\partial x}+\frac{\partial(\varphi f_y)}{\partial y}+\frac{\partial(\varphi f_z)}{\partial z}\\&=\frac{\partial\varphi}{\partial x}f_x+\frac{\partial\varphi}{\partial y}f_y+\frac{\partial\varphi}{\partial z}f_z+\varphi\left(\frac{\partial f_x}{\partial x}+\frac{\partial f_y}{\partial y}+\frac{\partial f_z}{\partial z}\right)\\&=(\nabla\varphi)\cdot\boldsymbol{f}+\varphi\nabla\cdot\boldsymbol{f}.\end{aligned}$$

我们不再一一证明, 而把结果分类列举如下 (包括上面两个结果):

(a) 两个标量场乘积的运算

$$\nabla(\varphi\psi)=(\nabla\varphi)\psi+\varphi\nabla\psi. \tag{A.24}$$

(b) 一个标量场与一个矢量场乘积的运算

$$\nabla\cdot(\varphi\boldsymbol{f})=(\nabla\varphi)\cdot\boldsymbol{f}+\varphi\nabla\cdot\boldsymbol{f}, \tag{A.25}$$

$$\nabla\times(\varphi\boldsymbol{f})=(\nabla\varphi)\times\boldsymbol{f}+\varphi\nabla\times\boldsymbol{f}. \tag{A.26}$$

(c) 两个矢量场乘积的运算

$$\nabla(\boldsymbol{f}\cdot\boldsymbol{g})=\boldsymbol{f}\times(\nabla\times\boldsymbol{g})+(\boldsymbol{f}\cdot\nabla)\boldsymbol{g}+\boldsymbol{g}\times(\nabla\times\boldsymbol{f})+(\boldsymbol{g}\cdot\nabla)\boldsymbol{f}, \tag{A.27}$$

$$\nabla\cdot(\boldsymbol{f}\times\boldsymbol{g})=(\nabla\times\boldsymbol{f})\cdot\boldsymbol{g}-\boldsymbol{f}\cdot(\nabla\times\boldsymbol{g}), \tag{A.28}$$

$$\nabla\times(\boldsymbol{f}\times\boldsymbol{g})=(\boldsymbol{g}\cdot\nabla)\boldsymbol{f}-(\nabla\cdot\boldsymbol{f})\boldsymbol{g}-(\boldsymbol{f}\cdot\nabla)\boldsymbol{g}+(\nabla\cdot\boldsymbol{g})\boldsymbol{f}. \tag{A.29}$$

从上面的结果中, 我们可以归纳出下述的结论, 即 ∇ 应看作一个 "具有矢量和微分运算双重性质" 的量, 它一方面适合矢量运算的法则, 一方面适合微分运算的法则. 拿式 (A.24) 来说; ∇ 作为一个矢量, 它与标量 $(\varphi\psi)$ 相乘即 $\nabla(\varphi\psi)$ 应是一个矢量, 另一方面 ∇ 作为微分运算, 它要分别作用到 φ 和 ψ 上, 当作用到一个场上时, 另一个场保持不动. 当 ∇ 作用在 φ 上而 ψ 不动时, 得出的结果即为 $(\nabla\varphi)\psi$, 当 ∇ 作用到 ψ 上而 φ 不动时即得出 $\varphi\nabla\psi$. 再看式 (A.25), ∇ 作为一个矢量, 它同矢量 $(\varphi\boldsymbol{f})$ 点乘应得一标量, ∇ 作为微分运算应分别作用到 φ 和 $\boldsymbol{f}$ 上, 但无论是作用到 φ 或 $\boldsymbol{f}$, 点乘都应置于 ∇ 与 $\boldsymbol{f}$ 之间, 这样即有式 (A.25). 式 (A.26) 情况与式 (A.24) 相仿, 要注意的是：由于左方 ∇ 在 $\boldsymbol{f}$ 之前, 故右方第一项 $\nabla\varphi$ 应在 $\boldsymbol{f}$ 之前, 在这里, 次序不能颠倒. 式 (A.24) ~ (A.26) 这三个公式用得较多, 也比较容易记忆, 希望读者能够记住.

下面再来看式 (A.27). 根据 ∇ 的微分性质, 它应分别作用到 $\boldsymbol{f}$ 和 $\boldsymbol{g}$ 上, 因而可先写作

$$\nabla(\boldsymbol{f}\cdot\boldsymbol{g})=\nabla_g(\boldsymbol{f}\cdot\boldsymbol{g})+\nabla_f(\boldsymbol{f}\cdot\boldsymbol{g}). \tag{A.30}$$

由矢量代数中的公式

$$\boldsymbol{a}\times(\boldsymbol{b}\times\boldsymbol{c})=\boldsymbol{b}(\boldsymbol{a}\cdot\boldsymbol{c})-\boldsymbol{c}(\boldsymbol{a}\cdot\boldsymbol{b}),$$

∇_g 作为一个矢量即有

$$\nabla_g(\boldsymbol{f}\cdot\boldsymbol{g})=\boldsymbol{f}\times(\nabla_g\times\boldsymbol{g})+\boldsymbol{g}(\boldsymbol{f}\cdot\nabla_g),$$

再注意到 ∇_g 是对 $\boldsymbol{g}$ 运算的微分算符, 故第二项中的 $\boldsymbol{g}$ 应移到 ∇_g 之后, 即应改写为 $(\boldsymbol{f}\cdot\nabla_g)\boldsymbol{g}$. 同样道理, 式 (A.30) 右方第二项可化为

$$\nabla_f(\boldsymbol{f}\cdot\boldsymbol{g})=\nabla_f(\boldsymbol{g}\cdot\boldsymbol{f})=\boldsymbol{g}\times(\nabla_f\times\boldsymbol{f})+(\boldsymbol{g}\cdot\nabla_f)\boldsymbol{f},$$

于是即得

$$\nabla(\boldsymbol{f}\cdot\boldsymbol{g})=\boldsymbol{f}\times(\nabla_g\times\boldsymbol{g})+(\boldsymbol{f}\cdot\nabla_g)\boldsymbol{g}+\boldsymbol{g}\times(\nabla_f\times f)+(\boldsymbol{g}\cdot\nabla_f)\boldsymbol{f}.$$

这时可省去已经不必要的脚标, 从而得出式 (A.27).

式 (A.28) 可以这样来看, 首先

$$\nabla\cdot(\boldsymbol{f}\times\boldsymbol{g})=\nabla_f\cdot(\boldsymbol{f}\times\boldsymbol{g})+\nabla_g\cdot(\boldsymbol{f}\times\boldsymbol{g}). \tag{A.31}$$

再由矢量代数公式

$$\boldsymbol{a}\cdot(\boldsymbol{b}\times\boldsymbol{c})=(\boldsymbol{a}\times\boldsymbol{b})\cdot\boldsymbol{c},$$

因而 ∇_f 作为一个矢量并且运算到 $\boldsymbol{f}$ 上, 即有

$$\nabla_f\cdot(\boldsymbol{f}\times\boldsymbol{g})=(\nabla_f\times\boldsymbol{f})\cdot\boldsymbol{g}.$$

式 (A.31) 右方第二项 $\nabla_g\cdot(\boldsymbol{f}\times\boldsymbol{g})$ 不能写作 $(\nabla_g\times\boldsymbol{f})\cdot\boldsymbol{g}$, 因 ∇_g 是作用到 $\boldsymbol{g}$ 上的微分算符. 它应化为

$$\nabla_g\cdot(f\times\boldsymbol{g})=-\nabla_g\cdot(\boldsymbol{g}\times\boldsymbol{f})=-(\nabla_g\times\boldsymbol{g})\cdot\boldsymbol{f},$$

在省去已不必要的脚码后, 即得出式 (A.28).

最后看式 (A.29). 首先, $\nabla\times(\boldsymbol{f}\times\boldsymbol{g})$ 可以表成：

$$\nabla\times(\boldsymbol{f}\times\boldsymbol{g})=\nabla_f\times(\boldsymbol{f}\times\boldsymbol{g})+\nabla_g\times(\boldsymbol{f}\times\boldsymbol{g}).$$

应用矢量公式

$$\boldsymbol{a}\times(\boldsymbol{b}\times\boldsymbol{c})=\boldsymbol{b}(\boldsymbol{a}\cdot\boldsymbol{c})-\boldsymbol{c}(\boldsymbol{a}\cdot\boldsymbol{b}),$$

并将 ∇_f 作为一个矢量即有

$$\nabla_f\times(\boldsymbol{f}\times\boldsymbol{g})=\boldsymbol{f}(\nabla_f\cdot\boldsymbol{g})-\boldsymbol{g}(\nabla_f\cdot\boldsymbol{f}),$$

再注意到 ∇_f 是一个只作用到 $\boldsymbol{f}$ 上的微分算符, 因而上式右方第一项应改写为 $(\boldsymbol{g}\cdot\nabla_f)\boldsymbol{f}$. 同样,

$$\nabla_g\times(\boldsymbol{f}\times\boldsymbol{g})=-\nabla_g\times(\boldsymbol{g}\times\boldsymbol{f})=-(\boldsymbol{f}\cdot\nabla_g)\boldsymbol{g}+\boldsymbol{f}(\nabla_g\cdot\boldsymbol{g}).$$

省掉已经不必要的脚码, 即得式 (A.29).

关于一个场被 ∇ 两次运算的结果有下述三个公式,

(a) $\nabla\times\nabla\varphi=0$ (A.32a)

这在前已证明过, 也可以这样看：$\nabla\times\nabla\varphi=(\nabla\times\nabla)\varphi$, 而由矢量运算法则 $\nabla\times\nabla=0$, 于是即得式 (A.32a).

(b) $\nabla\cdot\nabla\times\boldsymbol{f}=0$ (A.32b)

这也已在前证明过, 也可以这样看 $\nabla\cdot\nabla\times\boldsymbol{f}=\nabla\times\nabla\cdot\boldsymbol{f}=0$.

(c) $\nabla\times(\nabla\times\boldsymbol{f})=\nabla(\nabla\cdot\boldsymbol{f})-\nabla^2\boldsymbol{f}$ (A.33)

先把 ∇ 看作矢量, 于是由矢量代数公式

$$\nabla\times(\nabla\times\boldsymbol{f})=\nabla(\nabla\cdot\boldsymbol{f})-(\nabla\cdot\nabla)\boldsymbol{f}.$$

在上式中已考虑到 ∇ 为作用到 $\boldsymbol{f}$ 上的微分算符, 故 $\boldsymbol{f}$ 放在它的后面. 上式中最后一项亦即为

$$-(\nabla\cdot\nabla)\boldsymbol{f}=-\nabla^2\boldsymbol{f},$$

这样就得到式 (A.32). 需要注意的是 ∇ 不是普通的矢量, 它们的分量与普通矢量的分量不能对易, 因此在应用上述处理方法时需要小心, 以免得出错误的结论. 例如不能由 $(\boldsymbol{g}\times\boldsymbol{f})$ 与 $\boldsymbol{f}$ 垂直得出结论说 $\nabla\times\boldsymbol{f}$ 与 $\boldsymbol{f}$ 垂直, 从而 $\boldsymbol{f}\cdot\nabla\times\boldsymbol{f}=0$(我们知道 $\boldsymbol{f}\cdot\nabla\times\boldsymbol{f}\neq 0$). 原因在于证明 $\boldsymbol{f}\cdot\boldsymbol{g}\times\boldsymbol{f}=0$ 时要应用 $f_xg_zf_y=f_yg_zf_x$ 等关系, 而在 $\boldsymbol{f}\cdot\nabla\times\boldsymbol{f}$ 中却不存在类似的关系.

A.3　关于积分变换分式

除高斯定理和斯托克斯定理外, 还有一些其他积分变换公式, 其中主要的将附录如下：

(a) 关于体积分变换为面积分的公式

$$\begin{aligned}\iiint \mathrm{d}\tau\nabla\times\boldsymbol{f}&=\oint\!\!\!\oint \mathrm{d}\boldsymbol{\sigma}\times\boldsymbol{f},\\ \iiint \mathrm{d}\tau\nabla\varphi&=\oint\!\!\!\oint \mathrm{d}\boldsymbol{\sigma}\varphi.\end{aligned}\tag{A.34}$$

由此可归纳出替换法则 $\iiint \mathrm{d}\tau\nabla\rightarrow\oint\!\!\!\oint \mathrm{d}\boldsymbol{\sigma}$. 高斯定理的表叙也符合此法则, 因高斯

定理即为 $\iiint \mathrm{d}\tau\nabla\cdot\boldsymbol{f}=\oiint \mathrm{d}\boldsymbol{\sigma}\cdot\boldsymbol{f}$.

(b) 关于由面积分变换为线积分的公式

$$\iint \mathrm{d}\boldsymbol{\sigma}\times\nabla\varphi=\oint \mathrm{d}\boldsymbol{l}\varphi, \tag{A.35}$$

替换法则为 $\iint \mathrm{d}\boldsymbol{\sigma}\times\nabla\to\oint \mathrm{d}\boldsymbol{l}$.

A.4 有关r或$\boldsymbol{r}$的运算公式

$$\nabla r=\frac{\boldsymbol{r}}{r}, \tag{A.36}$$

$$\nabla\frac{1}{r}=-\frac{\boldsymbol{r}}{r^3} \tag{A.37}$$

$$\nabla f(r)=\frac{\mathrm{d}f}{\mathrm{d}r}\frac{\boldsymbol{r}}{r}, \tag{A.38}$$

$$\nabla^2\frac{1}{r}=-\nabla\cdot\frac{\boldsymbol{r}}{r^3}=-4\pi\delta(x,y,z) \tag{A.39}$$

$$\nabla\cdot\boldsymbol{r}=3, \tag{A.40}$$

$$\nabla\times\boldsymbol{r}=0, \tag{A.41}$$

$$\nabla\times\frac{\boldsymbol{r}}{r^3}=0, \tag{A.42}$$

$$\nabla(\boldsymbol{a}\cdot\boldsymbol{r})=\boldsymbol{a},\qquad (\text{其中 } \boldsymbol{a} \text{ 为常矢量}). \tag{A.43}$$

A.5 曲线正交坐标系中散度、旋度和梯度的表示式

看曲线正交坐标系 (u_1,u_2,u_3). 作 “$u_1=$ 常数、$u_2=$ 常数、$u_3=$ 常数” 三族曲面, 并分别称之为 u_1 曲面, u_2 曲面和 u_3 曲面. 这三族曲面互相正交, u_1 曲面与 u_2 曲面的交线 (它与 u_3 曲面正交) 称为 u_3 曲线, 余类推. 在 u_3 曲线上 u_1 和 u_2 为常数, 只是 u_3 是变数. 设该曲线上 u_3 到 $u_3+\mathrm{d}u_3$ 之间弧长为 $h_3\mathrm{d}u_3$、并同样设 u_1 曲线上 u_1 到 $u_1+\mathrm{d}u_1$ 之间的弧长为 $h_1\mathrm{d}u_1$、u_2 曲线上 u_2 到 $u_2+\mathrm{d}u_2$ 之间的弧长为 $h_2\mathrm{d}u_2$(当然, h_1,h_2,h_3 是位置的函数).

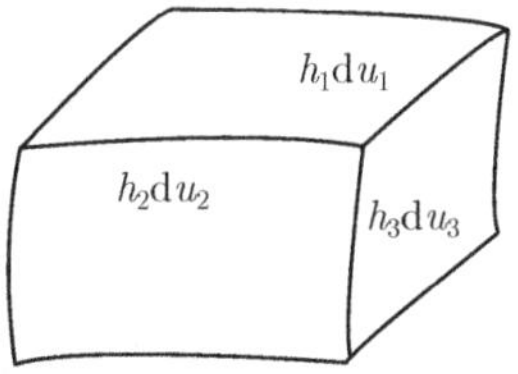

图 A.4 曲线正交坐标系中的体积元

这三个小曲面围成的空间体积元可表为

$$\mathrm{d}\tau=h_1h_2h_3\mathrm{d}u_1\mathrm{d}u_2\mathrm{d}u_3. \tag{A.44}$$

可以证明 h_i 由下式决定

$$h_i^2 = \left(\frac{\partial x}{\partial u_i}\right)^2 + \left(\frac{\partial y}{\partial u_i}\right)^2 + \left(\frac{\partial z}{\partial u_i}\right)^2. \tag{A.45}$$

下面考虑散度、旋度和梯度在曲线正交坐标系中的表示式. 设 $\boldsymbol{n}_1, \boldsymbol{n}_2, \boldsymbol{n}_3$ 为该坐标系的单位基矢, $\boldsymbol{f}$ 为任意一个矢量场, φ 为任意一个标量场, 并设 $\boldsymbol{f}$ 在三个单位基矢上的分量为 f_1、f_2 和 f_3, 即

$$\boldsymbol{f} = f_1\boldsymbol{n}_1 + f_2\boldsymbol{n}_2 + f_3\boldsymbol{n}_3,$$

则可以证明下述公式

$$\nabla \cdot \boldsymbol{f} = \frac{1}{h_1h_2h_3}\left[\frac{\partial}{\partial u_1}(h_2h_3f_1) + \frac{\partial}{\partial u_2}(h_3h_1f_2) + \frac{\partial}{\partial u_3}(h_1h_2f_3)\right], \tag{A.46}$$

$$\nabla \times \boldsymbol{f} = \frac{1}{h_2h_3}\left[\frac{\partial(h_3f_3)}{\partial u_2} - \frac{\partial(h_2f_2)}{\partial u_3}\right]\boldsymbol{n}_1 + \frac{1}{h_3h_1}\left[\frac{\partial(h_1f_1)}{\partial u_3} - \frac{\partial(h_3f_3)}{\partial u_1}\right]\boldsymbol{n}_2 + \frac{1}{h_1h_2}\left[\frac{\partial(h_2f_2)}{\partial u_1} - \frac{\partial(h_1f_1)}{\partial u_2}\right]\boldsymbol{n}_3, \tag{A.47}$$

$$\nabla\varphi = \frac{1}{h_1}\frac{\partial\varphi}{\partial u_1}\boldsymbol{n}_1 + \frac{1}{h_2}\frac{\partial\varphi}{\partial u_2}\boldsymbol{n}_2 + \frac{1}{h_3}\frac{\partial\varphi}{\partial u_3}\boldsymbol{n}_3, \tag{A.48}$$

$$\nabla^2\varphi = \frac{1}{h_1h_2h_3}\left[\frac{\partial}{\partial u_1}\left(\frac{h_2h_3}{h_1}\frac{\partial\varphi}{\partial u_1}\right) + \frac{\partial}{\partial u_2}\left(\frac{h_3h_1}{h_2}\frac{\partial\varphi}{\partial u_2}\right) + \frac{\partial}{\partial u_3}\left(\frac{h_1h_2}{h_3}\frac{\partial\varphi}{\partial u_3}\right)\right]. \tag{A.49}$$

最常用的曲线正交坐标系是球坐标系和柱坐标系, 上述公式在这两个坐标系中的具体形式如下:

(a) 球坐标系

$$u_1 = r, \qquad u_2 = \theta(0 \to \pi), \qquad u_3 = \chi(0 \to 2\pi), \tag{A.50}$$

$$\boldsymbol{n}_1 = \boldsymbol{n}_r, \qquad \boldsymbol{n}_2 = \boldsymbol{n}_\theta, \qquad \boldsymbol{n}_3 = \boldsymbol{n}_\chi$$

$$h_1 = 1, \qquad h_2 = r, \qquad h_3 = r\sin\theta, \tag{A.51}$$

$$\nabla \cdot \boldsymbol{f} = \frac{1}{r^2}\frac{\partial}{\partial r}(r^2f_1) + \frac{1}{r\sin\theta}\frac{\partial}{\partial\theta}(\sin\theta f_2) + \frac{1}{r\sin\theta}\frac{\partial f_3}{\partial\chi}, \tag{A.52}$$

$$\nabla \times \boldsymbol{f} = \frac{1}{r\sin\theta}\left[\frac{\partial}{\partial\theta}(\sin\theta f_3) - \frac{\partial f_2}{\partial\chi}\right]\boldsymbol{n}_1 + \frac{1}{r}\left[\frac{1}{\sin\theta}\frac{\partial f_1}{\partial\chi} - \frac{\partial}{\partial r}(rf_3)\right]\boldsymbol{n}_2 + \frac{1}{r}\left[\frac{\partial}{\partial r}(rf_2) - \frac{\partial f_1}{\partial\theta}\right]\boldsymbol{n}_3, \tag{A.53}$$

$$\nabla\varphi = \frac{\partial\varphi}{\partial r}\boldsymbol{n}_1 + \frac{1}{r}\frac{\partial\varphi}{\partial\theta}\boldsymbol{n}_2 + \frac{1}{r\sin\theta}\frac{\partial\varphi}{\partial\chi}\boldsymbol{n}_3, \tag{A.54}$$

$$\nabla^2\varphi = \frac{1}{r^2}\frac{\partial}{\partial r}\left(r^2\frac{\partial\varphi}{\partial r}\right) + \frac{1}{r^2\sin\theta}\frac{\partial}{\partial\theta}\left(\sin\theta\frac{\partial\varphi}{\partial\theta}\right) + \frac{1}{r^2\sin^2\theta}\frac{\partial^2\varphi}{\partial\chi^2}. \tag{A.55}$$

(b) 柱坐标系

$$u_1 = r, \qquad u_2 = \theta, \qquad u_3 = z, \tag{A.56}$$

$$h_1 = 1, \qquad h_2 = r, \qquad h_3 = 1, \tag{A.57}$$

$$\nabla\cdot f = \frac{1}{r}\frac{\partial}{\partial r}(rf_1) + \frac{1}{r}\frac{\partial f_2}{\partial\theta} + \frac{\partial f_3}{\partial z}, \tag{A.58}$$

$$\begin{aligned}\nabla\times\boldsymbol{f} =& \left(\frac{1}{r}\frac{\partial f_3}{\partial\theta} - \frac{\partial f_2}{\partial z}\right)\boldsymbol{n}_1 + \left(\frac{\partial f_1}{\partial z} - \frac{\partial f_3}{\partial r}\right)\boldsymbol{n}_2 \\ &+ \left[\frac{1}{r}\frac{\partial(rf_2)}{\partial r} - \frac{1}{r}\frac{\partial f_1}{\partial\theta}\right]\boldsymbol{n}_3,\end{aligned} \tag{A.59}$$

$$\nabla\varphi = \frac{\partial\varphi}{\partial r}\boldsymbol{n}_1 + \frac{1}{r}\frac{\partial\varphi}{\partial\theta}\boldsymbol{n}_2 + \frac{\partial\varphi}{\partial z}\boldsymbol{n}_3, \tag{A.60}$$

$$\nabla^2\varphi = \frac{1}{r}\frac{\partial}{\partial r}\left(r\frac{\partial\varphi}{\partial r}\right) + \frac{1}{r^2}\frac{\partial^2\varphi}{\partial\theta^2} + \frac{\partial^2\varphi}{\partial z^2}. \tag{A.61}$$

附录 B 张量的运算①

B.1 张量的概念

我们从固体介质应力的讨论来介绍张量的概念.

为了考察固体介质中某点 P 附近应力的情况, 我们可以通过 P 点取一小面积元 $\mathrm{d}\boldsymbol{\sigma}$, 而问 $\mathrm{d}\boldsymbol{\sigma}$ 前方的介质通过此面积元对后方介质作用力为多大. 用 $\mathrm{d}\boldsymbol{f}$ 表示上述作用力 (如上所述, 是指 $\mathrm{d}\boldsymbol{\sigma}$ 前方作用到后方的, 下同), 由于固体介质中可以存在切应力, 故 $\mathrm{d}\boldsymbol{f}$ 的方向一般不与 $\mathrm{d}\boldsymbol{\sigma}$ 相同. 当 $\mathrm{d}\boldsymbol{\sigma}$ 的方向改变时, $\mathrm{d}\boldsymbol{f}$ 的大小和方向也随之改变. 如果我们对于 "通过 P 点、任意方向的 $\mathrm{d}\boldsymbol{\sigma}$" 所相应的 $\mathrm{d}\boldsymbol{f}$ 都清楚了, 那么我们对这一点的应力情况就完全清楚了.

令 $\mathrm{d}\boldsymbol{\sigma}_x$ 表一个通过 P 点、方向沿 x 轴的小面积元, $\mathrm{d}\boldsymbol{\sigma}_y$ 表方向沿 y 轴的小面积元, $\mathrm{d}\boldsymbol{\sigma}_z$ 表方向沿 z 轴的小面积元. 即 $\mathrm{d}\boldsymbol{\sigma}_x = \mathrm{d}\sigma_x\boldsymbol{i}$, $\mathrm{d}\boldsymbol{\sigma}_y = \mathrm{d}\sigma_y\boldsymbol{j}, \mathrm{d}\boldsymbol{\sigma}_z = \mathrm{d}\sigma_z\boldsymbol{k}$, $\boldsymbol{i}, \boldsymbol{j}, \boldsymbol{k}$ 分别为沿 x, y, z 轴的单位矢量. 并设这些小面积元所相应的 $\mathrm{d}\boldsymbol{f}$ 分别为 $\mathrm{d}\boldsymbol{f}_x$, $\mathrm{d}\boldsymbol{f}_y$ 和 $\mathrm{d}\boldsymbol{f}_z$. 先来看 $\mathrm{d}\boldsymbol{f}_x$, 由于其大小与 $\mathrm{d}\sigma_x$ 成正比, 故可表为

$$\begin{aligned}\mathrm{d}\boldsymbol{f}_x &= \mathrm{d}f_{xx}\boldsymbol{i} + \mathrm{d}f_{xy}\boldsymbol{j} + \mathrm{d}f_{xz}\boldsymbol{k} \\ &= \mathrm{d}\sigma_x(T_{xx}\boldsymbol{i} + T_{xy}\boldsymbol{j} + T_{xz}\boldsymbol{k}),\end{aligned} \tag{B.1}$$

① 这里的张量实际只是指二级张量, 而且一般是可约的 (即其三个对角分量之和并不一定为零). 另外, 它又被称作 "并矢".

同样

$$\begin{aligned} \mathrm{d}\boldsymbol{f}_y &= \mathrm{d}f_{yx}\boldsymbol{i} + \mathrm{d}f_{yy}\boldsymbol{j} + \mathrm{d}f_{yz}\boldsymbol{k} \\ &= \mathrm{d}\sigma_y(T_{yx}\boldsymbol{i} + T_{yy}\boldsymbol{j} + T_{yz}\boldsymbol{k}), \end{aligned} \tag{B.2}$$

$$\begin{aligned} \mathrm{d}\boldsymbol{f}_z &= \mathrm{d}f_{zx}\boldsymbol{i} + \mathrm{d}f_{zy}\boldsymbol{j} + \mathrm{d}f_{zz}\boldsymbol{k} \\ &= \mathrm{d}\sigma_z(T_{zx}\boldsymbol{i} + T_{zy}\boldsymbol{j} + T_{zz}\boldsymbol{k}). \end{aligned} \tag{B.3}$$

上式中的 T_{xy} 代表通过 P 点、方向沿 x 轴的单位面积、其前方介质对后方介质的作用力的 y 分量. 其他各量的意义类此.

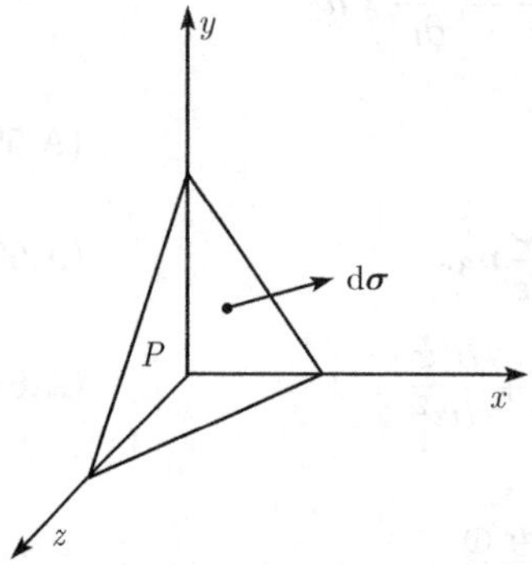

图 B.1 在原点附近的小四面体

下面我们来证明, 当 $(T_{xx}, T_{xy}, \cdots, T_{zz})$ 九个数已知时, 不仅上述三个小面积元 $(\mathrm{d}\boldsymbol{\sigma}_x, \mathrm{d}\boldsymbol{\sigma}_y, \mathrm{d}\boldsymbol{\sigma}_z)$ 所对应的 $\mathrm{d}\boldsymbol{f}$ 已知, 而且 P 点其他任意方向的 $\mathrm{d}\boldsymbol{\sigma}$ 所相应的 $\mathrm{d}\boldsymbol{f}$ 也都确定.

为了说明这一结果, 我们以 P 为原点引入 x, y, z 三个轴, 并取任一微小的四面体如图 B.1 所示. 设其斜面为 $\mathrm{d}\boldsymbol{\sigma}$, 另三个面分别为 $\mathrm{d}\boldsymbol{\sigma}_x$, $\mathrm{d}\boldsymbol{\sigma}_y$, $\mathrm{d}\boldsymbol{\sigma}_z$($\mathrm{d}\boldsymbol{\sigma}$ 方向取得自体内向体外. 其他三个小面积的方向分别沿三个轴的正向), 它们的面积大小分别为

$$\mathrm{d}\sigma_x = \mathrm{d}\boldsymbol{\sigma}\cdot\boldsymbol{i}, \quad \mathrm{d}\sigma_y = \mathrm{d}\boldsymbol{\sigma}\cdot\boldsymbol{j}, \quad \mathrm{d}\sigma_z = \mathrm{d}\boldsymbol{\sigma}\cdot\boldsymbol{k}. \tag{B.4}$$

令 $\mathrm{d}\boldsymbol{f}$ 及 $\mathrm{d}\boldsymbol{f}_x, \mathrm{d}\boldsymbol{f}_y$ 和 $\mathrm{d}\boldsymbol{f}_z$ 分别表示上述四个小面积元上的作用力, 四面体内介质所受的合力即为 $\mathrm{d}\boldsymbol{f} - \mathrm{d}\boldsymbol{f}_x - \mathrm{d}\boldsymbol{f}_y - \mathrm{d}\boldsymbol{f}_z$. 从四面体处于力学平衡状态, 即得此合力应为零:

$$\mathrm{d}\boldsymbol{f} - \mathrm{d}\boldsymbol{f}_x - \mathrm{d}\boldsymbol{f}_y - \mathrm{d}\boldsymbol{f}_z = 0.$$

再应用式 (B.1) ~ (B.4) 即有

$$\begin{aligned} \mathrm{d}\boldsymbol{f} &= \mathrm{d}\boldsymbol{f}_x + \mathrm{d}\boldsymbol{f}_y + \mathrm{d}\boldsymbol{f}_z = \mathrm{d}\sigma_x(T_{xx}\boldsymbol{i} + T_{xy}\boldsymbol{j} + T_{xz}\boldsymbol{k}) \\ &\quad + \mathrm{d}\sigma_y(T_{yx}\boldsymbol{i} + T_{yy}\boldsymbol{j} + T_{yz}\boldsymbol{k}) + \mathrm{d}\sigma_z(T_{zx}\boldsymbol{i} + T_{zy}\boldsymbol{j} + T_{zz}\boldsymbol{k}) \\ &= (\mathrm{d}\boldsymbol{\sigma}\cdot\boldsymbol{i})(T_{xx}\boldsymbol{i} + T_{xy}\boldsymbol{j} + T_{xz}\boldsymbol{k}) + (\mathrm{d}\boldsymbol{\sigma}\cdot\boldsymbol{j})(T_{yx}\boldsymbol{i} + T_{yy}\boldsymbol{j} \\ &\quad + T_{yz}\boldsymbol{k}) + (\mathrm{d}\boldsymbol{\sigma}\cdot\boldsymbol{k})(T_{zx}\boldsymbol{i} + T_{zy}\boldsymbol{j} + T_{zz}\boldsymbol{k}). \end{aligned} \tag{B.5}$$

果然, 若 $(T_{xx}, T_{xy}, \cdots, T_{zz})$ 第九个量已知, 则对任意方向的 $\mathrm{d}\boldsymbol{\sigma}$ 所相应的 $\mathrm{d}\boldsymbol{f}$ 都可求出, 于是 P 点处的应力情况就完全清楚.

我们知道, 描写介质中一点的密度只需一个量 ρ, 而描写一点的电场需要三个量 (E_x, E_y, E_z), 现在我们又看见、描写一点的应力需要九个量 $(T_{xx}, T_{xy}, T_{xz}, \cdots, T_{zz})$. 我们于是说密度为一标量, 电场为一矢量, 应力为一张量 (严格说来是二阶张量. 另

外, 重要的还不是量的个数, 而是这些量在坐标变换中服从怎样的变换关系. 标量、矢量和张量实际是根据变换关系来定义的, 参见 6.5 节).

对于矢量, 例如电场, 我们通常将 (E_x, E_y, E_z) 称作它的三个分量. 同样, 我们把 $(T_{xx}, \cdots, T_{zz})$ 称作应力张量的九个分量, 并表作

$$\begin{aligned}\mathfrak{T} =& T_{xx}\boldsymbol{ii} + T_{xy}\boldsymbol{ij} + T_{xz}\boldsymbol{ik}\\ &+T_{yx}\boldsymbol{ji} + T_{yy}\boldsymbol{jj} + T_{yz}\boldsymbol{jk}\\ &+T_{zx}\boldsymbol{ki} + T_{zy}\boldsymbol{kj} + T_{zz}\boldsymbol{kk}.\end{aligned} \tag{B.6}$$

当然也可采用别的表示形式, 例如可用矩阵来表示张量和矢量, 参见下文 (在式 (B.23) 后).

在物理学中, 有许多物理量是用张量来表示. 为了使含有这些物理量的公式 (式 (B.5) 就是其中一个, 它含有应力张量, 不过是通过它的九个分量表示出来的) 处理简化, 我们对张量规定一些运算, 例如为了简化式 (B.5), 我们可以如下地来定义一个矢量 $\boldsymbol{f}$ 与张量 $\mathfrak{T}$ 的点乘定义

首先, 定义

$$\boldsymbol{f}\cdot(\boldsymbol{ii}) = (\boldsymbol{f}\cdot\boldsymbol{i})\boldsymbol{i}, \qquad \boldsymbol{f}\cdot(\boldsymbol{ij}) = (\boldsymbol{f}\cdot\boldsymbol{i})\boldsymbol{j}, \qquad \cdots$$

于是

$$\begin{aligned}\boldsymbol{f}\cdot\mathfrak{T} =& T_{xx}(\boldsymbol{f}\cdot\boldsymbol{i})\boldsymbol{i} + T_{xy}(\boldsymbol{f}\cdot\boldsymbol{i})\boldsymbol{j} + T_{xz}(\boldsymbol{f}\cdot\boldsymbol{i})\boldsymbol{k}\\ &+T_{yx}(\boldsymbol{f}\cdot\boldsymbol{j})\boldsymbol{i} + T_{yy}(\boldsymbol{f}\cdot\boldsymbol{j})\boldsymbol{j} + T_{yz}(\boldsymbol{f}\cdot\boldsymbol{j})\boldsymbol{k}\\ &+T_{zx}(\boldsymbol{f}\cdot\boldsymbol{k})\boldsymbol{i} + T_{zy}(\boldsymbol{f}\cdot\boldsymbol{k})\boldsymbol{j} + T_{zz}(\boldsymbol{f}\cdot\boldsymbol{k})\boldsymbol{k}.\end{aligned}$$

类似地, 定义

$$(\boldsymbol{ii})\cdot\boldsymbol{f} = \boldsymbol{i}(\boldsymbol{i}\cdot\boldsymbol{f}), \qquad (\boldsymbol{ij})\cdot\boldsymbol{f} = \boldsymbol{i}(\boldsymbol{j}\cdot\boldsymbol{f}), \qquad \cdots,$$

于是

$$\begin{aligned}\mathfrak{T}\cdot\boldsymbol{f} =& T_{xx}\boldsymbol{i}(\boldsymbol{i}\cdot\boldsymbol{f}) + T_{xy}\boldsymbol{i}(\boldsymbol{j}\cdot\boldsymbol{f}) + T_{xz}\boldsymbol{i}(\boldsymbol{k}\cdot\boldsymbol{f})\\ &+T_{yx}\boldsymbol{j}(\boldsymbol{i}\cdot\boldsymbol{f}) + T_{yy}\boldsymbol{j}(\boldsymbol{j}\cdot\boldsymbol{f}) + T_{yz}\boldsymbol{j}(\boldsymbol{k}\cdot\boldsymbol{f})\\ &+T_{zx}\boldsymbol{k}(\boldsymbol{i}\cdot\boldsymbol{f}) + T_{zy}\boldsymbol{k}(\boldsymbol{j}\cdot\boldsymbol{f}) + T_{zz}\boldsymbol{k}(\boldsymbol{k}\cdot\boldsymbol{f}).\end{aligned} \tag{B.7}$$

注意 $\boldsymbol{f}\cdot\mathfrak{T} \neq \mathfrak{T}\cdot\boldsymbol{f}$, 即张量与矢量的点乘次序一般是不可对易的.

在上述规定下, 式 (B.5) 可以表为

$$\mathrm{d}\boldsymbol{f} = \mathrm{d}\boldsymbol{\sigma}\cdot\mathfrak{T}. \tag{B.8}$$

下面我们较系统地来介绍张量的一些基本运算.

B.2 张量的代数运算

(1) 加法　根据定义, 两个张量 $\mathfrak{T}$ 与 $\mathfrak{U}$ 的相加, 就是将相应的分量相加, 即

$$\mathfrak{T}+\mathfrak{U}=(T_{xx}+U_{xx})\boldsymbol{ii}+(T_{xy}+U_{xy})\boldsymbol{ij}+\cdots \tag{B.9}$$

由此可见, 加法服从交换律及结合律.

(2) 张量与标量的乘法　根据定义, 标量 φ 乘张量 $\mathfrak{T}$ 即等于将 φ 乘 $\mathfrak{T}$ 的每一个分量:

$$\varphi\mathfrak{T}=\varphi T_{xx}\boldsymbol{ii}+\varphi T_{xy}\boldsymbol{ij}+\cdots, \tag{B.10}$$

$\mathfrak{T}\varphi$ 亦类似地定义. 于是有

$$\varphi\mathfrak{T}=\mathfrak{T}\varphi. \tag{B.11}$$

(3) 张量与矢量的点乘　定义如式 (B.7) 所述, 根据定义可得

$$\begin{aligned}
&\boldsymbol{f}\cdot(\mathfrak{T}+\mathfrak{U})=(\boldsymbol{f}\cdot\mathfrak{T})+(\boldsymbol{f}\cdot\mathfrak{U}),\\
&(\boldsymbol{f}+\boldsymbol{g})\cdot\mathfrak{T}=\boldsymbol{f}\cdot\mathfrak{T}+\boldsymbol{g}\cdot\mathfrak{T},\\
&(\mathfrak{T}+\mathfrak{U})\cdot\boldsymbol{f}=\mathfrak{T}\cdot\boldsymbol{f}+\mathfrak{U}\cdot\boldsymbol{f},\\
&\mathfrak{T}\cdot(\boldsymbol{f}+\boldsymbol{g})=\mathfrak{T}\cdot\boldsymbol{f}+\mathfrak{T}\cdot\boldsymbol{g}.
\end{aligned} \tag{B.12}$$

注意, 一般说来

$$\boldsymbol{f}\cdot\mathfrak{T}\neq\mathfrak{T}\cdot\boldsymbol{f}.$$

(4) 张量与矢量的叉乘　定义

$$\boldsymbol{f}\times(\boldsymbol{ii})=(\boldsymbol{f}\times\boldsymbol{i})\boldsymbol{i},\qquad \boldsymbol{f}\times(\boldsymbol{ij})=(\boldsymbol{f}\times\boldsymbol{i})\boldsymbol{j},\qquad \cdots,$$

于是

$$\begin{aligned}
\boldsymbol{f}\times\mathfrak{T}=&T_{xx}(\boldsymbol{f}\times\boldsymbol{i})\boldsymbol{i}+T_{xy}(\boldsymbol{f}\times\boldsymbol{i})\boldsymbol{j}+T_{xz}(\boldsymbol{f}\times\boldsymbol{i})\boldsymbol{k}\\
&+T_{yx}(\boldsymbol{f}\times\boldsymbol{j})\boldsymbol{i}+T_{yy}(\boldsymbol{f}\times\boldsymbol{j})\boldsymbol{j}+T_{yz}(\boldsymbol{f}\times\boldsymbol{j})\boldsymbol{k}\\
&+T_{zx}(\boldsymbol{f}\times\boldsymbol{k})\boldsymbol{i}+T_{zy}(\boldsymbol{f}\times\boldsymbol{k})\boldsymbol{j}+T_{zz}(\boldsymbol{f}\times\boldsymbol{k})\boldsymbol{k}.
\end{aligned} \tag{B.13}$$

$\boldsymbol{f}$ 从右边与 $\mathfrak{T}$ 相乘的定义仿此. 注意,

$$\boldsymbol{f}\times\mathfrak{T}\neq\mathfrak{T}\times\boldsymbol{f}. \tag{B.14}$$

(5) 张量与张量的点乘　分一次点乘和二次点乘两种. 一次点乘的定义为

$$
\begin{aligned}
&(\boldsymbol{ii})\cdot(\boldsymbol{ii})=\boldsymbol{i}(\boldsymbol{i}\cdot\boldsymbol{i})\boldsymbol{i}=\boldsymbol{ii},\\
&(\boldsymbol{ii})\cdot(\boldsymbol{ij})=\boldsymbol{i}(\boldsymbol{i}\cdot\boldsymbol{i})\boldsymbol{j}=\boldsymbol{ij},\\
&\qquad\cdots,\\
&\qquad\cdots,\\
&(\boldsymbol{ij})\cdot(\boldsymbol{ii})=\boldsymbol{i}(\boldsymbol{j}\cdot\boldsymbol{i})\boldsymbol{i}=0,\\
&(\boldsymbol{ij})\cdot(\boldsymbol{ij})=\boldsymbol{i}(\boldsymbol{j}\cdot\boldsymbol{i})\boldsymbol{j}=0,\\
&\qquad\cdots
\end{aligned}
\tag{B.15}
$$

于是

$$
\begin{aligned}
\mathfrak{T}\cdot\mathfrak{U}=&(T_{xx}\boldsymbol{ii}+T_{xy}\boldsymbol{ij}+\cdots)\cdot(U_{xx}\boldsymbol{ii}+U_{xy}\boldsymbol{ij}+\cdots)\\
=&T_{xx}U_{xx}(\boldsymbol{ii})\cdot(\boldsymbol{ii})+T_{xx}U_{xy}(\boldsymbol{ii})\cdot(\boldsymbol{ij})+\cdots\\
&+T_{xy}U_{xy}(\boldsymbol{ij})\cdot(\boldsymbol{ii})+T_{xy}U_{xy}(\boldsymbol{ij})\cdot(\boldsymbol{ij})+\cdots\\
&+\cdots\\
=&T_{xx}U_{xx}\boldsymbol{ii}+T_{xx}U_{xy}\boldsymbol{ij}+\cdots
\end{aligned}
\tag{B.16}
$$

上式表明, 两张量在作一次点乘之后仍为一张量. 但要注意两张量的位置次序. 因

$$
\mathfrak{T}\cdot\mathfrak{U}\neq\mathfrak{U}\cdot\mathfrak{T}.
\tag{B.17}
$$

二次点乘的定义是：先将两个靠近的矢量点乘, 在它们化为一标量并提出后, 再点乘剩下二个. 即

$$
\begin{aligned}
&(\boldsymbol{ii}):(\boldsymbol{ii})=(\boldsymbol{i}\cdot\boldsymbol{i})(\boldsymbol{i}\cdot\boldsymbol{i})=1,\qquad &&(\boldsymbol{ii}):(\boldsymbol{ij})=(\boldsymbol{i}\cdot\boldsymbol{i})(\boldsymbol{i}\cdot\boldsymbol{j})=0,\\
&(\boldsymbol{ij}):(\boldsymbol{kj})=(\boldsymbol{j}\cdot\boldsymbol{k})(\boldsymbol{i}\cdot\boldsymbol{j})=0,\qquad &&\cdots,
\end{aligned}
$$

于是

$$
\begin{aligned}
\mathfrak{T}:\phi=&(T_{xx}\boldsymbol{ii}+T_{xy}\boldsymbol{ij}+\cdots):(U_{xx}\boldsymbol{ii}+U_{xy}\boldsymbol{ij}+\cdots)\\
=&T_{xx}U_{xx}(\boldsymbol{ii}):(\boldsymbol{ii})+T_{xx}U_{xy}(\boldsymbol{ii}):(\boldsymbol{ij})+\cdots\\
&+T_{xy}U_{xx}(\boldsymbol{ij}):(\boldsymbol{ii})+T_{xy}U_{xy}(\boldsymbol{ij}):(\boldsymbol{ij})+\cdots\\
&+\cdots\\
=&T_{xx}U_{xx}+T_{xy}U_{yx}+T_{xz}U_{zx}+T_{yx}U_{xy}+T_{yy}U_{yy}\\
&+T_{yz}U_{zy}+T_{zx}U_{xz}+T_{zy}U_{yz}+T_{zz}U_{zz}.
\end{aligned}
\tag{B.18}
$$

由此可知两张量两次点乘以后为一标量, 而且

$$
\mathfrak{T}:\mathfrak{U}=\mathfrak{U}:\mathfrak{T}.
\tag{B.19}
$$

(6) 矢量的外乘　定义两矢量的外乘为

$$\begin{aligned}\boldsymbol{fg} =&(f_x\boldsymbol{i}+f_y\boldsymbol{j}+f_z\boldsymbol{k})(g_x\boldsymbol{i}+g_y\boldsymbol{j}+g_z\boldsymbol{k})\\=&f_xg_x\boldsymbol{ii}+f_xg_y\boldsymbol{ij}+f_xg_z\boldsymbol{ik}\\&+f_yg_x\boldsymbol{ji}+f_yg_y\boldsymbol{jj}+f_yg_z\boldsymbol{jk}\\&+f_zg_x\boldsymbol{ki}+f_zg_y\boldsymbol{kj}+f_zg_z\boldsymbol{kk},\end{aligned}\tag{B.20}$$

因此其结果为一张量, 不难推知

$$\begin{aligned}&\boldsymbol{f}(\boldsymbol{g}_1+\boldsymbol{g}_2)=\boldsymbol{fg}_1+\boldsymbol{fg}_2,\\&\boldsymbol{fg}\neq\boldsymbol{gf},\\&\cdots.\end{aligned}\tag{B.21}$$

(7) 单位张量　张量 $\mathfrak{F}=\boldsymbol{ii}+\boldsymbol{jj}+\boldsymbol{kk}$ 有这样一个特点, 它与任何矢量点乘都得到原来的矢量, 同任何张量一次点乘都得到原来的张量, 即

$$\begin{aligned}&\boldsymbol{f}\cdot\mathfrak{F}=\mathfrak{F}\cdot\boldsymbol{f}=\boldsymbol{f},\\&\phi\cdot\mathfrak{F}=\mathfrak{F}\cdot\phi=\phi,\end{aligned}\tag{B.22}$$

为此我们称 $\mathfrak{F}$ 为单位张量. 单位张量与任意张量 ϕ 作二次点乘结果为

$$\phi:\mathfrak{F}=\mathfrak{F}:\phi=\varPhi_{xx}+\varPhi_{yy}+\varPhi_{zz}.\tag{B.23}$$

即 ϕ 的对角分量和.

矢量和张量也可以表成矩阵的形式, 矢量 $\boldsymbol{f}$ 可表作 $\begin{pmatrix}f_x\\f_y\\f_z\end{pmatrix}$ 或 $(f_xf_yf_z)$, 张量 $\mathfrak{T}$ 可表作 $\begin{pmatrix}T_{xx}&T_{xy}&T_{xz}\\T_{yx}&T_{yy}&T_{yz}\\T_{zx}&T_{zy}&T_{zz}\end{pmatrix}$, 这样张量与矢量的点乘即按普通的矩阵乘法进行:

$$\mathfrak{T}\cdot\boldsymbol{f}\to\begin{pmatrix}T_{xx}&T_{xy}&T_{xz}\\T_{yx}&T_{yy}&T_{yz}\\T_{zx}&T_{zy}&T_{zz}\end{pmatrix}\begin{pmatrix}f_x\\f_y\\f_z\end{pmatrix},$$

$$\boldsymbol{f}\cdot\mathfrak{T}\to(f_xf_yf_z)\begin{pmatrix}T_{xx}&T_{xy}&T_{xz}\\T_{yx}&T_{yy}&T_{yz}\\T_{zx}&T_{zy}&T_{zz}\end{pmatrix},$$

张量与张量的一次点乘, 亦可按普通矩阵乘法来进行:

$$\mathfrak{T}\cdot\phi\rightarrow\begin{pmatrix}T_{xx}&T_{xy}&T_{xz}\\T_{yx}&T_{yy}&T_{yz}\\T_{zx}&T_{zy}&T_{zz}\end{pmatrix}\begin{pmatrix}\Phi_{xx}&\Phi_{xy}&\Phi_{xz}\\\Phi_{yx}&\Phi_{yy}&\Phi_{yz}\\\Phi_{zx}&\Phi_{zy}&\Phi_{zz}\end{pmatrix}.$$

定义矩阵的迹为该矩阵对角元的和, 并用 Spur(或 Trace) 来表示求迹运算, 即

$$\mathrm{Spur}\begin{pmatrix}T_{xx}&T_{xy}&T_{xz}\\T_{yx}&T_{yy}&T_{yz}\\T_{zx}&T_{zy}&T_{zz}\end{pmatrix}=T_{xx}+T_{yy}+T_{zz}.$$

此外, 还可将两张量的两次点乘定义为将一次点乘以后的张量再求迹, 即

$$\mathfrak{T}:\phi=\mathrm{Spur}\left[\begin{pmatrix}T_{xx}&T_{xy}&T_{xz}\\T_{yx}&T_{yy}&T_{yz}\\T_{zx}&T_{zy}&T_{zz}\end{pmatrix}\begin{pmatrix}\Phi_{xx}&\Phi_{xy}&\Phi_{xz}\\\Phi_{yx}&\Phi_{yy}&\Phi_{yz}\\\Phi_{zx}&\Phi_{zy}&\Phi_{zz}\end{pmatrix}\right].$$

单位张量相当于矩阵中的单位矩阵, 即

$$\mathfrak{F}\rightarrow\begin{pmatrix}1&0&0\\0&1&0\\0&0&1\end{pmatrix}.$$

不难看出单位张量与任意矢量点乘仍得原来矢量, 它与任意张量一次点乘仍得原来张量. 至于单位张量与任意张量的两次点乘, 根据式 (B.23), 结果即为该张量的迹

$$\mathfrak{F}:\phi\longrightarrow\mathrm{Spur}\begin{pmatrix}\Phi_{xx}&\Phi_{xy}&\Phi_{xz}\\\Phi_{yx}&\Phi_{yy}&\Phi_{yz}\\\Phi_{zx}&\Phi_{zy}&\Phi_{zz}\end{pmatrix}=\Phi_{xx}+\Phi_{yy}+\Phi_{zz}.$$

B.3　张量的微分运算和积分变换公式

当张量的各个分量都是 x,y,z 的函数时, 我们可以称它为张量场, 并对它规定一些微分运算.

定义

$$\nabla\cdot\mathfrak{T}=\frac{\partial}{\partial x}(\boldsymbol{i}\cdot\mathfrak{T})+\frac{\partial}{\partial y}(\boldsymbol{j}\cdot\mathfrak{T})+\frac{\partial}{\partial z}(\boldsymbol{k}\cdot\mathfrak{T}),$$

$$(\mathfrak{T}\cdot\nabla)=\frac{\partial}{\partial x}(\mathfrak{T}\cdot\boldsymbol{i})+\frac{\partial}{\partial y}(\mathfrak{T}\cdot\boldsymbol{j})+\frac{\partial}{\partial z}(\mathfrak{T}\cdot\boldsymbol{k}),$$

$$\nabla\times\mathfrak{T}=\boldsymbol{i}\left[\frac{\partial}{\partial y}(\boldsymbol{k}\cdot\mathfrak{T})-\frac{\partial}{\partial z}(\boldsymbol{j}\cdot\mathfrak{T})\right]+\boldsymbol{j}\left[\frac{\partial}{\partial z}(\boldsymbol{i}\cdot\mathfrak{T})\frac{\partial}{\partial x}(\boldsymbol{k}\cdot\mathfrak{T})\right]+\boldsymbol{k}\left[\frac{\partial}{\partial x}(\boldsymbol{j}\cdot\mathfrak{T})-\frac{\partial}{\partial y}(\boldsymbol{i}\cdot\mathfrak{T})\right],$$

$$\nabla\boldsymbol{f}=\boldsymbol{i}\frac{\partial\boldsymbol{f}}{\partial x}+\boldsymbol{j}\frac{\partial\boldsymbol{f}}{\partial y}+\boldsymbol{k}\frac{\partial\boldsymbol{f}}{\partial z}. \tag{B.24}$$

从上述定义不难证明

$$\begin{aligned}
&\nabla\cdot(\boldsymbol{f}\boldsymbol{g})=(\nabla\cdot\boldsymbol{f})\boldsymbol{g}+(\boldsymbol{f}\cdot\nabla)\boldsymbol{g},\\
&\nabla\cdot(\varphi\mathfrak{T})=(\nabla\varphi)\cdot\mathfrak{T}+\varphi\nabla\cdot\mathfrak{T},\\
&\nabla\times(\boldsymbol{f}\boldsymbol{g})=(\nabla\times\boldsymbol{f})\boldsymbol{g}-(\boldsymbol{f}\times\nabla)\boldsymbol{g},\\
&\nabla\times(\varphi\mathfrak{T})=(\nabla\varphi)\times\mathfrak{T}+\varphi\nabla\times\mathfrak{T},\\
&\nabla(\varphi\boldsymbol{f})=(\nabla\varphi)\boldsymbol{f}+\varphi\nabla\boldsymbol{f}.
\end{aligned} \tag{B.25}$$

同附录 A 中一样, 我们可把 ∇ 看作具有矢量和微分运算双重性质的量, 它一方面遵从矢量运算法则, 一方面遵从微分运算法则, 例如在式 (B.25) 第一式中, ∇ 作为一个矢量, 它与 $\boldsymbol{f}\boldsymbol{g}$ 点乘应得一矢量, 同时, ∇ 作为微分运算应分别作用到 $\boldsymbol{f}$ 和 $\boldsymbol{g}$ 上, 但无论是作用到 $\boldsymbol{f}$ 或 $\boldsymbol{g}$ 上, 点乘应置于 ∇ 与 $\boldsymbol{f}$ 之间, 这样即有式 (B.25) 第一式. 又如式 (B.25) 第三式, ∇ 作为微分运算应分别作用到 $\boldsymbol{f}$ 和 $\boldsymbol{g}$ 上, 故首先可写成

$$\begin{aligned}
\nabla\times(\boldsymbol{f}\boldsymbol{g})&=\nabla_f\times(\boldsymbol{f}\boldsymbol{g})+\nabla_g\times(\boldsymbol{f}\boldsymbol{g})\\
&=(\nabla_f\times\boldsymbol{f})\boldsymbol{g}+(\nabla_g\times\boldsymbol{f})\boldsymbol{g},
\end{aligned}$$

再根据 ∇_g 的矢量性质有

$$(\nabla_g\times\boldsymbol{f})\boldsymbol{g}=-(\boldsymbol{f}\times\nabla_g)\boldsymbol{g},$$

于是最后结果为

$$\nabla\times(\boldsymbol{f}\boldsymbol{g})=(\nabla_f\times\boldsymbol{f})\boldsymbol{g}-(\boldsymbol{f}\times\nabla_g)\boldsymbol{g}=(\nabla\times\boldsymbol{f})\boldsymbol{g}-(\boldsymbol{f}\times\nabla)\boldsymbol{g}.$$

关于张量的微分运算, 我们就简单地介绍到这里. 下面我们列举一些有关张量的积分变换公式.

$$\begin{aligned}
\iiint \mathrm{d}\tau\nabla\boldsymbol{f}&=\oiint \mathrm{d}\boldsymbol{\sigma}\boldsymbol{f},\\
\iiint \mathrm{d}\tau\nabla\cdot\mathfrak{T}&=\oiint \mathrm{d}\boldsymbol{\sigma}\cdot\mathfrak{T},\\
\iiint \mathrm{d}\tau\nabla\times\mathfrak{T}&=\oiint \mathrm{d}\boldsymbol{\sigma}\times\mathfrak{T}.
\end{aligned} \tag{B.26}$$

上述公式同样服从附录 A 中所述的法则, 即

$$\iiint \mathrm{d}\tau\nabla\longrightarrow\oiint \mathrm{d}\boldsymbol{\sigma}.$$

在代换时需注意次序不可颠倒, 例如式 (B.26) 第三式中不能把 $\mathrm{d}\boldsymbol{\sigma}$ 置于 $\mathfrak{T}$ 的后面, 因原来的 ∇ 是在 $\mathfrak{T}$ 的前面.

以上我们介绍的张量称为二级张量, 相仿地我们可引进三级张量 $\Phi = \Phi_{xxx}\boldsymbol{iii}+\Phi_{xxy}\boldsymbol{iij}+\cdots$, 它共有 27 个分量, 关于它的运算可作相仿的规定, 更高级的张量亦可类推.

附录 C　柱面电磁波的普遍解

在实际电磁波传播的问题中, 常常遇见介质是分区均匀并且各向同性的情况, 这时在每部分的介质内, 电磁场和电流应满足麦克斯韦方程组和介质方程 (介质设为导电介质, 绝缘介质可作为 $\sigma = 0$ 的一种特例). 设初始时介质内部不带电荷, 于是联立后为

$$\begin{aligned}&\nabla\cdot\boldsymbol{E}=0, \qquad \nabla\times\boldsymbol{E}=-\frac{1}{c}\frac{\partial\boldsymbol{B}}{\partial t},\\&\nabla\cdot\boldsymbol{B}=0, \qquad \nabla\times\boldsymbol{B}=\frac{\mu\varepsilon}{c}\frac{\partial\boldsymbol{E}}{\partial t}+\frac{4\pi\sigma\mu}{c}\boldsymbol{E}.\end{aligned} \tag{C.1}$$

对于介质的表面为两同轴无穷长圆柱面时 (其横截面即图 C.1 中阴影部分), 可以用分离变数法求出其一系列的特解, 然后将普遍解表成这些特解的线性叠加.

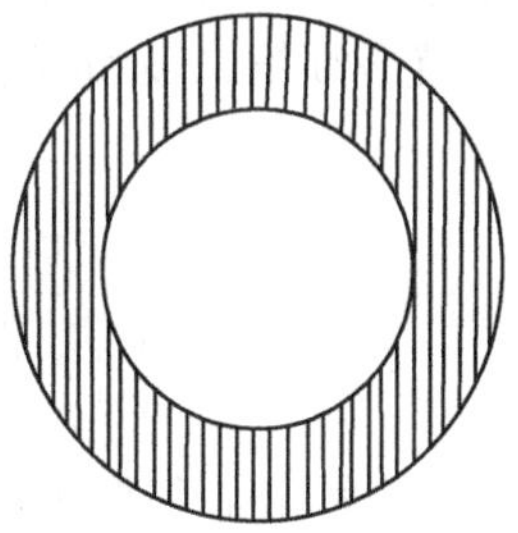

图 C.1　表面为同轴两圆柱面的介质柱横截面图

从式 (C.1) 可以推出电磁场满足下述波动方程 (参看 4.2 节)

$$\begin{aligned}&\nabla^2\boldsymbol{E}-\frac{\mu\varepsilon}{c^2}\frac{\partial^2\boldsymbol{E}}{\partial t^2}-\frac{4\pi\mu\sigma}{c^2}\frac{\partial\boldsymbol{E}}{\partial t}=0,\\&\nabla^2\boldsymbol{B}-\frac{\mu\varepsilon}{c^2}\frac{\partial^2\boldsymbol{B}}{\partial t^2}-\frac{4\pi\mu\sigma}{c^2}\frac{\partial\boldsymbol{B}}{\partial t}=0.\end{aligned} \tag{C.2}$$

上式表明 $\boldsymbol{E}$ 和 $\boldsymbol{B}$ 都是矢量波, 而且原式 (C.1) 说明这两个波是互相联系的横波. 在电磁场以一定频率变化的情况. 即

$$\begin{aligned}&\boldsymbol{E}=\boldsymbol{E}(x,y,z)\mathrm{e}^{-\mathrm{i}\omega t}\\&\boldsymbol{B}=\boldsymbol{B}(x,y,z)\mathrm{e}^{-\mathrm{i}\omega t},\end{aligned} \tag{C.3}$$

式 (C.2) 化为亥姆霍兹方程

$$\begin{aligned}&\nabla^2\boldsymbol{E}(x,y,z)+k^2\boldsymbol{E}(x,y,z)=0,\\&\nabla^2\boldsymbol{B}(x,y,z)+k^2\boldsymbol{B}(x,y,z)=0.\end{aligned} \tag{C.4}$$

上式中的 $k^2=\dfrac{\mu\varepsilon'}{c^2}\omega^2$, 而 $\varepsilon'\equiv\varepsilon+\mathrm{i}\dfrac{4\pi\sigma}{\omega}$. 在介质为绝缘体时, ε' 即等于 ε, 因而导电介质与绝缘介质区别就在于用 ε' 代 ε.

方程 (C.4) 与拉普拉斯方程很相似, 拉普拉斯方程实际上相当于上述方程在 $k^2=0$ 时的特殊情况. 我们用柱坐标分离变数法求其特解, 在柱坐标中, 方程化为

$$\frac{1}{r}\frac{\partial}{\partial r}\left(r\frac{\partial F}{\partial r}\right)+\frac{1}{r^2}\frac{\partial^2 F}{\partial\theta^2}+\frac{\partial^2 F}{\partial z^2}+k^2F=0, \tag{C.5}$$

上式中的 F 代表 $\boldsymbol{E}(x,y,z)$ 和 $\boldsymbol{B}(x,y,z)$ 的任一直角分量. 值得注意的是, 由于 r 和 θ 方向的单位矢量 $\boldsymbol{n}_r$ 和 $\boldsymbol{n}_\theta$ 并非与位置无关的常量, 故 E_θ, E_r, B_θ 和 B_r 等分量不满足亥姆霍兹方程, 因而也就不满足式 (C.5).

我们先找式 (C.5) 如下形式的特解

$$F=f(r,\theta)g(z). \tag{C.6}$$

将式 (C.6) 代入式 (C.5) 后并在两边除以 F 即得

$$\frac{1}{f}\left[\frac{1}{r}\frac{\partial}{\partial r}\left(r\frac{\partial f}{\partial r}\right)+\frac{1}{r^2}\frac{\partial^2 f}{\partial\theta^2}\right]+\frac{1}{g}\frac{\mathrm{d}^2 g}{\mathrm{d}z^2}+k^2=0,$$

上式中第二项只为 z 的函数, 剩下的部分只为 r, θ 的函数, 要求上式对任意 r,θ,z 都成立就必须第二项和剩下部分分别为常数, 即可表为

$$\frac{1}{g}\frac{\mathrm{d}^2 g}{\mathrm{d}z^2}=-k_z^2, \tag{C.7}$$

$$\frac{1}{f}\left[\frac{1}{r}\frac{\partial}{\partial r}\left(r\frac{\partial f}{\partial r}\right)+\frac{1}{r^2}\frac{\partial^2 f}{\partial\theta^2}\right]+(k^2-k_z^2)=0. \tag{C.8}$$

由式 (C.7) 解出 g 的两个特解为 $g=\mathrm{e}^{\pm\mathrm{i}k_z z}$, 因为 k_z 本身可取正负值, 故上式指数中只须取正号就够了. 于是式 (C.5) 有如下形式的特解

$$F=f(r,\theta)\mathrm{e}^{\mathrm{i}k_z z}, \tag{C.9}$$

上式中的 $f(r,\theta)$ 满足方程 (C.8). 前已说过 F 代表 $\boldsymbol{E}(x,y,z)$ 和 $\boldsymbol{B}(x,y,z)$ 的任一直角分量, 但不能代表其 r 和 θ 方向分量. 不过, 由于

$$\begin{aligned}E_r&=E_x\cos\theta+E_y\sin\theta,\\E_\theta&=-E_x\sin\theta+E_y\cos\theta,\end{aligned}$$

(B_r 和 B_θ 亦有类似的公式) 故当直角分量具有如式 (C.9) 的形式时, 它们亦具有同样的形式, 即有

$$\begin{aligned}E_j&=e_j(r,\theta)\mathrm{e}^{\mathrm{i}(k_z z-\omega t)},\\B_j&=b_j(r,\theta)\mathrm{e}^{\mathrm{i}(k_z z-\omega t)},\end{aligned} \tag{C.10}$$

上式中的脚标 $j=r,\theta,z$. 由于 $\boldsymbol{E}$ 和 $\boldsymbol{B}$ 为互相联系的横波, 故 $e_j(r,\theta)$ 和 $b_j(r,\theta)$ 之间应当是有关系的, 其关系可由式 (C.1) 决定. 我们将证明: 如果 e_z 和 b_z 已知, 则其他四个分量也就随之确定. 也就是说六个分量之中只有两个是独立的.

证明如下: 利用矢量公式即有

$$\begin{aligned}(\nabla\times\boldsymbol{F})_r&=\frac{1}{r}\left(\frac{\partial F_z}{\partial\theta}-r\frac{\partial F_\theta}{\partial z}\right),\\(\nabla\times\boldsymbol{F})_\theta&=\frac{\partial F_r}{\partial z}-\frac{\partial F_z}{\partial r},\end{aligned}\tag{C.11}$$

代入式 (C.1) 中第二式和第四式 (只考虑 r 和 θ 分量) 即得

$$\begin{gathered}-\frac{1}{r}\left(\frac{\partial E_z}{\partial\theta}-r\frac{\partial E_\theta}{\partial z}\right)=-\frac{1}{c}\frac{\partial B_r}{\partial t},\\\frac{\partial E_r}{\partial z}-\frac{\partial E_z}{\partial r}=-\frac{1}{c}\frac{\partial B_\theta}{\partial t},\\\frac{1}{r}\left(\frac{\partial B_z}{\partial\theta}-r\frac{\partial B_\theta}{\partial z}\right)=\frac{\mu\varepsilon}{c}\frac{\partial E_r}{\partial t}+\frac{4\pi\mu\sigma}{c}E_r,\\\frac{\partial B_r}{\partial z}-\frac{\partial B_z}{\partial r}=\frac{\mu\varepsilon}{c}\frac{\partial E_\theta}{\partial t}+\frac{4\pi\mu\sigma}{c}E_\theta.\end{gathered}\tag{C.12}$$

因 E_r,E_θ,B_r 和 B_θ 都具有式 (C.10) 的形式, 故相应的 $e_r,e_\theta,e_z,b_r,b_\theta,b_z$ 满足方程

$$\begin{gathered}\frac{1}{r}\left(\frac{\partial e_z}{\partial\theta}-\mathrm{i}k_zre_\theta\right)=\frac{\mathrm{i}\omega}{c}b_r,\\\mathrm{i}k_ze_r-\frac{\partial e_z}{\partial r}=\frac{\mathrm{i}\omega}{c}b_\theta,\\\frac{1}{r}\left(\frac{\partial b_z}{\partial\theta}-\mathrm{i}k_zrb_\theta\right)=-\frac{\mathrm{i}\mu\varepsilon'}{c}\omega e_r,\\\mathrm{i}k_zb_r-\frac{\partial b_z}{\partial r}=-\mathrm{i}\frac{\mu\varepsilon'}{c}\omega e_\theta.\end{gathered}\tag{C.13}$$

从式 (C.13) 可解出

$$\begin{aligned}e_\theta&=-\frac{\mathrm{i}\omega}{ck_r^2}\frac{\partial b_z}{\partial r}+\frac{\mathrm{i}k_z}{rk_r^2}\frac{\partial e_z}{\partial\theta},\\e_r&=\frac{\mathrm{i}\omega}{ck_r^2r}\frac{\partial b_z}{\partial\theta}+\frac{\mathrm{i}k_z}{k_r^2}\frac{\partial e_z}{\partial r},\\b_\theta&=\frac{\mathrm{i}k_z}{k_r^2r}\frac{\partial b_z}{\partial\theta}+\frac{\mathrm{i}k^2c}{\omega k_r^2}\frac{\partial e_z}{\partial r},\\b_r&=\frac{\mathrm{i}k_z}{k_r^2}\frac{\partial b_z}{\partial r}-\frac{\mathrm{i}k^2c}{\omega k_r^2r}\frac{\partial e_z}{\partial\theta},\end{aligned}\tag{C.14}$$

其中的 k_r^2 等于 $k^2-k_z^2$. 可以证明当 e_z 和 b_z 满足式 (C.8) 时, 加上由式 (C.14) 给出的其他分量的解, 就能满足全部方程 (C.1). 于是剩下的问题就是如何根据式 (C.8) 来求解出 e_z 和 b_z.

式 (C.8) 可以进一步分离变数, 即推求 $f(r,\theta)$ 形如 $f_1(r)f_2(\theta)$ 的特解, 将 $f=f_1f_2$ 代入后化得

$$\frac{1}{f_1}r\frac{\mathrm{d}}{\mathrm{d}r}\left(r\frac{\mathrm{d}f_1}{\mathrm{d}r}\right)+\frac{1}{f_2}\frac{\mathrm{d}^2f_2}{\mathrm{d}\theta^2}+k_r^2r^2=0. \tag{C.15}$$

上式中第二项只为 θ 的函数, 剩下的两项只为 r 的函数, 故应有

$$\frac{\mathrm{d}^2f_2}{\mathrm{d}\theta^2}+p^2f_2=0, \tag{C.16}$$

$$r\frac{\mathrm{d}}{\mathrm{d}r}\left(r\frac{\mathrm{d}f_1}{\mathrm{d}r}\right)+(k_r^2r^2-p^2)f_1=0, \tag{C.17}$$

p 为某个常数. 式 (C.16) 的解为 $f_2=\mathrm{e}^{\mathrm{i}p\theta}$, 在我们现在所讨论的情况, f_2 在 $0\leqslant\theta\leqslant 2\pi$ 范围内为单值接续函数, 故 p 只取整数值即 $p=n(n=0,\pm1,\pm2,\cdots)$. 式 (C.17) 为贝塞尔方程, 当 $p=n$ 时它的解可表为 $\mathrm{J}_n(k_rr)$ 和 $\mathrm{N}_n(k_rr)$ 的叠加, (J_n 和 N_n 分别为 n 阶贝塞尔函数和 n 阶诺依曼函数) 亦可以表为汉克尔函数 $H_n^{(1)}(k_rr)$ 和 $\mathrm{H}_n^{(2)}(k_rr)$ 的叠加 (视具体情况怎样更方便而定). 如我们用 $\mathrm{Z}_n(k_rr)$ 表贝塞尔方程的任一特解, 即得

$$f=\mathrm{Z}_n(k_rr)\mathrm{e}^{\mathrm{i}n\theta}, \tag{C.18}$$

k_r 的符号规定取得使其虚数部分为正. 由式 (C.18) 和 (C.9) 即得 F(它代表 $\boldsymbol{E}$ 和 $\boldsymbol{B}$ 的任一直角分量, 因而满足方程 $\nabla^2F-\dfrac{\mu\varepsilon}{c^2}\dfrac{\partial^2F}{\partial t^2}-\dfrac{4\pi\mu\sigma}{c^2}\dfrac{\partial F}{\partial t}=0$) 的一个特解为

$$F_m=\mathrm{Z}_n(k_rr)\mathrm{e}^{\mathrm{i}(k_zz-\omega t+n\theta)}. \tag{C.19}$$

在上式中, 我们用指标 m 来统一表示 n 和 k_z 的取值以及 Z_n 不同的取法 (但须为相互独立的解). 于是 E_z 和 B_z 可以一般地表为

$$E_z=\Sigma a_mF_m,\qquad B_z=\Sigma b_mF_m. \tag{C.20}$$

由式 (C.10) 及 (C.14) 即得相应的 E_r, E_θ 和 B_r, B_θ 的表示式如下

$$\begin{aligned}
E_r&=\mathrm{i}\sum a_m\frac{k_z}{k_r^2}\frac{\partial F_m}{\partial r}+\frac{\mathrm{i}\omega}{cr}\sum\frac{b_m}{k_r^2}\frac{\partial F_m}{\partial\theta},\\
E_\theta&=\frac{\mathrm{i}}{r}\sum a_m\frac{k_z}{k_r^2}\frac{\partial F_m}{\partial\theta}-\frac{\mathrm{i}\omega}{c}\sum\frac{b_m}{k_r^2}\frac{\partial F_m}{\partial r},\\
B_r&=-\frac{\mathrm{i}ck^2}{\omega r}\sum\frac{a_m}{k_r^2}\frac{\partial F_m}{\partial\theta}+\mathrm{i}\sum b_m\frac{k_z}{k_r^2}\frac{\partial F_m}{\partial r},\\
B_\theta&=\frac{\mathrm{i}ck^2}{\omega}\sum\frac{a_m}{k_r^2}\frac{\partial F_m}{\partial r}+\frac{\mathrm{i}}{r}\sum b_m\frac{k_z}{k_r^2}\frac{\partial F_m}{\partial\theta}.
\end{aligned} \tag{C.21}$$

式 (C.20) 和 (C.21) 就是柱面电磁波的普遍表达式. 它是讨论单圆柱体、同轴线及圆波导管时需要用到的数学工具. 我们知道, 在电磁波情况, 对应于一个平面标量

波 $e^{i(k\cdot r-\omega t)}$, 有两个独立的平面电磁波, 现在从式 (C.20) 和 (C.21) 又看见：对应于一个柱面标量波 F_m, 也有两个独立的柱面电磁波, 一个可取 $a_m=1, b_m=0$; 另一个取 $a_m=0$, $b_m=1$. 前者在 z 方向只有电场没有磁场, 通常称作电型波或横磁型波, 并用 "E 型波" 或 "TM 型波" 表示. 后者在 z 方向只有磁场没有电场, 通常称作磁型波或横电型波, 并用 "H 型波" 或 "TE 型波" 表示. 圆柱导体主波解即为具有轴对称 (即 $n=0$) 的电型波. 在 $n=0$ 时

$$F_m=\mathrm{Z}_0(k_r r)e^{i(k_z z-\omega t)}, \tag{C.22}$$

在导体外, Z_0 以用汉克尔函数为方便, 由于 k_r 符号的选择规定得使它的虚部为正, 而汉克尔函数在远处的渐近形式为 (参见后文)

$$\mathrm{H}_0^{(1)}(k_r r)\approx\sqrt{\frac{2}{\pi k_r r}}e^{i\left(k_r r-\frac{\pi}{4}\right)},$$

$$\mathrm{H}_0^{(2)}(k_r r)\approx\sqrt{\frac{2}{\pi k_r r}}e^{i\left(k_r r-\frac{\pi}{4}\right)},$$

因而在 $r\to\infty$ 时 $\mathrm{H}_0^{(2)}(k_r r)\to\infty$. 这时, $\mathrm{Z}_0(k_r r)$ 应只取 $\mathrm{H}_0^{(1)}(k_r r)$, 免去了两项叠加. 在导体内, Z_0 以采用贝塞尔函数和诺依曼函数为方便, 因为在 $r=0$ 处 $\mathrm{N}_0(k_r r)$ 趋于无穷大, 故 $\mathrm{Z}_0(k_r r)$ 只取 $\mathrm{J}_0(k_r r)$.

最后我们摘录一些关于柱函数的性质, 以便查考.

(1) $\mathrm{J}_n(\rho)$ 和 $\mathrm{N}_n(\rho)$ 的近似表示式

在原点附近 ($|\rho|\ll 1$)

$$\begin{aligned}
\mathrm{J}_n(\rho)&\approx\frac{1}{n!}\left(\frac{\rho}{2}\right)^n, \qquad (n=0,1,2,\cdots),\\
\mathrm{N}_0(\rho)&\approx-\frac{2}{\pi}\ln\frac{2}{\gamma\rho},\\
\mathrm{N}_n(\rho)&\approx\frac{-(n-1)!}{\pi}\left(\frac{2}{\rho}\right)^n, \qquad (n=1,2,3,\cdots),
\end{aligned} \tag{C.23}$$

其中的 γ 为一通用常数, 其值为 $1.781\cdots$.

在远处的渐近式为

$$\begin{aligned}
\mathrm{J}_n(\rho)&\approx\sqrt{\frac{2}{\pi\rho}}\cos\left(\rho-\frac{2n+1}{4}\pi\right),\\
\mathrm{N}_n(\rho)&\approx\sqrt{\frac{2}{\pi\rho}}\sin\left(\rho-\frac{2n+1}{4}\pi\right).
\end{aligned} \tag{C.24}$$

(2) 汉克尔函数与贝塞尔函数及诺依曼函数的关系以及其近似表示式. 两组函数的关系为

$$\mathrm{H}_n^{(1)}(\rho)=\mathrm{J}_n(\rho)+i\mathrm{N}_n(\rho),$$

$$\mathrm{H}_n^{(2)}(\rho) = \mathrm{J}_n(\rho) - \mathrm{i}\mathrm{N}_n(\rho). \tag{C.25}$$

在原点附近 ($|\rho| \ll 1$), 以及 $n \neq 0$,

$$\mathrm{H}_n^{(1)}(\rho) \approx \mathrm{i}\mathrm{N}_n(\rho), \quad \mathrm{H}_n^{(2)}(\rho) \approx -\mathrm{i}\mathrm{N}_n(\rho). \tag{C.26}$$

在远处的渐近式为

$$\begin{aligned} \mathrm{H}_n^{(1)}(\rho) &\approx \sqrt{\frac{2}{\pi\rho}}\mathrm{e}^{\mathrm{i}(\rho - \frac{2n+1}{4}\pi)}, \\ \mathrm{H}_n^{(2)}(\rho) &\approx \sqrt{\frac{2}{\pi\rho}}\mathrm{e}^{-\mathrm{i}(\rho - \frac{2n+1}{4}\pi)}. \end{aligned} \tag{C.27}$$

(3) 几个较重要的递推公式

$$\begin{aligned} &\mathrm{Z}_{n-1} + \mathrm{Z}_{n+1} = \frac{2n}{\rho}\mathrm{Z}_n, \\ &\frac{\mathrm{d}\mathrm{Z}_n}{\mathrm{d}\rho} = \frac{1}{2}\mathrm{Z}_{n-1} - \frac{1}{2}\mathrm{Z}_{n+1}, \\ &\frac{\mathrm{d}}{\mathrm{d}\rho}[\rho^n \mathrm{Z}_n(\rho)] = \rho^n \mathrm{Z}_{n-1}, \\ &\frac{\mathrm{d}}{\mathrm{d}\rho}[\rho^{-n} \mathrm{Z}_n(\rho)] = -\rho^{-n}\mathrm{Z}_{n+1}. \end{aligned}$$

附录 D　电磁单位制

在本附录中, 我们将对电磁单位制作一些原则性的说明. 在物理学中, 通常是选择某几个物理量的单位作为基本单位. 其他物理量的单位, 是按该物理量与上述几个基本量之间的关系式, 令其中比例系数 k 等于 1 来规定出的. 例如常用的 CGS 制, 就是取长度、时间和质量为基本量, 它们的单位各为厘米、秒和克. 而其他物理量, 如力的单位, 就可根据 $\boldsymbol{f} = km\boldsymbol{a}$ 的关系式, 取质量的单位为克, 加速度的单位为厘米/秒 ^{2} 并令其中 $k = 1$ 规定出. 需要注意的是:

(1) 如果根据不同的关系式, 则规定出来的单位不仅大小可以不同, 连量纲也可不一样, 例如若根据万有引力定律, $\boldsymbol{f} = k\dfrac{m_1 m_2 \boldsymbol{r}}{r^3}$, 取质量单位为克、长度单位为厘米、并令 $k = 1$, 则所规定出力的单位就与上述方法规定的具有不同的量纲.

(2) 基本量的数目和选择也不是唯一的, 例如我们可只取长度和质量为基本量、厘米和克为基本单位, 而通过光速 $c = 1$ 来确定时间的单位, 这样时间的单位亦将为厘米, 而一厘米长的时间就等于 $1/3 \times 10^{-10}$ 秒.

又如我们可以取四基本量制, 将力本身也作为一个基本量, 具有一个新的独立的量纲.

上面的讨论在力学中实际意义不大, 因在力学中通用的只有一种单位制. 但在电磁学情况就不同了, 多种单位制同时被人应用着. 下面, 我们即逐个地作些说明.

(1) CGSE 制单位 (静电单位)　在 CGSE 制中基本单位有三个, 即厘米、克和秒, 通过 $\boldsymbol{F}=k\frac{q_1q_2\boldsymbol{r}}{r^3}$ 关系式, 令 $k=1$ 来定电荷的单位, 这样定出的电荷的单位叫做电荷的 CGSE 制单位. 然后利用 $\boldsymbol{F}=q\boldsymbol{E}$, $\varphi=-\int\boldsymbol{E}\cdot\mathrm{d}\boldsymbol{l}$, $\boldsymbol{P}=\rho\boldsymbol{R}$ 和 $\boldsymbol{D}=\boldsymbol{E}+4\pi\boldsymbol{P}$ 来定出电场强度、电势、极化矢量 ($\boldsymbol{P}$) 和电位移矢量 ($\boldsymbol{D}$) 的 CGSE 制单位. 由此可以看出: 在 CGSE 制单位中, $\boldsymbol{P}$ 和 $\boldsymbol{D}$ 的单位都同 $\boldsymbol{E}$ 相同, 因而极化率 χ 和介电常数 ε 都是量纲为一的.

在 CGSE 制中磁学诸量的单位, 是利用磁方面的量与电方面的量相互联系的关系式定出来的. $\boldsymbol{H}$ 和 $\boldsymbol{B}$ 的单位分别通过安培定律和法拉第定律来规定, 即令下面两式

$$\oint\boldsymbol{H}\cdot\mathrm{d}\boldsymbol{l}=4\pi k\iint\boldsymbol{j}_{\mathrm{f}}\cdot\mathrm{d}\boldsymbol{\sigma},$$

$$\oint\boldsymbol{E}\cdot\mathrm{d}\boldsymbol{l}=-k\iint\boldsymbol{E}\mathrm{d}\boldsymbol{l}$$

中的 k 等于 1 来分别规定 $\boldsymbol{H}$ 和 $\boldsymbol{B}$ 的单位, 这样规定出来的 $\boldsymbol{B}$ 和 $\boldsymbol{H}$ 的单位将具有不同的量纲, 即使在真空中 $\boldsymbol{H}$ 也不等于 $\boldsymbol{B}$, 而是 $\boldsymbol{B}=\frac{1}{c^2}\boldsymbol{H}$, 其中 $c=3\times10^{10}$ 厘米/秒. 因此在 CGSE 制中, 磁化率和导磁系数 μ 是有量纲的, 它们的量纲即为 T^2L^{-2}, 在真空中 $\mu=\frac{1}{c^2}$.

总结以上, 可知在 CGSE 制中麦克斯韦方程组为

$$\nabla\cdot\boldsymbol{D}=4\pi\rho_{\mathrm{f}},\tag{D.1}$$

$$\nabla\times\boldsymbol{E}=-\frac{\partial\boldsymbol{B}}{\partial t},\tag{D.2}$$

$$\nabla\cdot\boldsymbol{B}=0,\tag{D.3}$$

$$\nabla\times\boldsymbol{H}=\frac{\partial\boldsymbol{D}}{\partial t}+4\pi\boldsymbol{j}_{\mathrm{f}}.\tag{D.4}$$

至于洛伦兹力公式, 在 CGSE 制中应为

$$\boldsymbol{f}=\rho\boldsymbol{E}+\rho\boldsymbol{V}\times\boldsymbol{B}.\tag{D.5}$$

库仑定律和安培作用力定律各为 (在真空中, 下同).

$$\boldsymbol{F}=\frac{q_1q_2\boldsymbol{r}}{r^3},$$

和

$$\boldsymbol{F}=\frac{1}{c^2}\iiint\iiint\frac{\boldsymbol{j}_1\mathrm{d}\tau_1\times(\boldsymbol{j}_2\mathrm{d}\tau_2\times\boldsymbol{r})}{r^3}.$$

(2) CGSM 制单位 (电磁单位)　在 CGSM 制中基本单位亦为厘米、克和秒, 然而它是通过电流磁作用定律

$$\boldsymbol{F}=k\iiint\iiint\frac{\boldsymbol{j}_1\mathrm{d}\tau_1\times(\boldsymbol{j}_2\mathrm{d}\tau_2\times\boldsymbol{r})}{r^3},$$

并令 $k=1$ 来定义电流的单位的. 这样定出的电流单位与 CGSE 制定出的有不同的量纲. 从电流的单位可定出电荷的单位, 然后通过

$$\boldsymbol{F}=\boldsymbol{j}\mathrm{d}\tau\times\boldsymbol{B},$$

$$\boldsymbol{H}=\boldsymbol{B}-4\pi\boldsymbol{M},$$

$$\oiint\boldsymbol{D}\cdot\mathrm{d}\boldsymbol{\sigma}=4\pi\iiint\rho_{\mathrm{f}}\mathrm{d}\boldsymbol{\tau},$$

$$\oint\boldsymbol{E}\cdot\mathrm{d}\boldsymbol{l}=-\iint\frac{\partial\boldsymbol{B}}{\partial t}\cdot\mathrm{d}\boldsymbol{\sigma}$$

来定义 $\boldsymbol{B},\boldsymbol{H},\boldsymbol{D}$ 和 $\boldsymbol{E}$ 的单位. 这样定出的 $\boldsymbol{B}$ 和 $\boldsymbol{H}$ 单相位同, 称为高斯 (或奥斯特). 因此磁导率 μ 是量纲为一的. 但这样定出的 $\boldsymbol{E}$ 和 $\boldsymbol{D}$ 的单位具有不同的量纲, 在真空中 $\boldsymbol{D}$ 不再等于 $\boldsymbol{E}$, 而是 $\boldsymbol{D}=\dfrac{1}{c^2}\boldsymbol{E}$. 这表明在 CGSM 制中介电系数 ε 的量纲为 T^2L^{-2}, 真空的 $\varepsilon=\dfrac{1}{c^2}$. 在 CGSM 制中, 麦克斯韦方程组和洛伦兹力公式与 CGSE 制中相同, 即为式 (D.1) ~ (D.5), 而库仑定律和安培作用力定律却变成

$$\boldsymbol{F}=c^2\frac{q_1q_2\boldsymbol{r}}{r^3}$$

和

$$\boldsymbol{F}=\iiint\iiint\frac{\boldsymbol{j}_1\mathrm{d}\tau_1\times(\boldsymbol{j}_2\mathrm{d}\tau_2\times\boldsymbol{r})}{r^3}$$

的形式.

(3) 高斯单位制　在此单位制中, 凡是电方面的量如 q、$\boldsymbol{j}$、$\boldsymbol{E}$、$\boldsymbol{P}$、$\boldsymbol{D}$ 等都用 CGSE 制单位, 凡是磁方面的量如 $\boldsymbol{B}$、$\boldsymbol{M}$ 和 $\boldsymbol{H}$ 都用 CGSM 制单位, 因此在此单位制中, 介电系数 ε 和磁导率 μ 都是量纲为一的, 而且对于真空

$$\varepsilon=1,\qquad\mu=1.$$

采用高斯单位制时, 在同时含有电方面量和磁方面量的关系式中会出现常数 c. 如麦克斯韦方程组即为

$$\nabla\cdot\boldsymbol{D}=4\pi\rho_{\mathrm{f}},\tag{D.6}$$

$$\nabla\times\boldsymbol{E}=-\frac{1}{c}\frac{\partial\boldsymbol{B}}{\partial t},\tag{D.7}$$

$$\nabla\cdot\boldsymbol{B}=0, \tag{D.8}$$

$$\nabla\times\boldsymbol{H}=\frac{1}{c}\frac{\partial\boldsymbol{D}}{\partial t}+\frac{4\pi}{c}\boldsymbol{j}_{\rm f}. \tag{D.9}$$

洛伦兹力公式为

$$\boldsymbol{f}=\rho\boldsymbol{E}+\frac{1}{c}\rho\boldsymbol{v}\times\boldsymbol{B}. \tag{D.10}$$

库仑定律与安培作用力定律与 CGSE 制中相同. 在本课中就是用的这种单位制.

(4) 洛伦兹–亥维赛单位制　这个单位制基本上与高斯单位制相同, 只是为了消去麦克斯韦方程组式 (D.6) ~ (D.9) 中的 4π 而略有变化. 在洛伦兹–亥维赛德单位制中, 凡 “荷电物质” 方面的量如 $\boldsymbol{\rho},\boldsymbol{j},\boldsymbol{P},\boldsymbol{M}$ 等, 其单位都比高斯单位小 $\sqrt{4\pi}$ 倍, 如 $\rho_{\rm L.H.}=\sqrt{4\pi}\rho_G$, $j_{\rm L.H.}=\sqrt{4\pi}j_G$; 凡属 “场” 方面的量如 $\boldsymbol{E}$、$\boldsymbol{D}$、$\boldsymbol{B}$、$\boldsymbol{H}$ 等, 单位都比高斯单位大 $\sqrt{4\pi}$ 倍, 如 $E_{\rm L.H.}=\dfrac{1}{\sqrt{4\pi}}E_G, B_{\rm L.H.}=-\dfrac{1}{\sqrt{4\pi}}B_G$. 在这个单位制中, $\boldsymbol{D}=\boldsymbol{E}+\boldsymbol{P},\boldsymbol{H}=\boldsymbol{B}-\boldsymbol{M}$; 麦克斯韦方程组为:

$$\nabla\cdot\boldsymbol{D}=\rho_{\rm f}, \tag{D.11}$$

$$\nabla\times E=-\frac{1}{c}\frac{\partial\boldsymbol{B}}{\partial t}, \tag{D.12}$$

$$\nabla\cdot\boldsymbol{B}=0, \tag{D.13}$$

$$\nabla\times\boldsymbol{H}=\frac{1}{c}\left(\frac{\partial\boldsymbol{D}}{\partial t}+\boldsymbol{j}_{\rm f}\right). \tag{D.14}$$

洛伦兹力公式与高斯单位制中的相同, 而库仑定律和安培作用力定律却为

$$\boldsymbol{F}=\frac{1}{4\pi}\frac{q_1q_2\boldsymbol{r}}{r^3}.$$

$$\boldsymbol{F}=\frac{1}{4\pi c^2}\iiint\iiint\frac{\boldsymbol{j}_1{\rm d}\tau_1\times(\boldsymbol{j}_2{\rm d}\tau_2\times\boldsymbol{r})}{r^3}$$

(5) MKSA 单位制 (实用单位制)　在 MKSA 制中是取长度、质量、时间和电流为基本量, 因而共有四个基本量, 它们的单位分别是米、千克、秒和安培.

1 安培的电流相当于 $\dfrac{1}{10}$CGSM 制单位的电流. 在 MKSA 制中, 力、功和功率的单位分别是牛顿、焦耳和瓦特. 电荷、电场、电势等单位分别是通过下列关系式规定的: $q=It,\boldsymbol{E}=\dfrac{\boldsymbol{F}}{q},\varphi=\displaystyle\int\boldsymbol{E}\cdot{\rm d}\boldsymbol{l}$. 并分别称之为库仑、$\dfrac{牛顿}{库仑}\left(=\dfrac{伏特}{米}\right)$和伏特. 电位移矢量 $\boldsymbol{D}$ 的单位是通过 $\displaystyle\oint\!\!\!\oint\boldsymbol{D}\cdot{\rm d}\boldsymbol{\sigma}=\iiint\rho_{\rm f}{\rm d}\tau$ 规定的, 它的量纲与 $\boldsymbol{E}$ 的量纲不同, 因而 ε 为有量纲的量. 在真空中, $\varepsilon=\dfrac{10^7}{4\pi c^2}\dfrac{\rm C^2}{\rm kg\cdot m}$, 其中 C 代表库仑, m 代表

米, $c=3\times10^8\mathrm{m/s}$. $\boldsymbol{B}$ 和 $\boldsymbol{H}$ 的量纲是通过法拉第定律和安培定律规定的, 即令

$$\oint \boldsymbol{E}\cdot \mathrm{d}\boldsymbol{l} = -\iint \dot{B}\cdot \mathrm{d}\boldsymbol{\sigma},$$

$$\oint \boldsymbol{H}\cdot \mathrm{d}\boldsymbol{l} = \iint \boldsymbol{j}_{\mathrm{f}}\cdot \mathrm{d}\boldsymbol{\sigma}.$$

这样定出的 $\boldsymbol{B}$ 和 $\boldsymbol{H}$ 的单位将具有不同的量纲, 因而 μ 为有量纲的量. 在真空中, $\mu = 4\pi\times10^{-7}\dfrac{\mathrm{kg\cdot m}}{\mathrm{C}^2}$(C 为库仑).

在 MKSA 制中麦克斯韦方程组为

$$\nabla\cdot\boldsymbol{D} = \rho_{\mathrm{f}}, \tag{D.15}$$

$$\nabla\times\boldsymbol{E} = -\frac{\partial \boldsymbol{B}}{\partial \boldsymbol{t}}, \tag{D.16}$$

$$\nabla\cdot\boldsymbol{B} = 0, \tag{D.17}$$

$$\nabla\times\boldsymbol{H} = \frac{\partial \boldsymbol{D}}{\partial t} + \boldsymbol{j}_{\mathrm{f}}. \tag{D.18}$$

洛伦兹力公式为

$$\boldsymbol{f} = \rho\boldsymbol{E} + \rho\boldsymbol{v}\times\boldsymbol{B}. \tag{D.19}$$

库仑定律和安培作用力定律 (在真空中) 为

$$F = \frac{1}{4\pi\varepsilon_0}\frac{q_1q_2\boldsymbol{r}}{r^3},$$

$$\boldsymbol{F} = \frac{\mu_0}{4\pi}\iiint\iiint \frac{\boldsymbol{j}_1\mathrm{d}\tau_1\times(\boldsymbol{j}_2\mathrm{d}\tau_2\times\boldsymbol{r})}{r^3},$$

其中的 ε_0 和 μ_0 分别为真空中 ε 和 μ 的值, 如前所述 (下式中 F 代表法拉, m 代表米, H 代表亨利, C 代表库仑).

$$\varepsilon_0 = \frac{10^7}{4\pi c^2}\frac{\mathrm{C}^2}{\mathrm{kg\cdot m}}\left(=\frac{1}{36\pi}\times10^{-9}\frac{\mathrm{F}}{\mathrm{m}}\right),$$

$$\mu_0 = 4\pi\times10^{-7}\frac{\mathrm{kg\cdot m}}{\mathrm{C}^2}\left(=4\pi\times10^{-7}\frac{\mathrm{H}}{\mathrm{m}}\right),$$

$$\varepsilon_0\mu_0 = \frac{1}{c^2}.$$

附录 E 静电场对介质的质动力

1. 在电场中, 介质的各个体积元将受到电力的作用. 这种作用到宏观介质上、从而能导致介质力学运动的力, 就称为质动力. 静电场对介质的质动力可称为静电质动力. 当介质中不带自由电荷时, 质动力可以利用偶极子受力的公式来计算, 因为介质中任一小体积元 $\mathrm{d}\tau$ 在极化后都相当于一个偶极矩为 $\boldsymbol{P}\mathrm{d}\tau$ 的偶极子, 偶极子受力的公式前面已经从能量关系得到, 但也可以直接地从作用力公式计算出来.

我们知道, 偶极子是相距微小距离 $\boldsymbol{l}$ 的两个点电荷 $+q$ 和 $-q$ 的极限情况, 因此它所受的电力可表为

$$\boldsymbol{F} = (\boldsymbol{P}\cdot\nabla)\boldsymbol{E}, \tag{E.1}$$

其中的 $\boldsymbol{P}$ 代表偶极子的偶极矩. 根据上式. 极化后介质的小体积元 $\mathrm{d}\tau$ 所受的力为

$$\mathrm{d}\boldsymbol{F} = (\boldsymbol{P}\cdot\nabla)\boldsymbol{E}\mathrm{d}\tau,$$

因而介质单位体积所受的静电质动力 (也就是静电质动力密度) 就等于

$$\boldsymbol{f} = (\boldsymbol{P}\cdot\nabla)\boldsymbol{E} = \frac{\varepsilon-1}{4\pi}(\boldsymbol{E}\cdot\nabla)\boldsymbol{E} = \frac{\varepsilon-1}{8\pi}\nabla(E^2). \tag{E.2}$$

在化出后一等式时利用了 $\nabla\times\boldsymbol{E}=0$. 这个公式的导出很简单, 但如后所见, 它具有一定近似性. 按照式 (E.2), 介质所受的电作用力密度 $\boldsymbol{f}$ 与电场强度平方的梯度成正比, 与电场强度的方向无关. 因而它具有使介质向 "电场强度绝对值" 大的地方移动的趋向. 这个结果的物理意义可以这样理解. 即介质极化的方向总与电场一致, 因此单位体积的偶极矩与电场的相互作用能和极化能的总和即为 $-\frac{1}{2}pE$. 它的绝对值正比于 E^2, 因此 E^2 愈大, 这项能量就愈低, 于是力就向着 E^2 增长最快的方向.

在介质中带有自由电荷时, 介质所受的静电质动力密度应该是

$$\boldsymbol{f} = \rho_{\mathrm{f}}\boldsymbol{E} + \frac{\varepsilon-1}{8\pi}\nabla(E^2), \tag{E.3}$$

即等于作用到自由电荷上的力与作用到偶极矩上的力之和.

2. 推导介质中静电质动力的一个更具有普遍意义以及更精确的方法, 就是根据介质静电能量公式来确定它. 由于该方法是考虑整个介质的能量而不是某单一偶极元的能量, 因而能够进一步考虑介质元极化的相互影响.

设想介质的各处都作一个微小的位移 $\delta\boldsymbol{\eta}$(虚位移). $\delta\boldsymbol{\eta}$ 一般各处不同, 因而应表示成为空间的函数, $\delta\boldsymbol{\eta}(x,Y,y)$. 在此位移过程中, 静电质动力所做的功可表为

$$\delta W = \iiint \boldsymbol{f}(x,y,z)\cdot\delta\boldsymbol{\eta}(x,y,z)\mathrm{d}\tau. \tag{E.4}$$

显然, δW 应当等于静电能量的减少, 即

$$\delta W = -\delta U. \tag{E.5}$$

下面我们就要根据这一关系式来确定 $\boldsymbol{f}$ 的表达式. 具体的步骤是, 先要证明

$$-\delta U = \iiint \left[\rho_{\mathrm{f}}\boldsymbol{E} + \frac{\zeta}{8\pi}\nabla\left(E^2\frac{\mathrm{d}\varepsilon}{\mathrm{d}\zeta}\right)\right]\cdot\delta\boldsymbol{\eta}\mathrm{d}\tau, \tag{E.6}$$

上式中的 ζ 代表介质的质量密度. 然后将式 (E.6) 与 (E.4) 代入式 (E.5) 并进行比较, 再根据 $\delta\boldsymbol{\eta}$ 可以取为任意的连续函数, 即可定出

$$\boldsymbol{f} = \rho_{\mathrm{f}}\boldsymbol{E} + \frac{1}{8\pi}\zeta\nabla\left(E^2\frac{\mathrm{d}\varepsilon}{\mathrm{d}\zeta}\right). \tag{E.7}$$

下面即来证明式 (E.6). 我们知道, 静电能量表示式为

$$U = \frac{1}{8\pi}\iiint_\infty \boldsymbol{E}\cdot\boldsymbol{D}\mathrm{d}\tau = \frac{1}{2}\iiint_\infty \varphi\rho_{\mathrm{f}}\mathrm{d}\tau,$$

利用上式, U 也可以写作

$$\begin{aligned} U &= \iiint_\infty \varphi\rho_{\mathrm{f}}\mathrm{d}\tau - \frac{1}{8\pi}\iiint_\infty \boldsymbol{E}\cdot\boldsymbol{D}\mathrm{d}\tau \\ &= \iiint_\infty \varphi\rho_{\mathrm{f}}\mathrm{d}\tau - \frac{1}{8\pi}\iiint_\infty \varepsilon(\nabla\varphi)^2\mathrm{d}\tau. \end{aligned} \tag{E.8}$$

后一表达式对于证明式 (E.6) 最为方便.

在介质各部分发生上述微小位移后, 各处的 ε、φ、ρ_{f} 等都将有微小的改变. 这些改变同样是空间的函数, 于是由式 (E.8) 得出 U 的改变为

$$\delta U = \iiint(\rho_{\mathrm{f}}\delta\varphi + \varphi\delta\rho_{\mathrm{f}})\mathrm{d}\tau - \frac{1}{8\pi}\iiint[2\varepsilon\nabla\varphi\cdot\nabla(\delta\varphi) + \delta\varepsilon(\nabla\varphi)^2]\mathrm{d}\tau.$$

上式中两个积分中的第一项可以互相消去, 因为

$$\begin{aligned} -\frac{1}{8\pi}\iiint 2\varepsilon\nabla\varphi\cdot\nabla(\delta\varphi)\mathrm{d}\tau &= \frac{1}{4\pi}\iiint \boldsymbol{D}\cdot\nabla(\delta\varphi)\mathrm{d}\tau \\ &= \frac{1}{4\pi}\iiint\nabla\cdot(\boldsymbol{D}\delta\varphi)\mathrm{d}\tau - \frac{1}{4\pi}\iiint\delta\varphi\nabla\cdot\boldsymbol{D}\mathrm{d}\tau, \end{aligned}$$

而右方第一项通过高斯定理化为无穷远的面积分后趋于零. 右方第二项根据麦克斯韦方程组正好等于

$$-\iiint\rho_{\mathrm{f}}\delta\varphi\mathrm{d}\tau,$$

于是 δU 化为

$$\delta U = \iiint \varphi \delta \rho_{\mathrm{f}} \mathrm{d}\tau - \frac{1}{8\pi} \iiint E^2 \delta \varepsilon \mathrm{d}\tau. \tag{E.9}$$

下面我们要把 $\delta\rho_{\mathrm{f}}$ 和 $\delta\varepsilon$ 用介质各处的位移 $\delta\boldsymbol{\eta}$ 表示出来. ρ_{f} 的改变可以仿照以前求极化电荷的方法来求：考虑任一固定空间区域 V, 当介质各处位移时, V 内自由电荷的减少应等于通过其表面 Σ 移出的电荷. 通过微分表面 $\mathrm{d}\boldsymbol{\sigma}$ 移出的电荷为 $(\rho_{\mathrm{f}}\delta\boldsymbol{\eta}) \cdot \mathrm{d}\boldsymbol{\sigma}$, 于是得出

$$\iiint_V \delta\rho_{\mathrm{f}} \mathrm{d}\tau = -\oiint_{\Sigma} \rho_{\mathrm{f}} \delta\boldsymbol{\eta} \cdot \mathrm{d}\boldsymbol{\delta} = -\iiint_V \nabla \cdot (\rho_{\mathrm{f}} \delta\boldsymbol{\eta}) \mathrm{d}\tau.$$

上式中积分区域 V 是任意取的, 故即有

$$\delta\rho_{\mathrm{f}} = -\nabla \cdot (\rho_{\mathrm{f}} \delta\boldsymbol{\eta}), \tag{E.10}$$

这一等式的物理意义是显然的.

至于 ε, 它的改变是由于介质的质量密度 ζ 改变引起的, 故可表为

$$\delta\varepsilon = \frac{\mathrm{d}\varepsilon}{\mathrm{d}\zeta} \delta\zeta. \tag{E.11}$$

同样, 质量密度的改变为

$$\delta\zeta = -\nabla \cdot (\zeta \delta\boldsymbol{\eta}). \tag{E.12}$$

代入式 (E.11) 后即得

$$\delta\varepsilon = -\frac{\mathrm{d}\varepsilon}{\mathrm{d}\zeta} \nabla \cdot (\zeta \delta\boldsymbol{\eta}). \tag{E.13}$$

到此已完成了用 $\delta\boldsymbol{\eta}$ 来表示 $\delta\rho_{\mathrm{f}}$ 和 $\delta\varepsilon$ 的工作. 我们看见这并不困难, 但是若要将 $\delta\varphi$ 用 $\delta\boldsymbol{\eta}$ 表示出来就不这么简单了, 因为 φ 的改变是与全空间的电荷和介质分布的改变相联系的. 这也就是采用静电能量的表达式 (E.8) 来处理优越的地方. 将以上所得到的 $\delta\rho_{\mathrm{f}}$ 和 $\delta\varepsilon$ 代入式 (E.9), 即得

$$\begin{aligned}
\delta U =& -\iiint_{\infty} \varphi \nabla \cdot (\rho_{\mathrm{f}} \delta\boldsymbol{\eta}) \mathrm{d}\tau + \frac{1}{8\pi} \iiint_{\infty} E^2 \frac{\mathrm{d}\varepsilon}{\mathrm{d}\zeta} \nabla \cdot (\zeta \delta\boldsymbol{\eta}) \mathrm{d}\tau \\
=& \iiint_{\infty} \Bigg[-\nabla \cdot (\varphi \rho_{\mathrm{f}} \delta\boldsymbol{\eta}) + \rho_{\mathrm{f}} \delta\boldsymbol{\eta} \cdot \nabla\varphi \\
&+ \frac{1}{8\pi} \nabla \cdot \left(E^2 \frac{\mathrm{d}\varepsilon}{\mathrm{d}\zeta} \zeta \delta\boldsymbol{\eta} \right) - \frac{1}{8\pi} \zeta \delta\boldsymbol{\eta} \cdot \nabla \left(E^2 \frac{\mathrm{d}\varepsilon}{\mathrm{d}\zeta} \right) \Bigg] \mathrm{d}\tau,
\end{aligned}$$

上式右方中第一项和第三项通过转化为无穷远的面积分而趋于零, 于是得出

$$\delta U = -\iiint \delta\boldsymbol{\eta} \cdot \left[\rho_{\mathrm{f}} \boldsymbol{E} + \frac{\zeta}{8\pi} \nabla \left(E^2 \frac{\mathrm{d}\varepsilon}{\mathrm{d}\zeta} \right) \right] \mathrm{d}\tau.$$

这就证明了式 (E.6). 如前所述, 由此定出的静电质动力密度即为式 (E.7). 它的前一项代表作用在介质自由电荷上的力, 后一项代表作用到介质本身上的力.

在极化率与介质量密度成正比的情况下, 有

$$\varepsilon - 1 = 4\pi\chi = \alpha\zeta, \tag{E.14}$$

其中的 ζ 如前所述代表介质的质量密度; α 为某个比例常数. 将式 (E.14) 代入式 (E.7) 后即得到式 (E.3). 这表明式 (E.3) 只是式 (E.7) 的一个特殊情况 (即在式 (E.14) 成立的条件下). 式 (E.14) 的物理意义可以这样来理解: 介质是许多分子组成的"介质极化率与质量密度成正比"也就是说每个分子的极化系数并不随分子间的平均距离的改变而变化, 因此式 (E.14) 代表的是分子间的极化系数没有关联的情况. 对于气体, 这个条件一般是满足的. 对于液体和固体特别是 ε 的值与 1 的差较大时, 它一般不满足, 因此不能应用式 (E.3), 而式 (E.7) 应用的范围就没有这个限制.

3. 介质 (实指电介质) 中任一有限部分所受的总作用力 $\boldsymbol{F}$ 可以表为力密度 $\boldsymbol{f}$ 的体积分

$$\boldsymbol{F} = \iiint_V \boldsymbol{f}\mathrm{d}\tau.$$

下面将证明它可以通过某个张量 $\mathbf{T}$ 在该体积 V 表面 Σ 上的面积分来计算, 即

$$\boldsymbol{F} = \oiint_\Sigma \mathbf{T}\cdot\mathrm{d}\boldsymbol{\delta}. \tag{E.15}$$

此张量 $\mathbf{T}$ 称为 (电) 介质中的麦克斯韦张量, 它等于①

$$\mathbf{T} = \frac{1}{4\pi}\left(\varepsilon\boldsymbol{E}\mathbf{E} - \frac{1}{2}\varepsilon\boldsymbol{E}^2\mathbf{I}\right) + \frac{1}{8\pi}E^2\frac{\mathrm{d}\varepsilon}{\mathrm{d}\zeta}\zeta\mathbf{I}, \tag{E.16}$$

其中的 ζ 为介质的质量密度 (见式 (E.11) 上), $\dfrac{\mathrm{d}\varepsilon}{\mathrm{d}\zeta}$ 为温度 T 保持不变的情况下对 ζ 的微商.

式 (E.15) 和 (E.16) 可称为面积分形式的静电质动力公式. 它的证明也很简单, 首先, 利用公式

$$\nabla\varepsilon = \frac{\mathrm{d}\varepsilon}{\mathrm{d}\zeta}\nabla\zeta, \tag{E.17}$$

将力密度 $\boldsymbol{f}$ 分为两部分之和:

$$\boldsymbol{f} = \boldsymbol{f}_1 + \boldsymbol{f}_2, \tag{E.18}$$

① 对于磁介质类似地有

$$\mathbf{T} = \frac{1}{4\pi}(\mu\boldsymbol{H}\boldsymbol{H} - \frac{1}{2}\mu H^2\mathbf{I}) + \frac{1}{8\pi}H^2\left(\frac{\mathrm{d}\mu}{\mathrm{d}\zeta}\right)_\mathrm{T}\zeta\mathbf{I}.$$

其中

$$\boldsymbol{f}_1=\rho_{\rm f}\boldsymbol{E}-\frac{1}{8\pi}E^2\nabla\varepsilon,$$

$$\boldsymbol{f}_2=\frac{1}{8\pi}\nabla\left(E^2\frac{{\rm d}\varepsilon}{{\rm d}\zeta}\zeta\right).\tag{E.19}$$

再由麦克斯韦方程组和张量运算公式,

$$\begin{aligned}\rho_{\rm f}\boldsymbol{E}&=\frac{1}{4\pi}(\nabla\cdot\boldsymbol{D})\boldsymbol{E}\\&=\frac{1}{4\pi}\nabla\cdot(\boldsymbol{DE})-\frac{1}{4\pi}(\boldsymbol{D}\cdot\nabla)\boldsymbol{E},\end{aligned}$$

上式中的两项可分别化为

$$-\frac{1}{4\pi}(\boldsymbol{D}\cdot\nabla)\boldsymbol{E}=-\frac{\varepsilon}{4\pi}(\boldsymbol{E}\cdot\nabla)\boldsymbol{E}=-\frac{1}{8\pi}\varepsilon\nabla(E^2),$$

$$\frac{1}{4\pi}\nabla\cdot(\boldsymbol{DE})=\frac{1}{4\pi}\nabla(\varepsilon E^2)=\frac{1}{4\pi}\nabla\cdot(\varepsilon E^2\mathbf{I}),\tag{E.20}$$

于是 $\boldsymbol{f}_1$ 可表成

$$\boldsymbol{f}_1=\frac{1}{4\pi}\nabla\cdot\left(\varepsilon E\mathbf{E}-\frac{1}{2}\varepsilon E^2\mathbf{I}\right).\tag{E.21}$$

同样仿照式 (E.20) 第二式的形式, $\boldsymbol{f}_2$ 可表成

$$\boldsymbol{f}_2=\nabla\cdot\left(\frac{1}{8\pi}E^2\frac{{\rm d}\varepsilon}{{\rm d}\zeta}\mathbf{I}\right),\tag{E.22}$$

于是, 通过张量运算的高斯定理, 即得出式 (E.15) 和 (E.16). 在式 (E.14) 成立的情况下. 麦克斯韦张量 **T** 的表达式就化为比较简单的形式:

$$\mathbf{T}=\frac{1}{4\pi}(\varepsilon E\mathbf{E}-\frac{1}{2}E^2\mathbf{I}).\tag{E.23}$$

4. 当存在电场和介质的突变面时, 在突变面上式 (E.7) 右方第二项趋于无穷. 这时应该引入力的面密度来代替体密度. 力的面密度值可以这样来求, 即先将突变面看作是一个厚度很小的转变层, 并应用式 (E.7) 计算出转变层单位面积所受的力, 然后再取极限. 不过应用麦克斯韦张量 **T** 来计算可以更方便地得出结果.

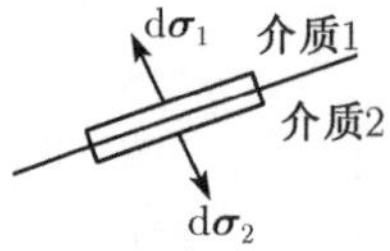

图 E.1　位于介质突变面 (亦即两种介质) 交界面上的扁平小匣

我们平行于突变面取一扁平小匣 (见图 E.1). 对它应用式 (E.15), 即得其内介质所受的力为

$$\mathrm{d}\boldsymbol{F} = \mathbf{T}_1 \cdot \mathrm{d}\boldsymbol{\sigma}_1 + \mathbf{T}_2 \cdot \mathrm{d}\boldsymbol{\sigma}_2 = (\mathbf{T}_1 - \mathbf{T}_2) \cdot \boldsymbol{n}\mathrm{d}\sigma,$$

上式中的 $\boldsymbol{n}$ 代表突变面法线方向的单位矢量. 方向由介质 2 到介质 1. 于是即得面力密度的公式为

$$\begin{aligned}\boldsymbol{f} =& (\mathbf{T}_1 - \mathbf{T}_2) \cdot \boldsymbol{n} \\ =& \frac{1}{4\pi}(\varepsilon_1 E_{1n}\boldsymbol{E}_1 - \varepsilon_2 E_{2n}\boldsymbol{E}_2) - \frac{1}{8\pi}\left[E_1^2\left(\varepsilon_1 - \frac{\mathrm{d}\varepsilon_1}{\mathrm{d}\zeta_1}\zeta_1\right)\right. \\ & \left. - E_2^2\left(\varepsilon_2 - \frac{\mathrm{d}\varepsilon_2}{\alpha\zeta_2}\zeta_2\right)\right]\boldsymbol{n}.\end{aligned} \tag{E.24}$$

在式 (E.14) 成立的情况下, 上式化为

$$\boldsymbol{f} = \frac{1}{4\pi}(\varepsilon_1 E_{1n}\boldsymbol{E}_1 - \varepsilon_2 E_{2n}\boldsymbol{E}_2) - \frac{1}{8\pi}(E_1^2 - E_2^2)\boldsymbol{n}$$

这就是所要推求的结果.

最后, 我们指出, 在本节的讨论中, 不仅假定了 $\boldsymbol{D}$ 与 $\boldsymbol{E}$ 的线性关系. 而且假定了介质始终是各向同性的. 实际上, 对于固体介质. 即使在没有形变时它是各向同性的, 在发生形变后亦将变成各向异性, 这时 ε 将变成一个张量 $\boldsymbol{\varepsilon}$. 因此严格说来, 本节的结果只适用于流体介质, 对于固体介质需要作某些修改. 不过处理的方法是相似的, 这里就不再作仔细的讨论.

值得注意的是, 在静电质动力作用下, 介质中可能出现应力, 在液体介质中这种应力就是压强, 当我们考虑液体中带电体所受的总力时, 还必须把这种压强所产生的浮力考虑进去.

附录 F　地面导线环的辐射电阻*

近年来, 以置于地面的交变电流环作为发射源进行变频测深, 已经应用在地下水、石油、地热和冻土层的勘探实践中, 探测深度最大已达 2000 米以上. 为了得到足够强的场, 发射环上的电流一般都比较大. 因此在仪器设计中, 常希望知道环的辐射电阻的大小. 1953 年, 韦特 (J. R. Wait)[1] 曾计算了离地面高度为 h 的小导线环的辐射电阻. 不过, 由于他采用了磁偶极子模型而且在计算中作了近似处理, 所

* 本文是作者应有关勘探单位的要求所作的理论研究的一部分, 曾发表于 1978 年 1 月份的《地球物理学报》.

得的结果不是普遍的, 不能用到置于地面的导线环 ($h = 0$) 的情况. 如果在韦特的结果中, 试令 h 趋于零, 则得出的辐射电阻将趋于无穷大. 这显然是不合理的. 在本文中, 我们将推导置于地面的具有有限半径的电流环的电磁场表达式, 并根据此表达式求出该导线环的辐射电阻. 文章最后还给出了数值计算的结果.

一

在推导地面电流环的电磁场表达式时, 我们采取非齐次边值关系的处理方式, 即把场源 (电流环) 作为非齐次项放在边值关系中, 空气中和大地中的方程保持为齐次的, 而不采用把场源直接产生的场作为非齐次项从总场中分出来的办法. 因此, 下面的 $\boldsymbol{E}$ 和 $\boldsymbol{H}$ 皆代表总的场强值.

设大地为一均匀各向同性的介质, 其导电率和介电常数分别为 σ_1 和 ε_1. 空气的介电常数设为 ε_0, 大地与空气的导磁系数假定都等于 μ_0. ε_0 和 μ_0 分别为真空中介电常数和导磁系数的值① 地面设为一无穷大的平面，并与 $z = 0$ 的坐标面相重合.

导线环的半径用 a 表示, 它位于地面即 $z = 0$ 的面上. 环心取为坐标原点. 我们假设环上电流是均匀的② 具有角频率 w. 不难看出, 这种情况下, 电磁场具有轴对称性, 并且在柱坐标中, 电场只有 θ 分量, 磁场只有 r 和 z 分量, 因而它们可以表示为

$$\begin{aligned} \boldsymbol{E} &= E_\theta(r, z)\mathrm{e}^{-\mathrm{i}\omega t}\boldsymbol{n}_\theta, \\ \boldsymbol{H} &= H_r(r, z)\mathrm{e}^{-\mathrm{i}\omega t}\boldsymbol{n}_r + H_z(r, z)\mathrm{e}^{-\mathrm{i}\omega t}\boldsymbol{n}_z, \end{aligned} \tag{F.1}$$

其中 $\boldsymbol{n}_r$、$\boldsymbol{n}_\theta$ 和 $\boldsymbol{n}_z$ 代表柱坐标中的基矢.

根据上述电场的表达式, 从 Maxwell 方程组可以推出, 在空气和大地中, $E_\theta(r, z)$ 满足的方程皆为

$$\frac{\partial^2 E_\theta}{\partial z^2} + \frac{\partial^2 E_\theta}{\partial r^2} + \frac{1}{r}\frac{\partial E_\theta}{\partial r} + \left(k^2 - \frac{1}{r^2}\right)E_\theta = 0, \tag{F.2}$$

只是 k^2 的取值不同. 对于空气, k^2 取值 k_0^2, 而对于大地, k^2 取值 k_1^2,

$$\begin{aligned} k_0^2 &= \mu_0\varepsilon_0\omega^2, \\ k_1^2 &= \mu_0\varepsilon_1\omega^2 + \mathrm{i}\mu_0\sigma_1\omega. \end{aligned} \tag{F.3}$$

① 本文采用了实用单位制, 这是使用单位要求的. 因此真空的导磁系数和介电常数在此文中皆为有量纲的量.

② 在通常的两极供电方式下, 这要求环的周长比 c/ω 小得多.

场分量 H_r 和 H_z 皆可通过 E_θ 表示出来:

$$
\begin{aligned}
H_r &= \frac{\mathrm{i}}{\mu_0\omega}\frac{\partial E_\theta}{\partial z},\\
H_z &= -\frac{\mathrm{i}}{\mu_0\omega}\Big(\frac{\partial E_\theta}{\partial r}+\frac{1}{r}E_\theta\Big).
\end{aligned}
\tag{F.4}
$$

我们可以用分离变数法求出 (F.2) 式的特解, 其形式为

$$
E_\theta(r,z)=J_1(\beta r)Z(\beta,z),
\tag{F.5}
$$

其中 β 为一实参量, 而

$$
\begin{aligned}
Z(\beta,z) &= A\mathrm{e}^{\kappa z}+B\mathrm{e}^{-\kappa z},\\
k &= \sqrt{\beta^2-k^2}.
\end{aligned}
\tag{F.6}
$$

我们规定, 开根时符号的取法是使 κ 的值在第四象限.

相应的 H_r 和 H_z 为

$$
\begin{aligned}
H_r(r,z) &= \frac{\mathrm{i}}{\mu_0\omega}J_1(\beta r)\dot{Z}(\beta,z),\\
H_z(r,z) &= -\frac{\mathrm{i}}{\mu_0\omega}\beta J_0(\beta r)Z(\beta,z).
\end{aligned}
\tag{F.7}
$$

式中 $\dot{Z}$ 代表 Z 对 z 的微商.

一般的解可表为分离变数解的叠加. 根据汉克尔 (Hankel) 变换理论, 这种叠加可表为上述解对 β 从 0 到 ∞ 积分. 因此, 空气中的场分量可表为

$$
\begin{aligned}
E_\theta^0(r,z) &= \int_0^\infty J_1(\beta r)Z_0(\beta,z)\mathrm{d}\beta,\\
H_r^0(r,z) &= \frac{\mathrm{i}}{\mu_0\omega}\int_0^\infty J_1(\beta r)\dot{Z}_0(\beta,z)\mathrm{d}\beta,\\
H_z^0(r,z) &= -\frac{\mathrm{i}}{\mu_0\omega}\int_0^\infty J_0(\beta r)Z_0(\beta,z)\beta\mathrm{d}\beta,
\end{aligned}
\tag{F.8}
$$

其中

$$
Z_0(\beta,z)=A_0(\beta)\mathrm{e}^{\kappa_0 z}+B_0(\beta)\mathrm{e}^{-\kappa_0 z},\qquad \kappa_0\sqrt{\beta^2-k_0^2}.
\tag{F.9}
$$

同样, 将大地中场分量表作

$$
\begin{aligned}
E_\theta^1(r,z) &= \int_0^\infty J_1(\beta r)Z_1(\beta,z)\mathrm{d}\beta,\\
H_r^1(r,z) &= \frac{\mathrm{i}}{\mu_0\omega}\int_0^\infty J_1(\beta,r)\dot{Z}_1(\beta,z)\mathrm{d}\beta,\\
H_z^1(r,z) &= -\frac{\mathrm{i}}{\mu_0\omega}\int_0^\infty J_0(\beta r)Z_1(\beta,z)\beta\mathrm{d}\beta,
\end{aligned}
\tag{F.10}
$$

其中

$$Z_1(\beta,z)=A_1(\beta)\mathrm{e}^{\kappa_1 z}+B_1(\beta)\mathrm{e}^{-\kappa_1 z},\qquad \kappa_1\sqrt{\beta^2-k_1^2}. \tag{F.11}$$

我们取 z 轴方向指向下. 根据 $z\to\pm\infty$ 的边条件以及上述关于 κ 符号取法的规定,

$$B_0(\beta)=A_1(\beta)=0. \tag{F.12}$$

剩下的两个系数 $A_0(\beta)$ 和 $B_1(\beta)$ 可由 $z=0$ 面上的边值关系来确定.

为了将场源作为非齐次项放在边值关系中, 我们将电流环用面电流密度 $\boldsymbol{\Pi}$ 的形式表示出来:

$$\begin{aligned}\boldsymbol{\Pi}&=\Pi(r)\mathrm{e}^{-\mathrm{i}\omega t}n_\theta,\\ \Pi(r)&=I\delta(r-a).\end{aligned} \tag{F.13}$$

对 $\Pi(r)$ 进行汉克尔变换, 得

$$\Pi(r)=Ia\int_0^\infty J_1(\beta a)J_1(\beta r)\beta\mathrm{d}\beta. \tag{F.14}$$

地面上的边值关系是

$$\begin{aligned}E_\theta^1(r,0)&=E_\theta^0(r,0),\\ H_r^1(r,0)&=H_r^0(r,0)+\Pi(r).\end{aligned} \tag{F.15}$$

将 (F.8)、(F.10) 和 (F.14) 式代入后, 得到

$$\begin{aligned}B_1&=A_0,\\ \kappa_1B_1&=-\kappa_0A_0+\mathrm{i}\mu_0\omega IaJ_1(\beta a),\end{aligned} \tag{F.16}$$

由此解出

$$A_0(\beta)=B_1(\beta)=\frac{\mathrm{i}\mu_0\omega Ia}{\kappa_0+\kappa_1}\beta J_1(\beta a). \tag{F.17}$$

于是地面的电磁场为

$$\begin{aligned}E_\theta^0(r,0)=&\mathrm{i}\mu_0wIa\int_0^\infty\frac{\beta}{\kappa_0+\kappa_1}J_1(\beta a)J_1(\beta r)\mathrm{d}\beta,\\ H_r^0(r,0)=&-Ia\int_0^\infty\frac{\beta\kappa_0}{\kappa_0+\kappa_1}J_1(\beta a)J_1(\beta r)\mathrm{d}\beta,\\ H_z^0(r,0)=&Ia\int_0^\infty\frac{\beta^2}{\kappa_0+\kappa_1}J_1(\beta a)J_0(\beta r)\mathrm{d}\beta.\end{aligned} \tag{F.18}$$

如果在 (F.18) 式中, 令 $a\to0$、$I\to\infty$, 而保持磁偶极矩

$$M=I\pi a^2 \tag{F.19}$$

为有限，即化为磁偶极子的情况. 当 $a \to 0$ 时,

$$J_1(\beta a) \to \frac{1}{2}\beta a,$$

代入 (F.18) 式后, 化得①

$$\begin{aligned} E_\theta^D(r,0) &= \frac{\mathrm{i}\mu_0\omega M}{2\pi}\int_0^\infty \frac{\beta^2}{\kappa_0+\kappa_1}J_1(\beta r)\mathrm{d}\beta, \\ H_r^D(r,0) &= -\frac{M}{2\pi}\int_0^\infty \frac{\beta^2\kappa_0}{\kappa_0+\kappa_1}J_1(\beta r)\mathrm{d}\beta, \\ H_z^D(r,0) &= \frac{M}{2\pi}\int_0^\infty \frac{\beta^3}{\kappa_0+\kappa_1}J_0(\beta r)\mathrm{d}\beta, \end{aligned} \tag{F.20}$$

角码 D 代表偶极子的场. 为书写简便起见, 标号 0 已略去.

(F.20) 式中的 E_θ^D 和 H_z^D 已为许多作者解析地积出来 [2], 结果是

$$\begin{aligned} E_\theta^D(r,0) = &\frac{\mathrm{i}\mu_0\omega M}{2\pi(k_1^2-k_0^2)}\frac{1}{r^4}[\mathrm{e}^{\mathrm{i}k_1 r}(3-3\mathrm{i}k_1 r-k_1^2r^2) \\ &-\mathrm{e}^{\mathrm{i}k_0 r}(3-3\mathrm{i}k_0 r-k_0^2r^2)], \qquad r>0, \\ H_z^D(r,0) = &-\frac{M}{2\pi(k_1^2-k_0^2)}\frac{1}{r^5}[\mathrm{e}^{\mathrm{i}k_1 r}(9-9\mathrm{i}k_1 r-4k_1^2r^2+\mathrm{i}k_1^3r^3) \\ &-\mathrm{e}^{\mathrm{i}k_0 r}(9-9\mathrm{i}k_0 r-4k_0^2r^2+\mathrm{i}k_0^3r^3)], \qquad r>0. \end{aligned} \tag{F.21}$$

至于 $H_r^D(r,0)$, 戈登 (Gordon) 曾在略去空气中位移电流的情况下, 求出它的解析表达式 [3]. 实际上, 不略去空气中的位移电流, 解析表达式也是可以求出来的, 我们求出的结果为

$$H_r^D(r,0) = \frac{\mathrm{i}M}{4}\frac{\mathrm{d}}{\mathrm{d}r}\left\{\frac{1}{r}\frac{\mathrm{d}}{\mathrm{d}r}\left[H_1^{(1)}\left(\frac{k_1+k_0}{2}r\right)J_1\left(\frac{k_1-k_0}{2}r\right)\right]\right\}, \qquad r>0. \tag{F.22}$$

其中 $J_1(x)$ 和 $H_1^{(1)}(x)$ 都是一阶的柱函数. (F.22) 式的推导参见数学附录. 为了读者方便, 附录中亦给出了 (F.21) 式的推导.

通过柱函数的递推关系, (F.22) 式亦可化成

$$H_r^D(r,0) = -\frac{\mathrm{i}(k_1^2-k_0^2)M}{32}\frac{\mathrm{d}}{\mathrm{d}r}\left[H_2^{(1)}\left(\frac{k_1+k_0}{2}r\right)J_2\left(\frac{k_1-k_0}{2}r\right)\right.$$

① 在 (20) 式中, 被积函数在 $\beta \to \infty$ 时并不趋于零. 这样的积分在通常的意义下是不收敛的. (18) 式中的后二式也有类似的问题. 但由于这些被积函数是振荡的, 而且振幅的发散不超过某个 β 的幂函数, 因此只要把无穷积分的定义略为改变一下, 即可使这些表达式具有意义. 在本文中, 上述振荡函数 $f(\beta)$ 的无穷积分 $\int_0^\infty f(\beta)\mathrm{d}\beta$ 代表通常意义下的 $\lim\limits_{\epsilon\to 0}\int_0^\infty \mathrm{e}^{-\epsilon\beta}f(\beta)\mathrm{d}\beta$. 这种定义在 Fourier 变换中也常被采用. 对 (20) 和 (18) 式之所以能采用这种定义, 是因为 Z_0 中本有因子 $\mathrm{e}^{\kappa_0 z}$, 而地面场实应为 (8) 式在离地面无穷小高度 ϵ 处 $(z=-\epsilon)$ 的值. 这时 $\mathrm{e}^{\kappa_0 z}$ 就化为 $\mathrm{e}^{-\kappa_0\epsilon}$, 它对这些积分的收敛作用, 与上述定义中的因子 $\mathrm{e}^{-\beta\epsilon}$ 相同.

$$-H_0^{(1)}\Big(\frac{k_1+k_0}{2}r\Big)J_0\Big(\frac{k_1-k_0}{2}r\Big)\Big]. \tag{F.23}$$

现在再回到有限半径的情况, 设 $r > a$.

对于 $H_z^0(r,0)$, 我们可将环面分成为许多小面元, 然后对每个面元的贡献用偶极子公式来处理. 由于它们产生的 H_z 在方向上是一致的, 故简单加起来即可. 从图 F.1 可见, 距离在 R 与 $R+\mathrm{d}R$ 之间的面积等于 $2R\varphi\mathrm{d}R$, 而

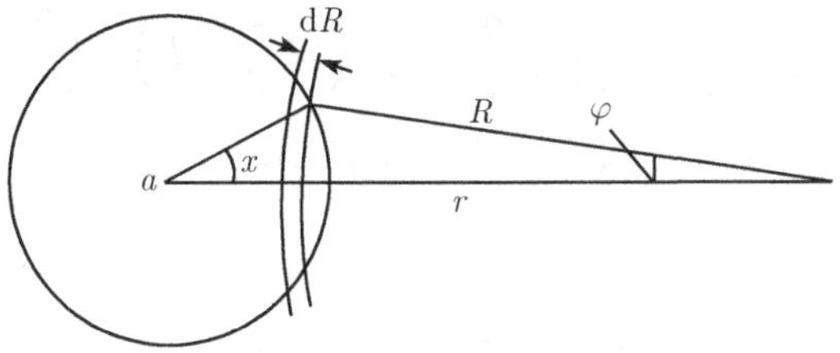

图 F.1

$$\varphi = \arccos\frac{R^2+r^2-a^2}{2Rr},$$

于是

$$H_z^0(r,0) = -\frac{I}{\pi(k_1^2-k_0^2)}\int_{r-a}^{r+a}\frac{1}{R^4}[\mathrm{e}^{\mathrm{i}k_1R}(9-9\mathrm{i}k_1R-4k_1^2R^2+\mathrm{i}k_1^3R^3)$$
$$-\mathrm{e}^{\mathrm{i}k_0R}(9-9\mathrm{i}k_0R-4k_0^2R^2+\mathrm{i}k_0^3R^3)]\arccos\frac{R^2+r^2-a^2}{2Rr}\mathrm{d}R. \tag{F.24}$$

至于分量 $E_\theta^0(r,0)$ 和 $H_r^0(r,0)$, 这样简单的处理是不行的，但我们利用 Gegenbauer 公式 [4]

$$J_1(\beta a)J_1(\beta r) = \frac{ar}{\pi}\int_0^{\pi}\beta J_1(\beta R)\frac{\sin^2\chi}{R}\mathrm{d}\chi, \tag{F.25}$$

亦可将它们表为 $E_\theta^D(R,0)$ 或 $H_r^D(R,0)$ 的叠加. 式中的 R 与积分变量 χ 之间的关系为

$$R=\sqrt{r^2+a^2-2ar\,\cos\chi}, \tag{F.26}$$

因而 χ 所代表的角度如图 1 所示.

将 (F.25) 式代入 (F.18) 第一式后, 先对 β 积分, 即可将 $E_\theta^0(r,0)$ 用 $H_\theta^D(R,0)$ 表示出来:

$$E_\theta^0(r,0) = \frac{\mathrm{i}\mu_0\omega Ia^2}{\pi(k_1^2-k_0^2)}r\int_0^{\pi}\frac{1}{R^5}[\mathrm{e}^{\mathrm{i}k_1R}(3-3\mathrm{i}k_1R-k_1^2R^2)$$
$$-\mathrm{e}^{\mathrm{i}k_0R}(3-3\mathrm{i}k_0R-k_0^2R^2)]\sin^2\chi\mathrm{d}\chi, \tag{F.27}$$

通过将积分变量化成 R, 我们得到更加简单的形式:

$$\begin{aligned}E_\theta^0(r,0)=&\frac{\mathrm{i}\mu_0\omega I}{2\pi(k_1^2-k_0^2)}\frac{1}{r}\int_{r-a}^{r+a}\frac{1}{R^4}[\mathrm{e}^{\mathrm{i}k_1R}(3-3\mathrm{i}k_1R-k_1^2R^2)\\&-\mathrm{e}^{\mathrm{i}k_0R}(3-3\mathrm{i}k_0R-k_0^2R^2)]\sqrt{4r^2a^2-(r^2+a^2-R^2)^2}\mathrm{d}R.\end{aligned}\tag{F.28}$$

分量 $H_r^0(r,0)$ 可以类似地处理, 结果是

$$\begin{aligned}H_r^0(r,0)=&\frac{\mathrm{i}I}{4}\frac{1}{r}\int_{r-a}^{r+a}\left\{\frac{\mathrm{d}}{\mathrm{d}R}\left[\frac{1}{R}\frac{\mathrm{d}}{\mathrm{d}R}\left(H_1^{(1)}\left(\frac{k_1+k_0}{2}R\right)J_1\left(\frac{k_1-k_0}{2}R\right)\right)\right]\right\}\\&\times\sqrt{4r^2a^2-(r^2+a^2-R^2)^2}\mathrm{d}R,\end{aligned}\tag{F.29}$$

或者

$$\begin{aligned}H_r^0(r,0)=&-\frac{\mathrm{i}(k_1^2-k_0^2)I}{32}\frac{1}{r}\int_{r-a}^{r+a}\left\{\frac{\mathrm{d}}{\mathrm{d}R}\left[H_2^{(1)}\left(\frac{k_1+k_0}{2}R\right)J_2\left(\frac{k_1-k_0}{2}R\right)\right.\right.\\&\left.\left.-H_0^{(1)}\left(\frac{k_1+k_0}{2}R\right)J_0\left(\frac{k_1-k_0}{2}R\right)\right]\right\}\\&\sqrt{4r^2a^2-(r^2+a^2-R^2)^2}\mathrm{d}R.\end{aligned}\tag{F.30}$$

利用递推关系, 还可以将 (F.30) 式中的微商化掉.

二

为了求地面导线环的辐射电阻, 我们作一封闭曲面将导线环包于其中, 并计算通过该封闭曲面的总能流. 这个封闭曲面可以取成 $z=\pm\epsilon$ 的两个无穷平面. 当令 $\epsilon\to 0$ 时, 即得总能流的周期平均值为

$$W=-\frac{1}{2}\mathrm{Re}\int_0^\infty E_\theta^0(r,0)[H_r^1(r,0)-H_r^0(r,0)]^*2\pi r\mathrm{d}r.\tag{F.31}$$

根据边值关系 (F.15) 第二式和 $\Pi(r)$ 的表达式 (F.13), 上式可化作

$$W=-\pi aI\mathrm{Re}\ E_\theta^0(a,0).\tag{F.32}$$

这个结果的物理意义是很清楚的. 它表明, W 等于环电流克服其本身电场所作的有功功率. 将 (F.28) 式代入后, 并除以 $\frac{1}{2}I^2$, 就得到地面导线环的辐射电阻公式

$$\begin{aligned}R_{\text{辐}}=&-\mu_0\omega\int_0^{2a}\mathrm{Re}\left\{\frac{\mathrm{i}}{(k_1^2-k_0^2)R^3}[\mathrm{e}^{\mathrm{i}k_1R}(3-3\mathrm{i}k_1R-k_1^2R^2)\right.\\&\left.-\mathrm{e}^{\mathrm{i}k_0R}(3-3\mathrm{i}k_0R-k_0^2R^2)]\right\}\sqrt{4a^2-R^2}\mathrm{d}R.\end{aligned}\tag{F.33}$$

初看起来, 在积分的下限处, 被积函数趋于无穷, 实际上并不如此. 将被积函数中的指数函数作幂级数展开, 即可证实这一点. 利用下列的展开式

$$\begin{aligned}\mathrm{e}^{\mathrm{i}x}(3-3\mathrm{i}x-x^2)&=\sum_{n=0}^{\infty}\frac{(\mathrm{i}x)^n}{n!}[3-3\mathrm{i}x+(\mathrm{i}x)^2]\\&=3+\frac{x^2}{2}-\mathrm{i}x^3\sum_{m=1}^{\infty}\frac{m(m+2)}{(m+3)!}(\mathrm{i}x)^m,\end{aligned} \tag{F.34}$$

即得

$$\begin{aligned}&\mathrm{Re}\Big\{\frac{\mathrm{i}}{(k_1^2-k_0^2)R^3}[\mathrm{e}^{\mathrm{i}k_1R}(3-3\mathrm{i}k_1R-k_1^2R^2)\\&\quad-\mathrm{e}^{\mathrm{i}k_0R}(3-3\mathrm{i}k_0R-k_0^2R^2)]\sqrt{4a^2-R^2}\Big\}\\&=\mathrm{Re}\Big\{\frac{\sqrt{4a^2-R^2}}{k_1^2-k_0^2}\Big[\sum_{m=1}^{\infty}\frac{m(m+2)}{(m+3)!}(\mathrm{i}R)^m(k_1^{m+3}-k_0^{m+3})\Big]\Big\}.\end{aligned} \tag{F.35}$$

此式表明, 被积函数在 $R\to 0$ 时, 不仅不发散而且是趋于零的.

将 (F.35) 代入 (F.33) 式, 还可以求出辐射电阻的级数表达式. 令

$$y=\frac{R}{2a},$$

则 (F.33) 式化为

$$\begin{aligned}R_{辐}=&-\frac{\mu_0\omega}{2a}\mathrm{Re}\Big\{\frac{1}{k_1^2-k_0^2}\sum_{m=1}^{\infty}\frac{m(m+2)}{(m+3)!}\mathrm{i}^m[(2k_1a)^{m+3}\\&-(2k_0a)^{m+3}]\int_0^1 y^m\sqrt{1-y^2}\mathrm{d}y\Big\}.\end{aligned}$$

积分

$$\int_0^1 y^m\sqrt{1-y^2}\mathrm{d}y$$

可用 β 函数或 γ 函数表示出来:

$$\int_0^1 y^m\sqrt{1-y^2}\mathrm{d}y=\frac{1}{2}B\Big(\frac{m+1}{2},\frac{3}{2}\Big)=\frac{\Gamma\Big(\frac{m+1}{2}\Big)\Gamma\Big(\frac{3}{2}\Big)}{2\Gamma\Big(\frac{m}{2}+2\Big)}.$$

利用 γ 函数的加倍公式, 我们将上式进一步化成

$$\int_0^1 y^m\sqrt{1-y^2}\mathrm{d}y=\frac{\pi m!}{2^{m+1}(m+2)\Gamma^2\Big(\frac{m}{2}+1\Big)}, \tag{F.36}$$

于是得出辐射电阻的级数表达式为

$$R_{辐} - \frac{2\pi\mu_0\omega}{a}\mathrm{Re}\left\{\frac{1}{k_1^2-k_0^2}\sum_{m=1}^{\infty}\frac{m}{(m+1)(m+2)(m+3)\Gamma^2\left(\frac{m}{2}+1\right)}i^m[(k_1a)^{m+3} - (k_0a)^{m+3}]\right\}. \tag{F.37}$$

从这个公式可以明显地看出, 置于地面的小导线环的辐射电阻并不趋于无穷大. 当 σ_1 有限而 a 很小, 使得

$$|k_1a| \ll 1 \tag{F.38}$$

时, 我们可以只取 (F.38) 式中的第一项, 得出的结果为

$$R_{辐} = \frac{1}{3}\mu_0^2\omega^2a^3\sigma_1. \tag{F.39}$$

与 a 的三次方成正比. (F.39) 式与 Wait 的公式是完全不同的.

小线圈在自由空间中的辐射电阻 $R_{辐}^0$ 亦可从 (F.37) 式求出 (令 $k_1 = k_0$, 并取到 $m = 2$ 的项), 其值为 $\frac{\pi}{6}\sqrt{\frac{\mu_0}{\varepsilon_0}}(k_0a)^4$. 于是得

$$\frac{R_{辐}}{R_{辐}^0} = \frac{2}{\pi}\frac{\sigma_1}{\varepsilon_0\omega}\frac{1}{k_0a} \tag{F.40}$$

它与 k_0a 成反比, 与传导电流和真空位移电流的比值成正比.

在位移电流可以忽去的情况下, (F.37) 式化成简单的形式:

$$R_{辐} = \frac{2\pi}{\sigma_1a}\sum_{m=1}^{\infty}\cos\frac{3(m-1)\pi}{4}u^{m+3}\frac{m}{(m+1)(m+2)(m+3)\Gamma^2\left(\frac{m}{2}+1\right)}, \tag{F.41}$$

其中

$$u = \sqrt{\mu_0\omega\sigma_1}\ a. \tag{F.42}$$

(F.33) 式在忽去位移电流时, 亦可简化为

$$R_{辐} = \frac{1}{\sigma_1a}\int_0^{\sqrt{2}}\frac{3}{x^3}\left\{1 - e^{-ux}\left[(1+ux)\cos ux + ux\left(1+\frac{2}{3}ux\right)\sin ux\right]\right\}\sqrt{1-\frac{x^2}{2}}dx. \tag{F.43}$$

三

本节给出数值计算的结果. 首先看忽去位移电流的情形. 由 (F.41) 或 (F.43) 式, $R_{辐}$ 可以表为

$$R_{辐} = \frac{1}{\sigma_1 a} f(u). \tag{F.44}$$

我们只要计算 $f(u)$ 就行了. 在 u 不大的情况下, 以用级数表达式 (F.41) 比较方便, 当 u 大时, 级数收敛较慢, 不如直接用积分表达式 (F.43) 来计算. 积分时, 最好分成两段来积, 第一段从零积到 x_0, 第二段再从 x_0 积到 $\sqrt{2}$. x_0 应选得使

$$ux_0 < 1,$$

这样在作第一段积分时, 可将被积函数作幂级数展开并只取前几项. 具体公式是

$$\begin{aligned} f(u) =& \frac{u^4}{2}\int_0^{x_0} x\left[1 - \frac{8}{15}(ux) + \frac{8}{105}(ux)^3 - \frac{1}{36}(ux)^4 + \cdots\right]\sqrt{1-\frac{x^2}{2}}\mathrm{d}x \\ &+ \int_{x_0}^{\sqrt{2}} \frac{3}{x^3}\left\{1 - \mathrm{e}^{-ux}\left[(1+ux)\cos ux + ux\left(1+\frac{2}{3}ux\right)\sin ux\right]\right\} \\ &\cdot \sqrt{1-\frac{x^2}{2}}\mathrm{d}x. \end{aligned} \tag{F.45}$$

函数 $f(u)$ 的值如表 F.1 所示, 其中 $u \leqslant 1$ 的 $f(u)$ 是用级数表达式计算的, $u \geqslant 1$ 是用积分表达式计算的, x_0 取为 $\frac{1}{2u}$.

表 F.1

u	5×10^{-3}	1×10^{-2}	2×10^{-2}	5×10^{-2}	0.1	0.2
$f(u)$	2.08×10^{-10}	3.32×10^{-9}	5.29×10^{-8}	2.04×10^{-6}	3.19×10^{-5}	4.86×10^{-4}
u	0.5	1	2	5	10	20
$f(u)$	1.63×10^{-2}	1.99×10^{-1}	1.80	1.76×10^{1}	7.61×10^{1}	3.12×10^{2}

考虑位移电流时, 结果比较复杂, 但仍然可以作一些简化. 为此, 引入二个无量纲的参量

$$\begin{aligned} s_0 &= \frac{\varepsilon_0}{\mu_0\sigma_1^2 a^2}, \\ s_1 &= \frac{\varepsilon_1}{\mu_0\sigma_1^2 a^2}, \end{aligned} \tag{F.46}$$

k_0a 和 k_1a 用 u、s_0 和 s_1 表示出来即为

$$\begin{aligned} k_0a &= u^2\sqrt{s_0}, \\ k_1a &= u\sqrt{u^2 s_1 + \mathrm{i}}. \end{aligned} \tag{F.47}$$

这时，辐射电阻可表作

$$R_{\text{辐}}=\frac{1}{\sigma_1 a}F(u,\ s_0,\ s_1). \tag{F.48}$$

$F(u,\ s_0,\ s_1)$ 的积分表达式是

$$F(u,\ s_0,\ s_1)=-2u^2\int_0^2 \mathrm{Re}\Big\{\frac{\mathrm{i}}{(k_1^2-k_0^2)a^2x'^3}[\mathrm{e}^{\mathrm{i}k_1ax'}(3-3\mathrm{i}k_1ax'-k_1^2a^2x'^2) -\mathrm{e}^{\mathrm{i}k_0ax'}(3-3\mathrm{i}k_0ax'-k_0^2a^2x'^2)]\sqrt{1-\frac{x'^2}{4}}\Big\}\mathrm{d}x', \tag{F.49}$$

而级数表达式为

$$F(u,\ s_0,\ s_1)=-2\pi u^2\ \mathrm{Re}\Big\{\frac{1}{(k_1^2-k_0^2)a^2}\sum_{m=1}^{\infty}\frac{m}{(m+1)(m+2)(m+3)\Gamma^2\left(\dfrac{m}{2}+1\right)} \cdot \mathrm{i}^m[(k_1a)^{m+3}-(k_0a)^{m+3}]\Big\}, \tag{F.50}$$

其中 k_1a 和 k_0a 由 (F.47) 右方表示. 同样, 在 u 小时以用级数计算比较方便, 当 u 大时, 若 s_0 和 s_1 又不太小, 则级数不仅收敛很慢, 而且由于正负项交错, 容易造成很大的误差. 这时就应改用积分表达式来计算. 积分最好也分成两段来进行. 在第一段积分中 (x'从0到x_0), 被积函数仍采用级数展开并只取前几项. 具体表达式可以从 (F.35) 推出.

当 s_0 和 s_1 趋于零时, $F(u,\ s_0,\ s_1)$ 就趋于 $f(u)$.

下面列出函数 $F(u,\ s_0,\ s_1)$ 的几组数值, $\dfrac{s_1}{s_0}=\dfrac{\varepsilon_1}{\varepsilon_0}$ 取为 15. 对于 $u\leqslant 1$, F 是用级数算的, $u\geqslant 1$ 则是用积分表达式算的, x_0 取为 $1/2u$. 在 $u=1$ 处, 两种办法算出的结果相重合.

表 F.2　$s_0=0.1,\ s_1/s_0=15$

u	5×10^{-3}	1×10^{-2}	2×10^{-2}	5×10^{-2}	0.1	0.2
F	2.08×10^{-10}	3.32×10^{-9}	5.29×10^{-8}	2.04×10^{-6}	3.19×10^{-5}	4.90×10^{-4}
u	0.5	1	2	5	10	20
F	1.83×10^{-2}	4.30×10^{-1}	5.93	3.90×10^{1}	1.57×10^{2}	6.27×10^{2}

表 F.3　$s_0=10^{-2},\ s_1/s_0=15$

u	5×10^{-3}	1×10^{-2}	2×10^{-2}	5×10^{-2}	0.1	0.2
F	2.08×10^{-10}	3.32×10^{-9}	5.29×10^{-8}	2.04×10^{-6}	3.19×10^{-5}	4.87×10^{-4}
u	0.5	1	2	5	10	20
F	1.65×10^{-2}	2.15×10^{-1}	2.73	3.67×10^{1}	1.54×10^{2}	6.26×10^{2}

表 F.4　$s_0 = 10^{-3}, s_1/s_0 = 15$

u	0.5	1	2	5	10	20
F	1.63×10^{-2}	2.00×10^{-1}	1.88	2.29×10^{1}	1.31×10^{2}	5.99×10^{2}

表 F.5　$s_0 = 10^{-4},\ s_1/s_0 = 15$

u	0.5	1	2	5	10	20
F	1.63×10^{-2}	1.99×10^{-1}	1.81	1.81×10^{1}	8.54×10^{1}	4.37×10^{2}

表 F.6　$s_0 = 10^{-5},\ s_1/s_0 = 15$

u	0.5	1	2	5	10	20
F	1.63×10^{-2}	1.99×10^{-1}	1.80	1.76×10^{1}	7.70×10^{1}	3.28×10^{2}

表 F.7　$s_0 = 10^{-6}, s_1/s_0 = 15$

u	0.5	1	2	5	10	20
F	1.63×10^{-2}	1.99×10^{-1}	1.80	1.76×10^{1}	7.62×10^{2}	3.13×10^{2}

在表 F.4~ 表 F.6 中, 未列出 u 在 $5 \times 10^{-3} \sim 0.2$ 之间的 F 值, 因为这些值已与表 F.1 中的 f 相同.

数 学 附 录

1. 关于 (F.21) 式的推导　当 k 位于第一象限而 r和z 为正实数时, 有下面的积分公式 [5,6]:

$$\int_0^\infty J_0(\beta r)\frac{\mathrm{e}^{-\sqrt{\beta^2-k^2}z}}{\sqrt{\beta^2-k^2}}\beta\mathrm{d}\beta = \frac{\mathrm{e}^{\mathrm{i}k\sqrt{r^2+z^2}}}{\sqrt{r^2+z^2}}, \tag{F.A.1}$$

其中 $\sqrt{\beta^2-k^2}$ 取在第四象限. 将上式两边对 z 微商二次, 然后取 $z=0$, 就得出

$$\int_0^\infty \beta\sqrt{\beta^2-k^2}J_0(\beta r)\mathrm{d}\beta = -\frac{\mathrm{e}^{\mathrm{i}kr}}{r^3}(1-\mathrm{i}kr), \qquad r>0. \tag{F.A.2}$$

再利用

$$\begin{aligned} J_1(\beta r) &= -\frac{1}{\beta}\frac{\mathrm{d}}{\mathrm{d}r}J_0(\beta r), \\ \beta^2 J_0(\beta r) &= -\frac{1}{r}\frac{\mathrm{d}}{\mathrm{d}r}\left[r\frac{\mathrm{d}}{\mathrm{d}r}J_0(\beta r)\right], \end{aligned} \tag{F.A.3}$$

即可求得

$$\int_0^\infty \beta^2\sqrt{\beta^2-k^2}J_1(\beta r)\mathrm{d}\beta = \frac{\mathrm{d}}{\mathrm{d}r}\left[\frac{\mathrm{e}^{\mathrm{i}kr}}{r^3}(1-\mathrm{i}kr)\right]$$

$$= -\frac{e^{ikr}}{r^4}(3 - 3ikr - k^2r^2), \tag{F.A.4}$$

$$\int_0^{\infty} \beta^3\sqrt{\beta^2 - k^2} J_0(\beta r)\mathrm{d}\beta = \frac{1}{r}\frac{\mathrm{d}}{\mathrm{d}r}\left\{r\frac{\mathrm{d}}{\mathrm{d}r}\left[e^{ikr}\frac{1}{r^3}(1 - ikr)\right]\right\}$$

$$= \frac{e^{ikr}}{r^5}(9 - 9ikr - 4k^2r^2 + ik^3r^3), \qquad r > 0 \tag{F.A.5}$$

最后, 将 (F.20) 式被积函数中的分母有理化:

$$\frac{1}{\kappa_0 + \kappa_1} = -\frac{1}{k_1^2 - k_0^2}(\kappa_1 - \kappa_0), \tag{F.A.6}$$

接着应用 (F.A.4) 和 (F.A.5), 就得到 (F.21) 式.

2. 关于 (F.22) 式的推导 我们先录出四个有关柱函数的积分公式[7]:

$$\int_0^{\infty} e^{-a\lambda} J_\nu(b\lambda)\lambda^{\mu-1}\mathrm{d}\lambda = \frac{\left(\dfrac{b}{2a}\right)^{\nu}\Gamma(\mu+\nu)}{a^{\mu}\Gamma(\nu+1)} F\left(\frac{\mu+\nu}{2}, \frac{\mu+\nu+1}{2}, \nu+1, -\frac{b^2}{a^2}\right),$$

$$\mathrm{Re}(\mu+\nu) > 0, \quad \mathrm{Re}(a \pm ib) > 0. \tag{F.A.7}$$

其中 $F(\alpha, \beta, \gamma, z)$ 为超比函数. 上式的一个特例是

$$\int_0^{\infty} e^{-a\lambda} J_1(b\lambda)\lambda^2\mathrm{d}\lambda = \frac{3ab}{(a^2+b^2)^{5/2}}, \qquad \mathrm{Re}(a \pm ib) > 0, \tag{F.A.8}$$

其他两个公式是

$$\int_0^{\infty} e^{-p^2\beta^2} J_0(\beta r)\beta\mathrm{d}\beta = \frac{1}{2p^2}e^{-\frac{r^2}{4p^2}}, \qquad \mathrm{Re}\, p^2 > 0, \tag{F.A.9}$$

$$\int_0^{c+i\infty} e^{\frac{t}{2} - \frac{Z^2+z^2}{2t}} I_\nu\left(\frac{zZ}{t}\right)\frac{\mathrm{d}t}{t} = \pi i H_\nu^{(1)}(Z) J_\nu(z), \tag{F.A.10}$$

$$\mathrm{Re}\,\nu > -1,\ |z| < |Z|,\ c\text{为任意正实数}.$$

根据公式 (F.A.8), 当 $r > 0$ 时

$$\int_0^{\infty} \beta^2 J_1(\beta r)\mathrm{d}\beta = \lim_{a\to 0}\int_0^{\infty} e^{-a\beta}\beta^2 J_1(\beta r) = 0, \tag{F.A.11}$$

于是 $H_r^D(r, 0)$ 可以改写成对 k_1^2 和 k_0^2 对称的形式:

$$H_r^D(r, 0) = \frac{M}{4\pi}\int_0^{\infty}\frac{\kappa_1 - \kappa_0}{\kappa_1 + \kappa_0}\beta^2 J_1(\beta r)\mathrm{d}\beta = -\frac{M}{4\pi}\frac{\mathrm{d}G}{\mathrm{d}r},\ r > 0. \tag{F.A.12}$$

其中

$$G(r) = \int_0^{\infty}\frac{\kappa_1 - \kappa_0}{\kappa_1 + \kappa_0}\beta J_0(\beta r)\mathrm{d}\beta,\ r > 0. \tag{F.A.13}$$

为了将 $\dfrac{\kappa_1-\kappa_0}{\kappa_1+\kappa_0}$ 用柱函数的积分表示出来, 我们先来找它和超比函数的关系. 通过分母有理化和把平方乘开, 得

$$\frac{\kappa_1-\kappa_0}{\kappa_1+\kappa_0}=-\frac{1}{k_1^2-k_0^2}(\kappa_1-\kappa_0)^2=-\frac{2\beta^2-k_1^2-k_0^2}{k_1^2-k_0^2}\left[1-\sqrt{1-\left(\frac{k_1^2-k_0^2}{2\beta^2-k_1^2-k_0^2}\right)^2}\right],$$

再将根式展成级数, 便化为

$$\begin{aligned}\frac{\kappa_1-\kappa_0}{\kappa_1+\kappa_0}&=-\frac{2\beta^2-k_1^2-k_0^2}{k_1^2-k_0^2}\left[1+\sum_{l=0}^{\infty}\left(\frac{k_1^2-k_0^2}{2\beta^2-k_1^2-k_0^2}\right)^{2l}\frac{\Gamma\left(l-\frac{1}{2}\right)}{2\Gamma\left(\frac{1}{2}\right)\Gamma(l+1)}\right]\\&=-\frac{k_1^2-k_0^2}{2(2\beta^2-k_1^2-k_0^2)}\sum_{n=0}^{\infty}\left(\frac{k_1^2-k_0^2}{2\beta^2-k_1^2-k_0^2}\right)^{2n}\frac{\Gamma\left(n+\frac{1}{2}\right)}{\Gamma\left(\frac{1}{2}\right)\Gamma(n+2)},\end{aligned}$$

上式中的级数即为超比函数 $F\left(\frac{1}{2},\ 1,\ 2,z^2\right)$, 其中

$$z=\frac{k_1^2-k_0^2}{2\beta^2-k_1^2-k_0^2}. \tag{F.A.14}$$

于是

$$\frac{\kappa_1-\kappa_0}{\kappa_1+\kappa_0}=-\frac{z}{2}F\left(\frac{1}{2},\ 1,\ 2,z^2\right). \tag{F.A.15}$$

这就是我们第一步要求的结果. 在下面的处理中, 我们先设 k_1^2和k_0^2 为正虚数. 令 (F.A.7) 式中的 μ 为零, ν为1, 并取

$$a=2\beta^2-k_1^2-k_0^2,\qquad b=-\mathrm{i}(k_1^2-k_0^2),$$

即得

$$\begin{aligned}\int_0^{\infty}\mathrm{e}^{-(2\beta^2-k_1^2-k_0^2)\lambda}J_1(-\mathrm{i}(k_1^2-k_0^2)\lambda)\frac{\mathrm{d}\lambda}{\lambda}&=-\frac{\mathrm{i}z}{2}F\left(\frac{1}{2},\ 1,\ 2,z^2\right)\\&=\mathrm{i}\frac{\kappa_1-\kappa_0}{\kappa_1+\kappa_0}.\end{aligned} \tag{F.A.16}$$

将此结果代入 (F.A.13) 式中, 就将 G 化为

$$G(r)=-\mathrm{i}\int_0^{\infty}\int_0^{\infty}\mathrm{e}^{-2\beta^2\lambda}\beta J_0(\beta r)\mathrm{e}^{(k_1^2+k_0^2)\lambda}J_1(-\mathrm{i}(k_1^2-k_0^2)\lambda)\frac{1}{\lambda}\mathrm{d}\lambda\mathrm{d}\beta.$$

交换积分次序并利用 (F.A.9) 式, 我们得

$$G(r)=-\frac{\mathrm{i}}{4}\int_0^{\infty}\mathrm{e}^{-\frac{r^2}{8\lambda}+(k_1^2+k_0^2)\lambda}J_1(-\mathrm{i}(k_1^2-k_0^2)\lambda)\frac{\mathrm{d}\lambda}{\lambda^2}$$

$$=\frac{\mathrm{i}}{r}\frac{\mathrm{d}}{\mathrm{d}r}\int_0^{\infty}\mathrm{e}^{-\frac{r^2}{8\lambda}+(k_1^2+k_0^2)\lambda}J_1(-\mathrm{i}(k_1^2-k_0^2)\lambda)\frac{\mathrm{d}\lambda}{\lambda}. \tag{F.A.17}$$

为了求出 (F.A.17) 式中的积分, 作变数变换

$$-\frac{r^2}{8\lambda}=\frac{t}{2},$$

由此得

$$\begin{aligned}G(r)=&\frac{\mathrm{i}}{r}\frac{\mathrm{d}}{\mathrm{d}r}\int_0^{-\infty}\mathrm{e}^{\frac{t}{2}-\frac{(k_1^2+k_0^2)r^2}{4t}}J_1\left(\frac{\mathrm{i}(k_1^2-k_0^2)r^2}{4t}\right)\frac{\mathrm{d}t}{t}\\=&-\frac{1}{r}\frac{d}{dr}\int_0^{-\infty}\mathrm{e}^{\frac{t}{2}-\frac{(k_1^2+k_0^2)r^2}{4t}}J_1\left(\frac{(k_1^2-k_0^2)r^2}{4t}\right)\frac{\mathrm{d}t}{t}.\end{aligned}$$

此式中的积分回路可以变形到 $\int_0^{c+\mathrm{i}\infty}$, c 为任意正数. 再应用公式 (F.A.10), 并取

$$z=\frac{1}{2}(k_1-k_0)r,\qquad Z=\frac{1}{2}(k_1+k_0)r,$$

即得出

$$G(r)=-\frac{\mathrm{i}\pi}{r}\frac{d}{dr}\left[H_1^{(1)}\left(\frac{k_1+k_0}{2}r\right)J_1\left(\frac{k_1-k_0}{2}r\right)\right],\qquad r>0 \tag{F.A.18}$$

将 (F.A.18) 代入 (F.A.12) 式, 就得到所要的结果. 以上推导虽然是在 k_1^2和k_0^2 为正虚数的情况下完成的. 但能过 (F.A.13) 式右方积分和 (F.A.18) 式右方表达式作为 k_0和k_1 函数的解析性质, 不难证明, 对实际的 k_1和k_0 值, (F.A.18) 式也同样成立.

参 考 文 献

[1] J R Wait. Radiation resistance of a small circular loop in the presence of a conducting ground. J. Appl. Phys, 1953, 24. 5: 646–649.

[2] 例如见 J R Wait. Current-carrying wire loops in a simple inhomogeneous region. J. Appl. Phys., 1952, 23, 4: 497–498.

[3] A N Gordon. The field induced by an oscilating magnetic dipole out-side a semi-infinite Conductor. Quart. Journal Mech. & Appl. Math, 1951, 4, pt I: 106.

[4] G N Watson 'A Treatise on the Theory of Bessel Functions'. Second edition. Cambridge: Cambridge University Press, 1952: 367.

[5] A J W Sommerfeld. Partial Differential Equations in Physics. New York：Academic Press Inc., 1949：242.

[6] G N Watson. Partial Differential Equations in Physics. 1949：416.

[7] G N Watson. Partial Differential Equations in Physics. 1949：385, 386, 393, 493.

附录 G　水平分层大地的交流视电阻率*

在电磁场变频测深方法中, 和其他电磁测深一样, 要引入大地的视电阻率的概念. 大地的交流视电阻率是通过地面观测量来定义的一种表观的、具有等效意义的电阻率. 它与各层地层的真实电阻率、各层厚度和频率的关系, 需要从理论上推导出来. 通过实测的视电阻率曲线与理论曲线的比较, 即可得出关于各层真实电阻率和厚度的知识. 在采用天然源的电磁测深中, 通常用的是由比值法定义的视电阻率, 而在采用人工发射源的变频测深中, 除了采用比值法视电阻率外, 还可以用单个场分量来定义视电阻率.

对于远区场①, 从这两种定义所得出的水平分层大地的视电阻率值基本上是一样的. 若发射源为偶极子, 而且观测点的距离 r 比空气中的约化波长 (波长的 2π 分之一) 小得多, 两者即完全相同. 它们随频率变化的曲线, 能比较真观地反应出地层电阻率随深度的变化. 但是也存在一些令人不够满意的地方. 首先, 曲线上会出现不对应真实地层的极大值和极小值 (以下总称为假极值), 它们有可能使人对地层结构作出错误的判断. 其次, 除高频端外, 在数值上视电阻率离真实电阻率比较远, 曲线的起伏度也不够大. 为了改进这些缺点, 我们在本文中提出了视电阻率的一种修改的定义. 在这种修改了的视电阻率的远区曲线中, 假极值效应减小了, 曲线的起伏度变得比原来的大, 视电阻率的值也较接近于地层的真实电阻率. 此处, 我们还给出了视电阻率的第三种定义, 这种定义的视电阻率直观对应性虽然差些, 但在有些情况, 它具有较好的分辨能力, 将它与前二种视电阻率配合起来使用, 可以得到较好的效果.

一

在这一节中, 我们以发射源为地面电流环的情况为例, 对视电阻率及假极值问题进行讨化.

对于水平分层的大地, 当环电流为 $I\mathrm{e}^{-\mathrm{i}\omega t}$ 时, 在远区地面有:

$$\frac{E_\theta}{H_r} = -\frac{\mu_0\omega}{k_1 G_0}. \tag{G.1}$$

* 这是作者应煤炭部地质勘探研究所的请求所作的理论研究. 此文曾于 1978 年发表于《地球物理学报》.

① 在本文中, 我们研究的是地面人工发射源的情形. 远区和近区是接地面观测点到发射源的距离 r 与大地中电磁波的约化波长 $\lambda\!\!\!^{-}_G$ 的比来划分的 (约化波长是指波长除以 2π, 即 $\lambda\!\!\!^{-}_G = \dfrac{\lambda_G}{2\pi}$, λ_G 为大地中的波长). 远区和近区分别指地面上 $r \gg \lambda\!\!\!^{-}_G$和$r \ll \lambda\!\!\!^{-}_G$ 的区域. 对于分层大地, $\lambda\!\!\!^{-}_G$ 代表各层约化波长的集合, 即 r 要比各层中的约化波长都大得多时, 才能作为远区, 比各层约化波长都小得多时, 才能作为近区.

k_1 为第一层的波常数, 通常地层的导磁系数 μ 与真空的导磁系数 u_0 相差很小, 故本文中设各地层的导磁系数都等于 μ_0, 这时

$$k_1^2 = \mu_0 \varepsilon_1 \omega^2 + \mathrm{i}\mu_0 \sigma_1 \omega. \tag{G.2}$$

G_0 为一个依赖于各层波常数 $k_1, k, \cdots$ 和各层厚度 $h_1, h_2, \cdots$ 以及角频率 ω 的因子. 为了书写简便 (但又能适应下面的需要), 在 n 层情况, 我们将它记作 $G_0(k_1, k_2, \cdots,$
$k_n)$. G_0 的表达式可以从理论上推导出来, 当大地为均匀导电介质时,

$$G_0 = 1, \tag{G.3}$$

两层大地的 G_0 为

$$G_0(k_1, k_2) = \frac{(k_1+k_2)-(k_1-k_2)\mathrm{e}^{2\mathrm{i}k_1h_1}}{(k_1+k_2)+(k_1-k_2)\mathrm{e}^{2\mathrm{i}k_1h_1}} = \frac{1-\eta_{12}\mathrm{e}^{2\mathrm{i}k_1h_1}}{1+\eta_{12}\mathrm{e}^{2\mathrm{i}k_1h_1}}, \tag{G.4}$$

其中

$$\eta_{12} = \frac{k_1-k_2}{k_1+k_2}, \tag{G.5}$$

η_{12}^2 代表电磁波在导体 1 和导体 2 分界面上垂直入射时的反射系数.

对于三层大地, 只须将以上公式中的 k_2 换成 $k_2G_0(k_2, k_3)$ 即可:

$$\begin{aligned} G_0(k_1,k_2,k_3) &= \frac{[k_1+k_2G_0(k_2,k_3)]-[k_1-k_2G_0(k_2,k_3)]\mathrm{e}^{2\mathrm{i}k_1h_1}}{[k_1+k_2G_0(k_2,k_3)]+[k_1-k_2G_0(k_2,k_3)]\mathrm{e}^{2\mathrm{i}k_1h_1}} \\ &= \frac{1-\eta_{12}\mathrm{e}^{2\mathrm{i}k_1h_1}+\eta_{12}\eta_{23}\mathrm{e}^{2\mathrm{i}k_2h_2}-\eta_{23}\mathrm{e}^{2\mathrm{i}(k_1h_1+k_2h_2)}}{1+\eta_{12}\mathrm{e}^{2\mathrm{i}k_1h_1}+\eta_{12}\eta_{23}\mathrm{e}^{2\mathrm{i}k_2h_2}+\eta_{23}\mathrm{e}^{2\mathrm{i}(k_1h_1+k_2h_2)}}. \end{aligned} \tag{G.6}$$

同样, 要得出四层的 G_0 就只须将上式中的 k_3 再换成 $k_3G(k_3, k_4)$, 如此类推. 总之, 当原来的底层 (假设为第 n 层) 进一步分成两层时, 相应的改变就只是将 k_n 换成 $k_nG(k_n, k_{n+1})$.

对物探所使用的频率范围, 大地中的位移电流通常比传导电流小得多, 故一般可以忽去. 于是由 (G.1) 和 (G.3) 式即可得出, 当大地为均匀导体时, 在远区,

$$\frac{1}{\mu_0\omega}\left|\frac{E_\theta}{H_r}\right|^2 = \rho_1, \tag{G.7}$$

即 $\dfrac{1}{\mu_0\omega}\left|\dfrac{E_\theta}{H_r}\right|^2$ 就等于大地介质的电阻率 ρ_1.

在大地分成为许多层时, 并不存在一个笼统的电阻率值. 但对水平分层情况的远区, 由 (G.1) 式可得 $\dfrac{1}{\mu_0\omega}\left|\dfrac{E_\theta}{H_r}\right|^2$ 等于 $\dfrac{\rho_1}{|G_0|^2}$, 此值不随 r 和 θ 而变, 也与发射环的半径和电流的大小无关. 当电磁场的频率一定时, 它就完全由大地本身的性质所决

定. 这一情况表明, 从观测的场强比值 $\dfrac{E_\theta}{H_r}$ 来看, 大地好像一个电阻率为 $\dfrac{\rho_1}{|G_0|^2}$ 的均匀导体. 因此可以用 $\dfrac{1}{\mu_0\omega}\left|\dfrac{E_\theta}{H_r}\right|^2$ 来定义大地的交流视电阻率：

$$\rho_\omega \equiv \frac{1}{\mu_0\omega}\left|\frac{E_\theta}{H_r}\right|^2, \tag{G.8}$$

这就是比值法视电阻率. 在远区, 它的数值即为

$$\rho_\omega = \frac{\rho_1}{|G_0|^2}. \tag{G.9}$$

在变频测深中, 通常 r 比空气中的约化波长 λ_0 小得多, 即

$$k_0 r \ll 1, \tag{G.10}$$

这相当于空气中的位移电流可以不考虑的情形. 下面为称呼方便起见, 把 $r \ll t_0$ 范围的地面场叫做物探场. 在电流环半径很小 (近似为一个磁偶极子) 而且大地中位移电流略去以后, 可以得到远区物探场的表达式为

$$\begin{aligned}
E_\theta &= -\frac{3M}{2\pi\sigma_1 G_0^2}\frac{1}{r^4},\\
H_r &= (1+\mathrm{i})\frac{3M}{2\pi}\sqrt{\frac{1}{2\mu_0\sigma_1\omega}}\frac{1}{G_0 r^4},\\
H_z &= -\mathrm{i}\frac{9M}{2\pi\mu_0\omega\sigma_1 G_0^2}\frac{1}{r^5},
\end{aligned} \tag{G.11}$$

在这里, 我们取的是柱坐标, z 轴垂直地面向下, 坐标原点与环心重合, $M = I\pi a^2$ 代表磁偶极矩.

从 (G.11) 和 (G.3) 式可以看出, 对于均匀大地, $\dfrac{2\pi r^4}{3M}|E_\theta|$、$\dfrac{4\pi^2\mu_0\omega r^8}{9M^2}|H_r|^2$ 和 $\dfrac{2\pi\mu_0\omega r^5}{9M}|H_z|$ 都等于大地的真实电阻率 ρ_1. 同样, 当大地具有水平分层结构时, 以上各量都等于 $\dfrac{\rho_1}{|G_0|^2}$. 这表明从物探远区场合分量的振幅来看, 当频率一定时, 大地亦好像为一个具有电阻率 $\dfrac{\rho_1}{|G_0|^2}$ 的均匀导电介质. 这就使得在变频测深中可以用场的单个分量来定义视电阻率, 其定义式分别为

$$\rho_\omega \equiv \frac{2\pi r^4}{3M}|E_\theta|, \tag{G.12}$$

$$\rho_\omega \equiv \frac{4\pi^2\mu_0\omega r^8}{9M^2}|H_r|^2, \tag{G.13}$$

$$\rho_\omega \equiv \frac{2\pi\mu_0\omega r^5}{9M}|H_z|. \tag{G.14}$$

在物探远区, 这三种定义的 ρ_ω 数值相同, 并亦等于 (G.9) 式所给出的值.

当然, 在实际物探中, 即使对于物探远区场, 用单分量定义的视电阻率和用比值法定义的视电阻率也会有一些差异, 并表现出各有优缺点. 当地层不是严格水平或 r 与 λ_0 的比不够小时, 以及当发射源线度较大、其上电流不够均匀或不能简单地看作偶极子时, 比值法视电阻率受的影响较小或不受影响. 但在测量上, 比值法视电阻率要求同时测量电场和磁场, 对场强测量的精度也要求比较高, 特别是同与振幅一次方成正比的视电阻率 (如用 E_θ 和 H_z 定义的) 相比, 更是如此. 不过, 它不必测量电流 I 和距离 r, 等等. 尽管有这样一些差异, 它们在物探远区基本上是相同的. 不仅如此, 对于其他位于地面的发射源, 如水平磁偶极子和电偶极子, 用比值法或单分量法定出的视电阻率, 在物探远区都等于 (G.9) 式所给出的值①

下面, 我们通过两层情况的分析来考察视电阻率 ρ_ω 中的假极值问题. 在略去大地中位移电流后, 由 (G.4) 式得

$$\frac{1}{|G_0(k_1,k_2)|^2}=\frac{1+2\eta_{12}\mathrm{e}^{-2x}\cos 2x+\eta_{12}^2\mathrm{e}^{-4x}}{1-2\eta_{12}\mathrm{e}^{-2x}\cos 2x+\eta_{12}^2\mathrm{e}^{-4x}},\tag{G.15}$$

其中

$$\eta_{12}=\frac{\sqrt{\sigma_1}-\sqrt{\sigma_2}}{\sqrt{\sigma_1}+\sqrt{\sigma_2}},\tag{G.16}$$

$$x=\frac{h_1}{\delta_1}=\sqrt{\frac{\mu_0\omega\sigma_1}{2}}h_1,\tag{G.17}$$

δ_1 为第一层的集肤厚度, 也等于第一层中的约化波长. 由 (G.15) 式可以看出, 当 $x\gg 1$ 即电磁波没有穿透第一层时,

$$\frac{1}{|G_0|^2}\cong 1,$$

从而 ρ_ω 就等于第一层的电阻等 ρ_1. 而当 $x\ll 1$, 即电磁波完全穿透第一层时.

$$\frac{1}{|G_0|^2}\cong\frac{\rho_2}{\rho_1},$$

于是 ρ_ω 变成了底层的电阻率 ρ_2. ρ_ω 随 $\sqrt{\omega}$ 的变化如图 G.1 所示. 对于

$$x=\frac{(2n+1)\pi}{4},\ n=0,1,2,\cdots\tag{G.18}$$

的一系列值, ρ_ω 都等于 ρ_1.

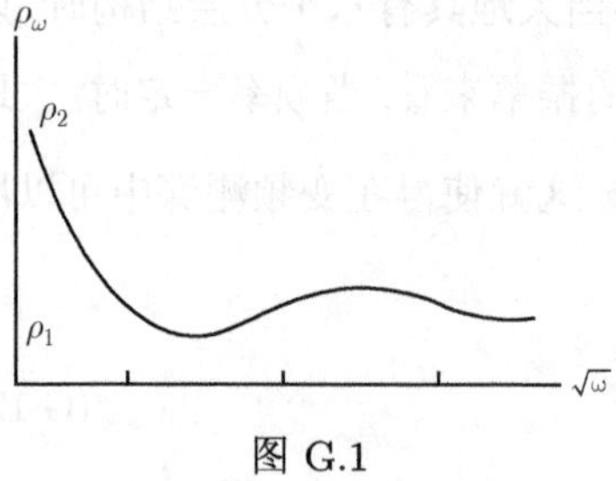

图 G.1

① 对比值法视电阻率来说, 还不限于物探远区, 一般远区它都等于该值.

以上情况表明, ρ_ω 从 ρ_2 变到 ρ_1 不是单调变过去的, 而是以衰减的振荡方式变过去的. 在曲线中有一系列极大值和极小值, 它们都不对应真实的地层. 这就是前面所说的假极值效应.

注意到 $\delta_1=\dfrac{\lambda_1}{2\pi}$, 不难得出, (G.18) 式相应于

$$2h_1=(2n+1)\frac{\lambda_1}{4},\ n=0,1,2,\cdots. \tag{G.19}$$

即电磁波往返第一层的路程正好等于 $\dfrac{\lambda_1}{4}$ 的奇数倍. 这显示出假极值的出现是由于电磁波在两个界面上反射所形成的干涉效应.

在三层的情况下, 同样也有假极值出现, 参见图 G.4. 在物探实际中, 这种假极值效应有可能引起对地层层数作出错误的判断.

另外, 如以 φ 表示 E_θ 与 H_r 的位相差, 则由 (G.1) 和 (G.4) 式, 可以求出

$$\tan\varphi=-\frac{1-2\eta_{12}\mathrm{e}^{-2x}\sin 2x-\eta_{12}^2\mathrm{e}^{-4x}}{1+2\eta_{12}\mathrm{e}^{-2x}\sin 2x-\eta_{12}^2\mathrm{e}^{-4x}}, \tag{G.20}$$

此式表明, $\tan\varphi$ 随 x 的变化也是振荡的, 当

$$x=\frac{n\pi}{2},\ n=0,1,2,\cdots \tag{G.21}$$

也就是

$$2h_1=n\frac{\lambda_1}{2} \tag{G.22}$$

时, $\tan\varphi$ 皆等于 $-1$①

二

为了给修改视电阻率定义作准备, 下面先来讨论一下比值 $\dfrac{E_\theta}{H_r}$ 的物理意义. $E_\theta(r,0)$ 可以看作是地面上沿电流方向单位长度上的电压降, 而

$$J_\theta(r)=\int_0^\infty j_\theta(r,\ z)\mathrm{d}z \tag{G.23}$$

① 上述振荡效应虽然是不好的, 但也可以加以利用. 在从 ρ_ω 的高频渐近值确定了 ρ_1 以后, 由相邻两个使 $\tan\varphi=-1$ 的 $\sqrt{\omega}$ 值的差, 即可确定层的厚度 h_1. 同样, 由相邻两个使 $\rho_\omega=\rho_1$ 的 $\sqrt{\omega}$ 值的差, 亦可确定 h_1.

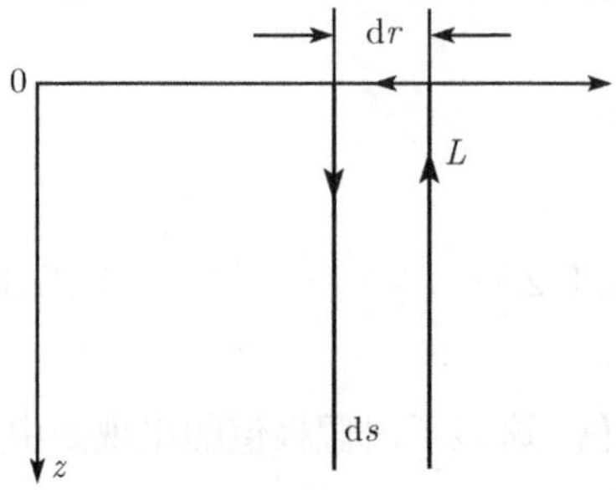

图 G.2

代表横截宽度为 1 的横截面上所流过的电流, 它等于图 G.2 中横截面 ds 上流过的电流 dI 除以宽度 dr. 因此, 比值

$$Z = \frac{E_\theta(r,0)}{J_\theta(r)} \tag{G.24}$$

可以称为"表面比阻抗", 亦即单位横截宽度所相应的表面阻抗 [1].

在介质中位移电流可以忽去的情况, 根据麦克斯韦 (Maxwell) 方程组, dI 可以表为 $\boldsymbol{H}$ 沿 ds 面的周线 L 的环路积分:

$$\mathrm{d}I = \oint_L \boldsymbol{H}\cdot \mathrm{d}\boldsymbol{l} = -H_r(r,0)\mathrm{d}r - \mathrm{d}r\int_0^\infty \frac{\partial H_z(r,z)}{\partial r}\mathrm{d}z.$$

于是

$$J_\theta(r) = \frac{\mathrm{d}I}{\mathrm{d}r} = -H_r(r,0) - \int_0^\infty \frac{\partial H_z(r,z)}{\partial r}\mathrm{d}z. \tag{G.25}$$

后项的量级大约为 $\dfrac{\partial H_z(r,0)}{\partial r}$ 乘以 δ_G, δ_G 代表大地的集肤厚度. 在远区, 由于地下的 $H_z(r,\ z)$ 本身就比 $H_r(r,\ z)$ 小, 而 H_z 随 r 的变化又缓慢, 因此 (G.25) 式中的第二项比第一项小得多. 略去它以后, (G.25) 式化为

$$J_\theta(r) \cong -H_r(r,0). \tag{G.26}$$

这样, 表面比阻抗就等于远区的 $E_\theta(r,0)$ 与 $H_r(r,0)$ 的比值的负数:

$$Z = -\frac{E_\theta(r,0)}{H_r(r,0)}. \tag{G.27}$$

将此关系应用到 (G.8) 式, 即得

$$\rho_\omega = \frac{1}{\mu_0\omega}|Z|^2. \tag{G.28}$$

它表明比值法视电阻率与表面比阻抗的绝对值相连系.

表面比阻抗 Z 可以分成实部和虚部, 其实部

$$\mathrm{Re}Z = R$$

代表大地的"交流比电阻", 而 $-\mathrm{Im}Z$ 代表其"比内电抗". 对于均匀大地, 由 (G.1) 和 (G.3) 式, R 可表为

$$R = \frac{\rho_1}{\delta_1}, \tag{G.29}$$

它相应于长度为 1、宽度为 1、厚度为 δ_1 的一块导体的直流电阻.

我们认为, 在物理意义上, 将视电阻率与 R 联系起来要比同 Z 的绝对值联系起来更加直接些. 因为 R 与流大地下的能流 S_z 相关, 再通过焦耳热公式就与各层电阻率发生联系. R 与 S_z 的关系如下:

$$S_z = -\frac{1}{2}\mathrm{Re}(E_\theta H_r^*) = \frac{1}{2}R|H_r|^2 \cong \frac{1}{2}R|J_\theta|^2. \tag{G.30}$$

而在远区，由于地下能流的方向基本上在 z 方向，故 S_z 就近似等于单位表面下长条导体中的总焦耳热：

$$\begin{aligned} S_z \cong &\frac{1}{2}\int_0^\infty \rho|j_\theta|^2\mathrm{d}z = \frac{1}{2}\rho_1\int_0^{h_1}|j_\theta|^2\mathrm{d}z \\ &+ \frac{1}{2}\rho_2\int_h^{h_2}|j_\theta|^2\mathrm{d}z + \cdots + \frac{1}{2}\rho_n\int_{h_{n-1}}^\infty |j_\theta|^2\mathrm{d}z. \end{aligned} \tag{G.31}$$

于是有

$$\begin{aligned} R \cong &\frac{\displaystyle\int_0^\infty \rho|j_\theta|^2\mathrm{d}z}{|J_\theta|^2} = \frac{1}{|J_\theta|^2}\left[\rho_1\int_0^{h_1}|j_\theta|^2\mathrm{d}z\right. \\ &\left. + \rho_2\int_h^{h_2}|j_\theta|^2\mathrm{d}z + \cdots + \rho_n\int_{h_{n-1}}^\infty |j_\theta|^2\mathrm{d}z\right]. \end{aligned} \tag{G.32}$$

根据以上讨论, 我们提出视电阻率的下述修改的定义:

$$\rho'_\omega \equiv \frac{2}{\mu_0\omega}\left(\mathrm{Re}\frac{E_\theta}{H_r}\right)^2 = \frac{2}{\mu_0\omega}\left|\frac{E_\theta}{H_r}\right|^2\cos^2\varphi. \tag{G.33}$$

这样定义的 ρ'_ω, 在水平分层大地的远区即与交流比电阻 R 相联系:

$$\rho'_\omega = \frac{2}{\mu_0\omega}R^2. \tag{G.34}$$

当大地为均匀介质时, 由于 Z 的幅角为 $-\frac{\pi}{4}\left(即\varphi = \frac{3\pi}{4}\right)$, 故 ρ'_ω 与 ρ_ω 相等并等于大地的真实电阻率 ρ_1. 对于分层大地, φ 已不是 $\frac{3\pi}{4}$, ρ'_ω 与 ρ_ω 就不再相等. 在远区, ρ'_ω 的值由下式表示:

$$\rho'_\omega = \rho_1\left(\mathrm{Re}\frac{1-\mathrm{i}}{G_0}\right)^2. \tag{G.35}$$

一般地说 (包括其他发射源), 我们可以采用在地面任意两个互相垂直方向上 $\boldsymbol{E}$ 和 $\boldsymbol{H}$ 的分量来定义 ρ'_ω, 就同一般地定义比值法的 ρ_ω 时一样. 例如

$$\rho'_\omega \equiv \frac{2}{\mu_0\omega}\left(\mathrm{Re}\frac{E_x}{H_y}\right)^2 \tag{G.36}$$

或

$$\rho'_\omega = \frac{2}{\mu_0\omega}\left(\mathrm{Re}\frac{E_y}{H_x}\right)^2. \tag{G.37}$$

对于大地是水平分层的各向同性导体, 而且其中的位移电流比起传导电流可以忽去的情形, 在远区, 这样定义的 ρ'_ω 都等于 (G.35) 式所给出的值①.

当发射环很小, 可以作为磁偶极子时, 新的视电阻率 ρ'_ω 也可以通过单分量来定义. 我们只要在水平分层的远区物探场公式中解出 G_0 再代入 (G.35) 式中, 就可反推出所需要的定义式. 在垂直磁偶极子发射的情况, 用 E_θ 单分量来定义的公式为

$$\rho'_\omega \equiv \frac{4\pi r^4}{3M}|E_\theta|\cos^2\left(\frac{\phi}{2}+\frac{\pi}{4}\right), \tag{G.38}$$

其中 ϕ 为 E_θ 的相位, 即

$$E_\theta = |E_\theta|\mathrm{e}^{\mathrm{i}\phi}. \tag{G.39}$$

同样, 用 H_r 和 H_z 定义的公式分别为

$$\rho'_\omega \equiv \frac{8\pi^2\mu_0\omega r^8}{9M^2}|H_r|^2\sin^2\phi, \tag{G.40}$$

$$\rho'_\omega \equiv \frac{4\pi\mu_0\omega r^5}{9M}|H_z|\cos^2\frac{\phi}{2}, \tag{G.41}$$

两式中的 ϕ 分别为 H_r 和 H_z 的相位. 对于水平电偶极子发射, 由于远区物探场的表达式为

$$\begin{aligned}
E_x &= \frac{Il}{4\pi\sigma_1 G_0^2}\frac{1}{r^3}(3\cos 2\theta - 1),\\
E_y &= \frac{3Il}{4\pi\sigma_1 G_0^2}\frac{1}{r^3}\sin 2\theta,\\
E_z &= (\mathrm{i}-1)\frac{Il}{2\pi G_0}\sqrt{\frac{\mu_0\omega}{2\sigma_1}}\frac{1}{r^2}\cos\theta,\\
H_x &= -(1+\mathrm{i})\frac{3Il}{4\pi G_0}\sqrt{\frac{1}{2\mu_0\omega\sigma_1}}\frac{1}{r^3}\sin 2\theta,\\
H_y &= (1+\mathrm{i})\frac{Il}{4\pi G_0}\sqrt{\frac{1}{2\mu_0\omega\sigma_1}}\frac{1}{r^3}(3\cos 2\theta - 1),\\
H_z &= \mathrm{i}\frac{3Il}{2\pi\mu_0\omega\sigma_1 G_0^2}\frac{1}{r^4}\sin\theta.
\end{aligned} \tag{G.42}$$

其中 l 代表发射天线的长度, θ 为 $\boldsymbol{r}$ 与 x 轴 (与发射天线平行) 的夹角, 故即得出单分量 ρ_ω 定义式为

$$\rho_\omega \equiv \frac{4\pi r^3}{Il}\left|\frac{E_x}{3\cos 2\theta - 1}\right|, \tag{G.43}$$

① 这是因为在所述的条件下, 地面电场和磁场的水平分量本身是互相垂直的.

$$\rho_\omega \equiv \frac{4\pi r^3}{3Il}\left|\frac{E_y}{\sin 2\theta}\right|, \tag{G.44}$$

$$\rho_\omega \equiv \frac{4\pi^2 r^4}{\mu_0\omega I^2 l^2}\left|\frac{E_z}{\cos\theta}\right|^2, \tag{G.45}$$

$$\rho_\omega \equiv \frac{16\pi^2\mu_0\omega r^6}{9I^2l^2}\left|\frac{H_x}{\sin 2\theta}\right|^2, \tag{G.46}$$

$$\rho_\omega \equiv \frac{16\pi^2\mu_0\omega r^6}{I^2l^2}\left|\frac{H_y}{3\cos 2\theta - 1}\right|^2, \tag{G.47}$$

$$\rho_\omega \equiv \frac{2\pi\mu_0\omega r^4}{3Il}\left|\frac{H_Z}{\sin\theta}\right|, \tag{G.48}$$

而新的视电阻率 ρ'_ω 的单分量定义式分别就是

$$\rho'_\omega \equiv \frac{8\pi r^3}{Il}\left|\frac{E_x}{3\cos 2\theta - 1}\right|\begin{cases}\cos^2\left(\dfrac{\phi}{2}-\dfrac{\pi}{4}\right), & \text{当 } 3\cos 2\theta - 1 > 0 \text{ 时},\\ \cos^2\left(\dfrac{\phi}{2}+\dfrac{\pi}{4}\right), & \text{当 } 3\cos 2\theta - 1 < 0 \text{ 时},\end{cases} \tag{G.49}$$

$$\rho'_\omega \equiv \frac{8\pi r^3}{3Il}\left|\frac{E_y}{\sin 2\theta}\right|\begin{cases}\cos^2\left(\dfrac{\phi}{2}-\dfrac{\pi}{4}\right), & \text{当 } \sin 2\theta > 0 \text{ 时},\\ \cos^2\left(\dfrac{\phi}{2}+\dfrac{\pi}{4}\right), & \text{当 } \sin 2\theta < 0 \text{ 时},\end{cases} \tag{G.50}$$

$$\rho'_\omega \equiv \frac{8\pi^2 r^4}{\mu_0\omega I^2 l^2}\left|\frac{E_z}{\cos\theta}\right|^2\cos^2\phi, \tag{G.51}$$

$$\rho'_\omega \equiv \frac{32\pi^2\mu_0\omega r^6}{9I^2l^2}\left|\frac{H_x}{\sin 2\theta}\right|^2\sin^2\phi, \tag{G.52}$$

$$\rho'_\omega \equiv \frac{32\pi^2\mu_0\omega r^6}{I^2l^2}\left|\frac{H_y}{3\cos 2\theta - 1}\right|^2\sin^2\phi, \tag{G.53}$$

$$\rho'_\omega \equiv \frac{4\pi\mu_0\omega r^4}{3Il}\left|\frac{H_z}{\sin\theta}\right|\begin{cases}\sin^2\dfrac{\phi}{2}, & \text{当 } \sin\theta > 0 \text{ 时},\\ \cos^2\dfrac{\phi}{2}, & \text{当 } \sin\theta < 0 \text{ 时},\end{cases} \tag{G.54}$$

以上各式中的 ϕ 代表相应场分量的相位. 在物探远区, 上面定义的各种 ρ_ω 都等于 (G.9) 式所给出的值, 而各种 ρ'_ω 都等于 (G.35) 式所给出的值.

下面来考察远区 ρ'_ω 的行为, 并与 ρ_ω 相对照. 在二层情况, 由 (G.4) 式可得, 在远区,

$$\rho'\omega = \rho_1\left(\frac{1+2\eta_{12}\mathrm{e}^{-2x}\sin 2x - \eta_{12}^2\mathrm{e}^{-4x}}{1-2\eta_{12}\mathrm{e}^{-2x}\cos 2x + \eta_{12}^2\mathrm{e}^{-4x}}\right)^2. \tag{G.55}$$

在双对数坐标纸中, ρ'_ω 与 $\sqrt{T}$ 的关系如图 G.3 所示, 其中 $T = \dfrac{2\pi}{\omega}$ 代表电磁场振荡的周期. 为了对比, 亦画出了 $\rho_\omega - \sqrt{T}$ 的曲线.

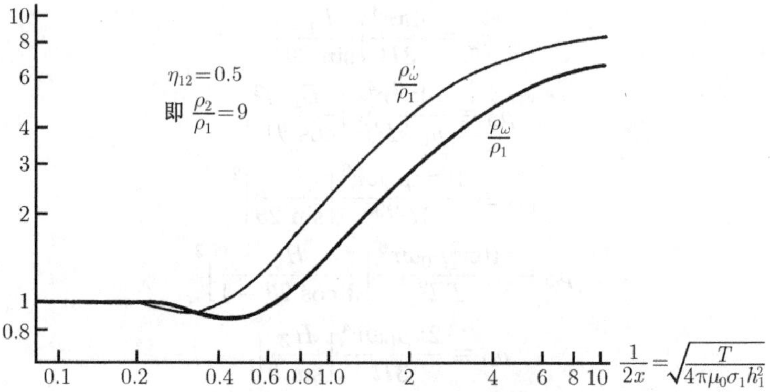

图 G.3　一层 ρ_ω 和 ρ'_ω 曲线

由图可以看出, ρ'_ω 的假极值效应比 ρ_ω 有所减少, 而曲线的右端 (低频端) 也更快地接近底层的电阻率.

三层的远区曲线也显示同样的特点. 图 G.4 分别为四种地层类型的 ρ_ω 和 ρ'_ω 曲线, 我们同样看到, ρ'_ω 的假极值效应比 ρ'_ω 小, 其数值也较为接近地层的真实电阻率, ρ'_ω 曲线的起伏度亦比 ρ_ω 大. 这就表明, 新定义的视电阻率确实对原来的缺点都有改进. 这些改进对于作出正确的判断是有利的.

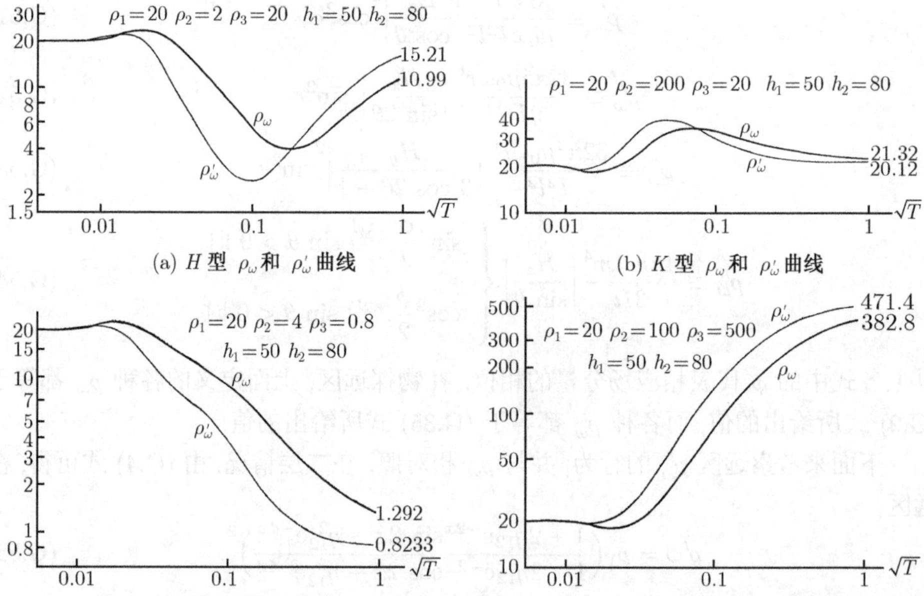

图 G.4

三

除了将视电阻率同 Z 的实部 (电阻分量) 相联系以外, 也可以将它同 Z 的虚部 (电抗分量) 联系起来. 不过, 在远区场法中, 这种定义并没有多少优点, 它的假极值效应比 ρ_ω 还要强, 接近地层的真实电阻率程度更差些. 但是实际进行物探时, 由于发射功率的限制, 常常希望距离 r 尽量地小. 这就提出了应用中区场来进行变频测深的研究任务. 在中区场法中, ρ_ω 和 ρ'_ω 的曲线在许多情况下已经与地层的真实电阻率之间没有多大的联系, 所以从电抗分量定义的视电阻率 (以下用 ρ''_ω 表示) 的上述缺点, 也就变得不那么重要. 而增加一种定义, 会给我们提供更多的选择机会.

对于均匀大地, 比内电抗为纯感抗,

$$\mathrm{Im}Z = -L\omega, \tag{G.56}$$

L 代表大地的比内电感. 由 (G.1) 和 (G.3) 式可以求出

$$\mathrm{Im}Z = -\frac{1}{2}\ \mu_0\delta_1\omega, \tag{G.57}$$

即比内电感 L 等于 μ_0 乘上集肤厚度 δ_1. 将 δ_1 的公式代入后, 得出

$$\rho_1 = \frac{2}{\mu_0\omega}(\mathrm{Im}Z)^2. \tag{G.58}$$

根据均匀大地的这个关系, 我们提出第三种视电阻率 ρ''_ω 的定义为

$$\rho''_\omega \equiv \frac{2}{\mu_0\omega}\left(\mathrm{Im}\frac{E_\theta}{H_r}\right)^2 = \frac{2}{\mu_0\omega}\left|\frac{E_\theta}{H_r}\right|^2\sin^2\varphi. \tag{G.59}$$

上式是就垂直磁偶极发射来说的, 一般情况同样可以采用在地面任意两个互相垂直方向上的 $\boldsymbol{E}$ 和 $\boldsymbol{H}$ 的分量来定义 ρ''_ω. 对于水平分层的远区, 这样定义的 ρ''_ω 的值都由下式表示

$$\rho''_\omega = \rho_1\left(\mathrm{Im}\frac{1-\mathrm{i}}{G_0}\right)^2 \tag{G.60}$$

ρ''_ω 同样可以通过单分量来定义, 定义的办法是使得它在物探远区的值就等于 (G.60) 式. 不能证明, 只须将 (G.38)、(G.40)、(G.41) 以及 (G.49)~(G.54) 式右方中的余弦换成正弦, 正弦换成余弦, 就可得到相应的 ρ''_ω 的定义式.

容易看出, 无论是采用比值法还是单分量法的定义, 这三种视电阻率之间都存在下述简单关系

$$\rho_\omega = \frac{1}{2}(\rho'_\omega + \rho''_\omega). \tag{G.61}$$

对于均匀地下介质的物探远区, 三者都等于真实电阻率 ρ_1 .

下面我们来看一些中区场视电阻率的实例 (垂直磁偶极发射、用比值法定义的), 其中 r 约为探测深度的三倍[①]. 在图 G.5 和图 G.6 中给出了三层 H 型和 Q 型的 ρ_ω 和 ρ'_ω 的曲线. 从图可以看出, 曲线对参数变化的反应是相当灵敏的, 缺点是, 视电阻率与地层真实电阻率之间缺乏直观的联系. 另外, 如图 G.7 所示, K 型和 A 型的 ρ_ω 曲线形状相像, 容易造成错误的判断. ρ'_ω 曲线的情况也类似. 但 ρ''_ω 的曲线就不同了, 由图 G.8 可见, 对于这两类型, 它显示出特征性的差异. 特别是在 K 型地层, ρ''_ω 曲线对参数变化的反应很灵敏. 以上情况表明, 在中区场法中, ρ''_ω 可能是一个比较重要的量, 值得我们注意. 另外, 就是在远区场法中, 对于某些类型的地层 (如三层中的 A 型), ρ''_ω 曲线对参数变化的反应灵敏度也较 ρ_ω 和 ρ'_ω 为高, 这时, 将 ρ''_ω 与 ρ'_ω 配合起来作用, 也可以得到较好的效果.

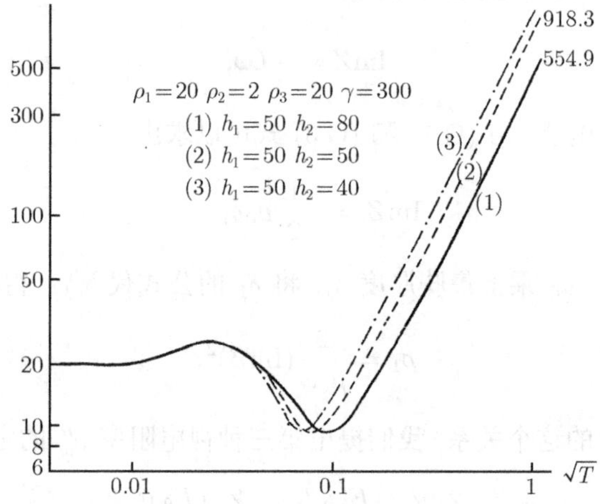

(a) H 型 ρ_ω 曲线

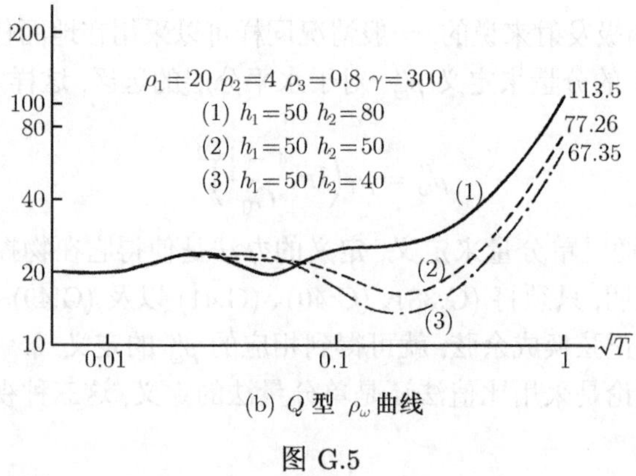

(b) Q 型 ρ_ω 曲线

图 G.5

① 计算公式参见文献 [1].

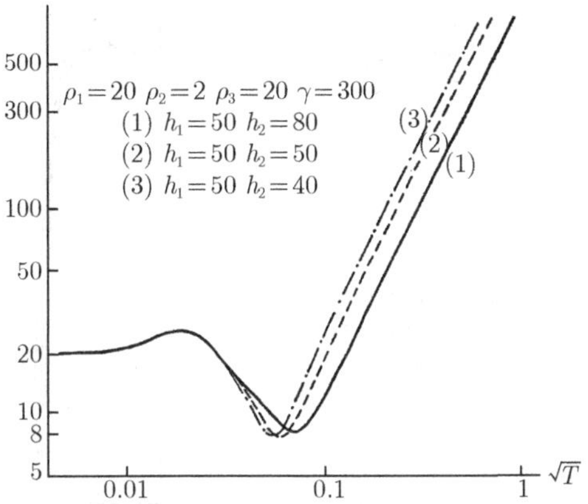

(a) H 型 ρ'_ω 曲线

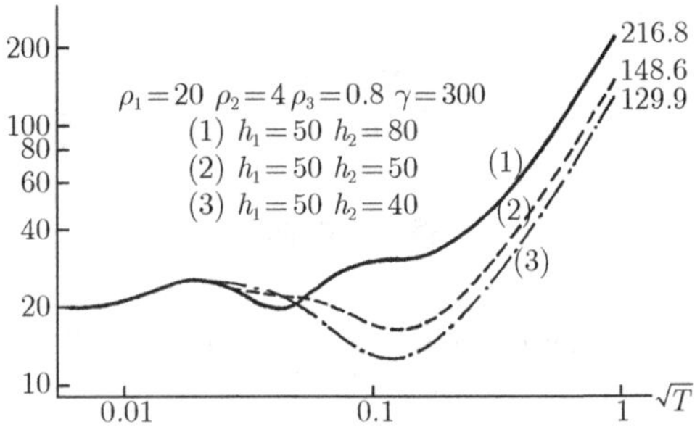

(b) Q 型 ρ'_ω 曲线

图 G.6

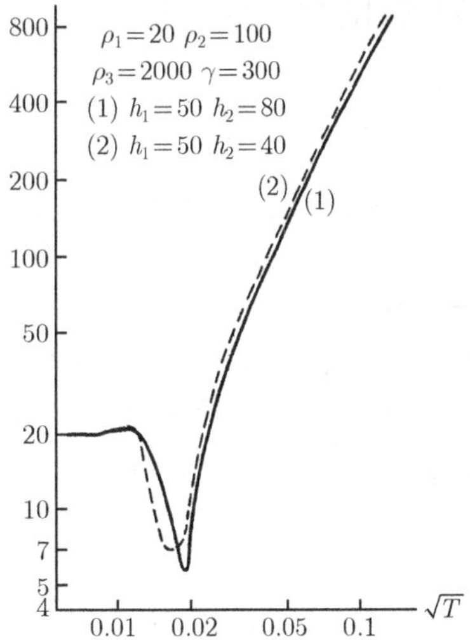

(a) A 型 ρ_ω 曲线

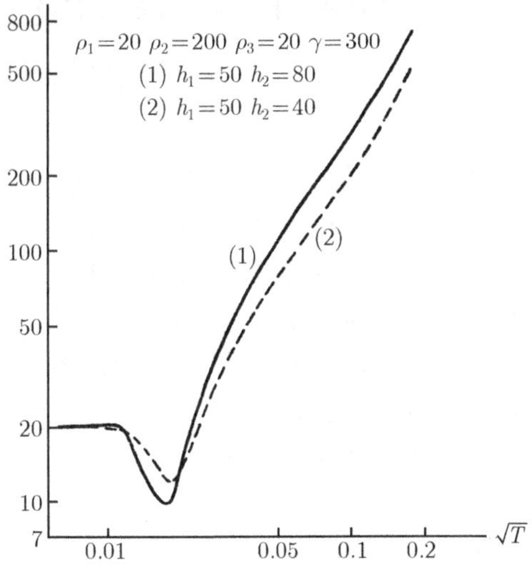

(b) K 型 ρ_ω 曲线

图 G.7

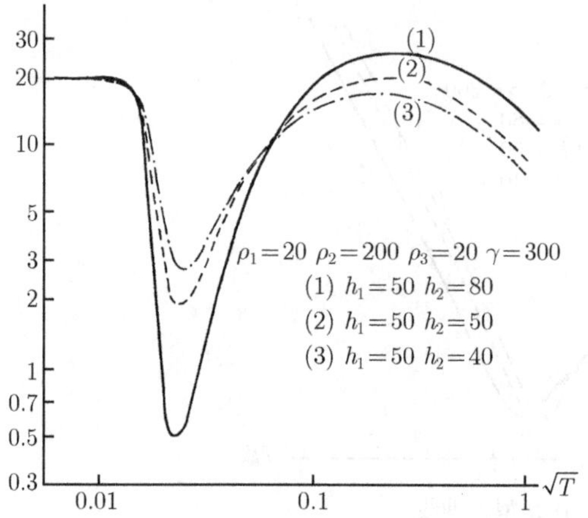

(a) K 型 ρ_ω 曲线

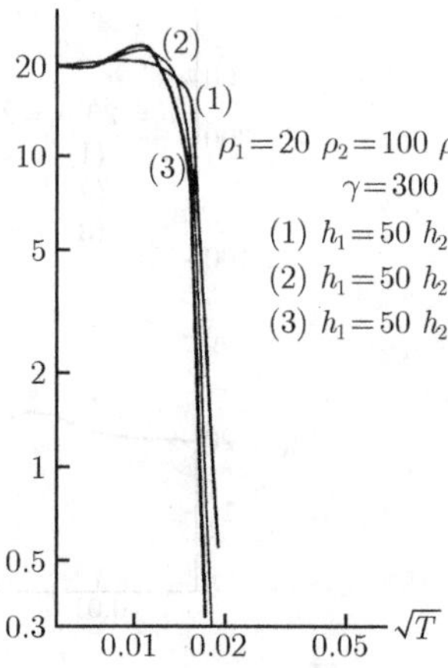

(b) A 型 ρ_ω 曲线

图 G.8

参 考 文 献

[1] Stratton J A. Electromagnetic theory. 1st ed. McGraw-Hill Book Company Inc, 1941: 532, 536.

附录 H　垂直磁偶极变频测深的低频特性和高阻层的穿透问题*

磁偶极发射的变频测深①, 对于高阻屏蔽层具有强的透识力, 应用时不受表层高阻的限制, 并可免去打接地电极的操作; 另外, 在大地水平分层情况下, 即使导电率是各向异性的 (地层垂向电导率和水平向电导率有差异), 也不会使问题复杂化, 因前者对垂直磁偶极源② 的场没有影响. 这些优点, 使得它获得了相当广泛的应用. 在本文中, 我们将对垂直磁偶极变频测深中有关高阻屏蔽层的穿透和视电阻率的低频特性进行理论上的研究. 为了验证所推出的近似公式的准确性, 并将它们与电子计算机算出的准确结果进行了比较.

* 本文是作者应有关勘探单位的要求所作的理论研究的一部分, 曾发表于 1981 年 4 月份的《地球物理学报》.

① 变频测深又称感应测深.

② 它的发射源为一置于地面的导线环.

一、水平分层情况地面场强的表达式

我们设大地具有水平层状结构. 每层介质都是均匀的, 第 j 层厚度为 h_j, 水平电导率、水平介电常数和导磁系数分别为 σ_j、ε_j 和 μ_j, 空气的介电常数为 ε_0, 导磁系数为 μ_0. 应勘探单位的要求, 所有物理量都采用实用单位.

像附录 F 中所作的一样, 我们将场分量表示成 Hankel 变换的形式. 通过求解边值问题, 可以求出 n 层结构时地面电磁场的积分表达式为

$$\begin{aligned}E_\theta(r) =&\mathrm{i}\omega Ia\int_0^\infty \frac{\beta}{\tau_0+\tau_1 G}J_1(\beta a)J_1(\beta r)\mathrm{d}\beta,\\ H_r(r) =&-\frac{Ia}{\mu_0}\int_0^\infty \frac{\beta\kappa_0}{\tau_0+\tau_1 G}J_1(\beta a)J_1(\beta r)\mathrm{d}\beta,\\ H_z(r) =&\frac{Ia}{\mu_0}\int_0^\infty \frac{\beta^2}{\tau_0+\tau_1 G}J_0(\beta a)J_1(\beta r)\mathrm{d}\beta.\end{aligned} \tag{H.1}$$

a 代表发射环的半径, 坐标原点设与环心重合, 第 j 层的 κ_j 和 τ_j 由下式表示:

$$\begin{aligned}\kappa_j =&\sqrt{\beta^2-k_j^2}, \qquad \tau_j=\frac{\kappa_j}{\mu_j},\\ k_j^2 =&\mu_j\varepsilon_j\omega^2+\mathrm{i}\mu_j\sigma_j\omega.\end{aligned} \tag{H.2}$$

(H.1) 式中的 G 是与各层 τ_j 及 $\kappa_j h_j$ 有关的因子, 下面将它记作 $G(\tau_1,\ \cdots,\ \tau_n)$. 对于二层情况, G 的具体表达式为

$$G(\tau_1,\ \tau_2)=\frac{(\tau_1+\tau_2)-(\tau_1-\tau_2)\mathrm{e}^{-2\kappa_1 h_1}}{(\tau_1+\tau_2)+(\tau_1-\tau_2)\mathrm{e}^{-2\kappa_1 h_1}}. \tag{H.3}$$

多层的 G 可通过下述递推关系得出

$$G\underbrace{(\tau_1,\ \cdots,\ \tau_n)}_{n\text{个}}=G\underbrace{(\tau_1,\ \cdots,\ \tau_{n-2},\ \tau_{n-1}G(\tau_{n-1},\ \tau_n))}_{n-1\text{个}}. \tag{H.4}$$

也就是说, 只需将 $(n-1)$ 层的 G 中的 τ_{n-1} 换成 $\tau_{n-1}\ G(\tau_{n-1},\ \tau_n)$, 即可得出 n 层的 G. $G(\tau_{n-1},\ \tau_n)$ 代表参数为 τ_{n-1}和τ_n 的两层情况的 G. 将 (H.3) 式中的下标 1 和 2 分别换成 $n-1$ 和 n, 即得出它的表达式. 因此, 原来情况底层的 τ_{n-1} 代换成 $\tau_{n-1}G(\tau_{n-1},\ \tau_n)$, 就相应于原底层已进一步分成为两层的情况.

电流环能近似成磁偶极子的条件是

$$a\ll \lambda\!\!\!^{-}_1,\ \lambda\!\!\!^{-}_2,\ \cdots,\lambda\!\!\!^{-}_n.\quad a\ll r. \tag{H.5}$$

其中的 $\lambda\!\!\!^{-}_j$ 代表第 j 层 $(1\leqslant j\leqslant n)$ 中电磁波的约化波长:

$$\lambda\!\!\!^{-}_j=\frac{1}{k_j}. \tag{H.6}$$

在偶极子近似下，场的积分表达式化为

$$\begin{aligned} E_\theta(r) &= \frac{\mathrm{i}\omega M}{2\pi}\int_0^\infty \frac{\beta^2}{\tau_0+\tau_1 G} J_1(\beta r)\mathrm{d}\beta, \\ H_r(r) &= -\frac{M}{2\pi\mu_0}\int_0^\infty \frac{\beta^2\kappa_0}{\tau_0+\tau_1 G} J_1(\beta r)\mathrm{d}\beta, \\ H_z(r) &= \frac{M}{2\pi\mu_0}\int_0^\infty \frac{\beta^3}{\tau_0+\tau_1 G} J_0(\beta r)\mathrm{d}\beta. \end{aligned} \tag{H.7}$$

上式中的 M 为

$$M = I\pi a^2, \tag{H.8}$$

它代表环的磁偶极矩.

为简单计, 在下面的讨论中, 我们假定发射环可以近似作为偶极子, 并假定各地层导磁系数和空气一样, 都与真空值 μ_0 相等, 即

$$\mu_j = \mu_0, \quad j = 1,\ 2,\ \cdots,\ n. \tag{H.9}$$

二、观测点相对高阻基底转为近区时的低频特性

关于远区视电阻率的低频特性, 文献中已有过很多讨论. 但对高阻基底, 当探测的频率较低时, 观测点相对基底来说常常已进入近区①. 这就使得通常关于远区视电阻率低频特性的讨论失去效用. 在本小节中, 我们来研究这一情况, 并假定观测点相对上覆各层而言, 仍在远区.

现以三层结构为例. 设基底电阻率 ρ_3 很高, 使条件

$$\frac{1}{\rho_3} \ll \frac{2}{\rho_1}\frac{h_1}{r} + \frac{2}{\rho_2}\frac{h_2}{r} \tag{H.10}$$

成立, 上式中的 h_1和h_2 代表第一和第二层的厚度, 根据远区条件, 在第一和第二层中, 电磁场将是近垂直传播的波, 故有

$$\kappa_1 \approx -\mathrm{i}k_1, \quad \kappa_2 \approx -\mathrm{i}k_2. \tag{H.11}$$

第三层 (即基底) 按假设已转为近区, 在 (H.10) 式的条件下, 波效应可以略去, 即

$$\kappa_3 \approx \beta. \tag{H.12}$$

① 关于远区和近区的定义, 参见附录 G 中的注释.

将 (H.11) 和 (H.12) 式代入 G 中, 就得到①

$$G=\frac{1-\dfrac{k_1-k_2}{k_1+k_2}e^{2ik_1h_1}+\dfrac{k_1-k_2}{k_1+k_2}\dfrac{ik_2+\beta}{ik_2-\beta}e^{2ik_2h_2}-\dfrac{ik_2+\beta}{ik_2-\beta}e^{2i(k_1h_1+k_2h_2)}}{1+\dfrac{k_1-k_2}{k_1+k_2}e^{2ik_1h_1}+\dfrac{k_1-k_2}{k_1+k_2}\dfrac{ik_2+\beta}{ik_2-\beta}e^{2ik_2h_2}+\dfrac{ik_2+\beta}{ik_2-\beta}e^{2i(k_1h_1+k_2h_2)}} \tag{H.13}$$

当频率足够低, 使得第一层和第二层已为电磁波完全穿透, 即

$$\frac{h_1}{\delta_1}+\frac{h_2}{\delta_2}\ll 1 \tag{H.14}$$

时, 可将 (H.13) 式中的指数因子展开, 并在分子和分母中只保留最大项. (H.14) 式中的 δ_1 和 δ_2 分别代表电磁波在第一层介质和第二层介质中的集肤厚度. 由此化出

$$G\approx\frac{1}{k_1}[i\beta+\mu_0\omega(\sigma_1h_1+\sigma_2h_2)]. \tag{H.15}$$

于是

$$\frac{1}{\kappa_0+\kappa_1G}\approx\frac{2\beta+i\mu_0\omega(\sigma_1h_1+\sigma_2h_2)}{4\beta^2+\mu_0^2\omega^2(\sigma_1h_1+\sigma_2h_2)^2}. \tag{H.16}$$

进一步处理分两种情况进行, 一是 ω 还不太低 (比较来说), 使下述不等式成立:

$$\frac{h_1r}{\delta_1^2}+\frac{h_2r}{\delta_2^2}\gg 1. \tag{H.17}$$

这时 (H.16) 式分母中的 $4\beta^2$ 可略去, 于是得

$$\frac{1}{\kappa_0+\kappa_1G}\approx\frac{i}{\mu_0\omega(\sigma_1h_1+\sigma_2h_2)}\left[1-i\frac{2\beta}{\mu_0\omega(\sigma_1h_1+\sigma_2h_2)}\right]. \tag{H.18}$$

再利用本文附录中的公式 (H.A.14)、(H.A.15) 和 (H.A.26), 即可求出各分量的最大项为

$$\begin{aligned}E_\theta&\approx-i\frac{3M}{\pi\mu_0\omega(\sigma_1h_1+\sigma_2h_2)^2}\frac{1}{r^4},\\H_r&\approx i\frac{3M}{2\pi\mu_0\omega(\sigma_1h_1+\sigma_2h_2)}\frac{1}{r^4},\\H_z&\approx\frac{9M}{\pi\mu_0^2\omega^2(\sigma_1h_1+\sigma_2h_2)^2}\frac{1}{r^5}.\end{aligned} \tag{H.19}$$

(H.19) 式主要特征仍与远区场相似, 只是 E_θ 和 H_z 的值增大了一倍. 于是由单个场分量和比值法定出的视电阻率分别为②

$$\rho_\omega(H_r)=\frac{1}{\mu_0\omega(\sigma_1h_1+\sigma_2h_2)^2}, \tag{H.20}$$

① 在变频测深中, 通常 $r\ll\lambda_0$, 因而在本文中恒取 $\kappa_0=\beta$. 另外, 大地中的位移电流, 比起传导电流一般小得多, 在本文中亦略去.

② $\rho_\omega(H_r)$ 代表由 H_r 定义的视电阻率, 其他类推. 不带括号的 ρ_ω 代表比值法定义的视电阻率.

$$\rho_\omega(E_\theta)=\rho_\omega(H_z)=\frac{2}{\mu_0\omega(\sigma_1h_1+\sigma_2h_2)^2},\tag{H.21}$$

$$\rho_\omega=\frac{4}{\mu_0\omega(\sigma_1h_1+\sigma_2h_2)^2}.\tag{H.22}$$

当频率进一步降低使得

$$\frac{h_1r}{\delta_1^2}+\frac{h_2r}{\delta_2^2}\ll 1\tag{H.23}$$

成立时, 场的性质将变得与近区场相同. 在此条件下, (H.16) 式化为

$$\frac{1}{K_0+K_1G}\approx\frac{1}{2\beta}+\frac{\mathrm{i}\mu_0\omega(\sigma_1h_1+\sigma_2h_2)}{4\beta^2}.\tag{H.24}$$

利用附录中的公式 (H.A.9) 和 (H.A.22), 可求出场的最大项为

$$\begin{aligned}E_\theta\approx&\mathrm{i}\frac{\mu_0\omega M}{4\pi}\frac{1}{r^2},\\H_r\approx&-\mathrm{i}\frac{\mu_0\omega M(\sigma_1h_1+\sigma_2h_2)}{8\pi}\frac{1}{r^2},\\H_z\approx&-\frac{M}{4\pi}\frac{1}{r^3}.\end{aligned}\tag{H.25}$$

式中 H_z 和 E_θ 是由 (H.24) 右方第一项贡献的, 它们已等于近区场的值, 与大地的参数无关. (H.24) 式第一项对 H_r 的贡献为零, 上式所给出的 H_r 是由第二项贡献的. 此项对 E_θ 的修正是使 E_θ 具有一个实部:

$$\mathrm{Re}\ E_\theta=-\frac{\mu_0^2\omega^2M(\sigma_1h_1+\sigma_2h_2)}{8\pi}\frac{1}{r},\tag{H.26}$$

而该项对 H_z 的修正为零. 由此可见, 这时若能测出 H_r 或 E_θ 的实部, 仍可求出大地的水平向电导 $\sigma_1h_1+\sigma_2h_2$. 当然, 实际作这种测量是困难的.

从 (H.25) 式可以算出各种视电阻率的值, 其中, ρ_w 与 (H.22) 式给出的相同, 而

$$\rho_w(H_r)=\frac{\mu_0^3\omega^3r^4}{144}(\sigma_1h_1+\sigma_2h_2)^2.\tag{H.27}$$

需要指出的是, 对上面所述的两种情况, r 与 h 的比值都要求非常大. 先看第二种情形, 从 (H.23) 式可以求出

$$r\gg\left(\frac{r}{\delta_1}\right)^2h_1.\tag{H.28}$$

根据假设条件, $\frac{1}{\delta_1}\gg 1$, 因此 r 与 h_1 的比值将非常大. r 与 h_2 的比值也一样. 对于第一种情形, 设 $\frac{rh}{\delta^2}$ 为 $\frac{rh_1}{\delta_1^2}$ 和 $\frac{rh_2}{\delta_2^2}$ 中较大者, 则从 (H.17) 式可得

$$r\gg\left(\frac{\delta}{h}\right)^2h.\tag{H.29}$$

而由波完全穿透条件, $\frac{\delta}{h} \gg 1$, 故 r 与 h 的比亦将非常大. 这样远的观测距离, 在物探实际中是难实现的, 所以本节的公式只有间接利用的价值.

为了检验上面所推出的近似公式的正确性及其误差大小, 我们给出一组用电子计算机对积分表达式进行数值计算的结果 (表 H.1), 与近似公式的结果相比较①.

表 H.1

$\sigma_1 = 0.1, \sigma_2 = 0.08, \sigma_3 = 4 \times 10^{-8}, h_1 = 1, h_2 = 1.3, r = 1500$

ν	E_θ	H_r
60	$-1.20 \times 10^{-12} + \mathrm{i}1.66 \times 10^{-11}$	$1.23 \times 10^{-13} - \mathrm{i}1.70 \times 10^{-12}$
8×10^3	$-5.55 \times 10^{-12} - \mathrm{i}9.01 \times 10^{-11}$	$6.15 \times 10^{-13} + \mathrm{i}9.17 \times 10^{-12}$

这两个频率分别对应于上面所讨论的两种情形, 各判别参量如表 H.2 所示.

表 H.2

ν	$\|k_1r\|$	$\|k_2r\|$	$\|k_3r\|$	$\|k_1h_1\|$	$\|k_2h_2\|$	$\frac{h_1r}{\delta_1^2} + \frac{h_2r}{\delta_2^2}$
60	10.3	9.2	6.5×10^{-3}	6.9×10^{-3}	8.0×10^{-3}	7.3×10^{-2}
8×10^3	119	107	7.5×10^{-2}	8.0×10^{-2}	9.2×10^{-2}	9.7

当 $\nu = 60$ 时, 根据 (H.25) 和 (H.26) 式计算出的结果为

$$
\begin{aligned}
E_\theta &= -1.21 \times 10^{-12} + \mathrm{i}1.68 \times 10^{-11}, \\
H_r &= -\mathrm{i}1.71 \times 10^{-12}.
\end{aligned}
$$

与表 H.1 中的值符合得很好. 再看 $\nu = 8 \times 10^3$ 的情况：由 (H.19) 式算出的结果是

$$
\begin{aligned}
E_\theta &= -\mathrm{i}7.18 \times 10^{-11}, \\
H_r &= \mathrm{i}7.32 \times 10^{-12}.
\end{aligned}
$$

与表 H.1 相比, 误差比较大. 造成误差的主要原因是

$$\frac{h_1r}{\delta_1^2} + \frac{h_2r}{\delta_2^2}$$

不够大. 如果在 (H.16) 式的分母中保留一改正项, 则有

$$
\begin{aligned}
E_\theta &= -\mathrm{i}\frac{3M}{\pi\mu_0\omega(\sigma_1h_1 + \sigma_2h_2)^2}\frac{1}{r^4}\left[1 + \frac{60}{\mu_0^2\omega^2(\sigma_1h_1 + \sigma_2h_2)^2r^2}\right], \\
H_r &= \mathrm{i}\frac{3M}{2\pi\mu_0\omega(\sigma_1h_1 + \sigma_2h_2)}\frac{1}{r^4}\left[1 + \frac{60}{\mu_0^2\omega^2(\sigma_1h_1 + \sigma_2h_2)^2r^2}\right].
\end{aligned}
\tag{H.30}
$$

① 在本文各节的数值计算中, 我们均取的数值为 1, 并用 ν 代表周频率, 长度的单位为米, 电导率的单位为姆欧 · 米$^{-1}$, 电场的单位为伏 · 米$^{-1}$, 磁场的单位为安 · 米$^{-1}$.

由此算出

$$E_\theta = -\mathrm{i}8.33\times 10^{-11}, \quad H_r = \mathrm{i}8.49\times 10^{-12}.$$

误差即降低到 8%左右.

从以上数值例子还可看出, 要实现本节公式所要求的条件是不容易的.

三、高阻屏蔽层的穿透问题

当频率较低时, 观测点相对高阻屏蔽层常常处于近区. 本节讨论此情况下的穿透问题. 仍以三层为例, 并假定相对第一层和第三层来说, 观测点仍处在远区.

根据以上假定

$$\kappa_1 \approx -\mathrm{i}k_1, \quad \kappa_3 = -\mathrm{i}k_3, \quad \kappa_0 \approx \beta, \quad \kappa_2 \approx \beta. \tag{H.31}$$

由此得

$$G = \frac{1 - \dfrac{\mathrm{i}k_1+\beta}{\mathrm{i}k_1-\beta}\mathrm{e}^{2\mathrm{i}k_1h_1} - \dfrac{\mathrm{i}k_1+\beta}{\mathrm{i}k_1-\beta}\dfrac{\mathrm{i}k_3+\beta}{\mathrm{i}k_3-\beta}\mathrm{e}^{-2\beta h_2} + \dfrac{\mathrm{i}k_3+\beta}{\mathrm{i}k_3-\beta}\mathrm{e}^{2\mathrm{i}k_1h_1-2\beta h_2}}{1 + \dfrac{\mathrm{i}k_1+\beta}{\mathrm{i}k_1-\beta}\mathrm{e}^{2\mathrm{i}k_1h_1} - \dfrac{\mathrm{i}k_1+\beta}{\mathrm{i}k_1-\beta}\dfrac{\mathrm{i}k_3+\beta}{\mathrm{i}k_3-\beta}\mathrm{e}^{-2\beta h_2} - \dfrac{\mathrm{i}k_3+\beta}{\mathrm{i}k_3-\beta}\mathrm{e}^{2\mathrm{i}k_1h_1-2\beta h_2}}. \tag{H.32}$$

现在来研究当频率已低到使第一层完全为波穿透 $\left(\dfrac{h_1}{\delta_1} \ll 1\right)$, 而且 r 比 h_2 大得多的情况. 这时 G 中的指数因子可作展开. 在只取展开的第一项 ($\mathrm{e}^{2\mathrm{i}k_1h_1}$和$\mathrm{e}^{-2\beta h_2}$都近似作为 1) 的情况下, $G \approx \dfrac{k_3}{k_1}$, 因而求出的各种视电阻率都近似等于 ρ_3, 表明高阻屏蔽已经完全穿透. 当我们在展开式中取二项时, 可得出上述简单结果的修正. 修正后的值能反映出 σ_1 和两层的厚度. G 的结果为

$$G \approx \frac{k_3}{k_1}\frac{1}{1 - \mathrm{i}k_3(h_1+h_2) + \mathrm{i}\,\dfrac{k_1^2}{k_3}h_1} \tag{H.33}$$

场的表达式为 [M 的表达式见式 (H.8)]

$$\begin{aligned} E_\theta &\approx -\frac{3M}{2\pi\sigma_3}\left[1 - \mathrm{i}k_3(h_1+h_2) + \frac{\mathrm{i}k_1^2}{k_3}h_1\right]^2\frac{1}{r^4}, \\ H_r &\approx (1+\mathrm{i})\frac{3M}{2\pi}\sqrt{\frac{1}{2\mu_0\omega\sigma_3}}\left[1 - \mathrm{i}k_3(h_1+h_2) + \frac{\mathrm{i}k_1^2}{k_3}h_1\right]\frac{1}{r^4}, \\ H_z^0 &= -\mathrm{i}\frac{9M}{2\pi\mu_0\omega\sigma_3}\left[1 - \mathrm{i}k_3(h_1+h_2) + \frac{\mathrm{i}k_1^2}{k_3}h_1\right]^2\frac{1}{r^5}. \end{aligned} \tag{H.34}$$

由此求出各种视电阻率皆为

$$\rho_\omega = \rho_3\left|1 - \mathrm{i}k_3(h_1+h_2) + \mathrm{i}\,\frac{k_1^2}{k_3}h_1\right|^2. \tag{H.35}$$

上式右方所乘因子可看作是由于频率不够低所引起的修正.

一个具体的数值例子是

$$\sigma_1 = 0.1,\ \sigma_2 = 10^{-7},\ \sigma_3 = 0.5,\ h_1 = 5,\ h_2 = 10,\ r = 1200,\ \nu = 60.$$

相应的

$$|k_1 r| = 8.3, \quad |k_2 r| = 8.3 \times 10^{-3}, \quad |k_3 r| = 18,$$
$$h_1/\delta_1 = 0.024, \quad h_2/r = 8.3 \times 10^{-3}.$$

用电子计算机对场的积分表达式进行数值计算后求出的视电阻率为

$$\rho_\omega = 2.72, \quad \rho_\omega(E_\theta) = 2.69, \quad \rho_\omega(H_r) = 2.66.$$

这些值离初级近似求出的值 $\rho_\omega = \rho_\omega(E_\theta) = \rho_\omega(H_r) = \rho_3 = 2$ 比较远①. 若根据 (H.35) 式来计算, 则得

$$\rho_\omega = \rho_\omega(E_\theta) = \rho_\omega(H_r) = 2.70.$$

与电子计算机给出的准确结果符合得很好. 由此可见, 在此例中, 修正因子的作用是相当重要的.

四、低频渐近线的研究

在实际物探工作中, 当 r 与探测深度相比只有两三倍时, 在低频段, 观测点往往进入近区 (指对各地层而言观测点都处于近区). 即使是 r 取为探测深度的六到十倍的情况下, 也常在低频端出现一个偏离远区曲线的尾部. 它反映了观测点已逐渐进入近区的情况. 这一节将研究观测点相对一般地层都已进入近区 (特殊的良导地层可除外) 时的低频渐近线, 这种渐近线常常具有重要的实用价值.

对于近区, 波效应可忽略, 于是

$$\kappa_j \approx \beta, \quad j = 1,\ 2,\ \cdots,\ n. \tag{H.36}$$

从而 $G \approx 1$. 利用附录中的 (H.A.9) 和 (H.A.22) 式, 即可从场分量的积分表达式求得

$$\begin{aligned} E_\theta(r) &= \frac{\mathrm{i}\mu_0\omega M}{4\pi}\frac{1}{r^2}, \\ H_z(r) &= -\frac{M}{4\pi}\frac{1}{r^3}, \end{aligned} \tag{H.37}$$

① 本书附录 G 新定义的 ρ'_ω 接近底层电阻率比较快, 对于此例由比值法求出的 ρ'_ω 为 2.15.

与均匀大地时的结果相同.M 的定义见式 (H.8). 在 (H.36) 式的近似下, H_r 等于零. 为了进一步计算 H_r, 我们对 κ_j 多作一次近似:

$$\kappa_j \approx \beta\Big(1-\frac{k_j^2}{2\beta^2}\Big). \tag{H.38}$$

这时得出的 H_r 将与大地的电性结构有关. 以三层结构为例, 在保留到 ω 的一次方时,

$$\frac{1}{\kappa_0+\kappa_1 G} \approx \frac{1}{2\beta}\Big[1-\frac{k_1^2-k_2^2}{4\beta}\mathrm{e}^{-2\beta h_1}-\frac{k_2^2-k_3^2}{4\beta^2}\mathrm{e}^{-2\beta(h_1+h_2)}+\frac{k_1^2}{4\beta^2}\Big]. \tag{H.39}$$

利用后面数学附录中的 (H.A.4) 和 (H.A.7) 式, 即得

$$H_r(r)=-\frac{\mathrm{i}\mu_0\omega M}{16\pi}\frac{1}{r}\Big[\sigma_3+(\sigma_1-\sigma_2)\frac{2h_1}{\sqrt{r^2+4h_1^2}}+(\sigma_2-\sigma_3)\frac{2(h_1+h_2)}{\sqrt{r^2+4(h_1+h_2)^2}}\Big]. \tag{H.40}$$

从 (H.40) 式可求出

$$\rho_\omega(H_r)=\frac{\mu_0^3\omega^3 r^6}{576}\Big[\sigma_3+(\sigma_1-\sigma_2)\frac{2h_1}{\sqrt{r^2+4h_1^2}}+(\sigma_2-\sigma_3)\frac{2H}{\sqrt{r^2+4H^2}}\Big]^2. \tag{H.41}$$

其中

$$H=h_1+h_2$$

代表探测的总深度.

用比值法求出的 ρ_ω 和 ρ'_ω 分别为

$$\begin{aligned}\rho_\omega&=\frac{16}{\mu_0\omega r^2}\frac{1}{\Big[\sigma_3+(\sigma_1-\sigma_2)\dfrac{2h_1}{\sqrt{r^2+4h_1^2}}+(\sigma_2-\sigma_3)\dfrac{2H}{\sqrt{r^2+4H^2}}\Big]^2},\\ \rho'_\omega&=2\rho_\omega.\end{aligned} \tag{H.42}$$

ρ'_ω 为本书附录 G 中新定义的视电阻率.

在勘探中, 有时只测电场而不测磁场, 为了从低频电场得出有关地层的知识, 亦可利用 (H.39) 式来求 E_θ 的修正项. 根据后面数学附录中的 (H.A.3) 和 (H.A.7) 式, 得出修正后的 E_θ 表达式为

$$\begin{aligned}E_\theta=&\frac{\mathrm{i}\mu_0\omega M}{4\pi r^2}+\frac{\mu_0^2\omega^2 M}{16\pi}\Big[(\sigma_1-\sigma_2)\frac{\sqrt{r^2+4h_1^2}-2h_1}{r}\\&+(\sigma_2-\sigma_3)\frac{\sqrt{r^2+4H^2}-2H}{r}-\sigma_1\Big].\end{aligned} \tag{H.42}$$

由此可见, 若能测量 E_θ 的实部, 亦可像 H_r 一样, 得到一定的地层知识.

最后, 我们来讨论实际中比较感兴趣的高阻基底、中间高阻层、良导基底和中间良导层等情况下的低频行为. 仍以三层为例, 并假定

$$r^2 \gg 4H^2. \tag{H.43}$$

1. 高阻基底

高阻条件仍为

$$\frac{1}{\rho_3} \ll \frac{2}{\rho_1}\frac{h_1}{r} + \frac{2}{\rho_2}\frac{h_2}{r}, \tag{H.44}$$

与 (H.10) 式相同. 将 (H.43)、(H.44) 式代入 (H.40)、(H.41) 式, 即可求出

$$H_r = -\mathrm{i}\frac{\mu_0\omega M(\sigma_1 h_1 + \sigma_2 h_2)}{8\pi}\frac{1}{r^2}, \tag{H.45}$$

$$\rho_\omega(H_r) = \frac{\mu_0^3\omega^3 r^4}{144}(\sigma_1 h_1 + \sigma_2 h_2)^2. \tag{H.46}$$

此结果与 (H.25) 和 (H.27) 式一致. 用比值法定义的 ρ_ω 也与第二节中的结果一样, 即

$$\rho_\omega = \frac{4}{\mu_0\omega(\sigma_1 h_1 + \sigma_2 h_2)^2}.$$

在

$$r \gg 2H \tag{H.47}$$

成立的情况下, 由高阻条件 (H.44), 可从 (H.42) 化出

$$\mathrm{Re}E_\theta = -\frac{\mu_0^2\omega^2 M}{8\pi}(\sigma_1 h_1 + \sigma_2 h_2)\frac{1}{r}, \tag{H.48}$$

亦与 (H.26) 一致.

下面给出由电子计算机对积分表达式算出的数值实例 (表 H.3), 并与本节近似公式求出的值相比较.

表 H.3

$\sigma_1 = 0.02, \sigma_2 = 0.05, \sigma_3 = 10^{-7}, h_1 = 10, h_2 = 10, r = 300.$

ν	$\rho_\omega(E_\theta)$	$\rho_\omega(H_r)$	$\mathrm{Re}E_\theta$
0.2	2.37×10^{-2}	1.07×10^{-10}	-2.13×10^{-16}
0.4	4.75×10^{-2}	8.52×10^{-10}	-8.51×10^{-16}

利用本节近似公式①计算的结果为

$\nu = 0.2$时, $\rho_\omega(E_\theta) = 2.37 \times 10^{-2}$, $\rho_\omega(H_r) = 1.09 \times 10^{-10}$, $\mathrm{Re}E_\theta = -2.32 \times 10^{-16}$;

① $\rho_\omega(E_\theta)$ 是用与 (H.37) 相对应的初级近似公式 $\rho_\omega(E_\theta) \approx \frac{1}{6}\mu_0\omega r^2$ 来计算的.

$\nu = 0.4$时, $\rho_\omega(E_\theta) = 4.74 \times 10^{-2}$, $\rho_\omega(H_r) = 8.69 \times 10^{-10}$, $\mathrm{Re}E_\theta = -9.27 \times 10^{-16}$.

两者比较, 视电阻率的符合是很好的.

2. 中间高阻层

从 (H.41) 式可以看出, 只要 r 足够地大, 则低频的 $\rho_\omega(H_r)$ 将反映底层的电性, 即中间高阻层并不起屏蔽的作用. 对于用比值法定义的 ρ_ω 情况也类似. 不仅如此, 中间高阻层的电阻愈高, 它就愈容易穿透, 即底层的性质愈容易反映出来. 当 r 除了满足 (H.43), 还满足

$$r \gg 2\left|H - \frac{\rho_3}{\rho_1}h_1\right| \tag{H.49}$$

时 (其中 $H = h_1 + h_2$), (H.41) 和 (H.42) 式化为

$$\rho_\omega(H_r) = \frac{\mu_0^3\omega^3 r^6}{567\rho_3^2}, \quad \rho_\omega = \frac{16\rho_3^2}{\mu_0\omega r^2}. \tag{H.50}$$

它们只与 ρ_3 相联系, 如果增加一修正项, 则结果是

$$\begin{aligned} \rho_\omega(H_r) &= \frac{\mu_0^3\omega^3 r^6}{576\rho_3^2}\left(1 - \frac{2H}{\sqrt{r^2+4H^2}} + \frac{\sigma_1}{\sigma_3}\frac{2h_1}{\sqrt{r^2+4h_1^2}}\right)^2, \\ \rho_\omega &= \frac{16\rho_3^2}{\mu_0\omega r^2\left(1 - \frac{2H}{\sqrt{r^2+4H^2}} + \frac{\sigma_1}{\sigma_3}\frac{2h_1}{\sqrt{r^2+4h_1^2}}\right)^2}. \end{aligned} \tag{H.51}$$

视电阻率还与第一、二层的参数有关.

表 H.4

$\sigma_1 = 0.5, \sigma_2 = 10^{-5}, \sigma_3 = 0.5, h_1 = 20, h_2 = 20, r = 300.$

ν	$\rho_\omega(H_r)$	ρ_ω	ρ'_ω
0.01	1.19×10^{-10}	1.19×10^4	2.37×10^4
0.02	9.50×10^{-10}	5.93×10^3	1.19×10^4

表 H.4 给出由电子计算机根据场的积分表达式算出的一个实例. 用 (H.50) 式计算出来的值在此情况下有较大的误差. 如当 $\nu = 0.01$ 时, 得出的结果为

$$\rho_\omega(H_r) = 1.56 \times 10^{-10}, \quad \rho_\omega = 9.01 \times 10^3, \quad \rho'_\omega = 1.80 \times 10^4.$$

误差大的原因是条件 (H.43) 和 (H.49) 满足得不够好. 利用修正后的公式 (H.51) 计算, 结果是

$\nu = 0.01$时, $\rho_\omega(H_r) = 1.19 \times 10^{-10}$, $\rho_\omega = 1.18 \times 10^4$, $\rho'_\omega = 2.36 \times 10^4$;

$\nu = 0.02$时, $\rho_\omega(H_r) = 9.52 \times 10^{-10}$, $\rho_\omega = 5.90 \times 10^3$, $\rho'_\omega = 1.18 \times 10^4$.

即与表 H.3 的结果符合得很好.

3. 良导基底

良导基底的条件是：当观测点相对上两层 (一般地层) 已进入近区时, 仍有

$$|k_3 r| \gg 1, \qquad \frac{H}{\delta_3} \gg 1. \tag{H.52}$$

在此条件下, G 中的 κ_3 可近似作为 $-\mathrm{i}k_3$, 并可将 G 中 β/k_3 的一次方项也略去. 这样就得出

$$\begin{aligned} G &\approx \frac{1+\mathrm{e}^{-2\beta H}}{1-\mathrm{e}^{-2\beta H}}, \\ \frac{1}{\kappa_0+\kappa_1 G} &\approx \frac{1}{2\beta}(1-\mathrm{e}^{-2\beta H}). \end{aligned} \tag{H.53}$$

利用后面数学附录中的公式 (H.A.5)、(H.A.6) 和 (H.A.18), 即得

$$\begin{aligned} E_\theta =& \frac{\mathrm{i}\mu_0\omega M}{4\pi}\frac{1}{r^2}\left[1-\frac{r^3}{(r^2+4H^2)^{3/2}}\right], \\ H_r =& \frac{3M}{2\pi}\frac{rH}{(r^2+4H^2)^{5/2}}, \\ H_z =& -\frac{M}{4\pi}\frac{1}{r^3}\left[1-\frac{r^3(r^2-8H^2)}{(r^2+4H^2)^{5/2}}\right]. \end{aligned} \tag{H.54}$$

当条件 (H.43) 成立时, 上式化为

$$\begin{aligned} E_\theta =& \mathrm{i}\frac{3\mu_0\omega M}{2\pi}\frac{H^2}{r^4}, \\ H_r =& \frac{3M}{2\pi}\frac{H}{r^4}, \\ H_z^0 =& -\frac{9M}{2\pi}\frac{H^2}{r^5}. \end{aligned} \tag{H.55}$$

由此求出的视电阻率为

$$\rho_\omega(E_\theta) = \rho_\omega(H_r) = \rho_\omega(H_z) = \rho_\omega = \mu_0\omega H^2. \tag{H.56}$$

值得注意的是, (H.55) 和 (H.56) 与远区结果是一样的.

数值举例如下：

设 $\nu = 0.4$, $\sigma_1 = 0.02$, $\sigma_2 = 0.05$, $\sigma_3 = 10^5$, $h_1 = 15$, $h_2 = 15$, $r = 300$. 这时,

$$|k_2 r| = 0.12, \quad |k_3 r| = 169, \quad H/\delta_3 = 12.$$

由电子计算机算出的准确值为

$$E_\theta = -1.33\times 10^{-14} + \mathrm{i}1.74\times 10^{-13}, \quad H_r = 1.68\times 10^{-9} + \mathrm{i}5.34\times 10^{-11},$$

$$\rho_\omega(E_\theta)=2.96\times10^{-3},\quad \rho_\omega(H_r)=2.55\times10^{-3}.$$

而由公式 (H.55) 和 (H.56) 计算的结果是

$$E_\theta=\mathrm{i}1.68\times10^{-13},\quad H_r=1.77\times10^{-9},\quad \rho_\omega(E_\theta)=\rho_\omega(H_r)=2.84\times10^{-3}.$$

两者的符合程度, 除 $\rho_\omega(H_r)$ 外, 为百分之几.

4. 中间良导层

设中间层电导率很高, 使得观测点相对第一层和第三层 (一般地层) 虽已处于近区, 但相对中间层仍在远区, 而且始终保持

$$\frac{h_2 r}{\delta_2^2}\gg1,\tag{H.57}$$

这些就是中间为良导层条件.

当频率不够低, 中间层未穿透, 即

$$\frac{h_2}{\delta_2}\gg1\tag{H.58}$$

时, 中间层就如基底一样. 这时

$$\frac{1}{\kappa_0+\kappa_1G}\approx\frac{1}{2\beta}\Big[1-\mathrm{e}^{-2\beta h_1}+\frac{2\mathrm{i}\beta}{k_2}\mathrm{e}^{-2\beta h_1}\Big],\tag{H.59}$$

如果还有

$$\frac{h_1}{\delta_2}\gg1,\tag{H.60}$$

则 (H.59) 式中右方第三项可略去, 中间层就相当于一个良导基底. 这时只需将 (H.54) 式中的 H 换成 h_1, 即可得出相应的场强表达式 [条件 (H.60) 相应于 (H.52) 第二式].

若中间层很薄, 而频率又足够低, 使得该层已被波穿透 $\left(\frac{h_2}{\delta_2}\ll1\right)$ 时, 则在条件 (H.60) 的情况下有

$$\frac{1}{\kappa_0+\kappa_1G}\approx\frac{1}{2\beta}\Big[1-\mathrm{e}^{-2\beta h_1}\Big(1+\frac{2\beta}{k_2^2h_2}+\frac{4\beta^2}{k_2^4h_2^2}\Big)\Big].\tag{H.61}$$

由此计算的场强为①

$$E_\theta=\frac{\mathrm{i}\mu_0\omega M}{4\pi}\Big[\frac{1}{r^2}-\frac{r}{(r^2+4h_1^2)^{3/2}}-\frac{12r(r^2-16h_1^2)}{\mu_0^2\omega^2\sigma_2^2h_2^2(r^2+4h_1^2)^{7/2}}$$

① 利用积分公式

$$\int_0^\infty \mathrm{e}^{-\beta h}J_1(\beta r)\beta^3\mathrm{d}\beta=-\frac{3r(r^2-4h^2)}{(r^2+h^2)^{7/2}}$$

和

$$\int_0^\infty \mathrm{e}^{-\beta h}J_1(\beta r)\beta^4\mathrm{d}\beta=-\frac{15hr(3r^2-4h^2)}{(r^2+h^2)^{9/2}}$$

即可求出.

$$+\mathrm{i}\frac{12h_1 r}{\mu_0\omega\sigma_2 h_2(r^2+4h_1^2)^{5/2}}\Bigg], \tag{H.62}$$

$$H_r = \frac{3M}{2\pi}\frac{h_1 r}{(r^2+4h_1^2)^{5/2}}\left[1+\frac{20(3r^2-16h_1^2)}{\mu_0^2\omega^2\sigma_2^2 h_2^2(r^2+4h_1^2)^2}\right]$$
$$+\mathrm{i}\frac{3M}{2\pi}\frac{r(r^2-16h_1^2)}{\mu_0\omega\sigma_2 h_2(r^2+4h_1^2)^{7/2}}.$$

在 $r \gg 2h_1$ 的情形, 可以得出比较简单的公式:

$$E_\theta = \mathrm{i}\frac{3\mu_0\omega M}{2\pi}\left(1+\mathrm{i}\frac{2}{\mu_0\omega\sigma_2 h_1 h_2}-\frac{2}{\mu_0^2\omega^2\sigma_2^2 h_1^2 h_2^2}\right)\frac{h_1^2}{r^4},$$
$$H_r = \frac{3M}{2\pi}\left(1+\mathrm{i}\frac{2}{\mu_0\omega\sigma_2 h_1 h_2}\right)\frac{h_1}{r^4},$$
$$H_z = -\frac{9M}{2\pi}\left(1+\mathrm{i}\frac{2}{\mu_0\omega\sigma_2 h_1 h_2}-\frac{2}{\mu_0^2\omega^2\sigma_2^2 h_1^2 h_2^2}\right)\frac{h_1^2}{r^5}. \tag{H.63}$$

这时若能在测量结果中把 ω 不同幂次的项分开, 就可确定 h_1 和 $\sigma_2 h_2$.

顺便指出, 若 $\dfrac{h_2}{\delta_2}$ 过小破坏了条件 (H.57) 并使它反了过来, 即

$$\frac{h_2 r}{\delta_2^2} \ll 1, \tag{H.64}$$

则在 $r \gg 2h_1$ 的情况, 将有

$$\frac{1}{\kappa_0+\kappa_1 G} \approx \frac{1}{2\beta}\left(1+\frac{k_2^2 h_2}{2\beta}\right). \tag{H.65}$$

由此求出场的最大项为

$$E_\theta = \frac{\mathrm{i}\mu_0\omega M}{4\pi}\frac{1}{r^2},$$
$$H_r = -\frac{\mathrm{i}\mu_0\omega M}{8\pi}\frac{\sigma_2 h_2}{r^2}, \tag{H.66}$$
$$H_z = -\frac{M}{4\pi}\frac{1}{r^3},$$

它们都等于近区的值. 上式中的 H_r 亦可由 (H.40) 式直接化出.

数值举例如下:

设 $\sigma_1 = 2\times10^{-3}, \sigma_2 = 10^5, \sigma_3 = 2\times10^{-3}, h_1 = 100, h_2 = 0.3, r = 10^3, \nu = 0.1$. 各判别参量的值是

$$|k_1 r| = 4.0\times10^{-2},\quad |k_2 r| = 2.8\times10^2,\quad \frac{h_2}{\delta_2} = 6\times10^{-2},$$
$$\frac{h_1}{\delta_2} = 20,\quad \frac{r}{2h_1} = 5,\quad \frac{h_2 r}{\delta_2^2} = 12.$$

用电子计算机计算的结果为

$$E_\theta = -3.25 \times 10^{-15} + \mathrm{i}2.57 \times 10^{-15}, \quad H_r = 4.87 \times 10^{-11} + \mathrm{i}1.55 \times 10^{-11}.$$

利用公式 (H.62) 算出

$$E_\theta = -2.89 \times 10^{-15} + \mathrm{i}2.60 \times 10^{-15}, \quad H_r = 4.74 \times 10^{-11} + \mathrm{i}1.48 \times 10^{-11}. \tag{H.67}$$

两者符合还相当好. 其中误差较大的是 $\mathrm{Re}E_\theta$, 此项误差大的主要原因是 $h_2 r/\delta_2^2$ 还不够大. 若取 $\nu = 0.2$, 其他参量不变, 则由 (H.62) 式算出的 $\mathrm{Re}E_\theta$ 仍为原值, 而电子计算机从积分表达式计算的 $\mathrm{Re}E_\theta$ 值就变成 -2.96×10^{-15}, 两者相差就甚小了.

用简化公式 (H.63) 对此例计算的结果为

$$\begin{aligned} E_\theta &= -3.18 \times 10^{-15} + \mathrm{i}2.43 \times 10^{-15}, \\ H_r &= 4.78 \times 10^{-11} + \mathrm{i}2.02 \times 10^{-11}. \end{aligned}$$

除 $\mathrm{Im}H_r$ 外, 其余符合得也不错. 但其中 $\mathrm{Re}E_\theta$ 符合程度较 (H.67) 式为好. 带有偶然的性质.

数 学 附 录

我们先录出两个柱函数的积分公式[3]. 设 $\mathrm{Re}(h \pm \mathrm{i}r) > 0$, $r \neq 0$. 两个积分公式为

$$\int_0^\infty \mathrm{e}^{-\beta h} J_\nu(\beta r) \frac{\mathrm{d}\beta}{\beta} = \frac{(\sqrt{r^2+h^2}-h)^\nu}{\nu r^\nu}, \quad \mathrm{Re}\,\nu > 0. \tag{H.A.1}$$

$$\int_0^\infty \mathrm{e}^{-\beta h} J_\nu(\beta r) \mathrm{d}\beta = \frac{(\sqrt{r^2+h^2}-h)^\nu}{r^\nu \sqrt{r^2+h^2}}, \quad \mathrm{Re}\,\nu > -1. \tag{H.A.2}$$

由 (H.A.1) 式, 取 $\nu = 1$, 即得

$$\int_0^\infty \mathrm{e}^{-\beta h} J_1(\beta r) \frac{\mathrm{d}\beta}{\beta} = \frac{\sqrt{r^2+h^2}-h}{r}, \quad \mathrm{Re}(h \pm \mathrm{i}r) > 0, \quad r \neq 0. \tag{H.A.3}$$

通过对 h 作逐次微商, 从 (H.A.3) 可进一步求出

$$\int_0^\infty \mathrm{e}^{-\beta h} J_1(\beta r) \mathrm{d}\beta = \frac{\sqrt{r^2+h^2}-h}{r\sqrt{r^2+h^2}}, \tag{H.A.4}$$

$$\int_0^\infty \mathrm{e}^{-\beta h} J_1(\beta r) \beta \mathrm{d}\beta = \frac{r}{(r^2+h^2)^{3/2}}, \tag{H.A.5}$$

$$\int_0^\infty \mathrm{e}^{-\beta h} J_1(\beta r) \beta^2 \mathrm{d}\beta = \frac{3rh}{(r^2+h^2)^{5/2}}, \tag{H.A.6}$$

$$\mathrm{Re}(h \pm \mathrm{i}r) > 0, \quad r \neq 0.$$

其余可以类推. 以上各式的一个特殊情况是其中 h 趋于零. 根据我们的定义, 当 r 为实数时,

$$\int_0^\infty J_1(\beta r)\beta^n \mathrm{d}\beta = \lim_{h\to 0}\int_0^\infty \mathrm{e}^{-\beta h} J_1(\beta r)\beta^n \mathrm{d}\beta.$$

于是有

$$\int_0^\infty J_1(\beta r)\frac{\mathrm{d}\beta}{\beta} = 1, \quad r > 0. \tag{H.A.7}$$

$$\int_0^\infty J_1(\beta r)\mathrm{d}\beta = \frac{1}{r}, \quad r > 0. \tag{H.A.8}$$

$$\int_0^\infty J_1(\beta r)\beta\mathrm{d}\beta = \frac{1}{r^2}, \quad r > 0. \tag{H.A.9}$$

$$\int_0^\infty J_1(\beta r)\beta^2\mathrm{d}\beta = 0, \quad r > 0. \tag{H.A.10}$$

当所含的 β 幂次更高时, 可以用下面给出的递推公式更方便地处理. 由 $J_1(\beta r)$ 所满足的方程, 有

$$\int_0^\infty \left[\frac{\mathrm{d}^2}{\mathrm{d}r^2} + \frac{1}{r}\frac{\mathrm{d}}{\mathrm{d}r} + \left(\beta^2 - \frac{1}{r^2}\right)\right]\beta^n J_1(\beta r)\mathrm{d}\beta = 0, \quad n \geqslant -1. \tag{H.A.11}$$

而通过“分部积分”, 不难求出

$$\begin{aligned} &\int_0^\infty \beta^n \frac{\mathrm{d}}{\mathrm{d}r} J_1(\beta r)\mathrm{d}\beta = -\frac{n+1}{r}\int_0^\infty \beta^n J_1(\beta r)\mathrm{d}\beta, \\ &\int_0^\infty \beta^n \frac{\mathrm{d}^2}{\mathrm{d}r^2} J_1(\beta r)\mathrm{d}\beta = \frac{(n+1)(n+2)}{r^2}\int_0^\infty \beta^n J_1(\beta r)\mathrm{d}\beta, \quad n \geqslant -1. \end{aligned} \tag{H.A.12}$$

将它们代回 (H.A.11), 即得出下述递推公式:

$$\int_0^\infty \beta^{n+2} J_1(\beta r)\mathrm{d}\beta = -\frac{n(n+2)}{r^2}\int_0^\infty \beta^n J_1(\beta r)\mathrm{d}\beta, \quad n \geqslant -1. \tag{H.A.13}$$

下面再写出两个我们要用到的结果. 它们是按递推公式由 (H.A.9) 和 (H.A.10) 推出的:

$$\int_0^\infty J_1(\beta r)\beta^3\mathrm{d}\beta = -\frac{3}{r^4}, \quad r > 0. \tag{H.A.14}$$

$$\int_0^\infty J_1(\beta r)\beta^{2m}\mathrm{d}\beta = 0, \quad m = 1,\ 2,\ \cdots, \quad r > 0. \tag{H.A.15}$$

有关 $J_0(\beta r)$ 的积分可从 (H.A.2) 式出发, 将 $\nu = 0$ 代入, 并通过对 h 的逐次微商, 来得出

$$\int_0^\infty \mathrm{e}^{-\beta h} J_0(\beta r)\mathrm{d}\beta = \frac{1}{\sqrt{r^2 + h^2}}, \tag{H.A.16}$$

$$\int_0^\infty e^{-\beta h}J_0(\beta r)\beta d\beta = \frac{h}{(r^2+h^2)^{3/2}}, \tag{H.A.17}$$

$$\int_0^\infty e^{-\beta h}J_0(\beta r)\beta^2 d\beta = -\frac{r^2-2h^2}{(r^2+h^2)^{5/2}}, \tag{H.A.18}$$

$$\int_0^\infty e^{-\beta h}J_0(\beta r)\beta^3 d\beta = -\frac{3h(3r^2-2h^2)}{(r^2+h^2)^{7/2}}, \tag{H.A.19}$$

$$\mathrm{Re}(h\pm \mathrm{i}r)>0,\quad r\neq 0.$$

令 $h\to 0$, 从上述各式求得

$$\int_0^\infty J_0(\beta r)d\beta = \frac{1}{r},\quad r>0. \tag{H.A.20}$$

$$\int_0^\infty J_0(\beta r)\beta d\beta = \int_0^\infty J_0(\beta r)\beta^3 d\beta = 0,\quad r>0. \tag{H.A.21}$$

$$\int_0^\infty J_0(\beta r)\beta^2 d\beta = -\frac{1}{r^3},\quad r>0. \tag{H.A.22}$$

对于更高的 β 幂次, 亦可用递推公式来处理. 由 $J_0(\beta r)$ 所满足的方程, 有

$$\int_0^\infty \left[\frac{d^2}{dr^2}+\frac{1}{r}\frac{d}{dr}+\beta^2\right]\beta^n J_0(\beta r)d\beta = 0,\quad n\geqslant 0. \tag{H.A.23}$$

同样可以证明

$$\int_0^\infty \beta^n \frac{d}{dr}J_0(\beta r)d\beta = -\frac{n+1}{r}\int_0^\infty \beta^n J_0(\beta r)d\beta,$$

$$\int_0^\infty \beta^n \frac{d^2}{dr^2}J_0(\beta r)d\beta = \frac{(n+1)(n+2)}{r^2}\int_0^\infty \beta^n J_0(\beta r)d\beta.\quad n\geqslant 0.$$

代入 (H.A.23) 后, 即得下述递推公式:

$$\int_0^\infty J_0(\beta r)\beta^{n+2}d\beta = -\frac{(n+1)^2}{r^2}\int_0^\infty J_0(\beta r)\beta^n d\beta,\quad n\geqslant 0. \tag{H.A.24}$$

从 (H.A.21) 和 (H.A.22), 用递推公式可得出

$$\int_0^\infty J_0(\beta r)\beta^{2m-1}d\beta = 0,\quad r>0,\ m=1,\ 2,\ \cdots. \tag{H.A.25}$$

$$\int_0^\infty J_0(\beta r)\beta^4 d\beta = \frac{9}{r^5},\quad r>0. \tag{H.A.26}$$

参考文献

[1] 本书附录 F.

[2] 本书附录 G.

[3] Watson G N. A treatise on the theory of Bessel functions. 2nd ed. Cambridge University Press, 1952: 386

附录 I　水平电偶极变频测深的低频特性和对高阻层的穿透问题 *

水平电偶极发射是变频测深中用得较多的一种发射方式. 这种测深法能否穿透高阻屏蔽层探测出其下伏构造是实践中特别关心的问题; 另外, 视电阻率的低频特性在实践中也有重要意义. 对于以上两种情况, 往往观测点相对一部分地层 (或所有地层) 已进入近区, 因而计算时需做特殊的数学处理. 本文将对这些问题进行理论上的讨论, 给出有关的近似公式, 并就一些实例将它们与电子计算机算出的准确结果进行比较.

一、水平分层情况地面场强的表达式

设大地具有水平层状结构, 每层介质是均匀各向同性的, 参数符号与附录 H 中的一样.

为了把场源作为边值关系中的非齐次项来处理, 需要将它的电流分布用面电流密度表示出来. 对于位于地面坐标原点的水平交变电偶极子, 相应的面电流分布可表示为

$$\boldsymbol{\Pi} = \Pi_x \boldsymbol{n}_x \mathrm{e}^{-\mathrm{i}\omega t}. \tag{I.1.1}$$

其中 $\boldsymbol{n}_x$ 代表 x 轴方向的单位矢量, 而

$$\Pi_x = -\mathrm{i}\omega P \frac{1}{2\pi r}\delta(r), \tag{I.1.2}$$

其中 $\delta(r)$ 为 δ 函数, P 的值见式 (I.1.6). 利用

$$\int_0^\infty J_0(\beta r)\beta r \mathrm{d}\beta = \delta(r), \tag{I.1.3}$$

即可写出 Π_x 的 Hankel 变换表示式:

$$\Pi_x = -\frac{i\omega P}{2\pi}\int_0^\infty J_0(\beta r)\beta \mathrm{d}\beta. \tag{I.1.4}$$

通过求解边值问题, 解出地面场强的积分表达式为

$$E_x(r,\theta) = \frac{\mathrm{i}\omega Il}{4\pi}\int_0^\infty \left[\frac{1}{\tau_0+\tau_1 G(\tau)} - \frac{1}{\xi_0+\xi_1 G(\xi)}\right]\beta J_0(\beta r)\mathrm{d}\beta$$

---

* 本文是应有关勘探单位的要求, 所作的理论研究的一部分. 曾发表于 1982 年 11 月份的《地球物理学报》.

$$
\begin{aligned}
&+\frac{\mathrm{i}\omega Il}{4\pi}\cos 2\theta\int_0^\infty\left[\frac{1}{\tau_0+\tau_1G(\tau)}+\frac{1}{\xi_0+\xi_1G(\xi)}\right]\beta J_2(\beta r)\mathrm{d}\beta,\\
E_y(r,\theta)=&\frac{\mathrm{i}\omega Il}{4\pi}\sin 2\theta\int_0^\infty\left[\frac{1}{\tau_0+\tau_1G(\tau)}+\frac{1}{\xi_0+\xi_1G(\xi)}\right]\beta J_2(\beta r)\mathrm{d}\beta,\\
E_z(r,\theta)=&-\frac{\mathrm{i}\omega Il}{2\pi}\cos\theta\int_0^\infty\frac{1}{\xi_0+\xi_1G(\xi)}\cdot\frac{\beta^2}{\kappa_0}J_1(\beta r)\mathrm{d}\beta,\\
H_x(r,\theta)=&-\frac{Il}{4\pi}\sin 2\theta\int_0^\infty\left[\frac{\tau_0}{\tau_0+\tau_1G(\tau)}-\frac{\xi_0}{\xi_0+\xi_1G(\xi)}\right]\beta J_2(\beta r)\mathrm{d}\beta,\\
H_y(r,\theta)=&\frac{Il}{4\pi}\int_0^\infty\left[\frac{\tau_0}{\tau_0+\tau_1G(\tau)}+\frac{\xi_0}{\xi_0+\xi_1G(\xi)}\right]\beta J_0(\beta r)\mathrm{d}\beta,\\
&+\frac{Il}{4\pi}\cos 2\theta\int_0^\infty\left[\frac{\tau_0}{\tau_0+\tau_1G(\tau)}-\frac{\xi_0}{\xi_0+\xi_1G(\xi)}\right]\beta J_2(\beta r)\mathrm{d}\beta,\\
H_z(r,\theta)=&\frac{Il}{2\pi\mu_0}\sin\theta\int_0^\infty\frac{1}{\tau_0+\tau_1G(\tau)}\beta^2J_1(\beta r)\mathrm{d}\beta.
\end{aligned}\tag{I.1.5}
$$

其中 l 代表发射线的长度, I 为发射电流,

$$
P=\mathrm{i}\frac{Il}{\omega},\tag{I.1.6}
$$

τ_j 意义同附录 H 中的一样 (参见式 (H.2)), ξ_j 由下式定义

$$
\xi_j=\frac{k_j^2}{\mu_j\kappa_j},\tag{I.1.7}
$$

其中 μ_j 与 x_j 的意义见式 (H.1) 的上文和式 (H.2), $G(\tau)$ 为 $G(\tau_1,\ \tau_2,\ \cdots,\ \tau_n)$ 的简写, 它所满足的递推关系和二层时的值已在附录 H 中给出. $G(\xi)$ 与 $G(\tau)$ 的差别只是宗量 $\tau_1,\ \tau_2,\ \cdots,\ \tau_n$ 换成了 $\xi_1,\ \xi_2,\ \cdots,\ \xi_n$, 而其中 κh 保持不变, 例如

$$
G(\xi_1,\xi_2)=\frac{(\xi_1+\xi_2)-(\xi_1-\xi_2)\mathrm{e}^{-2\kappa_1h_1}}{(\xi_1+\xi_2)+(\xi_1-\xi_2)\mathrm{e}^{-2\kappa_1h_1}}.\tag{I.1.8}
$$

(I.1.5) 式中与 τ 相联系的项代表 TE 型场, 而与 ξ 相联系的项代表 TM 型场.

在以下讨论中, 假定 $r\ll\lambda_0$, 因而空气中位移电流可略去. 于是 κ_0 可近似作 β, ξ_0 可取为零, 各地层的导磁系数都假定与真空值相等, 即所有 μ_i 都等于 μ_0. 另外, 大地中位移电流比起传导电流亦可略去不计.

二、观测点相对高阻基底转为近区时的低频特性

下面以三层为例来进行研究, 这时高阻条件表现为: 观测点相对高阻基底已转为近区 (对第一、二层仍在远区), 即

$$
\kappa_1\approx-\mathrm{i}k_1,\quad \kappa_2\approx-\mathrm{i}k_2,\quad \kappa_3\approx\beta\tag{I.2.1}
$$

以及

$$\frac{1}{\rho_3} \ll \frac{1}{\rho_1}\frac{h_1}{r} + \frac{1}{\rho_2}\frac{h_2}{r}. \tag{I.2.2}$$

TE 型场中的因子 $G(\tau)$ 已在附录 H 中讨论过, 当第一、第二层已为波完全穿透时

$$\begin{aligned} G(\tau) &\approx \frac{1}{k_1}[\mathrm{i}\beta + \mu_0\omega(\sigma_1 h_1 + \sigma_2 h_2)], \\ \frac{1}{\kappa_0 + \kappa_1 G(\tau)} &\approx \frac{2\beta + \mathrm{i}\mu_0\omega(\sigma_1 h_1 + \sigma_2 h_2)}{4\beta^2 + \mu_0^2\omega^2(\sigma_1 h_1 + \sigma_2 h_2)^2}. \end{aligned} \tag{I.2.3}$$

TM 型场中的 $G(\xi)$ 可以类似地处理. 在 (I.2.1) 和 (I.2.2) 条件下, $G(\xi)$ 中各 ξ_i 可近似取为

$$\xi_1 \approx \frac{\mathrm{i}k_1}{\mu_0}, \quad \xi_2 \approx \frac{\mathrm{i}k_2}{\mu_0}, \quad \xi_3 \approx \frac{k_3^2}{\mu_0\beta}. \tag{I.2.4}$$

$\dfrac{\xi_2 - \xi_3}{\xi_2 + \xi_3}$ 可近似取为 1, 由此得出

$$G(\xi) \approx \frac{1 - \dfrac{k_1 - k_2}{k_1 + k_2}\mathrm{e}^{2\mathrm{i}k_1 h_1} + \dfrac{k_1 - k_2}{k_1 + k_2}\mathrm{e}^{2\mathrm{i}k_2 h_2} - \mathrm{e}^{2\mathrm{i}(k_1 h_1 + k_2 h_2)}}{1 + \dfrac{k_1 - k_2}{k_1 + k_2}\mathrm{e}^{2\mathrm{i}k_1 h_1} + \dfrac{k_1 - k_2}{k_1 + k_2}\mathrm{e}^{2\mathrm{i}k_2 h_2} + \mathrm{e}^{2\mathrm{i}(k_1 h_1 + k_2 h_2)}}. \tag{I.2.5}$$

当第一、二层满足波穿透条件时, 将指数因子展开, 并在分子和分母中都只保留最大项, 即得

$$\begin{aligned} G(\xi) &\approx \frac{1}{k_1}\mu_0\omega(\sigma_1 h_1 + \sigma_2 h_2), \\ \frac{1}{\xi_0 + \xi_1 G(\xi)} &\approx \frac{-\mathrm{i}}{\omega(\sigma_1 h_1 + \sigma_2 h_2)}. \end{aligned} \tag{I.2.6}$$

利用数学附录中的 (H.A.9) 和附录 H 中的数学附录中的公式, 由此求出电场的 TM 型部分为

$$\begin{aligned} E_x^{\mathrm{TM}} &\approx \frac{Il}{2\pi(\sigma_1 h_1 + \sigma_2 h_2)}\cos 2\theta\frac{1}{r^2}, \\ E_y^{\mathrm{TM}} &\approx \frac{Il}{2\pi(\sigma_1 h_1 + \sigma_2 h_2)}\sin 2\theta\frac{1}{r^2}, \\ E_z \equiv E_z^{\mathrm{TM}} &\approx -\frac{Il}{2\pi(\sigma_1 h_1 + \sigma_2 h_2)}\cos\theta\frac{1}{r^2}. \end{aligned} \tag{I.2.7}$$

TE 型场可像附录 H 那样分两种情况来讨论. 当频率不太低, 使得

$$\frac{h_1 r}{\delta_1^2} + \frac{h_2 r}{\delta_2^2} \gg 1 \tag{I.2.8}$$

时, 有

$$
\begin{aligned}
E_x^{\mathrm{TE}} \approx & -\mathrm{i}\frac{Il}{2\pi\mu_0\omega(\sigma_1 h_1+\sigma_2 h_2)^2}\frac{1}{r^3}, \\
& -\frac{Il}{2\pi(\sigma_1 h_1+\sigma_2 h_2)}\cos 2\theta\frac{1}{r^2}\left[1-\mathrm{i}\frac{3}{\mu_0\omega(\sigma_1 h_1+\sigma_2 h_2)r}\right], \\
E_y^{\mathrm{TE}} \approx & -\frac{Il}{2\pi(\sigma_1 h_1+\sigma_2 h_2)}\sin 2\theta\frac{1}{r^2}\left[1-\mathrm{i}\frac{3}{\mu_0\omega(\sigma_1 h_1+\sigma_2 h_2)r}\right], \\
H_x = & H_x^{\mathrm{TE}} \approx -\mathrm{i}\frac{3Il}{4\pi\mu_0\omega(\sigma_1 h_1+\sigma_2 h_2)}\sin 2\theta\frac{1}{r^3}, \\
H_y = & H_y^{\mathrm{TE}} \approx \mathrm{i}\frac{Il}{4\pi\mu_0\omega(\sigma_1 h_1+\sigma_2 h_2)}(3\cos 2\theta-1)\frac{1}{r^3}, \\
H_z \equiv & H_z^{\mathrm{TE}} \approx -\frac{3Il}{\pi\mu_0^2\omega^2(\sigma_1 h_1+\sigma_2 h_2)^2}\sin\theta\frac{1}{r^4}.
\end{aligned} \tag{I.2.9}
$$

可以看出, (E_x^{TE}, E_y^{TE}) 中最大项正好与 (E_x^{TM}, E_y^{TM}) 消去, 消去后的结果是

$$
\begin{aligned}
E_x = & \mathrm{i}\frac{Il}{2\pi\mu_0\omega(\sigma_1 h_1+\sigma_2 h_2)^2}(3\cos 2\theta-1)\frac{1}{r^3}, \\
E_y = & \mathrm{i}\frac{3Il}{2\pi\mu_0\omega(\sigma_1 h_1+\sigma_2 h_2)^2}\sin 2\theta\frac{1}{r^3},
\end{aligned} \tag{I.2.10}
$$

其余分量已在 (I.2.7) 和 (I.2.9) 中给出.

与相应的远区场强表达式相比, H_x、H_y 和 E_z 结果一样, 而 E_x、E_y 和 H_z 增强了一倍.

由 H_x、H_y 和 E_z 定出的视电阻率为

$$
\rho_\omega(H_x)=\rho_\omega(H_y)=\rho_\omega(E_z)=\frac{1}{\mu_0\omega(\sigma_1 h_1+\sigma_2 h_2)^2}, \tag{I.2.11}
$$

而由 E_x、E_y 和 E_z 定出的为

$$
\rho_\omega(E_x)=\rho_\omega(E_y)=\rho_\omega(H_z)=\frac{2}{\mu_0\omega(\sigma_1 h_1+\sigma_2 h_2)^2}. \tag{I.2.12}
$$

由比值法定出的 ρ_ω 则为 (I.2.11) 式的 4 倍. 以上情况与垂直磁偶极发射相仿.

当频率进一步降低, 使得

$$
\frac{h_1 r}{\delta_1^2}+\frac{h_2 r}{\delta_2^2}\ll 1 \tag{I.2.13}
$$

成立时, TE 型场就化为近区场, 因为在此条件下有

$$\frac{1}{\kappa_0+\kappa_1 G(\tau)}\approx\frac{1}{2\beta},\tag{I.2.14}$$

于是求得

$$\begin{aligned}E_x^{\rm TE}&\approx\frac{{\rm i}\mu_0\omega Il}{8\pi}(1+\cos 2\theta)\frac{1}{r},\\E_y^{\rm TE}&\approx\frac{{\rm i}\mu_0\omega Il}{8\pi}\sin 2\theta\frac{1}{r},\\H_x&=H_x^{\rm TE}\approx-\frac{Il}{4\pi}\sin 2\theta\frac{1}{r^2},\qquad r>0\\H_y&=H_y^{\rm TE}\approx\frac{Il}{4\pi}\cos 2\theta\frac{1}{r^2},\\H_z&=H_z^{\rm TE}\approx\frac{Il}{4\pi}\sin\theta\frac{1}{r^2}.\end{aligned}\tag{I.2.15}$$

从条件 (I.2.13) 可以看出, 这时 $(E_x^{\rm TM}, E_y^{\rm TM})$ 已比 $(E_x^{\rm TE}, E_y^{\rm TE})$ 大得多, 因而

$$\begin{aligned}E_x&\approx E_x^{\rm TM}\approx\frac{Il}{2\pi(\sigma_1h_1+\sigma_2h_2)}\cos 2\theta\frac{1}{r^2},\qquad r>0\\E_y&\approx E_y^{\rm TM}\approx\frac{Il}{2\pi(\sigma_1h_1+\sigma_2h_2)}\sin 2\theta\frac{1}{r^2},\end{aligned}\tag{I.2.16}$$

其余各分量已分别在 (I.2.7) 和 (I.2.15) 中给出.

由 E_x 和 E_y 定出的视电阻率分别为①

$$\rho_\omega(E_x)=\rho'_\omega(E_x)=\rho''_\omega(E_x)=\frac{2r}{\sigma_1h_1+\sigma_2h_2}\left|\frac{\cos 2\theta}{3\cos 2\theta-1}\right|\tag{I.2.17}$$

和

$$\rho_\omega(E_y)=\rho'_\omega(E_y)=\rho''_\omega(E_y)=\frac{2r}{3(\sigma_1h_1+\sigma_2h_2)}\tag{I.2.18}$$

都与 ω 无关. 这表明这些视电阻率已进入一个水平的尾部, 其值与 r 成正比, 与水平向总电导 $(\sigma_1h_1+\sigma_2h_2)$ 成反比.

由比值法求出的 ρ_ω 仍与 ω 成反比, 它没有水平的尾部.

下面来考察一组数值计算的实例. Il 取为 1(以下各数值实例皆如此), 设

$$\sigma_1=0.1,\ \sigma_2=0.08,\ \sigma_3=4\times10^{-8},\ h_1=1,\ h_2=1.3,\ r=1500$$

单位皆为实用单位 (同附录 H). 令

$$\begin{aligned}E_x&=E_0+\cos 2\theta\ E_2, &E_y&=\sin 2\theta\ E_2;\\H_x&=-\sin 2\theta\ H_2, &H_y&=H_0+\cos 2\theta H_2.\end{aligned}$$

①关于 ρ'_ω 和 ρ''_ω 的定义见附录 G.

则由电子计算机用积分表达式算出的准确结果如表 I.1 所示.

表 I.1

ν	E_0	E_2	H_0	H_2
60	-2.46×10^{-9} $+\mathrm{i}1.12\times10^{-8}$	3.46×10^{-7} $+\mathrm{i}1.25\times10^{-8}$	-2.55×10^{-10} $+\mathrm{i}1.14\times10^{-9}$	3.53×10^{-8} $+\mathrm{i}1.28\times10^{-9}$
100	-5.65×10^{-9} $+\mathrm{i}1.73\times10^{-8}$	3.46×10^{-7} $+\mathrm{i}2.08\times10^{-8}$	-5.76×10^{-10} $+\mathrm{i}1.76\times10^{-9}$	3.52×10^{-8} $+\mathrm{i}2.12\times10^{-9}$
8×10^3	-5.39×10^{-10} $-\mathrm{i}2.04\times10^{-8}$	6.73×10^{-10} $+\mathrm{i}5.77\times10^{-8}$	-5.72×10^{-11} $-\mathrm{i}2.08\times10^{-9}$	1.00×10^{-10} $+\mathrm{i}5.79\times10^{-9}$
1.2×10^4	-3.18×10^{-11} $-\mathrm{i}1.26\times10^{-8}$	1.98×10^{-10} $+\mathrm{i}3.68\times10^{-8}$	-1.69×10^{-11} $-\mathrm{i}1.28\times10^{-9}$	5.04×10^{-11} $+\mathrm{i}3.76\times10^{-9}$

各个判别参量的值为

ν	$\lvert k_1r\rvert$	$\lvert k_2r\rvert$	$\lvert k_3r\rvert$	$\lvert k_1h_1\rvert$	$\lvert k_2h_2\rvert$	$\dfrac{h_1r}{\delta_1^2}+\dfrac{h_2r}{\delta_2^2}$
60	10.3	9.2	6.5×10^{-3}	6.9×10^{-3}	8.0×10^{-3}	0.073
100	13.3	11.9	8.4×10^{-3}	8.9×10^{-3}	1.03×10^{-2}	0.12
8×10^3	119	107	7.5×10^{-2}	8.0×10^{-2}	9.2×10^{-2}	9.7
1.2×10^4	146	131	9.2×10^{-2}	9.7×10^{-2}	0.113	14.5

由此表可以看出, 前两个频率属于条件 (I.2.13) 的情况. 根据 (I.2.15) 和 (I.2.16) 算出的值为

$$E_2\approx3.47\times10^{-7},\qquad H_2\approx3.54\times10^{-8},$$
$$E_0\ll E_2,\qquad H_0\ll H_2,$$

与表 I.1 中的结果符合很好. 又如从视电阻率来看, 由本节近似公式算出的结果是

$$\rho_\omega\left(E_x,\ \theta=\frac{\pi}{2}\right)=3.68\times10^3,\qquad \rho_\omega(E_y)=4.90\times10^3;$$
$$\rho_\omega\left(\frac{E_x}{H_y}\right)=\rho_\omega\left(\frac{E_y}{H_x}\right)=2.03\times10^5,\qquad \nu=60$$

而电子计算机算出的 $\nu=60$ 时准确值为

$\rho_\omega\left(E_x,\ \theta=\frac{\pi}{2}\right)$	$\rho_\omega(E_y)$	$\rho_\omega\left(\frac{E_x}{H_y},\ \theta=0\right)$	$\rho_\omega\left(\frac{E_x}{H_y},\ \theta=\frac{\pi}{2}\right)$	$\rho_\omega\left(\frac{E_y}{H_x}\right)$
3.70×10^{-3}	4.90×10^3	2.04×10^5	2.03×10^5	2.04×10^5

再比较后两个频率的情况. 由近似公式 (I.2.9) 和 (I.2.10) 算出的值为

$$\nu=8\times10^3\text{时},\qquad E_0=-\mathrm{i}1.79\times10^{-8},\qquad E_2=\mathrm{i}5.38\times10^{-8},$$
$$H_0=-\mathrm{i}1.83\times10^{-9},\qquad H_2=\mathrm{i}5.49\times10^{-9};$$

$$\nu = 1.2\times10^4\text{时},\quad E_0=-\mathrm{i}1.20\times10^{-8},\qquad E_2=\mathrm{i}3.59\times10^{-8},$$
$$H_0=-\mathrm{i}1.22\times10^{-9},\qquad H_2=\mathrm{i}3.66\times10^{-9}$$

可以看出, $\nu=1.2\times10^4$ 时, 符合较好, 而 $\nu=8\times10^3$ 时符合要差些, 差的主要原因在于 $\dfrac{h_1 r}{\delta_1^2}+\dfrac{h_2 r}{\delta_2^2}$ 的值不够大, 如果对 (I.2.9) 再多取一改正项, 则有

$$\begin{aligned}
E_0&=-\mathrm{i}\frac{Il}{2\pi\mu_0\omega(\sigma_1h_1+\sigma_2h_2)^2}\frac{1}{r^3}\left[1+\frac{36}{\mu_0^2\omega^2(\sigma_1h_1+\sigma_2h_2)^2r^2}\right],\\
E_2&=\mathrm{i}\frac{3Il}{2\pi\mu_0\omega(\sigma_1h_1+\sigma_2h_2)^2}\frac{1}{r^3}\left[1+\frac{20}{\mu_0^2\omega^2(\sigma_1h_1+\sigma_2h_2)^2r^2}\right],\\
H_0&=-\mathrm{i}\frac{Il}{4\pi\mu_0\omega(\sigma_1h_1+\sigma_2h_2)}\frac{1}{r^3}\left[1+\frac{36}{\mu_0^2\omega^2(\sigma_1h_1+\sigma_2h_2)^2r^2}\right],\\
H_2&=\mathrm{i}\frac{3Il}{4\pi\mu_0\omega(\sigma_1h_1+\sigma_2h_2)}\frac{1}{r^3}\left[1+\frac{20}{\mu_0^2\omega^2(\sigma_1h_1+\sigma_2h_2)^2r^2}\right].
\end{aligned}\tag{I.2.19}$$

由此公式算出 $\nu=8\times10^3$ 时的值为

$$E_0=-\,\mathrm{i}1.96\times10^{-8},\qquad E_2=\mathrm{i}5.67\times10^{-8},$$
$$H_0=-\,\mathrm{i}2.01\times10^{-9},\qquad H_2=\mathrm{i}5.78\times10^{-9},$$

符合就比较好了.

三、高阻屏蔽层的穿透问题

如果观测点很远, 对于中间高阻层它也始终处在远区, 那么在观测点正下方的高阻层中电磁场为一近似垂直传播的波. 这时, 穿透高阻层而探测其下伏构造是完全没有问题的, 从远区视电阻率的性质可以清楚地得出这一结论. 不论是垂直磁偶极发射还是水平电偶极发射都是如此. 但是当频率较低时, 观测点相对中间高阻层常常已处于近区, 这就使得水平电偶极发射不同于垂直磁偶极发射. 不仅如此, 水平电偶极发射的电场和磁场穿透的性能也不相同. 本节就来研究这一问题.

仍以三层为例, 设观测点相对第一、三层仍在远区, 而相对高阻层 (第二层) 已在近区, 于是

$$\kappa_1\approx-\mathrm{i}k_1,\quad \kappa_2\approx\beta,\quad \kappa_3\approx-\mathrm{i}k_3.\tag{I.3.1}$$

$G(\tau)$ 的结果已在附录 H 中给出, 当 r 比 h_2 大得多而频率已降低到第一层已为波完全穿透时, 有

$$G(\tau)\approx\frac{k_3}{k_1},\quad \frac{1}{\kappa_0+\kappa_1G(\tau)}\approx\frac{\mathrm{i}}{k_3}\left(1-\frac{\mathrm{i}\beta}{k_3}\right).\tag{I.3.2}$$

由此求出

$$
\begin{aligned}
&E_x^{\mathrm{TE}} \approx -\frac{\mu_0 \omega I l}{2\pi k_3}\cos 2\theta \frac{1}{r^2} + \frac{Il}{4\pi\sigma_3}(3\cos 2\theta - 1)\frac{1}{r^3},\\
&E_y^{\mathrm{TE}} \approx -\frac{\mu_0 \omega I l}{2\pi k_3}\sin 2\theta \frac{1}{r^2} + \frac{3Il}{4\pi\sigma_3}\sin 2\theta \frac{1}{r^3},\\
&H_x = H_x^{\mathrm{TE}} \approx -\mathrm{i}\frac{3Il}{4\pi k_3}\sin 2\theta \frac{1}{r^3},\\
&H_y = H_y^{\mathrm{TE}} \approx \mathrm{i}\frac{Il}{4\pi k_3}(3\cos 2\theta - 1)\frac{1}{r^3},\\
&H_z = H_z^{\mathrm{TE}} \approx \mathrm{i}\frac{3Il}{2\pi\mu_0\omega\sigma_3}\sin\theta \frac{1}{r^4}.
\end{aligned}
\tag{I.3.3}
$$

从 (I.3.3) 看出, 磁场已近似为导电率为 σ_3 的均匀大地的远区场, 因而所有由磁场定义的视电阻率包括 $\rho_\omega(H)$、$\rho'_\omega(H)$ 和 $\rho''_\omega(H)$ 都一样, 其值为 ρ_3.

以上结果表明, 水平电偶极发射的磁场具有良好的穿透性能, 情况同垂直磁偶极发射一样. 这是因为磁场是由 TE 型波贡献的. 至于电场, 还需要考虑 TM 型部分的贡献, 情况就不相同.

在定量上, 上面给出的磁场公式的准确度往往是不够的, 如果采用附录 H 中的 $G(\tau)$ 修正式来计算, 则结果为

$$
\begin{aligned}
&H_x \approx -\mathrm{i}\frac{3Il}{4\pi k_3}\left[1 - \mathrm{i}k_3(h_1+h_2) + \frac{\mathrm{i}k_1^2 h_1}{k_3}\right]\sin 2\theta \frac{1}{r^3},\\
&H_y \approx \mathrm{i}\frac{Il}{4\pi k_3}\left[1 - \mathrm{i}k_3(h_1+h_2) + \frac{\mathrm{i}k_1^2 h_1}{k_3}\right](3\cos 2\theta - 1)\frac{1}{r^3},\\
&H_z \approx \mathrm{i}\frac{3Il}{2\pi\mu_0\omega\sigma_3}\left[1 - \mathrm{i}k_3(h_1+h_2) + \frac{\mathrm{i}k_1^2 h_1}{k_3}\right]^2\sin\theta \frac{1}{r^4}.
\end{aligned}
\tag{I.3.4}
$$

下面来考虑 TM 型部分对电场的贡献. 在条件 (I.3.1) 以及

$$
\frac{\rho_1}{\rho_2} \ll \frac{h_1 h_2}{r^2}, \quad \frac{\rho_3}{\rho_2} \ll \frac{\delta_3 h_2}{r^2} \tag{I.3.5}
$$

成立的情况下 (δ_3 代表电磁波在第三层中的集肤厚度), $G(\xi)$ 中的各 ξ_i 可近似为

$$
\xi_1 \approx \frac{\mathrm{i}k_1}{\mu_0}, \quad \xi_2 \approx \frac{\mathrm{i}\omega\delta_2}{\beta}, \quad \xi_3 \approx \frac{\mathrm{i}k_3}{\mu_0}, \tag{I.3.6}
$$

而且 $\dfrac{\xi_1-\xi_2}{\xi_1+\xi_2}$ 和 $-\dfrac{\xi_2-\xi_3}{\xi_2+\xi_3}$ 可近似作为 1. 于是

$$
G(\xi) \approx \frac{1-\mathrm{e}^{2\mathrm{i}k_1 h_1}}{1+\mathrm{e}^{2\mathrm{i}k_1 h_1}}. \tag{I.3.7}
$$

当第一层为波完全穿透时

$$
G(\xi) \approx -\mathrm{i}k_1 h_1. \tag{I.3.8}
$$

相应地

$$\frac{1}{\xi_0+\xi G(\xi)}\approx -\frac{\mathrm{i}}{\omega\sigma_1 h_1}, \tag{I.3.9}$$

由此求出

$$\begin{aligned} E_x^{\mathrm{TM}} &\approx \frac{Il}{2\pi\sigma_1 h_1}\cos 2\theta\frac{1}{r^2},\\ E_y^{\mathrm{TM}} &\approx \frac{Il}{2\pi\sigma_1 h_1}\sin 2\theta\frac{1}{r^2},\\ E_z\equiv E_z^{\mathrm{TM}} &= -\frac{Il}{2\pi\sigma_1 h_1}\cos\theta\frac{1}{r^2}. \end{aligned} \tag{I.3.10}$$

此结果与上节中的 (I.2.7) 式相似, 只是 $(\sigma_1 h_1+\sigma_2 h_2)$ 换成了 $\sigma_1 h_1$. 这表明对 TM 型场来说, 中间高阻层 [高阻条件由 (I.3.1) 和 (I.3.5) 表示] 好像是一个高阻基底.

不难看出, 在

$$|k_1 h_1|\ll\sqrt{\frac{\sigma_3}{\sigma_1}} \tag{I.3.11}$$

的情况下, $(E_x^{\mathrm{TM}}, E_y^{\mathrm{TM}})$ 将比 $(E_x^{\mathrm{TE}}, E_y^{\mathrm{TE}})$ 大得多, 于是电场表达式化为

$$\begin{aligned} E_x &\approx \frac{Il}{2\pi\sigma_1 h_1}\cos 2\theta\frac{1}{r^2},\\ E_y &\approx \frac{Il}{2\pi\sigma_1 h_1}\sin 2\theta\frac{1}{r^2},\\ E_z &\approx -\frac{Il}{2\pi\sigma_1 h_1}\cos\theta\frac{1}{r^2}. \end{aligned} \tag{I.3.12}$$

这时, 中间高阻层对电场起着屏蔽作用.

(I.3.11) 式是容易满足的, 因为在第一层为波完全穿透的条件下, $|k_1 h_1|$ 已经比 1 小得多, 又假定了观测点相对第三层亦在远区, 故 σ_3 一般不会太小.

从 (I.3.12) 可以计算出, 由 E_x 定义的视电阻率为

$$\rho_\omega(E_x)=\rho'_\omega(E_x)=\rho''_\omega(E_x)=\frac{2r}{h_1}\rho_1\left|\frac{\cos 2\theta}{3\cos 2\theta-1}\right|, \tag{I.3.13}$$

而由 E_y 定义的视电阻率为

$$\rho_\omega(E_y)=\rho'_\omega(E_y)=\rho''_\omega(E_y)=\frac{2r}{3h_1}\rho_1, \tag{I.3.14}$$

它们都只与第一层的水平向电导 $\sigma_1 h_1$ 相关. 比值法的结果是

$$\begin{aligned} \rho_\omega\left(\frac{E_x}{H_y}\right) &=\rho'_\omega\left(\frac{E_x}{H_y}\right)=\rho''_\omega\left(\frac{E_x}{H_y}\right)=\frac{4r^2}{h_1^2}\frac{\rho_1^2}{\rho_3}\left|\frac{\cos 2\theta}{3\cos 2\theta-1}\right|^2,\\ \rho_\omega\left(\frac{E_y}{H_x}\right) &=\rho'_\omega\left(\frac{E_y}{H_x}\right)=\rho''_\omega\left(\frac{E_y}{H_x}\right)=\frac{4r^2}{9h_1^2}\frac{\rho_1^2}{\rho_3}. \end{aligned} \tag{I.3.15}$$

电场受中间高阻层的屏蔽本来是水平电偶极发射的一个缺点, 但在一定条件下, 即电场和磁场都能测量出来时, 却转化为它的优点. 因为通过电场测量可以发现中间高阻层的存在, 而通过磁场又能探出其下伏构造. 在垂直磁偶极发射的情况时, 由于缺乏这一对比, 中间高阻层本身有可能不被发现.

下面考察两个数值实例.

例 1 设 $\sigma_1 = 0.1$, $\sigma_2 = 10^{-7}$, $\sigma_3 = 0.5$, $h_1 = 5$, $h_2 = 10$, $r = 1.2 \times 10^3$. 由电子计算机根据积分表达式算出的准确值为表 I.2 所示.

表 I.2

ν	E_0	E_2	H_0	H_2
60	5.88×10^{-9} $+\mathrm{i}5.25 \times 10^{-11}$	2.18×10^{-7} $+\mathrm{i}2.94 \times 10^{-9}$	-2.78×10^{-9} $-\mathrm{i}2.07 \times 10^{-9}$	8.27×10^{-9} $+\mathrm{i}6.28 \times 10^{-9}$
80	5.88×10^{-9} $+\mathrm{i}6.21 \times 10^{-11}$	2.17×10^{-7} $+\mathrm{i}3.51 \times 10^{-9}$	-2.48×10^{-9} $-\mathrm{i}1.80 \times 10^{-9}$	7.42×10^{-9} $+\mathrm{i}5.46 \times 10^{-9}$

各判别参数为

ν	$\lvert k_1 r\rvert$	$\lvert k_2 r\rvert$	$\lvert k_3 r\rvert$	$\lvert k_1 h_1\rvert$	ρ_1/ρ_2	ρ_3/ρ_2	$\dfrac{h_1 h_2}{r^2}$	$\dfrac{\delta_3 h_2}{r^2}$
60	8.3	8.3×10^{-3}	19	3.4×10^{-2}	10^{-6}	2×10^{-7}	3.5×10^{-5}	6.4×10^{-4}
80	9.5	9.5×10^{-3}	21	4.0×10^{-2}	10^{-6}	2×10^{-7}	3.5×10^{-5}	5.5×10^{-4}

根据 (I.3.12) 和 (I.3.3) 式算出的结果为

$$
\begin{aligned}
\nu = 60\text{时}, \quad & E_2 = 2.21 \times 10^{-7}, & E_0 \ll E_2, \\
& H_2 = (1+\mathrm{i})6.35 \times 10^{-9}, & H_0 = -\frac{1}{3}H_2; \\
\nu = 80\text{时}, \quad & E_2 = 2.21 \times 10^{-7}, & E_0 \ll E_2, \\
& H_2 = (1+\mathrm{i})5.50 \times 10^{-9}, & H_0 = -\frac{1}{3}H_2.
\end{aligned}
$$

可以看到, 电场值符合很好, 而磁场较差. 如果磁场改用 (I.3.4) 来计算, 则结果为

$$
\begin{aligned}
\nu = 60\text{时} \quad & H_2 = 8.28 \times 10^{-9} + \mathrm{i}6.35 \times 10^{-9}, \quad H_0 = -2.76 \times 10^{-9} - \mathrm{i}2.12 \times 10^{-9}; \\
\nu = 80\text{时} \quad & H_2 = 7.43 \times 10^{-9} + \mathrm{i}5.50 \times 10^{-9}, \quad H_0 = -2.48 \times 10^{-9} - \mathrm{i}1.83 \times 10^{-9}
\end{aligned}
$$

符合就很好了.

例 2 设 $\sigma_1 = 0.1$, $\sigma_2 = 10^{-5}$, $\sigma_3 = 0.2$ $h_1 = 5$, $h_2 = 10$, $r = 1.2 \times 10^3$. ν 仍取 60 和 80. 这时, $|k_1 r| \gg 1$, $|k_3 r| \gg 1$, $|k_2 r| \ll 1$ 以及 (I.3.11) 等条件仍成立, 只是 (I.3.5) 第一式被破坏了, 现在 ρ_1/ρ_2 已比 $\dfrac{h_1 h_2}{r^2}$ 的值大. 电子计算机算出的准确值为表 I.3 所示.

表 I.3

ν	E_0	E_2	H_0	H_2
60	5.16×10^{-8} $+\mathrm{i}1.16\times10^{-9}$	1.29×10^{-7} $+\mathrm{i}3.56\times10^{-9}$	-4.00×10^{-9} $-\mathrm{i}3.18\times10^{-9}$	1.19×10^{-8} $+\mathrm{i}9.78\times10^{-9}$
80	5.14×10^{-8} $+\mathrm{i}1.37\times10^{-9}$	1.29×10^{-7} $+\mathrm{i}4.18\times10^{-9}$	-3.53×10^{-9} $-\mathrm{i}2.79\times10^{-9}$	1.05×10^{-8} $+\mathrm{i}8.57\times10^{-9}$

电场与根据 (I.3.12) 式计算的结果有比较大的差别, 这表明条件 (I.3.5) 对于 (I.3.12) 的成立是重要的.

另外, 将表 I.3 与表 I.2 相对比, 还可看出, E_0 的变化很大, 表明它对 σ_2 和 σ_3 是很灵敏的. 下面的例子表明, 甚至在条件 (I.3.5) 同样成立的情况下, σ_2 具体数值的改变也明显地改变 E_0.

例 3 设 $\sigma_2=0$, 其余参数都与例 1 相同. 电子计算机算出的准确值如表 I.4 所示.

表 I.4

ν	E_0	E_2	H_0	H_2
60	-1.81×10^{-10} $+\mathrm{i}2.94\times10^{-11}$	2.19×10^{-7} $+\mathrm{i}2.94\times10^{-9}$	-2.78×10^{-9} $-\mathrm{i}2.07\times10^{-9}$	8.27×10^{-9} $+\mathrm{i}6.28\times10^{-9}$
80	-1.85×10^{-10} $+\mathrm{i}3.43\times10^{-11}$	2.19×10^{-7} $+\mathrm{i}3.51\times10^{-9}$	-2.48×10^{-9} $-\mathrm{i}1.80\times10^{-9}$	7.42×10^{-9} $+\mathrm{i}5.46\times10^{-9}$

与表 I.2 相比, 可以看出, E_2、E_0 和 H_2 基本上没有改变, 而 E_0 的变化却十分显著. 另外, E_0 对 σ_3 的变化也比较灵敏, 这样看来 $E_0\left(\theta=\dfrac{\pi}{4}\text{时的}E_x\right)$ 的测量可能有着重要的价值. 但要指出, 由于 E_0 比 E_2 小得多, 它的数值容易受到各种因素 (如地层不是严格水平, θ 不是严格为 45° 等) 的影响.

四、低频渐近线的研究

本节将研究观测点相对一般地层已进入近区 (特殊的良导地层除外) 时的低频渐近线, 这是实际中感兴趣的一个问题.

在近区, 一般地层中的 κ 都可近似为 β. 于是

$$G(\tau)\approx 1. \tag{I.4.1}$$

至于 $G(\xi)$, 以三层为例, 现在化为

$$G(\xi)=\frac{1-\dfrac{\sigma_1-\sigma_2}{\sigma_1+\sigma_2}\mathrm{e}^{-2\beta h_1}+\dfrac{\sigma_1-\sigma_2}{\sigma_1+\sigma_2}\dfrac{\sigma_2-\sigma_3}{\sigma_2+\sigma_3}\mathrm{e}^{-2\beta h_2}-\dfrac{\sigma_2-\sigma_3}{\sigma_2+\sigma_3}\mathrm{e}^{-2\beta(h_1+h_2)}}{1+\dfrac{\sigma_1-\sigma_2}{\sigma_1+\sigma_2}\mathrm{e}^{-2\beta h_1}+\dfrac{\sigma_1-\sigma_2}{\sigma_1+\sigma_2}\dfrac{\sigma_2-\sigma_3}{\sigma_2+\sigma_3}\mathrm{e}^{-2\beta h_2}+\dfrac{\sigma_2-\sigma_3}{\sigma_2+\sigma_3}\mathrm{e}^{-2\beta(h_1+h_2)}}. \tag{I.4.2}$$

从 (I.4.1) 式可以得出近区的 E^{TE} 和磁场全部, 其结果是

$$\begin{aligned} E_x^{\mathrm{TE}} &= \mathrm{i}\frac{\mu_0\omega Il}{8\pi}(1+\cos 2\theta)\frac{1}{r}, \\ E_y^{\mathrm{TE}} &= \mathrm{i}\frac{\mu_0\omega Il}{8\pi}\sin 2\theta\frac{1}{r}, \\ H_x &= -\frac{Il}{4\pi}\sin 2\theta\frac{1}{r^2}, \qquad r>0 \\ H_y &= \frac{Il}{4\pi}\cos 2\theta\frac{1}{r^2}, \\ H_z &= \frac{Il}{4\pi}\sin\theta\frac{1}{r^2}. \end{aligned} \tag{I.4.3}$$

可以看到, E^{TE} 与 ω 成正比, 它随 ω 减小而趋于零.

电场中的 TM 型部分现在不能解析地积出来. 令

$$F_n(r,\sigma,h)=\int_0^\infty \frac{\beta^2}{G(\xi)}J_n(\beta r)\mathrm{d}\beta, \tag{I.4.4}$$

其中 $G(\xi)$ 由 (I.4.2) 表示, 则近区的 E^{TM} 可表示为

$$\begin{aligned} E_x^{\mathrm{TM}} &= \frac{Il}{4\pi\sigma_1}[\cos 2\theta\ F_2(r,\sigma,h)-F_0(r,\sigma,h)], \\ E_y^{\mathrm{TM}} &= \frac{Il}{4\pi\sigma_1}\sin 2\theta\ F_2(r,\sigma,h), \\ E_z^{\mathrm{TM}} &\equiv E_z=-\frac{Il}{2\pi\sigma_1}\cos\theta\ F_1(r,\sigma,h). \end{aligned} \tag{I.4.5}$$

上式已与 ω 无关, 实际上它们就等于直流电偶极测深时的场分布. 在某些情形, 若 F_n 很小或等于零, 就需考虑与 ω 成正比的修正项. 例如在均匀大地的情况, $F_1=0$, 因而 E_z 与 ω 成正比.

从 (I.4.5) 式看到, 近区的 E_x^{TM} 和 E_y^{TM} 与地层的电性结构有关, 因而可以用于地球物理勘探, 但是只能作变距测深, 而不能作变频测深.

一般来说, 近区 E^{TE} 与近区 E^{TM} 之比量级为 $|k_G r|$, 因而往往可以略去①. 于是由 E_x 和 E_y 定出的视电阻率分别为

$$\begin{aligned} \rho_\omega(E_x) &= \rho_1 r^3\left|\frac{F_2\cos 2\theta-F_0}{3\cos 2\theta-1}\right|, \\ \rho_\omega(E_y) &= \frac{1}{3}\rho_1 r^3|F_2|. \end{aligned} \tag{I.4.6}$$

由于 F_0 和 F_2 是实数, 故 ρ'_ω 和 ρ''_ω 都与 ρ_ω 相等.

① k_G 在此泛指大地中电磁波的波矢量.

(I.4.3) 所给出的磁场与地电结构无关, 但若考虑一修正项, 则磁场的虚部亦可反映地电的性质. 以三层结构为例, 当取

$$\kappa_j \approx \beta\left(1-\frac{k_j^2}{2\beta^2}\right) \tag{I.4.7}$$

时, 得出

$$\frac{1}{\kappa_0+\kappa_1 G(\tau)} \approx \frac{1}{2\beta}\left[1-\frac{k_1^2-k_2^2}{4\beta^2}\mathrm{e}^{-2\beta h_1}-\frac{k_2^2-k_3^2}{4\beta^2}\mathrm{e}^{-2\beta(h_1+h_2)}+\frac{k_1^2}{4\beta^2}\right]. \tag{I.4.8}$$

利用本附录及附录 H 中的公式可以算出

$$\begin{aligned}
H_z \approx{}& \frac{Il}{4\pi}\sin\theta\frac{1}{r^2}+\mathrm{i}\frac{\mu_0\omega Il}{16\pi}\sin\theta\left[\sigma_1-(\sigma_1-\sigma_2)\frac{\sqrt{r^2+4h_1^2}-2h_1}{r}\right.\\
&\left.-(\sigma_2-\sigma_3)\frac{\sqrt{r^2+4H^2}-2H}{r}\right],\\
H_x \approx{}& \frac{-Il}{4\pi}\sin 2\theta\frac{1}{r^2}-\mathrm{i}\frac{\mu_0\omega Il}{64\pi}\sin 2\theta\left[\sigma_1-(\sigma_1-\sigma_2)\frac{(\sqrt{r^2+4h_1^2}-2h_1)^2}{r^2}\right.\\
&\left.-(\sigma_2-\sigma_3)\frac{(\sqrt{r^2+4H^2}-2H)^2}{r^2}\right].
\end{aligned} \tag{I.4.9}$$

其中 $H=h_1+h_2$, H_y 不能用这种近似方法来处理, 因其中含 $J_0(x)$ 的积分, 在应用近似式 (I.4.8) 时将不收敛.

下面, 讨论高阻基底、中间高阻层、良导基底和中间良导层等特殊情况下的低频情形. 仍以三层为例, 并主要考虑

$$r \gg 2H \tag{I.4.10}$$

的情形.

1. 高阻基底

高阻条件仍由 (I.2.2) 表示. 在 (I.4.10) 和 (I.2.2) 成立的情况下, F_n 中的 $\dfrac{\sigma_2-\sigma_3}{\sigma_2+\sigma_3}$ 可取为 1, $\mathrm{e}^{-2\beta h_1}$ 和 $\mathrm{e}^{-2\beta h_2}$ 可作展开. 当分子和分母中都只保留最大项时, 有

$$F_n \approx \frac{\sigma_1}{\sigma_1 h_1+\sigma_2 h_2}\int_0^\infty \beta J_n(\beta r)\mathrm{d}\beta, \tag{I.4.11}$$

于是

$$F_1 \approx \frac{\sigma_1}{\sigma_1 h_1+\sigma_2 h_2}\frac{1}{r^2},\quad F_2 \approx \frac{2\sigma_1}{\sigma_1 h_1+\sigma_2 h_2}\frac{1}{r^2},\qquad r>0. \tag{I.4.12}$$

F_0 比起它们可以略去不计. 将 (I.4.12) 代入 (I.4.5) 中得出

$$E_x \approx E_x^{\mathrm{TM}} \approx \frac{Il}{2\pi(\sigma_1 h_1+\sigma_2 h_2)}\cos 2\theta\frac{1}{r^2},$$

$$
\begin{aligned}
E_y \approx & E_y^{\mathrm{TM}} \approx \frac{Il}{2\pi(\sigma_1 h_1+\sigma_2 h_2)}\sin 2\theta \frac{1}{r^2}, \\
E_z \approx & E_z^{\mathrm{TM}} \approx -\frac{Il}{2\pi(\sigma_1 h_1+\sigma_2 h_2)}\cos\theta \frac{1}{r^2}.
\end{aligned} \tag{I.4.13}
$$

同第二节后一情况的结果 (I.2.16) 一样. 因而由 E_x 和 E_y 单分量定出的视电阻率亦与 (I.2.17) 和 (I.2.18) 相同.

用比值法求出的视电阻率为

$$
\rho_\omega\left(\frac{E_x}{H_y}\right)=\rho_\omega\left(\frac{E_y}{H_x}\right)=\frac{4}{\mu_0\omega(\sigma_1 h_1+\sigma_2 h_2)^2}. \tag{I.4.14}
$$

从高阻条件 (I.2.2) 和距离条件 (I.4.10) 还可得出 H_x 和 H_y 的虚部也与地层的水平总电导 $(\sigma_1 h_1+\sigma_2 h_2)$ 相联系. 其结果为

$$
\begin{aligned}
H_x &\approx -\frac{Il}{4\pi}\sin 2\theta\frac{1}{r^2}-\mathrm{i}\frac{\mu_0\omega Il(\sigma_1 h_1+\sigma_2 h_2)}{16\pi}\sin 2\theta\frac{1}{r}, \\
H_z &\approx \frac{Il}{4\pi}\sin\theta\frac{1}{r^2}+\mathrm{i}\frac{\mu_0\omega Il(\sigma_1 h_1+\sigma_2 h_2)}{8\pi}\sin\theta\frac{1}{r},
\end{aligned} \tag{I.4.15}
$$

但磁场的虚部在测量上更加困难.

数值举例, 设

$$
\sigma_1=0.02,\ \sigma_2=0.05,\ \sigma_3=10^{-7},\ h_1=10,\ h_2=10,\ r=300.
$$

用电子计算机算出的准确值如表 I.5 所示

表 I.5

ν	E_0	E_2	H_0	H_2
0.2	-4×10^{-12} $+\mathrm{i}2.09\times10^{-10}$	2.53×10^{-6} $+\mathrm{i}1.84\times10^{-10}$	-1×10^{-13} $+\mathrm{i}7.3\times10^{-11}$	8.84×10^{-7} $+\mathrm{i}6.22\times10^{-11}$
0.4	-5×10^{-12} $+\mathrm{i}4.19\times10^{-10}$	2.53×10^{-6} $+\mathrm{i}3.68\times10^{-10}$	-4×10^{-13} $+\mathrm{i}1.46\times10^{-10}$	8.84×10^{-7} $+\mathrm{i}1.25\times10^{-10}$

对于此例

$$
\frac{h_1}{r}\frac{1}{\rho_1}+\frac{h_2}{r}\frac{1}{\rho_2}=2.3\times10^{-3},
$$

故高阻条件 (I.2.2) 是满足的. 最大的 $|kr|$ 为 $\nu=0.4$ 时的 $|k_2 r|$, 其值约为 0.12, $\dfrac{2H}{r}=\dfrac{2}{15}$.

从近似公式 (I.4.13) 和 (I.4.3) 算出的值为

$$
E_2 = 2.53\times10^{-6},\qquad |E_0|\ll|E_2|;
$$

$$H_2 = 8.85 \times 10^{-7}, \qquad |H_0| \ll |H_2|.$$

与表 I.5 符合得很好. 从 (I.4.15) 还可进一步求出

$$\mathrm{Im}\, H_2 = \begin{cases} 7.33 \times 10^{-11}, & \nu = 0.2; \\ 1.47 \times 10^{-10}, & \nu = 0.4. \end{cases}$$

误差约为 15%. 误差较大的原因主要是由于此处 $\dfrac{r}{2H}$ 值对于 (I.4.15) 的应用条件来说还不够大, 若改用原来的 (I.4.9) 来计算, 则为

$$\mathrm{Im}\, H_2 = \begin{cases} 6.20 \times 10^{-11}, & \nu = 0.2; \\ 1.24 \times 10^{-10}, & \nu = 0.4. \end{cases}$$

符合就很好了.

下面的例子显示出, 有时距离条件满足得不好, 而 (I.4.13) 仍然精确度很高. 设

$$\sigma_1 = 0.02,\ \sigma_2 = 0.1,\ \sigma_3 = 10^{-5},\ h_1 = 50,\ h_2 = 40,\ r = 300,\ \nu = 0.1.$$

这时高阻条件和近区条件是满足的, 但 r 与 $2H$ 之比只有 1.67. 电子计算机算出的准确值为

E_2	H_2
$3.58 \times 10^{-7} + \mathrm{i}3.65 \times 10^{-11}$	$8.84 \times 10^{-7} + \mathrm{i}1.16 \times 10^{-10}$

而从近似公式 (I.4.13) 和 (I.4.3) 得出的结果为

$$E_2 = 3.54 \times 10^{-7}, \qquad H_2 = 8.85 \times 10^{-7}.$$

可以看到, 不仅 H_2 符合得很好 [这是自然的, 因为 (I.4.3) 并不要求 $r \gg 2\mathrm{H}$ 成立], E_2 也是符合得很好的.

2. 中间高阻层

这里的高阻条件是

$$\frac{\rho_1}{\rho_2} \ll \frac{h_1 h_2}{r^2}, \quad \frac{\rho_3}{\rho_2} \ll \frac{h_2}{r}. \tag{I.4.16}$$

(I.4.16) 第一式与 (I.3.5) 第一式相同, 但第二式有一些改变. 在 (I.4.10) 和 (I.4.16) 条件下, F_n 中的 $\dfrac{\sigma_1 - \sigma_2}{\sigma_1 + \sigma_2}$ 和 $-\dfrac{\sigma_2 - \sigma_3}{\sigma_2 + \sigma_3}$ 都可近似取为 1,$\mathrm{e}^{-2\mathrm{i}\beta h}$ 等可展开. 当保留最大项时

$$F_n(r, \sigma, h) = \frac{1}{h_1} \int_0^\infty \beta J_n(\beta r) \mathrm{d}\beta, \tag{I.4.17}$$

于是

$$F_0 \approx 0, \quad F_1 \approx \frac{1}{h_1 r^2}, \quad F_2 \approx \frac{2}{h_1 r^2}, \qquad (r > 0). \tag{I.4.18}$$

由此即得

$$
\begin{aligned}
E_x &\approx E_x^{\mathrm{TM}} \approx \frac{Il}{2\pi\sigma_1 h_1}\cos 2\theta\frac{1}{r^2},\\
E_y &\approx E_y^{\mathrm{TM}} \approx \frac{Il}{2\pi\sigma_1 h_1}\sin 2\theta\frac{1}{r^2},\\
E_z &\approx E_z^{\mathrm{TM}} \approx -\frac{Il}{2\pi\sigma_1 h_1}\cos\theta\frac{1}{r^2}.
\end{aligned}
\tag{I.4.19}
$$

此式与上节中的结果 (I.3.12) 相同, 因而由电场定出的视电阻率也与那里一样. 由 $\dfrac{E_x}{H_y}$ 或 $\dfrac{E_y}{H_x}$ 定出的视电阻率现为

$$
\rho_\omega\left(\frac{E_x}{H_y}\right)=\rho_\omega\left(\frac{E_y}{H_x}\right)=\frac{4}{\mu_0\omega\sigma_1^2 h_1^2}.
\tag{I.4.20}
$$

可以看到, 中间高阻层已相当于一个高阻基底, 如果在 (I.4.13) 和 (I.4.14) 中令 $h_2=0$, 就将得到上面的结果.

下面来考察穿透中间层以探测其下伏构造问题. 在第三节中, 主要是依靠磁场来进行这项探测的, 而现在磁场的主要项已不反映地电性质.

在近区情况下, 能够反映高阻层下伏构造的是 E_0、H_0 以及 $\mathrm{Im}\ H_x$(或者说 $\mathrm{Im}\ H_2$) 和 $\mathrm{Im}\ H_z$ (或者说 $\mathrm{Im}\ H_1$). 关于 $\mathrm{Im}\ H_x$ 和 $\mathrm{Im}\ H_z$, 已在 (I.4.9) 中给出. 在 (I.4.10) 以及 $\dfrac{\rho_2}{\rho_3}\ll 1$ 的条件下, (I.4.9) 式化为

$$
\begin{aligned}
H_x &= -\frac{Il}{4\pi}\sin 2\theta\frac{1}{r^2}-\frac{\mathrm{i}\mu_0\omega Il}{64\pi}\sin 2\theta\left(\sigma_3+\frac{4h_1}{r}\sigma_1-\frac{4H}{r}\sigma_3\right),\\
H_z &= \frac{Il}{4\pi}\sin\theta\frac{1}{r}+\frac{\mathrm{i}\mu_0\omega Il}{16\pi}\sin\theta\left(\sigma_3+\frac{2h_1}{r}\sigma_1-\frac{2H}{r}\sigma_3\right).
\end{aligned}
\tag{I.4.21}
$$

这些与下伏构造有关的量都不容易测量, 比较起来较容易些的还是 E_0. 虽然没有求出简单的解析表达式, 但从下面例子所示的对比可以看出, 它的值是随 σ_3 而改变的①.

例 1　设 $\sigma_1=0.5$, $\sigma_2=10^{-5}$, $\sigma_3=0.5$, $h_1=h_2=20$, $r=300$. 由电子计算机算出的准确值如表 I.6 所示.

在这里近区条件是满足的, 因当 $\nu=0.04$ 时, $|k_1r|=|k_2r|\approx 0.12$. 高阻条件满足得很好, $\dfrac{h_1h_2}{r^2}$ 约为 4.4×10^{-3}, 而 $\dfrac{\rho_1}{\rho_2}=\dfrac{\rho_3}{\rho_2}$ 不到 $\dfrac{h_1h_2}{r^2}$ 的 $\dfrac{1}{200}$. (I.4.19) 和 (I.4.21) 给出的值为

① 另外, E_0 的值也对 σ_2 比较灵敏, 如令例 1 中的 σ_2 为零, 其他参量不变, 则 E_0 实部约降低两个量级.

表 I.6

ν	E_0	E_2	H_0	H_2
0.01	1.11×10^{-9} $+\mathrm{i}1.05\times10^{-11}$	1.77×10^{-7} $+\mathrm{i}9.55\times10^{-12}$	-3.06×10^{-10} $+\mathrm{i}1.28\times10^{-9}$	8.84×10^{-7} $+\mathrm{i}1.62\times10^{-10}$
0.02	1.11×10^{-9} $+\mathrm{i}2.07\times10^{-11}$	1.77×10^{-7} $+\mathrm{i}1.91\times10^{-11}$	-6.08×10^{-10} $+\mathrm{i}2.29\times10^{-9}$	8.84×10^{-7} $+\mathrm{i}3.23\times10^{-10}$
0.04	1.11×10^{-9} $+\mathrm{i}4.04\times10^{-11}$	1.77×10^{-7} $+\mathrm{i}3.82\times10^{-11}$	-1.21×10^{-9} $+\mathrm{i}4.04\times10^{-9}$	8.84×10^{-7} $+\mathrm{i}6.46\times10^{-10}$

$$E_2 = 1.77\times10^{-7}, \qquad |E_2| \ll |E_2|;$$
$$H_2 = 8.85\times10^{-7} + i1.44\times10^{-8}\nu, \qquad |H_0| \ll |H_2|.$$

可以看到 E_2 和 $\mathrm{Re}H_2$ 都符合得很好, $\mathrm{Im}H_2$ 误差大一些, 其原因主要是 $\dfrac{2H}{r}$ 不够小. 若直接用 (I.4.9), 则结果为

$$H_2 = 8.85\times10^{-7} + \mathrm{i}1.62\times10^{-8}\nu. \tag{I.4.22}$$

$\mathrm{Im}H_2$ 同样符合得很好.

例 2　设 $\sigma_1 = 0.5$, $\sigma_2 = 10^{-4}$, $\sigma_3 = 0.5$, $h_1 = 1$, $h_2 = 18$, $r = 300$. 由电子计算机求出的准确值如表 I.7 所示.

表 I.7

ν	E_2	H_2
0.01	$2.87\times10^{-6}+\mathrm{i}9.80\times10^{-12}$	$8.84\times10^{-7}+\mathrm{i}1.55\times10^{-10}$
0.02	$2.87\times10^{-6}+\mathrm{i}1.96\times10^{-11}$	$8.84\times10^{-7}+\mathrm{i}3.10\times10^{-10}$
0.04	$2.87\times10^{-6}+\mathrm{i}3.92\times10^{-11}$	$8.84\times10^{-7}+\mathrm{i}6.19\times10^{-10}$

H_2 仍与 (I.4.22) 符合得不错, 但 E_2 偏离 (I.4.19) 比较大, 按 (I.4.19) 算出的值为

$$E_2 = 3.54\times10^{-6}.$$

为了考察 σ_3 对电场的影响, 再看下面的例子.

例 3　设 $\sigma_1 = 0.5$, $\sigma_2 = 10^{-5}$, $h_1 = 50$, $h_2 = 30$, $r = 300$. 对不同的 σ_3, 由积分表达式算出的结果如表 I.8、表 I.9 所示.

表 I.8　($\nu = 1$)

σ_3	E_0	E_2
10^{-5}	$-1.07\times10^{-10}+\mathrm{i}9.99\times10^{-10}$	$7.07\times10^{-8}+\mathrm{i}8.15\times10^{-10}$
0.1	$-8\times10^{-12}+\mathrm{i}9.02\times10^{-10}$	$7.07\times10^{-8}+\mathrm{i}8.14\times10^{-10}$
0.5	$-5.6\times10^{-11}+\mathrm{i}7.75\times10^{-10}$	$7.07\times10^{-8}+\mathrm{i}8.11\times10^{-10}$

表 I.9 $(\nu=2)$

σ_3	E_0	E_2
10^{-5}	$-3.46\times10^{-10}+\mathrm{i}1.91\times10^{-9}$	$7.07\times10^{-8}+\mathrm{i}1.63\times10^{-9}$
0.1	$-2.76\times10^{-10}+\mathrm{i}1.66\times10^{-9}$	$7.06\times10^{-8}+\mathrm{i}1.63\times10^{-9}$
0.5	$-3.40\times10^{-10}+\mathrm{i}1.35\times10^{-9}$	$7.06\times10^{-8}+\mathrm{i}1.61\times10^{-9}$

这里看到, 当高阻层 (第二层) 下面出现新的一层 $(\sigma_3\neq\sigma_2)$ 时, E_0(特别是 Re E_0) 有明显的变化, 而 E_2 基本上未变, 这表明 E_0 的穿透性是比较好的, 问题在于 E_0 的数值比 E_2 小得多, 容易受到各种非理想因素的影响.

还值得注意的是, 虽然在此例中, $\dfrac{2H}{r}$ 达到 0.53, 并不比 1 小得多, 但由 (I.4.19) 算出的结果 $(E_2=7.07\times10^{-8})$ 仍与上表符合得很好. 这是因为在本例中 $\dfrac{\rho_1}{\rho_2}$ 和 $\dfrac{\rho_3}{\rho_2}$ 都非常小, 使得 F_n 中可以首先将 $\dfrac{\sigma_1-\sigma_2}{\sigma_1+\sigma_2}$ 和 $-\dfrac{\sigma_2-\sigma_3}{\sigma_2+\sigma_3}$ 近似作为 1, 从而 (I.4.2) 所示的 $G(\xi)$ 化为

$$\frac{(1-\mathrm{e}^{-2\beta h_1})(1-\mathrm{e}^{-2\beta h_2})}{(1+\mathrm{e}^{-2\beta h_1})(1+\mathrm{e}^{-2\beta h_2})}=\frac{1-\mathrm{e}^{-2\beta h_1}}{1+\mathrm{e}^{-2\beta h_1}},$$

其值变得与 h_2 没有关系的缘故. 另外, 近区条件在此也满足得不好. 对上述两个 ν, $|k_1r|$ 分别达到 0.60 和 0.84, 不过考虑到 (I.4.19) 与第三节的结果相同, 所以其结果与准确值相符合就不令人感到意外. 比较使人意外的是, 在此情况下, H_2 准确值仍与 (I.4.9) 符合得不错. 例如, 当 $\sigma_3=0.5$ 时，由电子计算机算出的 H_2 为

$\nu=1$	$\nu=2$
$8.83\times10^{-7}+\mathrm{i}1.59\times10^{-8}$	$8.81\times10^{-7}+\mathrm{i}3.09\times10^{-8}$

而由 (I.4.9) 式算出的结果是

$$H_2=8.85\times10^{-7}+\mathrm{i}1.65\times10^{-8}\nu.$$

3. 良导基底

在此, 作为良导基底处理的条件是, 当观测点相对上两层 (一般地层) 已达近区时, 仍有

$$|k_3r|\gg1,\quad \frac{H}{\delta_3}\gg1. \tag{I.4.23}$$

这时 $G(\tau)$ 的近似表达式已在附录 H 中给出：

$$\begin{gathered}G(\tau)\approx\frac{1+\mathrm{e}^{-2\beta H}}{1-\mathrm{e}^{-2\beta H}},\\ \frac{1}{\kappa_0+\kappa_1G(\tau)}\approx\frac{1}{2\beta}(1-\mathrm{e}^{-2\beta H}).\end{gathered}\tag{I.4.24}$$

由此及本文和附录 H 附录中公式, 即得磁场表达式为

$$
\begin{aligned}
H_x =& -\frac{Il}{4\pi}\sin 2\theta\frac{1}{r^2}\left[1-\frac{(\sqrt{r^2+4H^2}-2H)^2(\sqrt{r^2+4H^2}-H)}{(r^2+4H^2)^{3/2}}\right],\\
H_y =& -\frac{Il}{4\pi}\frac{H}{(r^2+4H^2)^{3/2}}+\frac{Il}{4\pi}\cos 2\theta\frac{1}{r^2}\\
&\times\left[1-\frac{(\sqrt{r^2+4H^2}-2H)^2(\sqrt{r^2+4H^2}+H)}{(r^2+4H^2)^{3/2}}\right],\\
H_z =& \frac{Il}{4\pi}\sin\theta\frac{1}{r^2}\left[1-\frac{r^3}{(r^2+4H^2)^{3/2}}\right].
\end{aligned}
\tag{I.4.25}
$$

当距离条件 (I.4.10) 成立时, 上式化为

$$
\begin{aligned}
H_x =& -\frac{3Il}{4\pi}\sin 2\theta\frac{H}{r^3},\\
H_y =& \frac{Il}{4\pi}(3\cos 2\theta-1)\frac{H}{r^3},\\
H_z =& \frac{3Il}{2\pi}\sin\theta\frac{H^2}{r^4}.
\end{aligned}
\tag{I.4.26}
$$

由此得出, 磁场单分量视电阻率皆由下式表示:

$$
\rho_\omega=\frac{1}{2}\rho''_\omega=\mu_0\omega H^2,
\tag{I.4.27}
$$

与远区结果相同.

例如, 设 $\sigma_1=0.02$, $\sigma_2=0.05$, $\sigma_3=10^5$, $h_1=h_2=15$, $r=300$. 电子计算机算出的准确值如表 I.10 所示.

表 I.10

ν	H_0	H_2
0.2	$-8.78\times10^{-8}-\mathrm{i}4.28\times10^{-9}$	$2.71\times10^{-7}+\mathrm{i}1.41\times10^{-8}$
0.4	$-8.65\times10^{-8}-\mathrm{i}3.05\times10^{-9}$	$2.67\times10^{-7}+\mathrm{i}1.00\times10^{-8}$

各判别参量的值是

ν	$\|k_2r\|$	$\|k_3r\|$	H/δ_3
0.2	0.084	119	8.4
0.4	0.12	168	12

由公式 (I.4.26) 算出的结果是

$$
H_0=-8.83\times10^{-8},\quad H_2=2.65\times10^{-7}.
$$

如果 H 减小, 使条件 (I.4.23) 第二式的满足程度变差, 则 (I.4.25) 和 (I.4.26) 的误差将增大.

4. 中间良导层

设中间层电导率很大, 使得观测点相对第一和第三层 (一般地层) 虽然已在近区, 但相对中间层仍在远区, 即

$$\kappa_1 \approx \beta, \quad \kappa \approx -\mathrm{i}k_2, \quad \kappa_3 \approx \beta, \tag{I.4.28}$$

而且始终保持

$$\frac{h_2 r}{\delta_2^2} \gg 1. \tag{I.4.29}$$

下面, 只对磁场进行讨论. 当第二层未被波穿透时, 该层相当于一个基底, 如果同时还有

$$\frac{h_1}{\delta_2} \gg 1, \tag{I.4.30}$$

则结果就同上节讨论的良导基底一样, 只需把 H 换成 h_1 即可.

若中间层很薄, 而频率又足够低, 使它已为波完全穿透, 即

$$\frac{h_2}{\delta_2} \ll 1, \tag{I.4.31}$$

时, 则在 (I.4.28)、(I.4.29) 和 (I.4.30) 成立的条件下, 可以化出

$$\frac{1}{\kappa_0 + \kappa_1 G(\tau)} \approx \frac{1}{2\beta}\left[1 - \mathrm{e}^{-2\beta h_1}\left(1 + \frac{2\beta}{k_2^2 h_2} + \frac{4\beta^2}{k_2^4 h_2^2}\right)\right]. \tag{I.4.32}$$

对于

$$r \gg 2h_1 \tag{I.4.33}$$

的情形, (I.4.32) 可进一步近似为

$$\frac{1}{\kappa_0 + \kappa_1 G(\tau)} \approx h_1\left(1 - \frac{1}{k_2^2 h_1 h_2}\right) - \beta h_1^2\left(1 - \frac{2}{k_2^2 h_1 h_2} + \frac{1}{k_2^4 h_1^2 h_2^2}\right). \tag{I.4.34}$$

由此求出

$$\begin{aligned}
H_x &= -\frac{3Il}{4\pi} h_1\left(1 + \frac{\mathrm{i}}{\mu_1\omega\sigma_2 h_1 h_2}\right)\sin 2\theta \frac{1}{r^3}, \\
H_y &= \frac{Il}{4\pi} h_1\left(1 + \frac{\mathrm{i}}{\mu_0\omega\sigma_2 h_1 h_2}\right)(3\cos 2\theta - 1)\frac{1}{r^3}, \\
H_z &= \frac{3Il}{2\pi} h_1^2\left(1 + \frac{2\mathrm{i}}{\mu_0\omega\sigma_2 h_1 h_2} - \frac{2}{\mu_0^2\omega^2\sigma_2^2 h_1^2 h_2^2}\right)\sin\theta \frac{1}{r^4}.
\end{aligned} \tag{I.4.35}$$

上式表明, 水平分量 (H_x 和 H_y) 的实部与 h_1 相关, 虚部与 $\sigma_2 h_2$ 相关, 而垂直分量 (H_z) 的实部和虚部则同 h_1 和 $\sigma_2 h_2$ 都有关系.

从 (I.4.35) 求出

$$\rho_\omega(H_x) = \rho_\omega(H_y) = \mu_0\omega h_1^2 + \frac{1}{\mu_0\omega\sigma_2^2 h_2^2}, \tag{I.4.36}$$

$$\rho_\omega(H_z) = \mu_0\omega h_1^2\sqrt{1 + \frac{1}{\mu_0^4\omega^4\sigma_2^4 h_1^4 h_2^4}}. \tag{I.4.37}$$

可以看出, 从低频磁场只能得出 h_1 和 $\sigma_2 h_2$, 但不能给出 σ_3 的大小. 实际上, 只要 κ_3 近似成 β, $G(\tau)$ 就不含 σ_3.

数值计算表明, 即使中间良导层很薄, 电场 (包括 E_0) 也难以穿透它. 这样, 从电磁场的低频渐近值是难以探测中间良导层的下伏构造的.

最后指出, 如果直接从 (I.4.32) 式出发来推导磁场的表达式, 则可以去掉距离条件 (I.4.33) 的限制. 得出的 H_0 和 H_2 分别为

$$\begin{aligned} H_0 =& -\frac{Il}{4\pi}\Bigg[\frac{h_1}{(r^2+4h_1^2)^{3/2}} + \frac{12h_1(3r^2-8h_1^2)}{\mu_0^2\omega^2\sigma_2^2h_2^2(r^2+4h_1^2)^{3/2}} \\ &+ \mathrm{i}\frac{r^2-8h_1^2}{\mu_0\omega\sigma_2h_2(r^2+4h_1^2)^{5/2}}\Bigg], \\ H_2 =& \frac{Il}{4\pi}\Bigg[\frac{1}{r^2} - \frac{(\sqrt{r^2+4h_1^2}-2h_1)^2(\sqrt{r^2+4h_1^2}+h_1)}{r^2(r^2+4h_1^2)^{3/2}} \\ &+ \frac{60r^2h_1}{\mu_0^2\omega^2\sigma_2^2h_2^2(r^2+4h_1^2)^{7/2}} + \mathrm{i}\frac{3r^2}{\mu_0\omega\sigma_2h_2(r^2+4h_1^2)^{5/2}}\Bigg]. \end{aligned} \tag{I.4.38}$$

例 1　设 $\sigma_1 = 0.01$, $\sigma_2 = 10^4$, $h_1 = 100$, $h_2 = 0.5$, $r = 500$; $\nu = 0.5$. 由电子计算机求出的准确值如表 I.11 所示.

表 I.11

σ_3	E_0	E_2	H_0	H_2
0.01	6.70×10^{-9} $+\mathrm{i}2.36\times10^{-11}$	8.6×10^{-9} $-\mathrm{i}4.16\times10^{-11}$	-6.41×10^{-8} $-\mathrm{i}8.52\times10^{-9}$	1.96×10^{-7} $+\mathrm{i}5.89\times10^{-8}$
0.02	6.70×10^{-9} $+\mathrm{i}2.36\times10^{-11}$	8.6×10^{-9} $-\mathrm{i}4.16\times10^{-11}$	-6.41×10^{-8} $-\mathrm{i}8.53\times10^{-9}$	1.96×10^{-7} $+\mathrm{i}5.89\times10^{-8}$

可以看出, 当 σ_3 增加一倍时, 场的值几乎完全没有变化. 各判别参量为

$\lvert k_1r\rvert$	$\lvert k_2r\rvert$	h_2/δ_2	h_1/δ_2	$\dfrac{r}{2h_1}$	$\dfrac{h_2r}{\delta_2^2}$
0.1	1×10^2	7.0×10^{-2}	7.0	2.5	5.0

从 (I.4.38) 算出的值为

$$H_0 = -6.35\times10^{-8} - \mathrm{i}1.51\times10^{-8},$$
$$H_2 = 1.92\times10^{-7} + \mathrm{i}6.68\times10^{-8}.$$

其中 $\mathrm{Im}H_0$ 的误差较大.

例 2　设 $\sigma_1 = 2\times10^{-3}, \sigma_2 = 10^5, \sigma_3 = 2\times10^{-3}, h_1 = 100, h_2 = 0.3, r = 10^3, \nu = 0.1$. 各判别参量为

$\lvert k_1 r\rvert$	$\lvert k_2 r\rvert$	h_2/δ_2	h_1/δ_2	$\dfrac{r}{2h_1}$	$\dfrac{h_2 r}{\delta_2^2}$
4.0×10^{-2}	2.8×10^{2}	6×10^{-2}	20	5	12

由电子计算机算出的准确值列于表 I.12.

表 I.12

H_0	H_2
$-8.04\times10^{-9} - \mathrm{i}2.92\times10^{-9}$	$2.40\times10^{-8} + \mathrm{i}9.37\times10^{-9}$

从 (I.4.38) 算出的结果为

$$H_0 = -7.94\times10^{-9} - \mathrm{i}2.80\times10^{-9},$$
$$H_2 = 2.38\times10^{-8} + \mathrm{i}9.14\times10^{-9}.$$

由于 $\dfrac{h_2 r}{\delta_2^2}$ 较前例增大, 故虚部误差显著减小. 若用 (I.4.35) 计算, 则结果为

$$H_0 = -7.96\times10^{-9} - \mathrm{i}3.36\times10^{-9},$$
$$H_2 = 2.39\times10^{-8} + \mathrm{i}1.01\times10^{-8}.$$

虚部误差较大.

数学附录

在附录 H 的数学附录中曾录出公式

$$\int_0^\infty \mathrm{e}^{-\beta h} J_\nu(\beta r)\frac{\mathrm{d}\beta}{\beta} = \frac{(\sqrt{r^2+h^2}-h)^\nu}{\nu h^\nu}, \quad \mathrm{Re}\nu > 0, r\neq 0, \mathrm{Re}(h\pm \mathrm{i}r) > 0. \tag{I.A.1}$$

取 $\nu = 2$, 它化为

$$\int_0^\infty \mathrm{e}^{-\beta h} J_2(\beta r)\frac{\mathrm{d}\beta}{\beta} = \frac{(\sqrt{r^2+h^2}-h)^2}{2r^2}, \quad r\neq 0, \mathrm{Re}(h\pm \mathrm{i}r) > 0. \tag{I.A.2}$$

通过对 h 的逐次微商, 得

$$\int_0^\infty \mathrm{e}^{-\beta h} J_2(\beta r)\mathrm{d}\beta = \frac{(\sqrt{r^2+h^2}-h)^2}{r^2\sqrt{r^2+h^2}}, \tag{I.A.3}$$

$$\int_0^\infty \mathrm{e}^{-\beta h} J_2(\beta r)\beta \mathrm{d}\beta = \frac{(\sqrt{r^2+h^2}-h)^2(2\sqrt{r^2+h^2}+h)}{r^2(r^2+h^2)^{3/2}} \tag{I.A.4}$$

$$\int_0^\infty \mathrm{e}^{-\beta h} J_2(\beta r)\beta^2 \mathrm{d}\beta = \frac{3r^2}{(r^2+h^2)^{5/2}}, \tag{I.A.5}$$

$$\int_0^\infty \mathrm{e}^{-\beta h} J_2(\beta r)\beta^3 \mathrm{d}\beta = \frac{15hr^2}{(r^2+h^2)^{7/2}}. \tag{I.A.6}$$

$$r \neq 0, \quad \mathrm{Re}(h \pm \mathrm{i}r) > 0.$$

当 r 为正实数, 而 $h \to 0$ 时, 以上各式化为

$$\int_0^\infty J_2(\beta r)\frac{\mathrm{d}\beta}{\beta} = \frac{1}{2}, \qquad r > 0, \tag{I.A.7}$$

$$\int_0^\infty J_2(\beta r)\mathrm{d}\beta = \frac{1}{r}, \qquad r > 0, \tag{I.A.8}$$

$$\int_0^\infty J_2(\beta r)\beta\mathrm{d}\beta = \frac{2}{r^2}, \qquad r > 0, \tag{I.A.9}$$

$$\int_0^\infty J_2(\beta r)\beta^2\mathrm{d}\beta = \frac{3}{r^3}, \quad r > 0, \tag{I.A.10}$$

$$\int_0^\infty J_2(\beta r)\beta^3\mathrm{d}\beta = 0, \qquad r > 0. \tag{I.A.11}$$

若被积函数中含有更高的 β 幂次, 则更方便的是用递推公式来处理. 设 $r > 0$, 由 $J_2(\beta r)$ 所满足的方程, 有

$$\int_0^\infty \left[\frac{\mathrm{d}^2}{\mathrm{d}r^2} + \frac{1}{r}\frac{\mathrm{d}}{\mathrm{d}r} + \left(\beta^2 - \frac{4}{r^2}\right)\right]\beta^n J_2(\beta r)\mathrm{d}\beta = 0, \quad n \geqslant -2. \tag{I.A.12}$$

通过分部积分, 不难求出

$$\int_0^\infty \beta^n \frac{\mathrm{d}}{\mathrm{d}r} J_2(\beta r)\mathrm{d}\beta = -\frac{n+1}{r}\int_0^\infty \beta^n J_2(\beta r)\mathrm{d}\beta,$$

$$\int_0^\infty \beta^n \frac{\mathrm{d}^2}{\mathrm{d}r^2} J_2(\beta r)\mathrm{d}\beta = \frac{(n+1)(n+2)}{r^2}\int_0^\infty \beta^n J_2(\beta r)\mathrm{d}\beta,$$

代入 (I.A.12) 后, 即得出下述递推公式:

$$\int_0^\infty J_2(\beta r)\beta^{n+2}\mathrm{d}\beta = -\frac{(n+3)(n-1)}{r^2}\int_0^\infty J_2(\beta r)\beta^n\mathrm{d}\beta, \quad r > 0. \tag{I.A.13}$$

利用此递推公式, 从 (I.A.10) 和 (I.A.11) 即可求出

$$\int_0^\infty J_2(\beta r)\beta^4\mathrm{d}\beta = -\frac{15}{r^5}, \quad r > 0. \tag{I.A.14}$$

$$\int_0^\infty J_2(\beta r)\beta^{2m+1}\mathrm{d}\beta = 0, \quad m = 1, 2, \cdots; r > 0. \tag{I.A.15}$$

附录 J　经典电子论

经典电子论是指 19 世纪末期到 20 世纪初期提出来的、将宏观介质的电磁属性归之于介质中所含的带电粒子的效应的一种理论. 它的提出不仅是电磁理论本身的一个重要进展, 而且是狭义相对论和物性微观理论发展中的一个重要环节. 现在, 关于宏观介质的电磁 (以及光学) 性质的理论已在原子的核模型和量子力学、量子统计的基础上发展成许多门有关的学科, 如原子和分子物理学、固体物理学中的有关部分, 以及更加专门的半导体物理学、磁学、电介质物理学和超导电物理学等.

早期的发展有韦伯 (Weber, 于 1846, 1871 年), 黎曼 (Riemann, 于 1861 年) 和克劳修斯 (Clausius, 于 1877—1880 年) 等所提出的理论. 虽然这些早期的理论未能获得预期的结果, 但当时的物理学家们仍倾向于相信介质中电和磁的现象是由于其中的带电粒子的存在和它们的运动所导致的, 因为气体和电解液的导电性质提供了其中电荷颗粒性的证据.

到了 19 世纪 90 年代, 洛伦兹在麦克斯韦理论的基础上发展了电子论, 才开始取得成功. 在洛伦兹进行电子论研究的年代 (1892 年到 20 世纪初), 人们对阴极射线的性质已经作了不少的研究. 对它的本质 (为电子束) 的认识, 也是在这一时期完成 (如电子的荷质比 $\dfrac{e}{m}$ 于 1897 年由汤姆孙测定).

洛伦兹理论与早先理论的主要差别在于：它将电磁扰动以有限速度传播的概念引入到带电粒子之间的相互作用中. 在当时, 电磁扰动被认为是通过以太传播的, 于是洛伦兹对以太的性质提出了他的假定. 在他看来, 宏观介质既然可归结为悬浮在真空中的带电粒子, 介质中的以太就应该在密度和弹性方面都与真空中的一样, 无任何特别之处. 当介质运动时, 也不会带动其中的以太运动. 这样, 微观的电动力学方程就变得简单明显, 而宏观介质的电动力学方程可以从这些简单明显的微观方程推导出来.

下面用 $\boldsymbol{e}$ 和 $\boldsymbol{h}$ 表示微观的电场和磁场强度、用 $\boldsymbol{w}$ 表示微观电荷相对以太的运动速、ρ 为微观电荷密度, 微观的麦克斯韦方程组 (单位用高斯制) 为

$$\begin{aligned} \nabla\cdot\boldsymbol{e} &= 4\pi\rho, \\ \nabla\times\boldsymbol{e} &= -\frac{1}{c}\frac{\partial\boldsymbol{h}}{\partial t}, \\ \nabla\cdot\boldsymbol{h} &= 0, \\ \nabla\times\boldsymbol{h} &= \frac{4\pi}{c}\rho\boldsymbol{w}+\frac{1}{c}\frac{\partial\boldsymbol{e}}{\partial t}. \end{aligned} \tag{J.1}$$

作为洛伦兹理论基础的, 除了上述式 (J.1) 以外, 还有带电粒子的运动方程 (即牛顿方程), 其中带电粒子在电磁场中所受的力可通过下述力密度公式来计算：

$$\boldsymbol{f} = \rho \boldsymbol{e} + \frac{\rho}{c}\boldsymbol{w} \times \boldsymbol{h}. \tag{J.2}$$

此式与赫维赛德 (Heaviside)1989 年提出的公式相同.

在宏观的电动力学中, 我们将场强和电荷电流密度看作是“宏观尺度上变化”的连续函数, 而不去顾及那种与原子结构相联系的微观尺度上的起伏. 这种微观的起伏可以通过在特定范围的空间平均来消除. 这个空间的范围从宏观看来应当很微小, 但从微观看来却又应大得能容纳大量的原子或分子.

将式 (J.1) 对上述空间范围作平均处理后, 可以得出

$$\begin{aligned}
&\nabla \cdot \overline{\boldsymbol{e}} = 4\pi\overline{\rho},\\
&\nabla \times \overline{\boldsymbol{e}} = -\frac{1}{c}\frac{\partial \overline{\boldsymbol{h}}}{\partial t},\\
&\nabla \cdot \overline{\boldsymbol{h}} = 0,\\
&\nabla \times \overline{\boldsymbol{h}} = \frac{4\pi}{c}\rho\overline{\boldsymbol{w}} + \frac{1}{c}\frac{\partial \overline{\boldsymbol{e}}}{\partial t}.
\end{aligned} \tag{J.3}$$

按照上面所述的观点, 宏观的电荷密度 ρ 就等于式 (J.3) 中的 $\overline{\rho}$, 宏观的电流密度 $\boldsymbol{J}$ 就等于 $\rho\overline{\boldsymbol{w}}$, 宏观的电场强度 $\boldsymbol{E}$ 就等于 $\overline{\boldsymbol{e}}$. 但从方程组 (J.3) 的第二和三式可以看出, $\overline{\boldsymbol{h}}$ 不等于宏观的 $\boldsymbol{H}$, 而应等于 $\boldsymbol{B}$. 这也就是 $\boldsymbol{B}$ 为基本场量而 $\boldsymbol{H}$ 不是的原因.

于是式 (J.3) 化为宏观的麦克斯韦方程组

$$\begin{aligned}
&\nabla \cdot \boldsymbol{E} = 4\pi\rho,\\
&\nabla \times \boldsymbol{E} = -\frac{1}{c}\frac{\partial \boldsymbol{B}}{\partial t},\\
&\nabla \cdot \boldsymbol{B} = 0,\\
&\nabla \times \boldsymbol{B} = \frac{4\pi}{c}\boldsymbol{J} + \frac{1}{c}\frac{\partial \boldsymbol{E}}{\partial t}.
\end{aligned} \tag{J.4}$$

对于静止的介质, 可以得出

$$\begin{gathered}
\rho = \rho_{\mathrm{f}} - \nabla \cdot \boldsymbol{P},\\
\boldsymbol{J} = \boldsymbol{J}_{\mathrm{f}} + \frac{\partial \boldsymbol{P}}{\partial t} + c\nabla \times \boldsymbol{M}.
\end{gathered} \tag{J.5}$$

上式中的 $\boldsymbol{P}$ 代表介质的极化强度、$\boldsymbol{M}$ 代表磁化强度、$\boldsymbol{J}_{\mathrm{f}}$ 代表传导电流密度、ρ_{f} 代表自由电荷密度. 这样, 令 $\boldsymbol{D} = \boldsymbol{E} + 4\pi\boldsymbol{P}, \boldsymbol{H} = \boldsymbol{B} - 4\pi\boldsymbol{M}$, 即可化出常见的宏观介质中麦克斯韦方程组的形式.

从电子论还可解释为何折射率 n 的值会随频率而变化.

洛伦兹电子论的一个重要成果是推出了运动介质中光的传播速度.

当介质运动时, 带电粒子的速度可表为 $\boldsymbol{v} + \boldsymbol{u}$, 其中 $\boldsymbol{v}$ 代表介质相对以太的速

度，而 $\boldsymbol{u}$ 为带电粒子相对介质的速度. 对于非磁性的透明介质,

$$\begin{aligned}\rho\boldsymbol{v} &= -(\nabla\cdot\boldsymbol{P})\boldsymbol{v} - (\boldsymbol{P}\cdot\nabla)\boldsymbol{v},\\ \rho\overline{\boldsymbol{u}} &= \frac{\partial\boldsymbol{P}}{\partial t} + (\boldsymbol{v}\cdot\nabla)\boldsymbol{P} + (\nabla\cdot\boldsymbol{v})\boldsymbol{P},\end{aligned} \tag{J.6}$$

再利用 ∇ 既为一算符又为一矢量的双重性, 就得出 $\boldsymbol{J}$ 与 $\boldsymbol{P}$ 的关系为

$$\boldsymbol{J} = \rho\boldsymbol{v} + \rho\overline{\boldsymbol{u}} = \frac{\partial\boldsymbol{P}}{\partial t} + \nabla\times(\boldsymbol{P}\times\boldsymbol{v}). \tag{J.7}$$

与介质静止时相比, 多出一项 $\nabla\times(\boldsymbol{P}\times\boldsymbol{v})$. 此项可称为 "介电运动电流". ρ 的结果不变. 即对于不带自由电荷的透明介质

$$\rho = \overline{\rho} = -\nabla\cdot\boldsymbol{P}. \tag{J.8}$$

另外, 介质运动时, P 与场强的关系需要作下列修改, 即原来公式中的 $\boldsymbol{E}$ 应当用 $\boldsymbol{E} + \dfrac{\boldsymbol{v}}{c}\times\boldsymbol{B}$ 来代替：

$$\boldsymbol{P} = \chi\left(\boldsymbol{E} + \frac{\boldsymbol{v}}{c}\times\boldsymbol{B}\right), \tag{J.9}$$

χ 为介质的极化率. 当介质是非磁性物质时, χ 与折射率 n 有下述关系：

$$\chi = \frac{n^2-1}{4\pi}. \tag{J.10}$$

在介质均匀、其运动也均匀 (折射率 n 和速度 $\boldsymbol{v}$ 皆与坐标无关) 的情况, 从以上结果可得 (准到 $\dfrac{v}{c}$ 的一次方)：

$$\begin{aligned}\nabla^2\boldsymbol{E} &= \frac{n^2}{c^2}\left[\frac{\partial^2\boldsymbol{E}}{\partial t^2} + 2\left(1-\frac{1}{n^2}\right)\times(\boldsymbol{v}\cdot\nabla)\frac{\partial\boldsymbol{E}}{\partial t}\right],\\ \nabla^2\boldsymbol{B} &= \frac{n^2}{c^2}\left[\frac{\partial^2\boldsymbol{B}}{\partial t^2} + 2\left(1-\frac{1}{n^2}\right)\times(\boldsymbol{v}\cdot\nabla)\frac{\partial\boldsymbol{B}}{\partial t}\right].\end{aligned} \tag{J.11}$$

由此求出, 在以太参考系中平面电磁波的速度 (准到 $\dfrac{v}{c}$ 的一次方) 为

$$V = \frac{c}{n} + \left(1-\frac{1}{n^2}\right)v\cos\theta, \tag{J.12}$$

上式中的 θ 为 v 与波传播方向间的夹角. 此式早在 1818 年就为菲涅耳 (Fresnel) 所推出, 并曾为斐索 (Fizeau) 的实验所证实. 但是菲涅耳的出发点是与洛伦兹不同的. 在菲涅耳时代, 光的电磁理论尚未建立, 光波被认为是以太的弹性波, 它的速度只与以太的状态有关. 介质对光波速度的影响也是通过其中以太状态的不同来实现的. 菲涅耳假定, 介质中以太的弹性与真空中的一样, 但密度 d 改变了：d 与介

质的折射率平方成正比 ($d = d_0 n^2$). 他并假定, 当介质相对以太参考系运动时, 它只带动其内部超过真空的那一部分以太运动, 该部分的密度为 $d - d_0 = (n^2 - 1)d_0$, 于是介质内部以太的平均速度即为 $\dfrac{d-d_0}{d}\boldsymbol{v} = \left(1 - \dfrac{1}{n^2}\right)\boldsymbol{v}$. 这样, 若引入一个参考系 S 以速度 $\left(1 - \dfrac{1}{n^2}\right)\boldsymbol{v}$ 相对以太参考系运动, 则介质内部的以太相对 S 的平均速度为零. 于是在 S 系中可以为光速就等于 $\dfrac{c}{n}$. 变换到以太参考系并只保留到 $\dfrac{v}{c}$ 的一次方修正项时, 即得出式 (F.12).

由此可见, 洛伦兹理论中的束缚带电粒子起着菲涅耳理论中多余以太的作用. 它们在各自的理论中都代表介质与真空间的差异, 它们并都随着介质一起运动. 但菲涅耳理论所存在的困难 —— 不同频率的光需要有不同的以太 (因为频率不同时, n 不同, 从而以太拽引速度 $\left(1 - \dfrac{1}{n^2}\right)\boldsymbol{v}$ 不同), 现已不再出现.

电子论的另一方面内容是解释金属各方面的性质, 如光学特性、热电效应、霍耳效应、热导率与电导率的关系等. 在这方面作出主要贡献的有瑞克 (Riecke, 于 1898 年), 德鲁德 (Drude, 于 1900 年), 汤姆孙 (J. J. Thomson, 于 1900 年) 和洛伦兹 (于 1903—1905 年) 等人.

金属电子论提出了金属电结构的明确图像: 在金属中, 负电荷就是在阴极射线中发现的电子, 它可以在原子间自由运动, 而正电荷则是固定在金属原子上面. 金属的导电完全是电子的运动. 金属电子论并将气体动力论的方法应用到这些自由电子上, 以计算金属导电的性质. 其中最重要的结果是导出了实验上发现的魏德曼–弗朗兹 (Wiedermann-Franz) 定则和洛伦兹 (Lorentz) 关系, 即在同一温度下热导率与电导率的比值对所有的金属相同, 而温度变化时, 上述比值与绝对温度成正比.

此理论所遇到的主要困难之一, 是自由电子对金属比热的贡献的理论值太大. 这一问题直到 1928 年索末菲 (Sommerfeld) 应用费米统计 (量子统计的一种) 才得到解决. 按照费米统计, 只是那些在费米能级 ζ 附近的电子才可能被热激发. 激发的电子数 $\sim N\dfrac{kT}{\zeta}$, k 为波尔兹曼常数、T 为绝对温度、N 为自由电子总数, 而平均的激发能量 $\sim kT$. 这样自由电子对比热的贡献 $\sim \dfrac{Nk^2T}{\zeta}$. 由于 $\dfrac{kT}{\zeta} \ll 1$, 因此索末菲从量子统计计算出的值比原来的理论值 $\dfrac{3}{2}Nk$ 大为减小. 此外, 索末菲理论在热电效应上也有改进.

将电子论应用到磁性方面的有韦伯 (于 1871 年), 沃伊特 (Voigt, 于 1901 年) 和汤姆孙 (J. J. Thomson, 于 1903 年) 等人的工作. 但首先获得了成功结果的是 1905 年朗之万 (Langevin) 的理论. 他采用了韦伯的观点, 认为逆磁性是所有物质所共有的, 而顺磁性和铁磁性只是分子 (或原子) 具有固有磁矩的物质才有. 对于顺磁和铁磁物质, 它的逆磁效应由于此顺磁和铁磁效应小得多而被掩盖.

朗之万采用原子内部做轨道运动的电子在外磁场下所作的拉莫尔 (Larmor) 进动来解释逆磁性. 由于原子内部电子的运动不易受温度影响, 因而逆磁性很少随温度变化 (金属铋除外, 对此, 朗之万像汤姆孙一样把它归之于自由电子的效应). 他还用经典统计法计算了顺磁介质的磁化强度随温度的变化关系. 当分子磁矩的取向能与热运动能相比小得多时, 可得出磁化率与绝对温度成正比, 此结果与实验上的居里 (Curie) 定律相一致.

1907 年外斯 (Weiss) 将朗之万理论加以推广以解释铁磁性. 朗之万和外斯理论虽然获得了成功的结果, 但从理论角度上看是存在问题的. 只有将经典力学换成量子力学, 其中的困难方能得到克服.

1911 年卢瑟福 (Rutherford) 在 α 粒子散射的基础上, 提出了原子的 "核模型"(原子中心有一带正电的核, 周围有若干电子围绕着核运动). 1913 年玻尔 (Bohr) 对原子中的电子轨道引入了量子化条件以解释氢原子的光谱谱系. 1925—1926 年, 海森伯 (Heisenberg) 和薛定谔 (Schrödinger) 等人发展了描述微观粒子运动规律系统理论 —— 量子力学. 这些成就使人们对微观世界的认识达到了一个新的阶段. 物性的微观理论也得到迅速的发展, 并逐步形成了许多专门的学科.

附录 K　以太论的兴衰①

"以太" 是一个在物理学史上起过重要作用的名词, 它的含义也随着历史的发展而变化着.

在古希腊, 以太指的是青天或上层大气, 在古宇宙学中, 有时又用以太来表示占据天体空间的物质.

17 世纪的笛卡儿是一个对科学思想有重大影响的哲学家. 他最先将以太引入科学, 并赋予它某种力学性质. 在笛卡儿看来, 物体之间的所有作用力都必须通过某种中间媒介物质来传递, 不存在任何超距作用. 因此, 空间并不是空无所有的, 而是为 "以太" 这种媒介物质所充满. 以太虽然不能为人的感官所感觉, 但却能起着传递力的作用.

后来, 以太又在很大程度上作为光波的荷载物同光的波动学说相联系. 光的波动说是由胡克 (Hooke, 1635—1703) 首先提出的, 并为惠更斯 (1629—1695) 所进一步发展. 在相当长的时期内 (直到 20 世纪初), 人们对波的理解只局限于某种媒介物质的力学振动. 这种媒介物质就称为波的荷载体, 如空气就是声波的荷载体. 由于光可以在真空中传播, 因此惠更斯提出, 荷载光波的媒介物质 (以太) 应该充满包

① "以太论" 现在虽已不提了, 但了解一下它的情况还是有意思的.

括真空在内的全部空间, 并能渗透到通常的物质之中. 除了作为光波的荷载物以外, 惠更斯也用以太来说明引力的现象.

牛顿 (1642—1729) 虽然不同意胡克的光的波动学说, 但他也像笛卡儿一样反对超距作用并承认以太的存在. 在他看来, 以太不一定是单一的物质. 因而能传递各种作用, 形成电、磁和引力等不同方面的现象. 牛顿也认为以太可以传播振动, 但以太的振动不是光, 因为光的波动说 (当时人们还不知道横波, 光波被认为是和声波一样的纵波) 不能解释光的偏振, 也不能解释光的直线传播现象.

18 世纪是以太论没落的时期. 由于法国笛卡儿主义者拒绝引力的反平方定律而使牛顿的追随者起来反对笛卡儿哲学体系, 包括以太论. 随着引力的反平方定律在天体力学方面的成功以及探寻以太未获得结果, 使得超距作用观点得以流行. 光的波动说也被放弃了, 微粒说得到广泛的承认. 到 18 世纪后期, 电荷之间 (以及磁极之间) 的作用力亦被证实与距离平方成反比, 于是电磁以太的概念亦被抛弃, 超距作用的观点在电学中也占了主导地位.

19 世纪, 以太论获得了复兴和发展. 先是从光学开始. 这主要是杨 (Young, 1773—1829) 和菲涅耳 (1788—1827) 工作的结果. 杨用光波的干涉解释了牛顿环, 并在实验启示下于 1817 年提出光波为横波的新观点 (当时对弹性体中的横波还没有进行过研究), 解决了波动说长期不能解释光的偏振的困难.

菲涅耳则用波动说成功地解释了光的衍射现象, 他提出的理论方法 (现常称为惠更斯–菲涅耳原理) 能正确地计算出衍射花样, 并能解释表观上的光的 "直线传播" 现象. 菲涅耳还进一步解释了光的双折射, 获得很大成功. 1823 年他根据杨的光波为横波的学说和他自己 1818 年提出的透明物质中以太密度与其折射率平方成正比的假定, 在一定的边值条件下, 推出了布儒斯特 (Brewster) 从实验上测得的偏振光反射强度的公式.

菲涅耳关于以太的一个重要理论工作是导出光在相对以太参考系运动的透明物体中的速度公式. 1818 年, 他为了解释阿拉戈 (Arago) 关于星光折射行为的实验, 在杨 (Young) 的想法基础上提出：透明物质中以太的密度与该物质的折射率平方成正比, 他并假定：当一个物体相对以太参考系运动时, 其内部的以太只是超过真空的那一部分被物体带动 (部分曳引假说). 由于此假定, 可得出物体中以太的平均速度为 $\left(1-\dfrac{1}{n^2}\right)\boldsymbol{v}$, 其中 $\boldsymbol{v}$ 为物体的速度, 系数 $\left(1-\dfrac{1}{n^2}\right)$ 称为菲涅耳曳引系数.

利用以上结果不难推得, 在以太参考系中, 运动物体内光的速度为 (准到 $\dfrac{v}{c}$ 的一次方)

$$\boldsymbol{u}=\frac{c}{n}+1-\frac{1}{n^2}\boldsymbol{v}\cos\theta,$$

其中的 θ 为 $\boldsymbol{u}$ 与 $\boldsymbol{v}$ 之间的夹角. 上式称为菲涅耳 "运动物体中的光速公式". 它并

为以后的斐索 (Fizeau) 实验所证实.

19 世纪中期还进行了其他一些实验以寻求显示地球相对以太参考系运动所引起的效应, 并希望由此测定地球相对以太参考系的速度 $\boldsymbol{v}$, 但都得出否定的结果. 这些实验结果仍可从上述菲涅耳理论得到解释. 根据菲涅耳运动物体中的光速公式, 当精度只达到 $\frac{v}{c}$ 量级时, 地球相对以太参考系的速度在这些实验结果中不会表现出来. 要测出 v, 精度至少要达到 $\left(\frac{v}{c}\right)^2$ 量级. 估计 $\left(\frac{v}{c}\right)^2 \sim 10^{-8}$, 而当时的实验都未能达到这一精度.

在杨和菲涅耳的工作之后, 光的波动说在物理学中确立了它的地位.

不过以太论也遇到一些问题. 首先, 若光波为横波, 则以太应为有弹性的固体介质. 这样, 为何天体运行其中没有受到阻力? 对此, 斯托克斯 (Stokes) 提出了一种解释：以太可能是一种像蜡或沥青样的塑性物质, 对于光那样快的振动, 它具有足够的弹性像是固体, 而对于像天体那样慢的运动则像流体. 另外一个问题, 弹性介质中除横波外一般还应有纵波, 但实验却表明没有纵光波. 如何消除以太的纵向振动以及如何得出 “推导反射波强度公式” 所需要的边值条件, 成为各种以太模型长期争论的难题. 光学对以太性质所提出的要求似乎很难与通常的弹性力学相符合. 为了适应光学的需要, 人们要对以太假设一些非常的属性 [如 1839 年麦克可拉 (MacCulagh) 模型和柯希 (Cauchy) 模型]. 再者, 由于对不同的光频率, 折射率 n 的值不同, 于是曳引系数对于不同频率亦将不同. 这样, 每种频率的光将不得不有专属自己的以太 (这是很不自然的假设).

随后, 以太在电磁学中也获得了地位, 这主要是由于法拉第 (Faraday, 1791—1867) 和麦克斯韦 (Maxwell, 1831—1879) 的贡献.

在法拉第心目中, “电磁作用是 ‘逐步传过去’ 的看法” 有着十分牢固的地位. 他引入了力线来描述磁作用和电作用. 在他看来, 力线是现实的存在, 空间被力线充满着, 而光和热可能就是力线的横振动. 他曾提出用力线来代替以太, 并认为物质原子可能就是聚集在某个点状中心的力线场. 他在 1851 年写道：如果接受光以太的存在, 那么它可能是力线的荷载物.

但法拉第的观点并未为当时的理论物理学家们所接受.

到 19 世纪 60 年代前期麦克斯韦提出位移电流的概念, 并在前人工作的基础上提出用一组微分方程来描述电磁场的普遍规律. 这组方程以后被称为麦克斯韦方程组. 根据麦克斯韦方程组, 可以推出电磁场的扰动以波的形式传播, 以及电磁波在空气中的速度为 3.1×10^{10}cm/s, 与当时已知的空气中的光速 3.15×10^{10}cm/s 的差值在实验误差范围之内. 麦克斯韦在指出电磁扰动的传播与光传播的相似之后写道：光就是 “产生电磁现象的介质”(指以太) 的横振动. 后来, 赫兹 (Hertz, 1857—1894) 用实验方法证实了电磁波的存在 (1888 年).

光的电磁学说成功地解释了光波的性质, 这样以太不仅在电磁学中取得了地位, 而且 “电磁以太” 同 “光以太” 也统一了起来.

麦克斯韦还设想用以太的力学运动来解释电磁现象. 在他 1855 年的论文中, 他把磁感强度 $\boldsymbol{B}$ 比作以太的速度. 后来 (1861—1862 年) 他接受了汤姆孙 (W. Thomson) 的看法, 改成: 磁场代表以太的转动而电场代表平动. 他认为, 以太绕磁力线转动形成一个涡元, 在相邻的涡元之间有一层电荷粒子. 他并假定, 当这些粒子偏离它们的平衡位置 (即有一位移) 时, 就会对涡元内物质产生一作用力, 引起涡元的变形, 这就代表静电现象.

关于电场与位移有某种对应的想法, 并不是完全新的, 汤姆孙就曾把电场比作以太的位移. 另外, 法拉第在更早 (1838 年) 就提出, 当绝缘物质置于电场中时, 其中的电荷将发生位移. 麦克斯韦与法拉第不同之处在于, 他认为不论有无绝缘物质存在, 只要有电场就有以太电荷粒子的位移, 位移 $\boldsymbol{D}$ 的大小与电场强度 $\boldsymbol{E}$ 成正比. 当电荷粒子的位移随时间变化时, 就将形成电流. 这就是他所谓的位移电流, 其值为 $\dfrac{\partial \boldsymbol{D}}{\partial t}$. 对麦克斯韦来说, 位移电流是真实的电流, 而现在我们知道, 只是位移电流中的一部分 $\dfrac{\partial \boldsymbol{P}}{\partial t}$(极化电流) 才是真实的电流.

在这一时期还曾建立了其他一些以太模型.

尽管麦克斯韦在电磁理论上取得了很大的进展, 但他以及后来的赫兹等人把电磁理论推广用到运动物质上的意图却未获成功.

19 世纪 90 年代洛伦兹 (Lorentz 1853—1928) 提出了新的概念. 他把物质的电磁性质归之于其中原子内的电子的效应; 至于物质中的以太则与真空中的以太在密度和弹性上都并无区别. 他还假定, 物体运动时并不带动其中的以太运动. 但是, 由于物体中的电子随物体运动时, 不仅要受到电场的作用力, 还要受到磁场的作用力, 以及物体运动时其中将出现 “电介质运动电流”, 运动物质中的电磁波速度, 与静止物质中的将不相同. 在考虑了上述效应后, 他同样推出了菲涅耳关于运动物质中的光速公式. 而菲涅耳理论所遇到的困难 (不同频率的光有不同的以太) 在他的理论中已不存在. 根据束缚电子的强迫振动他并可推出折射率随频率的变化.

洛伦兹的上述理论被称为 “电子论”, 被认为获得了很大成功.

19 世纪末可以说是以太论的极盛时期. 但是, 在洛伦兹理论中, 以太除了荷载电磁振动之外, 不再有任何其他的运动和变化. 这样它几乎已退化为某种抽象的标志. 除了作为电磁波的荷载物和绝对参考系, 它已失去了所有其他具体生动的物理性质. 这就为它的衰落创造了条件.

为了测出地球相对以太参考系的运动, 如上所述, 实验精度必须达到 $\dfrac{v^2}{c^2}$ 量级. 19 世纪 80 年代, 迈克尔孙 (Michelson) 以及莫雷 (Morley) 所作的实验第一次达到了这个精度, 但得到的结果仍然是否定的 (即得出地球相对以太并不运动). 此后其他的一些实验亦得到同样的结果. 于是以太进一步失去了它作为绝对参考系的性质. 这一结果使得相对性原理得到普遍承认, 并被推广到整个物理学领域 (这就是特殊相对论, 中文亦译作狭义相对论).

在 19 世纪末和 20 世纪初, 虽然还进行了一些努力来挽救以太. 但在特殊相对论确立以后. 以太终于被物理学家们所抛弃. 人们接受了电磁场本身就是"物质存在的一种形式"的概念, 而场可以在真空中以波的形式传播.

量子力学的建立更加强了这种观点, 因为人们发现, 物质的原子以及组成它的电子、质子和中子等粒子的运动也都具有波的属性. 波动性已成为物质运动基本属性之一, 那种仅仅把波动理解为"某种媒介物质的力学振动"的狭隘观点已被完全冲破.

然而人们的认识仍在继续发展. 到 20 世纪中期以后, 人们又逐渐认识到"真空"并非是绝对的空无所有, 那里存在着不断的涨落过程 (虚粒子的产生以及随后的湮没). 这种真空涨落是相互作用着的各种场的一种量子效应. 今天, 理论物理学家更倾向于认为, "真空"具有更复杂的性质. 真空状态 (即场的基态) 可能是简并的, 实际的"真空"是这些简并态中的某一个特定状态. 目前粒子物理中所观察到的许多对称性的破坏可能就是"真空"态的这种特殊"取定"所引起的 (这一理论即称为对称性的自发破坏理论). 在这种观点上建立的弱作用与电磁作用的统一理论已获得了令人注目的成功.

这样看来, 机械论的以太虽然"死亡"了, 但以太论的某些精神 (不存在超距作用, 不存在"绝对空虚"意义上的真空) 仍然"活着", 并具有旺盛的生命力.

本附录主要参考书

Whittaker E T. A history of the theories of aether and electricity. 1910.

附录 L 电弱作用的统一理论[①]

电弱作用的统一理论是指电磁作用与弱作用的统一理论. 迄今所知道的物质间的基本物理作用, 共有四类: 即引力相互作用、电磁相互作用、强相互作用和弱相互作用 (简称为强作用和弱作用). 前二种相互作用广泛地表现在宏观的物理过程中, 因而比较早地为人类所认识. 电磁作用还是固体、液体和分子的一切物理和化学性质的根源. 在原子物理中起作用的也是电磁作用. 强作用和弱作用是通过原子

① 这是 1982 年写的, 这次收入时保持其原样, 只作了少许文字修饰. 收入的目的是使读者对电磁作用 (即电动力学中的相互作用) 有更多的了解.

核物理的发展, 在 20 世纪 30 年代以后才为人们所研究. 强作用使质子和中子结合成原子核, 由于这种作用克服了质子之间的排斥力, 才使原子核得以形成. 弱作用使得中子变成质子加上电子和反中微子, 它导致原子核的 β 衰变. 以后人们又发现了大量其他 "基本粒子". 在这些被发现的粒子中, 凡是服从费米统计的又统称为费米子. 其中有一部分具有强作用, 它们统称为强子, 其余的则称为轻子. 强作用的强度比电磁作用强, 而弱作用则比电磁作用弱, 并且都是量级上的差别. 至于引力则比弱作用还要微弱得多, 在目前所研究的微观过程中, 它的效应可以忽略不计.

电磁作用的经典理论在 19 世纪就已经建立, 即经典电动力学. 在微观领域的量子效应发现以后, 又于 19 世纪 30 年代初建立了量子电动力学. 19 世纪 40 年代末又发展了量子场论的协变微扰论和重正化理论. 量子电动力学被证明为可重正化的, 从而可以计算它的十分精微的高阶效应. 计算出的结果准确地与实验值符合, 使得量子电动力学成为一门精确可靠的理论.

弱作用的情况却不是这样. 在弱电作用统一理论提出以前, 虽然人们对它的认识已有相当的进展, 但始终没有建立一个完整的理论. 弱电作用统一理论就是在发展弱作用理论的时候, 将它与电磁作用结合起来考虑而提出来的统一性的理论.

弱作用与电磁作用之间虽然存在着一些重要的相似点, 但它们在强度上有量级上的不同, 在一些基本性质上也有类型上的差异, 从表观上看是很难统一起来的. 统一理论能够建立的一个关键, 是 19 世纪 60 年代的"对称性自发破坏的概念"在量子场论中的发展. 下面就分别对弱电统一理论提出前的弱作用理论发展情况、对称性自发破坏概念和弱电统一理论模型加以介绍.

L.1　统一理论提出前的弱作用理论

1933 年泡利 (Pauli) 提出"中微子假设"以解释核 β 衰变中表观上的能量和角动量不守恒的问题. 1934 年费米 (Fermi) 在此基础上提出了四费米子作用, 作为 β 衰变的机制. 这是弱作用理论的创始阶段. 在此后的 20 年中, 主要是探索四费米子耦合的具体形式, 并试图用统一的弱作用来解释各种原子核的 β 衰变. 20 世纪 50 年代中期, 弱作用理论又有了一个重要发展. 这时关于 μ 轻子和 π 介子的弱衰变已积累了不少材料, 四费米子作用很自然地被推广应用到它们的衰变过程. 但人们发现, 无法用统一的四费米子耦合方式来解释当时所有的核衰变和 μ、π 衰变的实验结果. 1956 年李政道和杨振宁为了解释有关 K 介子衰变的一些实验现象提出了弱作用宇称不守恒 (即弱作用不具有空间反射对称性) 的假设. 这一假设并于次年为实验所证实. 在此基础上, Marshak 和 Sudarshan 以及 Feynman 和 Gell-mann 分别于 1957 和 1958 年彼此独立地提出矢量–轴矢耦合的普适四费米子作用, 简称为 V-A 理论. 该理论获得了很大成功. 过去一些认为明显与矢量耦合或轴矢耦合相抵触的实验结果在重做之后都证明是错误的. 新的实验结果与普适 V-A 理论完全符合.

V-A 理论可以概括为弱作用具有下述相互作用哈密顿量密度:

$$H_{\mathrm{W}}(x) = -\frac{G}{\sqrt{2}} J_\lambda(x) \overline{J}_\lambda(x), \tag{L.1}$$

上式表明弱作用是流–流耦合并具有普适的耦合强度 G. 这种流 (即 J) 称为弱流, 它包括矢量流 J^{V} 和轴矢流 J^{A} 两部分, 它们 λ 分量的关系就是

$$J_\lambda(x) = J_\lambda^{\mathrm{V}}(x) + J_\lambda^{\mathrm{A}}(x). \tag{L.2}$$

轻子的弱流具有下述简单形式 (其中 ψ 的下标 e 和 μ 分别代表电子和 μ 轻子)

$$J_\lambda(x) = \mathrm{i}\overline{\psi}_{\mathrm{e}}(x)\gamma_\lambda(1+\gamma_5)\psi_{\mathrm{e}}(x) + \mathrm{i}\overline{\psi}_{\mu}(x)\gamma_\lambda(1+\gamma_5)\psi_{\mu}(x), \tag{L.3}$$

这意味着只是左手轻子参与弱作用 (因 $(1+\gamma_5)$ 为左手分量的投影算符), 右手轻子不参与. 对于强作用粒子, 弱流还要分为奇异数不变的 J_λ^0 和奇异数改变的 J_λ^1 两个成分. Cabibbo 于 1963 年提出两者的组合形式为

$$J_\lambda(x) = \cos\theta_{\mathrm{c}} J_\lambda^0(x) + \sin\theta_{\mathrm{c}} J_\lambda^1(x), \tag{L.4}$$

其中的 θ_{c} 就称为 Cabibbo 角, 而 J_λ^0 和 J_λ^1 又分别都含有矢量流和轴矢流两部分.

V-A 理论表明, 弱作用与电磁作用有一个重要的相似处, 即普适的 "流–流作用" 的形式. 我们知道, 带电粒子之间的电磁作用也可以表成普适的流–流耦合的形式, 只是其中的流是电流 (这里的流都是指四维时空变换中的流, 矢量和轴矢也是对四维时空变换而言). 但是弱作用在一些基本性质上与电磁作用有类型上的不同. 首先是力程的类型上不同. 带电粒子之间的流–流作用是通过光子传递的, 由于光子的质量为零, 故作用是长程作用, 而在 V-A 理论中, 弱流与弱流之间的作用是直接的, 即力程为零. 这不仅意味着弱作用属于短程作用, 还是短程作用的极限情况.

其次一个差异是, 弱作用与电磁作用遵守的对称性不同, 这不仅反映在内部对称性上, 也反映在时空对称性上. 电磁作用对空间坐标反射是对称的, 即具有左右手对称性, 而弱作用对于空间坐标反射是不对称的, 而且是最大限度的不对称. 表现在流中即为: 电流是完全的矢量成分而弱流却为矢量和轴矢两种成分的叠加, 而且两种成分具有同等的强度.

第三个差别是, 电磁作用是一种规范作用, 而 V-A 理论不是. 另外, 弱作用 V-A 理论虽然唯象上获得很大成功, 但理论上却存在一些严重困难. 首先, 它不可重正化, 于是在计算它的高阶修正时将不能避开发散困难. 这表明它不是一个完整的理

论, 只能给出初级近似的结果. 其次, 用 V-A 理论计算出的初级近似的结果虽然在低能领域与实验相符合 (当时所研究过的弱作用过程只是各种粒子的衰变, 它们都位于低能领域), 但一旦过渡到高能领域, 理论计算将不可避免地要与实验结果相矛盾. 这是因为, 按照 V-A 理论, 弱作用的效应只是在低能领域显得微弱, 而在弱作用引起的散射和反应的过程中, 它的效应将随着能量的增大而增强. 当质心系中的能量值超过一定值 (量级为几百 GeV) 时, 计算出的截面值甚至超过幺正性所允许的极限, 这显然是不容许的.

V-A 理论的流–流耦合特性使人们想到: 弱作用也可能像电磁作用那样是通过某种矢量玻色子即自旋量子数为 1 的传递的 (光子也是一种矢量玻色子). 这种传递弱作用的矢量玻色子通常又称为中间玻色子. 这样, 弱作用在低能过程中的效应很微弱以及它的作用力程极短都可归结为中间玻色子的质量很大. 引入中间玻色子以后, 弱作用的耦合强度也像电磁作用一样可用一个无量纲 (在自然单位制中) 的耦合常数 g 来表示. 如果设想 g 具有与电磁耦合常数 (即 e) 同样的量级, 则中间玻色子的质量 M_{W} 应达到几十个 GeV 的量级 (在自然单位制中), 为质子质量的几十倍. 对于这种中间玻色子理论, 上面所述的初级近似结果与幺正性的矛盾虽得到缓和, 但并未完全解决. 另外, 理论仍然是不可重正化的, 无法计算高级项的修正.

从弱流的性质可以得出, 中间玻色子必定是带电的 (电性有正的也有负的, 通常以符号 $W_{\lambda}^{\pm}$ 来标志). 这又引起了矢量带电玻色子与光子的耦合要取何种形式才能使相应的电动力学可以重正化的新问题. 这些情况使得一些物理学家认为, 只有将弱作用与电磁作用结合起来考虑才有可能得到一套完整的理论.

电磁作用是一种阿贝尔规范作用. 1954 年杨振宁和 Mills 把规范作用推广到带有内部对称性的情况, 提出了非阿贝尔规范场理论. 这就为规范理论的扩大应用创造了条件. 但直接将此理论应用到弱作用上有一个重大障碍, 即规范理论要求其中的矢量玻色子必须是零质量的, 而现实的中间玻色子则应具有很大的质量. 另外, 弱作用的宇称不守恒也为建立严格的对称性理论造成了困难. 宇称不守恒意味着, 如果弱作用具有内部对称性, 那么这种对称性必定是左右手有别的, 亦即在该理论中, 一个费米子的左右手分量要具有不同的量子数. 而哈密顿量中的费米子质量项将破坏这种对称性, 因为它使得一个费米子的左右手分量互相转化. 这样, 严格的弱作用内部对称性要求费米子的质量必须为零. 可是我们知道, 除了中微子以外, 所有的费米子都具有质量, 这就是上述理论与实际的矛盾.

1958 年 Feinberg 发现, 当带电矢量玻色子具有特定的磁矩时, 某一类型的发散可以消去. 这一磁矩并不等于 “最小电磁耦合” 所给出的值而对应于某种非阿贝尔规范场理论中所要求的磁矩值. 这一迹象表示非阿贝尔规范理论可能在解决发散困难中起重要的作用.

当将非阿贝尔规范概念应用到弱作用, 并把内部对称性取为弱同位旋时, 规范玻色子除了带电的以外, 还应有一个中性的. 1957—1959 年, Schwinger、Glashow、Salam 和 Ward 都分别设想过这个中性规范玻色子就是光子的方案, 但所得结果与实验有明显矛盾. 1961 年 Glashow 终于想到, 要同时描写弱作用和电磁作用, 内部对称性应当扩大, 即除了弱同位旋以外还应加上弱超荷. 这时中性规范玻色子就有二个, 它们在混合后一个即为光子, 另一个为有质量的中性中间玻色子, 通常以符号 Z_μ^0 标志. Z_μ^0 玻色子与一个形式很特殊的中性弱流相耦合. 1964 年 Salam 和 Ward 在不知道 Glashow 工作的情况下, 提出了类似的理论. 但这个理论并不是非阿贝尔规范场理论, 因为在此理论中加进了中间玻色子的质量项. Glashow 曾认为像这样具有部分规范对称性的理论仍然是可重正化的, 后来知道这个结论并不正确. 实际上只有在引入对称性的自发破坏概念之后, 才有可能建立一个既可重正化又使中间玻色子具有质量的弱电统一理论.

L.2 对称性的自发破坏和 Higgs 机制

物理规律的对称性是指它在一定的变换下保持不变的性质. 相对论所要求的洛伦兹不变性就是一切物理规律所具有的一种时空对称性. 1930 年物理学中开始引入了内部对称性, 其中的为强作用具有在同位旋变换下的不变性. 随后物理学家认识到, 不同的物理作用具有不同程度的对称性, 以及有些对称性本身亦只是近似地成立. 于是自然地产生这样一个问题: 如果对称性是自然规律的基本特性, 那么为何某些对称性只是近似的?

1960 年左右一个重要概念被一些物理学家 (如 Heisenberg, Nambu 和 Goldstone) 从固体物理引入到粒子物理中, 这就是对称性的自发破坏. 它指的是这样的情况: 物理规律本身具有某种精确的对称性, 但基态中出现粒子凝聚并且是简并的, 实际的物理基态只是这些众多可能的基态中的某一个, 因此, 在这个特定基态的基础上所发生的物理现象将不显示或只部分地显示物理规律固有的对称性. 在这里, 对称性并未受到外界因素的破坏, 它的破坏完全是自发产生的, 故称为对称性的自发破坏. 从实质上说, 这时物理规律的对称性并没有任何破坏, 只是在特定的背景下不能显示出来. 因此自发破坏的对称性又称为隐含的对称性. 固体物理中的铁磁和超导电现象就是这种情况的例子.

在超导电理论的启发下, Nambu 等在 1960 年左右提出一个使核子获得质量的理论模型. 他假设物理规律原来具有手征对称性, 从而该理论中的费米子不具有质量. 在粒子物理中, 基态就是真空态, 所以由于现实基态的特殊取定 (在众多可能的基态中取定为某一个) 而造成的对称性破坏, 也称为真空自发破坏. 在 Nambu 模型中, 手征对称性的真空自发破坏使得原无质量的两个二分量的费米子合成为一个有质量的核子 (具有四分量). Nambu 发现, 与此同时还有一个零质量的标量玻色子存在的迹象. 此标量粒子被他认定为 π 介子并假设由于其他原因而获得了一个小质量.

Goldstone 于 1961 年通过具体模型清楚地揭示出, 相对论性场论中连续对称性的自发破坏如何导致零质量粒子的出现, 并认为这是一个普遍性的结论. 此结果被称为 Goldstone 定理, 而上述零质量标量玻色子通常称为 Goldstone(或 Nambu-Goldstone) 玻色子. 1962 年 Goldstone、Salam 和 Weinberg 对此定理给出了一般性的证明.

两年以后, Higgs(以及 Englert 和 Brout) 指出, Goldstone 定理有一个例外, 即发生自发破坏的是规范对称性的情况. 这时 Goldstone 玻色子并不作为物理粒子表现出来, 它可以通过规范变换吸收到规范玻色子中去成为它的纵分量并使得规范玻色子获得质量. 这种现象可看成是超导中 Plasmon 现象的相对论变种. 以上所述的消除 Goldstone 玻色子的机制一般称为 Higgs 机制. 它既可在理论中消去不期望有的 Goldstone 粒子, 又可使规范玻色子获得质量, 一举解决了将规范理论应用到弱作用所遇到的两个重大困难, 但由于当时的某些情况, 此结果未受到足够的重视.

1967 年 Weinberg 考虑将强作用的手征同位旋对称性取为规范对称性的可能性, 并研究它的自发破坏的后果, 但不能得出一个令人满意的理论. 若为了可重正化性而采用严格的规范理论, 则当手征同位旋对称自发破坏到非手征的同位旋对称性后, 理论上获得质量的是轴矢介子而 ρ 介子保持无质量, 同时 π 介子应被轴矢介子吸收掉不作为物理粒子出现, 这两点都明显地与实际矛盾.

当年秋天, 他忽然想到他是将一个正确的概念应用到一个错误的课题上. 通过自发破坏获得质量的不是强作用的轴矢介子而是弱作用的中间玻色子, 而保持质量为零的也不是 ρ 介子而是光子, 这样, 上述概念应用的对象就转换为“弱电相互作用”, 在此基础上他提出了一个可重正化的理论, 统一处理轻子的弱作用和电磁作用. 第二年 (1968), Salam 也提出了类似的理论模型. 他是从 Kibble 那里了解到 Higgs 机制以后将它用到弱电统一的理论问题上的.

L.3　弱电统一理论模型

在 Weinberg-Salam 弱电统一理论模型里, 内部对称性仍然取为弱同位旋和弱超荷. 费米子 (在这里是轻子) 的弱电作用哈密顿量为

$$H_{\mathrm{W}} = -\mathrm{i}\overline{\psi}\gamma_\lambda \left(g\hat{T} \cdot W_\lambda + g'\frac{\hat{Y}}{2}B_\lambda \right) \psi, \tag{L.5}$$

上式中的 $\hat{T}$ 为弱同位旋算符、W_λ 为相应的规范玻色子、g 为弱同位旋耦合常数. 类似地, $\hat{Y}$ 为弱超荷算符、B_λ 为相应的规范玻色子、g' 为弱超荷耦合常数. 在真空中凝聚的, 设为一个弱同位旋二重态的标量粒子, 它并带有弱超荷 1.

对于轻子质量的问题, 模型采用了 Nambu 核子模型中的思想, 即假定所有轻子都无原始质量, 因而电子或其他带电的轻子的左手分量和右手分量将是两种粒子, 只是因为它们通过与真空中凝聚的标量粒子的耦合而互相转化, 才被称为同一粒子的不同分量并构成有质量的粒子. 用这种方式在理论中引入轻子质量, 既可以不破坏原来的 "对左右手分量有别" 的对称性以适应弱作用宇称不守恒的需要, 又保证了自发破坏后剩余下来的电磁规范作用对左右手是对称的, 因为按上述方式配成的一个粒子的左右手分量, 对于仍然守恒的量子数 —— 电荷, 必定具有相同的值. 至于中微子, 则因为它不通过标量粒子与其他二分量费米子耦合, 故保持质量为零. 它虽然只有左手分量从而不是左右对称的, 但它不带电荷, 故对电磁作用的左右对称性没有影响.

下面继续对此模型作具体的说明. 在此模型中, 左手电子 $\mathrm{e_L}$ 和相应的中微子 ν_{L} 构成弱同位旋二重态并带弱超荷 -1. 右手电子 $\mathrm{e_R}$ 为弱同位旋单态并带弱超荷 (-2), 其他轻子情况类似. 当标量粒子发生真空凝聚后, 只有一个量子数所相应的规范对称性没有被破坏. 此量子数就是通常的电荷, 它所相应的标符用 $\hat{Q}$ 表示. $\hat{Q}$ 可表为

$$\hat{Q}=\hat{T}_3+\frac{1}{2}\hat{Y}, \tag{L.6}$$

其中的 $\hat{T}_3$ 为弱同位旋第三分量的算符. 与电荷相应的规范玻色子保持质量为零, 它即为光子 A_λ. A_λ 为 W_λ^3 和 B_λ 的某种混合

$$A_\lambda=\cos\theta_{\mathrm{W}}B_\lambda+\sin\theta_{\mathrm{W}}W_\lambda^3, \tag{L.7}$$

上式中的 θ_{W} 代表混合角, 并称为 Weinberg 角, 它可通过弱同位旋耦合常数 g 和弱超荷耦合常数 g' 的比表示出来:

$$\tan\theta_{\mathrm{W}}=\frac{g'}{g}. \tag{L.8}$$

W_λ^3 和 B_λ 的另一个组合

$$Z_\lambda^0=\sin\theta_{\mathrm{W}}B_\lambda-\cos\theta_{\mathrm{W}}W_\lambda^3 \tag{L.9}$$

以及 $\mathrm{W}_\lambda^\pm$ 都获得质量, 理论预言的值为

$$\begin{aligned}M_{\mathrm{W}}^2&=\frac{\mathrm{e}^2}{4\sqrt{2}G\sin^2\theta_{\mathrm{W}}},\\M_{\mathrm{Z}}^2&=\frac{M_{\mathrm{W}}^2}{\cos^2\theta_{\mathrm{W}}}.\end{aligned} \tag{L.10}$$

Z_λ^0 所耦合的中性弱流具有下述形式

$$\mathrm{i}\overline{\psi}\gamma_\lambda(\hat{T}_3-\hat{Q}\sin\theta_{\mathrm{W}})\psi,$$

耦合常数为 $\dfrac{g}{\cos\theta_{\mathrm{W}}}$.

Weinberg 和 Salam 猜想这种自发破坏的规范场理论仍然是可重正化的, 但未能给出证明. 因此他们的弱电统一理论模型在提出后的几年里并未受到人们的注意, 直到 1971 年 't Hooft 论证了它的可重正性之后才引起广泛的重视. 1972 年 B.W.Lee 和 Zinn-Justin, 以及 't Hooft 和 Veltman, 进一步给出了这种理论可重正化性的详尽证明.

Weinberg-Salam 理论在其提出来的当时, 还存在一个问题, 即如何推广应用到强作用粒子 (在夸克模型中, 即推广到夸克上去). 困难在于如何在理论中避免奇导数改变的中性弱流的出现 (因实验表明此种弱流不存在). 不过到 1971 年时, 这个问题实际上已有现成的解决办法. 1970 年 Glashow, Ilipoulos 和 Maiani 对奇异数改变的中性弱流问题进行了分析. 由于当时尚不知道有任何可重正化的理论, 他们用了截断的处理. 在此项工作中他们论证了对于已知的各类弱作用模型 (如四费米子作用, 荷电的中间玻色子作用, 弱电统一作用) 都会出现一些实验上未观察到的效应, 除非强作用粒子服从某种约束. 他们指出, 若存在第四种夸克 (粲夸克), 即可在理论中消去这些不期望的效应.

有了 Glashow-Ilipoulos-Maiani 机制, 就不难把 Weinberg-Salam 模型推广到强作用粒子, 这只要补进去四个右手夸克的弱同位旋单态 u_{R}, d_{R}, S_{R}, C_{R} 和两个左手夸克的弱同位旋二重态

$$\begin{pmatrix} u_{\mathrm{L}} \\ d_{\mathrm{L}}\cos\theta_{\mathrm{c}} + S_{\mathrm{L}}\sin\theta_{\mathrm{c}} \end{pmatrix}, \begin{pmatrix} C_{\mathrm{L}} \\ s_{\mathrm{L}}\cos\theta_{\mathrm{c}} - d_{\mathrm{L}}\sin\theta_{\mathrm{c}} \end{pmatrix}$$

即可. 为使夸克带分数电荷, 应假设右手夸克 u_{R} 和 C_{R} 带弱超荷 $\dfrac{4}{3}$, d_{R} 和 S_{R} 带弱超荷 $-\dfrac{2}{3}$, 而左手夸克二重态带弱超荷 1/3.

这样到 1971 年, 一个完整的弱电统一理论模型已经形成. 同时实验技术也有了很大发展, 特别是已有了中微子束可以进行中性弱流实验. 1973 年在欧洲核物理中心 (CERN) 和美国费米实验室都测到了中性弱流反应的事例, 其形式和强度皆与理论预言的一致. 在那以后的五年中实验结果有些混乱, 致使一些理论物理学家提出了不少修改方案, 但到后来, 实验仍支持原来的模型. $\sin^2\theta_{\mathrm{W}}$ 的值定出为 0.23 左右. 相应的质量 M_{W} 约为 78GeV、M_{Z} 约为 89GeV, 另外, 粲夸克所组成的介子也在 1974 年为实验所发现. 19 世纪 80 年代末并发现了中间玻色子 $W_{\mu}^{\pm}$ 和 Z_{μ}, 并测定了它们的质量, 结果亦与理论预言的一致.

弱电统一理论的建立以及它所预言的中性弱流的发现是粒子物理的重大突破, 为此 Weinberg、Salam 和 Glashow 获得了 1979 年诺贝尔奖.

附录 M　近区高频电磁场标准计量方法的研究①

M.1　高频近区 (指离发射源的距离近) 场强仪标定的有关概念

在离发射源远的地方, 由于电磁波中电场强度 $\boldsymbol{E}$ 与磁场强度 $\boldsymbol{B}$ 之间的比值是固定的. 故只要测出 B 的值都可得知 E 的值. 这种测量比较容易, 只需测量一个小线上的感应电动势和场的频率. 而在近区, $\boldsymbol{E}$ 和 $\boldsymbol{B}$ 没有固定的关系, $\boldsymbol{E}$ 的值需要直接测定. 测量手段通常是一个短的直线型天线 (因为需要测量的是某地点处的值) 上的感应电动势. 因而需要标定该电动势与场强之间的比例关系.

通常标定的方法有两类, 一类是标准场法, 另一类是标准仪器法.

标准场法: 即设计并建立一个标准的场, 这个场的强度以及在空间的分布是可以准确地计算出来的. 然后, 将被标定的场强仪按照此标准场进行刻度、定标.

标准仪器法: 详称为标准测量仪器法. 它是研制一个标准的接收天线, 并配上相应的测量仪表. 要求从它的读数能直接推算出场强的值. 然后, 将待标定的场强仪与此标准测量仪器放在同一个场中进行对比测量, 即可对该场强仪做出标定.

标准场法与标准仪器法为互相独立的定标方法, 可以用其中一种方法直接进行标定. 但从计量科学上看, 比较理想的方案是既有标准场法, 又有标准仪器法. 这样, 两类方法可以互相验证, 以提高可信度; 同时, 有助于对标定误差做出更好的判断.

在无线电测量技术中, 关于高频电磁场强度的测定及其屏蔽问题, 过去国内外都是从通信和抗干扰的角度提出来的, 所以均为远区场强仪. 这种远区场强仪通常只是测量磁场; 远区场的电场强度可根据磁场强度的值换算出来. 还应该指出的是, 远区场的强度均比较弱, 一般的远区场强仪只测到 $1\mathrm{V{\cdot}m^{-1}}$ 的强度. 在中短波频段, 有些新的远区场强仪可测到较高的值, 但电场强度也不过达到 $16\sim17\mathrm{V{\cdot}m^{-1}}$ 的值. 远区场强仪的标定相对地说比较容易, 可以用单圈的圆电流环来建立一个标准磁场, 圆环上所需的高频电流值不大. 通常远区场强仪的标定, 就是用上述圆环的磁场来进行的.

但是, 在无线电测量技术中还存在着另一重要问题, 即对近区大强度场强的测定. 在近区 (粗略地说, 指三分之一波长之内的范围), 电场强度与磁场强度之间不再具有一定的比例关系, 所以要求电场强度与磁场强度必须分别测定. 反映到场强仪上就必须设计两套接收系统来完成测定任务. 这样, 近区场强仪的标定变得复杂化了, 必须分别对电场与磁场进行标定.

① 在高频发射源的近区, 由于场的强度很大, 对附近工作和生活人员的健康可能产生不良影响. 本书作者曾应北京市劳动保护研究所的邀请, 对这种场的标准计量进行了研究, 以用来标定高频强电磁场的场强仪. 此文就是研究报告. 该报告曾发表在内部刊物《无线电计量》上, 此处转载时作了一些删节.

M.2　国内外的研究概况

根据目前所了解到的资料, 世界上只有少数的几个国家对高频电磁场强度的标定技术进行了一定程度的研究工作, 其中以美、苏两国的研究较为突出.

美国的情况：对于中、短波频段, 1966 年以来, 美国国家标准局曾用两种方案建立了标准电场. 一种方案是用一个圆柱形单极天线, 垂直放置在一个很大的接地的金属板上, 从而形成一个标准的电场, 可用来进行标定; 另外一个方案是采用平行板电容器产生标准场.

对于较高频段 (30~1000MHz) 的远区电场, 美国国家标准局曾用水平架设的半波天线来建立标准场, 并同样用水平的半波天线作为接收探头, 制做成标准测量仪器, 以相互验证.

美国曾报道采用一种双半球式的标准测量装置, 但只显示电场是否超过某个阈值, 未能给出被测场强的具体数值. 在美国的情报资料中, 关于标准测量仪器和近区标准磁场, 未见有介绍.

美国所研制的近区场强仪强度测量范围为 $0.1 \sim 1000\text{V}\cdot\text{m}^{-1}$, 标定的准确度方面, 给出的误差为 1dB, 即 12% 左右.

苏联的情况：中、短波频段的标定只是采用了平行板电容器作为标准电场装置. 平行板的板面尺寸, 在 10MHz 以下时是 1m^2, 在 10MHz 以上时是 $0.6\text{m}\times0.6\text{m}$.

我们未见有关标准测量仪器以及磁场标准场的技术报告.

苏联所研制的场强仪, 据称误差小于 5%, 但不清楚场强测量范围能否够达到 $1000\text{V}\cdot\text{m}^{-1}$. 另外, 上述所给定的误差值均未经过标准测量仪器的验证.

在我国, 高频电磁场标准计量还是一项空白. 1973 年浙江医科大学的有关人员曾采用电容器来等效地代替电偶极天线的阻抗, 并用高频信号发生器等效地代替"天线在场中感应电动势"的方法来进行标定. 但未开展标准场法和标准测量仪器法的标定技术的研究.

M.3　关于标定技术方案的考虑

我们所研制的"高频电磁场近区强度测定仪"的工作频段较宽. 从 200kHz 至 30MHz; 场强的范围也较大, 所以从电场的标定角度出发. 建立电场的标准场和标准测量仪器都有相当的难度. 从磁场的标定角度来看, 由于近区场强仪要测量几百安/米的强度. 因而产生标准场的圆环上的电流就必须达到很大的值, 例如百安以上, 要实现这样强的高频电流, 本身就是一个难度较大的问题, 它的准确测定更是一件困难的事.

基于国家的需要, 我们经过认真研究, 提出了自己的标定技术方案.

经过分析我们认为：在中、短波频段的两种电场标准场中, 采用平行板电容器作为标准场的方案是比较可取的. 这是由于：首先, 这种装置加工制造较容易, 费用少, 同时精度较高, 实现起来相当便利; 其次, 它可以放在室内, 便于在场强仪的研制过程中随时对其性能进行测试, 而且还可以保存下来, 供以以后继续使用.

为了保证电场标定的可靠性, 我们认为还应当研制近区电场的标准测量仪器. 这种测量仪器必须要有一个标准的接收天线, 该接收天线的内阻和有效长度要能准确地计算出来. 针对上述要求, 我们设计了两种类型的天线. 计算结果说明, 两种类型的天线性能相差不大, 但从加工工艺考虑, 决定选用其中的双球形天线.

我们将双球天线配上真空热电元件做成电场的标准测量仪器. 真空热电元件是利用电流的焦耳热效应. 通过温差电偶来测定高频电流的值. 将测出的电流值乘上线路的阻抗即可计算出接收天线上的感应电动势. 我们也曾考虑用晶体管检波电路来作高频电压的测量, 但由于检波效率很难准确地计算, 需要从实验上对这种检波式高频电压计进行标定. 这就引起了一个新的困难, 即必须提供一个规格高的高频信号发生器, 而这是我们短时间内难于得到的. 而用真空热电元件测量, 只需用直流电流进行标定即可, 实现起来比较容易.

对于"产生标准场的平行板电容器上"的高频电压的测量, 同样是用热电元件配上适当的高频电阻来完成的.

以上是我们对电场的标准场和标准测量仪器的基本方案的考虑.

至于磁场的标准场的问题, 我们考虑: 虽然可以采用单圆环产生的场 (这是可以严格计算的), 但因近区场强仪要测量到几百安/米, 这就要求环上的高频电流在百安以上. 这样大的高频电流是远远大于一般交流发电机的输出电流极限的, 因而成为一个较大的问题. 解决这个问题的一个方案, 是选用多圈螺管式结构, 这样所需要的电流可以相应地减小, 但高频电压则相应地增加了. 更突出的问题是, 由于圈与圈之间存在着电位差. 所以电磁场的分布甚为复杂, 很难准确地计算出来. 经过研究. 我们决定试用高 Q 值的槽路来获得百安以上的高频电流, 即把产生标准场的电流圆环与能承受大电流的电容器并联, 用来形成高 Q 值的槽路. 这样, 当这个槽路的固有频率与高频电源的频率谐振时, 槽路中的电流很大, 而高频的电源的输出电流并不大, 从而解决了获得高频大电流的问题. 当然槽路中要达到一百多安培的大电流, 其 Q 值必须很高. 我们计算的结果表明, Q 值达到几百的槽路是可以制作出来的, 以后的实验也证明了这一点.

不过, 对于百安以上的高频电流, 由于集肤效应, 电流环上的焦耳热损耗仍太大. 例如在 2 兆赫时, 可达到百瓦以上. 随着频率的增加, 损耗值还要有所增加. 为了减少焦耳热, 需要增加电流圈的表面面积. 我们曾考虑将电流圈改为由薄铜板做成的圆筒, 但因电流在筒面上的分布是不均匀的, 致使磁场的分布不容易计算, 最后研究改为一种由五个圆环并联结构. 这种结构的好处是各个环上的电流可分别进行测定, 因而磁场的分布便可以准确地计算. 高频电流的测定方法仍然是用热电元件.

测量近区磁场的标准仪器可以采用单圆环作为接收天线. 此接收天线的内阻抗以及它在上述标准磁场中的感应电动势是可以准确计算的. 高频电压的测量亦用真空热电元件加配电阻来完成.

标准电场和标准磁场装置的馈电, 都要求两极是对地平衡的. 高频电源 (发射机) 的输出电压要稳定并应具有正弦波形. 另外, 电压必须是可调的.

M.4 电场标定的研究与实践

对电场的标定, 我们以标准场法为主, 并用标准仪器法来作验证, 以提高标定结果的可信度, 并确定其误差.

标定的强场范围为 $1\text{V}\cdot\text{m}^{-1}$ 直到 $1600\text{V}\cdot\text{m}^{-1}$.

下面将研究情况汇总如下：

(A) 标准场法

我们采用平行板电容器来产生标准场. 它的原理较简单, 设两块平行板之间的距离为 d, 则当加上电压 V 以后, 其间的场强即为 (本文中将采用实用单位制)：

$$E = \frac{V}{d}. \tag{M.1}$$

不过, 此公式严格说来只能在静电情况下而且平行板为无穷大平面时才成立. 在高频情况下, 平行板间的电压会随着位置变化而变化, 这种变化亦具有波的特性, 因而称为波效应. 另外, 当平行板为有限平面时, 由于边缘效应的存在, 两板间的电力线在靠近边缘处不再是直的而是向外凸出的. 这些因素都使得实际场强值与式 (M.1) 发生一定的偏离.

以上还只就纯粹的平行板来说. 实际标定时, 在两板间要置入场强仪的接收天线. 它的引入会使平行板上的电荷分布发生变化, 从而使电场的值也发生改变. 这是造成误差的第二方面因素.

第三方面因素是“电压测量”和“两板间距离测量”的误差. 特别前者受到许多高频效应的影响, 常常是产生误差的主要因素之一. 最后还要考虑的是,“在两板间接上测电压的装置”对电场分布产生的影响.

下面, 我们先对装置作一简单介绍, 然后对上述各种引起误差的因素逐个地加以分析.

(A.1) 装置介绍

电容器两平行板固定在绝缘支架上. 高频电源 (发射机) 的输出如果对地是不平衡的, 则应经转换器变成平衡输出后再加在两板上. 为了保证精度高频电压 V 是用真空热电元件配上高频电阻再通过导线跨接在两极板间来测量的. 热电元件置于测量装置的中心, 电阻元件则均衡地置于热电元件两侧. 热电元件输出端接有高频扼流圈和旁路电容, 然后将输出送到电位差计进行测量.

(A.2) 边缘效应和波效应对场分布的影响

边缘效应对场分布的影响主要是在极板边缘的附近, 因此, 当我们研究此效应所引起的误差时, 可以应用半无穷平行板的场分布作出估计.

对于一个半无穷的平行板, 它的静电场分布可以用保角变换的数学方法严格解出. 当两板对地电位各为 $\frac{\pm V}{2}$ 时, 在其正中间平面上, 场强只有垂直极板的分量, 其值为:

$$E = \frac{V}{d}\frac{1}{1+u}, \tag{M.2}$$

式中的 u 为 x 的函数、d 为平行板间的距离 (参见图 M.1), u 与 x 的关系由下式确定:

$$x = -\frac{d}{2\pi}(u + \ln u + 1). \tag{M.3}$$

这样, 对于任一个 x, 由式 (M.3) 解出 u, 即可按式 (M.2) 定出 E.

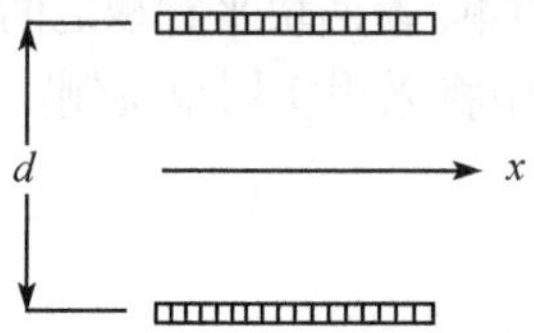

图 M.1　平行板电容器

在边缘上即 $x = 0$ 点, E 与 $\frac{V}{d}$ 相差约 22%, 到 $x = \frac{d}{2}$ 处降为 1.5%, 而到$x = \frac{3}{4}d$ 时, 就只有 0.33% 了. 根据上述计算, 如果我们的标定是在电容器中心直径为 0.25m 的范围内进行, 并要求边缘效应所引起的误差要小于 0.33%, 则当 $d = 0.5\text{m}$ 时, 平行板尺寸不应小于 1m×1m.

下面再来研究波效应的影响. 我们知道, 当两板之间接上的不是直流电源而是交变电源 (特别是高频电源) 时, 板面上将有交变电流 (以随时调整板面上的电荷分布). 此交变电流所感应的电动势 (即分布电感效应) 就会使两板间的电压随着位置变化. 粗略地看, 可以把平行板当作是一个开路的传输线, 因此, 在平行板的一边馈以高频电压以后, 其上就形成一个驻波, 从而电压的分布将是不均匀的. 要精确地计算板上各点的电压是比较困难的, 但可以用实验的方法来进行测量, 文献 [2] 曾给出了实验测量的结果, 这里不再详述.

从上面的说明可以看出, 波效应对平行板标准场法在高频的应用提出了限制. 不过, 我们可以采取一些改进的措施, 例如改变电压的测量点使它更接近中心点, 这样误差可以减少相当多. 另外如果馈电不是只在一点, 而是采用多根导线作成一扇形过渡段, 估计中心点与测量点 (位于平行板的侧边上) 的电压差还可进一步减少.

综合以上的结果, 我们看到, 边缘效应和波效应对平行板的尺寸提出了相反的要求. 从边缘效应考虑, 板的尺寸越大越好, 它要求比值 $\frac{L}{d}$ 大 (L 为平行板的边长, d 为平行板的间距); 而从波效应考虑, 板的尺寸越小越好, 它要求 L 比约化波长$\lambda\!\!\!^{-}$ ($\lambda\!\!\!^{-} = \lambda/2\pi$) 小得多. 如果想通过减少 d 值来解决此项矛盾, 又会引起其他问题 (参见下面 A.3 小节). 因此, 在决定板的尺寸时, 我们只能根据具体的频率范围, 权衡两者影响的轻重来作出适当的安排. 一般来说, 对高频段, 波效应影响重要, 尺寸应该取得小些.

当频率在 100kHz 到 30MHz 的范围, 两板距离 d 为 0.5m 时, 平行板的尺寸可以选取两个值. 一个是 1m×1m, 使用范围为 100kHz 到 10MHz(或 20MHz). 根据文献 [2] 的估计, 10MHz 时波效应误差约 1%. 当电压改在侧边中心点测量以后, 此项误差可降到 0.5% 以下. 至于边缘效应, 如前所述, 在中心点附近工作区 (直径为 25cm 的圆) 所引起的误差不超过 0.33%. 平行板的另一种尺寸是 0.6m×0.6m, 适用于 10MHz(或 20MHz) 到 30MHz. 30MHz 时波效应引起的误差约为 2%. 边缘效应误差在中心点附近区域 (直径为 10cm 的圆) 约为 1.5%.

以上两种效应都是使得实际场强值比式 (M.1) 所给出的值小, 我们把这种误差的符号规定为正.

(A.3) 接收天线的置入对平行板电场分布的影响

以上考虑的是纯粹平行板电容器的电场分布. 实际标定时要置入场强仪的接收天线. 当接收天线置放到平行板之间以后, 由于天线上感应的电荷又会反过来改变平行板上的电荷分布, 所以真正作用到接收天线上的外电场并不就是原来平行板间的电场. 当我们将标准场法与标准仪器法互相验证时, 也会发生同样的问题, 另外, 上述接收天线与平行板的相互作用还会影响接收天线的内阻抗. 这一问题将在标准仪器法中讨论.

接收天线置入后, 平行板上电荷分布的改变、是天线上的电荷反过来又在平行板上感应电荷的结果. 此感应电荷所产生的附加场 ΔE, 可以用镜像法来估计. 设接收天线的电偶极矩为 P, 则由镜像法求出

$$\begin{aligned}\Delta E &\approx \frac{P}{\pi\varepsilon_0 d^3}\left(1+\frac{1}{2^3}+\frac{1}{3^3}+\frac{1}{4^3}+\cdots\right)\\ &= \frac{P}{\pi\varepsilon_0 d^3}\zeta(3) \approx \frac{1.2}{\pi\varepsilon_0 d^3}P.\end{aligned} \tag{M.4}$$

上式中的 $\zeta(x)$ 为黎曼 ζ 函数, $\zeta(3)=1.2020\cdots$. 剩下的问题就是给出 P 的估计值. P 的值在天线两臂短路时最大. 设天线的电容为 C_{A}、有效长度为 L_{eff}、两臂短路时其上各带的电荷为 $\pm Q$, 则 Q 的值由下式确定:

$$Q = C_{\mathrm{A}} L_{\mathrm{eff}} E. \tag{M.5}$$

再设天线的总长度为 L, 则有:

$$P < QL = C_{\mathrm{A}} L L_{\mathrm{eff}} E, \tag{M.6}$$

于是有

$$\frac{\Delta E}{E} < 1.2\frac{C_{\mathrm{A}} L L_{\mathrm{eff}}}{\pi\varepsilon_0 d^3}. \tag{M.7}$$

对于我们标准测量仪器中所使用的双球天线 (球半径 r_0 为 2.5cm, 两球间距离为 1cm),

$$L \approx 4r_0, \qquad L_{\text{eff}} \approx 2r_0, \qquad C_{\text{A}} = 4\pi r_0,$$

于是有

$$\frac{\Delta E}{E} < 40\left(\frac{r_0}{d}\right)^3. \tag{M.8}$$

我们看到, 相对误差 η(即 $\Delta E/E$) 与 r_0/d 的三次方成正比. 因此若要 η 小, 就必须两板距离 d 比球半径 r_0 大得多, 这就是前面所说的 d 不能取得太小的原因. 在 r_0 确定后, 式 (M.8) 就对 d 的下限值给出了限制. 对我们的标准装置, $r_0 = 2.5\text{cm}$, $d = 50\text{cm}$, 因此得出相对误差

$$\eta < 0.5\%.$$

再来看场强仪所用的双圆柱天线, 它的电容和有效长度可由下式计算:

$$\begin{aligned} C_{\text{A}} &\approx \frac{\pi\varepsilon_0 L}{2\left(\ln\dfrac{L}{2a} - 1\right)}, \\ L_{\text{eff}} &\approx \frac{1}{2}L, \end{aligned} \tag{M.9}$$

上式中的 a 代表圆柱的半径, L 为天线的总长度. 代入式 (M.7) 后, 得出

$$\frac{\Delta E}{E} < \frac{1}{4\left(\ln\dfrac{L}{2a} - 1\right)}\left(\frac{L}{d}\right)^3. \tag{M.10}$$

当 L 取为 20cm、a 取为 0.5cm 时, $\Delta E/E < 0.8\%$.

还有一种估计 P(接收天线的电偶极矩) 的上限值的方法. P 应小于一个以 L 为直径的金属球在电场 E 中的感应偶极矩 $4\pi\varepsilon_0 \cdot \left(\dfrac{L}{2}\right)^3 E$, 即

$$P < \frac{\pi\varepsilon_0}{2}L^3 E. \tag{M.11}$$

将上式代入式 (M.4) 后, 得出的结果是

$$\frac{\Delta E}{E} < 0.6\left(\frac{L}{d}\right)^3. \tag{M.12}$$

对于我们标准测量仪器中的双球天线, 由此给出:

$$\frac{\Delta E}{E} < 39\left(\frac{r_0}{d}\right)^3. \tag{M.13}$$

此上限值与式 (M.8) 很相近. 但此方法对双圆柱天线并不适用, 因双圆柱天线与大球相差太大, 按大球算出的上限值离开实际值过远.

最后, 我们指出, 此项效应使得实际场强值比"由式 (M.1) 所给出的"场强值大, 按照前面的规定, 误差 $\varDelta$ 的符号应为负, 即 $\varDelta=-\eta\left(\eta=\dfrac{\Delta E}{E}\right)$. 这意味着它与前述两种效应的影响是相消的.

(A.4) 高频电压测量的误差

平行板之间高频电压的测量是产生误差的一个重要方面, 需要较仔细地研究. 首先要说明的是, 我们不能用现成的高频伏特计来作测量, 因为我们的平行板是对地平衡的, 而一般高频伏特计却不是. 另外, 一般高频伏特计体积较大, 将它靠近平行板时会对场有较大影响, 它的量程也常达不到我们所要求的那样大.

在我们采用的热电式测量装置中, 主要有下述三个效应会引起测量上的误差.

(a) 真空热电元件和电阻元件阻抗值的误差:

平行板间的电压是公式:

$$V=R_{\mathrm{S}}I \tag{M.14}$$

来确定的. 上式中的 I 为热电元件所测出的高频电流; R_{S} 为热电元件加热丝与电阻元件的总电阻. 在这里, 我们把电阻元件以及加热丝都看成是纯电阻, 而且其阻值用的就是直流阻值. 实际上, 由于集肤效应, 高频阻值与直流阻值并不一定相等. 另外, 除了电阻以外还会有电抗. 特别是, 若加热丝的高频阻值与直流阻值有差别, 还将影响电流 I 测量的精确度, 因为热电元件的电流测量是用直流来标定的. 为了减少这些因素所引起的误差, 对电阻元件需作适当的选择. 首先, 我们选用了薄膜型电阻. 这种电阻的值随频率变化很微小. 真空热电元件的加热丝由于非常细, 其电阻值随频率的变化也是很小的. 如令 $\varDelta_R$ 表示电阻改变的相对值, 即

$$\varDelta_R=\frac{R-R'}{R},$$

其中的 R 代表直流阻值; R' 代表高频阻值, 则对于丝状电阻, 有

$$\varDelta_R\approx-2\left(\frac{r_0}{\delta}\right)^4\%. \tag{M.15}$$

上式中的 r_0 代表丝的半径, δ 代表集肤厚度. 此式是根据柱面电磁波的解以及贝塞尔函数的级数展开式求出的, 适用于 $\dfrac{r_0}{\delta}<1.5$(相应于 $\varDelta_R$ 的绝对值小于 10%) 的情况. 将集肤厚度公式和直流阻值公式代入后, 得

$$\varDelta_R\approx-\frac{3f^2l^2}{R^2}\times10^{-12}\%, \tag{M.16}$$

其中的 l 代表丝的长度 (单位为 m), f 代表频率 (Hz). 我们用的真空热电元件, $l=6\times10^{-3}$m, 对于量程为 6mA 和 10mA 的真空热电元件, R 分别约为 90 和 40Ω, 即使 f 达 30MHz 时, 集肤效应所引起的阻值误差仍是很微小的.

对于薄膜电阻, Δ_R 可以用下式来估计,

$$\Delta_R \approx -9\left(\frac{d}{\delta}\right)^4 \%, \tag{M.17}$$

式中的 d 代表膜的厚度, δ 仍为集肤厚度. 同样, 在代入集肤厚度公式和直流阻值公式后, 可将上式化为:

$$\Delta_R \approx -\frac{4f^2l^2}{R^2}\left(\frac{d}{r_0}\right)^2 \times 10^{-12}\%. \tag{M.18}$$

这里的 r_0 代表瓷棒的半径 (膜即镀在它的上面). 由于 $\dfrac{d}{r_0} \ll 1$, 电阻元件的阻值 R 一般又较大, 故薄膜电阻的 Δ_R 的绝对值是极其微小的.

选用电阻元件时还要注意的一个问题是阻值随温度的变化. 我们曾用过两种薄膜电阻, 一种是硅酸钡膜的, 一种是金属膜的. 前者的主要优点是能承受较大的功率, 但后来发现, 随着电阻元件的发热. 它的阻值有较大幅度的下降. 于是才全部改用金属膜电阻.

下面再来讨论电抗的影响. 对于电阻元件, 这里只需考虑两端接线帽"内侧面"的电容对电阻的短路效应, 其余的分布电容和分布电感的作用将放在下文中讨论. 加热丝的电容效应很微小 (一方面因为电容本身很小, 另一方面加热丝电阻不大), 需要考虑的只是电感的影响. 而对于标准法中所用的量程为 6 和 10mA 的真空元件来说, 电感的影响也仍是可以忽略的. 因为它们的加热丝电阻约为 90 和 40Ω, 而它们的电感 $L_{\rm T}$ 只有 8×10^{-9}H 左右, 这样, 即使到 30MHz, 忽略去感抗所引起的阻抗误差亦只不过是

$$\frac{1}{2} \cdot \frac{L_{\rm T}^2\omega^2}{R^2} \approx 7.2 \times 10^{-4}.$$

在上式中, R 的值是用 40Ω 代进去的, 若取为 90Ω, 误差将更小.

从理论上粗略地估计, 2、1、$\frac{1}{2}$ 和 $\frac{1}{4}$W 的金属膜电阻的接线帽的内侧面电容分别小于等于 0.025、0.021、0.009、0.0053pF. 如果我们要求电容引起的阻抗值改变小于 1%, 则对 0.025pF 的帽内侧面电容而言, 不同频率时的阻值的最大限 $R_{\rm M}$ 如下式所示:

$$R_{\rm M} = \frac{\sqrt{2\eta}}{C\omega} \tag{M.19}$$

式中的 C 为帽电容, η 为阻抗改变的百分比.

帽电容的短路效应使实际电压值比按式 (M.14) 计算的值要小, 相应的 Δ 值为正.

热电元件实验的线路如图 M.2 所示. 保持信号发生器输出电压不变 (用高频伏特计监测), 考察频率变化时热电元件上电流 I 是否为常数. 我们在 8~20MHz 范围进行了实验, 所测出的频响曲线在测量误差范围内是平坦的 (测量误差 ⩽1%).

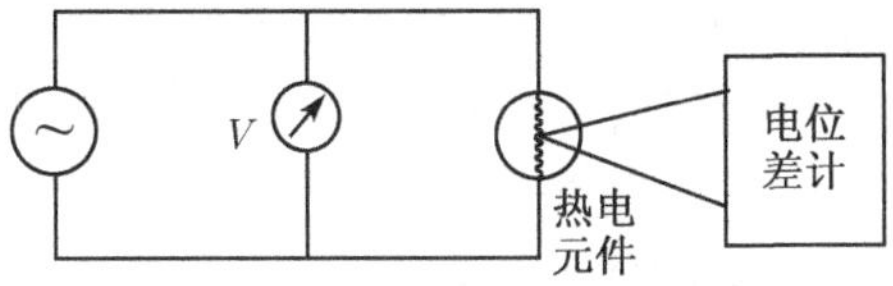

图 M.2　热电元件实线的线路

(b) 热电元件输出引线的接收效应所引起的误差

热电元件输出引线也就是从热偶到电位差计之间的传输线. 它上面可以感应两种电动势: 一种是交变磁场引起的, 即传输线作为一个磁接收天线所感应的电动势 (所谓的异极拾取). 此种交变电动势虽然不会直接在电位差计中读出来, 但它可以加热热偶丝从而产生一个直流电动势再送到电位差计中. 为了消除此项效应, 应该将两根传输线粘在一起 (或交辫起来), 并在热偶输出端紧接上高频扼流圈和旁路电容. 另外一种电动势是交变电场引起的, 即传输线作为电接收天线所接收的电动势 (所谓的同极拾取), 此项电动势所引起的交变电流可以通过偶丝与加热丝之间的电容而进入加热丝电路中, 它不仅通过加热热偶丝和加热丝而引起误差, 还使得加热丝线路中电流不是一个常数而影响式 (M.14) 的有效性. 为了消除此项效应, 应使传输线处处与电场垂直 (我们之所以要对平行板采用的平衡馈电, 主要原因之一就在这里). 这时只要热电元件以及传输线和电位差计都位于两极的正中间面上 (此面为对零电位面), 就可基本消除此项误差. 另外, 输出引线上所连接的高频扼流圈也能起到阻止此种高频电流进入热电元件的作用. 以上措施的有效性可通过实验来检验, 方法是将电元件的输入引线 (以及附近的电阻) 去掉, 并将输入端短路, 甚至接上一个导体球 (以增加对地电容), 看电位差是否还有读数.

我们的实验结果表明, 上述措施是有效的, 而若不采取上述措施, 不仅会产生很大的误差, 甚至还会将热电元件烧毁. 我们为了研究此项误差的大小, 曾试不采用上述措施以作对比, 结果曾烧毁一个热电元件.

此外, 当热电元件处于对地零电位面上时, 还可消除它直接对地电容所引起的误差.

传输线上感应电动势的加热效应使得电位差计读数变大, 因此它所引起的误差符号是正的.

(c) 跨接线上及电阻上波效应所引起的误差

我们测电压用的热电元件和附近电阻都位于跨接线的中心附近, 如果它们的长度同两板距离 d 相比很小, 可以忽略, 那么 $R_{\mathrm{S}}I$ 实际上代表的是跨接线中端处的电压 (用 V_0 表示), 而我们要测的却是两极间的电压 (用 V 表示). V 与 V_0 是有差别的, 因为在跨接线上的电压具有波的性质. 换句话说, 由于导线上存在着分布电感和相应的电动势, 它上面的电压不再是一个常数.

另外, 跨接线上电阻元件的长度有时亦不可以忽略. 例如当电阻是由两三个元件串联而成时, 它的长度可达到两三个厘米. 在频率较高而阻值又大时, 分布电容的效应可以引起相当的误差. 也就是说, V_0(它仍代表由热电元件和附近电阻所构成的组件的端电压) 将与 $R_{\mathrm{S}}I$ 的值不相同.

此两项误差都可用电报方程来估计:

先看第一个效应. 电报方程告诉我们, 电压的改变是由分布电感 L 和电流 I 决定的, 而电流 I 的改变又与分布电容 C 有关. 令 $R_{\mathrm{C}}=\dfrac{1}{C}$(我们近似地取 L 与 C 为常数), 则从电报方程可得出:

$$V=V_0\left(1+\frac{R_{\mathrm{C}}^2-R^2}{8R^2}\frac{d^2}{\lambda\!\!\!^-{}^2}\right), \tag{M.20}$$

上式中的 $\lambda\!\!\!^-\left(\equiv\dfrac{\lambda}{2\pi}\right)$ 代表约化波长; V 和 V_0 皆指电压的绝对值. 由此可见, 当 $R=R_{\mathrm{C}}$ 即阻抗正好匹配时, V 就等于 V_0, 否则 V 将与 V_0 有差别. 相对误差为

$$\varDelta=\frac{V_0-V}{V_0}\approx\frac{R_{\mathrm{S}}^2-R_{\mathrm{C}}^2}{8R_{\mathrm{S}}^2}\frac{d^2}{\lambda\!\!\!^-{}^2}. \tag{M.21}$$

我们的R_{C} 值在 $400\sim600\Omega$ 之间. 在频率高、R_{S} 小时, 此项误差可能很大. 例如若频率为 30MHz, R_{S} 等于$\dfrac{1}{4}R_{\mathrm{C}}$ 即 100~150Ω 时, $\varDelta$ 约达 20%. 这就使得高频小电压的测量比较困难. 作这种测量时应选择量程尽可能小的热电元件, 以提高 R_{S} 的值.

在 $R_{\mathrm{S}}\gg R_{C}$ 时, 式 (I.21) 简化为

$$\varDelta\approx\frac{1}{8}\left(\frac{d}{\lambda\!\!\!^-}\right)^2. \tag{M.22}$$

这时的 $\varDelta$ 与 R_{S} 的值无关, 只由频率决定. 在频率为 30MHz 时, $\varDelta$ 约为 1.2%.

再来考察第二个效应, 即 V_0 与 $R_{\mathrm{S}}I$ 间的偏差. 令 L' 和 C' 代表电阻上的分布电容和分布电感、b 为一侧电阻的长度、L' 和 C' 也近似地取为常数. 这时从电报方程可得出:

$$V_0\approx R_{\mathrm{S}}I\left[1+b^2\left(\frac{1}{180}R_{\mathrm{S}}^2C'^2\omega^2+\frac{1}{2}\frac{L'^2\omega^2}{R_{\mathrm{S}}^2}-\frac{1}{6}L'C'\omega^2\right)\right]. \tag{M.23}$$

因此,

$$\begin{aligned}\varDelta&=\frac{R_{\mathrm{S}}I-V_0}{R_{\mathrm{S}}I}\\&\approx-b^2\left(\frac{1}{180}R_{\mathrm{S}}^2C'^2\omega^2+\frac{1}{2}\frac{L'^2\omega^2}{R_{\mathrm{S}}^2}-\frac{1}{6}L'C'\omega^2\right),\end{aligned} \tag{M.24}$$

其中的第一项代表分布电容对电阻的短路作用所引起的误差; 第二项代表分布电感与电阻的串联 (从而导致阻抗增大) 所产生的误差; 第三项反映上述分布电感又为分布电容短路所引起的效应. 如令 $R'_{\mathrm{C}}=\sqrt{L'/C'}$, $k^2=L'C'\omega^2$, 则式 (M.24) 又可表为:

$$\varDelta=-k^2b^2\left(\frac{1}{180}\frac{R_{\mathrm{S}}^2}{R_{\mathrm{C}}'^2}+\frac{1}{2}\frac{R_{\mathrm{C}}'^2}{R_{\mathrm{S}}^2}-\frac{1}{6}\right). \tag{M.25}$$

对于 $R_{\mathrm{S}}\gg R'_{\mathrm{C}}$ 的情况, 第一项是主要的, 这时 $\varDelta$ 即化为

$$\varDelta=-\frac{1}{180}R_{\mathrm{S}}^2C'^2b^2\omega^2. \tag{M.26}$$

上式中的分布电容 C' 约在 $7\sim14\mathrm{pF/m}$ 范围. 若频率为 30MHz, b 为 2cm 则 $|\varDelta|=1\%$ 所相应的 R_{S} 值为 50~25kΩ. 此效应对 R_{S} 也是一个重要的限制, 它使得高频时对高电压的精确测量比较困难.

从式 (M.22) 和 (M.26) 我们看到, 在 R_{S} 较大时, 此两个 $\varDelta$ 符合相反, 因而彼此抵消了一部分.

(A.5) 热电元件电路对平行板电压分布的影响

在 (A.2) 小节中. 我们考虑了平行板上电压分布的波效应. 但那里所讨论的是纯平行板的情况. 没有计入热电元件的电路的影响. 此电路的影响有两个方面: 其一是电路上电荷电流将产生一个附加的电场; 其二是此电路的接通改变了平行板上的电流和电荷的分布状态, 从而改变了测量点的电压与中心点电压之间的关系. 前一效应因电路处于平行板的边缘上, 对平行板中心区影响很小, 所以我们只来估计后一效应所引起的误差, 并研究 R_{S} 的值要多大此电路才可看作是断开的, 即可按 (A.2) 小节中的结果来处理.

我们可以粗略地把平行板当作传输线, 来考虑当测量点接上负载 R_{S} 以后, 测量点电压与中心点电压间的差值. 与式 (M.21) 相仿, 此项误差为

$$\varDelta\approx\frac{1}{2}\frac{R_{\mathrm{S}}^2-\overline{R}_{\mathrm{C}}^2}{R_{\mathrm{S}}^2}\frac{l^2}{\lambda\!\!\!^{-}{}^2}. \tag{M.27}$$

$\overline{R}_{\mathrm{C}}$代表平行板电容器作为传输线的特性电阻. 当测量点取为平行板外端的中间点时, l 即为平行板边长的一半. $\overline{R}_{\mathrm{C}}$ 的值可用 $\sqrt{\dfrac{\overline{L}}{\overline{C}}}\approx\dfrac{1}{\overline{C}u}$ 来估计, 其中 $\overline{C}$ 代表平行板单位长度上的电容, $\overline{C}\geqslant\varepsilon_0.\ 2l/d, u$ 为真空中光速. 于是得出 $\overline{R}_{\mathrm{C}}$ 的值 ⩾180Ω. 式 (M.27) 告诉我们, R_{S} 不能比 $\overline{R}_{\mathrm{C}}$ 小得多, 否则将引起大的误差. 当 $R_{\mathrm{S}}\gg\overline{R}_{\mathrm{C}}$ 时, 结果就与电路断开时一样, 也就回到了 (A.2) 小节所讨论的情况. 由此可见, 条件

$$R_{\mathrm{S}}\gg\overline{R}_{\mathrm{C}} \tag{M.28}$$

可以作为 (A.2) 小节中的结果能成立的判据.

关于标准场法的误差分析就进行到这里, 还有一些产生误差的因素, 例如电容器板的平行度、距离 d 的测量准确度、电位差计的精度、电阻阻值测量的精度、热电元件直流校准的精度等, 也都是实际工作中必须注意的, 在这里不再作讨论.

(B) 标准仪器法

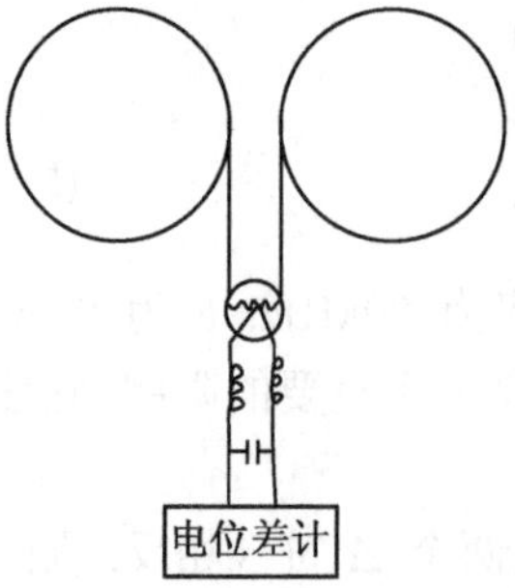

图 M.3　双球天线与测量线路

我们用的标准测量仪器由双球天线、真空热电元件和电位差计组成, 如图 M.3 所示. 真空热电元件输出端加了高频扼流圈和旁路电容, 以消除输出引线感应电动势所引起的误差. 实验时, 双球是用尼龙丝悬挂在平行板内, 两球的间距可由显微测距仪精确地测定.

(B.1) 双球天线的电容和天线的有效长度

当一个小偶极接收天线置放得与外电场平行时, 它上面的感应电动势 $\mathcal{E}$ 由下式表示:

$$\mathcal{E} = EL_{\text{eff}}, \tag{M.29}$$

E 为外电场强度、L_{eff} 为偶极天线的有效长度. 此电动势也就等于天线中端断开时的端电压.

若偶极天线的内阻抗为 Z_{A}, 则当输出端接上负载 Z 以后, 流过负载的电流即为:

$$I = \frac{EL_{\text{eff}}}{Z_{\text{A}} + Z}. \tag{M.30}$$

于是,

$$E = \frac{(Z_{\text{A}} + Z)I}{L_{\text{eff}}}. \tag{M.31}$$

由此可见, 只要我们能计算出 L_{eff} 和 Z_{A}, 那么场强 E 就可由负载 Z 和电流 I 的值来确定. 在我们的装置中, Z 就是热电元件的加热丝电阻和元件的电阻, 它可用直流电法测定, 这样, 唯一需要测量的就只是电流 I.

我们所用的铜球, 直径 D 为 5cm, 两球间距为 1cm. 由于 $(D/\lambda)^2 \ll 1$, 故两球间电压的分布可看作为一常数. 于是双球天线的内阻抗就只是容抗, 我们需要计算的也就是双球的静电容 C_{A}.

在两球间电压分布可作为常数的情况下, 有效长度 L_{eff} 同样也可以用静电方法来计算.

需要指出的是, 在频率低时, 天线阻抗 $1/C_{\text{A}}\omega$ 变得很大, 而用国产热电元件来测量高频电流, 最小只能测到 $1 \sim 2\text{mA}$. 因此, 上述标准仪器装置只适用于频率较高、场强较大情况. 而这正是平行板电容器 (标准场法中采用的) 出现较大误差的情况. 这样, 此处的标准仪器法正好补充了标准场法的不足之处.

应用双球坐标系来分离变数, 可求出电容 C_A 的公式为:

$$C_A = \frac{r_0}{4} + \frac{r_0}{2}\text{sh}\xi\left[\sum_{l=0}^{\infty}\frac{1+\text{ch}(2l+1)\xi}{\text{sh}(2l+1)\xi}\text{e}^{-(2l+1)\xi}\right]. \tag{M.32}$$

式中的函数 ch$x$ 和 sh$x$ 代表双曲余弦和双曲正弦函数, r_0 为球的半径, ξ 由下式确定:

$$\xi = \frac{1}{2}\ln\frac{b^2 - 2r_0^2 + b\sqrt{b^2 - 4r_0^2}}{2r_0^2}, \tag{M.33}$$

b 代表两球心之间的距离. 当 r_0 和 b 的单位为厘米时, 由式 (M.32) 算出的 C_A 亦以厘米为单位. 将该值乘以 1.1128 以后即得出 "微微法" 为单位的数值. 实际计算时, 式 (M.32) 的求和只需取前几项 (项数根据具体情况来定) 再加上一个改正项就够了. 当项数为 L 时,

$$C_A = \frac{r_0}{4} + \frac{r_0}{2}\text{sh}\xi\left[\sum_{l=0}^{L-1}\frac{1+\text{ch}(2l+1)\xi}{\text{sh}(2l+1)\xi}\text{e}^{-(2l+1)\xi} + \frac{\text{e}^{-(2L+1)\xi}}{1-\text{e}^{-2\xi}}\right]. \tag{M.34}$$

对于我们所用的 r_0 和 b 值, L 取为 3 时 C_A 的准确度即可达到四位有效数字.

双球天线的有效长度可由下式确定 [4]:

$$P = QL_{\text{eff}} \tag{M.35}$$

其中的 P 代表两球分别带电荷 $\pm Q$ 时的电偶极矩. 利用双球坐标分离变数法和式 (M.35), 求出

$$L_{\text{eff}} = \frac{r_0^2}{C_A}\text{sh}^2\xi\left[\sum_{l=0}^{\infty}(2l+1)\right]\frac{\text{e}^{-(l+1/2)\xi}}{\text{sh}\left(1+\dfrac{1}{2}\right)\xi}, \tag{M.36}$$

上式中的 C_A 由式 (M.32) 给出. 同样, 上式中的求和可只取前 L' 项再加上一个改正项, 结果即为

$$L_{\text{eff}} = \frac{r_0^2}{C_A}\text{sh}^2\xi\left[\sum_{l=0}^{L'-1}(2l+1)\frac{\text{e}^{-(l+1/2)\xi}}{\text{sh}\left(1+\dfrac{1}{2}\right)\xi} + \frac{2\text{e}^{-(2L'+1)\xi}}{1-\text{e}^{-2\xi}}\left(2L'+1+\frac{2\text{e}^{-2\xi}}{1-\text{e}^{-2\xi}}\right)\right]. \tag{M.37}$$

对于我们所用的 r_0 和 b 的值, L' 取为 6 即可保证结果有四位有效数字.

实际上, 由于热电元件内阻可以忽略去, 式 (M.31) 可简化为:

$$E = \frac{I}{L_{\text{eff}}C_A\omega}, \tag{M.38}$$

因而可以不必分别计算 L_{eff} 和 C_{A}, 而只需计算它们的乘积, 这样只用式 (M.37) 就够了. 以 $r_0 = 2.5\mathrm{cm}$, $b = 5.999\mathrm{cm}$ 为例, 计算出的有效长度和电容为: $L_{\mathrm{eff}} = 4.904\mathrm{cm}$, $C_{\mathrm{A}}=2.595\mathrm{pF}$.

天线容抗与热电元件加热丝电阻 R 之比为 $RC_{\mathrm{A}}\omega$, 因而略去 R 所引起的误差为:

$$\Delta = -\frac{1}{2}R^2C_{\mathrm{A}}^2\omega^2, \tag{M.39}$$

负号表示实际值要比按式 (M.38) 计算出的值大. 对于标准仪器法中所使用的量程为 6mA 的热电元件, $R \approx 90\Omega$. 将它以及 C_{A} 值代入式 (M.39) 中, 得出 30MHz 时 Δ 的值仍只不过 -0.1%.

(B.2) 忽略掉双球天线电感时所带来的误差

在前面处理中, 我们忽略了双球天线的感抗而只计算了它的容抗. 此项忽略所引起误差的量级可以用下式来估计 [4]:

$$\Delta \approx \frac{1}{3}\left(\frac{2r_0}{\lambda}\right)^2. \tag{M.40}$$

上式中的 $2r_0$ 为球的直径. 将 r_0 的值代入后, 即求得在频率为 30MHz 时, Δ 只有 0.03%, 由此可见, 这种忽略是没有问题的.

(B.3) 热电元件及其引线对于电容和有效长度的影响

公式 (M.38) 中的 C_{A} 和 L_{eff} 只是纯粹双球天线的电容和有效长度. 实际上的高频电路中还有热电元件的加热丝及其内外引线, 它们 (主要是后者) 对电容和有效长度也有一定影响. 此项影响的大小随热电元件的接法不同而不同. 在图 M.4 所示的两种接法中, 接法 I 的影响较大, 根据粗略的估计, 这时热电元件及其引线对 $L_{\mathrm{eff}}C_{\mathrm{A}}$ 的贡献约为 1pF·cm, 相应的误差达 8% 左右. 接法 II 的影响要小得多, 它们对 $L_{\mathrm{eff}}C_{\mathrm{A}}$ 的贡献约为 0.99pF·cm, 相应的误差只有 0.7%. 如果将引线扭转使热电元件加热丝与电场垂直, 则误差还可减少, 估计可降到 0.2%. 此项误差符号是正的, 因为它使得实际场强值比前面公式计算的要小.

(B.4) 平行板电容器对双球天线容抗的影响

当双球天线被置入平行板电容器内以进行测试时, 不仅平行板电容器所产生的电场会发生改变 (这已在 (A.3) 小节中已讨论过), 而且双球天线的容抗也会发生改变. 下面就来估计此项效应所引起的误差.

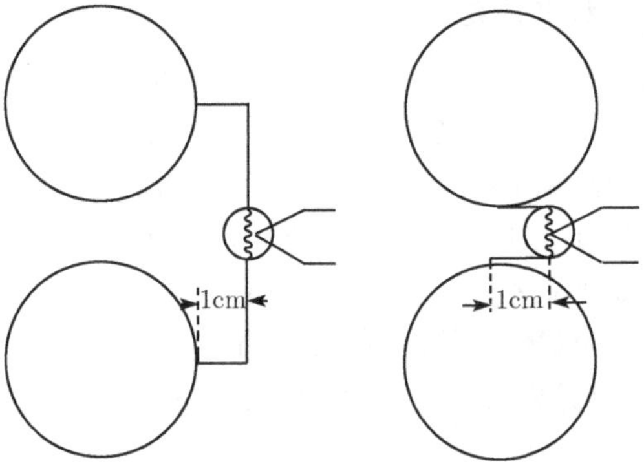

图 M.4　双球天线的两种接法

令两球的电位分别保持 $\pm V/2$. 设两球在置入平行板以前所带的电荷分别为 $\pm Q$, 在置入平行板以后改为 $\pm(Q+\Delta Q)$. 则应用镜像法可求出

$$\Delta Q \approx \frac{r_0 P}{\left(d-\dfrac{b}{2}\right)^2} - \frac{r_0 P}{\left(d+\dfrac{b}{2}\right)^2} \approx \frac{2r_0 Pb}{d^3} = \frac{2r_0 Q L_{\text{eff}} b}{d^3}, \tag{M.41}$$

上式中的 b 代表两球心间的距离, P 的值见式 (M.35). 于是得

$$\frac{\Delta Q}{Q} \approx \frac{2r_0 L_{\text{eff}} b}{d^3}. \tag{M.42}$$

在上述电位保持不变条件下,

$$\frac{\Delta C_{\text{A}}}{C_{\text{A}}} = \frac{\Delta Q}{Q} \approx \frac{2r_0 L_{\text{eff}} b}{d^3}. \tag{M.43}$$

对于我们的装置, $L_{\text{eff}} \approx 2r_0, b \approx 2r_0$. 其中球半径 $r_0 = 2.5\text{cm}$, 两板间距离 $d = 50\text{cm}$, 故

$$\frac{\Delta C_{\text{A}}}{C_{\text{A}}} \approx 8\left(\frac{r_0}{d}\right)^3 \approx 0.1\%. \tag{M.44}$$

对标准仪器法误差的分析, 就进行到这里. 其他误差还有:

(i) 热电元件输出线上感应电动势以及热电元件对地电容所引起的误差. 这些在前面已经讨论过, 此处就不再重复.

(ii) 长度 (包括球半径和球间距离) 测量上的误差、球心连线与平行板的垂直度的误差、电位差计的误差、频率测量的误差等, 这些也都是实际测试时所必须注意的.

(C) 测试的结果及标定误差

我们在三个频率 (5MHz, 10MHz, 15MHz 或 17.5MHz) 进行了测试, 以比较“标准场法和标准仪器法”的结果. 考虑到高频时误差较大, 本来还应该测试更高的频率, 但由于我们所用的高频电源的最高频率只到 18MHz, 所以也就只能测试到这一频率为止. 平行板的尺寸是 1m×1m. 总共做了两次实验. 先是在屏蔽室内做的 (第 I 组值), 后来为了减少屏蔽室铜板的影响 (主要的影响是增加了热电元件输出引线上的同极拾取误差, 因为我们用的高频电源对地是不平衡的), 移到屏蔽室外又做了一次 (第 II 组值). 结果见表 M.1 和表 M.2, 其中 E 表示标准场法测出的值, E' 表示标准仪器法测出的值, $\Delta E = E - E'$.

从对比数据可以看到, 移到屏蔽室以外测的 5MHz 和 10MHz 的值符合是比较好的, 但 17.5MHz 时的差值仍较理论所估计的为大. 理论所给出的各项误差如表 M.3 所示.

表 M.1　第 I 组值 (屏蔽室内测量结果)

f/MHz	10.00				14.98			
$E/(\mathrm{V{\cdot}m^{-1}})$	748	717	639	601	512	475	453	397
$E'/(\mathrm{V{\cdot}m^{-1}})$	712	692	600	560	468	440	415	376
$\dfrac{\Delta E}{E}$/%	4.8	3.5	6.1	6.8	8.6	7.4	8.4	5.3

表 M.2　第 II 组值 (屏蔽室外测量结果)

f/MHz	5.000			10.000			17.50		
$E/(\mathrm{V{\cdot}m^{-1}})$	1600	1450	1310	739	580	401	270	248	202
$E'/(\mathrm{V{\cdot}m^{-1}})$	1570	1430	1280	744	577	418	246	229	184
$\dfrac{\Delta E}{E}$/%	1.9	1.4	2.3	−0.7	0.5	−4	8.9	7.7	8.9

表 M.3　对比实验中标准场法的误差

<table>
<tr><th colspan="2" rowspan="2">误差来源</th><th rowspan="2">误差符号</th><th colspan="3">实验中误差绝对值</th></tr>
<tr><th>5MHz</th><th>10MHz</th><th>17.5MHz</th></tr>
<tr><td colspan="2">边缘效应</td><td>+</td><td><0.2%</td><td><0.2%</td><td><0.2%</td></tr>
<tr><td colspan="2">平行板上波效应</td><td>+</td><td>≈ 0.1%</td><td>⩽0.5%</td><td>⩽1.8%</td></tr>
<tr><td colspan="2">双球天线的引入</td><td>−</td><td><0.5%</td><td><0.5%</td><td><0.5%</td></tr>
<tr><td rowspan="3">电压测量方面</td><td>电阻元件的帽内侧电容</td><td>+</td><td><1.1%</td><td>可不计</td><td><0.2%</td></tr>
<tr><td>跨线上的波效应</td><td>+</td><td>可不计</td><td>< 0.2%</td><td>< 0.4%</td></tr>
<tr><td>电阻上的波效应</td><td>−</td><td>< 0.9% $\left(\begin{matrix} R_S = 80\mathrm{k\Omega} \\ b = 3.5\mathrm{cm} \end{matrix}\right)$</td><td>< 0.7% $\left(\begin{matrix} R_S = 40\mathrm{k\Omega} \\ b = 3\mathrm{cm} \end{matrix}\right)$</td><td>< 0.8% $\left(\begin{matrix} R_S = 20\mathrm{k\Omega} \\ b = 4\mathrm{cm} \end{matrix}\right)$</td></tr>
<tr><td colspan="3">以上误差总和 Δ(估计值)</td><td><1.2%</td><td><0.5%</td><td><1.5%</td></tr>
</table>

在估计上述误差总和 Δ 时, 适当地考虑了正负误差的相消. 还要指出, 这里设有计入热电元件输出线的接收效应以及热电元件对地电容所起的误差.

剩下的其他误差皆属偶然误差, 主要是二项：一是电位差计的误差, 其值约为 ±1%; 二是热电元件直流标定误差, 其值约为 ±0.5%. 如果剩余的项亦估计为 ±1%, 则总误差 (不包括热电元件输出线的接收效应和热电元件对地电容所引起的部分) 为：

$$\Delta_{\mathrm{T}} = \sqrt{\Delta^2 + (1\%)^2 + (0.5\%)^2 + (1\%)^2},$$

Δ 的值见表 M.3 最后一行. 对上述三个频率的实验, 总误差 Δ_{T} 分别为 1.9%(5MHz 时); 1.6%(10MHz 时); 2.0%(17.5MHz 时).

表 M.4　对比实验中标准仪器法的误差

误差来源	误差符号	实验中误差绝对值		
		5MHz	10MHz	17.5MHz
略去热电元件的加热丝电阻	−	可不计	可不计	可不计
略去双球天线的感抗	+	可不计	可不计	可不计
加热丝及引线对 $C_{\mathrm{A}}L_{\mathrm{eff}}$ 的贡献	+	0.7%	0.7%	0.7%
平行板对 C_{A} 的影响	+	0.1%	0.1%	0.1%
以上总和		0.8%	0.8%	0.8%

下面再说明一下利用此装置来标定场强仪时的标定误差：

我们所研制的场强仪的读数, 在其规定误差范围内是与频率无关的, 因此标定只需在一个频率上进行. 我们选择标定的频率为 2MHz, 要求标定的误差小于 5%. 从以上结果看来, 对于这个要求, 我们的装置是能够满足的.

M.5　磁场标定的研究与实践

我们对磁场的标定是将标准场法与标准仪器法结合起来进行的, 即用标准场装置来产生磁场, 而其值的确定则以标准仪器法为主. 这是因为单纯采用标准场法需要测量环中的电流, 而这种测量在频率较高而电流又较大时, 要做到精确是比较困难的. 标准场法所给出的读数, 只在适当的范围内 (频率不太高, 或频率虽较高但环电流较小的情况) 用来与标准仪器法的读数进行验证. 我们标定的强度范围可达 $400\mathrm{A{\cdot}m^{-1}}$.

(A) 标准场法

将五个圆环并联在电容器上做成谐振回路以产生标准场. 这种标准场虽然是不均匀的, 但通过任一个“与它共轴的”环状天线的总磁感通量, 都不难精确地计算出来. 下面我们就来介绍装置的情况和基本计算公式, 并分析各种因素所引起的误差.

(A.1) 装置介绍

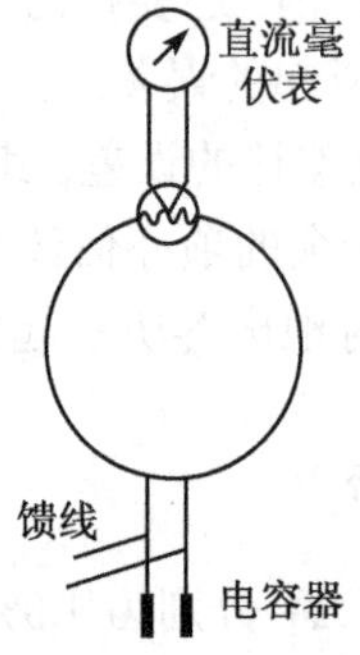

图 M.5　标准场法装置的示意图 (只画出一个圆环)

圆环是用 1cm 直径的铜管做成, 环的直径为 30cm, 环与环之间的间隔为 1mm. 电容器用的是能耐受较大电流并具有较低损耗的瓷介质电容或云母电容. 高频馈线接于电容器与圆环的衔接处. 每个环的顶端都置入一个测高频电流的热电元件 (真空型或非真空型的). 整个装置如图 M.5 所示 (为简便计只画出一个圆环).

谐振回路的 Q 值是由电感 Q 值 (用 Q_{L} 表示) 和电容器的损耗角 δ 来决定的:

$$Q=\frac{Q_{\mathrm{L}}}{1+Q_{\mathrm{L}}\tan\delta}, \tag{M.45}$$

其中的 Q_{L} 等于圆环的感抗与电阻的比, 即

$$Q_{\mathrm{L}}=\frac{L\omega}{R}. \tag{M.46}$$

上式中的 L 为环的电感, $R=R_0+R_{\mathrm{r}}$ 为欧姆电阻 R_0 与辐射电阻 R_{r} 的总和.

当圆环是单一的情况, Q_{L} 可以较容易地计算出来. 我们用 a 表示铜管的半径, b 表示环的半径, 则单环的电感 L、欧姆电阻 R_0 和辐射电阻 R_{r} 分别为:

$$L\approx\mu_0 b\left(\ln\frac{b}{a}\right), \tag{M.47}$$

$$R_0=\frac{\rho b}{a\delta}, \tag{M.48}$$

$$R_{\mathrm{r}}=320\pi^6\left(\frac{b}{\lambda}\right)^4, \tag{M.49}$$

上式中的 ρ 代表铜的电阻率, 而

$$\delta=\frac{1}{2\pi}\sqrt{\frac{\rho\times10^7}{\lambda}} \tag{M.50}$$

代表铜的集肤厚度. 由此计算出的 Q_{L} 值如表 M.5 所示:

表 M.5　Q_{L}(圆环的感抗与电阻的比值, 见式 (M.46))

f/MHz	0.2	0.5	2	5	20	30
Q_{L}	2.3×10^2	3.4×10^2	7.0×10^2	1.06×10^3	2.0×10^3	1.9×10^3

当我们将圆环由一个改成五个并联时, 式 (M.47) 中的 a 要用某个较大的等效值 $\bar{a}$ 来代替, L 的值将有所降低 (实验测定的结果约下降 14%, 即为上表值的 86%

左右), 但是远不如 R_0 降低得多. 因此, 在较低的频率 (例如 20MHz 以下)Q_L 值还将有相当的提高 (20MHz 以下, R_r 比起 R_0 完全可以略去), 只在到 30MHz 的范围以内, 由于 R_r 成为主要的, Q_L 值才比表 M.5 给出的低一些.

(A.2) 场强公式及其准确度

磁场的标准场与电场不同, 它的数值本就不是均匀的. 因此, 通过一个接收天线环的磁感通量 ψ 并不简单地等于其中心处的磁感强度乘上面积, 而应当用磁矢势 $\boldsymbol{A}$ 沿接收环的线积分的方法来计算.

设 b_1 为标准场所用圆环的半径 (按铜管中心线计算)、I 为其上的电流、b_2 为接收环的半径、d 为两环之间的距离. 两环是共轴的. 由于 $b_1 \ll \lambda$, 故标准场圆环上各点的电流基本上相同, 这样我们可以利用静磁学中的结果, 得出磁感通量

$$\psi = 2\pi b_2 A = \mu_0 I\sqrt{d^2+(b_1+b_2)^2}\left[\left(1-\frac{k^2}{2}\right)K(k)-E(k)\right] \tag{M.51}$$

上式中的 A 代表接收环上的磁矢势, $K(k)$ 为第一类完全椭圆积分、$E(k)$ 为第二类完全椭圆积分, k^2 由下式确定:

$$k^2 = \frac{4b_1b_2}{d^2+(b_1+b_2)^2}. \tag{M.52}$$

对任一接收环, 我们可以定义一个平均磁场强度:

$$H_{\text{av}} = \frac{\psi}{\mu_0\pi b_2^2} = \frac{I\sqrt{d^2+(b_1+b_2)^2}}{\pi b_2^2}\left[\left(1-\frac{k^2}{2}\right)K(k)-E(k)\right]. \tag{M.53}$$

完全椭圆积分 $K(k)$ 和 $E(k)$ 的值可以从数学表上查出.

在推导这个公式时, 我们是把标准场圆环上的电流近似地集中在铜管中心线上来处理的, 在 $\left(\dfrac{a}{b_1}\right)^2 \ll 1$ 的情况下 (其中 a 为铜管半径、b_1 为环半径), 此种近似处理所引起的误差很小, 至少比 $\left(\dfrac{a}{b_1}\right)^2$ 还要小一个量级 (具体值视 b_2 的大小而定), 因此完全可以忽略不计.

另外, 我们忽略了场传播的推迟效应 (在不稳定情况下, 由于波传播的特点, 矢势 $\boldsymbol{A}$ 中将出现一个推迟因子, 这样, 在取旋度以求场强 $\boldsymbol{B}$ 时, 就将多出一改正项.) 以及环上电流分布的波效应. 前项误差约为:

$$\Delta_1 \approx 1-\sqrt{1+\left(\frac{b_1}{\lambda}\right)^2} \approx -\frac{1}{2}\left(\frac{b_1}{\lambda}\right)^2, \tag{M.54}$$

后项误差可将环上电流沿圆周的分布按余弦函数来估计, 结果得出:

$$\Delta_2 \approx 1-\frac{\lambda}{\pi b_1}\sin\frac{\pi b_1}{\lambda} \approx \frac{\pi^2}{6}\left(\frac{b_1}{\lambda}\right)^2. \tag{M.55}$$

对于我们的装置, $b_1 = 15\text{cm}$, 两项误差之和在 30MHz 时约为 0.9%, 并随着频率降低而减少.

(A.3) 环变形部分所引起的磁场值误差

在上节计算中, 我们还假定了电流是在单纯的圆环上流动. 实际上, 由于环的上端要接热电元件, 下端要接电容器. 因此电流所流经的电路并不就是单纯的圆环, 还有一些凸出部分, 或者说圆环有变形. 每一凸出部分, 就相应于在标准圆环上附加一个小电流圈 (参见图 M.6). 设图中小电流圈的面积为 S(可只计与环共面的部分, 与环面垂直的部分所产生的磁力线基本上不通过接收天线), 则它在环中心点所产生的磁场 (指环面的法线方向分量) 为:

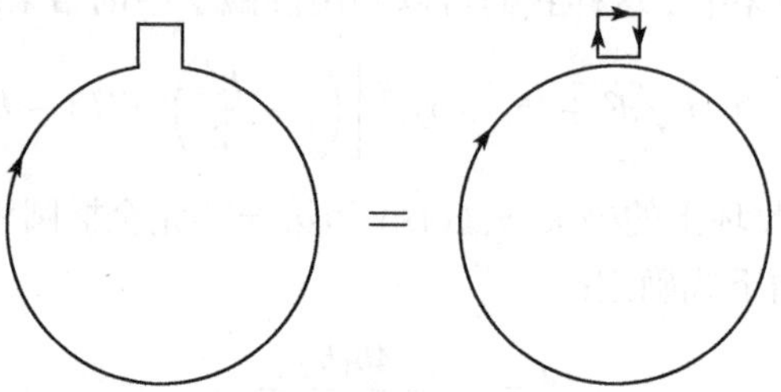

图 M.6 带凸出部分圆环的等效图形

$$H' = -\frac{1}{4\pi}\frac{IS}{b_1^3}, \tag{M.56}$$

而圆环本身在中心点产生的磁场等于:

$$H = \frac{I}{2b_1}. \tag{M.57}$$

由此即得

$$\varDelta = -\frac{H'}{H} = \frac{1}{2}\frac{S}{S_0}, \tag{M.58}$$

其中 $S_0 = \pi b_1^2$ 为圆环的面积.

为了减少此项误差, 应使面积 S 比起 S_0 来说尽量地小. 在我们的装置中, 此项误差随着所用电容器的大小而有所不同, 最大约为百分之一点几.

另外, 馈线上的电流亦可能造成磁场值的误差, 但由于馈线基本上与环面垂直而且谐振情况下馈线电流比回路电流小得多. 故只要保持两馈线的间距尽可能地小, 它所造成的误差是可以忽略的.

(A.4) 电流测量的误差

我们对高频电流的测量都采用热电元件, 量程在 500mA 以下它是真空式的, 500mA 以上则是非真空式的. 热电元件的量程愈大, 它的加热丝电阻就愈小, 因而高频集肤效应所引起的误差也就愈大. 例如 500mA 的真空热电元件, 加热丝电阻约为 0.3Ω, 按照式 (M.16), 在 30MHz 时, $\Delta_{\rm R} = \dfrac{R-R'}{R}$ 约为 −1%, 相应的磁场误差 $\Delta \approx -\dfrac{1}{2}\Delta_{\rm R} = 0.5\%$. 而 5A 的非真空式热电元件, 加热丝为两根并联, 每根电阻约为 0.08Ω(长度仍为 6mm). 用式 (M.16) 计算出的 30MHz 时的误差 $\Delta_{\rm R}$、绝对值就达 15% 以上 (此值已超过 10%, 故定量上并不太准确). 不过在 10MHz 时, $\Delta_{\rm R}$ 只有 −1.7% 左右, 相应的磁场误差 $\Delta = -\dfrac{1}{2}\Delta_{\rm R} \approx 0.9\%$. 故在此频率以下是可用的. 对于量程为 30A 的热电元件, 加热电阻为弯曲的薄片, 片的厚度又不清楚, 因而误差不好估计.

为了消除热电元件的对地电容及其输出线上的感应电动势所引起的误差, 如前面所已指明的, 应将热电元件及其输出线都保持在对地为零电位的面上. 我们将热电元件置于环的顶端就是为此原因. 另外, 两根输出线还应紧粘在一起, 并加上高频扼流圈和旁路电容等. 但由于我们使用的是成品型号的热电式电表, 其中未加扼流圈及旁路电容, 而我们用的高频电源输出又没有达到对地平衡 (于是顶端对地电位不为零), 因此这方面的误差未能很好地消除. 不过, 考虑到环上电流很大, 此项误差在较低频率时 (这时电源的不平衡性较小) 估计并不很严重.

除了以上所说明的以外, 剩下的还有直流毫伏表的误差、半径和距离的测量误差、两环的中心轴重合度的误差, 这里就不再讨论了.

(B) 标准仪器法

我们用的标准仪器, 天线部分同美国国家标准局用来标定远区场强仪的标准仪器的天线一样, 只是仪表部分不同. 美国标准局用的是晶体管检波式测电压装置, 而我们用的是热电式装置. 采用晶体管检波式装置的问题在于它本身需要作高频标定, 为此需要有平衡输出的高频信号发生器, 若要用它来标定近区磁场, 此信号发生器的输出电压还要求比一般用的大得多, 如几十伏以上. 显然, 这些要求是我们一时难实现的.

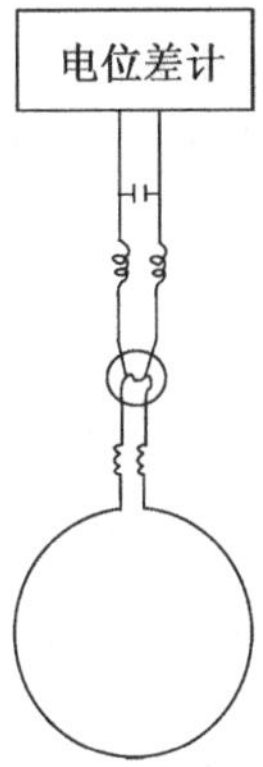

图 I.7 标准仪器法的测量装置

(B.1) 装置和基本公式

我们的装置如图 I.7 所示. 所用的接收天线为用细铜管经精加工制成的单圆环, 环的半径 b 为 5cm. 在环的顶端接有热电式测电压装置: 即真空热电元件及附加的串联电阻. 热电元件输出端接有高频扼流圈和旁路电容, 然后通过引线接到电位差计上.

决定场强的基本公式为

$$H_{\text{av}} = \frac{\sqrt{(R_1 + R_2)^2 + L_{\text{A}}^2 \omega^2}}{\mu_0 \pi b_2^2 \omega} I, \tag{M.59}$$

上式中的 b_2 为环的半径、R_1 为附加的电阻、R_2 为真空热电元件加热丝的电阻、L_{A} 为环的自感、I 为通过加热丝的电流. L_{A} 由下式确定 [4]：

$$L_{\text{A}} = \mu_0 b \left[\ln \frac{b}{a} - 0.329 \right], \tag{M.60}$$

其中的 a 代表铜管的半径, b 代表环的半径.

(B.2) 误差分析

(a) 圆环凸出部分所引起的误差

从圆环顶端到热电元件构成了圆环的凸出部分, 当它的平面与环平面互相平行时, 所引起的误差约等于其面积 S 与环面积的比, 即

$$\varDelta \approx \frac{S}{\pi b_2^2}. \tag{M.61}$$

由于接收环的半径 b_2 不大, 此项误差可能达到百分之几, 成为所有误差中最主要的. 为了减少此项误差, 应尽量减少凸出部分的面积, 并将该面扭转 90°, 使之与环平面垂直. 否则对结果影响是相当严重的. 我们将标准场法与标准仪器法进行对比实验时, 就曾由于对此因素注意得不够而出现较大误差.

(b) 略去波效应所引起的误差

在式 (M.59) 中, 我们略去了接收环的容抗, 这相应于略去了环上的波效应. 根据粗略的估计, 环的感抗与容抗比值为 [4]：

$$L_{\text{A}} C_{\text{A}} \omega^2 \approx \frac{1}{3} \left(\frac{\pi b}{\lambda} \right)^2 \tag{M.62}$$

对于我们所使用的环, 即使到 30MHz, 此项比值亦只约 0.3% 左右. 注意到整个线路的阻抗还有 R_1 和 R_2(此处用的热电元件为 10mA 量程的, $R_2 \approx 40\Omega$, 就同 30MHz 时的感抗值相当), 由此可得知, 略去容抗所引起的 H_{av} 的误差还要比上述值小得多. 因此该项误差是可略去不计的.

另外, 我们还略去了电阻元件和加热丝上以及它们到环的引线上的波效应. 这里的引线很短, 其上的波效应是完全可以略去的, 电阻和加热丝上波效应所引起的误差可用式 (M.24) 来估计. 由于此装置中电阻元件的阻值比较小, 线路总电阻 R 的最大值还不到 2kΩ, 故分布电容所引起的误差是很小的. 分布电感引起的误差也很小. 因为 R 的最小值是加热丝的电阻, 而按前面对热电元件电抗影响所作的讨论, 即使到 30MHz, 感抗所引起的误差亦只有 0.07% 左右.

(c) 热电元件对地电容及其输出线上感应电动势所引起的误差

此问题前已讨论过, 这里只补充一点, 即热电元件最好是置于接收环的顶端. 这样即使位置稍偏离中心线, 它对地的电势也很小.

(d) 其他引起误差的因素是: 直流电阻测量的误差、频率测量的误差、半径测量的误差、热电元件直流校准的误差、电位差计的误差等, 其中以后两者较大.

(C) 测试结果与标定误差

我们共进行了两次对比实验. 频率选在 2MHz 左右. 第一次实验做了两组值，一组场强较大, 标准场圆环上的电流是用 5A 的热电表测的, 另一组场强较小, 电流是用 500mA 的真空热电元件测的.

我们用的标准场圆环共有五个, 平行排列. 标准仪器的接收天线中心与中间圆环的中心重合. 圆环之间的距离为 1.1cm. 按照式 (M.51) 计算的结果, 标准场的值由表 M.6 表示:

表 M.6　标准场 H_{av}(其意义见式 (M.53)) 的计算值　$f = 2.140$MHz

I_1/mA	I_2/mA	I_3/mA	I_4/mA	I_5/mA	$H_{av}/(\mathrm{A\cdot m^{-1}})$
3350	1570	1640	1600	2700	37.0
4200	2100	2200	2250	3600	48.8
5200	2660	2800	2860	4580	61.7
459	336	299	306	499	6.47
426	310	274	280	461	5.97
411	297	262	268	438	5.71
389	283	247	252	420	5.42
311	227	203	203	346	4.40

我们将标准仪器法给出的磁场读数用 H'_{av} 表示. H'_{av} 与标准磁场法 H_{av} 的对比情况如表 M.7 所示, 其中 $\Delta H_{av} = H_{av} - H'_{av}$.

表 M.7　标准磁场的值 H_{av} 与标准仪器法读数 H'_{av} 的对比

$H_{av}/(\mathrm{A\cdot m^{-1}})$	37.0	48.8	61.7	4.40	5.42	5.71	5.97	6.47
$H'_{av}/(\mathrm{A\cdot m^{-1}})$	39.1	51.0	66.0	4.58	5.64	5.98	6.17	6.68
$\Delta H_{av}/H_{av}$	−5.7%	−4.5%	−7.0%	−4.1%	−4.1%	−4.7%	−3.4%	−3.2%

两者符合的情况虽然看起来还可以, 但实际上问题还是比较大的, 因为我们要以标准仪器法的读数 H'_{av} 为主, 现在 H'_{av} 比标准场法的读数 H_{av} 大, 而标准场法中的系统误差是正的, 其值估计还不太小. 如环变形部分所引起的误差 (正) 有百分之一点几, 热电元件输出线上感应电动势的发热效应所引起的误差也是正的. 其余如推迟效应和环电流波效应所引起的误差以及集肤效应所引起的误差也都是正的 (但数值很小). 这样, 标准仪器法的读数就比标准场法的还要差. 出现此种情况的原因, 主要是我们对标准仪器接收环的凸出部分的影响注意得不够. 在这次实验

中, 凸出部分面积较大而又未扭转成垂直方向. 我们随后重做了一次实验, 实验时将接收环的凸出部分作了扭转, 使它与标准场垂直. 标准场圆环上电流都用 500mA 的真空热电元件测量. 结果如表 M.8 所示.

M.8　凸出部分扭转后, 标准场法的值 (H_{av}) 与标准仪器法的值 (H'_{av}) 的对比.

$f=2.213$MHz

$H_{av}/(\text{A·m}^{-1})$	6.48	5.58	4.58
$H'_{av}/(\text{A·m}^{-1})$	6.23	5.43	4.60
$(H_{av}-H'_{av})/H_{av}$	3.9%	2.6%	−0.4%

在上面的结果中, 标准仪器法的读数 H'_{av} 已经变得比标准场法的读数 H_{av} 小. 我们认为, 这是比较合理的, 因为理论上估计的标准仪器上的系统误差很小, 电阻和引线上波效应的误差以及略去接收环容抗的所引起误差都可以忽略不计, 如果认为环凸出部分的误差已经通过扭转措施而基本被消除, 则系统误差中就只剩下热电元件对地电容及其输出线接收效应所引起的部分了. 而由于标准仪器中的热电元件输出线上是加了扼流圈和旁路电容的, 故在 10MHz 以下, 此项误差应该不大.

我们所研制的场强仪的磁场读数, 同电场一样, 也是同频率无关的. 因此主要标定只在 2MHz 处进行. 根据以上的理论分析和对比实验的情况, 我们认为, 用标准仪器法进行标定时的误差在 5% 以内, 即符合设计所提出的要求.

M.6　结论

通过以上的误差分析和对比测试的实践, 可以认为: 我们所作的高频电磁场标准计量和场强仪的标定是可靠的, 所采用的技术方案是成功的. 与所见到的美、苏技术报告相比, 我们对误差的理论分析更加周密, 在标定方法上也有发展和提高. 这就使得我们所研制的场强仪具有较高的精度, 它的标定误差 (在 2MHz 时) 在 5% 以内.

M.7　对进一步提高标定精度的建议

在对几个月的实践中所感到的问题进行了分析和研究后, 我们提出以下五点改进意见, 以供今后的参考. 我们认为, 这些改进不仅可以提高计量的精度, 还可使计量过程简化, 有利于操作的进行.

(1) 关于高频电源输出的对地平衡问题和改进意见

对地平衡的必要性前面已经叙述. 在我们的上述实践中, 利用了原有的两台旧广播发射机作为高频电源, 它的输出是对地不平衡的 (此机的末级输出是用高频变压器引出的, 高频变压器次级两端应当是对地是平衡的, 但实际上由于末级功放是并联放大, 从而导致了高频变压器的初级两端对地为不平衡状态; 同时, 元件结构、位置等对地亦不平衡, 再加上输出调整与阻抗匹配调整也都不平衡, 所以输出两端对地构成了不平衡状态). 我们虽作了一些改装, 但未能完全解决问题. 今后新建标准场时, 最好专门设计、制造高频电源设备, 以解决输出两端对地平衡问题.

(2) 关于高频电源输出的稳定性问题

由于市电电压不稳, 导致了高频输出的不稳定. 为了保证标定精度, 我们多利用午夜十二点以后, 市内用电高峰已过, 市电电压基本稳定情况下进行标定. 这样在时间上受到了限制. 今后新建标准场时, 应设计、制造一套市电稳压装置, 以保证高频输出的稳定. 另外, 在设计时还应注意使输出电压具有严格的正弦波形.

(3) 关于标准磁场法中磁环电流的测量的改进

我们在测量磁场标准场中磁环电流时, 用的办法是, 利用热电元件加配直流表头来进行. 现用的表头刻度较粗, 造成较大视读误差. 为了进一步提高标定精度, 可以考虑将直流表头改为电位差计, 这样视读精度必将大大提高. 改用电位差计以后, 热电元件的输出线上还可以加上高频扼流圈和旁路电容, 以减少其接收效应所引起的误差. 另外对于 $100\text{A}\cdot\text{m}^{-1}$ 以下的磁场标定, 可以将五个环电流圈并联结构改为一个电流圈, 这样只读一个测量值就可以了, 亦将提高标定精度.

(4) 关于标准电场法中平行板电容器馈电方式的改进

对于较高的频率, 平行板上的波效应是引起误差的一个重要因素, 应该进一步研究能减少此项误差的馈电方式 (但此项研究只有在高频电源输出的对地平衡问题和稳定性问题解决以后, 方能进行). 我们的意见是, 可试验扇形馈线过渡段 (即馈线末分叉成扇形再接到平行版上). 另外, 由于平行板的下边缘上跨接了测电压的装置, 影响了电流分布的对称性, 可以试验在平行板的上边缘跨接阻值相同的电阻元件, 以考察上述影响的大小.

(5) 关于所使用的电阻元件和电位差计的改进

现在所用的金属膜电阻是市场上供应的定型产品, 往往需要将几个电阻元件焊接起来应用. 建立正式标准装置时, 应特制一批符合需要的金属膜电阻元件, 以减少大阻值时电阻上的波效应和接线帽内侧面电容所引起的误差. 另外, 目前标定时所使用的电位差计量程为 110mV, 而测量热电元件的温差电动势, 只需 20mV 的量程就够了, 所以改用小量程的电位差计可以减少测量误差 (报告全文完毕).

本书附录刊载上述研究报告, 是让读者了解到, 在解决某些实际问题中, 理论的分析具有的重要性.

参 考 文 献

[1] Greene. NBS field-strength standards and measurements (50 Hz to 1000 MHz). Proc. IEEE, 1967, 55: 970 和 Crawford. Generation of standard EM fields using TEM transmission cells. IEEE Trans., 1974, EMC-16: 189.

[2] Lawton. New standard of electric field strength. IEEE Trans., 1970, IM-19: 45.
[3] Бузинов Образцовая установка для поверки и калибровки малых дипольных антенн. Измер. Тех., 1967, 6:53.
[4] 曹昌祺. 场强仪天线专题讲座.

附录 N 关于特殊相对论的有关问题答读者问

物理学中的相对论并不否定“事物是客观的”这一辩证唯物论的结论. 如“物体的坐标值依赖于坐标系”并不否定物体位置的客观性; “物体的运动速度值依赖于参考系”也并不否定“物质运动是绝对的”这一哲学上的论断. 特殊相对论中关于物体的长度、事件的时间间隔以及事件发生的时序对参考系的依赖, 同样也不能说就与唯物论相矛盾. 当然, 若把相对论中的结果说成是“时间和空间是相对的, 是依赖于参考系的”, 那就不确切甚至是错误的了.

在特殊相对论中, 对长度和时间间隔的标准是有严格规定的. 所谓的时计是指选定特定条件下的物理过程作为标准、来度量时间间隔的仪器, 如一定温度和压强下做弹性振动的特定石英晶体, 或者某个指定的衰变的原子核, 等等. 对于长度, 理论上可将在指定温度和压强下由若干个全同原子排列起来的棍作为指定单位. 并规定在任何参考系中都采用同样的标准. 特殊相对论还有一个要求, 即所用的棍和时计必须对该参考系是静止的, 所以你 (指提问者) 说相对论否定了统一的标准是不对的. 它实际上更严格地规定了统一的标准.

下面再谈你的另一个问题, 在特殊相对论中是不是否定了事件发生先后的客观性? 也不能这样说.

我们先来看看“时间先后的顺序”反映的是什么物理内容? 或者说时间先后具有什么客观意义? 在旧的时间观念中, 似乎是把时间看作是某种独立于物质存在的客体, 它均匀地在流逝中, 所有事件的先后次序就由它们在这一时间长流中的“位置”来决定. 这种观点实际上也是违反辩证唯物论的. 辩证唯物论告诉我们, 世界上除了运动着的物质, 没有其他什么东西, 时间和空间是物质存在的形式. 时间的时序所反映的是事物之间的依从关系或因果关系. 即若事件 A 先于事件 B, 则 A 能影响 B, 而 B 不能影响 A. 这样一来, 对于在同一地点发生的所有事件, 无论在哪个参考系, 其先后次序都是一样的. 但对于发生在不同地点的两个事件, 情况就有所不同了. 对于发生在某个 P_1 点的事件 A 来说, 所有发生在另一点 P_2 的全部事件B 可分成三类, 一类是可能对 A 发生某种影响的 (称为 B_1 类), 有一类是可能受到 A 的影响的 (称为 B_2 类). 最后一类是不可能互相影响的. 在影响传播的速度没有上限的情况下, 这最后一类只局限于发生于某一个时刻的事件, 这个时刻即与原事件发生的时刻相同. 这也是“同时”所具有的本质性意义.

以上是在影响传播速度没有上限的前提下得出的, 如果产生影响的速度有一个上限, 情况就不同了. 这时在 P_2 点将有一系列事件不可能受到事件 A 的影响. 反过来, 它们也不会影响 A. 这些事件都有资格定为与事件 A 同时发生. 由此可见, 特殊相对论中“同时的相对性”依存于 (或源于)“极限速度为一有限值”, 而且该值在各个惯性参考系中相同 (后一点是特殊相对论所要求的).

上面的讨论表明: 在特殊相对论中, 一个有限的速度 c, 却具有通常概念中无穷大速度才有的特性. 光场由于它的量子 (即光子) 具有静质量为零, 它的传播速度即达到这一上限速度 c. 实际上, 其他具有静质量的粒子如中微子同样也具有速度 c. 可见, 速度 c 并不是光所独有的.

以上就是本书作者回答该读者的主要内容, 现作为附录刊载于本书中, 可能对其他读者也有一定意义.

《现代物理基础丛书·典藏版》书目

1. 现代声学理论基础　马大猷　著
2. 物理学家用微分几何（第二版）　侯伯元　侯伯宇　著
3. 计算物理学　马文淦　编著
4. 相互作用的规范理论（第二版）　戴元本　著
5. 理论力学　张建树　等　编著
6. 微分几何入门与广义相对论（上册·第二版）　梁灿彬　周　彬　著
7. 微分几何入门与广义相对论（中册·第二版）　梁灿彬　周　彬　著
8. 微分几何入门与广义相对论（下册·第二版）　梁灿彬　周　彬　著
9. 辐射和光场的量子统计理论　曹昌祺　著
10. 实验物理中的概率和统计（第二版）　朱永生　著
11. 声学理论与工程应用　何　琳　等　编著
12. 高等原子分子物理学（第二版）　徐克尊　著
13. 大气声学（第二版）　杨训仁　陈　宇　著
14. 输运理论（第二版）　黄祖洽　丁鄂江　著
15. 量子统计力学（第二版）　张先蔚　编著
16. 凝聚态物理的格林函数理论　王怀玉　著
17. 激光光散射谱学　张明生　著
18. 量子非阿贝尔规范场论　曹昌祺　著
19. 狭义相对论（第二版）　刘　辽　等　编著
20. 经典黑洞和量子黑洞　王永久　著
21. 路径积分与量子物理导引　侯伯元　等　编著
22. 全息干涉计量——原理和方法　熊秉衡　李俊昌　编著
23. 实验数据多元统计分析　朱永生　编著
24. 工程电磁理论　张善杰　著
25. 经典电动力学　曹昌祺　著
26. 经典宇宙和量子宇宙　王永久　著
27. 高等结构动力学（第二版）　李东旭　编著
28. 粉末衍射法测定晶体结构（第二版·上、下册）　梁敬魁　编著
29. 量子计算与量子信息原理　Giuliano Benenti　等　著
　——第一卷：基本概念　王文阁　李保文　译

30. 近代晶体学（第二版）　　张克从　著
31. 引力理论（上、下册）　　王永久　著
32. 低温等离子体　　B. M. 弗尔曼　И. M. 扎什京　编著
　　——等离子体的产生、工艺、问题及前景　　邱励俭　译
33. 量子物理新进展　　梁九卿　韦联福　著
34. 电磁波理论　　葛德彪　魏　兵　著
35. 激光光谱学　　W. 戴姆特瑞德　著
　　——第 1 卷：基础理论　　姬　扬　译
36. 激光光谱学　　W. 戴姆特瑞德　著
　　——第 2 卷：实验技术　　姬　扬　译
37. 量子光学导论（第二版）　　谭维翰　著
38. 中子衍射技术及其应用　　姜传海　杨传铮　编著
39. 凝聚态、电磁学和引力中的多值场论　　H. 克莱纳特　著　姜　颖　译
40. 反常统计动力学导论　　包景东　著
41. 实验数据分析（上册）　　朱永生　著
42. 实验数据分析（下册）　　朱永生　著
43. 有机固体物理　　解士杰　等　著
44. 磁性物理　　金汉民　著
45. 自旋电子学　　翟宏如　等　编著
46. 同步辐射光源及其应用（上册）　　麦振洪　等　著
47. 同步辐射光源及其应用（下册）　　麦振洪　等　著
48. 高等量子力学　　汪克林　著
49. 量子多体理论与运动模式动力学　　王顺金　著
50. 薄膜生长（第二版）　　吴自勤　等　著
51. 物理学中的数学方法　　王怀玉　著
52. 物理学前沿——问题与基础　　王顺金　著
53. 弯曲时空量子场论与量子宇宙学　　刘　辽　黄超光　编著
54. 经典电动力学　　张锡珍　张焕乔　著
55. 内应力衍射分析　　姜传海　杨传铮　编著
56. 宇宙学基本原理　　龚云贵　编著
57. B介子物理学　　肖振军　著